西北内陆干旱区地下水合理开发及生态功能保护理论与实践

张光辉　聂振龙　崔浩浩　王　茜等　著

国家重点研发计划重点项目（2017YFC0406100）
国家专项科研业务费重大项目（JYYWF20180403）　资助出版

科学出版社

北　京

内 容 简 介

本书围绕西北内陆流域天然水资源匮乏背景下地下水超采引发自然湿地和天然植被绿洲退化危机问题，介绍了该区地下水合理开发与生态保护面临的主要难题和战略目标、自然环境概况及水资源开发利用现状，重点阐述了干旱区地下水生态功能退化危机的演进特征与机制、不同类型区生态水位阈域和监测-预警与管控指标体系，诠释了原创的干旱区地下水功能评价与区划等理论方法和应用实例，以及适宜西北内陆地区地下水合理开发与生态保护的准则与限阈、战略对策和技术路线图。

本书可作为水文与水资源学、地下水与水文地质学、生态水文学和生态地学领域的科研、教学、规划、管理工作者和研究生参考使用，作为新时代生态文明建设的教科书之一。

审图号：GS（2022）1995

图书在版编目(CIP)数据

西北内陆干旱区地下水合理开发及生态功能保护理论与实践／张光辉等著 . —北京：科学出版社，2022. 6

ISBN 978-7-03-072283-6

Ⅰ . ①西… Ⅱ . ①张… Ⅲ . ①干旱区-地下水资源-资源开发-研究-西北地区 ②干旱区-地下水资源-资源保护-研究-西北地区 Ⅳ . ①P641.8

中国版本图书馆 CIP 数据核字（2022）第 083799 号

责任编辑：韦 沁 李 静／责任校对：何艳萍
责任印制：吴兆东／封面设计：北京图阅盛世

科 学 出 版 社 出版
北京东黄城根北街 16 号
邮政编码：100717
http://www.sciencep.com

北京中科印刷有限公司 印刷
科学出版社发行 各地新华书店经销

*

2022 年 6 月第 一 版 开本：787×1092 1/16
2022 年 6 月第一次印刷 印张：29
字数：688 000
定价：**388.00 元**
（如有印装质量问题，我社负责调换）

作者名单

张光辉　聂振龙　崔浩浩　王　茜　马　瑞

徐志侠　陈　喜　邵景力　邹胜章　费宇红

崔亚莉　唐　蕴　王金哲　刘鹏飞　严明疆

田言亮　曹　乐　董海彪　刘　敏　汪丽芳

孟令群　卢辉雄　贺国强　董双发　李克祖

前　言

　　我国西北内陆平原区地处气候干旱、半干旱区，天然水资源天然性匮乏，人–水之间冲突矛盾十分突出，流域中、下游区地下水严重超采和自然生态退化情势严峻，不仅制约着当地区域经济社会稳定发展，而且，对国家生态安全也产生威胁，亟需符合新时代生态文明建设要求的"干旱区地下水合理开发及生态保护理论"支撑和指导实践。新疆艾丁湖流域、甘肃石羊河流域是地下水超采同时自然生态严重退化的典型流域，那里的地下水合理开发与生态保护面临5个方面的严峻挑战：一是天然水资源匮乏性，各流域平原区（盆地）降水少，水源补给及地下水更新主要依赖上游出山地表径流；二是自然生态对地下水强烈依赖性，各流域中、下游区自然湖泊湿地和天然植被绿洲对地下水（潜水）水位埋深具有强烈的依赖性；三是下游水源保障脆弱性，各流域中游区用水规模和程度不仅主导着下游区地下水位下降和自然湿地退变态势，而且，还制约下游区地下水生态功能情势和承载力，极为脆弱；四是干旱气候制约不可逆性，从千年、百年尺度气候变化来看，近50年以来西北内陆区处于降水偏枯、气温偏高时期，各流域天然水资源承载力无法支撑现状人口数量和经济社会发展用水规模，难以在短时期内出现根本性逆转；五是生态修复艰难性，西北内陆的艾丁湖流域、石羊河流域和黑河流域等许多流域都实施了大规模人工调水工程、各种节水技术应用和最严格的水资源管理制度等，已步入治理的深水区，同时，面临着"人与自然之间和谐度不断提高"的新时代生态文明建设新要求，呈现复杂的艰难性。

　　在西北内陆各流域中、下游区，地下水生态功能是链接地下水开发利用合理性与该区自然湿地或荒漠天然绿洲生态之间关系的敏感度量因子，与地下水的资源功能相互制约、此消彼长，在流域内不同功能分区各有专长。地下水过度开发利用，必然造成地下水生态功能退变，导致中、下游区自然生态退化和土地荒漠化，成为沙尘暴物源区；反之，过度强调自然生态和地下水生态功能保护，也会造成地下水资源难以合理开发，影响水资源对经济社会承载能力。地下水生态功能不仅与区域气候条件及其变化、流域水循环演变过程和地下水埋藏状况密切相关，而且还与中、上游区灌溉农业规模、土地利用与覆被状况、地下水开采程度与补给条件改变、流域水利工程、人口数量与经济社会发展规模紧密相关。因此，唯有深度认知上述问题的客观性、复杂性、彼此关系和演变机制，创新理论、研发关键支撑技术和提出适宜的战略对策，才能从根本上改善"人与自然"的和谐关系。

　　2017年，国家重点研发计划启动重点项目"我国西部特殊地貌区地下水开发利用与生态功能保护"（2017YFC0406100，2017～2021年），它立足于西北内陆干旱区地下水合理开发与自然生态修复保护，围绕流域水循环过程中不同类型区地下水生态功能退变危机形成与演变机制这一关键科学问题，通过探究典型流域中、下游区水资源及地下水承载力形成与衰变规律，揭示不同类型自然生态与地下水埋藏状况之间关系，破解干旱区地下水生态功能退变过程中危机演进特征与机制，创新研发适用我国西北内陆区地下水合理开发与生态保护的理论、关键技术指标体系和战略对策。

该项目基于目标和任务，下设 6 个课题，具体情况如下。

课题 1：生态脆弱区地下水合理开发及生态功能退变防控机制与基础研究。该课题主要是针对西北内陆干旱区气候变化和人类活动影响下地下水位变化导致的天然植被、湖泊湿地等生态退变问题，开展水资源开发过程中地下水生态功能退变机制与防控理论研究，构建适合西北内陆区地下水生态功能退变的识别指标和评价方法体系。

课题 2：艾丁湖流域地下水合理开发及生态功能保护研究与示范。该课题以新疆艾丁湖流域为主研区，通过开展自然湿地和天然植被绿洲生态退化与地下水开发利用之间关系研究，建立不同功能区地下水开发利用与生态保护的"水位-水量"双控指标体系和技术方案。

课题 3：石羊河流域地下水合理开发利用与生态功能保护研究与示范。该课题以石羊河流域为主研区，通过开展干旱区地下水生态功能退变危机标识特征及其与地下水开发利用之间的关系研究，研发适宜西北内陆区地下水合理开发与生态保护的技术方案。

课题 4：岩溶石漠化区地下河水资源化及生态保护研究与示范。该课题以广西会仙地下河流域为主研区，通过开展地下河水资源化与生态环境之间作用机制研究，研发岩溶石漠化区地下河开发利用与生态保护的技术方案。

课题 5：重要湿地地下水调控及生态功能保护关键技术与示范。该课题以石羊河流域下游自然湿地为研究区，通过开展干旱区湿地生态水文过程对地下水开发利用的响应机制研究，研发以湿地保护为约束的地下水生态功能调控技术。

课题 6：生态脆弱区地下水合理开发与生态保护的监控-预警及对策综合研究。该课题重点开展干旱区地下水合理开发与生态功能保护的监控-预警-管控技术支撑体系研发，以及适宜我国西北内陆区地下水合理开发与生态保护战略对策研究。

本书是基于上述研究的成果，历经进一步综合研究而完成。首先介绍了西北内陆区地下水合理开发-生态保护面临的问题与必然需求，包括流域水资源匮乏性、天然植被对地下水依赖性、下游自然湿地脆弱性和地下水超采与生态修复艰难性，以及从国家生态安全、新时代生态文明建设和经济社会稳定发展 3 个方面阐述了相应的必然需求和战略目标。然后，简要概述了研究区自然环境概况、气象与水文条件、区域地下水补给-径流-排泄条件、水资源开发利用和地下水超采现状及其引发的生态环境问题。

书中详尽阐述了西北内陆区地下水生态功能退变演进特征与机制，包括生境质量演变及驱动因子、气候变化及人类活动影响、不同类型区生态耗水与水分利用特征，以及生态输水驱动下绿洲空间格局复杂性演变特征，不仅涉及自然湿地蒸散发耗水特征、不同类型生态水源同位素特征、不同深度土壤水和地下水对植被吸用水贡献率，以及不同类型天然植被适宜与极限生态水位阈域，而且，还介绍了植被耗用水不同来源辨析方法、绿洲空间格局复杂性和天然植被绿洲地下水生态水位识别方法。

本书以 3 个章幅，分别介绍了石羊河流域地下水生态功能退变危机形成机制与调控、艾丁湖流域地下水合理开发与生态保护协同调控，以及西北内陆典型自然湿地地下水生态功能保护调控技术体系。不仅深入阐述了西北内陆典型流域中、下游区地下水生态功能区位特征、退变特征、可控性和可恢复性，以及其与气候变化和人类活动之间关系和危机预警阈，而且，诠释了适宜西北内陆流域的地下水合理开发与自然生态保护支撑技术体系、自然湿地及周边农田协同保护智能调控技术体系，还有"干旱区湖泊–季节性河流–地下水耦合模型"（COMUS）、自然湿地地下水生态功能保护关键参数和技术方案。

第 3 章重点阐释了原创的"干旱区地下水功能评价与区划理论方法及应用"体系，包括理论研发基础、技术指标体系和应用实例。在最后一章中，详尽阐述了本书提出的"流域水平衡约束下有序实现目标战略对策"、"生态文明约束下自然生态保护战略对策"和"自然资源一体化规划下地下水合理开发战略对策"。

在本书撰写过程中，张光辉完成全书的总体设计、提纲拟定，前言、第 1、2 章和第 7 章的内容编写，以及第 3 ~ 6 章有关内容编写和全书统编与审定；费宇红参与全书统编和陆地水文等有关内容研编；陈喜主要负责第 2 章内容初稿研编；聂振龙主要承担第 4 章内容研编和参与全书统审；徐志侠主要负责第 5 章内容初稿研编；唐蕴负责第 3 章艾丁湖流域地下水功能评价与区划内容初稿研编；马瑞主要负责第 6 章内容初稿研编；邵景力、崔亚莉主要参加了第 4、7 章部分内容初稿研编；崔浩浩、王茜和王金哲重点参加了第 3、7 章研编，以及其他章节编写和校审；严明疆、田言亮和董海彪参加了第 7 章部分内容撰写、书中插图编绘和全书校审；邹胜章参与了书中部分内容初稿研编；刘鹏飞、曹乐、刘敏、汪丽芳、孟令群、卢辉雄、贺国强、董双发和李克祖参加了第 1、3、4 章及第 8 章部分内容撰写和校审。

在本书相关内容研究过程中，得到了科技部资助和项目专家组有力支撑，还得到中国地质科学院水文地质环境地质研究所、6 个课题承担单位和西北内陆相关流域国土、气象、水文、农业、土壤、环境与水文地学等众多单位相助，确保了本书的研究资料翔实和高质量完成。值此成果出版发行之际，对支持和帮助本书的专家、各级领导和参加本项项目研究的各位同仁表示衷心的感谢；本成果出版过程中得到了科学出版社鼎力相助，在此一并致以诚挚的感谢。

作　者

2021 年 10 月 2 日

目　　录

前言

第1章　西北内陆区地下水开发及生态保护面临问题与背景概况 ·················· 1

1.1　主要问题与必然需求 ·················· 1

1.2　西北内陆区地下水合理开发与生态保护战略目标 ·················· 10

1.3　自然地理环境与气象水文概况 ·················· 12

1.4　区域地下水补给-径流-排泄条件 ·················· 23

1.5　社会经济与水资源开发利用概况 ·················· 27

1.6　水资源开发利用引发生态环境问题 ·················· 31

第2章　西北内陆区生境质量演变特征与生态水源供给机制 ·················· 34

2.1　生境质量演变及其驱动因子 ·················· 34

2.2　植被净初级生产力对气候变化及人类活动响应 ·················· 53

2.3　不同类型区生态耗水与水分利用特征 ·················· 66

2.4　旱带自然湿地分布区植被耗用水来源识别 ·················· 78

2.5　生态输水驱动下绿洲空间格局复杂性演变特征 ·················· 85

2.6　干旱区天然植被绿洲地下水生态位阈域识别 ·················· 90

2.7　干旱区自然湿地绿洲恢复生态输水量阈值识别 ·················· 98

2.8　小结 ·················· 104

第3章　干旱区地下水功能评价与区划理论方法及应用 ·················· 106

3.1　干旱区地下水功能理念与研发基础 ·················· 106

3.2　干旱区地下水功能评价与区划理论方法 ·················· 109

3.3　石羊河流域地下水功能评价与区划 ·················· 135

3.4　艾丁湖流域地下水功能评价与区划 ·················· 154

3.5　干旱区地下水功能评价与区划作用及效应——以石羊河流域为例 ·················· 165

3.6　小结 ·················· 167

第4章　石羊河流域地下水生态功能退变危机形成机制与调控 ·················· 169

4.1　石羊河流域地下水生态功能退变特征与危机形成机制 ·················· 169

4.2　石羊河流域地下水生态功能可控性与可恢复性 ·················· 184

4.3　石羊河流域地下水生态功能退变危机标识特征与情势 ·················· 191

4.4　石羊河流域地下水合理开发与生态保护指标体系 ·················· 194

4.5　石羊河流域地下水合理开发与生态保护模拟 ·················· 195

4.6　石羊河流域地下水合理开发与生态保护技术方案 ·················· 211

4.7　小结 ·················· 235

第5章 艾丁湖流域地下水合理开发与生态保护协同调控 ·········· 236

  5.1 艾丁湖流域地下水生态功能退变背景与特征 ·········· 236

  5.2 艾丁湖流域天然绿洲生态退化与地下水开发利用关系 ·········· 247

  5.3 艾丁湖流域天然绿洲生态退化可控性与有限性 ·········· 267

  5.4 干旱区地下水-季节性河流-湖泊耦合分布式模型 ·········· 273

  5.5 艾丁湖流域地下水合理开发与生态保护技术方案 ·········· 287

  5.6 艾丁湖流域地下水超采治理与生态保护示范应用 ·········· 296

  5.7 小结 ·········· 303

第6章 西北内陆典型自然湿地地下水生态功能保护调控技术体系 ·········· 305

  6.1 面临挑战与研究背景 ·········· 305

  6.2 干旱区自然湿地生态-地下水系统多要素动态一体化监测 ·········· 319

  6.3 生态输水影响与干旱胁迫植被吸水响应特征 ·········· 344

  6.4 干旱区自然湿地地下水生态功能保护关键指标体系 ·········· 378

  6.5 青土湖湿地生态-水文耦合模型构建 ·········· 383

  6.6 基于湿地生态功能保护的输水方案与安全调控技术体系 ·········· 393

  6.7 小结 ·········· 408

第7章 西北内陆区地下水合理开发及生态保护支撑体系与对策 ·········· 409

  7.1 西北内陆区地下水合理开发及生态保护面临挑战与亟需 ·········· 409

  7.2 西北内陆区地下水合理开发及生态保护准则与限阈 ·········· 411

  7.3 西北内陆区地下水开发及生态保护分区分级管控指标体系 ·········· 415

  7.4 西北内陆区地下水开发利用及生态保护的预警与保障技术体系 ·········· 423

  7.5 西北内陆区地下水合理开发与生态保护战略对策 ·········· 435

第8章 结论与建议 ·········· 443

参考文献 ·········· 448

第1章　西北内陆区地下水开发及生态保护面临问题与背景概况

本章以我国西北内陆典型流域——新疆艾丁湖流域和甘肃石羊河流域等为研究区，基于过去50年水资源及地下水开发利用和自然生态退化演变过程中发生状况、史实和研究成果，从新时代生态文明建设要求出发，聚焦现状和未来西北内陆区地下水合理开发、生态保护面临问题与必然需求，阐述研究区自然地理、气象水文、水资源与区域地下水补给-径流-排泄条件，以及水资源、地下水开发利用状况及其引发的生态环境问题，为后续章节阐述奠定背景基础。

1.1　主要问题与必然需求

本书中的西北内陆区，是指包括大兴安岭以西，昆仑山-阿尔金山-祁连山和长城以北，包括新疆维吾尔自治区、甘肃省的西北部、青海省柴达木地区、宁夏回族自治区和内蒙古自治区中西部等，它深居中国西北部内陆，具有面积广阔、干旱缺水、荒漠广布、风沙较多和自然生态境况脆弱的特点。近50年来，该区各流域中、下游自然湿地和荒漠天然植被绿洲不断退化，其中艾丁湖流域和石羊河流域较为典型。

1.1.1　西北内陆典型流域地下水开发与生态保护情势

1. 艾丁湖流域

艾丁湖流域位于新疆维吾尔自治区东部的吐鲁番盆地，流域面积为5.3万km²。艾丁湖位于吐鲁番市高昌区南50km的恰特喀勒乡境内（图1.1），地理坐标为89°10′~89°40′E、42°32′~42°43′N，是我国著名的内陆咸水湖，以及吐鲁番盆地14条主要河流的汇集点。在艾丁湖流域内，分布着世界最大范围的野生阔叶骆驼刺生长地和艾丁湖自然湿地保护区。艾丁湖的维吾尔语意为"月光湖"，以湖水似月光般皎洁美丽而得名，与火焰山、葡萄沟并称为吐鲁番盆地的三大自然景观。

吐鲁番市东邻哈密地区，西南与巴音郭楞蒙古自治州接壤，北隔天山与乌鲁木齐市和昌吉回族自治州毗邻，南北宽为240km、东西长为300km。吐鲁番盆地四面环山，中间低洼；东有库木塔格山（沙山），南有觉罗塔格山和库鲁克塔格山，西有喀拉乌成山，北依博格达山，中部有盐山、火焰山隆起带。吐鲁番盆地总体地势为西北高，海拔为3000~4500m；东南低，海拔为600~2000m；中间洼，最低处艾丁湖海拔为-154.3m，是一个较大型山间拗陷盆地（图1.1）。

2018年艾丁湖流域所在的吐鲁番地区，实施了《艾丁湖生态保护治理规划》（2018

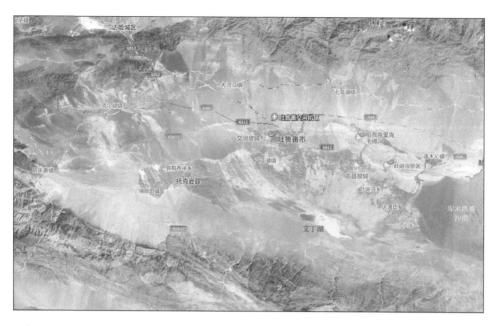

图 1.1 艾丁湖流域地貌分布特征

年)、《吐鲁番市用水总量控制实施方案》（2018 年 9 月）和《吐鲁番市地下水超采区治理方案》（2018 年 9 月），明确"保护艾丁湖生态系统的基本功能，保证艾丁湖生态系统不崩溃"，"维持现有的 176 万亩（1 亩 ≈ 666.7m²）天然植被（骆驼刺盐生草甸）面积不退化，以及保障一定的艾丁湖水域面积"。

艾丁湖流域地下水合理开发与生态保护，主要面临如下 4 个方面情势。

（1）灌溉农业及经济社会快速发展，导致艾丁湖自然湿地水域面积不断萎缩。1909 年，吐鲁番地区灌溉面积为 10 万亩，艾丁湖水域面积为 230km²；1940 年，该区灌溉面积增至 40 万亩，艾丁湖水域面积缩减至 150km²；至 1970 年，灌溉面积由 1949 年的 45.49 万亩扩大为 93.7 万亩，艾丁湖水域面积萎缩至约 60km²；1990 年，灌溉面积达 100 万亩，艾丁湖水域面积进一步缩小至 23km²；到 2009 年，该区灌溉面积扩大至 192.5 万亩，艾丁湖水域面积仅 6.4km²。目前，仅白杨河季节性补给艾丁湖，其他主要河流除较大洪水外，均不能流入艾丁湖，地下水补给正在逐年减少，艾丁湖已演变为季节性湖泊，湖区裸露盐化面积达 90km²，湖床已成为盐沼地或盐壳地。

（2）水土资源过度开发，地下水严重超采，导致地下水生态功能加剧退变。随着人口数量和经济社会规模不断增长，艾丁湖流域水土资源开发力度不断增大，该流域总用水量早已远超天然水资源可利用量，总用水量（14.44 亿 m³/a）曾达流域天然水资源合理开发阈值（40%×12.59 亿 m³/a）的 2.87 倍。近 30 年以来，艾丁湖流域年均地下水超采量（3.06 亿 m³）是该区地下水资源量的 1.53 倍；该流域农业用水量占总用水量 90% 以上，地表水供给量占当地总用水量的比率不足 40%。由此，导致艾丁湖流域下游天然绿洲区地下水位不断下降，许多区域地下水生态功能长期失效。

（3）自然生态退变危机征兆呈现，生物多样性濒临丧失。艾丁湖自然湿地分布区大片芦苇、红柳等植被枯死，天然植物由芦苇向盐节木演替；世界上分布面积最大的耐盐、抗旱的疏叶骆驼刺的生长范围，已由 20 世纪 80 年代的 220 万亩，减至目前的 160 万亩，其中 90 万亩为生长不良状态。曾栖息生存于该湿地分布区的众多国家一、二类重点野生保护动物，如 1909 年艾丁湖及周边栖息着白黑鹳、大小天鹅等 18 种鸟类，以及鹅喉羚等 12 种兽类，目前基本绝迹。

（4）最严格水资源管理制度的"三条红线"控制指标已分解至县（区），但地下水生态功能情势仍然不乐观。艾丁湖流域所在的吐鲁番市，已实施多年最严格水资源管理制度，包括"三条红线"控制指标分解至县（区），以及全力建设节水型社会，灌溉水利用系数从 0.5 提高至 0.7 以上；地表水资源直接配置到经济社会需水量大和生态脆弱区域，全方位减缓和修复艾丁湖湿地分布区地下水生态退变情势。但是，即使全面实施压采、各种节水措施和最严格水资源管理措施，至 2035 年艾丁湖流域下游一些绿洲区地下水位仍呈下降特征，地下水生态功能退变情势难以出现根本性扭转。

2. 石羊河流域

石羊河流域位于甘肃省河西走廊的东部及祁连山北麓，西以大黄山-马营滩与黑河流域为界，东以乌鞘岭-毛毛山-老虎山与黄河流域为界，地理坐标为 $101°22' \sim 104°04'E$、$37°07' \sim 39°27'N$。在行政区划上，石羊河流域涉及 4 个地级行政区的 9 个县，包括武威市古浪县、凉州区和民勤县，金昌市，张掖市肃南县、山丹县和白银市景泰县的部分地区，流域面积为 4.16 万 km^2。

石羊河流域地势呈南高北低、自西向东北倾斜特征，南部为祁连山地，中部是走廊平原区，北部是低山丘陵区和荒漠区。该流域南部祁连山地海拔为 2000 ~ 5000m，山脉呈西北-东南走向。中部走廊平原区被东西向龙首山东延的余脉韩母山-红崖山-阿拉古山分割为南、北两个盆地（图 1.2），其中南盆地包括武威盆地、大靖盆地和永昌盆地，海拔为 1400 ~ 2000m；北盆地包括民勤盆地和金川-昌宁盆地，海拔为 1300 ~ 1400m，最低点——白亭海的海拔仅 1020m（已干涸）。北部低山丘陵区为趋于平原荒漠化的低山丘陵区，海拔小于 2000m。

2007 年实施了《石羊河流域重点治理规划》，中游蔡旗断面下泄水量达到了预期目标。至 2019 年，曾干涸的青土湖湿地水域面积达 20km² 以上，地下水位埋深回升至 2.94m，林草覆盖率由 20% 恢复为 30% 以上，"沙进人退"的态势得到遏制。

石羊河流域地下水合理开发与生态保护，主要面临如下 4 个方面情势。

（1）石羊河流域下游自然生态退变情势，尚未根本性扭转。该流域下游天然绿洲保护区，东、西、北三面被腾格里和巴丹吉林沙漠包围，其中绿洲面积仅占 9.66%，沙漠和荒漠化面积占 90.34%。青土湖湿地等天然绿洲是遏制腾格里和巴丹吉林两大沙漠合围、防止河西走廊东部地区沙漠化的重要天然生态屏障。但是，该区地下水功能尚未整体有效恢复，生态保护与维系的良性机制尚未深化建立，自然湿地水域面积尚未根本性稳定修复，波动变化仍然较大。

（2）90% 以上的自然生态退化问题与水土资源没能合理开发利用有关，灌溉农田规模过大是主要动因。1970 年以来石羊河流域气候变化、水土资源利用和地下水动态变化数据

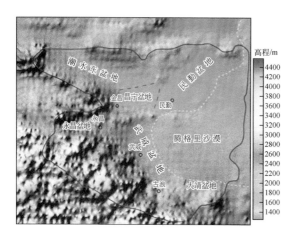

图 1.2　石羊河流域地貌及灌区分布特征

蓝色线为流域界线；黄色线为沙漠界线；黑色虚线为盆地界线

表明，由于大规模开荒造田，长期大规模拦蓄引出山地表径流水量，导致平原区地下水位不断下降和天然绿洲面积不断萎缩；每增加 1.0hm² 的灌溉耕地，天然绿洲面积减少 1.35 ~ 2.07hm²。与 1970 年相比，2017 年该流域灌溉耕地面积增加 1200km²，天然绿洲面积减少 1850km²。

（3）干旱区独特的气候条件，决定了"没有灌溉就没有农业"。随着灌溉农田规模不断扩展，90% 以上的流域地表水被引入农田，但依然不能满足灌溉用水需求，由此农业开采量不断增大，加剧了平原区地下水位下降程度，流域水平衡遭遇根本性破坏，致使下游区地下水生态功能呈现危机（长期失效）。监测数据表明，来自上游下泄补给下游区的水量，由 20 世纪 50 年代的 5.98 亿 m³ 至 2002 年减少为 0.85 亿 m³；民勤县城区地下水位埋深由 1998 年的 21m 左右下降至 2017 年的 33m，坝区和泉山两个灌区的地下水位埋深由 1998 年的 15 ~ 17m 下降至 2017 年的 27 ~ 29m。目前，有些区域地下水位下降趋势仍未根本性扭转；以现状调入生态输水规模，完全修复下游区自然生态至 70 年代初境况，需要 50 年，甚至百年以上。

（4）生活及生产等民生用水规模远超过天然水资源承载力，需要战略层面重大调整。石羊河流域下游区天然绿洲生态系统退化，是该流域中、上游区长期大规模拦截应下泄补给下游区的出山地表径流水量，以及当地长期超采地下水的必然后果。因此，实现"人与自然和谐发展"共赢的生态文明建设目标，需要有序修复下游区地下水生态功能，确保浅层地下水位恢复至"适宜生态水位"范围，战略性重大举措是必要条件。

1.1.2　西北内陆区地下水合理开发及生态保护面临主要问题

从新疆艾丁湖流域和甘肃石羊河流域地下水开发与生态保护面临的情势可见，西北内陆区地下水合理开发及生态保护面临的主要问题，集中表现在 5 个方面。

1. 天然水资源匮乏性

（1）西北内陆的新疆、青海、甘肃和内蒙古西部，由于降水少，蒸散发强烈，所以，水资源和平原区地下水补给的水源匮乏，以至那里水资源可利用的数量，包括地下水开采资源量十分有限（图1.3）。在我国西北内陆区，由于特殊地理位置，降水量主要集中在高山地区，各流域（盆地）平原区，尤其下游区干旱少雨，降水量一般不足150mm；空间上，自各流域上游山区至下游平原区，年降水量呈现逐渐减少的分布特征，如在塔里木盆地，山地年降水量为200~500mm，盆地边缘为50~80mm，盆地中心（下游）不足20mm；在柴达木盆地，东部年降水量为50~150mm，盆地西部为10~30mm；在河西走廊，自祁连山山前至西北部下游平原区，年降水量由350mm降至不足30mm。从总体上看，西北内陆各流域的天然雨水资源匮乏，而蒸散发耗水能力较强，其中新疆地区的多年平均蒸发量为1500~2200mm，干旱指数为1.0~82.5；青海地区的多年平均蒸发量为800~1600mm，干旱指数为1.5~50.3；甘肃地区的多年平均蒸发量为700~3000mm，干旱指数为1.5~16.9；内蒙古西部地区的多年平均蒸发量为1900~2400mm，干旱指数为8.0~30.2。

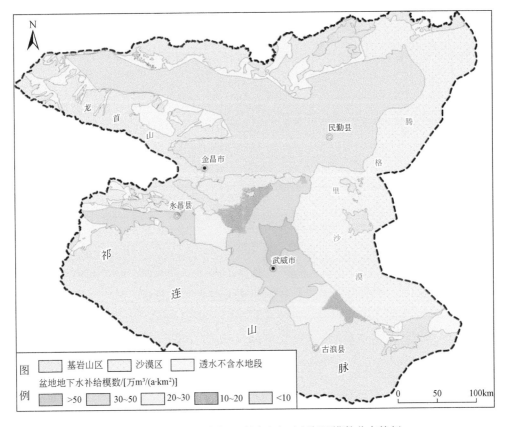

图1.3　石羊河流域盆地平原区地下水资源模数分布特征

（2）西北内陆区地下水天然补给资源贫乏，难以同时承载现状生活、生产等民生用水规模和自然生态修复需水规模的共赢目标。西北内陆各流域（盆地）平原区降水少，所以平原区地下水更新与补给的水源主要依赖上游山区降水和冰雪融水形成的出山地表径流补给，其中在枯水季节（非雨季）以上游区地下径流溢出形成的出山地表水补给为主，在夏季（雨季）以上游区雨水和冰雪融水形成的出山地表水补给为主（陈梦熊，1997；刘华台和郭占荣，1999；张光辉等，2005a，2005b，2005c，2006，2009；李相虎，2006；蓝永超等，2007，2008；王晓玮等，2017，2020）。从天然地下水资源模数（即每平方千米的天然地下水资源量）来看，新疆平原区的 5.80 万 $m^3/(km^2 \cdot a)$ 仅为北京平原区模数的 15.22%、天津平原区模数的 35.85% 和河北平原区模数的 40.17%；青海平原区的 9.34 万 $m^3/(km^2 \cdot a)$ 仅为北京平原区模数的 24.51%、天津平原区模数的 57.73% 和河北平原区模数的 64.68%；甘肃平原区的 4.84 万 $m^3/(km^2 \cdot a)$ 仅为北京平原区模数的 12.70%、天津平原区模数的 29.91% 和河北平原区模数的 33.52%；内蒙古西部平原区的 3.43 万 $m^3/(km^2 \cdot a)$ 仅为北京平原区模数的 9.01%、天津平原区模数的 21.20% 和河北平原区模数的 23.75%（表 1.1）。换言之，对比水资源严重紧缺的华北平原，新疆、甘肃等内陆域平原区的天然地下水资源模数仅为华北平原的 12.70% ~ 40.17%，那里的天然地下水资源匮乏性十分突出。

表 1.1 西北内陆不同地区地下水天然资源匮乏特征

西北内陆的不同地区	西北内陆不同地区天然地下水资源匮乏状况				对比区的天然地下水资源模数	
	资源模数 /[万 $m^3/(km^2 \cdot a)$]	占对比区资源模数的比率/%			对比区	资源模数 /[万 $m^3/(km^2 \cdot a)$]
		北京平原区	天津平原区	河北平原区		
新疆平原区	5.80	15.22	35.85	40.17	北京平原区	38.11
青海平原区	9.34	24.51	57.73	64.68	天津平原区	16.18
甘肃平原区	4.84	12.70	29.91	33.52	河北平原区	14.44
内蒙古西部平原区	3.43	9.01	21.20	23.75	三区平均	22.91

注：基础数据引自张宗祜等，2005。

2. 自然生态对地下水强烈依赖性

在西北内陆区，各流域中、下游自然湿地和天然植被绿洲对地下水（潜水）的水位埋深具有强烈依赖性（张光辉，2002；金晓媚，2010；陈晓林等，2018；曹乐等，2020；张阳阳等，2020；张云龙等，2020；王金哲等，2020a，2021；梁珂等，2021；刘深思等，2021；翟家齐等，2021；周蕾，2021）。由于那里的气候干旱、少雨，当地自然湿地和荒漠天然植被绿洲生态状况与地下水的水位埋深状况和变化密切相关。当地下水位埋深大于湿地或天然植被"极限生态水位"深度时，若长期（数月以上）没有人工调水补给，不仅自然湿地的水域面积发生大规模萎缩，甚至干涸，而且天然植被可能会严重退化，甚至死亡。

3. 下游水源保障脆弱性

在西北内陆区，人口聚集、基本农田和主要经济产业主要分布在各流域的中游区，占流域相应指标总量的 75% 以上，黑河等流域高达 90% 以上，包括人口数量和用水规模等，对上游山区出山地表径流水量的分配和使用占有主导控制性，不仅制约了下游平原区水资源和地下水补给的数量，而且还制约下游区地下水位埋藏与变化状况，影响地下水生态功能情势。换言之，下游区自然湿地和天然植被绿洲的生态情势或退变危机如何，很大程度上取决于中游区用水规模占流域总水资源量比率的大小和年内逐月用水量分配占比状况（张光辉等，2005a，2006；姜生秀等，2019；曹国亮等，2020；褚敏等，2020；冯博等，2020）。在年内，各流域中游区各月用水量占出山地表径流水量的比率越大，下游区地下水生态功能缺水的程度越高，自然湿地和天然植被绿洲生态加剧退化的风险越大。

4. 干旱气候制约不可逆性

从千年、百年尺度的气候变化来看，近 50 年以来西北内陆区处于降水偏枯、气温偏高时期（施雅风，1995，1996；张光辉等，2005a；李相虎，2006；刘煜等，2008；蓝永超等，2008；王乃昂等，2012；谢鹏宇，2018）。基于百年或 50 年尺度的平均降水量，现状的西北内陆各流域总水资源量是难以支撑清朝及其以前各时期的自然湿地规模的（图1.4），且那时的人口数量和灌溉农业规模等都远小于现状。区域降水、气温等气候条件决定着西北内陆各流域总水资源承载能力，支撑经济社会发展用水和维系自然生态需水的合计规模，应小于各流域水资源承载能力，否则，人与自然之间和谐度必然遭受不良影响。在西北内陆区，由于天然水资源匮乏，流域水资源及地下水承载自然生态之外的用水规模是十分有限的。当各流域人口数量和经济生产用水规模超过水资源承载能力时，必然挤占维系自然生态的水量。李相虎（2006）通过"近 2000 年以来石羊河流域水资源演变及影响因素"研究表明，近 2000 年以来石羊河流域多年平均水资源量的适宜承载人口数为 30 万人；在过去的 2000 多年中，但凡超过 30 万人口的时期，下游区天然绿洲规模都会受到不同程度的负面影响。石羊河流域自然湿地的水域面积明显增大的几个时期，都是降水量显著增多的时期（图1.4、图1.5）。

在 10000 ~ 6700a B. P.，石羊河流域下游区湿地的水域面积最小规模为 1830km²。当时多年平均降水量是现代年降水量的 3 ~ 5 倍。4100a B. P. 之后，百年尺度的多年平均降水量不断减少，石羊河流域下游区湿地的水域面积不断萎缩。

在西汉及其之前、东汉至唐朝中期等两个时期，石羊河流域降水充沛，下游湿地水域面积较大，并较稳定（施祺，1999）。公元 100 ~ 800 年处于冷湿期，降水较充沛。公元 800 ~ 1350 年，石羊河流域降水处于持续减少状态，经历了长达 500 多年干旱区，下游湖泊湿地的水域面积大幅萎缩。自 1350 年以来，该流域降水量逐渐增大，其中 1550 年、1750 年前后分别达到近 2000 年以来的高降水期。自 19 世纪以来，石羊河流域处于持续暖干化过程中（图1.5），承载经济社会发展和维系自然生态的流域水资源承载能力进一步衰减，同时，具备挤占生态需水属性的民生用水规模则远远大于水资源量的适宜承载人口数阈值，且短时期难以逆转，干旱气候制约具有不可逆性。

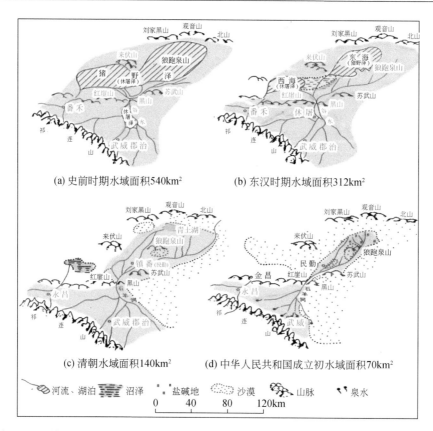

(a) 史前时期水域面积540km²　　　　(b) 东汉时期水域面积312km²

(c) 清朝水域面积140km²　　　　(d) 中华人民共和国成立初水域面积70km²

图 1.4　石羊河流域自然湖泊湿地和天然植被绿洲规模演变特征（据李相虎，2006 修改）

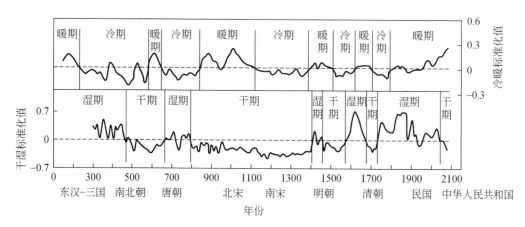

图 1.5　近 2000 年以来石羊河流域气候冷暖干湿变化阶段特征（据李相虎，2006 修改）

5. 生态修复艰难性

在西北内陆的艾丁湖流域、黑河流域和石羊河流域等，都已实施各种节水技术与措施和最严格水资源管理制度，包括地下水超采治理和生态修复等规划（李丽琴等，2019；褚敏等，2020；徐晓宇等，2020；王晓玮等，2020；王金哲等，2021）。但是，由于各流域人口数量、经济社会发展规模及其所需用水量都已超过流域水资源承载能力，形成"历史欠债"，在确保流域经济社会稳定和生活基本安居前提下，各流域水资源基本没有过多剩余量供给修复下游区自然生态和地下水生态功能。即使充分考虑可能的人工调水补充生态需水，也尚难在短时期（不大于 10 年）内根本性解决水资源短缺、生态水被大量挤占问题。唯有立足于"百年有序修复战略"，在"人与自然和谐发展"共赢理念指引下，通过实施"维系社会稳定与生态安全，促进人与自然和谐度提升"，随着经济社会生活、生产模式不断进步，历经较长时段（不小于 50 年）"全方位节水型社会"建设和有序人工调入补水，逐步实现自然生态区地下水生态功能全面修复，促进人与自然和谐发展的水平达到"生态文明"的要求。

1.1.3　西北内陆区地下水合理开发与生态保护必然需求

在气候干旱、天然水资源匮乏的西北内陆区，将自然湿地和天然植被绿洲修复至与当代生态文明建设要求相符的状态，实现全方位、全地域和全过程的生态文明建设预期目标，必须根本性地解决区域地下水超采和全面修复地下水生态功能的保障机能，具体体现在如下 4 个方面。

（1）实现尊重自然、顺应自然和保护自然的新时代生态文明建设要求，是必然前提。既需要充分认清西北内陆各流域天然水资源匮乏的现实、地下水严重超采和自然生态退化治理非短期能根本性扭转的现状，又需要充分认知解决经济社会用水与自然生态需水之间冲突性矛盾具有长期又艰难性，实现"人与自然和谐发展"需要时间和过程，尤其治理"历史欠债"的地下水严重超采，进而全方位修复地下水生态功能，不断提升干旱区自然生态保护与管控能力。

（2）在西北内陆区，各流域天然水资源的数量已难以全面满足现状当地经济社会发展用水规模和自然生态修复需水规模。即使人工调水规模不断增大输供，也难以永续确保当地生活、生产发展不断增长的用水需求，同时，又满足地下水超采治理、自然湿地和天然植被绿洲修复与保护的需水规模。因此，必须在水资源天然性匮乏和流域水平衡约束下，合理确定经济社会发展所必需的极小用水规模，以及其与自然生态修复需水规模之间的和谐阈值，包括自然湿地、天然植被绿洲修复的极小需水规模和地下水生态功能修复的底线补给水量，并科学地建立不同水文年情景下民生用水系统与自然生态用水系统的制度性配置阈值指标体系。

（3）自然生态修复与保护规模，必须是极小，且十分必要。配置用于自然生态修复与维持的生态水量的大小，规划前提必须认清流域天然水资源匮乏、可用于自然生态修复的水源潜力有限，应以确保相应的自然生态区得以可持续发展为根本，避免半途而废；充分考虑到遭遇流域性降水连年偏枯情势的应急生态水量，这应是规划配置中必须和必要的选项。因此，应明确各流域下游区自然湿地和天然植被绿洲退化修复到什么程度（规模）、最低维持什么样规模，以及如何实现地下水生态与资源功能危机的分区分级预警和精准管控。

（4）西北内陆区地下水合理开发及生态保护，亟需研发适宜西北内陆区地下水生态功能退变危机分区分级预警与管控的支撑技术体系，包括：①西北内陆各流域中、下游自然湿地和天然植被绿洲分布区地下水生态功能退变危机"渐变—质变—灾变"演进机制；②科学回答压采之后地下水位需要恢复到什么程度和构建什么样的监测–预警与管控技术支撑体系。

1.2 西北内陆区地下水合理开发与生态保护战略目标

1.2.1 已实施规划中目标

1. 石羊河流域规划中目标

《民勤生态建设示范区规划》（2018 年）明确：在石羊河流域，确保民勤不成为第二个罗布泊，塑造新时代干旱绿洲人水和谐关系。

具体目标：

（1）青土湖水域面积基本维持现状规模，至 2035 年，在有调入生态输水情况下，民勤盆地地下水开发利用量由现状的 0.86 亿 m^3 减少为 0.60 亿 m^3 以内。

（2）至 2035 年，在有调入生态输水情况下，绿洲区地下水的平均水位埋深实现年均升幅 0.2m。

（3）智能化生态监管能力逐步发展到国内一流水平，达到国际先进水平。

2. 艾丁湖流域规划中目标

《新疆用水总量控制方案》（2018 年）明确：在艾丁湖流域，将人工绿洲和下游天然植被区地下水位维持在合理的生态水位范围内，减缓下游区疏叶骆驼刺天然植被生态系统退化趋势，保障艾丁湖自然湿地的入湖水量。

具体目标：

（1）《艾丁湖生态保护治理规划》（2018 年）明确：保护艾丁湖生态系统的基本功能，保证艾丁湖生态系统不崩溃，维持现有的 176 万亩的天然植被（主要是骆驼刺盐生草甸）面积不退化，并保障一定的艾丁湖水面面积。

（2）《吐鲁番市用水总量控制实施方案》（2018 年 9 月）明确：至 2030 年，艾丁湖流域用水总量由现状（2017 年）的 13.22 亿 m^3 降低至 10.81 亿 m^3。

（3）《吐鲁番市地下水超采区治理方案》（2018 年 9 月）明确：现状地下水供水量为 7.87 亿 m^3，2030 年地下水供水量控制在 4.03 亿 m^3，全面实现地下水水量采补平衡。

1.2.2 理性战略目标

1. 生态修复与保护供水保障目标

（1）将超采导致地下水生态功能失效，并已造成西北内陆流域中、下游自然湿地或天然植被绿洲生态严重退化而亟需修复的需求作为主要目标，同时，兼顾防控自然湿地周边农田盐渍化加剧的需求，规划确定自然生态修复与保护规模应遵循必需、有限和可持续的准则。

（2）自然湿地和天然植被绿洲修复与保护的规模，首先应满足具备根本性抵御沙漠扩展侵害和防控土地进一步荒漠化的要求；其次是用于自然生态修复的供水量和维系自然湿地生态的基流量应遵循极小、永续和经济合理的准则，包括人工调入水量具可持续性和经济可承受。例如，未来 15 ~ 30 年，石羊河流域下游青土湖湿地水域面积（非汛期）不大于 26.6km^2；艾丁湖流域下游自然湿地水域面积（非汛期）不大于 60km^2；自然湿地的水域保护区边界处地下水年均水位埋深不大于 3.0m。

（3）应明确自然湿地修复与永续保护所需的补给水量（$B_{sw\text{-}min}$）和最低修复年数（n_{xf}）。基于自然湿地修复与保护的"适宜生态水位"（埋深）不大于 3.0m 的阈值，按照维系极小水域面积（$S_{sd\text{-}min}$）的准则，估测自然湿地恢复与维系的极小生态水量（$B_{sw\text{-}min}$）；以 $S_{sd\text{-}min}$ 的水域面积和 2021 年该区地下水的实际水位埋深（h_0）为基础，估算自然湿地恢复至 $S_{sd\text{-}min}$ 规模下需要修复超采造成的水位差（$= h_0 - 3.0$）对应的需水总基量（$W_{sw\text{-}gn}$），即地下水生态功能全面修复所需总的基本水量。根据现状每年可稳定供给地下水生态功能修复的水量与 W_{sw} 之关系，估算自然湿地区地下水生态功能合理修复的时限（n_{xf}），不应大于 50 年，力争 2035 年前实现。

2. 经济发展社会安定供水保障目标

（1）以当地人口数量的极大值作为基数，按最低生活用水量标准和最低生活所需农副产品、公共用水基量进行测算，估测流域保障经济发展社会安定的最低需供水量（$A_{jw\text{-}min}$）。

（2）$A_{jw\text{-}min}$ 值应作为在无人工调入水量条件下流域天然水资源（W_{tc}）支撑的经济社会用水（A_{jw}）最大值，它与天然生态用水（B_{sw}）之和必须小于 W_{tc}，才能实现流域水平衡。若 W_{tc} 与 A_{jw} 之间差值（ΔW_{sw}）小于 B_{sw} 值，且 $W_{tc} > A_{jw}$，则需要进一步调减 A_{jw} 量，直至 ΔW_{sw} 大于或等于 B_{sw} 值。若 $A_{jw} > W_{tc}$，则确定 A_{jw} 为不合理。A_{jw} 值应呈递减或零增长，鼓励或激励 A_{jw} 值负增长，直至达到规划预期目标。

（3）A_{jw} 值的缺口首先应通过产业结构调整加以合理解决，包括控减灌溉农田规模、提高农田用水效率和浅埋区减蒸–微咸水合理智控利用等，辅以适度的人工调水举措。若仍然不能满足 A_{jw} 值的缺口，唯有通过经济社会用水结构重大调整，实现压减 A_{jw} 缺口水量，满足（1）和（2）要求。

（4）当遭遇连年大旱（降水特枯水，上游出山区地表径流锐减 50% 以上）极端情势，应启动战略应急备用地下水水源地，在年可动用的应急水量（W_{yj}）内，应按照应急最低需水的标准保障供水，保障能力不应低于 6 个月。应急开采之后的 3 ~ 5 年内，除正常年份的配水额度之外，需充分利用流域上、中游降雨丰水期提供的机遇，通过战略应急水源地的涵养工程，足额回补应急水量（W_{yj}）。

3. 地下水保障能力修复目标

（1）2025 年之前，在确保维持现有规划目标的需水前提下，当人工调入水源较充沛时，应尽最大可能增大下游自然湿地保护区地下水系统回补水量，加快自然生态保护区地下水生态功能修复达标的进程；杜绝将人工调入水源作为支持扩大再生产的用水增量条件，切实认知西北内陆区天然水资源天然性匮乏的瓶颈制约性。

（2）2026～2035年，以修复和重构合理规模且具备根本性抵御沙漠侵入能力的自然湿地或天然植被绿洲等生态系统为主要目标。至2035年，除极端干旱年份的低水位期之外，实现自然湿地保护区水域范围内地下水（潜水）水位埋深普遍小于3.0m的生态修复基本目标，确保地下水维持自然湿地的生态功能得以根本性修复，并初具抵御偏枯水年份干旱气候影响的能力，维系枯水年自然湿地不常年干涸，避免演变成荒漠化灾害。

（3）2035年之后，自然湿地所在的流域具备水平衡与自我调节功能，地下水储存资源的应急保障能力实现区域性修复，能够支撑所在流域75%以上的人口生活和必要生产应急用水。流域地下水生态功能全面修复，具备全方位抵御极端干旱事件的承载能力，能够维系连续2～3年干旱气候下自然湿地生态不出现"灾变"退化情势。在一般水文年份，即使没有外域调入水量，地下水生态功能也具备维系自然湿地生态全时域安全的能力。

（4）2025年前，初步建成基于大数据和实时监测的自然湿地分布区水域面积、天然植被生长与覆盖状况，以及保护区范围地下水生态功能情势的监测-预警与管控智能支撑技术系统；至2035年，全面构建和运行生态保护区地下水生态功能情势的监测-预警与管控智慧支撑技术系统。

1.3 自然地理环境与气象水文概况

1.3.1 典型流域自然地理特征

西北内陆区地处干旱、半干旱地带，且多为内流盆地，包括甘肃河西走廊、新疆准噶尔盆地、塔里木盆地和青海柴达木盆地等，面积超过250万km²，相当于我国陆地面积的1/4。在盆地周围矗立着阿尔泰山、天山、祁连山、昆仑山、阿尔金山和贺兰山等高大山系，它们一方面阻挡了水汽向盆地内迁移，造成盆地气候干旱，以至盆地内年降水量仅50～200mm，而蒸发量高达2000～3500mm，形成干旱、半干旱气候环境；另一方面这些高大山系也拦截了气流中的湿气，承受着较多的降水，山区年降水量达400～800mm。由此形成自上游山区至下游平原（盆地）的半湿润、半干旱至干旱明显的气候分带特征。

在西北内陆区，有限的水资源主要分布在几个大型内流盆地。在各流域内，由多个不同规模盆地并联，或上、下游串联分布，水资源时空分布极不均匀，下游区自然生态环境极为脆弱；各流域分别构成各自独立的水循环系统，决定了天然水资源分布和地表水与地下水多次转化的循环过程。固态（冰雪）、气态（大气水）和液态（降水、入渗水）水在山区、山前带、盆地（绿洲与沙漠），以及地表、地下浅部、地下深部三维空间中或之间运动和转化，构成不同尺度的水循环系统，并与生态环境、土地环境和人文环境密切相关，决定着水资源时空变化规律和地下水更新性，以及与自然生态密切相关的地下水生态功能状况。在山区，冰川广泛分布，冰雪资源丰富，冰雪融水与高山降水相汇合形成地表径流，向盆地汇集；在下游区，干旱少雨，蒸发强烈，生态环境脆弱。在上、下游之间的中游区，是人工绿洲、人口聚集和社会经济的主要分布区，也是人类活动需用耗水的主要地区。

1. 甘肃河西走廊主要流域

在西北内陆河西走廊的石羊河、黑河等主要流域，上游为祁连山区，海拔在1500m以上，年降水量为350~500mm，水资源丰富，生态环境处于自然态特征；人类活动影响较小，人口及经济产业较少，占流域总量的比率不足3.0%。中游区为祁连山前盆地区，一般由多个盆地并联组成，海拔1500m以下，年降水量为150~350mm，水资源相对丰富，尤其地下水资源主要富积赋存于祁连山前冲洪积平原带；人口及经济产业高度聚集，占流域相应总量的70%~90%，人类活动影响强烈，生态环境以人工绿洲为主，即灌溉农田分布规模较大。下游区一般为独立于中游区的盆地，主要由自然绿洲和荒漠平原组成，海拔在1300m以下，年降水量小于150mm，下游盆地与中游盆地之间地下水系统基本没有直接的水力联系，主要通过地表径流建立联系，天然水资源十分匮乏，尤其地下水；人口及经济产业较少，占流域总量的比率不足10%，但是受中游区大规模拦截出山地表径流水量的被动影响较大，自然生态环境十分脆弱，已成为我国北方沙尘暴物源区之一。

1）石羊河流域

石羊河流域地势为南高、北低，自西向东北倾斜，呈现明显的分区分带特征。流域的南部为祁连山区，海拔为2000~5000m，是石羊河流域的上游区，是该流域内降水量最多的分区，人类活动影响较小，生态环境为自然态特征；流域的中部是祁连山前平原（盆地），是石羊河流域的中游区，海拔为1400~2000m，主要由武威盆地、永昌盆地和大靖盆地等组成，降水量小于350mm，人类活动影响最为强烈，该流域的城镇、人口和经济产业主要分布在该区，生态环境以灌溉农田等人工绿洲为主；流域的北部是低山丘陵区和荒漠区，也是自然湿地主要分布区，是石羊河流域的下游区，海拔为1020~1400m，主要为民勤盆地等，降水量小于150mm，天然水资源极为贫乏，自然生态环境极为脆弱。下游的民勤盆地与武威等中游区盆地之间被东西向龙首山东延的余脉韩母山-红崖山-阿拉古山分割，彼此之间地下水系统基本没有直接水力联系。

石羊河属于内陆河，位于甘肃河西走廊东段。上游为山区性河流，支流有古浪、黄羊、杂木、金塔、西营、东大和西大河等，它们汇集了祁连山东段冷龙岭、乌鞘岭、毛毛山以北山区的冰雪融水和降水，年径流量达17亿m³；山区各支流在出山时，切穿山岭，形成子峡谷，现今多为水库拦蓄。石羊河出山之后，进入中游区走廊平原（武威等盆地），河道在冲洪积扇上多呈放射状，地表径流过程中渗漏补给地下水，以至局部河段河水断流；在冲洪积扇前缘，地下潜流溢出，形成泉群，这些泉水又汇集成洪水、白塔、羊下坝和海藏等河流，这些由泉水汇集的河流由武威市北流，汇成石羊河，然后，流入下游盆地。在下游民勤盆地由地下水溢出泉汇流形成的河流，被称为"石羊河"；石羊河再向北流，经过红崖山水库，进入民勤绿洲，然后流入尾闾湖区——古休屠泽（青土湖及白亭海）。石羊河长为162km，年径流量为5.17亿m³，主要由地下水补给，夏季暴雨山洪补给占较大比例。由此可见，石羊河是该流域下游自然湿地和天然植被绿洲的水源泉。

2）黑河流域

黑河发源于青海省祁连山区，由山区降水、地下水和高山冰雪融水补给而形成。自南向北流入甘肃省，分为东、西两支，东支称为黑河，为主干流，西支称为讨赖河，分别穿越中游区走廊平原的张掖、酒泉等盆地。黑河通过山前洪积扇带，地表径流强烈入渗、散失；然后，在冲洪积扇裙前缘以泉水形式溢出，补给地表径流。在甘肃省营盘附近，黑河与讨赖河汇流之后，流入下游，经金塔盆地进入额济纳旗盆地（属于内蒙古自治区），改称额济纳河（弱水），注入下游的尾闾湖——居延海。

根据区域地理特征与环境差异，黑河流域划分为上、中、下游 3 个部分。从祁连山源头至出山口附近的莺落峡为上游，是地表径流形成区；从莺落峡至走廊“北山”出口处的正义峡为中游，是地表径流散失区与地下溢出再形成区；正义峡以下为下游，是径流损耗与自然湿地生态分布区。

2. 新疆典型流域

1）塔里木河流域

发源于南天山的阿克苏河、发源于西部帕米尔和天山西段山地的喀什噶尔河、发源于帕米尔高原和喀喇昆仑山的叶尔羌河，以及发源于昆仑山中段的和田河等，这些河流在阿瓦提县肖夹克附近汇流之后，统称为“塔里木河”，该河流自西向东，流经尉犁、转向东南，注入台特玛湖自然湿地。

塔里木河流域从山区至台特玛湖，穿越了一系列地貌单元，包括阿克苏河冲积平原、喀什噶尔河冲积平原、叶尔羌河冲积平原、和田河山前倾斜平原和塔里木河冲积平原，按区域地理特征与环境差异，塔里木河流域也呈现上、中、下游分区。从源头至出山口的山区为上游区，是地表径流形成区；自诸河出山口至河流汇集点为中游区，是地表径流散失区与地下溢出再形成区；塔里木河冲积平原为下游区，是径流损耗与自然湿地生态区。

2）艾丁湖流域

艾丁湖流域位于新疆维吾尔自治区东部的吐鲁番盆地，地势为西北高、东南低、中间注，是一个较大型山间拗陷盆地。吐鲁番盆地被火焰山分割为北盆地和南盆地（图 1.6）。北盆地平原区的海拔为 100~1200m，地势是北部高、南部低，地形坡度为 0.8%~3.0%，呈东西走向的狭长带状，面积为 4900km²。南盆地平原区海拔为-154.3~1500m，地势南北高、中部低，地形坡度为 0.3%~2.0%，是呈东西走向的狭长盆地，地形以海拔最低点的艾丁湖为中心呈环状分布，面积 7100km²。

艾丁湖流域内的 14 条河流大多为季节河，流程短、水量小；发源于该流域西部喀拉乌成山的阿拉沟河和白杨河常年有水，其中乌斯特沟河注入阿拉沟河，克尔碱河注入白杨河。吐鲁番盆地南部的觉罗塔格山地，极干旱，无河流发源。吐鲁番盆地气候极度干旱，雨水极少，水流自然移运物的能力极差，故盆地内堆积物少。在第四次新构造运动中，盆地中部形成由东向西的火焰山，其阻隔作用使得山南河流冲积物堆积较少，因而该区处于海平面之下。盆地的最外一环由高山组成，北面横亘着博格达山，终年白雪皑皑；南边有库鲁克塔格山，西面有喀拉乌成山，东南有库木塔格山。盆地的中环，是长期风化剥蚀物

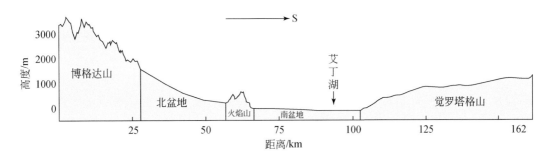

图 1.6　艾丁湖流域（吐鲁番盆地）地势架构特征

由流水搬运下来的戈壁砾石带。盆地的第三环带，是具生命力的绿洲平原区，属于山倾斜平原，堆积着大面积细土质冲积物，因火焰山横卧在盆地中央，使地下水（潜水）水位抬高，在山体的南北缘形成一个溢出带，造就了南、北两部分绿洲。

1.3.2　气象水文概况

1. 降水量空间分布特征

西北内陆区距海遥远，再加上山地和高原对湿润气流阻挡，导致该区降水稀少，气候干旱，大部分地区为温带大陆性气候和高寒气候，冬季严寒而干燥，夏季高温又少雨，年降水量自东向西呈递减趋势，自东部的 400mm 左右，至西部减少为 200mm，甚至有些流域下游区年降水量不足 50mm。吐鲁番盆地（艾丁湖流域）是全国夏季最热的地区，艾丁湖流域托克逊地区为全国降水最少地区。

从年均降水量来看，在西北内陆区，大部分流域平原区降水较少，而且流域南部降水多于北部，东部降水多于西部，山地降水多于盆地（河谷）。甘肃省除庆阳、甘南和天水地区降水较多，大部分地区降水量在 400mm 以下，其中河西走廊的石羊河流域、黑河流域和疏勒河流域的平原区年降水量都在 200mm 以下。青海省内陆大部分地区年降水量在 400mm 以下，且从东南部向西北部递减。其中，柴达木盆地年降水量不足 200mm，冷湖仅为 15.4mm，是青海省年降水最少的地区。新疆是西北地区降水最为稀少的地区，也是全国最为干燥的地区，一般年降水量在 200mm 以下，其中北疆平原区年降水量为 150 ~ 200mm，少数山区年降水量为 400 ~ 600mm；南疆平原区年降水量不足 70mm，其中若羌地区年降水量只有 15.6mm，吐鲁番盆地的托克逊仅 4mm。

在西北内陆区的较大流域，降水量主要集中高山地区，各流域平原（盆地）区，尤其下游区年降水量一般不足 50mm，呈现自上游山区至下游自然湿地分布区的年降水量明显递减特征。例如，在塔里木盆地，山地年降水量为 200 ~ 500mm，盆地边缘年降水量为 50 ~ 80mm，盆地中心（下游）年降水量为不足 20mm。在河西走廊的三大流域，自祁连山前至西北部下游平原区，年降水量由 350mm 降至 30mm 以下。在柴达木盆地，东部年降水量为 50 ~ 150mm，盆地西部年降水量为 10 ~ 30mm。但是，西北内陆区蒸发力较强，其中新疆地区的多年平均蒸发量达 2200mm，甘肃地区的多年平均蒸发量达 3000mm，内蒙古西部地区干旱指数大于8.0~30.2。

2. 降水量年内变化特征

在西北内陆区,降水主要集中在夏季,自南至北、从东南向西北,降水集中的程度增大,一般占年降水量的50%~60%,甘肃的老东庙和青海的冷湖等地区夏季降水量占该地区年降水量的70%左右,是夏季降水最为集中的地区。新疆地区降水集中于夏季的现象不突出,一般只占全年降水量的40%左右。甘肃东部、北疆和青海玉树、玛多等地区秋季降水多于春季,占年降水量的20%~30%。而河西走廊的石羊河流域、黑河流域和疏勒河流域、南疆和青海的大部地区,春季降水多于秋季,冬季降水最少,大部分地区冬季降水量占年降水量的5%以下。以上降水季节分配的不均匀特征,主要与冬、夏季风及其进退密切相关。西北内陆的东部地区,夏季盛行潮湿的东南风,因而降水较多;西部地区,如新疆则主要靠从西面和北面来的水汽而形成降水,冬季全区盛行干燥的西北风(新疆多偏南或南风),因而降水稀少。在春季,东南季风仍有影响,故降水较多;在秋季,暖湿的海洋空气南撤,常遇高山阻挡,由此产生阴雨天气。

在甘肃河西走廊地区,由西北向东南,年降水量呈现明显的增加趋势,玉门关以西的库木塔格沙漠一带是河西走廊地区降水最稀少区,年降水量不足30mm;东南部的祁连山地段,是降水最多区,年降水量达800mm。沿经纬线方向,降水量总体上呈现自南至北、由东向西减少的趋势特征(表1.2)。

表1.2　河西走廊地区年降水量与气温变化趋势特征

流域	站点	地面高程/m	Kendall秩次相关系数		年降水量、气温变化趋势	流域	站点	地面高程/m	Kendall秩次相关系数		年降水量、气温变化趋势
			降水量	气温					降水量	气温	
黑河流域	张掖	1483.7	0.57	3.05	增加、增加	疏勒河流域	玉门	1527.0	1.07	0.12	增加、增加
	民乐	2271.5	-0.65	2.92	减少、增加		安西	1171.8	1.72	-3.95	增加、减少
	肃南	2311.7	2.04	1.07	增加、增加		肃北	1375.5	0.59	1.44	增加、增加
	祁连	2789.0	3.09	1.97	增加、增加		敦煌	1139.6	0.29	-3.82	增加、减少
	托勒	3368.0	1.17	2.63	增加、增加		昌马堡	2112.0	1.53	-0.95	增加、减少
	山丹	1765.9	0.99	3.95	增加、增加	石羊河流域	武威	1531.9	1.29	1.97	增加、增加
	高台	1332.9	2.41	-0.41	增加、减少		民勤	1368.5	-0.07	2.16	减少、增加
	酒泉	1478.2	0.85	2.11	增加、增加		永昌	1976.5	1.25	1.09	增加、增加
	鼎新	1178.6	0.52	1.93	增加、增加		古浪	2073.2	-0.56	1.71	减少、增加
	莺落峡	1674.0	0.50	1.18	增加、增加		乌鞘岭	3043.9	-1.24	0.84	减少、增加
	正义峡	1995.0	0.99	-0.22	增加、减少		杂木河	1495.0	-1.56	1.58	减少、增加
	额济纳	943.5	-0.08	0.48	减少、增加		阿右旗	1504.0	1.14	2.03	增加、增加

1.3.3　天然水资源概况

1. 地表水资源特征

河西走廊主要流域的地表径流主要形成于上游山区，其中山区降水补给占51.2%、基岩裂隙水（地下水）补给占34.9%和冰川雪融水补给占13.9%。具体到河西走廊各流域，上述比率存在较大差别（表1.3），与气候条件密切相关。例如，在河西走廊西部的疏勒河流域，冰川雪融水补给量占该流域出山地表径流总量的31.8%，降水补给量仅占28.7%；而在在河西走廊东部的石羊河流域，冰川雪融水补给量仅占该流域出山地表径流总量的3.7%，降水补给量则占66.2%。黑河流域地处河西走廊中部，以至冰川雪融水补给量、降水补给量占该流域出山地表径流总量的比率也介于上述两个流域之间，分别为8.2%和57.4%。在河西走廊的3个流域出山地表径流量中，地下水补给量所占比例，自东向西逐渐增大，石羊河流域、黑河流域和疏勒河流域分别为30.1%、34.4%和39.5%。

表 1.3　河西走廊不同流域多年平均出山河流径流量与成组特征

主要流域	主要河流/条	出山径流量/(亿 m³/a)	降水补给量与占比		冰川雪融水补给量与占比		地下水补给量与占比	
			数量	比率/%	数量	比率/%	数量	比率/%
石羊河流域	19	14.69	9.73	66.2	0.54	3.7	4.42	30.1
黑河流域	29	36.74	21.09	57.4	3.01	8.2	12.64	34.4
疏勒河流域	9	19.86	5.70	28.7	6.32	31.8	7.85	39.5
河西走廊	57	71.29	36.51	51.2	9.87	13.9	24.91	34.9

在西北内陆区，较大流域多数河流的径流形成，与河西走廊主要流域地表径流形成规律近同，主要形成于上游山区，天然地表径流的基本构成是由大气降水、冰川雪融水和地下水基流补给组成。但是，由于它们所处的地理位置和气候条件存在差异，所以，它们的具体组成比率也不同（表1.4）。一般说来，流域内冰川雪的分布面积越大，气候越干旱，冰川雪融水补给所占比率越高；中山区冬季积雪到次年春季消融对河流的补给数量，取决于中山区分布面积和降雪量；降水对河流的补给主要发生在中、低山区，与那里面积和降雨量大小相关。山区地下水对河流补给量的多寡，与河流出山口以上集水面积内水文地质条件、包气带厚度和陆表自然植被类型等密切相关。因此，西北内陆盆地各流域河川径流的补给来源具有相同性，也存在各自独特性，高山冰川雪融水和季节积雪融水的补给是西北内陆区各流域天然地表径流（河流）的重要补给水源，仅次于地下水补给和大气降水补给，明显不同于中国北方的其他地区。

表 1.4　西北内陆区部分代表性河流的径流补给比率

主要流域	监测站	不同水源对天然地表径流补给比率/%		
		冰雪融水	大气降水	地下水
昌马河流域	昌马堡	30.0	14.5	55.5
玛纳斯河流域	红山咀	47.0	5.6	47.4
叶尔羌河流域	卡群	53.0	5.5	41.5
格尔木河流域	格尔木	24.0	18.1	57.9
哈尔腾河流域	花海子	41.0	36.1	22.9
平均值		34.08	19.73	46.18

注：引自张光辉等，2005a。

据张光辉等（2005a）统计，阿尔泰山的冰川面积约 130km^2；天山的冰川面积约 9548km^2，主要分布在西段的汗腾格里峰及中段的伊兰哈比尔尕山；祁连山的冰川面积约 2063km^2，主要集中在西段和中段；昆仑山的冰川面积约 10000km^2；喀喇昆仑山的冰川面积约 3000km^2。相对应于这些山区发育的河川径流量中冰川雪融水补给所占比率的规律是：天山冰川雪融水补给占该区年径流量比率较大，其中山区西段占 30%～50%；中段则较少，如乌鲁木齐河仅占 9% 左右；在东段，冰川面积虽然小，但因气候干燥，所以，该区河川径流量中冰川雪融水补给占 50% 左右。在祁连山山区，西段的疏勒河流域河川径流量中冰川雪融水补给占 30% 左右，向东至石羊河流域，逐渐减至 10% 以下。在昆仑山北坡的西段，河川径流量中冰川雪融水补给占 60% 左右。在柴达木盆地境内，高山冰川雪融水补给的比率从西部的 50%，至东部减为 20% 左右。

高山冰川雪融水大量补给河川径流，可体现在河川径流的年际变化和年内分配上。高山冰川雪融水具有多年调节河川径流量的作用，在低温湿润年份，降雨量较大，但热量不足，冰川消融较弱；在干旱少雨的年份，气温较高，冰川消融强烈，造成冰川雪融水的大量释放。冰川雪融水量与降水量之间的这种互补作用，通过地下水基流补给过程具体展现，一方面确保了西北内陆流域主要河流出山口处的年径流量相对稳定，以至 C_v 值较小（表 1.5）；另一方面高山冰川雪融水大量补给河川径流，使得径流的年内分配极不均匀，因为西北内陆区高山冰川雪融水和降雨都集中在夏季。例如，玉龙喀什河帕什塔克站，每年 6～8 月径流量占全年河水量的 70%～80%；喀拉喀什河乌鲁瓦提站每年 6～8 月径流量占全年河水量的 60%～70%。即使在一些冰川雪融水补给比例较小的河流，如讨赖河冰沟站、那棱格勒河那棱格勒站，它们的夏季河川径流量也占全年总径流量的 50% 以上。

表 1.5　西北内陆区 10 个代表站年径流特征

主要河流	监测站	集水面积 /km^2	年平均径流深 /mm	年平均径流量 /(m^3/s)	年平均径流 C_v 值
黑河	莺落峡	10009	146.51	46.50	0.16
讨赖河	冰沟	6883	100.00	21.82	0.22
昌马河	昌马堡	10961	75.67	26.30	0.23

续表

主要河流	监测站	集水面积 /km²	年平均径流深 /mm	年平均径流量 /（m³/s）	年平均径流 C_v 值
玛纳斯河	红山嘴	4056	314.12	40.40	0.12
巴音河	德令哈	7278	44.20	10.20	0.18
额尔齐斯河	布尔津	34760	90.54	99.80	0.46
迪那河	迪那河	1615	207.00	10.60	0.25
叶尔羌河	卡群	48100	133.75	204.00	0.19
格尔木河	格尔木	19332	40.00	24.39	0.16
诺木洪河	诺木洪	3773	41.00	4.82	0.14

注：引自张光辉等，2005a。

2. 主要流域天然水资源概况

从 50 年尺度多年平均来看，西北内陆区天然水资源比较匮乏，尤其平原区天然地下水资源十分贫乏。

从西北内陆各主要盆地天然水资源来看，塔里木盆地最为丰富，水资源总量达 389.6 亿 m³/a，其中地表水资源量为 347.9 亿 m³/a、地下水资源量为 283.0 亿 m³/a，二者之间重复量为 241.3 亿 m³/a。其次是准噶尔盆地，水资源总量为 152.9 亿 m³/a，其中地表水资源量为 126.0 亿 m³/a、地下水资源量为 93.7 亿 m³/a，二者之间重复量为 66.8 亿 m³/a。居第三的是青海省内陆地区，水资源总量为 110.9 亿 m³/a，其中地表水资源量为 94.6 亿 m³/a、地下水资源量为 64.5 亿 m³/a，二者之间重复量为 48.2 亿 m³/a。额尔齐斯河流域位居第四，水资源总量为 107.8 亿 m³/a，其中地表水资源量为 100.0 亿 m³/a、地下水资源量为 54.0 亿 m³/a，二者之间重复量为 46.2 亿 m³/a。河西地区位列第五，水资源总量为 85.7 亿 m³/a，其中地表水资源量为 66.9 亿 m³/a、地下水资源量为 68.1 亿 m³/a，二者之间重复量为 49.3 亿 m³/a。上述 5 个地区的地下水天然补给资源量，如表 1.6 所示。

从空间分布上来看，塔里木盆地平原区地下水资源量最多，为 226.3 亿 m³/a，占该流域地下水资源总量的 79.96%；其次是准噶尔盆地，平原区地下水资源量为 71.2 亿 m³/a，占该流域地下水资源总量的 75.99%；河西地区地下水资源量位居第三，为 47.8 亿 m³/a，占该流域地下水资源总量的 70.19%；然后是青海省内陆地区，平原区地下水资源量 35.7 亿 m³/a，占该流域地下水资源总量的 55.35%；在额尔齐斯河流域，平原区地下水资源量仅占该流域地下水资源总量的 48.52%（表 1.6）。

表 1.6　西北内陆区各流域地下水天然补给水资源量

主要流域	水资源总量 /（亿 m³/a）	地下水天然补给资源量/（亿 m³/a）						平原区占总量的比率 /%	地下水资源模数 /[万 m³/（km²·a）]	开采资源量 /（亿 m³/a）
		山区	平原	合计	孔隙水	岩溶水	裂隙水			
塔里木盆地	389.6	180.3	226.3	283.0	227.3	—	106.08	79.96	3.17	148.1

续表

主要流域	水资源总量/(亿 m³/a)	地下水天然补给资源量/(亿 m³/a)						平原区占总量的比率/%	地下水资源模数/[万 m³/(km²·a)]	开采资源量/(亿 m³/a)
		山区	平原	合计	孔隙水	岩溶水	裂隙水			
准噶尔盆地	152.9	64.8	71.2	93.7	57.9	—	38.20	75.99	7.24	52.5
青海省内陆区	110.9	48.8	35.7	64.5	50.3	3.48	7.22	55.35	2.96	18.0
额尔齐斯河流域	107.8	41.7	26.2	54.0	—	—	—	48.52	9.47	13.5
河西地区	85.7	38.6	47.8	68.1	61.9	2.30	19.45	70.19	1.76	32.1

资料来源：张宗祜等，2002，2005。

从单位面积分布的地下水资源量来看，额尔齐斯河流域地下水资源最为丰富，地下水资源模数为 9.47 万 m³/(km²·a)，主要分布在山区。其次是准噶尔盆地，地下水资源模数为 7.24 万 m³/(km²·a)。塔里木盆地、青海省内陆区和河西地区的地下水资源模数，都不足准噶尔盆地的地下水资源模数的 1/2，分别为 3.17 万 m³/(km²·a)、2.96 万 m³/(km²·a) 和 1.76 万 m³/(km²·a) (表 1.6)，尤其甘肃省河西地区呈现出明显的水资源天然性匮乏特征。

1) 河西走廊主要流域地下水资源概况

在河西走廊的各主要流域上游山区，采用地下水径流模数法计算的地下水资源量为 15.57 亿 m³/a (表 1.7)，其中，疏勒河流域上游山区地下水资源量为 5.69 亿 m³/a、黑河流域上游山区地下水资源量为 6.44 亿 m³/a、石羊河流域上游山区地下水资源量为 3.44 亿 m³/a。

表 1.7　河西走廊各主要流域上游山区地下水资源状况

主要流域	地面高程/m	计算区面积/km²	地下水径流模数/[L/(s·km²)]	地下水资源量/(亿 m³/a)	
疏勒河流域	<3650	6432	0.19~0.66	0.81	5.69
	3650~4500	20479	0.54~1.14	3.01	
	>4500	10332	1.29	1.86	
黑河流域	<3650	5269	0.37~0.98	0.70	6.44
	3650~4500	13566	0.81~1.92	3.58	
	>4500	4146	2.87	2.16	
石羊河流域	<3650	1588	0.52~1.27	3.36	3.44
	3650~4500	6377	1.05~2.65	1.75	
	>4500	3207	3.60	1.36	
河西走廊上游山区		71396		15.57	

资料来源：甘肃省地质调查院，2002。

河西走廊的大型山间盆（谷）地地下水资源，采用水均衡法计算的地下水资源量为 16.90 亿 m³/a，包括疏勒河流域上游的苏干湖盆地、昌马-石包城盆地、大哈勒腾河谷地、党河谷地、野马河谷地、疏勒河谷地，以及黑河流域上游的陶莱河谷地、野马大泉谷地、黑河谷地、八宝河谷地等 10 个大型山间盆（谷）地。其中，疏勒河流域上游山间盆（谷）地地下水资源量为 10.71 亿 m³/a，黑河流域上游山间盆（谷）地地下水资源量为 6.19 亿 m³/a。黑河流域上游山间盆（谷）地地下水资源较丰富，该区地下水补给资源模数的平均值为 17.78 万 m³/(km²·a)，是疏勒河流域地下水补给资源模数平均值 [5.83 万 m³/(km²·a)] 的 3.05 倍。在疏勒河流域上游山间盆（谷）地，昌马-石包城盆地和疏勒河谷地地下水资源较为丰富，地下水补给资源模数分别为 7.41 万 m³/(km²·a) 和 7.03 万 m³/(km²·a)；党河谷地、大哈勒腾河谷地和野马河谷地地下水资源较为匮乏，地下水补给资源模数分别为 3.61 万 m³/(km²·a)、4.14 万 m³/(km²·a) 和 4.39 万 m³/(km²·a)。黑河流域上游山间盆（谷）地的八宝河谷地和黑河谷地地下水补给资源模数分别为 21.57 万 m³/(km²·a) 和 20.78 万 m³/(km²·a)，野马大泉谷地地下水补给资源模数为 11.23 万 m³/(km²·a)。

在河西走廊平原区的 50.54 亿 m³/a 地下水补给资源总量中，疏勒河流域占 25.3%，黑河流域占 54.9% 以及石羊河流域占 19.8%；黑河流域地下水补给资源量占河西平原补给资源总量的比率最大，石羊河流域地下水补给资源量占的比例最小。

2）准噶尔盆地水资源概况

在准噶尔盆地，地表水资源量为 211.16 亿 m³，地下水补给资源总量为 78.79 亿 m³，二者重复量为 52.64 亿 m³。在 78.79 亿 m³ 的地下水补给资源总量中，玛纳斯湖流域地下水补给资源量为 41.47 亿 m³、艾比湖流域地下水补给资源量为 16.68 亿 m³、乌伦古流域地下水补给资源量为 6.23 亿 m³ 以及额尔齐斯河流域地下水补给资源量为 14.41 亿 m³。

在准噶尔盆地的玛纳斯湖流域，流域汇水面积为 7.12 万 km²，地表水资源量为 59.90 亿 m³/a，上游山丘区（山区）地下水补给资源量为 29.60 亿 m³/a、平原区地下水补给资源量为 42.17 亿 m³/a。其中，天山东段汇水面积为 8997km²，地表水资源量为 10.92 亿 m³/a，山区地下水补给资源量为 5.90 亿 m³/a、平原区地下水补给资源量为 8.23 亿 m³/a；屯河分区汇水面积为 8120km²，地表水资源量为 12.56 亿 m³/a，山区地下水补给资源量为 5.82 亿 m³/a、平原区地下水补给资源量为 9.63 亿 m³/a；玛纳斯河分区汇水面积为 9618km²，地表水资源量为 20.73 亿 m³/a，山区地下水补给资源量为 8.35 亿 m³/a、平原区地下水补给资源量为 9.03 亿 m³/a；金沟河分区汇水面积为 5140km²，地表水资源量为 8.55 亿 m³/a，山区地下水补给资源量为 4.55 亿 m³/a、平原区地下水补给资源量为 5.75 亿 m³/a；和布克河分区汇水面积为 1509km²，地表水资源量为 1.30 亿 m³/a，山区地下水补给资源量为 1.82 亿 m³/a、平原区地下水补给资源量为 2.01 亿 m³/a；北塔山与卡拉麦里分区汇水面积为 3.92 万 km²，地表水资源量为 0.53 亿 m³/a，山区地下水补给资源量为 0.52 亿 m³/a、平原区地下水补给资源量为 0.71 亿 m³/a。在准噶尔盆地的玛纳斯湖流域，玛纳斯河上游山区地下水补给资源量占流域山区补给资源总量的比率最大，为 28.3%；其次是天山东段山区，地下水补给资源量占流域山区补给资源总量的 20.0%；北塔山及卡拉麦里山区地下水补给资源量占流域山区补给资源总量的比率最小，不足 2.0%。在玛纳斯湖流域的平原区，屯河平原区地下水补给资源量占流域平原区补给资源总量的比率最大，为 23.0%，其次是玛纳斯河平原区，地下水补给资源量占流域平原区补给资源总量的 22.6%；北塔山及卡拉麦里山平原区地下水补给资源量占流域平原区补给资源总量的比率最小，不足 2.0%。

在准噶尔盆地的艾比湖流域，流域汇水面积为 1.58 万 km^2，地表水资源量为 40.15 亿 m^3/a，山区地下水补给资源量为 18.72 亿 m^3/a、平原区地下水补给资源量为 20.63 亿 m^3/a。其中，奎屯河分区汇水面积为 5794km^2，地表水资源量为 16.21 亿 m^3/a，山区地下水补给资源量为 8.09 亿 m^3/a、平原区地下水补给资源量为 8.94 亿 m^3/a；精河分区汇水面积为 3273km^2，地表水资源量为 9.11 亿 m^3/a，山区年地下水补给资源量为 3.95 亿 m^3/a、平原区地下水补给资源量为 4.10 亿 m^3/a；博乐河分区汇水面积为 6159km^2，地表水资源量为 13.72 亿 m^3/a，山区地下水补给资源量为 6.17 亿 m^3/a、平原区地下水补给资源量为 6.32 亿 m^3/a；奎河北岸分区汇水面积为 5140km^2，地表水资源量为 0.75 亿 m^3/a，山区地下水补给资源量为 0.36 亿 m^3/a、平原区地下水补给资源量为 0.91 亿 m^3/a；阿拉山口分区汇水面积为 1765km^2，地表水资源量为 0.36 亿 m^3/a，山区地下水补给资源量为 0.15 亿 m^3/a、平原区地下水补给资源量为 0.36 亿 m^3/a。在准噶尔盆地的艾比湖流域，奎屯河山区地下水补给资源量占流域山区补给资源总量的比率最大，为 43.2%；其次是博乐河山区，地下水补给资源量占流域山区补给资源总量的 33.0%；奎河北岸及阿拉山口山区地下水补给资源量占流域山区补给资源总量的比率最小，不足 1.0%。在艾比湖流域的平原区，奎屯河平原地下水补给资源量占流域平原区补给资源总量的比率最大，为 43.3%；其次是博乐河平原，地下水补给资源量占流域平原区补给资源总量的 30.6%；奎河北岸及阿拉山口平原地下水补给资源量占流域平原区补给资源总量的比率最小，不足 2.0%。

3）柴达木盆地水资源概况

柴达木盆地地处青藏高原北东缘，与河西走廊自然分野。盆地内主要河流有那棱格勒河、格尔木河、香日德河、巴音河、塔塔棱河和大小哈勒腾河等，湖泊星罗棋布。该盆地总面积为 25.66 万 km^2，其中，山区面积为 11.50 万 km^2、平原区面积为 14.16 万 km^2。柴达木盆地山地下水补给资源总量为 32.17 亿 m^3/a，平原区地下水补给资源总量为 35.23 亿 m^3/a。其中，花土沟盆地山区地下水补给资源量为 0.53 亿 m^3/a、平原区地下水补给资源量为 1.55 亿 m^3/a；大浪滩山区地下水补给资源量为 0.05 亿 m^3/a、平原区地下水补给资源量为 0.04 亿 m^3/a；冷湖盆地山区地下水补给资源量为 0.27 亿 m^3/a、平原区地下水补给资源量为 0.14 亿 m^3/a；花海子盆地山区地下水补给资源量为 2.55 亿 m^3/a、平原区补给资源量为 3.34 亿 m^3/a；马海盆地山区地下水补给资源量为 0.59 亿 m^3/a、平原区地下水补给资源量为 0.24 亿 m^3/a；大柴旦盆地山区地下水补给资源量为 0.12 亿 m^3/a、平原区补给资源量为 0.85 亿 m^3/a；小柴旦盆地山区地下水补给资源量为 0.87 亿 m^3/a、平原区地下水补给资源量为 1.01 亿 m^3/a；德令哈盆地山区地下水补给资源量为 2.62 亿 m^3/a、平原区补给资源量为 1.80 亿 m^3/a；乌兰盆地山区地下水补给资源量为 0.94 亿 m^3/a、平原区地下水补给资源量为 0.55 亿 m^3/a；茫崖盆地山区地下水补给资源量为 0.26 亿 m^3/a、平原区地下水补给资源量为 0.15 亿 m^3/a；东、西台吉乃尔湖山区地下水补给资源量为

7.06亿m³/a、平原区地下水补给资源量为9.06亿m³/a；西达布逊湖山区地下水补给资源量为1.35亿m³/a、平原区补给资源量为1.51亿m³/a；东达布逊湖山区地下水补给资源量为6.27亿m³/a、平原区地下水补给资源量为7.01亿m³/a；南、北霍布逊湖山区地下水补给资源量为8.69亿m³/a、平原区地下水补给资源量为7.97亿m³/a。

在柴达木盆地山区，南、北霍布逊湖山区地下水补给资源量占柴达木盆地山区补给资源总量的比率最大，为27.0%；其次是东、西台吉乃尔湖山区，地下水补给资源量占柴达木盆地山区补给资源总量的21.9%；大浪滩及茫崖盆地山区地下水补给资源量占柴达木盆地山区补给资源总量的比率最小，不足1.0%。在柴达木盆地平原区，东、西台吉乃尔湖平原地下水补给资源量占柴达木盆地平原区补给资源总量的比率最大，为25.7%；其次是南、北霍布逊湖平原，地下水补给资源量占柴达木盆地平原区补给资源总量的22.6%；大浪滩及冷湖盆地平原地下水补给资源量占柴达木盆地平原区补给资源总量的比率最小，不足1.0%。

4）银川平原水资源概况

银川平原自产地表水资源量较少，主要为黄河过境水量，黄河入境（青铜峡水文站）年径流量为259.57亿m³、出境（石嘴山水文站）年径流量为227.61亿m³。银川平原地下水补给资源量为22.21亿m³/a，其中，82.1%以上来自于引黄灌溉渗漏补给，当地降水入渗和侧向地下径流补给量占该平原区地下水补给总量的比率不足17.0%，为3.64亿m³/a（表1.8）。

表1.8　银川平原地下水补给资源量

地下水补给组成	渠系渗漏补给量	田间渗漏补给量	降水入渗补给量	侧向地下径流补给量	洪水散失补给量	总补给量
补给量/（亿m³/a）	13.20	5.04	1.45	2.19	0.33	22.21
占平原补给总量的比率/%	59.45	22.69	6.54	9.86	1.46	—

资料来源：宁夏回族自治区地质调查院，2006，银川平原地下水资源合理配置调查评价报告，中国地质调查局水文地质环境地质研究所。

1.4　区域地下水补给-径流-排泄条件

1.4.1　河西走廊地下水补给-径流-排泄条件

1. 地下水补给特征

河西走廊南部的祁连山地是地下水形成水源区，地下水接受降水和冰川雪融水渗入补给，自山巅分水岭向山缘运动，在山区深切水文网的强烈排泄作用下排泄于河谷，然后以地表径流形式流出山区。在河西走廊盆地的平原区，地下水来源于出山河（洪）水入渗、渠系和田间灌溉水入渗、山区基岩裂隙水和沟谷潜流侧向径流补给和当地降凝水入渗。在这些补给中，以出山河（洪）水及引灌渠系、田间渗漏补给为主。在河西走廊南部盆地，沿祁连山北麓展布洪积扇群带分布大厚度、强透水的包气带，河流出山流经这一地带，通过天然河床及大型渠系大量渗漏补给地下水，这是盆地平原区地下水主要补给区。在河西走廊，河流或渠系引水流经洪积扇带以垂直渗入形式补给地下水，在河床附近形成河水-入渗水-地下水之间不连续的浸润面，致使河床下地下水位抬升形成水丘，而河流则呈"悬挂式"。在河西走廊南部盆地的山前洪积扇群带，通过天然河道及渠系渗入补给水量占河西走廊地下水总补给量的 50.1%，其中大部分发生于黑河、疏勒河、北大河、党河、西营河和东大河等河水出山后形成的冲洪积平原扇带。在河西走廊北部盆地，由于河水完全受制于人为的控制，所以，河道及渠系入渗补给量大幅减少。

2. 地下水排泄特征

在天然条件下，河西走廊地下水排泄主要有两种途径：一是泉水溢出；二是潜水蒸发和植被蒸腾消耗。但是，自 20 世纪 70 年代以来，随着农业灌溉开采地下水规模不断扩大，人工开采已成为河西走廊地下水的主要排泄方式之一。

河西走廊主要泉水溢出带：①张掖盆地黑河-梨园河洪积扇群带前缘，以及张掖-高台间的黑河沿岸；②酒泉东盆地北大河-洪水坝河洪积扇群带前缘，以及清水河、临水河沿岸；③玉门-踏实盆地疏勒河-榆林河洪积扇群带前缘，以及疏勒河玉门镇-双塔水库沿岸；④阿克塞盆地党河洪积扇群带前缘（南湖）；⑤武威盆地东大河-黄羊河洪积扇群带前缘，以及石羊河沿岸。上述 5 个溢出带泉水量占河西走廊泉水总量的 89.4%，占走廊平原南部盆地地下水总排泄量的 34.2%。

潜在的地下水蒸发广泛发生于河西走廊中、下游盆地平原区的北半部，以潜水水位埋深小于 5m 地段为主。据民勤、张掖、玉门镇和安西地渗仪监测数据，包气带为亚砂土、亚黏土夹砂层，当地下水位埋深为 0.5 ~ 3.0m 时，地下水蒸发强度为 5.86 万 ~ 47.21 万 $m^3/(km^2 \cdot a)$；在存在植被蒸发蒸腾时，蒸发强度可增大至 1.86 倍。在现状条件下，河西走廊地下水蒸发总量为 36.65 亿 m^3/a，占河西走廊地下水总排泄量的 48.8%。

20 世纪 70 年代以来，随着井灌规模的不断扩大，地下水开采区主要集中在石羊河流域和黑河流域的中游区，多年平均开采量为 21.12 亿 m^3/a，占河西走廊地下水总排泄量的 28.2%。

1.4.2　准噶尔盆地地下水补给-径流-排泄特征

玛纳斯湖流域平原区赋存松散岩类孔隙潜水和承压水，主要接受山区河流的沟谷潜流补给、河道入渗补给、山区基岩裂隙水侧向地下径流补给、山前暴雨洪流入渗补给、渠系与田间灌溉渗漏补给和水库水渗漏补给。在该流域平原区地下水总补给量中，山区侧向地下径流补给、河道渗漏补给、降水与暴雨洪流入渗补给等补给量占该流域平原区地下水总补给量的 57.8%。在阜康以东，地下水由山前向沙漠地带汇流，然后，经沙漠向玛纳斯湖排泄；在西部阜康-沙湾一带，地下水总体径流方向为南北向，洪积扇中上部地下水水力梯度为 2.6‰ ~ 4.0‰，乌伊公路以北地下水水力梯度为 3.2‰ ~ 5.3‰，渗透速率为 380 ~

880m/a。在细土平原区，上覆潜水以垂向交替运动为主，下伏承压水水力梯度为 1.7‰ ～ 5.3‰，渗透速率为 85 ～ 96m/a，在溢出带附近以水平径流，向北逐渐变为垂向交替运动，水力梯度为 1.4‰ ～ 1.6‰。在玛纳斯湖流域平原区西部的克拉玛依一带，地下水由北向南汇流于玛纳斯河河谷后，转向北东，最终进入玛纳斯湖。铁厂沟谷地地下水分两部分进入玛纳斯湖，一部分经艾里克湖、玛纳斯河河谷后进入玛纳斯湖；另一部分直接经玛纳斯河河谷后，进入玛纳斯湖。在和丰谷地，地下水经过多次转化后，沿和布克河河谷经和什托洛盖进入玛纳斯湖。玛纳斯湖是玛纳斯湖流域地下水径流的最终排泄中心，包括蒸发蒸腾、泉水溢出和人工开采。在玛纳斯湖流域平原区，人工开采水量占该区地下水总排泄量的 51.4%，泉水溢出量占该区总排泄量的 13.3%，蒸发蒸腾量占该区排泄总量的 28.2%。

艾比湖平原区地下水主要接受山区河流的沟谷潜流补给、河道入渗补给、山区基岩裂隙水的补给、山前暴雨洪流的入渗补给、渠系与田间灌溉渗漏补给和水库水入渗补给，平原区地下水总补给量为 20.63 亿 m³/a，其中，侧向补给、河道入渗补给、降水与暴雨洪流入渗补给等补给量为 11.50 亿 m³/a，占总补给量的 55.7%。在艾比湖西部的博尔塔拉河流域，地下水由北西和南东向艾比湖径流，在阿拉山口一带地下水由北向南，径流进入艾比湖。河谷地带径流条件好，地下水以水平径流为主，水力梯度为 9.6‰；在艾比湖一带，水力梯度为 3‰，上层潜水以垂向交替为主，下部承压水径流条件较差，循环交替弱。艾比湖是艾比湖流域平原区地下水的最终排泄中心，以泉水溢出、蒸发蒸腾和人工开采等方式排泄。艾比湖流域平原区人工开采水量占该流域总排泄量的 34.7%，泉水溢出量占该流域总排泄量的 9.7%，蒸发蒸腾量占该流域总排泄量的 38.4%。

准噶尔盆地北部平原区，潜水接受山区河流的沟谷潜流补给、山前暴雨洪流的入渗补给、山区地下水的补给、渠系与田间灌溉渗漏补给、少量的降水入渗补给和上游侧向地下径流补给；碎屑岩类裂隙-孔隙水系统，主要接受上游侧向地下径流补给和上覆孔隙水越流补给，部分地段接受河流渗漏补给。该平原区地下水总补给量中，天然水源补给量仅占该区总补给量的 37.4%。在准噶尔盆地北部，地下水主要排泄方式为泉水溢出、蒸发蒸腾、人工开采和向下游侧向径流等。

1.4.3　柴达木盆地地下水补给-径流-排泄特征

柴达木盆地河流补给地下水，一般发生在山区中、下游河段，以及平原区山前冲洪积倾斜平原，在冲湖积平原前缘也存在河水入渗补给地下水段，如格尔木河流域下游段。在山区，河流补给地下水以垂向入渗为主；在河谷地段，由于第四系松散堆积物具一定的厚度，河水补给河谷潜水，形成地下潜流，监测的年补给量为 3.88 亿 m³/a。在冲洪积倾斜平原，潜水主要依靠河流补给，出山河水在山前戈壁带以垂向渗漏补给地下水，渗漏补给量占河流总流量的 45% ～ 85%；在枯水期，河水几乎全部渗入转化为地下水，以及季节性河流在出山口带全部渗入地下，补给地下水。只有在洪水期，才有部分河水通过地表径流流入湖区。平原区河水渗漏对地下水补给量占盆地地下水天然补给总量的 83.3%。

柴达木盆地地下水以泉排泄方式为主，山区基岩裂隙水和岩溶水及冻结层上水，都以泉溢出方式排泄。基岩裂隙水和岩溶水在进入松散层过程中，由于含水层渗透性变弱，地下水径流遭遇阻滞，便溢出地表或冲开残坡积物溢出。在融化季节，基岩或松散岩层冻结层上水，以泉的形式出露地表，特别是雨后泉水溢出较多；在冻结期，这些泉消失。在沟谷底部和断裂带，基岩裂隙水、岩溶水以泉的形式流出地表，汇集成山区河流。在柴达木盆地，当地下水位埋深小于 3m 时，发生蒸发排泄。地下水蒸发排泄主要发生在冲洪积扇前缘、冲湖积平原和湖积平原地下水浅埋区，蒸发排泄量可达 5.63 亿 ~ 8.49 亿 m³/a。在盆地的绿洲带、农田和林木草原区，存在地下水通过植被蒸腾排泄。柴达木盆地人工开采是地下水排泄的重要方式之一，主要发生在柴达木盆地主要河流出山口冲洪积扇的前缘、山前冲洪积平原和河谷平原区，主要用于城镇生活用水、工业用水和农田灌溉用水。

1.4.4　银川平原地下水补给–径流–排泄特征

银川平原地下水主要补给来源，有引黄渠系渗漏和灌溉田间渗漏补给、大气降水补给、上游侧向地下径流补给和洪水散失补给。银川平原干渠、支渠及毛渠纵横交错，引水量曾达 48.78 亿 m³/a，灌溉水量为 25.57 亿 m³/a，由此渠系和农田灌溉渗漏补给量达 18.24 亿 m³/a，占该平原地下水总补给量的 80.9%。银川平原多年平均降水入渗量为 1.65 亿 m³/a，占地下水总补给量的 6.5%。银川平原的东、西、南三面为山区或丘陵台地，赋存地下水，对银川平原的地下水侧向径流补给总量为 2.19 亿 m³/a，占该平原地下水总补给量的 9.7%。这些山丘区地下水自四周流向平原区径流，其中基岩裂隙水、碳酸盐岩类裂隙岩溶水主要分布在银川平原西部，对平原区的地下水侧向径流补给量为 2.11 亿 m³/a；碎屑岩类裂隙孔隙水分布在银川平原的东、南及西南部，对平原区的地下水侧向地下径流补给量为 0.13 亿 m³/a。

银川平原地下水以蒸发和人工开采排泄为主，还有侧向地下径流排泄于河谷及黄河中，其中蒸发排泄量占该平原总排泄量的 45% 以上。银川平原地下水的蒸发排泄主要发生在春、夏、秋 3 个季节，冬季地下水蒸发量很小。银川平原的大部分地段潜水的水位埋深小于 3m，尤其银川以北地区水位埋深小于 1.5m，在灌溉期水位埋深小于 1.0m，地下水蒸发消耗强烈。银川平原潜水蒸发总量为 9.92 亿 m³/a，占该平原地下水总排泄量的 46.6%。银川平原分布有 20 余条排水河谷，大部分河谷深度位于潜水水位以下，接受潜水侧向地下径流排泄，年均排泄量占该平原地下水总排泄量的 21.7%。在银川平原的南部黄河两岸及北部黄河东岸，都存在地下水向黄河排泄项，每年该平原地下水向黄河排泄的总量占该平原地下水排泄总量的 4.3%。自 20 世纪 70 年代以来，银川平原地下水开采量不断增大，地下水开采量由 70 年代的 1.51 亿 m³/a，经历 80 年代、90 年代的 3.11 亿 m³/a 和 4.01 亿 m³/a，至 2000 年达 4.64 亿 m³/a；进入 21 世纪以来，银川平原地下水开采量已突破 5.84 亿 m³/a，占地下水排泄总量的 27.4%。

1.5　社会经济与水资源开发利用概况

1.5.1　社会经济概况

1. 河西走廊社会经济概况

河西走廊行政区划，共计 24 个县（市、区、旗），包括甘肃省酒泉地区 7 个县（市）、嘉峪关市、张掖市 6 个县（区）、金昌市 2 个县（区），以及武威市凉州区、民勤县和古浪县 3 个县（区），计 19 个县（市、区）；青海省门源地区的门源、祁连 2 个县的部分地区和德令哈市的部分地区等 3 个县（市）；内蒙古自治区阿拉善盟的阿拉善右旗、额济纳旗 2 个旗（县）。

河西走廊是多民族聚居地区，除汉族外，还有蒙古、回、藏、土、裕固及哈萨克等少数民族，总人口 500 多万人，大多数分布在甘肃省境内，其中农业人口占总人口数量的 75.6%，人口密度为 12 人/km²。该区年均工农业总产值为 240 亿元，工业总产值为 150 亿元，农业总产值为 90 亿元，其中种植业占农业总产值的 71.3%。农业生产主要集中于走廊平原的武威、民勤、永昌、张掖、临泽、高台、酒泉、金塔、玉门、安西和敦煌等绿洲区。河西走廊耕地面积为 1038 万亩，灌溉面积为 835 万亩，包括园地和林草地。

2. 准噶尔盆地经济社会概况

准噶尔盆地涉及 7 个地区（州、市）、24 个县（市），以及 6 个师生产建设兵团，包括 77 个农牧团场，有维吾尔、汉、哈萨克、回、柯尔克孜、蒙古、锡伯、俄罗斯、塔吉克、乌兹别克、塔塔尔、满和达斡尔等 13 个民族，总人口 750 万以上，其中少数民族占总人口的 25%。区内国内生产总值在 1500 亿元以上，其中第一产业占 16%、第二产业占 67% 和第三产业占 17%；耕地面积为 130 多万公顷，灌溉面积为 120 多万公顷。

3. 柴达木盆地经济社会概况

柴达木盆地是青海省的主要工业基地，"柴达木"蒙古语意思为盐渍，表达该盆地盐类资源丰富。柴达木盆地总人口 36 多万人，其中城镇居民占 63.2%、农牧民占 36.8%，人口密度为 1.4 人/km²。柴达木盆地石油、天然气、煤、铁、铅和锌矿产资源丰富，其中氯化钠、氯化钾、锂、石棉、石灰石、硅灰石和溴等矿藏储量居全国之首。该盆地土地资源丰富，已开发耕地面积为 3.74 万 hm²，盛产小麦和油菜等，草场 960 多万公顷。

4. 银川平原经济社会概况

银川平原位于宁夏回族自治区北部，总人口 270 多万人，占宁夏回族自治区总人口的 46%，其中农业人口占 18.3%。银川平原土地面积为 1300 多万亩，其中水浇地为 394 万亩、园地为 25 万亩、林地为 65 万亩和牧草地为 346 万亩。国民经济总产值为 300 亿元，工业总产值为 160 亿元；粮食播种面积为 70.4 万 hm^2，占宁夏回族自治区粮食播种面积的 62.4%。

1.5.2　水资源开发利用状况

1. 河西走廊水资源开发利用状况

河西走廊建有干渠（含总干渠）327 条，总长 4547km，渠系利用系数从 20 世纪 50 年代的 0.28~0.36，提高到现今的 0.60 以上。至 20 世纪末，河西走廊地区已建各种规模（大、中、小）型水库 143 座，总库容为 11.79 亿 m^3，兴利库容为 9.29 亿 m^3。其中，上游山区修建水库 30 座，总库容为 3.60 亿 m^3，控制河川出山径流量为 25.33 亿 m^3，占河西走廊上游山区出山地表径流量的 37.6%；平原区修建水库 113 座，总库容为 8.19 亿 m^3，兴利库容为 6.33 亿 m^3。

从河西走廊三大流域来看，石羊河流域山区水库库容最大，8 条主要河流上除杂木河之外，都建有水库，有效库容为 1.38 亿 m^3，控制河川径流量为 9.07 亿 m^3；疏勒河流域山区水库容最小，有效库容为 0.77 亿 m^3，控制河川径流量为 4.17 亿 m^3；黑河流域山区水库数量最多，有 16 座，有效总库容为 0.81 亿 m^3。黑河流域平原水库数量最多，有 82 座，总库容最大，有效库容为 2.85 亿 m^3；石羊河流域平原水库库容最小，有效库容为 1.46 亿 m^3；疏勒河流域平原水库数量最少，有 14 座，但有效库容大于石羊河流域，为 2.02 亿 m^3。

近 30 年来河西走廊多年平均引用河水出山径流量（渠首引用量）为 47.16 亿 m^3/a，净耗用地表水（不包括泉水）量（净耗水量）为 25.11 亿 m^3/a，净引用率为 37.29%。在引用率中，以石羊河流域最高，曾达 78.42%；黑河流域次之，曾达 70.39%；疏勒河流域最低，曾达 61.47%（表 1.9）。

表 1.9　河西走廊地表水开发利用状况

主要流域	出山河川径流量/亿 m^3	近 30 年多年平均引用地表水量/亿 m^3		地表水引用率/%	
		渠首引用量	净耗水量	引用率	净引用率
疏勒河流域	15.91	9.78	4.91	61.47	—
黑河流域	36.74	25.86	13.04	70.39	—
石羊河流域	14.69	11.52	7.15	78.42	—
河西走廊	67.34	47.16	25.11	70.03	37.29

河西走廊地下水开发利用状况：河西走廊地下水开采井数量曾达 2.78 万眼，其中配套使用的 2.45 眼，纯井灌溉面积为 110 万亩，混灌面积为 240 万亩。其中，石羊河流域井灌及井渠混灌面积最大，分别为 80 万亩和 150 万亩；疏勒河流域井灌及井渠混灌面积最小，分别为近 6 万亩和 6 万亩；黑河流域平原井灌面积为 20 万亩，井渠混灌面积为 90 万亩，介于上述两个流域之间。河西走廊的纯井灌区包括武威清河、金昌昌宁、民勤湖区、张掖石岗墩和高台骆驼城灌区，井渠（泉）混灌区包括武威大部分灌区、民勤环河及玉门赤金灌区，以及张掖盈科、酒泉临水和玉门昌马灌区等。以井灌为主的地区主要分布

在石羊河流域和黑河流域中游东部，其中以民勤泉山坝和环河灌区最大，地下水开采量占全县年用水量的90%以上。石羊河流域的机井数占河西走廊机井总数的64.1%，井灌面积占河西纯井灌溉面积的74.9%，主要分布在金羊、清源、永昌、清河、吴家井、昌宁、古浪和湖区等灌区。

河西走廊地下水开采量曾达25.21亿 m^3/a，其中石羊河流域开采量最大，曾达17.07亿 m^3/a，占河西走廊地下水总开采量的67.71%；黑河流域次之，曾达6.75亿 m^3/a，占河西走廊地下水总开采量的26.78%；疏勒河流域最小，为1.39亿 m^3/a，占河西走廊地下水总开采量的5.51%。农业灌溉和林草地浇灌（农业用水）开采量最大，曾达21.87亿 m^3/a，占河西走廊地下水总开采量的86.75%；工业用水开采量次之，曾达1.82亿 m^3/a，占河西走廊地下水总开采量的7.22%；城镇农村生活及其他用水等开采量最小，为1.52亿 m^3/a，占河西走廊地下水总开采量的6.03%（表1.10）。

表 1.10　河西走廊地下水开采量状况

主要流域	农林用水开采量			工业用水开采量			生活及其他用水开采量			合计		
	开采井数/眼	开采量/(亿 m^3/a)	开采量占该流域比率/%	开采井数/眼	开采量/(亿 m^3/a)	开采量占该流域比率/%	开采井数/眼	开采量/(亿 m^3/a)	开采量占该流域比率/%	开采井数/眼	开采量/(亿 m^3/a)	开采量占河西走廊比率/%
疏勒河流域	1054	1.14	82.01	42	0.12	8.63	76	0.13	9.35	1172	1.39	5.51
黑河流域	6275	5.23	77.48	101	0.81	12.00	389	0.71	10.52	6765	6.75	26.78
石羊河流域	15690	15.50	90.80	198	0.89	5.21	360	0.68	3.98	16248	17.07	67.71
河西走廊	23019	21.87	86.75	341	1.82	7.22	825	1.52	6.03	24185	25.21	100.00

2. 准噶尔盆地地下水资源开发利用状况

准噶尔盆地从20世纪50年代开始开发利用地下水，现已形成由单一形式到组合开发的多种开发利用模式，包括水源地集中开采、竖井排灌、井渠双灌、井泉联合和分散开采等。在50年代初，乌鲁木齐、昌吉和呼图壁等地区，采用大口井取用地下水。进入20世纪60年代，以水源地集中开发利用为主，先后建成阜康渔尔沟、五家渠青格达湖等水源地；1964~1966年，利用竖井排灌改良盐碱地，取得效果显著。在70年代，利用机井开采地下水模式较快发展，至1978年年底该盆地配套机电井达8400多眼，地下水开采量达10亿 m^3/a 以上。至1985年年底，准噶尔盆地配套机电井达1.27多万眼，年均开采量为15.67亿 m^3。至1995年年底，该盆地配套机电井发展至1.61万眼，年均开采量达23.83亿 m^3。至20世纪末，准噶尔盆地配套机电井数量突破2万眼，年均开采量为26.17亿 m^3，占地下水开采资源量的46.4%。21世纪初，该盆地年均开采量占地下水开采资源量比率超过50%。

地下水机井开采量曾达30.11亿 m^3/a，地下水开采强度达2.43万 $m^3/(km^2 \cdot a)$。地下水开采量主要分布在天山北麓各大河流域冲洪积平原的中上部，那里是人口聚集和生产活动集中地区，主要开采第四系松散岩类孔隙水，其中浅层水开采量占该区地下水总开采量的 68.4%，深层水开采量占该区地下水总开采量的 31.6%。

3. 塔里木盆地地下水资源开发利用状况

至 21 世纪初，塔里木盆地开采机井达 8600 余眼，地下水开采量为 8.95 亿 m³/a。其中，塔里木盆地北缘有开采机井 2600 多眼，地下水开采量为 3.14 亿 m³/a；塔里木盆地南缘有开采机井 1900 多眼，地下水开采量为 1.76 亿 m³/a；塔里木盆地西南缘（喀什三角洲）有开采机井 3900 多眼，地下水开采量为 4.38 亿 m³/a。孔雀河流域、迪那河流域、库车河流域和塔里木盆地西南缘地下水开发程度较高，开采量占盆地总开采量的 70% 以上。

4. 柴达木盆地地下水资源开发利用状况

柴达木盆地的地下水开发利用程度较低，21 世纪初全区地下水年开采量不足 2.0 亿 m³/a，其中工业用水开采量占该区地下水总开采量的 59.4%，城镇及农牧区生活及其他用水开采量占总开采量的 38.1%，农业用水开采量占总开采量的 2.5%。地下水开采主要分布在格尔木市和德令哈市地区，分别占当地地下水开采资源量的 15.2% 和 33.6%。柴达木盆地灌溉用水开采地下水主要集中在都兰县诺木洪农场，年开采量为 227.91 万 m³，其次为德令哈灌区，年开采量为 45.63 万 m³。其他各地开采量均较小，大部分农用机井只有在灌溉季节抽取少量地下水来弥补地表水不足。

5. 银川平原地下水资源开发利用状况

银川平原的工业用水、城镇生活用水和农村人畜用水全部取自地下水，同时，地下水也是农业用水的重要组成部分。20 世纪 70 年代，银川平原的地下水开采量为 1.51 亿 m³/a，地下水开采强度为 1 万 ~ 10 万 m³/(a·km²)。在银川平原北部，土壤盐渍化严重，为了降低地下水位，打机井 5000 多眼，兴建 170 多座电排站，实现沟-井-站有机结合的排水体系。在春季返盐期，通过开采地下水，控降地下水位，有效防控土壤盐渍化加剧。在银川平原以南地区和陶乐地区，地下水开采强度为 1 万 ~ 5 万 m³/(a·km²)，土壤盐碱化面积占耕地总面积比率由 40% 降减为 26%。进入 80 年代，银川平原先后兴建了各类规模地下水水源地 12 处，地下水开采量增大到 3.12 亿 m³/a。在 20 世纪 90 年代，银川平原各类型地下水水源地达 18 处，地下水开采量增大到 4.02 亿 m³/a。进入 21 世纪，银川平原地下水开采井达 5760 多眼，其中工业和城镇生活用水的机井 1560 多眼、农村机电抗旱井 4200 多眼，250m 深度以浅的地下水开采量达 5.84 亿 m³/a。

6. 艾丁湖流域水资源开发利用状况

艾丁湖流域所在的吐鲁番地区水资源总量为 12.61 亿 m³/a，其中地表水资源量为 10.59 亿 m³/a，自产境内地表水资源量为 6.63 亿 m³/a，境外流入地表水资源量为 3.96 亿 m³/a，地下水资源量为 2 亿 m³/a（不含重复量）。吐鲁番地区总用水量为 12.85 亿 m³/a（不含 221 团），其中农业用水量占 92.3%、工业用水量占 3.4%、生活用水量占 2.6%、生态用水量占 1.7%。在 12.85 亿 m³/a 的总用水量中，地表水供水量占 41.09%、地下水供水量占 58.75%、其他水供水量占 0.16%。截至 2016 年年底，已建成水库 17 座，设计总库容为 1.87 亿 m^3；在建水库 1 座，设计总库容为 3024 万 m^3/a。已建渠首 18 座，控灌面积为 118 余万亩；已建成四级渠道 6175km，其中防渗 4970km，防渗率为 80.84%。

在过去 50 多年中，艾丁湖流域地下水开采量经历了 4 个阶段：1965~1980 年，地下水年开采量不足 0.60 亿 m^3/a，由 1965 年的 0.08 亿 m^3 至 1980 年增大为 0.56 亿 m^3，年均增加开采量为 0.03 亿 m^3，呈缓慢增大特征；1981~1993 年，年均地下水开采量增幅明显增大，达 0.14 亿 m^3/a，呈现明显增长特征；1994~2008 年，正值西部大开发政策实施，地下水开采量由 2.99 亿 m^3/a 激增到 9.08 亿 m^3，钻井深度由 60~80m 增大到 120~150m，呈大幅增加特征；自 2009 年以来，相继出台了一系列遏制吐鲁番地区地下水超采的政策，包括《吐鲁番地区地下水水资源费征收管理办法的通知》、《吐鲁番地区"关井退田"实施办法》、《艾丁湖生态保护治理规划》和《吐鲁番市地下水超采区治理方案》等，地下水开采量在 2012 年达到峰值之后，开采量逐年下降，目前已降至 7.60 亿 m^3/a 以下。

1.6　水资源开发利用引发生态环境问题

由于对西北内陆区水资源形成与演变规律的认知深度不够，加之，人口数量和经济社会规模不断增大，所以，西北内陆各流域水资源超用和地下水超采引发了一系列生态环境问题。

1.6.1　石羊河流域水资源开发利用引发的主要生态环境问题

近 50 年来受大规模人类活动影响，石羊河流域八大河流的出山总径流量呈减少趋势，20 世纪末的出山总径流量较 80 年代减少 16.0%，年均减少 2.35 亿 m^3。出山径流量不断减少，导致石羊河流域中、下游平原区地下水补给资源量不断减少。其中 60 年代中期较 50 年代后期减少 20.90%；70 年代后期较 60 年代中期，平原区地下水补给资源量减少 18.41%。20 世纪末较 80 年代中期，地下水补给资源量减少 6.93%。在过去 50 多年中，石羊河流域地下水补给资源量减少了 42.9%，其中武威盆地减少 51.5%（表 1.11）。

表 1.11　石羊河流域平原区地下水补给资源量衰减特征

分区及变化量		不同时期地下水补给资源量/(亿 m^3/a)				
		50 年代后期	60 年代中期	70 年代后期	80 年代中期	20 世纪末期
武威盆地		11.10	8.67	7.00	5.82	5.39
民勤-潮水盆地		1.41	1.23	1.08	1.86	1.76
石羊河流域平原		12.51	9.90	8.08	7.68	7.15
相对前期	补给减少量	0	2.62	1.82	0.40	0.53
	减少程度/%	0	20.90	18.41	4.98	6.93

石羊河流域地下水超采加剧武威盆地溢出带的泉流量衰减：在 20 世纪 50 年代，该流域有 291 条泉沟，至 20 世纪末有 240 余条泉沟先后干涸，尚存的石羊河干流、海藏

河和红水河等泉沟溢出泉流量也由 2~5L/s 减少到 0.3~0.61L/s，泉水溢出带向下游迁移了 2~5km，泉水资源量由 50 年代的 4.47 亿 m³/a 减少到 20 世纪末的 0.70 亿 m³，衰减率达 84.3%。泉水流量不断衰减，导致依赖泉水灌溉的农田面积由 50 万亩减至不足 5 万亩。同时，主要靠拦蓄中游泉水及河（洪）水的红崖山水库入库径流量由 50 年代的 5.45 亿 m³/a 减少到 20 世纪末的 1.36 亿 m³/a，减少幅度达 75.1%。

石羊河流域水资源超用和地下水超采导致下游区自然生态严重退化：民勤盆地上游地表径流下泄水量持续减少，导致该盆地地下水位持续下降，地下水水质也呈恶化趋势。尾闾湖区北部 60~100m 以浅的地下水矿化度已由 20 世纪 50~60 年代的 1.5~2.0g/L 升高为 20 世纪末的 4.0~6.0g/L，局部地带达 12.0~16.0g/L。民勤盆地的原 110 多万亩耕地只有 60 余万亩尚能耕种，其余因沙化而弃耕。在尾闾湖区青土湖一带，50 年代的 2m 多高芦苇，已退化为鸡爪状芦苇；二坝湖生长的成片天然胡杨林，基本全部死亡消失。在红沙梁一带，有 4.8 万亩沙枣树和红柳死亡，8.7 万亩枯梢及衰亡。在绿洲边缘的天然灌木林，已有 50 多万亩死亡，30 多万亩濒临死亡。在 20 世纪 90 年代及 21 世纪初，该盆地西部的巴丹吉林沙漠以每年 3~6m 的速度侵蚀绿洲，致使民勤绿洲周围除西南部之外，沙进人退，几乎全部被沙漠所覆盖。

1.6.2　准噶尔盆地水资源开发利用引发的主要生态环境问题

在准噶尔盆地，湿地萎缩主要发生在该盆地的玛纳斯湖流域、艾比湖流域和东道海子流域的下游区。玛纳斯湖由安集海河、金沟河、玛纳斯河和呼图壁河等汇入形成，至 1965 年玛纳斯湖水域面积为 550km²；由于人工绿洲面积扩大，在上游修建了大量的水库和引水工程，切断了地表水对地下水补给来源，造成了玛纳斯湖曾干涸、湿地面积大幅萎缩。

艾比湖盆断陷于古近纪和新近纪，是准噶尔盆地西部山区及奎屯河流域汇水洼地，第四纪更新世水域面积曾达 2380~3000km²；由于入湖水量减少，近代该湖水域面积曾缩小为 1070km²。由于大量开发利用水资源，自 20 世纪 70 年代末奎屯河下游断流，正常年份已无地表水注入艾比湖，使得艾比湖水域面积缩小为 500km²，周边湿地大幅萎缩。自 90 年代以来，准噶尔盆地的奎屯河流域年引水量增加，大部分河水通过调水工程经柳沟水库，被调至奎屯河灌区，中游区水库拦蓄河道剩余河水，造成在正常年份奎屯河流域无水进入艾比湖；四棵树河流域中游区全部拦蓄，进入三河下游甘家湖的水量锐减，其中古尔图河长期无地表径流，导致地下水位下降，以至以胡杨为主的河谷林衰败和梭梭林保护区树林密度明显下降。在三工河流域，由于断流，原有天然林面积减少，乔木林、灌木稀疏，梭梭林面积不断减少。在昌吉一带，原有的 2.46 万 hm² 天然胡杨林，仅存 500 余公顷；阜康-乌苏一带，天然草场退化面积达 3700 多万亩。

1.6.3　塔里木盆地水资源开发利用引发的主要生态环境问题

由于塔里木盆地各河干流上游大规模修建引水工程，大量拦截和引水地表水，致使干流中、下游区地表径流不断减少，导致地下水补给来源也不断减少，以至地下水位不断下降，下游区土地荒漠化面积不断扩展，发生大面积的重度沙化或严重沙化，天然植被枯死，如喀什三角洲平原和阿克苏平原。与 20 世纪 70 年代相比，20 世纪末该盆地天然林地面积减少 3.41 万 km²。

1.6.4　柴达木盆地水资源开发利用引发的主要生态环境问题

在柴达木盆地，农业和城区林地灌溉引水量过大，导致格尔木河入湖量不断减少，以至东达布逊湖水域面积呈缩减趋势。仅 1990~2000 年的 10 年间，该盆地自然湖泊面积减少 4.2%~5.5%，退缩面积增大 126.8%；天然植被绿洲面积减少 6.4%，萎缩面积增大 52.2%，沙漠面积增大 14.32%，戈壁荒漠化面积增大 1.03%。例如，该盆地的西台吉乃尔湖，1976 年湖泊面积为 334km²，1990 年为 168km²，至 2000 年缩小为 43.37km²，25 年内该湖水域面积减小 290 多平方千米。又如苏干湖流域，至 2000 年该流域湖泊水域仅 11.73km²，其中苏干湖水域面积为 10.28km²，相对 1990 年，湖泊水域面积减少 4.2%，绿洲及沼泽湿地面积减少 6.4%，而沙漠面积扩大 14.3%。

1.6.5　银川平原水资源开发利用引发的主要生态环境问题

银川平原土壤盐渍化面积达 186 万亩，占耕地面积的 43.4%。其中 65% 的土壤盐渍化土地分布于银川平原北部地区，在银川平原南部地区仅邵岗堡东部一带、灵武东部秦渠和东干渠附近有分布。银川平原土壤微盐渍化面积为 79 万亩，碱土面积为 30 万亩和盐荒地面积为百万亩以上，各类盐渍化土地插花式分布，其中西大滩地区以碱土为主，盐渍土次之。自 20 世纪 70 年代后期至 90 年代，银川平原土壤盐渍化面积呈减少趋势；但是，近 20 年以来随着灌溉农田不断扩大，土壤盐渍化面积再度呈增大趋势。例如，80 年代土壤盐渍化面积为 3200km²，90 年代土壤盐渍化面积下降至 365km²，至 2004 年土壤盐渍化面积增大为 1240km²。

1.6.6　艾丁湖流域水资源开发利用引发的主要生态环境问题

艾丁湖流域下游区自然湿地与地下水的水位埋藏状况之间存在密切关系。由于人工绿洲区水资源大规模超用和地下水严重超采，自 1980 年以来该流域西部天然植被分布范围明显萎缩，迁移后的边界线与 10m 水位埋深线重合；1976 年仍然溢出泉水至 2017 年该点地下水位已位于地面以下 10m 处，区内天然植被分布范围边界也是与 10m 地下水位埋深线重合，超过 10m 水位埋深线的区域为裸地。西部天然植被区界线退缩距离达 2.2km，该区退化面积为 41.9km²，天然植被覆盖度减小的面积为 241.2km²。1976~2017 年中部天然植被覆盖度减小面积为 215.1km²，东部天然植被覆盖度减小面积为 116.3km²；艾丁湖自然湿地分布区大片芦苇、红柳等植被，天然植物由芦苇向盐节木演替；世界上分布面积最大的耐盐、抗旱的疏叶骆驼刺生长范围，已由 20 世纪 80 年代的 220 万亩，减至目前的 160 万亩，其中 90 万亩为生长不良状态。

第2章 西北内陆区生境质量演变特征与生态水源供给机制

本章以西北内陆典型流域平原区生境质量演变特征与生态水源供给机制为重点内容，简要介绍生境质量演变评估理论方法和石羊河流域生境质量演变特征及驱动因子，包括包气带结构对生境质量影响，以及天然植被净初级生产力对气候变化和地下水开采等人类活动响应。重点阐述不同类型区生态耗水及其水分来源、生态输水下绿洲空间格局复杂性演变特征，诠释干旱区天然植被绿洲地下水生态水位识别和不同类型植被分布区适宜生态水位和极限生态水位阈域，以及自然湿地生态恢复所需输水量，为西北内陆区地下水合理开采与生态保护研究奠定认知基础。

2.1 生境质量演变及其驱动因子

由于水资源过度开发和地下水严重超采，引发西北内陆区自然湿地、天然植被绿洲生态不断退化的问题，受到广泛关注。那里的生境（包括天然植被强烈依赖的地下水生态功能境况）究竟发生了什么变化？生境是不同于生态位的概念，生态位强调物种在群落内的功能作用（职业），而生境相当于天然生物的"住址"，内涵多指物种能够生存的环境范围。

2.1.1 生境质量演变评估理论与方法

1. 基本概念与基础理论

1）生境

"生境"（habitat）概念定义是生物出现的环境空间范围，一般指生物居住的地方，或是生物生活的生态地理环境。现今的"生境"是指物种或物种群体赖以生存的生态环境。森林的砍伐、草原和湿地开垦，以及由此带来的水土流失、干旱化和地下水位大幅下降等，是对西北内陆干旱区天然植被生境的破坏。生境包括必需的生存条件和其他因素，是生物生活的空间和其中全部生态因子的总和。对于西北内陆天然植被绿洲来讲，光照、温度、水分、空气、无机盐类和地下水位埋藏状况等非生物因子，都是影响生境质量演变的重要因素。换言之，一般描述植被的生境是着眼于环境的非生物因子，如气候、土壤条件和地下水埋藏状况等。天然植被种类与生境之间关系是长期演化的结果，天然植被有适应生境的一面，也有改造生境的一面。"生境"一词不同于"环境"，它强调决定生物分布的生态因子，常被用来泛指物种生活的区域类型。"生境"一词也不同于"生态位"，"生态位"强调物种在群落内的功能作用或"职业"，而"生境"相当于生物的"住址"，多指物种能够生存的环境范围,具有一定环境特征的生物生活或居住地。生境也可视为整个群落占据的地方,如西北内陆区梭梭荒漠群落的生境是干旱荒漠区、芦苇沼泽群落的生境是地下水浅埋的潮湿沼泽区。

2)生境质量

生境具有为个体或种群的生存提供适宜条件的能力。生境质量既取决于自身的适宜程度,又取决于受到地下水位埋深不断增大、土地荒漠化等威胁之后的退化程度。在西北内陆区,天然植被生境不仅与光照、温度、水分、空气和土壤中无机盐类等非生物因子之间密切相关,而且,地下水的水位埋深状况也是天然植被生境重要影响因子。地下水位埋深的不同,不仅对西北内陆区陆表天然植被个体和种群产生影响,而且还能改变天然植被群落演变。生境适宜性及其对威胁的敏感性是西北内陆区天然生态修复中关注的重点。

生境敏感性是指生境的抗干扰和受到外在影响之后恢复原来状态的能力。生境敏感性越高,抗干扰能力越差。由于西北内陆自然生态系统具有很强的自然适应和自我修复能力,所以,那里的自然生态系统越复杂,生境敏感度越低。

3)生境质量基础理论

生境的构成因素上有各种无机因素和各种生物因素,大部分学者提出将植被作为生境的内容。对于天然植被个体或种群居住的场所(又称栖息地)来说,生境是提供最接近的、直接的生活条件的场所,而且它还表达性状和状态。作为性状、状态的类型,确定生境是什么生活小区,如沙漠、湖沼湿地和山区。生物多样性的基础是生境的多样性,在一定的地域范围内,生境及其构成要素的丰富与否,很大程度上影响着生物的多样性。生境破碎化是对生境的破坏,是生物多样性最主要的威胁之一,表现为生境丧失和生境分割两个方面,既包括生境被彻底的破坏,也包括原本连成一片的大面积生境被分割成小片的生境碎片,对生物多样性有着很大的负效应。对生境破碎程度的衡量和测定是测度一个景观中生境的空间分布格局,以及生境总量的减少、生境斑块的增加、生境斑块面积的下降和斑块之间隔离程度的加剧等方面的量度特征,并形成生境破碎等相应效益,包括:①生境丧失,生境从一个连续的景观中消失的方式不同,最后剩下的生境空间分布格局也有差异;②生境斑块的数量增加;③平均斑块面积减小;④平均隔离度减小。

生境多样性是指生物生存环境的多样性。由于生境是特定生物的生存环境,因此一个区域的生境多样性是指容纳各种生物的各类生境的总体丰富性量度,它是保护生物多样性的重要基础,在一定的地域范围内生境及其构成要素的丰富与否,很大程度上影响着生物的多样性。

生境结构是指物种需要的生境要素在空间的分布,包括结构性因素、资源性因素和物种之间相互作用等。生境结构通过改变、转换、调节资源性因素、物种间相互作用等,影响该物种,由此生境结构是物种所占据的环境及资源变量实际值及范围。

生境结构分为水平结构、垂直结构和时间结构:①水平结构是指生境的空间异质性,由于种群的扩散特性、环境差异及种间相互作用等,自然群落形成了明显的水平分化,陆地植被群落的水平格局主要决定于植被的分布型,而植被的分布型取决于一系列内外因素,这些因素的总效应导致了自然植被在水平上具有复杂的镶嵌性。②垂直结构是指生境复杂性的一种测度，多数群落有垂直分化或分层现象，这种垂直结构主要是由植被的高度及海拔所决定的，植被地上部分的空间分布提供了一种类型的垂直结构轮廓，由于这种垂直结构的存在，不同层次中的生境垂直结构的利用程度有所不同，最简单是表达是以植被的高度来说明生境的空间分布，或是根据植被的生长型来划分层次。③时间结构是指在生境要素中，非生物因素有着极强的时间节律，如光照、降水和气温等周期性变化，以及群落外貌、结构和功能出现的周期性变化规律。

在中国陆地，拥有广泛的生境类型。在我国东部的湿润森林区，自北向南依次分布着针叶落叶林、温带针叶落叶阔叶林、暖温带落叶阔叶林、北亚热带落叶阔叶林、中亚热带常绿阔叶林、南亚热带常绿阔叶林、热带季雨林和热带雨林等森林植被；在我国西部，由于受强烈的大陆性气候，即蒙古–西伯利亚高压气旋控制，从北到南的水平分布上，分别为温带半荒漠带、荒漠带、暖温带荒漠带、高寒荒漠带、高寒草原带和高寒山地灌丛草原带。

2. 生境质量演变评估方法

1）生境质量评估方法主要功能

InVEST（integrated valuation of ecosystem services and trade-offs）模型是由美国斯坦福大学、大自然保护协会（The Nature Conservancy，TNC）与世界自然基金会（World Wildlife Fund，WWF）联合开发的"生态系统服务和交易的综合评估模型"，较广泛地应用于生境质量演变评估中。该方法旨在通过模拟不同土地覆被情景下生态服务系统物质量和价值量的变化，为决策者权衡人类活动的效益和影响提供科学依据，实现生态系统服务功能价值定量评估的空间化。InVEST模型较以往生态系统服务功能评估方法的最大优点是评估结果的可视化表达，解决了以往生态系统服务功能评估用文字抽象表述而不够直观的问题。

InVEST模型设计的初衷是为了有效地进行自然资源管理决策，它以量化生态系统服务功能并以图的形式表达出来，支撑识别何处投资可能提高人类和大自然的效益，适宜多种目标下多种服务分析；评估结果有助于管理合理开发利用土地等自然资源、保护生物多样性、协调生态系统保护与经济发展之间的关系，维系社会与自然之间和谐关系。

2）生境质量评估原理

生境质量演变评估的原理是将生境与威胁源建立联系，根据不同生境对威胁源的响应程度，评估生境分布与退化情况，最后确定"生境质量"。生境质量退化评估主要考虑生境对威胁敏感性、威胁衰减模式、最大威胁距离和威胁程度等。

生境受到威胁的反映敏感性越高，其抗干扰能力越差。复杂的生态系统具有较强自我修复能力，所以生态系统越复杂，其敏感性越低。由此，该方法确定，生境敏感性越高，赋值越趋于1.0；反之，生境敏感性越低，赋值越趋于0。

（1）生境退化度（D_{xj}）评估方法如下：

$$D_{xj} = \sum_{r=1}^{n} \sum_{y=1}^{Y} \left(\frac{\omega_r}{\sum\limits_{r=1}^{n} \omega_r} \right) r_y i_{rxy} \beta_x S_{jr} \tag{2.1}$$

式中，r 为威胁源，$r=1$，$\cdots$，n；y 为威胁源 r 中的栅格；ω_r 为威胁源 r 的权重；i_{rxy} 为威胁源 r 在生境栅格 x 中由于距离威胁栅格 y 的变化产生的影响大小；β_x 为生境栅格 x 的威胁潜力；S_{jr} 为生境类型 j 对威胁源 r 的敏感性。

（2）生境威胁距离影响（i_{rxy}）计算方法：

若威胁源呈线性衰减，则

$$i_{rxy} = 1 - \left(\frac{d_{xy}}{d_{rmax}}\right) \tag{2.2}$$

若威胁源呈指数衰减，则

$$i_{rxy} = \exp\left[-\left(\frac{2.99}{d_{rmax}}\right)d_{xy}\right] \tag{2.3}$$

式中，d_{xy} 为栅格 x 生境与栅格 y 威胁源之间的线性距离；d_{rmax} 为威胁源 r 的最大影响范围。

（3）生境质量（Q_{xj}）计算方法：

$$Q_{xj} = E_j\left[1 - \left(\frac{d_{xj}^z}{d_{xj}^z + S^z}\right)\right] \tag{2.4}$$

式中，d_{xj} 为生境类型 j 中栅格 x 的生境退化度；E_j 为生境类型 j 的生境适宜度；S^z 为半饱和常数。

3. InVEST 生境质量模型基本特点

生境质量（habitat quality）模型是 InVEST 系统中的一个模型。InVEST 中的生境质量模型要求的数据比较多，需要用 ArcGIS 进行数据处理，比较容易操作，需进行属性表的统计计算、栅格计算和裁剪等过程。

（1）土地利用数据：可以采用专业的遥感处理软件，进行分类或者目视解译。

（2）威胁因子数据：是一个表格数据，具体要求参考模型的用户手册，值得注意的是：①表格要符合用户手册里的要求；②第一列中的各种威胁因子名字可以自己定义，类名用英文，不需要跟模板中的名字一样；③表名称需要与模板一致，其中最大影响距离和权重，应结合研究区实际情况，采用适宜方法确定。

（3）威胁源数据：以耕地作为威胁因子为例。首先，把土地利用数据栅格转矢量，因为转为矢量之后，对属性表操作更为容易；然后，将矢量数据属性表中的所有耕地赋值为1，其他的赋值为0，随后将矢量数据转回为栅格数据，由此，耕地威胁源数据处理完成。

（4）其他的威胁源数据，如上类推。

（5）操作流程：①请不要在工作图上留下任何为 "No Data" 的空值，如果某个区域没有威胁，则设置威胁等级为0"。②在 ArcGIS 软件中，每个栅格数据都默认有一个最小外接矩形，在外接矩形中栅格数据之外的空白部分，值都为0。③栅格转矢量：在威胁源数据提取之前，需确保 "No Data" 区域都已赋值0。做好上述工作之后，进入 "威胁源因子数据的提取"；依次找到转换工具>由栅格转出>栅格转面，输入数据，进行栅格转矢量，运行后等待结果。在属性表中，按属性选择，输入 "gridcode = 1"，应用。对 "gridcode = 1" 的要素，进行赋值；对 "gridcode ≠ 1" 的要素，赋值为0。④矢量转栅格：依次找到→转换工具→转为栅格→面转栅格，输入矢量数据和输出栅格位置，输出栅格数据一定要按照"xxx_c.tif"的格式命名。输出结果中，1 为耕地，0 为其他地类，至此耕地威胁源因子栅格数据提取完成。其他危险源数据，同上述方法操作。

（6）生境退化源的可达性：这是可选数据，但是，如果有这个数据，应将实际数据加入，最终运行结果的准确性会明显提高；就是应将研究区域内的各种法定禁止开发区的矢量数据做并集，然后，在属性表中添加，并根据禁止开发区的级别不同，综合赋值 0 ~ 1 范围的值；并集之外的区域，默认值为 1。禁止开发区，包括湿地、森林公园等保护区等。

（7）生境类型及其对威胁的敏感性：与上面的威胁因子数据一样，手中的数据是几级地类就按照几级地类分。例如，土地覆被数据有二级地类，则填二级地类代码。耕地是一级地类，编码 1；其二级地类又分为旱地 11 和水田 12，则将 11 和 12 填入。NAME 一列填入相应的编码所代表的地类名称，HABITAT 一列填入各地物的生境适宜度（范围为 0 ~ 1）。

（8）半饱和度参数值：用户手册给定值为 0.5。上述数据流程处理完，等待运行和输出结果。

2.1.2　石羊河流域生境质量演变特征及驱动因子解析

1. 石羊河流域生境基础信息获取

围绕石羊河流域生态脆弱区地下水超采与生态退化研究的需求，选用 1970 年以来的遥感数据，分别进行天然植被（草本/木本）、湿地/湖泊、荒漠化和盐碱化等生态状况，以及人工绿洲（农植被/农田）高精度识别、现场验证和区划等遥感解译，包括近 10 年以来典型枯水、平水及丰水年各生态类型分区陆面蒸散发、植被覆盖度分布与变化特征、湿地水域面积变化特征、包气带岩性与入渗性特征，遥感调查与解译区面积不小于 4.16 万 km²，基本查明石羊河流域（盆地）平原区农业种植类型、井渠分布密度和井灌区、引灌区、混灌区分布范围，以及人工绿洲、天然植被、湖泊湿地、沙漠化和荒漠化等地表生境影响因子时空变化特征。

1）总体技术路线与主要技术方法

围绕石羊河流域地表生境影响因子时空变化规律，采取多期遥感数据与其他多源数据相结合、计算机自动信息提取与人机交互解译相结合、室内综合研究与实地调查相结合的总体技术路线，合理选择 1970 年以来典型年份和月份遥感数据源，应用辐射校正、大气校正、正射校正、彩色合成与彩色空间变换、图像增强处理和数据融合等遥感信息多层次筛选、多源数据综合分析和面向对象信息提取技术，进行所需信息提取；采取计算机自动信息提取与人机交互解译相结合的技术方法，辅以 GIS 技术、表面能量平衡模型，开展地表生态因子、岩性、地形地貌、农业种植类型及井渠等人类工程活动分布特征高精度解译、信息提取和综合研究；基于多源光谱遥感数据，估算区域蒸散量。

2）土地覆被类型信息提取及解译

根据项目研究的需求，将土地覆被类型划分为 2 个一级类，分别为自然绿洲和人工绿洲；10 个二级类，分别为天然林地、天然草地、水域湿地、未利用地、耕地、人工林地、人工草地、建设用地、水域湿地和未利用地；36 个三级类，如表 2.1 所示。

表 2.1　西北内陆区土地覆被类型遥感解译 3 级分类特征

土地覆被类型			不同土地类型属性特征
一级	二级	三级	
自然绿洲	天然林地	有林地	郁闭度大于 30% 的天然林，一般成片或沿河带状分布，如榆树林、沙枣林等
		灌木林地	郁闭度大于 40%、高度在 2m 以下的矮林地和灌丛林地
		疏林地	郁闭度在 10%～30% 的稀疏林地
		其他林地	未成林地
	天然草地	高覆盖度草地	覆盖度大于 50% 的草地，多分布于河流或湖泊周围
		中覆盖度草地	覆盖度在 20%～50% 以上的草地，多分布于河流或湖泊周围
		低覆盖度草地	覆盖度小于 20% 的草地
	水域湿地	河渠	天然河流，人类活动影响较少
		湖泊	天然湖泊，人类活动影响较少
		滩地	河、湖水域平水期水位与洪水期水位之间的土地
		沼泽地	自然形成且不受人类影响地势平坦低洼、排水不畅、长期超时、季节性积水或常年积水，表面生长湿生植被的土地
	未利用地	沙地	非人类活动影响形成的地表以沙覆盖的地区
		盐碱地	非人类活动影响形成的地表盐碱聚集、植被稀少、只能生长强盐碱植被的土地
		裸土地	非人类活动影响形成的地表土质覆盖，植被覆盖在 5% 以下的土地
		其他	无人类活动区的其他未利用土地
人工绿洲	耕地	水田	有水源和灌溉设施，在一般年正常灌溉，种植水稻等水生农植被的耕地
		水浇地	有水源和灌溉设施，在一般年景下能正常灌溉的耕地
		旱地	无灌溉水源和设施，靠天然降水生长植被的耕地
	人工林地	有林地	郁闭度大于 30% 的人工林，包括用材林、经济林、防护林等
		灌木林地	郁闭度大于 40%、高度在 2m 以下的矮林地和灌丛林地，分布在人类活动区
		疏林地	郁闭度在 10%～30% 的稀疏林地，分布在人类活动地区
		其他林地	未成林地、苗圃及各类园地
	人工草地	高覆盖度草地	覆盖度大于 50% 的人工草地及改良草地
		中覆盖度草地	覆盖度在 20%～50% 以上的人工草地及改良草地
		低覆盖度草地	覆盖度小于 20% 的人工草地及改良草地
	建设用地	城镇用地	县镇以上的建成区用地，周围有风沙防护林保护
		农村居民点用地	镇以下居民点
		工矿用地	厂矿建设用地，有水源补给体系，风沙防护林地

续表

土地覆被类型			不同土地类型属性特征
一级	二级	三级	
人工绿洲	水域湿地	河渠	人工开挖的河流及人工渠道
		水库、坑塘	人工修建的蓄水区常年水位以下的土地
		滩地	人工影响下河、湖水域平水期水位与洪水期水位之间的土地
		沼泽地	人工影响下地势平坦低洼、季节性积水或常年积水，表面生长湿生植被的土地
	未利用地	沙漠	地表以沙覆盖的地区
		盐碱地	地表盐碱聚集、植被稀少，只能生长强盐碱植被的土地
		裸土地	地表土质覆盖，植被覆盖度在5%以下的土地
		其他	其他未利用土地

（1）信息提取：采用面向对象的信息提取方法，实现对多源遥感数据或遥感数据和GIS矢量数据的整合分析。它以像元为基本单元进行遥感信息提取，根据像元的形状、颜色和纹理等特征，把具有相同特征的像素组成一个对象；然后，根据每一个对象的特征进行分类。采用决策支持的模糊分类方法，建立不同尺度的分类层次，在每一层次上分别定义对象的均值、方差、灰度比值等光谱特征，以及面积、长度、宽度、边界长度、长宽比、形状因子和位置等形状特征，对象方差、对称性、灰度工程矩阵特征等纹理特征，以及上、下文关系特征和相邻关系特征。通过对影像对象定义多种特征，并指定模糊化函数，给出每个对象隶属于某一类的概率，建立分类标准；最后，按照最大概率产生确定分类结果。

多尺度分割。由于现实世界中的对象（或实体）的大小往往千差万别，处于同一逻辑层次上的地理实体常常会有很大的尺寸上的差异，而不同逻辑层次上的对象之间又存在着某种内在的联系。本书基于 eCognition 软件，进行土地覆被信息多尺度分割和提取。eCognition 是德国 eCognition Imaging 公司开发的第三方产品，它采用决策专家系统支持的模糊分类算法，突破了传统单纯基于光谱信息进行影像分类的局限性，有效地满足了科研和工程应用的需要。根据影像纹理特征与农植被实际生长特征，采用不同尺度对比分析和优选，确定最适合尺度进行图像分割，实现土地覆被信息自动提取。

（2）解译原则：①在波谱测试和建立影像解译标志的基础上进行解译，以人机交互解译为主，辅以波谱反演和目视平面（立体）观测；②从区域性宏观解译逐渐向局部性微观问题研究过渡，从直观信息提取向微弱信息提取过渡，从定性地质信息提取向定量信息提取过渡，由点到线到面、由易到难、由表及里，循序渐进，反复解译；③遵循"重点突出，兼顾一般"的原则，精度上尽量保持全分辨率解译，内容上重点对研究区的自然绿洲和人工绿洲的3级类型进行详细的遥感解译，方法上采用多种波段组合的图像，利用直接判读、对比分析等不同解译方法，确保解译的内容客观和可靠。

（3）解译方法：①直判法，根据遥感解译标志或影像单元，在遥感图像上直接解译提取出目标地物信息，实现解译圈定与属性划分；②对比法，对未知区遥感图像上反映的目标地物现象,通过已知区图像特征与解译标志的对比进行解译;③邻比法,当图像解译标志不明显、细节模糊或解译困难时,可与相邻图像进行比较,将邻区的解译标志或细节延伸或引入,从而对困难区做出解译;④波谱反演,以软件自带的波谱库和野外实测的波谱曲线为基础,分析相邻目标地物的特征谱段差异性或典型地物的特征谱段,通过波谱变换、反演进行相应的解译;⑤综合判断法,当目标在图像上难以直接显现时,采取对控制地区目标物有因果关系的生成条件、控制条件的解译分析,预测目标物存在的可能性。

3) NDVI 信息提取

归一化植被指数 (normalized differential vegetation index,NDVI) 确定方法是消除大部分与仪器定标、太阳角、地形、云阴影和大气条件等有关辐照度变化的影响,增强遥感对植被的响应能力。NDVI 能反映植被冠层的背景影响,且与植被覆盖度有关,可以用来监测植被生长活动的季节与年际变化。

针对浓密植被的红光反射极弱,其比值植被指数 (ratio vegetation index,RVI) 将无界增长特点,将简单的 RVI 通过非线性归一化处理,得到 NDVI,其比值限定在 [-1,1] 范围内。NDVI 的负值表示地物在可见光波段具有高反射特性,与云、水和雪等相关联,0 值代表岩石或裸土,正值表示不同程度的植被覆盖,正值越大则植被覆盖度越高。

NDVI 经比值处理,可以部分消除与太阳高度角、卫星观测角、地形、云/阴影和大气条件有关的辐照度条件变化 (大气程辐射) 等影响,同时,NDVI 的归一化处理使因遥感器标定衰退 (即仪器标定误差) 对单波段的影响从 10% ~30% 降到 0 ~6%。NDVI 对植冠背景的影响较为敏感,其中包括土壤背景、潮湿地面、雪、枯叶和粗糙度等因素变化。野外验证结果表明,当植被覆盖度小于 15% 时,植被的 NDVI 值高于裸土的 NDVI 值,植被可以被检测出来,但在植被覆盖度很低地区,如干旱或半干旱区,其 NDVI 很难指示区域的植被生物量;当植被覆盖度由 25% 增大 80% 时,其 NDVI 值随植被量的增加呈线性明显增大特征;当植被覆盖度大于 80% 时,其 NDVI 值增大减缓,呈现饱和状态,对植被检测的灵敏度下降。在植被生长初期,NDVI 将过高估计植被覆盖度;而在植被生长的后期,NDVI 值偏低。因此,NDVI 更适用于低-中等叶面积指数的植被发育中期或中等覆盖度的植被检测。在中等植被覆盖度 (50%) 下,植被指数对土壤背景的敏感性最大;随着植被覆盖度下降,植被传递冠层散射和土壤反射能力减弱;在植被覆盖度很高时,植被也无法传递有价值的土壤信号。土壤对未完全覆盖冠层光谱特性的影响,是由于近红外与红光通过冠层的不同性质使土壤和植被相互作用变得更为复杂,大量植冠层透射、散射的近红外光到达土壤表面,在植被-土壤之间发生多次散射,因而产生土壤表面对植被指数影响的不同反射特性,它与土壤湿度、粗糙度、阴影、有机质含量和植被结构等相关。

4) 地表蒸散量遥感估算

这里的蒸散发 (ET) 包括土壤、水面的蒸发和植被蒸腾,是陆地生态系统水分输出的主要途径,蒸散发量的大小反映了陆面过程中地-气作用的强度。从 20 世纪 70 年代开始利用遥感估算蒸散量,发展了经验统计模型、与传统方法相结合的遥感模型、地表能量平衡模型和陆面过程与数据同化模型等许多遥感蒸散发估算方法。本书采用能量平衡模型进行石羊河流域蒸散量估算。在区域蒸散量估算中，该模型是基于表面能量平衡原理，利用遥感数据定量分析能量平衡中涉及的各个通量，主要步骤：①地表物理参数能够通过对遥感图像进行处理得到，包括地表温度、反照率、植被覆盖率和比辐射率等；②构建热传导粗糙度模型；③使用总体相似理论确定奥布霍夫稳定度、摩擦速度和感热通量；④依据地表能量平衡指数求得蒸发比。

5）标定与效验

本书中遥感解译的一项重要工作是原位（现场）标定与效验，包括土地覆被类型标定、野外波谱测试和土地覆被类型效验。

（1）标定：通过标定，建立研究区信息提取、遥感解译标志，为室内信息提取、遥感解译及技术方法研究提供依据。根据标定、结合遥感数据影像特征，建立和完善工作区自然绿洲（天然林地、天然草地、水域湿地、未利用地）和人工绿洲（耕地、人工林地、人工草地、建筑用地等）解译标志，为西北内陆区遥感信息提取奠定基础。

（2）地面光谱测试：地面光谱测试的目的是确定可以进行光谱区分的土地覆被类型，为遥感信息提取工作提供一定的数据参考。测量采用的地面光谱仪为美国 ASD 公司的 FieldSpec3Hi-Res 光谱仪。利用地面光谱仪采集地物反射率曲线、光谱采集点 GPS 定位、光谱采集点地类和赋存空间的描述、光谱采集点拍照等。光谱测量是对天然林地、天然草地、耕地、人工林地、人工草地等因子开展地面光谱测量。路线设置纵贯研究区主要地物类型，同一测量点测量一组光谱数据，每组光谱数据测 10 条曲线。共采集光谱数据 19 组、570 条，记录在野外光谱数据登记表中。

6）重点植被遥感调查与解译

基于国产高分数据，结合在线 Google Earth 数据，重点遥感解译梭梭、白刺、柽柳和沙枣树等典型植被群落分布范围，为西北内陆干旱区地下水生态水位和生态功能研究提供科学依据。共解译植被分布面积 3905.55km^2（表 2.2），其中解释梭梭分布面积为 1110km^2，主要分布在石羊河流域下游民勤盆地西部至昌盛乡一带、南湖乡北西部，以及绿洲至荒漠区过渡带，呈排列分布特征，为人工种植；解译白刺分布面积为 2344km^2，主要分布在石羊河流域古浪县北部沙漠区、民勤县绿洲向沙漠过渡区域；解译梭梭与白刺混生分布面积为 302km^2，主要分布在石羊河流域下游北部的双茨科乡及青土湖北部一带；解译柽柳分布面积为 24.34km^2，主要分布在石羊河流域下游区重兴乡北部的绿洲至沙漠过渡区，在其他区域零星分布；解译沙枣树分布面积为 92.37km^2，主要分布在石羊河流域下游民勤县大坝乡和夹河乡一带，在其他区域零星分布；解译盐爪爪分布面积为 32.84km^2，主要分布在该流域下游南湖乡的北部。

表 2.2　石羊河流域平原区典型植被群落分布范围遥感解译结果

序号	植被类型	解译面积/km^2
1	梭梭	1110
2	白刺	2344

续表

序号	植被类型	解译面积/km²
3	梭梭与白刺混生	302
4	柽柳	24.34
5	沙枣树	92.37
6	盐爪爪	32.84
合计		3905.55

7）遥感解译成果效验

（1）效验目的：为了确保遥感解译结果的客观性，根据下面 4 项原则，对遥感解译结果进行野外现场效验，包括针对解译的天然林地、天然草地、水域湿地等自然绿洲，耕地、人工林地、人工草地、建设用地、水域湿地等人工绿洲的土地覆被类型，以及土地沙化和盐渍化等是否符合实际情况，检验遥感解译结果的正确率；然后，根据效验发现的问题，修正和完善解译成果。

（2）效验路线布置原则：①区域性原则，在不同地形地貌区和不同植被覆盖区，选择分布较均匀的效验点，确保全面反映研究区内土地覆被类型解译的客观性和准确性；②多样性原则，抽取尽可能多的解译目标，进行野外现场效验；③针对性原则，根据室内遥感解译采用数据源的时相特征和野外标定的信息反馈等，对解译过程中复杂的、可疑的图斑进行针对性效验；④可行性原则，由于野外效验受自然地理环境、人力和野外作业装备等诸多因素限制，野外效验路线设计应合理可行，以确保野外效验能够顺利实施。

（3）效验方法：根据遥感解译成果的类型，针对不同地貌区和不同植被覆盖区，分别采用不同针对性效验工作方法（图 2.1）。例如，对解译标志明显、特征清晰的图斑，采用路线调查方法进行效验；对于复杂的、解译标志不清晰或存在疑问的图斑，采用控点路和线调查方法进行效验，并填写野外效验情况表。

2. 流域生境质量演变特征

基于 1980～2018 年石羊河流域土地利用的遥感数据，应用 InVEST 模型对其生境质量评估，结果如图 2.2 所示。

从图 2.2 中可见，该流域的西南地区生境质量优于东北部。在石羊河流域的西南部以及中部湿地分布区，生境质量较高；在石羊河流域的东北部，生境质量较差。从石羊河流域生境质量演变特征来看，生境质量指数呈逐渐增大趋势，即生境质量逐渐改善，尤其 1980～1995 年增幅明显，生境质量指数从 0.45 增大到 0.49；1995～2000 年，该流域生境质量指数小幅下降，生境遭到一定破坏。2000 年以来，石羊河流域生境质量呈持续上升趋势，总体处在 0.5 附近。

应用 ArcGIS 软件中的栅格计算器，对上述 8 期的生境质量指数大于 0.5 的区域面积分别统计，得到各时期生境质量指数大于 0.5 的分布面积占流域面积的比率（图 2.3）。图

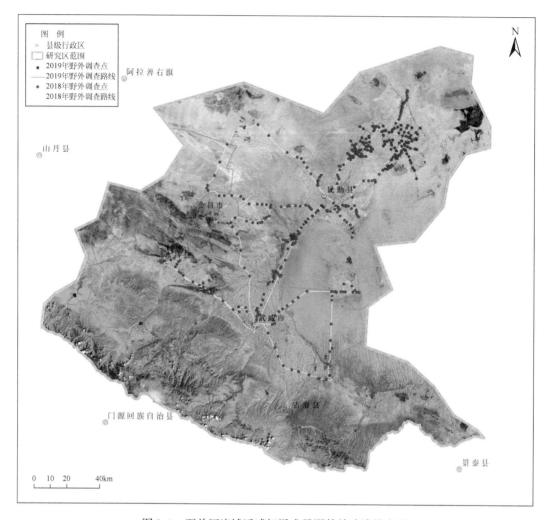

图 2.1　石羊河流域遥感解译成果野外效验路线实况

2.3 表明，1980~2018 年石羊河流域生境质量指数大于 0.5 的分布面积占比呈上升趋势，其中 1980~1990 年该流域生境质量指数大于 0.5 的分布面积占流域面积的比率波动下降，至 1990 年为 49.89%；1990~1995 年，石羊河流域生境质量指数大于 0.5 的分布面积占流域面积的比率大幅上升，达到 50.95%。1995~2000 年，该流域生境质量指数大于 0.5 的分布面积占流域面积的比率明显下降，2000 年以来呈显著上升趋势。

3. 流域生境质量演变驱动因子分析

在 2001 年，甘肃省水利厅下设的石羊河流域管理局，开始监管石羊河流域综合治理和水资源统一调配。2001 年以来该流域生境质量处于稳定上升过程，表明石羊河流域综合治理彰显成效，包括对流域上游区人类活动全面治理，以及对中、下游区产业结构调整和生态输水配置等措施，对石羊河流域生境质量改善都发挥了重要作用，当然与气候变化也有一定关系。

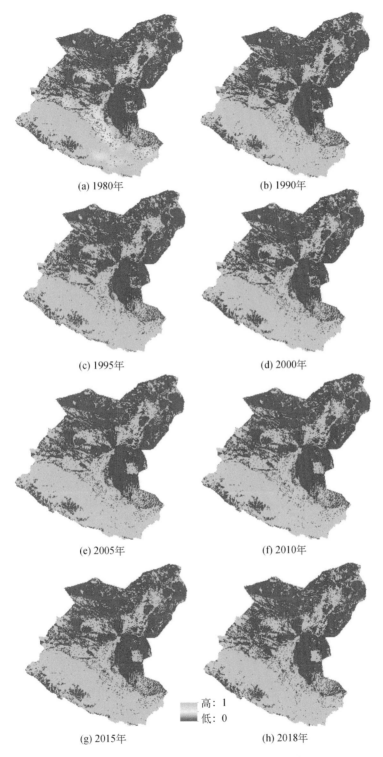

(a) 1980年　　　　　　　　　(b) 1990年

(c) 1995年　　　　　　　　　(d) 2000年

(e) 2005年　　　　　　　　　(f) 2010年

高：1

低：0

(g) 2015年　　　　　　　　　(h) 2018年

图 2.2　近 40 年来石羊河流域生境质量演变特征

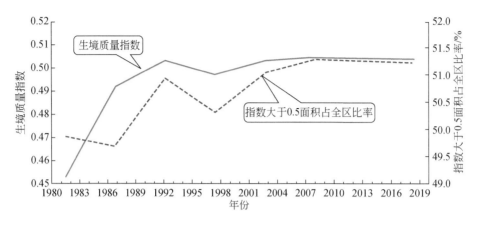

图 2.3　石羊河流域生境质量指数及其大于 0.5 区域面积占比变化特征

石羊河流域的西南部是流域上游山区，为高山地带，土地利用类型以森林与草地为主，变化较小且稳定，所以，该区域的生境质量指数处于较高水平。在石羊河流域中、下游区，农田和建设用地面积较大，两者都是生境质量威胁源的重要因子，它们具备导致石羊河流域中、下游区生境质量下降的作用。

随着城市化进程加快，灌溉农田面积和建设用地规模不断扩展，在大幅挤占生态需水量的同时，还促使地下水开采量不断增大，导致该流域平原区地下水位不断下降，引发自然生态退化和土地荒漠化加剧。但是，从该流域整体生境质量演变特征来看，2001 年之前威胁源影响比较明显，甚至有些年份呈现加剧影响特征，自 2001 年以来石羊河流域生境质量指数呈现趋势性向好过程（图 2.3）。

2.1.3　包气带结构对维持生境质量影响

在西北内陆干旱区，自然湿地和荒漠天然植被绿洲生态对地下水（潜水）埋藏状况具有强烈依赖性，当潜水的水位埋深大于"极限生态水位"深度时，地下水生态功能失效，不仅天然植被显著退化，甚至出现土地荒漠化或沙漠化。在地下水维系地表生态环境质量的过程中，包气带结构的不同会影响地下水生态功能。不同结构的包气带，影响潜水支持毛细水上升高度，即地下水通过毛细作用给地表天然植被输送水分的能力。包气带的地层结构、岩性组成和厚度对潜水支持毛细水上升高度的大小及输送水分状况都具有不可忽视的影响。例如，砂砾石地层组成的包气带表层很难发育天然植被群落，这是因为该地层不仅难以保持天然植被所需水分，而且，还因该岩性结构的包气带支持毛细水高度小，而难以有效通过毛细作用向地表植被根系层输送水分。包气带的不同岩性地层交错分布，地下水的支持毛细水高度随包气带结构不同而变化，包括由粗颗粒砂性地层转变为黏性或黏质细颗粒地层，或由黏性或黏质细颗粒地层转变为粗颗粒砂性地层。

1. 层状非均质结构包气带垂向渗透性分布特征

1) 层状非均质结构包气带垂向渗透性基本特征

从图 2.4 可见,由亚砂土、亚黏土等细颗粒组成的包气带含水率较高,为 20% ~ 35%,其毛细导水作用强;粉砂等较粗颗粒组成的包气带含水率较低,为 10% ~ 20%,其毛细导水作用较弱。在同一岩性包气带中,垂向上含水率变化连续,没有突变发生。当出现不同岩性地层之间分界的包气带,无论是"上粗下细"结构,还是"上细下粗"结构,包气带含水率都发生陡变特征,这种含水率的突变必然影响包气带毛细导水作用。

在西北内陆干旱区,地下水位埋深越浅,包气带含水率越大,天然植被长势越好、盖度越高;反之,地下水位埋深越深,包气带含水率越低,天然植被长势越差、盖度越小。其中,红柳、梭梭和胡杨的适生含水率分别为 15% ~ 20%、19% ~ 33% 和 14% ~ 24%。

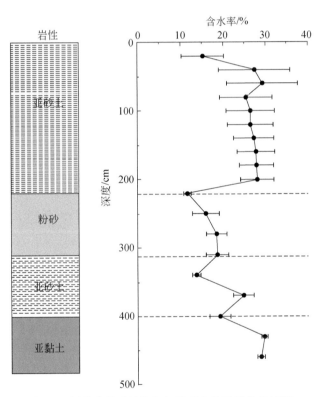

图 2.4　层状非均质结构包气带垂向渗透性分布特征

2) 层状非均质结构包气带垂向渗透性动态特征

采用地表渗水模式监测层状非均质结构包气带的 20 ~ 460cm 不同深度垂向渗透性响应特征。从图 2.5 可见,不同深度的包气带(监测点)含水率对每一次地表渗水事件都呈现响应变化,距离地面的埋深越小,响应变化程度越显著。在 200cm 深度以上的包气带,其含水率对地表渗水入渗补给响应变化特征趋于一致,都呈现脉冲式增—减变化过程;即在地表渗水之后，包气带含水率迅速增大，当入渗水峰值通过之后含水率快速减降。监测点埋深越小，包气带含水率响应变化的幅度越大，其中60cm以浅包气带含水率的变化幅度为10.4% ~ 38.56%，60 ~ 100cm深度包气带含水率变化范围为16.69% ~ 35.11%［图2.5（a）］。这是因为200cm以浅的包气带为同一岩性，具有相同渗透性，在重力和悬着毛细水作用下它们几乎具有相同的驱动水动力场。反之，由潜水支持毛细作用输供水分，对于地表天然植被来讲，将具有良好的地下水生态功能保障。

当然，即便是潜水的支持毛细作用输送水分，随着地下水位埋深增大，其向上输送水分能力也呈减弱趋势；同理，在120cm深度以下的包气带，其含水率变化对地表渗水入渗的响应开始变得延滞，存在明显滞后期，包气带含水率响应的变化幅度也减弱，并呈现平缓的多峰或单峰变化过程［图2.5（a）、（b）］。这种滞后期越长，表明包气带输送水分衰减程度越明显，在地表生态急需水分时构成威胁源，同时，驱动天然植被根系向下追水发育，进而获取生存所必需的水分。

当监测点的深度达到220 ~ 400cm时，直至3个多月之后，这一深度的包气带才出现对地表渗水入渗的响应变化特征，表现出它与次渗水量之间相关性不强［图2.5（c）］。从理论上讲，240 ~ 320cm深度的包气带由亚砂土变为粉砂，渗透性明显增大，导水能力明显增强。相对亚砂土地层，粉砂地层导水能力较强，但是持水能力较弱，由此其毛细作用明显弱于亚砂土地层。从包气带水分亏缺角度来看，陆面蒸发蒸腾影响主要集中在60cm以浅的变温带——包气带中，或潜水蒸发极限深度范围的包气带（240cm以浅）。在潜水蒸发极限深度之下，包气带含水率处于田间持水率水平，其获取重力水补给的水量向下传导。换言之，220 ~ 400cm深度的包气带对地表渗水入渗，直至3个多月之后才出现响应变化特征，以至240 ~ 320cm深度粉砂地层毛细作用发挥了不可忽视影响。分别对比图2.5（b）、（c）中的200cm与220cm深度监测点、310cm与340cm深度监测点的含水率对地表渗水入渗响应特征，会发现由于包气带岩性发生变化，在地层岩性变化界面两侧的含水率变化特征之间存在明显的

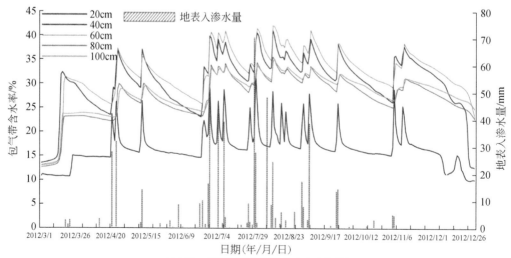

(a) 100cm深度以浅包气带含水率变化特征

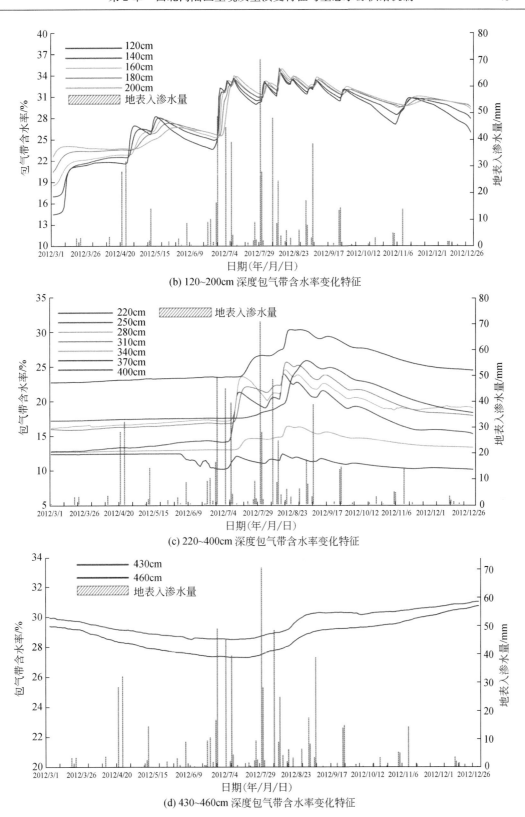

(b) 120~200cm 深度包气带含水率变化特征

(c) 220~400cm 深度包气带含水率变化特征

(d) 430~460cm 深度包气带含水率变化特征

图 2.5　地表渗水条件下层状非均质结构包气带的不同深度含水率变化特征

不同；在岩性变化界面的上覆包气带含水率变化幅度较大、峰谷波动特征显著，而在岩性变化界面的下伏包气带含水率变化幅度明显较小，由此突显了包气带岩性结构变化对毛细输水作用的重要影响。

从图2.5（d）可见，在地面以下430~460cm深度的包气带，历经多次岩性结构变化之后，包气带含水率对地表次渗水入渗的响应更加微弱。对比图2.5（c）、（d）中400cm与430cm处包气带含水率，会发现二者之间也存在较大不同，仍是在岩性变化界面的上覆包气带含水率变化幅度较大，而岩性变化界面的下伏包气带含水率变化幅度较小，再次表征包气带岩性结构变化对毛细输水作用具有明显的弱化效应影响。

2. 层状非均质结构包气带中入渗水湿润锋运移变化特征

在西北内陆区，入渗水湿润锋向下运移速率越慢，越有利于地表植被吸用包气带水分。从图2.6可见，在层状非均质结构包气带中，28.3mm地表渗水量自4月21日开始入渗，至8月21日，水分以向下运移为主。在5月9日前，30cm深度之上的包气带仍发育发散型零通量面，表明在经过18天入渗之后，入渗湿润锋尚未到达30cm深度。至6月19日，蒸发型零通量面位置下移至50cm深度处，表明这期间没有形成悬着毛细水效应。随着地表入渗水量不断增多，至7月15日及之后，入渗水湿润锋前缘穿越零通量面，悬着毛细水发挥作用，形成地表水入渗补给地下水的水势梯度特征，这种境况有利于改善生境质量和地下水生态功能。

从图2.6中水势剖面可见，在亚砂土与粉砂地层之间（220cm深度）、亚砂土与亚黏土地层之间（410cm深度）交界处，包气带水势梯度变陡，该界面之上含水率明显大于界面之下含水率，表明包气带岩性结构变化对入渗水分运移具有阻滞作用。这种阻滞作用对于包气带水分维系地表植被利用是十分有利的。

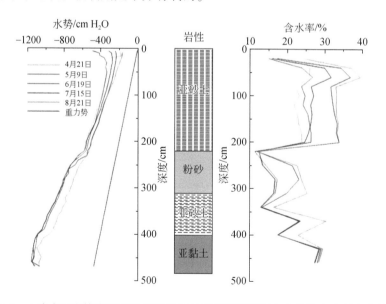

图2.6 入渗水湿润锋在层状非均质结构包气带下移过程中水势和含水率变化特征

入渗水分在层状非均质结构包气带下移过程中，湿润锋下移速率的变化特征反映包气带岩性结构影响程度是非线性的，既与地层岩性和渗透性密切相关，又与包气带地层结构相关。从图 2.7 可见，地表渗水在多层结构包气带中入渗，湿润锋抵达亚黏土层的过程中呈现 4 个阶段特征。

第一阶段，地表渗水湿润锋在 0~200cm 深度的亚砂土组成包气带中下移，仅用 19 天时间，湿润锋平均运移速率 10.53cm/d；其中在 100cm 深度以浅，湿润锋运移速率大于 20.0cm/d。这除了与该段包气带渗透性较强、埋藏浅而利于排气之外，还与其下伏粉砂地层强渗透性、弱持水性相关。如果下伏粉砂地层厚度较大，0~200cm 深度段入渗水分湿润锋下移速率将更快，该段含水率也会较快速减少。因此，这种结构的包气带不利于维系地表生境质量改善和地下水生态功能发挥。

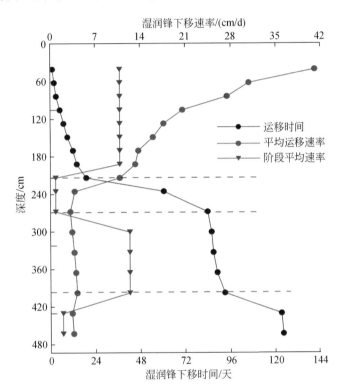

图 2.7　层状非均质结构包气带入渗湿润锋运移时间与速率变化特征

第二阶段，地表渗水湿润锋在 200~250cm 深度由亚砂土地层向粉砂地层运移，历时 65 天，入渗水分湿润锋下移速率由上段的 10.53cm/d，衰减为 0.77cm/d。这里出现了"上细下粗"结构影响，上覆细颗粒的亚砂土地层对下渗水分具有一定的吸持作用，或者说包气带岩性结构界面对湿润锋下移具有明显阻滞效应，多次地表渗水入渗试验结果都是如此。

第三阶段，地表渗水湿润锋在 250~370cm 深度由粉砂地层向亚砂土地层运移，历时 10 天。该段包气带基本脱离了陆面蒸发影响，含水率处于临近田间持水率状态，同时，由于下层亚砂土地层吸持能力大于上覆粉砂地层，所以，该段包气带岩性结构变化对入渗水分运移阻滞效应减弱，湿润锋运移的速率增大，由 0.77cm/d 增大为 12cm/d。由此可见，"上粗下细"结构的包气带分布在表部，无疑也不利于生境质量涵养和地下水生态功能作用。

第四阶段，地表渗水湿润锋在 370～460cm 深度由亚砂土地层向亚黏土地层运移，8月 21 日，430cm 深度地层水势明显增大，表明入渗湿润锋已穿过亚砂土与亚黏土地面界面；虽然下伏的亚黏土地层吸持能力强，但是，由于亚黏土地层渗透性差，所以，入渗水湿润锋穿越该段包气带历时 32 天，润锋运移的速率由 12cm/d 减小为 1.86cm/d。这种"上粗下细"结构的包气带分布在表部，有利于生境质量涵养和发挥地下水生态功能作用。

3. 层状非均质结构包气带对渗透性影响机制

1）不同结构对渗透性影响机制

从前述研究结果已知，在层状非均质结构包气带中，无论是"上粗下细"，还是"上细下粗"的地层岩性结构，对地表渗水或潜水通过支持毛细作用向上表层输运水分，其渗透性都会受到明显影响，包括渗透过程和速率都因层状非均质结构产生不同时限的阻滞效应。但是，"上粗下细"，或"上细下粗"这两种结构的阻滞效应原理各不相同。包气带中"上粗下细"结构，是因为下伏地层渗透性低、持水性强，由此对渗透水分产生阻滞效应；而包气带中"上细下粗"结构，则是因为上覆地层吸持能力远大于下伏地层吸持能力，由此对渗透水分产生较大吸持力，形成悬着毛细水效应的影响。

若从地表部生境质量角度考虑，潜水作为干旱区天然植被生长保障水源，则上述"上粗下细"，或"上细下粗"两种结构作用的效应原理将出现逆反过程。在"上粗下细"结构的包气带中，由于下伏地层持水能力强，支持毛细上升高度较大，所以，有利于潜水通过支持毛细作用向上给植被根系输供水分，同时，还由于下伏地层具有低渗透、强持水性而保持供水的较长持续性。而包气带中"上细下粗"结构，由于下伏地层渗透性较强，持水能力较弱，支持毛细上升高度较小，所以，这种结构对于潜水通过支持毛细作用向上给植被根系输供水分具有阻滞作用，相当于向上渗透穿越"弱隔水层"，除非地下水位大幅上升，否则，潜水通过支持毛细作用向上输供水分功能被较厚的粗颗粒包气带阻断。

2）不同结构对渗透性影响验证

在层状非均质结构包气带中的两种岩性地层面处，安装 TDR 监测反持续监测渗水过程中界面处包气带含水率变化特征。监测结果表明，分界面处含水率明显小于其上、下邻近两个监测点含水率（图 2.6）。从图 2.5（a）～（c）可见，在包气带的 220cm 深度以上，同一岩性地层中，各监测点含水率对不同时间的渗水入渗都呈现脉冲式响应变化，并且对渗水频次的响应特征清晰。而在亚砂土与粉砂地层界面（220cm 深度）以下的包气带中，几乎所有监测点含水率都呈现出对次渗水入渗的锋谷响应弱化，其中 340cm、370cm、400cm、430cm 和 470cm 处监测点含水率响应的弱化特征比较明显，尤其 430cm 和 470cm 处监测点入渗水分历经 3 个岩性结构变化界面影响，以至它们的含水率响应特征基本失去对次入渗频率的反映。400cm 监测点含水率动态变化呈现出先积水、后蓄满释水的变化特征，且 400cm 监测点含水率变化的幅度大于 220cm、340cm 监测点含水率变化的幅度，但是它对渗水频次没有呈现明显响应特征，而是呈现积水累积的锋，然后是缓慢释水过程，为典型的"上粗下细"结构的亚砂土与亚黏土之间界面阻滞效应。

在层状非均质结构包气带中，无论是对来自地表入渗水渗透，还是对潜水通过支持毛细作用向上渗透都具有不忽视的影响，主要作用方式是通过不同岩性界面之间地层渗透性、持水性之差异，产生吸持和阻滞渗流水分迁移，相当于"弱透水层"阻滞效应，只有在两种岩性地层分界面处水分积累至可以克服界面阻滞力作用条件下，渗透水分才能够继续迁移。总之，包气带中层状非均质结构对于来自地面的入渗水流具有"削峰填谷、储水蓄能"作用，对于潜水通过支持毛细作用向上输送水分具有延长蓄存与保障作用，以利于提高包气带表部生境质量和地下水生态功能作用为主导。

2.2 植被净初级生产力对气候变化及人类活动响应

本书选择的石羊河流域是西北内陆自然生态严重退化具有代表性的区域，那里的人口数量已远超过 30 万适宜阈值，水资源严重短缺，天然水资源匮乏，自然湿地和天然植被绿洲生态对地下水埋藏状况（地下水生态功能）具有强烈依赖性，因此生态退化问题比较突出。在 20 世纪 90 年代之后，国家加强了流域生态综合治理，特别是 2000 年以来治理效果越来越显著。

下面利用 2000～2015 年遥感净初级生产力（net primary productivity，NPP）MOD17A3产品数据和气温、降水和土地利用资料，了解综合治理后石羊河流域 NPP 时空变化趋势；同时，应用相关分析法对各项变量因子之间关系进行分析，探究 NPP 与气温和降水变化之间相关状况，并结合人类活动影响，研判综合治理以来气候变化和人类活动影响下石羊河流域植被恢复状况，作为指导提高生境质量和恢复地下水生态功能的科研基础。

NPP 是指生态系统中植被群落在单位时间、单位面积上所产生有机物质的总量；一般以每天、每平方米有机碳的含量（质量数）表示，它表示植被所固定的有机碳中扣除本身呼吸消耗的部分，这一部分用于植被的生长和生殖。初级生产力又可分为总初级生产力和净初级生产力。总初级生产力（gross primary productivity，GPP）是指单位时间内绿色植被通过光合作用途径所固定的有机碳量，又称总第一性生产力；净初级生产力则表示植被所固定的有机碳中扣除本身呼吸消耗的部分，这一部分用于植被的生长和生殖，又称净第一性生产力。两者的关系为净初级生产力等于总初级生产力与自养生物本身呼吸所消耗的同化产物之差。进一步来讲，植被净初级生产力为绿色植被利用太阳光进行光合作用，即太阳光+无机物质+H_2O+CO_2——热量+O_2+有机物质，把无机碳（CO_2）固定和转化为有机碳的这一过程。

2.2.1 植被净初级生产力与气候变化之间关系

通过对 2000～2015 年石羊河流域的植被净初级生产力与气温、降水之间相关性分析，结果表明,该流域 NPP 与降水量之间具有显著相关性(相关系数大于 0.50),置信水平为 0.05,由此说明降水量变化对石羊河流域植被生长具有限制影响。从图 2.8 可见,年降水量越大,石羊河流域的植被净初级生产力越大;反之,年降水量越小,该流域的植被净初级生产力越小。这也较好地解释了石羊河流域上、中游区植被净初级生产力较大,而下游区植被净初级生产力较小的原因之一,就是中、上游区年降水量较大,下游区年降水量较小。石羊河流域的植被净初级生产力与气温之间相关性分析结果是,该流域 NPP 与气温之间相关性差或不具显著相关性。但是,从图 2.8(a)可见,气温较高有利于 NPP 增大。

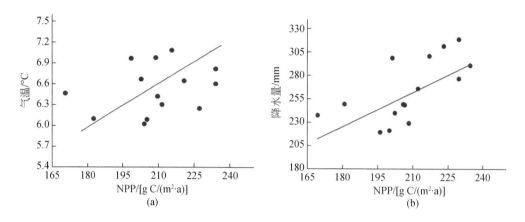

图 2.8 石羊河流域年均 NPP 与气温和降水量之间相关关系

从 2000 年以来石羊河流域不同分区植被覆盖度与气温、降水量之间关系来看,中部平原绿洲区植被覆盖度变化与气温之间具有密切相关关系,相关系数大于 0.50,气温升高促进植被覆盖度增大。图 2.9 显示该区与降水量之间相关性不强,相关系数仅为 0.13,主要是因为石羊河流域平原区年降水量不足 170mm。

在石羊河流域南部祁连山地区,2000 年以来植被覆盖度变化与降水量之间相关性较强,相关系数大于 0.50,随着降水量增大,该区植被覆盖度呈增大趋势。南部祁连山地区植被覆盖度变化与气温之间相关性弱,相关系数仅为 0.20,主要因为石羊河流域该区年均气温较低,在 2.0℃以下(图 2.10)。

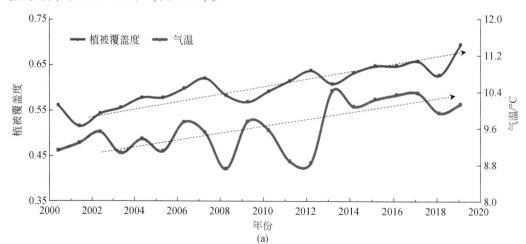

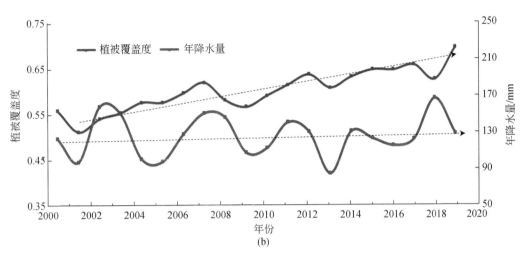

图 2.9　2000 年以来石羊河流域中部平原绿洲区植被覆盖度与气温和降水量之间互动特征

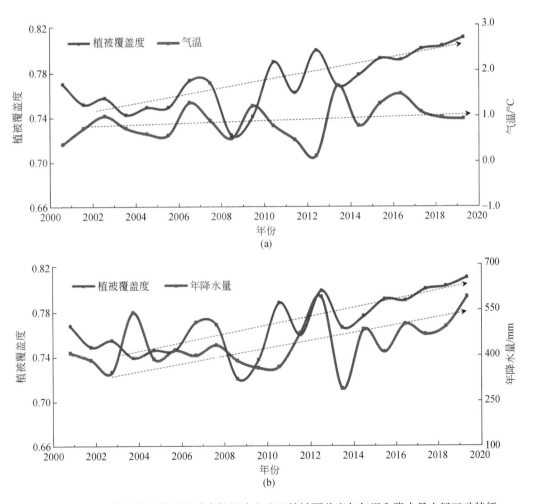

图 2.10　2000 年以来石羊河流域南部祁连山地区植被覆盖度与气温和降水量之间互动特征

2.2.2 植被净初级生产力与下垫面变化之间关系

从流域分区来看，石羊河流域上游山区的植被净初级生产力（NPP）高于中、下游区净初级生产力，中游区植被净初级生产力高于下游区，自上游区至下游区 NPP 呈显著递减的趋势。其中 2011～2015 年，上述各分区之间 NPP 的递减特征最为显著，上游区植被净初级生产力比中游区 NPP 大 769kg C/（hm²·a），中游区植被净初级生产力比下游区 NPP 大 420kg C/（hm²·a）。2000～2005 年和 2006～2010 年，中游区与下游区 NPP 之间差值，分别为 248kg C/（hm²·a）和 235kg C/（hm²·a）；上游区与中游区 NPP 之间差值，分别为 831kg C/（hm²·a）和 881kg C/（hm²·a）。2006～2010 年，中游区植被净初级生产力较小，为 1799kg C/（hm²·a），相对 2000～2005 年和 2011～2015 年的中游区 NPP，分别小 7kg C/（hm²·a）和 200kg C/（hm²·a）。2011～2015 年，中游区植被净初级生产力大幅提高，相对前期 NPP，提高了 11.12%。2000～2005 年的下游荒漠绿洲区 NPP 最小，为 1558kg C/（hm²·a），随后不断增大，2006～2010 年和 2011～2015 年，下游区植被净初级生产力分别为 1564kg C/（hm²·a）和 1579kg C/（hm²·a），相对 2000～2005 年平均 NPP，分别增大 6kg C/（hm²·a）和 21kg C/（hm²·a）。

石羊河流域上游山区的植被净初级生产力，显著高于中、下游区净初级生产力；在对比的 2000～2010 年、2006～2010 年和 2011～2015 年的 3 期中，上游山区年均 NPP 分别比中游区植被净初级生产力大 831kg C/（hm²·a）、881kg C/（hm²·a）和 769kg C/（hm²·a），上游山区年均 NPP 分别比下游区植被净初级生产力大 1079kg C/（hm²·a）、1116kg C/（hm²·a）和 1189kg C/（hm²·a）。由此，反映出下游区生境质量修复状况不如上游山区快，而中游区生境质量修复状况快于上游山区（表 2.3）。

表 2.3 不同时期石羊河流域各分区植被净初级生产力变化特征

流域分区	不同时期 NPP/[kg C/（hm²·a）]					
	2000～2005 年		2006～2010 年		2011～2015 年	
	年均 NPP 值	对比差值	年均 NPP 值	对比差值	年均 NPP 值	对比差值
上游区	2637	0	2680	0	2768	0
中游区	1806	831	1799	881	1999	769
下游区	1558	248	1564	235	1579	420

从 2000～2015 年石羊河流域土地利用变化状况来看，耕地面积增大，未利用土地面积减少。由于该时期石羊河流域继续实施退耕还林还草和关井压田等生态修复工程，以及土地利用流转政策，促使该流域生境质量明显好转。通过石羊河流域土地利用转移矩阵分析的结果表明，在 2000～2015 年的 15 年期间，石羊河流域土地利用变化的剧烈程度较小，其中未利用土地减少面积大，为 2.32%。未利用土地转为建设用地面积占比最高，为 0.39%；未利用土地转为草地面积占率次之，为 0.35%。合计增加面积占比最大的是耕地，达 3.63%。2000～2015 年石羊河流域各类土地增加面积占比率的大小依次为耕地>建

设用地>草地>未利用土地>水域>林地。

在 2000～2015 年石羊河流域耕地面积增加转化中，未利用土地转化为耕地的面积占比最大，为 1.54%；林地转化为耕地的面积占比次之，为 1.28%。由此，表明人类活动仍然是该流域生境质量影响的重要因素。从 2000～2015 年 4 期（2000 年、2005 年、2010 年和 2015 年）的石羊河流域土地利用转化分布特征（图 2.11）来看，在已开发利用土地中，中、下游区耕地分布面积和建设用地占比较大，成为石羊河流域中、下游生境质量的主要影响因素。相对 2000 年，2015 年建设用地增加是比较明显的（图 2.11 中的红色区域）。

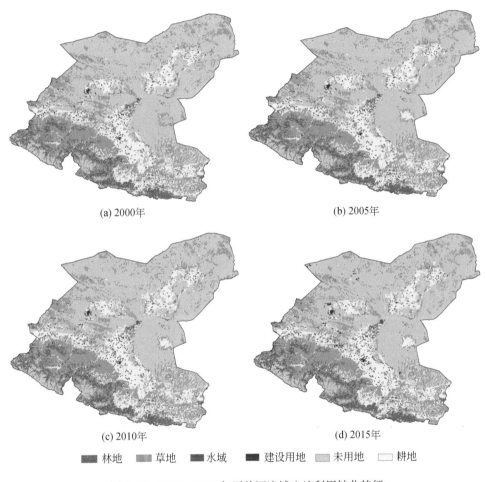

(a) 2000年　　　　　　　　　　　　　　　　(b) 2005年

(c) 2010年　　　　　　　　　　　　　　　　(d) 2015年

■ 林地　■ 草地　■ 水域　■ 建设用地　□ 未用地　□ 耕地

图 2.11　2000～2015 年石羊河流域土地利用转化特征

1970 年以来不同时期石羊河流域土地利用转移矩阵分析的结果表明，在过去 50 多年中，石羊河流域中、下游区人工绿洲面积不断扩大，天然绿洲面积不断减少。其中，人工绿洲面积由 1970 年的 5356km²，增大到 2016 年 7605km²，年均增加人工绿洲面积为 62.47km²；同期，天然绿洲面积由 1970 年的 35717km²，减少为 2016 年 33467km²，年均减少天然绿洲面积为 62.50km²（图 2.12）。

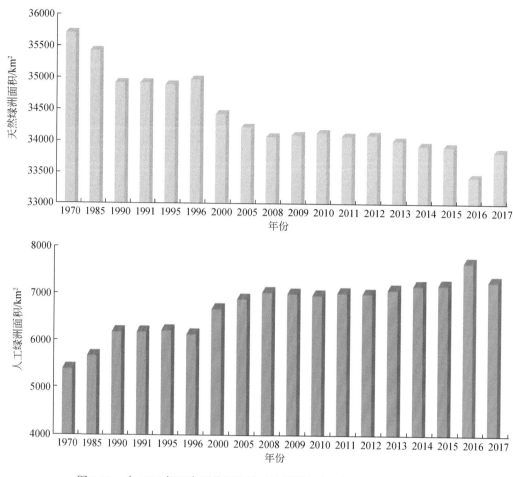

图 2.12　自 1970 年以来石羊河流域天然绿洲和人工绿洲面积变化特征

1970～1990 年，石羊河流域天然林地面积大幅减少，减少面积达 196.48km²；人工草地面积也减少，减少面积 11.82km²。该时期，石羊河流域天然草地和耕地面积大幅增加，增加面积分别为 2146.55km² 和 624.45km²，湿地水域增加面积为 37.17km²，该河流域生境质量总体良好。

1990～2000 年，石羊河流域天然林地面积有所恢复，增加面积为 112.34km²；湿地水域和人工林地面积明显减少，减少面积分别为 84.84km² 和 15.04km²。该时期，石羊河流域耕地和建设用地面积继续扩大，增加面积分别为 360.75km² 和 27.87km²，除了湿地水域面积大幅萎缩之外，石羊河流域生境质量总体仍然向好。

2000～2010 年，石羊河流域天然草地和天然林地面积得到继续恢复，增加面积分别为 623.05km² 和 44.88km²；但是，湿地水域和人工林地面积继续减少，减少面积分别为 9.72km² 和 23.05km²，突显出灌溉农田用水挤占生态需水量的矛盾进一步加剧，以及人类活动对石羊河流域生境质量显著影响。该时期，石羊河流域建设用地和耕地面积继续扩大，尤其建设用地增加面积是 1990～2000 年期间建设用地增加面积的 3.78 倍。

2010～2014 年，石羊河流域耕地面积终于出现负增长，减少面积为 13.72km²；天然林地和湿地水域面积分别增加 636.23km² 和 24.3km²，人工林地面积增加 68.74km²，而天然草地和人工草地面积分别减少 504.88km² 和 21.22km²。该时期，石羊河流域建设用地继续迅猛扩大，增加面积为 154.04km²（表 2.4），是 1990～2000 年建设用地增加面积的 5.53 倍；相对 2000～2010 年的建设用地增加面积，增大 47.11%，人类活动对石羊河流域生境质量影响达到峰期。

自 2010 年以来，石羊河流域生境质量出现明显恢复特征（图 2.3），2014～2017 年，天然林地、天然草地和湿地水域面积分别增加 130.74km²、129.57km² 和 22.96km²，人工林地面积减少 65.03km²。该时期，石羊河流域建设用地增幅仍然较大，扩大面积为 101.6km²；相对 2010～2014 年的建设用地增加面积，减少 34.04%（表 2.5）。

表 2.4　2010～2014 年石羊河流域土地利用转移矩阵面积　　（单位：km²）

土地类型		2014 年不同土地类型面积								转出	变化面积
		耕地	天然林地	天然草地	水域湿地	人工林地	人工草地	建设用地	未利用地		
2010 年	耕地	4846.29	9.29	134.69	2.4	30.99	0.1	69.68	49.82	296.97	-13.72
	天然林地	12.85	6533.53	171.39	0.05	0.66	0	0.41	0	185.36	636.23
	天然草地	192.59	395.62	11241.14	10.58	36.01	0.45	112.67	838.78	1586.7	-504.88
	湿地水域	1.18	0.19	40.34	474.97	0.14	0	1.76	5.27	48.88	24.3
	人工林地	27.33	0.75	10.87	0.64	337.37	0	7.08	2.41	49.08	68.74
	人工草地	9	0	2.62	0	0	16.88	2.75	7.4	21.77	-21.22
	建设用地	18.07	0.4	14.01	10.8	2.25	0	763.03	2.54	48.07	154.04
	未利用地	22.23	415.34	707.9	5.1	47.77	0	7.76	14996.04	1206.1	-299.88
转入面积		283.25	821.59	1081.82	29.57	117.82	0.55	202.11	906.22	—	—

表 2.5　2014～2017 年石羊河流域土地利用转移矩阵面积　　（单位：km²）

土地类型		2017 年不同土地类型面积								转出	变化面积
		耕地	天然林地	天然草地	水域湿地	人工林地	人工草地	建设用地	未利用地		
2014 年	耕地	4991.52	15.97	85.64	0.03	9.4	1.75	19.11	6.13	138.03	84.57
	天然林地	10.05	7215.39	98.13	0.05	0.37	0	0.86	30.25	139.71	130.74
	天然草地	96.01	141.61	11563.75	20.79	9.35	1.96	53.68	435.89	759.29	129.57
	湿地水域	1.92	0.09	4.43	493.29	0.66	0	3.3	0.86	11.26	22.96
	人工林地	65.05	1.4	36.28	0.13	322.25	0	24.77	5.32	132.95	-65.03
	人工草地	4.82	0	0	0	0	12.05	0.55	0	5.37	5.39
	建设用地	21.04	0.09	1.88	0.06	4.09	0.03	936.6	1.34	28.53	101.6
	未利用地	23.71	111.29	662.5	2.76	44.05	7.02	27.86	13445.06	879.19	-399.4
转入面积		222.6	270.45	888.86	23.82	67.92	10.76	130.13	479.79	—	—

从 1970 年以来的 50 年尺度来看，石羊河流域耕地面积增加 1117.59km²，建设用地增加 471.87km²，湿地水域面积减少 74.34km²，人类活动对该流域生境质量的影响是显著

的。至 2017 年，石羊河流域天然草地和天然林地面积，分别增加 2694.0km² 和 604.98km²（表 2.6），植被覆盖度呈增大趋势（图 2.13），彰显了近 10 年以来生态环境治理的成效。湿地水域面积减少，也表明石羊河流域天然水资源匮乏和经济社会用水规模过大，仍然是制约该流域生境质量不断改善的关键影响因素之一。

表 2.6　1970～2017 年石羊河流域土地利用转移矩阵面积　　（单位：km²）

土地类型		2017 年不同土地类型面积									变化面积
		耕地	天然林地	天然草地	水域湿地	人工林地	人工草地	建设用地	未利用地	转出	
1970 年	耕地	3649.59	30.28	276.39	2.47	14.68	1.12	102.17	19.47	446.58	1117.59
	天然林地	30.17	6489.05	321.74	0.11	0.32	0	1.17	38.29	391.8	604.98
	天然草地	921.15	438.53	6679.23	29.31	66.94	4.69	229.34	1389.14	3079.1	2694.1
	湿地水域	125.89	0.27	242.49	471.46	8.67	0	5.73	119.99	503.04	−74.34
	人工林地	47.69	0	10.15	0.03	281.46	0	24.94	11.37	94.18	14.54
	人工草地	6.93	0	3.19	0	0.03	16.48	7.34	1.82	19.31	−12.99
	建设用地	9.18	0	0.22	0.44	1.18	0.29	582.4	1.03	12.34	471.87
	未利用地	423.16	527.7	4919.02	13.29	16.9	0.22	113.52	12343.5	6013.81	−4432.7
转入面积		1564.17	996.78	5773.2	45.65	108.72	6.32	484.21	1581.11	—	—

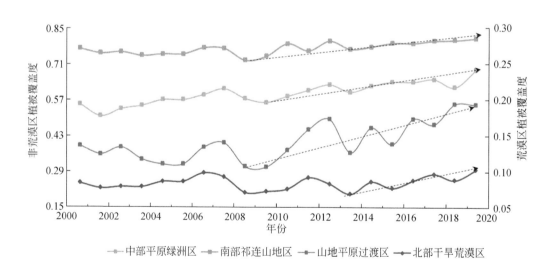

图 2.13　自 2000 年以来石羊河流域不同分区植被覆盖度变化趋势特征

从图 2.13 可见，石羊河流域山地平原过渡区生境质量恢复趋势最为显著，上游南部祁连山地区生境质量最好，不仅植被覆盖度大于 0.70，而且，2010 年以来该区植被覆盖度呈增大趋势。其次是中部平原绿洲区，该区域是出山地表径流水源主要补给和涵养区，自 2010 年以来不仅植被覆盖度大于 0.55，而且该区植被覆盖度也呈增大趋势特征。石羊河流域北部干旱荒漠区的生境质量总体上仍然较差，植被覆盖度小于 0.15，甚至大部分年份的植被覆盖度小于 0.10；但是，自 2014 年该流域深度综合治理以来，干旱荒漠区的植被覆盖度也呈现增大趋势特征。

2.2.3　流域生境质量与人类活动之间关系

1. 渠系引水及地下水开采影响

在石羊河流域，南部祁连山至山前冲积扇平原的渠系分布密度较大，借助了该区山间水库分布较多和地势条件等优势，以河流、主干渠等天然渠系为主，人工渠系为辅；在流域中部绿洲区主要为农业灌溉区，也是石羊河流域人工引水和消耗出山地表径流的主要区域。在该流域的北部平原区，以干渠及次级支渠为主，多为人工渠系。在石羊河流域东、西两侧的荒漠区，基本无渠系分布。区内地下水开采井密度较大的区域，主要分布在石羊河流域武威市凉州区、民勤县薛白乡和大坝乡，其次分布在民勤县收成乡和金川区昌宁乡。开采井分布密度最大、对生境质量及地下水生态功能影响最为严重的区域，分布在民勤盆地南部平原区，开采井密度为 21～36 眼/1.0km（半径）；其次是武威市凉州区，开采井密度为 28～63 眼/1.0km（半径）。在石羊河流域下游民勤盆地三角洲平原，开采井密度也较大，对那里自然湿地的地下水生态水位已经产生明显影响。总体上，开采井分布密度越大，地下水位埋深越大，地表生境质量越差和地水生态功能越弱。

2. 引水及开采影响类型分布特征

渠系引水减少出山地表径流对平原区地下水补给水源，高密度开采井加剧地下水人工排泄强度，导致地下水位急剧下降，造成地下水生态功能作用失调。地下水位累计下降幅度越大，地下水生态功能作用失调越严重，这类区域生境质量退化越明显。根据对石羊河流域井渠系遥感信息提取、解译和野外现场效验，结果表明该流域灌溉农田取用水的影响类型为三大类、五小类，分别为井灌区、渠灌区和混灌区，在混灌区中，又分为渠灌为主的混灌区、井渠相当的混灌区和井灌为主的混灌区。在石羊河流域下游区民勤盆地，以井灌为主的混灌区占主导，这种灌溉区对地下水生态功能影响比较大，生境质量退化重要影响源之一。该混灌区以井灌为主，是因为该灌溉区水源主要来自石羊河流域上游，同时受中游区红崖山水库管控，以至该灌溉区大力发展了灌井系统，渠灌系统成为辅助。

在石羊河流域，以渠系灌溉为主的混灌区主要分布在流域中游区武威盆地的南部山前平原带和西部金昌灌区，这种灌区主要影响流域下游自然生态保护区地表来水量。该流域井渠相当的混灌区分布范围最大，主要分布流域中游区，灌溉耗用水量最大，对石羊河流域平原区生境质量和地下水生态功能影响占主导地位。纯井灌区仅 1 处，分布面积较小，分布在流域东部的南湖乡，该区在 20 世纪 80 年代之前为盐碱地，后经人工改良，现已变为耕地，对石羊河流域中、下游平原区生境质量和地下水生态功能影响有限。石羊河流域的渠灌区零星分布，分布面积都较小，主要分布在该流域南部祁连山北坡的山前冲沟一带，与上游水库紧密相关，水库水是其主要供给水源。这些灌区对石羊河流域中、下游平原区生境质量和地下水生态功能影响状况，与水文年型有关；在丰水年，基本没有影响；在枯水年，影响不可忽视。

3. 大量引水和开采灌溉引发效应

石羊河流域灌区大量截引出山地表水和超采地下水，导致该流域尾闾湖区生态严重退化。从 2009 年以来石羊河流域尾闾湖区——青土湖湿地分布面积变化来看，自 2010 年红崖山水库开始向青土湖下泄生态用水以来，青土湖自然湿地分布面积发生了明显变化，已由放水之前的水域面积为零及芦苇分布面积仅 2.63cm²，至 2019 年 6 月该湿地水域和芦苇分布面积达 26.91km²（表 2.7 和图 2.14）。其中，在 2018 年 10 月至 2019 年 3 月期间该湿地水域和芦苇分布面积为 30.88～32.38km²，呈现显著的人工修复效果。

表 2.7 2009～2019 年石羊河流域尾闾湖区域自然湿地水域和芦苇分布面积变化状况

序号	监测日期	湿地水域和芦苇分布面积/km²			序号	监测日期	湿地水域和芦苇分布面积/km²		
		水域	芦苇	小计			水域	芦苇	小计
1	2009-09-14	0	2.63	2.63	25	2014-04-05	6.06	11.11	17.17
2	2011-07-18	0.13	2.23	2.36	26	2014-04-15	1.17	9.52	10.69
3	2011-08-03	0.13	2.23	2.36	27	2014-04-21	5.71	11.89	17.60
4	2011-09-20	1.94	4.77	6.71	28	2014-05-07	5.48	10.72	16.20
5	2012-04-08	1.01	5.33	6.34	29	2014-05-23	5.32	10.31	15.63
6	2012-08-30	1.61	5.65	7.26	30	2014-06-08	5.27	10.31	15.58
7	2012-09-15	2.95	7.32	10.27	31	2014-07-10	2.85	11.31	14.16
8	2012-10-01	2.72	7.89	10.61	32	2014-08-27	4.45	10.13	14.58
9	2012-11-02	2.73	9.22	11.95	33	2014-09-28	8.01	12.84	20.85
10	2013-05-04	3.21	7.04	10.25	34	2014-10-14	9.28	15.29	24.57
11	2013-05-20	2.89	9.01	11.90	35	2014-11-15	8.37	16.41	24.78
12	2013-06-05	2.87	8.70	11.57	36	2014-12-01	8.40	15.82	24.22
13	2013-07-23	1.43	8.89	10.32	37	2014-12-17	8.29	15.62	23.91
14	2013-08-08	2.62	8.71	11.33	38	2015-03-23	5.26	15.26	20.52
15	2013-09-09	3.40	11.18	14.58	39	2015-04-24	4.69	14.80	19.49
16	2013-09-25	6.31	10.69	17.00	40	2015-05-10	4.78	13.93	18.71
17	2013-10-27	8.20	11.93	20.13	41	2015-06-11	4.20	14.13	18.33
18	2013-11-12	7.65	11.77	19.42	42	2015-06-27	3.62	16.08	19.70
19	2013-11-28	7.50	11.73	19.23	43	2015-07-29	3.51	16.67	20.18
20	2013-12-30	5.60	10.21	15.81	44	2015-08-14	3.53	16.80	20.33
21	2014-01-15	6.12	10.76	16.88	45	2015-09-15	6.86	17.71	24.57
22	2014-01-31	6.03	10.74	16.78	46	2016-01-05	9.94	18.60	28.54
23	2014-03-04	5.99	10.63	16.62	47	2016-02-06	10.09	17.70	27.79
24	2014-03-20	5.99	11.17	17.16	48	2016-03-26	5.44	14.70	20.14

续表

序号	监测日期	湿地水域和芦苇分布面积/km²			序号	监测日期	湿地水域和芦苇分布面积/km²		
		水域	芦苇	小计			水域	芦苇	小计
49	2016-05-13	3.39	13.42	16.81	66	2018-07-21	5.68	17.04	22.72
50	2016-07-16	3.04	16.12	19.16	67	2018-08-22	4.73	17.00	21.73
51	2016-07-23	5.52	17.50	23.02	68	2018-09-07	5.97	16.74	22.71
52	2016 08 01	3.20	16.55	19 75	69	2018-09-23	10.30	17.28	27.58
53	2016-09-02	6.52	15.47	21.99	70	2018-10-09	9.45	17.15	26.60
54	2016-10-20	9.82	17.49	27.31	71	2018-10-25	12.89	17.99	30.88
55	2016-11-21	8.44	16.08	24.52	72	2018-11-10	12.76	18.27	31.03
56	2016-12-07	7.40	15.99	23.39	73	2018-11-26	13.43	18.30	31.73
57	2016-12-23	5.24	15.80	21.04	74	2018-12-12	12.23	17.91	30.14
58	2017-07-18	4.87	13.47	18.34	75	2019-01-29	13.14	17.93	31.07
59	2018-01-10	2.77	10.97	13.74	76	2019-02-14	13.23	17.89	31.12
60	2018-02-11	7.22	16.79	24.01	77	2019-03-02	14.15	18.23	32.38
61	2018-03-15	8.42	17.52	25.94	78	2019-03-18	8.27	17.85	26.12
62	2018-04-16	7.96	17.48	25.44	79	2019-04-03	11.96	17.85	29.81
63	2018-05-02	9.16	17.51	26.67	80	2019-05-21	9.29	17.08	26.37
64	2018-05-18	8.71	17.33	26.04	81	2019-06-06	9.40	17.51	26.91
65	2018-07-05	7.26	17.26	24.52	82	2019-07-24	4.78	16.47	21.25

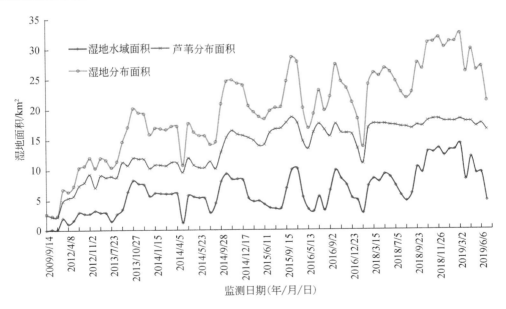

图 2.14　自 2009 年以来石羊河流域尾闾湖区自然湿地水域和芦苇分布面积变化特征

从表 2.7 和图 2.14 可见,即使在人工调入生态补水以来,每逢石羊河流域农业主灌溉期,该流域下游自然湿地水域面积都大幅萎缩,与灌溉农田大量截引出山地表径流水量密切相关。芦苇分布面积相应特征与自然湿地水域面积响应变化特征近同,但是,存在一定的滞后性,因为它与地下水位埋深之间存在紧密相关关系,尤其自 2018 年湿地分布区地下水位大幅上升以来,芦苇分布面积对中、上游区灌溉截引出山地表径流水量的响应明显减弱,表明湿地区地下水位上升,不仅修复了地下水生态功能,而且,生境质量也得到显著提高。

从 2009 年 9 月至 2019 年 7 月的石羊河流域下游区自然湿地水域和芦苇分布面积变化特征来看,每当中游区红崖山水库向下游的青土湖湿地分布区下泄生态用水时,青土湖湿地水域和芦苇分布范围就向好趋势变化;当中游区红崖山水库向下游区下泄水量断流或大幅减少时,青土湖湿地水域和芦苇分布范围呈萎缩变化特征,湿地区天然植被发育也会受到明显影响。

从 2011 年 7 月至 2019 年 7 月的石羊河流域下游区湿地水域和芦苇分布面积的年际变化状况来看,总体上该流域下游区湿地水域和芦苇分布面积呈扩大趋势,由 2011 年 7 月的 2.36km²,至 2019 年 7 月扩大为 21.25km²,年均增长面积 2.10km²(表 2.8 和图 2.15)。其中,湿地水域面积由 2011 年 7 月的 0.13km²,至 2019 年 7 月扩大为 4.78km²,年均增长 0.52km²;芦苇分布面积由 2011 年 7 月的 2.23km²,至 2019 年 7 月扩大为 16.47km²,年均增长 1.58km²。

表 2.8　2011~2019 年每年 7 月 (8 月) 石羊河流域下游区青土湖自然湿地
水域和芦苇分布面积变化特征

监测日期	湿地水域和芦苇分布面积/km²			不同时段面积变化量/km²			不同时段面积变化率/%		
	水域	芦苇	合计	水域	芦苇	合计	水域	芦苇	合计
2011 年 7 月 18 日	0.13	2.23	2.36	—	—	—	—	—	—
2012 年 8 月 30 日	1.61	5.65	7.26	1.48	3.42	4.90	1138.46	153.36	207.63
2013 年 7 月 23 日	1.43	8.89	10.32	-0.18	3.24	3.06	-11.18	57.35	42.15
2014 年 7 月 10 日	2.85	11.31	14.16	1.42	2.42	3.84	99.30	27.22	37.21
2015 年 7 月 29 日	3.51	16.67	20.18	0.66	5.36	6.02	23.16	47.39	42.51
2016 年 7 月 16 日	3.04	16.12	19.16	-0.47	-0.55	-1.02	-13.39	-3.30	-5.05
2018 年 7 月 21 日	5.68	17.04	22.72	2.64	0.92	3.56	86.84	5.71	18.58
2019 年 7 月 24 日	4.78	16.47	21.25	-0.90	-0.57	-1.47	-15.85	-3.35	-6.47

但是,从 2011 年 9 月至 2018 年 9 月该流域下游区湿地水域和芦苇分布面积年际变化状况来看,明显不同于年际 7 月之间的湿地水域和芦苇分布面积变化特征,而是自 2014 年 9 月至 2017 年 9 月总体上该流域下游区湿地水域、芦苇分布面积呈缩小趋势特征(表 2.9 和图 2.16),湿地水域面积由 2014 年 9 月的 8.01km²,至 2017 年 7 月缩小为 4.87km²,年减少率为 4.96%~25.31%;次年,芦苇分布面积也开始减少,由 2015 年 9 月的

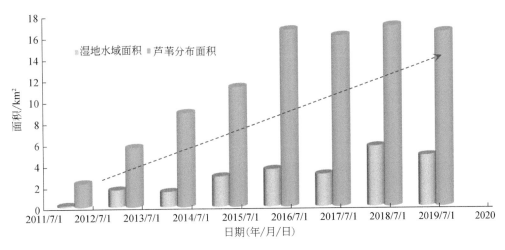

图 2.15　2011 年以来每年 7 月石羊河流域下游区湿地水域和芦苇分布面积年际变化特征

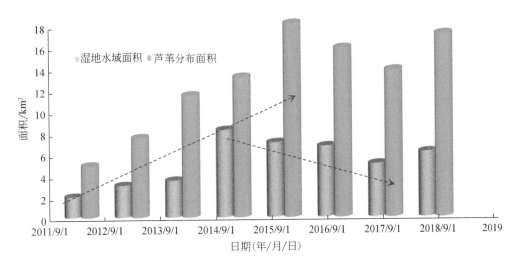

图 2.16　2011 年以来每年 9 月石羊河流域下游区湿地水域和芦苇分布面积年际变化特征

17.71km²，至 2017 年缩小为 13.47km²，年减少率为 12.65% ~ 12.93%。再次表明，中、上游下泄生态水量的多少是石羊河流域下游区湿地生态和生境质量修复的重要阈条件。

表 2.9　2011 ~ 2018 年每年 9 月石羊河流域下游区青土湖湿地水域和芦苇分布面积变化特征

监测日期	湿地水域和芦苇分布面积/km²			不同时段面积变化量/km²			不同时段面积变化率/%		
	水域	芦苇	合计	水域	芦苇	合计	水域	芦苇	合计
2011 年 9 月 20 日	1.94	4.77	6.71	—	—	—	—	—	—
2012 年 9 月 15 日	2.95	7.32	10.27	1.01	2.55	3.56	52.06	53.46	53.06
2013 年 9 月 9 日	3.40	11.18	14.58	0.45	3.86	4.31	15.25	52.73	41.97
2014 年 9 月 28 日	8.01	12.84	20.85	4.61	1.66	6.27	135.59	14.85	43.00
2015 年 9 月 15 日	6.86	17.71	24.57	-1.15	4.87	3.72	-14.36	37.93	17.84

监测日期	湿地水域和芦苇分布面积/km²			不同时段面积变化量/km²			不同时段面积变化率/%		
	水域	芦苇	合计	水域	芦苇	合计	水域	芦苇	合计
2016 年 9 月 2 日	6.52	15.47	21.99	−0.34	−2.24	−2.58	−4.96	−12.65	−10.50
2017 年 7 月 18 日	4.87	13.47	18.34	−1.65	−2.00	−3.65	−25.31	−12.93	−16.60
2018 年 9 月 7 日	5.97	16.74	22.71	1.10	3.27	4.37	22.59	24.28	23.83

2.3　不同类型区生态耗水与水分利用特征

西北内陆区地下水生态功能退变与演变驱动机制,与不同类型区生态耗水与水分利用特征之间密切相关。通过针对西北内陆干旱区植被动态演变及其耗水特征分析,建立适用于流域上游山区动态植被模型、典型荒漠植被的大气-土壤-植被耗水模型和流域生境质量演变评估模型,基于绿洲空间格局复杂性演变特征和气候由暖干向暖湿转变、生态治理工程背景,揭示石羊河流域上游水源区,尾闾湖输水对周边绿洲和荒漠区地下水动态影响和植被实际耗水及水分利用效率变化规律。

2.3.1　内陆河流域植被与水文耦合模型

1. 全球水文模型发展概况

传统水文学研究多集中在流域尺度,流域是天然的集水区域,也是人类社会发展和生态环境保护的自然单元。随着气候变化和经济全球化,亟需从全球尺度和多学科视角审视水文大循环和非本地人类活动的影响,更深刻理解局地水文过程。而科学认识流域水循环,不仅需要从流域尺度到全球变化,更需要工具、思维方式、边界和格局的飞跃,要求水文学家跳出传统的降雨径流研究的舒适区,基于流域水文和山坡水文的基本原理和知识,结合最新的气象、地形、植被、冰雪覆盖和地下水(潜水)埋藏状况(水位)动态等实测和遥感数据作为模型输入,借助流域和全球尺度水文模型评价水资源在多年和不同季节的分配情况,厘清水资源时间变化规律。

随着计算机性能的飞速进步,海量数据,尤其是遥感数据的迅猛增加,全球尺度水文模型已被广泛应用于陆地水量平衡各要素估算、气候变化对水资源水灾害影响评估等,并与水库调度模型、河流水动力模型、洪泛区淹没模型、水温模型和地下水模型等耦合,以适应多种研究目的。发展趋势:①加强山坡-流域-全球多尺度水文机理研究,如果不在水文模型机理研究上有所突破,只片面强调全球尺度应用,则随着研究尺度从山坡到流域再到全球的扩大,不确定性也随之增大。②高时空分辨率的全球尺度水文模型是未来的研发方向,超高分辨率的全球尺度对水文模型的空间和时间分辨率提出越来越高的要求,如何精细地描述地表水过程是必须解决的关键科技问题之一。随着计算机性能不断提高,利用次网格化等技术将可能促进在高空间-时间分辨率的全球尺度水文模型中更为精细化地描述地形和植被对水热再分配的影响。③遥感大数据将成为模型必然支撑，利用遥感技术可以观测或反演降水、蒸散发、土壤水、雪冰、水体面积和陆地水储量等重要水循环变量，提供长时间序列的分布式数据，且成本较低，由此这些海量的遥感数据是全球尺度水文模型构建的基础数据保障。④以深度学习为代表的新一代人工智能技术，将成为全球尺度水文模型发展的水文信息提取、数据挖掘、预测模型建立和决策支持等不可或缺的手段。⑤多流域模型耦合。

2. 全球动态植被模型架构与模拟模型

1）模型架构

植被与气候之间相互作用是一个复杂的过程，为了研究植被与气候之间相互作用机理和评价气候变化对植被生态系统的影响，因此从静态的植被模型发展到动态全球植被模型（dynamic global vegetation model，DGVM）。DGVM 主要模拟植被的生理过程、植被动态、植被物候和营养物质循环，包括动态的生物地球化学模型和动态的生物地球物理模型。利用一个基于过程的（Lund-Potsdam-Jena，LPJ）动态全球植被模型，在中国区域已开展潜在植被分布模拟研究，LPJ 模型提供的植被功能类型，除了裸土分布区之外，还包括了热带常绿阔叶林带、温带常绿阔叶林带、温带夏绿阔叶林带、北方常绿针叶林带、北方夏绿针叶林带和温带草本植被等 6 种潜在植被功能类型。

LPJ 动态全球植被模型作为应用最为广泛的全球动态植被模型之一，归属于动态的生物地球化学模型，它的模型输入包括：气候条件、土壤条件和大气 CO_2 浓度等信息。LPJ 模型的基本功能有：①以天为步长，计算植被物候，以及土壤、植被和大气之间交换水量；②以月为步长，解析植被的光合作用、植被维持呼吸作用、净初级生产力和凋落物分解等生理过程；③以年为步长，评估植被的叶投影覆盖度、叶面积指数和种群密度等生长状态等，如图 2.17 所示。

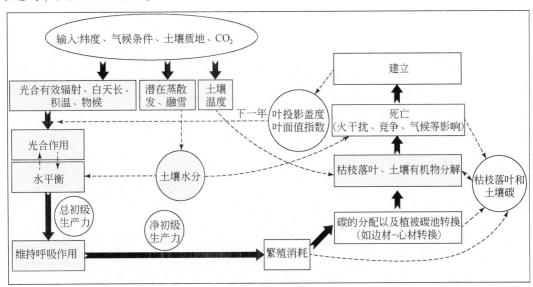

图 2.17　LPJ 动态全球植被模型架构

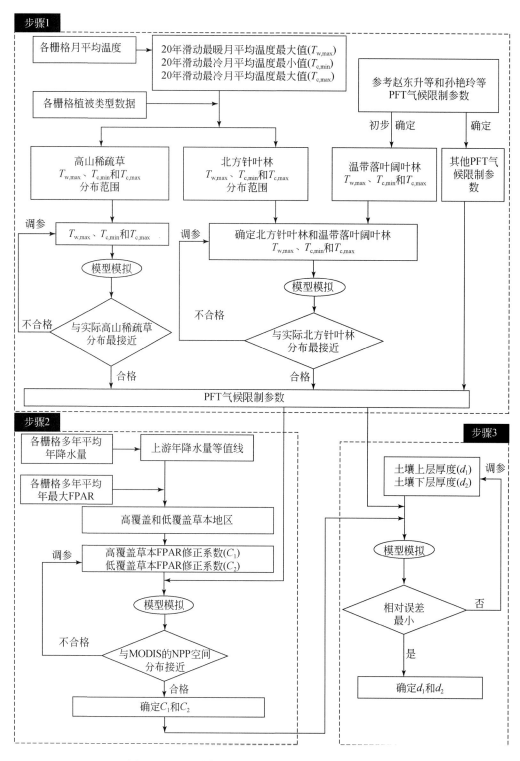

图 2.18　LPJ 动态全球植被模型参变量优化技术路线

本书开发的适宜西北内陆区的 LPJ 动态全球植被模型参变量优化技术路线，如图 2.18 所示，包括上游山区自然植被变化模拟评估、平原区绿洲人工植被模拟评估、不同生态类型区蒸散发模拟评估和突变检验等功能。自主研发的适宜西北内陆区的"生态系统模拟及预测系统"，应用于 LPJ 动态全球植被模型的数据输入制作、参数率定、模型结果再分析和模型验证中。为了提高 LPJ 模型对西北内陆的石羊河流域植被和水文动态模拟适应性，对 LPJ 模型中植被、水平衡参数和模块进行了优化和改进，包括植被功能型类别及其气候特征参数的修正、草地光有效吸收效率的修正和流域水平衡参数的率定，见图 2.18。

2）LPJ 模型模拟验证与对比分析

由于 LPJ 模型需要先进行预热，预热后的植被分布初始状态能否与研究区实际分布吻合，这是检验模型模拟适宜性至关重要的步骤。

从模拟与实测结果对比（图 2.19）可见，改进后的 LPJ-SYH 动态全球植被模型模拟出的针叶林、高山草和裸地分布特征，与这些植被实际分布特征基本吻合，明显好于 LPJ 模型模拟的结果。将 LPJ-SYH 模型模拟获得的 2000~2014 年多年平均植被净初级生产力（NPP）与原 LPJ 模型、MODIS 遥感估算的 NPP 进行对比，对比结果表明，LPJ-SYH 模型模拟的 NPP 与 MODIS 遥感估算的 NPP 之间匹配度较高，而 LPJ 模型模拟出的各网格 NPP 都比 LPJ-SYH 模拟的 NPP 偏大（图 2.20）。从模拟结果来看，LPJ-SYH 模拟的 2000~2014 年石羊河流域上游山区 NPP 为 276.2g C/($m^2 \cdot a$)，MODIS 的 NPP 为 231.0g C/($m^2 \cdot a$)，二者趋近。应用 LPJ 模型模拟的石羊河流域上游山区 NPP 模拟值为 396.9g C/($m^2 \cdot a$)，比 MODIS 评估的 NPP 模型值 165.9g C/($m^2 \cdot a$) 高。因此，通过上述对比结果，可以确定 LPJ-SYH 模型的模拟结果比 LPJ 模型的模拟结果更接近实际的 NPP。

从模拟的 NPP 在时间序列变化规律来看，LPJ-SYH 模型的 NPP 类同于 MODIS 评估的 NPP 变化特征，它们在 2000~2014 年都呈显著的增大趋势（图 2.21）。从 NPP 动态变化过程中极小、极大特征值来看，LPJ-SYH 模型和 MODIS 评估的 NPP 极小值都出现在 2001 年，最大值都发生在 2012 年。MODIS 的 NPP 在 2000~2003 年表现为上升，在 2002~2011 年表现为下降，最后再转为上升的过程；而 LPJ-SYH 模型总体上也有类似的变化过程，两者时间序列上较相似。

从 1979~2014 年石羊河流域上游区 4 条主要河流年均总径流量的对比结果来看，LPJ 模拟的年均总径流量相对误差为 -0.1%，其中多数子流域的年均径流量相对误差小于 10%。从时间序列的相关性来看，模拟 1979~2014 年 4 条河流总径流量与实测径流量的相关系数（R^2）为 0.27，并通过 95% 的显著性检验。

3. 上游山区水分利用效率及其要素变化特征

基于建立的适宜西北内陆区石羊河流域上游动态植被模型（LPJ-SYH），获得 1979~2014 年蒸散发量（$E_{蒸}$）、NPP 和植被水分利用效率（WUE）的模拟值。应用标准化回归系数和多元线性回归分析方法，揭示了石羊河流域上游区的 $E_{蒸}$、NPP 和 WUE 与降水量、温度和大气 CO_2 浓度等气候要素之间关系。

1）石羊河流域上游山区蒸散发时空变化特征及主要影响因素

在石羊河流域上游山区，1979~2014 年多年平均逐网格年实际蒸发量分布特征表明，

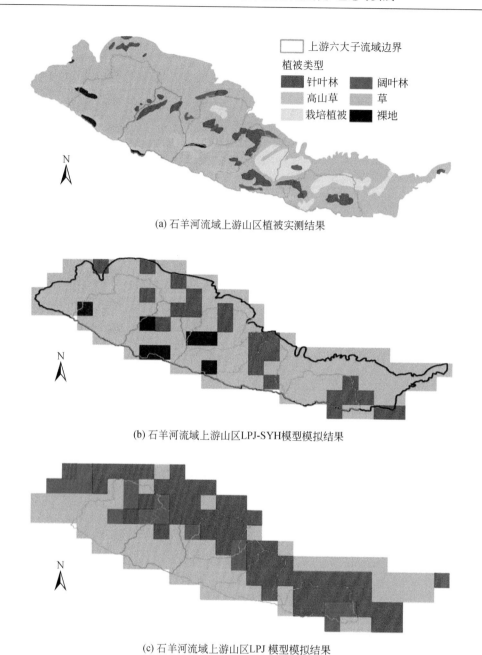

(a) 石羊河流域上游山区植被实测结果

(b) 石羊河流域上游山区LPJ-SYH模型模拟结果

(c) 石羊河流域上游山区LPJ 模型模拟结果

图2.19　LPJ 及 LPJ-SYH 模型模拟的 0.1°×0.1°栅格植被最大分布与植被实测分布范围对比

$E_蒸$变化范围为 162~399mm，其中在上游中部降水量充沛，且植被覆盖度高的区域，$E_蒸$较高，为 300~399mm；在覆盖相对茂盛的针叶林区 $E_蒸$大于 350mm，在高海拔高寒地区和上游出山口区域 $E_蒸$较低，小于 250mm。这与高寒、气温低和潜在蒸散发小，以及上游出山口区域降水少和土壤水分含量低有关。1979~2014 年该流域上游山区的多年平均植被蒸腾量（$E_腾$）为 144.6mm，占实际蒸散发的 50.8%；上游山区多年平均植被截留量（$E_截$）

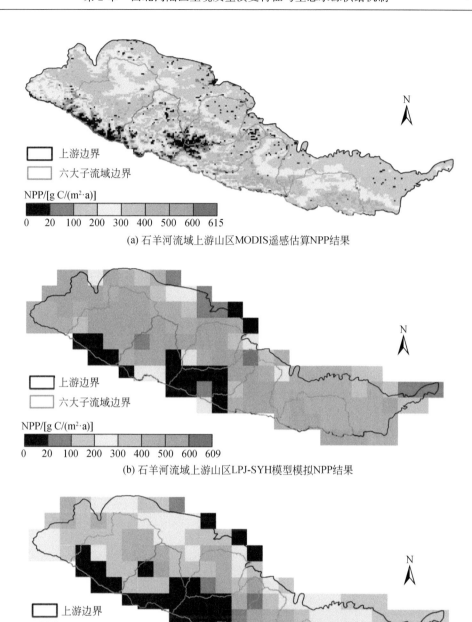

(a) 石羊河流域上游山区MODIS遥感估算NPP结果

(b) 石羊河流域上游山区LPJ-SYH模型模拟NPP结果

(c) 石羊河流域上游山区LPJ模型模拟NPP结果

图 2.20　2000 ~ 2014 年多年平均 LPJ 及 LPJ-SYH 模型模拟 NPP 与 MODIS 的 NPP 对比

为 22. 9mm，占实际蒸散发的 8. 0% ；上游山区多年平均土壤蒸发量（$E_壤$）占实际蒸散发量的 41. 2% 。

从 1979 年以来石羊河流域上游山区实际蒸散发（$E_蒸$）年际变化趋势上看，呈显著增

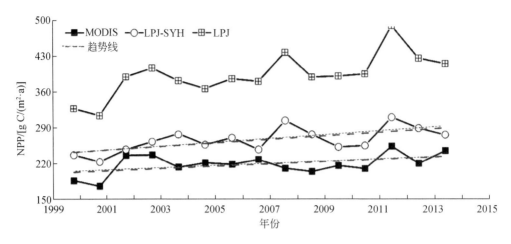

图 2.21 自 2000 年以来石羊河流域上游山区 NPP 模拟与实测值对比

大趋势，年均增速率 1.07mm/a；该流域上游山区多年平均 $E_{蒸}$ 为 284.9mm，至 2021 年该区 $E_{蒸}$ 达 320mm。$E_{蒸}$ 年际显著增大趋势与 NPP 显著趋势增加有关，它们的极大值和极小值都出现在相同年份，如它们的极小值分别出现在 1982 年、1991 年、1997 年、2001 年和 2011 年，1994 年、1998 年和 2012 年都呈现它们的极大值（图 2.22），表征石羊河流域上游山区生境质量向好的方向趋强变化。

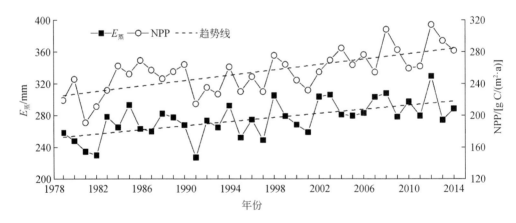

图 2.22 自 1979 年以来石羊河流域上游山区蒸散发量和 NPP 年际变化特征

从 1979 年以来石羊河流域上游山区实际蒸散发的各组成分量的年变化特征来看，植被年蒸腾量（$E_{腾}$）增加趋势比较显著；该流域多年平均的 $E_{腾}$ 为 144.6mm，至 2012 年已达 190mm，增大速率为 1.1mm/a。而该流域植被截留量（$E_{截}$）没有呈增加变化趋势，多年平均年 $E_{截}$ 为 22.9mm，至 2012 年该量为 23mm 左右。土壤蒸发量（$E_{壤}$）年际变化的趋势特征也不明显，多年平均年 $E_{壤}$ 为 117.5mm，至 2012 年该量为 118mm 左右（图 2.23）。上述结果再次表明，该流域上游山区 $E_{蒸}$ 年际显著增大趋势与 NPP 趋势增加有关，石羊河流域上游山区植被净初级生产力得到逐渐修复。

将 1979 年以来石羊河流域上游山区实际蒸散发量及各组成的时间序列作为因变量，

以降水量、气温和大气中 CO_2 含量的时间序列为自变量，采用标准化回归系数和多元线性回归分析方法，进行气象因子对实际蒸散发及其组成的影响程度相关分析，结果表明：该流域上游山区植被蒸腾量年际变化特征，与当地年降水量和大气中 CO_2 含量变化之间相关性较强，而且 CO_2 影响程度大于降水量变化影响的程度。

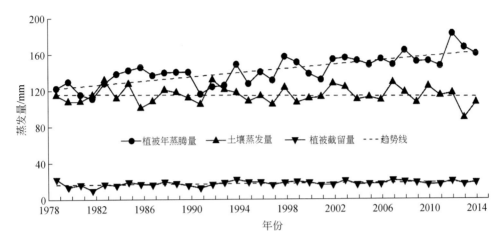

图 2.23　自 1979 年以来石羊河流域上游山区各类实际蒸发量年际变化特征

2）石羊河流域上游山区植被水分利用效率变化特征及主要影响因素

从 1979 年以来石羊河流域上游山区多年平均植被水分利用效率（$WUE = NPP/E_蒸$）空间分布特征来看，WUE 值为 $0 \sim 1.6g$ C/（mm·m²）（图 2.24），总体上针叶林区的 WUE>高覆被草区的 WUE>低覆被草区的 WUE。

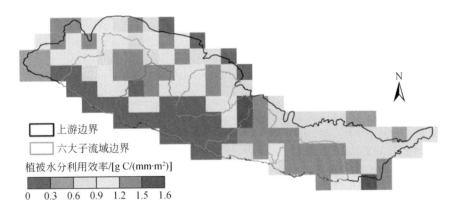

图 2.24　自 1979 年以来石羊河流域上游山区多年平均植被水分利用效率分布特征

从 1979 年石羊河流域上游山区 WUE 年际变化特征来看，总体上呈明显的增大趋势，WUE 的变化率为 $0.003g$ C/（mm·m²）。该流域上游 WUE 多年平均值为 $0.91g$ C/（mm·m²），WUE 最大值为 $1.05g$ C/（mm.m²），出现在 2013 年；WUE 最低值为 $0.77g$ C/（mm·m²），出现在 1981 年（图 2.25）。

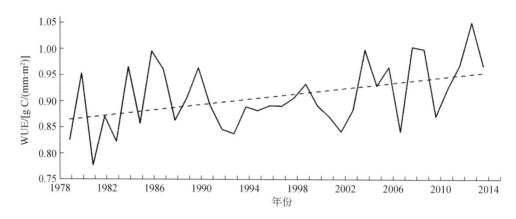

图 2.25　自 1979 年以来石羊河流域上游山区植被水分利用效率年际变化特征

将 1979 年以来石羊河流域上游山区逐年 WUE 为因变量，该区气温、降水量和大气 CO_2 含量等因素为自变量，采用标准化回归系数和多元线性回归分析方法进行相关分析，结果是该流域上游山区 WUE 变化与降水量和大气 CO_2 含量相关，大气 CO_2 含量对该区 WUE 影响程度大于年降水量变化的影响。

2.3.2　不同类型区植被生态耗水特征

在西北内陆干旱区，不仅降水量少、潜在蒸散发量大，而且植被生长的土壤层含水率也低，由此发育旱生植被，并依赖地下水通过支持毛细作用输供水分。但是，由于气候变化、大规模拦引出山地表径流水量和长期超采地下水，造成潜水水位不断下降，引发天然植被生态严重退化和土地荒漠化等生态环境问题。近 10 年来，在西北内陆地区实施了一系列生态恢复工程，需要深入了解植被耗水规律，支撑该区水资源合理开发利用和生态有效保护。本书在系统收集了西北内陆区典型植被耗水研究成果和资料基础上参照石羊河流域尾闾湖-青土湖湿地分布区气象条件和典型植被生理特征的数据，利用前期研究的适宜生态水位和极限生态水位约束下土壤水分状态等研究成果，计算石羊河流域不同植被类型区适宜生态水位和极限生态水位约束下植被耗水量。

1. 典型植被生长季蒸腾量

在西北内陆石羊河流域干旱区，年内植被蒸腾量日际变化比较显著。植被日蒸腾量的多少，与地下水位埋深密切相关；地下水位埋深远大于适宜生态水位的深度，则植被日蒸腾量较小，如适宜生态水位下植被日蒸腾量明显大于极限生态水位下植被日蒸腾量。在适宜生态水位（埋深）约束下，芦苇和柽柳的日最大蒸腾量较大，分别为 9.5mm 和 8.8mm；梭梭的日最大蒸腾量较小，为 2.2mm。盐节木、罗布麻、白刺和胡杨的日最大蒸腾量分别为 7.3mm、7.1mm、4.1mm 和 3.5mm。

从年内植被生长期的逐日蒸腾量变化特征来看，每年 4 月植被的日蒸腾量较小，7 月植被的日蒸腾量较大。在适宜生态水位（埋深）约束下，西北内陆干旱区的 7 种典型植被，4 月的日蒸腾量为 34～166mm，平均为 99mm；7 月的日蒸腾量为 58～256mm，平均为 161mm。这与 4 月的光照强度、温度和水汽压差较小，而 7 月的光照强度、温度和水汽压差较大相关。

对比上述 7 种不同植被的年蒸腾量，水生环境的芦苇和河岸带植被柽柳的蒸腾量较大，而荒漠区旱生环境的梭梭蒸腾量较小；介于二者之间的盐节木、罗布麻、白刺和胡杨，它们的蒸腾量依次减少。在这些植被的生长季节内，适宜生态水位（埋深）约束下的芦苇、柽柳的年蒸腾量分别为 1292mm 和 1148mm，梭梭年蒸腾量 279mm，盐节木、罗布麻、白刺和胡杨的年蒸腾量分别为 941mm、914mm、534mm 和 448mm；极限生态水位（埋深）约束下，芦苇、柽柳的年蒸腾量分别为 1051mm 和 999mm，梭梭的年蒸腾量为 130mm，盐节木、罗布麻、白刺和胡杨的年蒸腾量分别为 707m、686mm、345mm 和 298mm。极限生态水位约束下的年蒸腾量，分别比适宜生态水位约束下的年蒸腾量小 33.41%～33.78%、35.06%～35.96%、12.51%～13.55%、24.52%～25.28%、49.22%～60.18%、24.34%～25.34% 和 18.20%～19.46%（表 2.10）。其中每年的 4～5 月和 9 月，上述差值率较大，6～7 月它们的差值率较小。

表 2.10　西北内陆干旱区典型植被蒸腾量及变化率

月份	不同生态水位约束下不同植被蒸腾量/mm													
	适宜生态水位约束下蒸腾量							极限生态水位约束下蒸腾量						
	胡杨	白刺	柽柳	罗布麻	梭梭	盐节木	芦苇	胡杨	白刺	柽柳	罗布麻	梭梭	盐节木	芦苇
4	55.2	67.2	142.4	111.3	33.9	115.3	165.5	36.6	43.2	123.1	83.6	13.5	86.4	133.3
5	73.8	88.3	191.3	151.5	45.8	156.3	216.4	49.0	56.9	166.3	113.2	20.6	116.7	175.8
6	84.7	100.0	215.9	173.4	52.9	178.1	239.7	56.4	64.8	188.6	130.3	26.0	134.0	195.8
7	92.0	108.1	231.8	187.2	57.7	191.9	256.1	61.4	70.2	202.8	141.3	29.3	145.2	209.5
8	81.8	97.0	209	167.1	51.0	171.9	233.7	54.5	62.8	182.3	125.5	24.4	129.2	190.7
9	60.9	73.5	157.1	123.1	37.7	127.4	180.6	40.5	47.5	136.0	92.4	16.0	95.4	145.9
月均	74	89	191	152	47	157	215	50	58	167	114	22	118	175
合计（年）	448	534	1148	914	279	941	1292	298	345	999	686	130	707	1051
极限生态水位相对适宜生态水位约束下 年蒸腾量的差异率/%								33.41～ 33.78	35.06～ 35.96	12.51～ 13.55	24.52～ 25.28	49.22～ 60.18	24.34～ 25.34	18.20～ 19.46

西北内陆干旱区年内各月份的植被蒸腾量之间的差异，除了与气象条件变化有关，还与地下水位埋深、植被根系分布状况与根系供水状态密切相关。地下水位埋深大小影响潜水通过支持毛细作用向植被根层土壤的供水能力；植被根系分布状况影响根系供水状态、植被对水的利用效率和耐旱性。芦苇通常生长在自然湖泊湿地和河道沿岸带，消耗水量大、对水依赖性强。胡杨、柽柳主要分布在河岸带，胡杨根系可深达地下 7.0m，对极端干旱环境具有较强适应和忍耐力，当遭遇缺水情势条件下，胡杨会降低自身的蒸腾耗水量，来维持自身生长。梭梭和白刺是耐旱性极强的植被，蒸腾耗水量较小，适应干旱缺水环境的能力强。

在地下水位低于适宜生态水位约束下，西北内陆干旱区植被往往会通过调节和减少自身蒸腾耗水量，来增强维持自身生长的能力，这种极限生长的地下水极限水位埋深被称作"极限生态水位"。但是，不同植被适应地下水位下降而调节和减少自身蒸腾耗水量的能力存在较大差异，其中，梭梭适应地下水位下降而调节和减少自身蒸腾耗水量的能力较强，在整个生长期梭梭可以调减耗水量为 49.22% ~ 60.18%（以适宜生态水位约束下蒸腾耗水量为基值）；其次是胡杨和白刺，整个生长期梭梭可以调减耗水量为 33.41% ~ 35.96%。适应地下水位下降而调减自身蒸腾耗水量的能力处于第三位的，是罗布麻和盐节木，整个生长期梭梭可以调减耗水量为 24.34% ~ 25.34%。柽柳和芦苇适应地下水位下降而调减自身蒸腾耗水量的能力都比较弱，整个生长期梭梭可以调减耗水量分别为 12.51% ~ 13.55% 和 18.20% ~ 19.46%。这与植被水分利用效率机能有关，耐旱性强的植被，在干旱条件下植被通过增大水分利用效率来减小蒸腾耗水的能力较强。采用液流计法对常年输水和间歇性输水河段的胡杨蒸腾耗水量进行监测发现，在间歇性输水河段的胡杨蒸腾耗水量较小，为 396mm；在常年输水河段的胡杨蒸腾耗水量较大，为 936mm。两种不同供水环境下，胡杨蒸腾耗水量相差 57.69%。在土壤含水率由 16.8% 降低至 6.0% 的条件下，白刺的蒸腾耗水量减少 65% 以上。但是，对于干旱区水生植被——芦苇来讲，其蒸腾耗水量随供水条件变化而调减潜力较小；例如，在不同年份的降水量减少 21% 条件下，芦苇蒸腾耗水量没有出现明显的差异变化。

2. 陆面蒸散量与 NDVI 和气温之间相关性特征

1）陆面蒸散量与 NDVI 之间相关性特征

在西北内陆石羊河流域，陆面蒸散量与归一化植被指数（NDVI）之间存在密切相关关系图 [图 2.26（a）]，月 NDVI 每增大 0.10，则月陆面蒸散量增加 16.48mm，它们的相关系数（R^2）达 0.90。采用石羊河流域各评价单元的 2017 年年陆面蒸散量与 NDVI 之间相关分析，二者也呈显著正相关关系，表明随 NDVI 增大，该区各评价单元的年陆面蒸散量值随之增大，相关系数（R^2）为 0.78 [图 2.26（b）]；年 NDVI 每增大 0.10，则年陆面蒸散量增加 137.77mm。

2）陆面蒸散量与气温之间相关性特征

在西北内陆石羊河流域，陆面蒸散量与月平均气温之间也存在显著正相关性，月平均气温每升高 10℃，则月陆面蒸散量增加 14.51mm，它们的相关系数（R^2）达 0.85 [图 2.27（a）]。采用石羊河流域各评价单元的 2017 年年陆面蒸散量与地表温度之间相关分析，二者也呈显著负相关，表明随地表温度增高，该区各评价单元的年陆面蒸散量随之减少，相关系数（R^2）为 0.72 [图 2.27（b）]；地表温度每增大 1.0℃，则年陆面蒸散量减小 35.10mm。在石羊河流域的荒漠区，年均地表温度较高，以至年陆面蒸散量较小；在石羊河流域上游山区，年均地表温度较低，以至年陆面蒸散量较大。这是由于地表温度越高，土壤水分亏缺越严重所致。

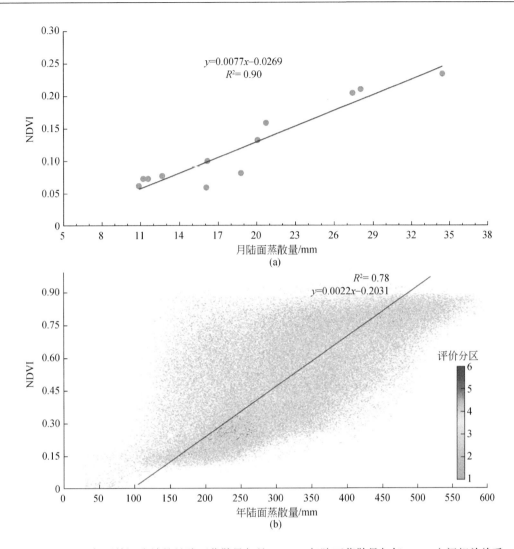

图 2.26　2017 年石羊河流域的月陆面蒸散量与月 NDVI、年陆面蒸散量与年 NDVI 之间相关关系

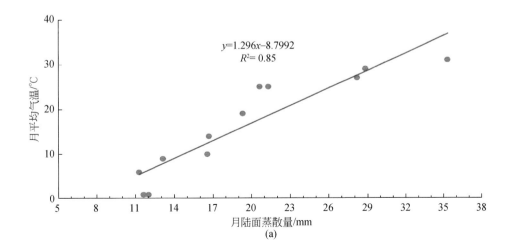

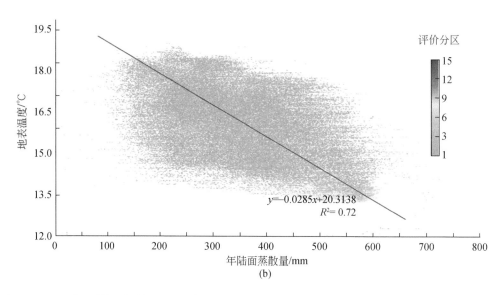

图 2.27　2017 年石羊河流域的月陆面蒸散量与月平均气温、年陆面蒸散量与地表温度之间相关关系

2.4　旱带自然湿地分布区植被耗用水来源识别

在西北内陆流域下游尾闾自然湿地分布区，气候干旱、降雨稀少，又气温高、潜在蒸发强烈，由此该区地下水不仅成为湿地生态维护的重要条件，而且还是湿地周边植被生存和生长需水的重要供给水源。本书采用同位素示踪方法探测和研究表明，旱带自然湿地分布区植被耗用水来源与当地地下水之间密切相关。

2.4.1　植被耗用水不同来源识别方法

在西北内陆流域下游尾闾自然湿地分布区，地下水是当地植被主要供给水源，需要掌握地下水的同位素特征。以石羊河流域下游自然湿地分布区为例，该区地下水同位素不仅受上游地表输水的水源影响，还与滞留在湿地湖区的"老水"相关。随着远离湿地分布区的距离增大，湖区"老水"对地下水入渗补给影响不断减弱，同时地表植被覆被状态也发生明显变化，地下水和土壤水的氢氧同位素特征也随之发生相应变化（图 2.28），包括受当地陆面蒸发和植被蒸腾等影响。本书选择石羊河流域下游的青土湖湿地分布区作为重点研究区，通过开展该区降水、地表水、植被水、土壤水和地下水的氢氧同位素监测，查明青土湖湿地分布区土壤水分运移特征和水分来源，揭示旱带土壤水的同位素分馏和蒸发的影响深度。

在石羊河流域下游自然湿地分布区，每年 6~8 月夏季蒸发最为强烈，9~10 月秋季进行反季节输水。为此，本书在 2018 年 7~8 月、2019 年 7 月、2019 年 10 月和 2020 年 6 月先后 4 次系统性采集降水、地表水、土壤水、地下水和植被（白刺等）茎秆水样品。

地表水采集，包括：①上游输水水源，红崖山水库水和渠水；②湖水，东侧主湖湖

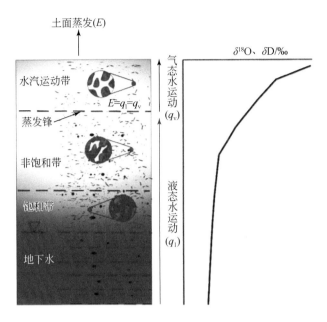

图 2.28　土壤水–地下水之间运动下氢氧同位素分布基本特征

水、西侧鱼类放流区湖水和湖泊周边沼泽水等。

地下水和土壤水采集，选择 4 条代表性控制线（图 2.29，样线 1—样线 4），依次从绿洲到荒漠区采集水样，包括：①位于湿地分布区附近芦苇生长较好的绿洲区地下水和土壤水样；②远离湿地的荒漠区地下水和土壤水样。不同深度土样和地下水采集，采用浅钻或人工开挖土壤剖面方法，土壤水样采集深度为 1.0 ~ 2.5m，在每个剖面采集样点的间隔为 10 ~ 20cm，采集时间控制在每天上午 8：00 ~ 11：00，同时采用土壤温湿监测仪实测土壤剖面含水率和温度。开挖或浅钻钻探至潜水面，采集地下水水样和测量地下水位的实际埋深。

植被采集，采用剪除植被（白刺等）枝叶，只保留茎秆，并去掉韧皮部；然后，将所有样品分别装满聚氯乙烯瓶，并密封冷藏处理。对采集的植被茎秆，使用 LI-2100 全自动真空冷凝抽提系统，提取植被茎秆水分。

采用 Picarro L2140-i 同位素分析仪，测定分析各类水样品的 δD 和 $\delta^{18}O$ 含量。其中 δD 的误差为 0.1‰，$\delta^{18}O$ 的误差为 0.015‰。植被茎秆水和部分土壤水中有机质含量较高，所以，采用 MAT 253 Plus 型气体稳定同位素质谱仪测定含有机质水样的 δD 和 $\delta^{18}O$ 含量，δD 的误差为 2.0‰，$\delta^{18}O$ 的误差为 0.2‰。

采用不同来源水相对当地大气降水线（L_{mwl}）线性的偏移量（$L_{c\text{-}ex}$）来表征不同来源水相对于当地降水的蒸发程度指标，为

$$L_{c\text{-}ex} = \delta D - a\delta^{18}O - b$$

式中，a 和 b 分别为 L_{mwl} 的斜率和截距。

受不同水汽来源的影响，石羊河流域下游自然湿地分布区当地降水偏移量（$L_{c\text{-}ex}$）的变化值，其全年平均值位于 0 附近。由于地表水水体的稳定同位素因蒸发富集，所以，其

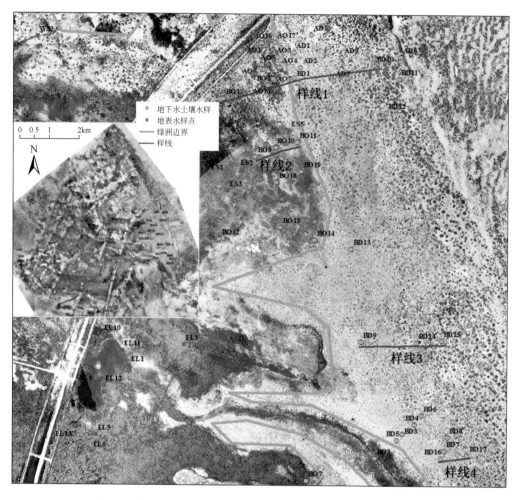

图 2.29　西北内陆流域下游自然湿地分布区水土及植被样品采集剖面和样点分布状况

L_{c-ex} 通常小于 0，并且在 δD-$\delta^{18}O$ 关系图中是低于当地降水线（L_{mwl}）的。当该区水样的 L_{c-ex} 出现正值时，则表明该水样可能受到除降水以外的其他水源影响，如地下水。

2.4.2　不同水源氢氧同位素变化特征和蒸发影响程度

石羊河流域下游自然湿地分布区的地表水主要补给水源为上游红崖山水库水，其 $\delta^{18}O$ 均值为-8.31‰，δD 均值为-53.13‰；该湿地分布区降雨的 $\delta^{18}O$ 均值为-7.22‰，δD 均值为-51.97‰。由于红崖山水库补给主要来源于祁连山区，其中高山积雪融水占有较大比例，所以，红崖山水库水的 $\delta^{18}O$、δD 均值比自然湿地分布区降雨的 $\delta^{18}O$、δD 偏负。

采集的 6 月、7 月的渠水 $\delta^{18}O$、δD 值为正，其中 7 月的渠水 $\delta^{18}O$、δD 远比 6 月的渠水 $\delta^{18}O$、δD 富集，而且，L_{c-ex} 均值远低于雨水的 L_{c-ex} 均值，这表明渠水受到蒸发影响比较显著。在 10 月的反季节输水时采集的渠水，其 $\delta^{18}O$、δD 偏负，但是，比上游红崖山水库

水的 $\delta^{18}O$、δD 偏正，这表明 10 月的渠水与前期滞留渠系中原水发生一定程度的混合，或受到较强烈蒸发影响。因此，在输水季节，石羊河流域下游自然湿地分布区湖水的 $\delta^{18}O$、δD 偏负，$L_{\text{c-ex}}$ 均值偏离雨水线较小，季节性变化比渠水小。7 月的湿地湖水同位素也比 6 月的湿地湖水同位素富集。同理，7 月的沼泽水的 $\delta^{18}O$、δD 比湿地湖水的 $\delta^{18}O$、δD 偏正，其 $L_{\text{c-ex}}$ 均值更偏负，说明沼泽水受到蒸发影响更大。

石羊河流域下游自然湿地分布区地下水的 $\delta^{18}O$、δD，远比降雨偏正，但是比同期湖水的 $\delta^{18}O$、δD 偏负，说明该区地下水受到降水和湖水入渗补给影响。在湿地周边，随着地下水位埋深减小，地下水的 $\delta^{18}O$、δD 更加富集，$L_{\text{c-ex}}$ 更接近地表水，说明地下水受湖水入渗补给和潜水蒸发的影响不断增强。例如，在湿地绿洲区，当地下水采样点的地下水位埋深从 1.26m（AO1 点—AO17 点）减小至 0.88m（BO1 点—BO17 点）时，地下水的 $\delta^{18}O$ 均值由 -3.48‰ 增大至 -1.76‰，δD 均值由 -34.89‰ 增大至 -26.64‰；而 $L_{\text{c-ex}}$ 均值从 -9.25‰ 减小至 -13.06‰。在远离湿地水域影响的荒漠区，地下水的 $\delta^{18}O$、δD 和 $L_{\text{c-ex}}$ 随地下水位埋深增减而呈现出与绿洲区相反的变化特征。例如，在与湿地对比的荒漠区，地下水采集样点的地下水位埋深从 1.81m（AD1 点—AD10 点）减小至 1.77m（BD1 点—BD17 点），地下水的 $\delta^{18}O$ 均值从 -3.00‰ 减小至 -3.56‰，δD 均值从 -33.75‰ 减小至 -35.65‰，$L_{\text{c-ex}}$ 均值则从 -11.48‰ 增大至 -9.44‰，结果是地下水的 $\delta^{18}O$、δD 更偏负，而 $L_{\text{c-ex}}$ 更偏正（图 2.30），说明在荒漠区地下水位埋深较大的采集点，潜水蒸发更为强烈。

石羊河流域下游自然湿地分布区的土壤水 $\delta^{18}O$、δD 值，远比降雨偏正。15cm 深度的表层土壤水 $\delta^{18}O$ 均值偏正，$L_{\text{c-ex}}$ 更为偏负，说明受蒸发影响显著，其同位素值接近于地表水的 $\delta^{18}O$、δD 值。随着采样点位置的深度增大，土壤水的 $\delta^{18}O$、δD 偏负和 $L_{\text{c-ex}}$ 值增大，土壤水的同位素值趋向于地下水的 $\delta^{18}O$、δD 数值（图 2.30），说明土壤水受蒸发影响减弱，地下水的支持毛细供水影响不断增强。

与湿地绿洲区相同深度（5~100cm）的土壤水 $\delta^{18}O$、δD 值比较，荒漠区土壤水 $\delta^{18}O$ 更为偏正、δD 则更为偏负和 $L_{\text{c-ex}}$ 值减小更为显著（图 2.30），表征荒漠区土壤水受到蒸发影响更加强烈。在荒漠区采集的植被（白刺）样点，大部分位于旱生耐盐植被（白刺）包旁，表明这些旱生植被主要吸用地下水，形成氢同位素分馏，导致植被茎秆水的同位素偏负，并通过植被体水循环-再分配作用，把"轻水"排泄到土壤中，影响土壤水中的 $\delta^{18}O$、δD 值。

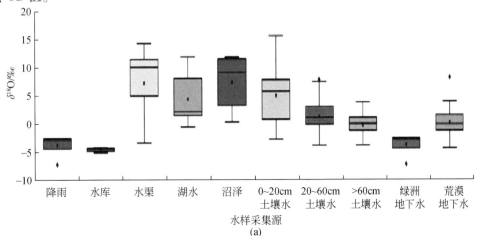

（a）

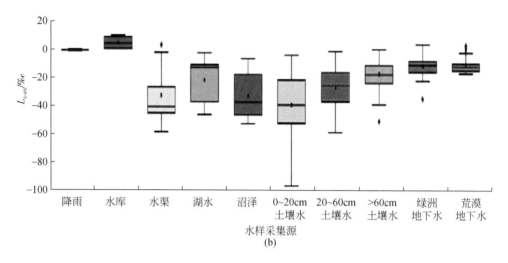

图 2.30　石羊河流域下游自然湿地区不同水源采集样品的 $\delta^{18}O$ 和 $L_{c\text{-}ex}$ 值分布特征

从图 2.31 可见，在石羊河流域下游自然湿地分布区，地表水、土壤水和地下水的 $\delta^{18}O$-δD 关系线都远离该地区大气降水线（L_{mwl}），并位于 L_{mwl} 之下，表明湿地区地表水、土壤水和地下水水源受到比较显著的蒸发分馏影响。相对而言，地表水与地下水之间 $\delta^{18}O$-δD 线较为接近，其 $\delta^{18}O$-δD 线的斜率为 4.06 ~ 4.59，说明地下水得到地表水入渗补给。而土壤水 $\delta^{18}O$-δD 线的斜率较小，为 2.36 ~ 3.47，表明土壤水蒸发过程中 ^{18}O 漂移较大，而 D 漂移较小。这是因为土壤水的蒸发分馏作用较强烈，同时，土壤颗粒对重分子的吸引力较大，因此造成土壤颗粒周围的薄膜水含有较多的富含 ^{18}O 重水分子。

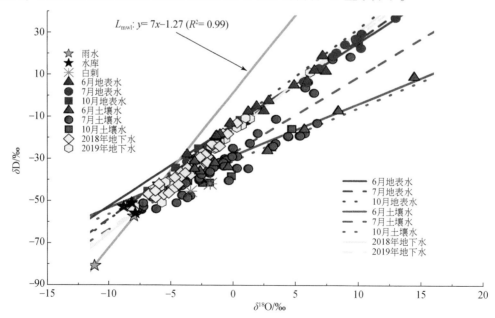

图 2.31　石羊河流域下游自然湿地区不同水源采集样品的 $\delta^{18}O$-δD 关系图

2.4.3　陆面蒸发和地下水对土壤水影响极限深度

在石羊河流域下游自然湿地分布区，陆面蒸发和地下水对土壤水影响存在极限深度的。通过该区湿地绿洲及周边荒漠带土壤剖面上所有样点含水率、$\delta^{18}O$ 和 L_{c-ex} 垂向变化特征，可以观察到陆面蒸发和地下水对土壤水影响的极限深度。在蒸发作用下，近地表土壤含水率降低，土壤水的 $\delta^{18}O$ 向逐渐偏正，L_{c-ex} 偏负。与荒漠带土壤水的 $\delta^{18}O$、L_{c-ex} 等对比可见，湿地绿洲的 30cm 深度以下的土壤水 $\delta^{18}O$ 和 L_{c-ex} 垂向变化小（图 2.32），表明湿地绿洲的土壤水受陆面蒸发影响深度较小，而受土壤水 $\delta^{18}O$ 的影响较为显著。

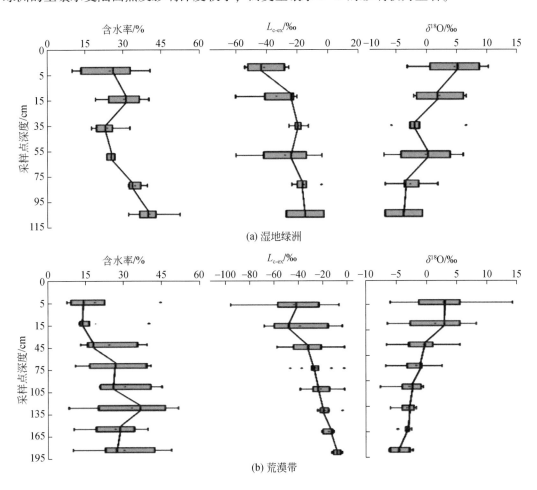

图 2.32　石羊河流域下游自然湿地绿洲及周边荒漠带土壤水含水率、$\delta^{18}O$ 和 L_{c-ex} 垂向变化特征

从湿地绿洲及周边荒漠带土壤剖面上所有样点含水率、$\delta^{18}O$ 和 L_{c-ex} 在垂向变化特征可见，随着采样点深度的增大，土壤水 $\delta^{18}O$ 呈对数衰减特征，即近地表土壤水同位素分馏强烈，随着采样点深度增大，土壤水同位素分馏减弱；而地下水的 $\delta^{18}O$ 同位素随水位埋深增大，呈二次函数关系（图 2.33）。

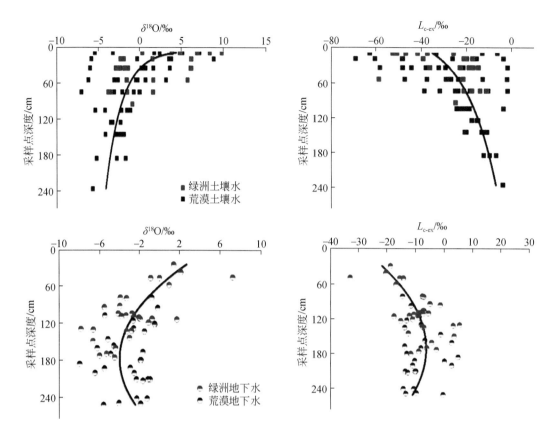

图 2.33　石羊河流域下游自然湿地分布区土壤水、地下水的 $\delta^{18}O$、$L_{c\text{-}ex}$ 垂向变化特征

　　在夏季，经过较长时间的没有人工生态输水影响，湿地水域面积萎缩至年内极小状态。此时，植被已进入生长期，地下水位也下降到年内的最大深度，包气带表层土壤含水率达到年内极小情势，迫使植被向深层土壤吸收水分，甚至植被的吸水层位下延至地下水支持毛细水带内，来获取水分维持生长。进入秋季，人工调入生态输水开始，湿地水域面积和浅层土壤含水率开始增大，植被又开始转为吸用浅层土壤水。由此可见，在天然植被生长的反季节，人工生态输水产生的生态效应中，地表水、土壤水与地下水之间相互转换发挥着重要作用，地下水的水位埋深变化影响着西北内陆下游干旱区天然植被演替特征、植被长势和天然植被生物多样性。在地下水浅埋区（湿地中心地带），出现大片梭梭、白刺等旱生植被死亡，而芦苇长势良好；在地下水位大幅下降、水位埋深较大区（湿地边缘荒漠带），出现芦苇长势枯萎，而大片梭梭、白刺等旱生植被长势良好景观。上述特征的形成，是因为在西北内陆干旱区，天然植被对地下水的水位埋深具有强烈依赖性，地下水的水位埋深已经成为影响天然植被群落结构、物种组成和根系分布密度空间特征的主要因素。

2.5　生态输水驱动下绿洲空间格局复杂性演变特征

生态系统空间格局复杂性是生态系统结构与功能完整性，以及生态健康评估的重要指标之一。景观格局研究的目标是通过确定景观格局来分析生态过程，研究方法包括景观空间格局指数统计分析法、山林地景观格局分析方法、干旱区绿洲城市景观格局分析方法和城市湿地公园景观格局分析法等，它以生态系统的空间关系为研究重点，关注尺度的重要性与时空的异质性。随着景观生态学的发展，其研究范围突破了只是从类型或区域角度对自然综合体进行研究，现已将地理过程和生态过程列为研究重心，并开始重视人地相互作用过程的研究。在研究理论和方法方面，不仅涉及等级理论、分形理论、渗透理论和尺度效应理论等空间格局分析方法，而且，动态模拟技术在景观生态学中已被广泛应用。

2.5.1　自然湿地绿洲空间格局复杂性演变特征

融合卫星遥感影像与无人机遥测影像分析成果，通过相关分析构建天然植被覆盖度与 NDVI 之间相关关系，反演 2010～2019 年石羊河流域湿地分布区植被覆盖度。在上述研究成果基础上，将研究区绿洲类型划分为高覆盖、中覆盖、低覆盖和裸地 4 种覆被类型（图 2.34），作为该流域绿洲空间格局分析基础。

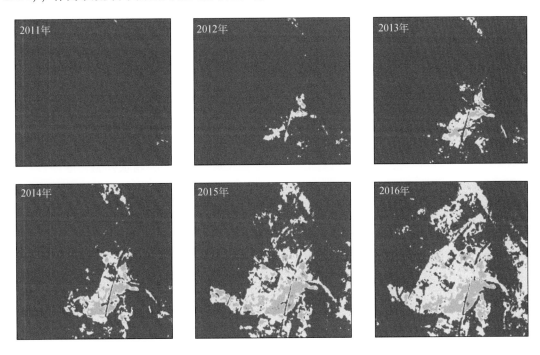

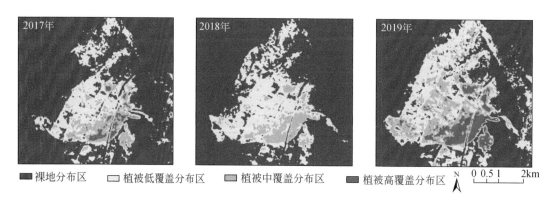

图 2.34 石羊河流域湿地分布区绿洲覆被分类及演变特征

1. 绿洲覆被类型与类型组香农熵变化特征

在上述研究成果基础上，采用香农熵方法研究石羊河流域湿地分布区绿洲空间格局复杂性的演变特征，结果表明，在人工调入生态输水驱动下，自 2010 年以来西北内陆石羊河流域下游干旱区绿洲逐渐恢复，裸地向低覆盖、中覆盖和高覆盖覆被类型逐步演替，各覆被类型出现的频次和各覆被类型空间组合出现的频次呈现趋于均匀，该区覆被组分复杂性也逐步提高，香农熵呈显著上升趋势特征（图 2.35、图 2.36）。

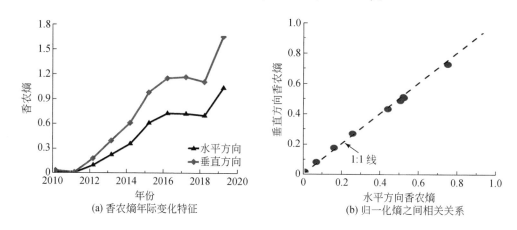

图 2.35 石羊河流域湿地分布区覆被类型与类型组香农熵变化特征

2. 绿洲空间熵复杂性变化特征

采用空间熵对该区绿洲覆被空间配置的复杂性变化特征开展研究的结果表明，石羊河流域湿地分布区绿洲覆被空间配置中，同时呈现一定的随机性和规则性，绿洲覆被的空间残熵相对于空间关联信息占比较大。其中在不同覆被类型及组合的空间配置上随机性占主导；在绿洲覆被恢复过程中空间关联信息占比呈显著增大特征（图 2.37），表明石羊河流域湿地分布区不同覆被类型及组合在空间配置上的有序规则性增强，与地下水的生态功能

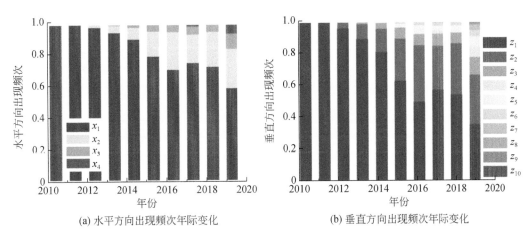

图 2.36　石羊河流域湿地分布区绿洲覆被组合变化特征

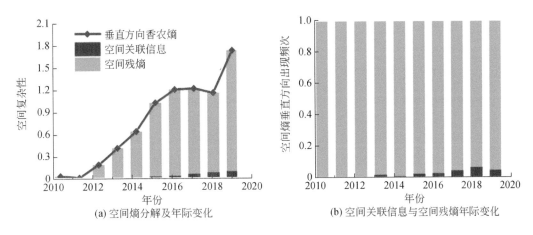

图 2.37　石羊河流域湿地分布区绿洲空间熵变化特征

修复有关。

在不同的空间距离范围内，石羊河流域湿地分布区绿洲覆被空间配置的复杂性存在较明显差异。在近距离 1000m 范围内，不同覆被类型空间配置的规则性较强；在中距离 1000～5000m 范围内，不同覆被类型空间配置的规则性较弱，而随机性占主导；在远距离大于 5000m 范围，不同覆被类型空间配置的随机性减弱，规则性随着距离增大而逐步增强，趋向主导作用（图 2.38）。

2.5.2　自然湿地绿洲空间格局演变机理

1. 人工调入生态输水促使地下水生态功能修复

通过石羊河流域水文站长期观测数据和生态样方调查数据分析表明，自 2010 年以来

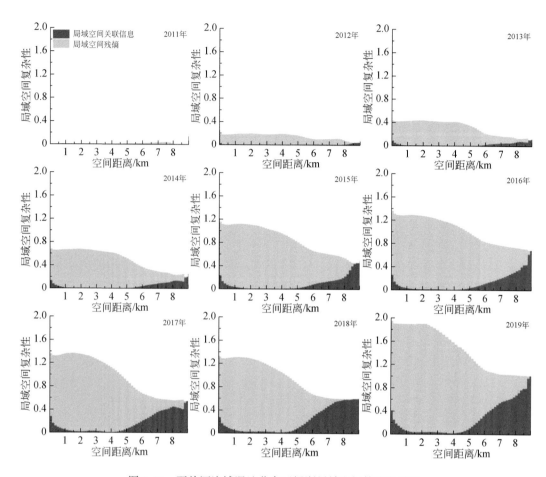

图 2.38　石羊河流域湿地分布区绿洲局域空间熵变化特征

人工从流域之外调入生态输水，促进了该流域下游自然湿地分布区植被生态逐步恢复状态（图 2.34），自然湿地分布区地下水位显著抬升地下水生态功能得到有效修复。2010～2018 年向自然湿地分布区累计输水量为 2.5 亿 m³，该区地下水位累计升幅为 1.20m（图 2.39），由此当地绿洲覆盖度显著提高，覆被类型组合的复杂性也明显增加，高覆盖、中覆盖和低覆盖的天然植被分布面积不断扩大，裸地面积大幅减少。

　　在石羊河流域下游湿地分布区，从湿地水域（绿洲核心区）至外缘荒漠带，地下水位埋深呈梯度趋势增大，但是，总体上地下水位呈普遍上升趋势，空间梯度规则性较强。同时，受地表高程起伏变化影响，从湿地水域（绿洲核心区）至外缘荒漠带，地下水位埋深大小呈随机性特征，与地表植被多样性和覆盖度之间相关性强，地下水位埋深空间格局规则性与随机性共存的特性显著，表明地下水位埋深变化是石羊河流域湿地分布区绿洲空间格局演变复杂性的关键生境质量影响因子，人工调入生态输水是主要驱动因素。

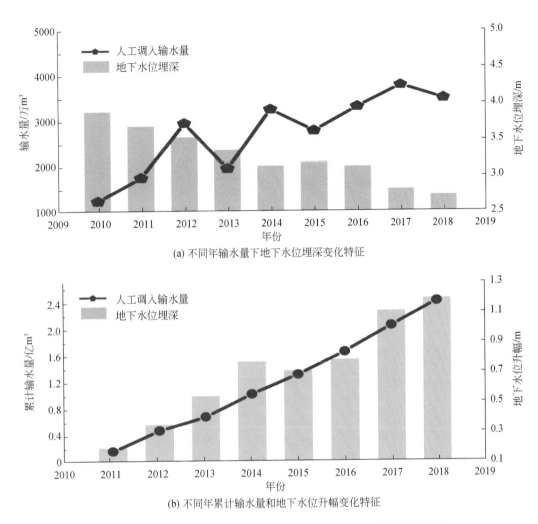

(a) 不同年输水量下地下水位埋深变化特征

(b) 不同年累计输水量和地下水位升幅变化特征

图 2.39　生态输水背景下石羊河流域湿地分布区地下水位变化特征

2. 地下水生态水位修复驱动天然绿洲生态恢复

在石羊河流域下游湿地分布区，绿洲生态归一化植被指数（NDVI）与地下水位埋深之间存在较为复杂的关系，是该区绿洲空间格局复杂性的重要影响因素。基于卫星遥感影像数据和生态样方调查数据解析的 NDVI，进行其与地下水位埋深之间相关性分析，结果表明，该湿地分布区天然绿洲 NDVI 与地下水位埋深之间关系的规则性表现为：总体上 NDVI 值随地下水位埋深增大而减小。当地下水位埋深小于 2.3m 时，NDVI 值较大，植被长势总体良好；当地下水位埋深大于 2.3m 时，NDVI 值较小（图 2.40），表层土壤水分亏缺限制了植被生长。

从图 2.40 可见，在植被受地下水位埋深变化影响区域内，NDVI 响应地下水位变化的特征显著；而在不受地下水位埋深变化影响区域内，NDVI 响应特征不明显。在石羊河流域下游湿地分布区，绿洲 NDVI 与地下水位埋深之间关系的随机性主要表现为，当地下水

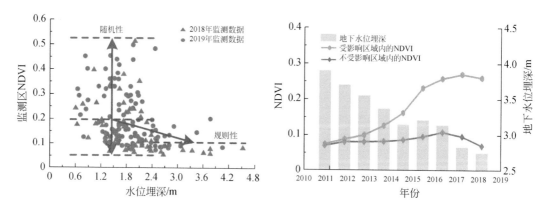

图 2.40　石羊河流域下游湿地区 NDVI 与地下水位埋深之间关系的规则性和随机性特征

位埋深小于 2.3m 时，包气带中水分能够满足植被生长需求，植被种内与种间关系、土壤养分和盐分等综合影响植被生长，由此，NDVI 的变化范围较大，裸地、低覆盖、中覆盖和高覆盖覆被类型均有分布。

2.6　干旱区天然植被绿洲地下水生态位阈域识别

在西北内陆干旱区，天然植被生存和生长需要地下水生态功能维持。那里的地下水维持天然植被生态能力，与潜水（地下水）水位埋藏深度、潜水面以上的支持毛细水上升高度和植被根系发育深度密切相关。若植被根系层的下边界延伸入潜水支持毛细水带内，或至地下水饱和带内，植被根系能够充分获取生存和生长所需水分，维系植被良好长势，由此该地下水位埋深为天然植被的"适宜生态水位"。若植被根系层的下边界仅与潜水支持毛细水带前缘略有接触，植被根系只能获取有限水分，不能充分满足植被生长需水，其生长受到一定程度抑制，由此该地下水位埋深为天然植被的"极限生态水位"。若考虑表层土壤盐分对植被生长约束，当地下水位埋深过小，强烈蒸散发浓缩作用下，地下水中化学组分通过潜水支持毛细作用运移到土壤表层，造成土壤发生盐渍化，也抑制植被生长，该地下水位埋深也是天然植被的"极限生态水位"之一，一般称为潜水蒸发极限深度。

2.6.1　天然植被绿洲地下水生态水位识别方法

地下水生态水位（埋深）的确定有多种方法，包括直接测定法、遥感解译法、同位素分析法和水文模型法。

直接测定法、遥感解译法是通过测定植被外在的根系、生物量和覆盖度等生长特征对地下水位埋深变化响应状况，解析二者之间相关关系，由此确定"生态水位"。这两种方法的优点是可以兼顾植被群落及其多样性和包气带岩性与结构变化等因素影响，测定结果不仅可靠性强，实用性也强；但是需要野外投入较大的实物工作量，成本较高。

同位素分析法、水文模型法是通过定量分析植被蒸腾量、水分来源及其与地下水位埋深之间相关关系，解析地下水位变化对植被生长的影响程度，进而确定地下水"生态水位"阈值。这两种方法的优点是适宜大范围应用，野外投入的实物工作量较小，成本较低；但是测定结果可靠性不强，不确定性较大。

目前，有关不同植被类型的地下水"生态水位"综合分析方法研究成果较少。元数据分析法（meta-analysis）是综合分析方法之一，它是基于文献检索数据进行再分析，探究较大区域（如西北内陆干旱区）不同植被和植被类型的适宜生态水位和极限生态水位（埋深）分布特征及其控制因子，以获取综合生态水位研究结果，为区域生态修复提供科学依据。

1. 数据收集与研究方法

1）数据来源

本书收集 45 篇文献中的 26 种植被，隶属于乔木、灌木和草本植被。摘录的不同植被数据量差异较大，为保证数据的代表性和合理性，剔除了数据量小于 3，以及欠缺根系深度、适宜生态水位和极限生态水位数据等植被类型，选取 13 种植被（图 2.41 中字体加黑的植被）作为本次研究的典型植被，其中胡杨、柽柳和芦苇属于傍生在河湖周围的河岸带植被。

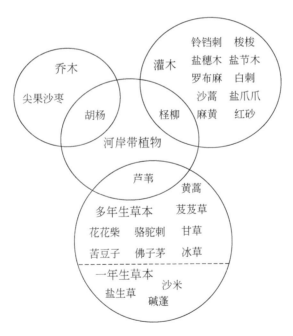

图 2.41　西北内陆地区主要植被类型及组构关系

在上述文献摘录的数据中，植被根系深度、适宜生态水位和极限生态水位数据往往是某一变化范围，为保证此类数据的可用性，取变化范围的最小值、最大值、平均值进行分析。此外收集土壤特性数据，并按照美国农业部土壤特性划分标准进行分类，文献中大部分研究区土壤以沙土和沙壤土为主。最终得到西北内陆干旱区天然植被适宜生态水位（埋深）数据 298 个、极限生态水位（埋深）数据 260 个、根系数据 171 个和土壤类型数据 58 个。

2）地下水生态水位确定方法

（1）直接统计法：基于上述选定的 13 种典型植被的适宜生态水位和极限生态水位（埋深）数据，计算它们的平均值和变化范围；然后，根据乔木、灌木和草本等植被类型划分结果，分别统计每一种类型植被的适宜生态水位和极限生态水位（埋深）平均值和变化范围，由此确定乔木、灌木和草本等植被类型中各种植被的"适宜生态水位"和"极限生态水位"。

（2）物种多样性和丰富度指数法：采用香农-维纳多样性指数法和辛普森多样性指数法，对上述选定的 13 种典型植被生态水位（埋深）数据进行相关分析，分析不同水位埋深下多样性指数（S_{sw} 或 S_{sx}）变化生态效应，选择 S_{sw} 或 S_{sx} 的最大值所对应的地下水位埋深作为第 i 种植被的适宜生态水位（埋深）。

相关式如下

$$S_{sw} = - \sum_{i}^{m} A_i \mathrm{LOG}_2 A_i \tag{2.5}$$

或

$$S_{sx} = 1 - \sum_{i}^{m} A_i^2 \tag{2.6}$$

$$A_i = \frac{a_i}{A} \quad (i=1, 2, 3, \cdots, m)$$

式中，S_{sw} 为香农-维纳多样性指数；S_{sx} 为辛普森多样性指数；A_i 为第 i 种植被类型中物种数量占群落植被种类总数量的比率；a_i、A 分别为群落中第 i 种植被类型的物种数量和所有种类的总数量。

2. 地下水生态水位（埋深）影响因素识别方法

植被根系所能利用的水分取决于植被的根系深度（R_d）和生理结构、包气带岩性与结构，以及潜水（第一层地下水）水位埋深（h）。其中包气带岩性与结构决定潜水面以上毛细水上升高度。

首先，根据元数据，点绘选定的 13 种植被根系深度（R_d）的均值与适宜生态水位（h_{sy}）和极限生态水位（h_{jx}）均值之间的相关关系图，采用 t 检验方法，分析在显著性水平 $p=0.05$ 条件下 R_d 与 h_{sy} 和 h_{jx} 均值之间的相关性，求出 R_d 与适宜生态水位和极限生态水位之间函数关系。然后，根据土壤类型，依据适宜生态水位和极限生态水位下植被根系对应含水率，即不小于田间持水量（θ_f）的 70% 和 65%~70%，设定土壤含水率分别达到 θ_f、$67.5\%\theta_f$（记作 $\theta_{f67.5\%}$），推求对应的 h_{sy} 和 h_{jx} 值。

在稳态条件下，采用 BC 模型（Brook-Corey model）进行 θ_f、$\theta_{f67.5\%}$ 土壤含水率及其相应的潜水面以上高度之间关系分析，关系式为

$$\theta(h) = \begin{cases} \theta_r + (\theta_s - \theta_r)\left(\dfrac{h_b}{h}\right)^{\lambda}, & h > h_b \\ \theta_s, & h \leq h_b \end{cases} \tag{2.7}$$

式中，θ_r 为残余含水率；θ_s 为饱和含水率；h_b 为进气吸力；λ 为形状系数；$\theta(h)$ 为 h 压力下土壤含水率。

计算 θ_f、$\theta_{f67.5\%}$ 下相应的 h_f、$h_{f67.5\%}$，由此推求的 h_{sy}（适宜生态水位）和 h_{jx}（极限生态水位），分别为

$$h_{sy} = h_{\theta_f} + R_d \tag{2.8}$$

$$h_{jx} = h_{\theta_{f67.5\%}} + R_d \tag{2.9}$$

2.6.2　不同类型天然植被适宜生态水位和极限生态水位阈域

1. 干旱区主要植被类型地下水生态水位总体特征

在西北内陆干旱区，3 种植被类型中 13 种植被的适宜生态水位和极限生态水位（埋深）特征，如图 2.42 所示。从总体上来看，25% 分位数、50% 中位数和 75% 分位数的 h_{sy} 平均值，分别为 1.9m、2.5m 和 3.5m；25% 分位数、50% 中位数和 75% 分位数的 h_{jx} 平均值，分别为 4.0m、6.0m 和 8.0m（图 2.42 中的点划线）。由此，西北内陆干旱区天然植被的适宜生态水位（埋深）为 1.9 ~ 3.5m，极限生态水位（埋深）为 4.0 ~ 8.0m。

从植被类型角度，乔木、灌木和草本植被的 h_{sy} 平均值分别为 2.8m、3.0m 和 1.9m，25% ~ 75% 分位数范围的乔木和灌木的 h_{sy} 值为 2.0 ~ 4.0m，草本的 h_{sy} 值为 1.0 ~ 2.3m。乔木、灌木和草本植被的 h_{jx} 平均值，分别为 7.7m、6.0m 和 3.8m，25% ~ 75% 分位数范围的 h_{jx} 值分别为 6.0 ~ 10.0m、4.0 ~ 7.0m 和 2.5 ~ 4.5m。从图 2.42 可见，乔木和灌木的适宜生态水位（h_{sy}）差异不大，草本对缺水环境的忍耐力小于乔木和灌木。

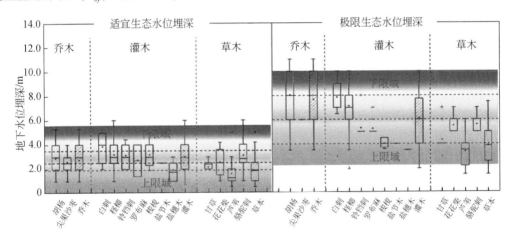

图 2.42　西北内陆干旱区主要植被类型及植被适宜生态水位和极限生态水位（埋深）分布特征

2. 干旱区主要物种植被地下水生态水位特征

从物种角度来看，水生植被芦苇常生长区的地下水位埋深较浅，h_{sy} 和 h_{jx} 埋深的极小值分别为 1.6m 和 3.4m。白刺沙包对干旱环境的忍耐力强，h_{sy} 极大值为 3.9m，h_{jx} 均值为

7.9m，与胡杨生态水位（埋深）接近（图2.42）。

在西北内陆干旱区，植被适宜生态水位和极限生态水位（埋深）大小以及两者之差值大小，反映该植被对地下水位埋深依赖敏感性和通过支持毛细作用输供水程度变化的适应性。从25%～75%分位数变化范围来看，河岸带植被胡杨、柽柳和芦苇的 h_{sy} 和 h_{jx} 变化范围大，分别达2m和4m，h_{sy} 和 h_{jx} 均值之差大于4m，这表明河岸带植被对地下水位埋深及其支持毛细作用输供水分程度变化的敏感和适应性高于其他植被。其中在地下水埋深较大时，胡杨主根善于延伸地下水中吸用水分，来维持其生长。在地下水位埋深较小时，柽柳、芦苇善于吸用地下水；而在地下水埋深较大时，柽柳也能够吸用6.0m以下埋深的地下水。耐旱性强的白刺 h_{sy} 和 h_{jx} 变幅以及两者之间差值也大，白刺沙包具有发达的侧根和向下延伸的主根，对水的利用也表现出较高灵活性，在降水量多的地区利用浅层土壤水，在降水少的地区利用较深层地下水。骆驼刺 h_{sy} 和 h_{jx} 均值大于其他草本植被。

在西北内陆干旱区，天然植被物种多样性和丰富度与地下水位埋深变化密切相关，具有5个阶段演变特征：①当地下水位埋深为0.5～1.2m，以一年生草本和水生的多年生草本植被（如芦苇）为主；②当地下水位埋深由1.2m下降并维持在2.2m以下时，灌木种类植被迅速增加，乔木种类植被基本不变，而草本种类植被（如芦苇、甘草）减少；③当地下水位埋深由2.2m下降并维持3.0m在以下时，灌木种类植被快速增加，并大于草本种类植被物种数量；④当地下水位埋深由3.0m下降并维持4.2m以下时，呈现灌木种类植被为主，且受地下水位埋深变化影响明显减弱，同时，草本植被迅速减少，仅耐旱的骆驼刺和花花柴尚存在；⑤当地下水位埋深远大于4.2m时，灌木、乔木和草本3种植被种类数量都迅速减少。

从物种数量的总量来看，当地下水位埋深为2.2～4.2m时，植被物种数量最多；当地下水位埋深大于4.2m时，植被物种数量迅速减少。从物种多样性指数来看，当地下水位埋深为1.9～4.2m时，多样性指数（S_{sw} 和 S_{sx}）处于高值区；当地下水位埋深大于4.2m时，S_{sw} 和 S_{sx} 处于低值区。由此，h_{sy} 为2.2～4.2m，h_{jx} 大于4.2m（图2.43）。

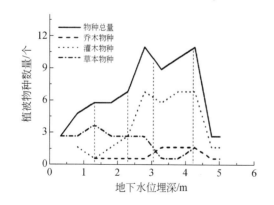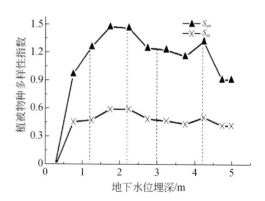

图2.43　西北内陆干旱区植被物种数量、多样性与地下水位埋深之间关系

3. 影响因素推求干旱区主要植被生态水位

1）基于植被根系深度推求植被生态水位

25%～75%分位数的植被根系深度（R_d）为 1.5～3.0m，平均值为 2.2m。不同植被类型的 R_d 分布深度存在明显差异，乔木、灌木和草本的 R_d 均值分别为 2.7m、2.3m 和 1.8m，25%～75%分位数的 3 种植被 R_d 分布范围分别为 2.0～3.0m、1.6～3.0m 和 1.0～2.4m（图 2.44）。总体规律是：乔木的 R_d 均值≥灌木的 R_d 均值>草本的 R_d 均值，它们的分布范围依次呈递减特征，与地下水的适宜生态水位和极限生态水位（埋深）递减特征一致。

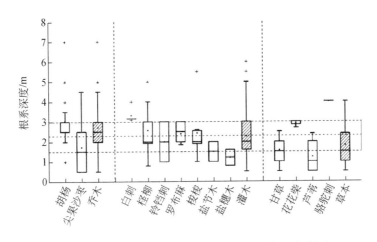

图 2.44　西北内陆干旱区主要植被根系分布深度范围

在不同物种中，骆驼刺根系深度（R_d）的均值最大，为 4.0m；其次为白刺的 R_d，为 3.3m。骆驼刺根系是随着地下水位埋深增大而不断向下延伸生长，白刺根系也具有向下延伸获取地下水而维持生长的性状。胡杨、尖果沙枣和柽柳的 R_d 平均值虽不是最大，但是其根系水分利用效率较高。例如，胡杨根系在 3.5m 深度以内的吸水量占总根系利用水分的 92%，在长期干旱缺水条件下胡杨主根可向下生长达 7.0m 以下深度。

从选定的西北内陆干旱区 13 种植被的适宜生态水位和极限生态水位（埋深）与根系深度均值之间相关关系来看，它们之间相关性较高，相关系数分别为 0.69 和 0.64，通过显著性水平 $p=0.05$ 的相关性检验（t 检验），表明植被适宜生态水位和极限生态水位（埋深）与其根系深度之间呈正相关关系（图 2.45）。

在某一植被分布区，地下水位不断下降对植被生长是否产生影响，与地下水位下降的速率和根系生长的速率相关。在适宜生态水位（埋深）范围，当植被根系伸展速率大于地下水位下降速率时，植被吸用水不受限制；在极限生态水位（埋深）范围，当植被根系伸展速率小于地下水位下降速率时，植被吸水和生长受到抑制。

2）基于根系深度、土壤岩性和适宜含水率推求植被生态水位

在西北内陆流域下游区，包气带表部土壤主要为砂壤土、轻壤土和风沙土。不同包

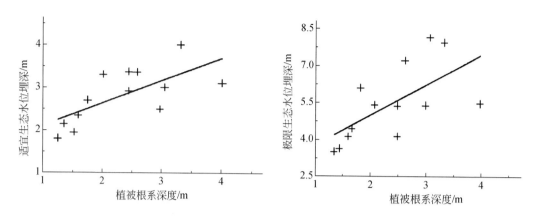

图 2.45 西北内陆干旱区生态水位（埋深）与植被根系分布深度之间关系

气带岩性与结构不仅对植被根系发育有影响，而且，还决定潜水面以上的支持毛细水上升高度。依据上述选定的植被和土壤类型，以及它们对应 BC 模型的参数值，计算适宜生态水位（$h_{田持-sy}$）和极限生态水位（$h_{田持-jx}$），并将他们与统计的适宜生态水位和极限生态水位（埋深）进行比较，结果表明，两种方法确定的生态水位之间差值，轻壤土的植被生态水位差值最大，其次是砂壤土的植被生态水位差值，风沙土的植被生态水位差值最小（表 2.11）。

表 2.11 西北内陆干旱区典型植被及植被类型的根系深度和生态水位（埋深）

植被类型	植被	土壤类型	h_b/m	λ	f	h_f/m	$h_{f67.5}$/m	R_d/m	$h_{田持-sy}$/m	$h_{田持-jx}$/m	h_{sy}/m	h_{jx}/m
乔木	胡杨	风沙土、砂壤土	0.080	0.533	0.108	1.3	3.8	3.0±1.3	4.3±1.3	6.8±1.3	2.8±1.2	8.1±2.1
	尖果沙枣	风沙土	0.073	0.592	0.091	1.1	2.7	1.7±1.2	2.8±1.2	4.4±1.2	2.6±1.0	6.0±0
灌木	白刺	风沙土、砂壤土	0.080	0.533	0.108	1.3	3.8	3.3±0.4	4.6±0.4	7.1±0.4	3.9±1.2	7.9±1.6
	柽柳	砂壤土、轻壤土	0.117	0.769	0.166	0.4	0.9	2.6±1.2	3.0±1.2	3.5±1.2	3.2±1.3	7.1±2.0
	铃铛刺	风沙土	0.073	0.592	0.091	1.1	2.7	2.0±0.8	3.1±0.8	4.7±0.8	3.1±0.9	5.3±1.0
	罗布麻	风沙土	0.073	0.592	0.091	1.1	2.7	2.4±0.5	3.5±0.5	5.1±0.5	2.7±1.0	5.3±0.7
	梭梭	轻壤土	0.146	0.322	0.207	1.4	7.2	2.4±1.3	3.8±1.3	9.6±1.3	3.2±1.0	4.0±0.4
	盐节木	风沙土	0.073	0.592	0.091	1.1	2.7	1.5±0.5	2.6±0.5	4.2±0.5	2.5±0	4.0±0
	盐穗木	风沙土、轻壤土	0.110	0.457	0.199	0.5	1.6	1.2±0.4	1.7±0.4	3.8±0.4	1.9±0.8	3.5±0

续表

植被类型	植被	土壤类型	h_b /m	λ	f	h_f /m	$h_{f67.5}$ /m	R_d /m	$h_{田持-sy}$ /m	$h_{田持-jx}$ /m	h_{sy} /m	h_{jx} /m
草本	甘草	风沙土	0.073	0.592	0.091	1.1	2.7	1.6±0.5	2.7±0.5	4.3±0.5	2.2±0.7	4.3±1.0
	花花柴	风沙土	0.073	0.592	0.091	1.1	2.7	2.9±0.2	4.0±0.2	5.6±0.2	2.5±1.4	5.5±1.0
	芦苇	风沙土、轻壤土	0.110	0.457	0.199	0.5	1.6	1.2±0.7	1.7±0.7	2.8±0.7	1.6±1.0	3.4±1.2
	骆驼刺	轻壤土	0.147	0.322	0.207	1.4	7.2	4.0±0	5.4±0	11.2±0	3.1±1.6	5.6±0.9

注：表中 h_b、λ 和 R_d 等符号意义，同前。

基于 BC 模型推求的结果，适宜生态水位（$h_{田持-sy}$）为 2.3 ~ 4.1m，平均值 3.3m；极限生态水位（$h_{田持-jx}$）为 3.6 ~ 8.1m，平均值 5.2m。其中乔木、灌木和草本的 $h_{田持-sy}$ 平均值分别为 4.0m、3.2m 和 2.4m；25% ~ 75% 田间持水率下，乔木的 $h_{田持-sy}$ 为 3.3 ~ 4.2m、灌木的 $h_{田持-sy}$ 为 2.3 ~ 4.0m 和草本的 $h_{田持-sy}$ 为 1.7 ~ 3.1m。乔木、灌木和草本的 $h_{田持-jx}$ 平均值分别为 6.5m、5.0m 和 3.8m，乔木的 $h_{田持-jx}$ 为 6.1 ~ 7.0m、灌木的 $h_{田持-jx}$ 为 3.4 ~ 5.3m 和草本的 $h_{田持-jx}$ 为 3.3 ~ 5.0m。该方法获得的适宜生态水位（$h_{田持-sy}$）和极限生态水位（$h_{田持-jx}$）与统计的适宜生态水位（h_{sy}）和极限生态水位（h_{jx}）之间较为接近。

3）不同方法确定生态水位对比

不同方法确定的西北内陆干旱区不同植被种类和植被类型生态水位（埋深）的结果之间存在一定差异，但是处于合理范围内。从平均值来看，适宜生态水位和极限生态水位（埋深）的均值分别为 2.9m 和 5.5m，控制范围分别为 2.3 ~ 3.9m 和 4.0 ~ 7.2m（表2.12）。

表 2.12　不同方法确定的西北内陆干旱区植被生态水位对比　　　（单位：m）

分析方法		适宜生态水位（埋深）		极限生态水位（埋深）	
		变化范围	平均值	变化范围	平均值
原数据直接统计	各种植被	1.9 ~ 3.5	2.5	4.0 ~ 8.0	6.0
	3 种植被	2.5 ~ 3.9	2.7	4.0 ~ 6.0	5.4
根系深度、土壤岩性和适宜含水率推求	各种植被	2.3 ~ 4.1	3.3	3.6 ~ 8.1	5.2
	3 种植被	2.7 ~ 3.8	3.2	4.2 ~ 6.8	5.4
物种数量、植被多样性		1.9 ~ 4.2	—	>4.2	—
综合平均		2.3 ~ 3.9	2.9	4.0 ~ 7.2	5.5

不同方法确定的西北内陆干旱区植被生态水位各具优势。例如，根据 3 种植被推求的适宜生态水位和极限生态水位（埋深）变化范围小；各种植被推求结果更多考虑不同种类植被生长条件，适宜生态水位和极限生态水位（埋深）变化范围较大。原数据直接统计，需要众多观测资料。不同根系深度、土壤岩性和适宜含水率推求的分析方法，考虑了适宜生态水位和极限生态水位的物理成因，但是，需确定植被生长的适宜水分条件。物种数

量、植被多样性确定适宜生态水位较为直观，但是取决于遥感解译和地下水位监测数据的确定性。因此，综合各种方法确定的结果，根据它们的极大值与极小值，确定适宜生态水位和极限生态水位（埋深），有利于克服局域特殊性带来的不确定性。

2.7　干旱区自然湿地绿洲恢复生态输水量阈值识别

我国西北内陆干旱区水资源匮乏，自然生态脆弱，流域水资源开发利用程度高，大量挤占了生态用水，导致天然绿洲分布区地下水位不断下降，地下水生态功能失效，以至自然湿地和天然植被绿洲生态严重退化及土地荒漠化加剧。

生态输水是目前有效解决西北内陆干旱区自然湿地和河岸带天然植被绿洲退化问题的重要举措，已在甘肃的石羊河及黑河、新疆的塔里木河等流域实践取得较好效果。生态输水量是生态输水举措的关键指标之一，需要科学和合理确定。目前，在干旱区生态输水恢复绿洲生态系统研究和工程实践中，评估生态输水量时往往基于预期设定的生态恢复目标，通过生态水文模拟分析达到该生态恢复目标的生态需水量，从而评估生态输水量。这种生态输水量评估法所采用的生态水文模型中多为半物理机制的分布式模型，模型结构较为复杂、计算成本较高；虽然分析了绿洲恢复对生态输水的生态水文响应过程，但是，尚未能深入分析该生态水文响应过程中所伴生的生态效益和蒸散损耗，以及两者在不同生态输水量下彼此相关关系，尚未能反映生态恢复目标及其对应的生态输水量优选性。

2.7.1　生态水文模拟与优化方法

1. 概念性集总式生态水文模型架构

由于西北内陆干旱区水资源天然匮乏，需统筹优化生态输水的蒸散发损失水量和绿洲恢复生态效益，所以，更加需求采用最小的蒸散损耗而获取最大的生态效益，以此确定生态输水量。因此，本项目的第一课题发展和融合了概念性集总式生态水文模型与多目标优化方法，提出基于生态水文模拟与优化评估干旱区绿洲生态输水量的方法（图2.46）。

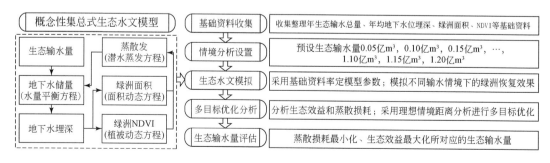

图 2.46　基于生态水文模拟与优化评估干旱区绿洲生态输水量模型架构

2. 概念性集总式生态水文模型构建

构建概念性集总式生态水文模型，是通过情境模拟分析不同生态输水量下的生态效益和蒸散损耗，采用理想情境距离分析法进行多目标优化，确定绿洲恢复最优目标及其对应的生态输水量。

具体步骤如下：

（1）收集整理生态输水以来研究区历年基础数据资料，包括年生态输水总量、年均地下水位埋深、绿洲面积和 NDVI 等基础资料。

（2）基于生态输水实践及流域水资源特征，预设生态输水情境，用于模拟评价不同生态输水情境下的绿洲恢复效果。

（3）概念性集总式生态水文模型构建，是采用基础数据资料率定模型参数，针对预设的生态输水情境开展生态水文模拟分析，以生态输水量作为模型输入，以地下水位埋深、绿洲面积和绿洲 NDVI 作为模型输出：

$$\frac{\mathrm{d}h}{\mathrm{d}t} = -\theta \frac{W_E + 10^{-3}W_{gr}S_{gr} - 10^{-3}E_T S_{lv} - 10^{-3}E_{gr}(S_{gr} - S_{lv})}{S_{gr}} \tag{2.10}$$

$$\frac{\mathrm{d}V}{\mathrm{d}t} = \beta_A(S_{grcc} - S_{lv}) \tag{2.11}$$

$$\frac{\mathrm{d}V}{\mathrm{d}t} = \beta_V(V_{grcc} - V_{zs}) \tag{2.12}$$

式中，h 为地下水位埋深，m；S_{lv} 为生态输水恢复的绿洲面积，km^2；V_{zs} 为植被长势，采用绿洲 NDVI 的空间均值表征；t 为模拟的时间步长，设为 1 年；W_E 为生态输水量，$10^6 m^3$；W_{gr} 为地下水天然补给量，mm；E_T 为绿洲蒸散发量，mm；E_{gr} 为潜水蒸发量，mm；S_{gr} 为地下水受生态输水补给的区域面积，km^2；θ 为与地下水补给有关的经验系数；β_A 为绿洲面积变化率，1/a；β_V 为绿洲 NDVI 变化率，1/a；S_{grcc} 为地下水对绿洲面积的承载能力，km^2；V_{grcc} 为地下水对绿洲 NDVI 的承载能力。

上式中 E_{gr}，采用阿维里杨诺夫公式估算。在此基础上，采用经验公式估算绿洲蒸散发量（E_T），公式为

$$E_{gr} = a(1 - h/h_{max})^b E_P \tag{2.13}$$

$$E_T = (1 + k_E V_{zs})E_{gr} \tag{2.14}$$

式中，h_{max} 为地下水蒸发极限埋深，m；a、b 为与土壤质地有关的经验系数；E_P 为常规气象蒸发皿蒸发值，反映蒸发能力，mm；k_E 为经验系数，反映植被长势对 E_T 的影响。

采用 Sigmoid 方程分别描述地下水对绿洲面积的承载能力和地下水对绿洲 NDVI 的承载能力，分别为

$$S_{grcc}(h) = \frac{S_{max}}{1 + \exp\left(\dfrac{h - h_A}{SS_A}\right)} \tag{2.15}$$

$$S_{max} = \alpha S_{gr} \tag{2.16}$$

$$V_{grcc}(h) = \frac{V_{max}}{1 + \exp\left(\dfrac{h - h_V}{SS_V}\right)} \tag{2.17}$$

式中，S_{max} 为绿洲可恢复的最大面积，km^2；S_{max} 占 S_{gr} 的一定比率，α 为占比系数；V_{max} 为绿洲可恢复的最大 NDVI；h_A 为绿洲面积达到 $0.5S_{max}$ 时的地下水位埋深，m；h_V 为 NDVI 达到 $0.5V_{max}$ 时的地下水埋深，m；SS_A、SS_V 为经验系数，反映地下水承载能力曲线的倾斜程度。

（4）采用步骤（1）中的基础数据资料率定模型参数，以步骤（2）中预设情境的生态输水量作为模型输入，模拟时长为 20 年，绿洲恢复达到稳定状态，分析不同生态输水情境下绿洲恢复达到稳定状态时的绿洲恢复效果，包括地下水位埋深、绿洲面积和绿洲 NDVI。

（5）基于步骤（3）中不同生态输水情境下的生态水文模拟数据，包括地下水位埋深、绿洲面积和绿洲 NDVI，分析不同生态输水情境下的生态效益和蒸散损耗；针对生态效益和蒸散损耗，采用理想情境距离分析法开展多目标优化分析，进而评估生态输水量。

生态效益（Y_B）和蒸散损耗（Y_C）的定义，分别为

$$Y_B = S_{lv} V_{zs} \tag{2.18}$$

$$Y_C = \frac{E_T S_{lv} + E_{gr}\ (S_{gr} - S_{lv})}{A_{gr}} - W_{gr} \tag{2.19}$$

上式表明，在西北内陆干旱绿洲区，地下水位埋深越小，绿洲面积和绿洲 NDVI 越大，生态输水的生态效益越大，同时，相应的蒸散损耗也越大。

采用步骤（3）中不同生态输水情境下的生态水文模拟数据，包括地下水位埋深、绿洲面积和绿洲 NDVI，分析不同生态输水情境下（i，$i = 1$，2，3，…，24）的生态效益（$Y_{B,i}$）和蒸散损耗（$Y_{C,i}$）。

基于生态效益的理论最大值（$Y_{B\text{-}max}$）、蒸散损耗的理论最大值（$Y_{C\text{-}max}$），对生态效益和蒸散损耗进行归一化处理，得归一化的生态效益（$NY_{B,i}$）和蒸散损耗（$NY_{C,i}$）：

$$NY_{B,i} = Y_{B,i} / Y_{B\text{-}max} \tag{2.20}$$

$$NY_{C,i} = Y_{C,i} / Y_{C\text{-}max} \tag{2.21}$$

针对西北内陆干旱区水资源匮乏，生态输水工程需提高水资源利用效率和提高单位输水量的生态效益，使生态输水的生态效益最大化，而绿洲的蒸散损耗最小化。因此，多目标优化的目标为

$$\begin{cases} NY_{B\text{-}ideal} = 1 \\ NY_{C\text{-}ideal} = 0 \end{cases} \tag{2.22}$$

生态效益与蒸散损耗之间呈非线性正相关关系，生态效益随蒸散损耗的增加而增大。理论上，可假定生态输水恢复绿洲的理想情境为

$$\begin{cases} NY_{B\text{-}ideal} = 1 \\ NY_{C\text{-}ideal} = 0 \end{cases} \tag{2.23}$$

在理想情境下，生态效益达到其最大值，此时的归一化生态效益取值为 1；而蒸散损耗为其最小值，此时归一化蒸散损耗取值为 0。以理想情境为基准，通过多目标优化分析，选取实际生态输水情境中（i，$i = 1$，2，3，…，24）与理想情境最为接近的情境作为优化结果。

基于不同生态输水情境下归一化的生态效益（$NY_{B,i}$）和蒸散损耗（$NY_{C,i}$），计算不

同生态输水情境至理想情境的距离（D_i），公式为

$$D_i = \sqrt{(\mathrm{NY}_{B,i} - \mathrm{NY}_{B\text{-ideal}})^2 + (\mathrm{NY}_{C,i} - \mathrm{NY}_{C\text{-ideal}})^2} \tag{2.24}$$

式中，D_i 最小值所对应的情境，即为生态效益、蒸散损耗与理想情境最为接近的情境。该情境下可实现生态输水的生态效益最大化，而蒸散损耗最小化。

D_i 最小值所对应情境的绿洲恢复效果，是绿洲恢复所达到的地下水位埋深、绿洲面积和绿洲 NDVI，可作为推荐的绿洲恢复目标；而 D_i 最小值所对应情境的生态输水量作为推荐的生态输水量。

2.7.2　石羊河流域下游区自然湿地生态水文模拟与生态输水量阈值

1. 概念性集总式生态水文模型及分析结果

基于 2010～2019 年石羊河流域下游湿地分布区历年生态输水量、年均地下水位埋深、绿洲面积和绿洲 NDVI 空间均值等资料，预设生态输水情境，应用上述概念性集总式生态水文模型模拟，评价不同生态输水情境下该流域下游湿地分布区天然绿洲生态恢复效果。

各生态输水情境下（i，$i = 1,2,3,\cdots,24$）生态输水量等间距依次为 $W_{E,1} = 0.05$ 亿 m³，$W_{E,2} = 0.1$ 亿 m³，$\cdots$，$W_{E,23} = 1.15$ 亿 m³，$W_{E,24} = 1.2$ 亿 m³。采用石羊河流域下游湿地分布区基础数据率定模型参数，针对预设的生态输水情境进行生态水文模拟分析。

石羊河流域下游湿地分布区概念性集总式生态水文模型，以生态输水量作为模型输入，以地下水位埋深、绿洲面积和绿洲 NDVI 作为模型输出，核心方程为

$$\frac{\mathrm{d}h}{\mathrm{d}t} = -1.09 \frac{W_E + 10^{-3} \times 192 \times 74.94 - 10^{-3} E_T S_{lv} - 10^{-3} E_{gr}(74.94 - S_{lv})}{74.94} \tag{2.25}$$

$$\frac{\mathrm{d}V}{\mathrm{d}t} = 1.31(S_{grcc} - S_{lv}) \tag{2.26}$$

$$\frac{\mathrm{d}V}{\mathrm{d}t} = 2.30(V_{grcc} - V_{zs}) \tag{2.27}$$

潜水蒸发量（E_{gr}）和绿洲蒸散发量（E_T）的计算公式分别为

$$E_{gr} = 0.76(1 - h/5)^{1.53} \times 2600 \tag{2.28}$$

$$E_T = (1 + 0.32 \times V_{zs}) E_{gr} \tag{2.29}$$

石羊河流域下游湿地分布区地下水对绿洲面积的承载能力和地下水对绿洲 NDVI 的承载能力的计算公式分别为

$$S_{grcc}(h) = \frac{S_{max}}{1 + \exp\left(\dfrac{h - 3.19}{0.26}\right)} \tag{2.30}$$

$$S_{max} = 0.40 \times 74.94 \tag{2.31}$$

$$V_{grcc}(h) = \frac{0.52}{1 + \exp\left(\dfrac{h - 3.23}{0.70}\right)} \tag{2.32}$$

以 2010 年为起始年份，以预设生态输水情境的生态输水量（i，$i = 1,2,3,\cdots,24$）

作为模型输入，模拟时长为 20 年，石羊河流域下游湿地分布区绿洲恢复达到稳定状态，不同生态输水情境下地下水位埋深、绿洲面积和绿洲 NDVI 等恢复效果，如图 2.47 所示。

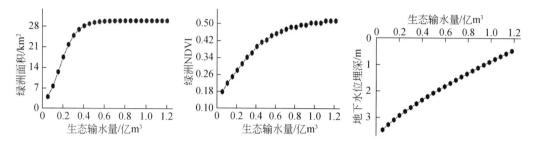

图 2.47　生态输水情境下石羊河流域下游湿地分布区绿洲恢复情势

石羊河流域下游湿地分布区 D_i 最小值所对应的生态输水情境为 $i=9$，D_i 最小值所对应的 $W_{E,9}=0.45$ 亿 m^3，该区地下水位埋深恢复至 2.34m，绿洲面积恢复至 29.16km^2，绿洲 NDVI 恢复至 0.41（图 2.48）。因此，石羊河流域下游湿地分布区——青土湖绿洲生态修复目标下所需生态输水量为 0.45 亿 m^3，是 2035 年前该湿地生态修复的生态输水量阈值。

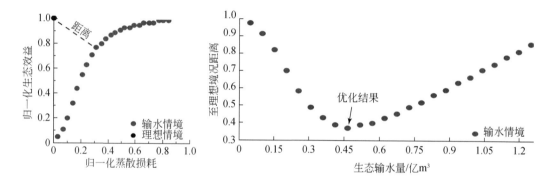

图 2.48　生态输水情境下石羊河流域下游湿地分布区生态输水量阈值确定的依据

2. 地下水–生态模型均衡分析结果

1）前提条件与分析原则

以 2000 年以来石羊河流域下游区多年来水量及其变化情况作为参考，分别设定 25%、50% 和 75% 的来水频率，作为丰、平、枯水年份平均来水指标，对应供给下游区生态水量的红崖山出库水量分别为 2.94 亿 m^3/a、2.69 亿 m^3/a 和 2.43 亿 m^3/a。同时，遵循如下生态需水量合理确定原则：

（1）在考虑维持湿地水域面积的需求时，还需兼顾考虑上游来水情况和民勤盆地经济社会稳定与合理发展用水量的需求，既保证青土湖自然湿地维系一定的生境质量，又应满足民勤盆地社会经济发展对水的基本需求。

（2）充分利用地下水具有可调节功能，在丰、平、枯水年周期变化过程中，合理人工调蓄和优化配置地表水与地下水互补优势。

（3）应在该流域内多年动态水均衡前提下进行生态输水量合理配置。例如，丰水年来水量充沛，应充分利用地表水代替地下水源；枯水年来水量不足，应优先兼顾生活和基本生产用水需求，适度控制向湿地区的输水量，或应急性启动战略备用地下水水源保障生存和生活基本用水需求。

2）不同生态输水背景下青土湖湿地生态相应趋势特征

模拟 2020～2029 年石羊河流域下游区青土湖湿地对 3 种不同生态输水情境的生态水文响应，结果表明：情境（a），即石羊河流域遭遇大旱导致生态输水中断，青土湖湿地会因缺乏水源补给，增大消耗地下水，加剧湿地分布区地下水位下降，导致天然植被面积及 NDVI 降低，青土湖湿地可能再度出现生态危机情势。情境（b），即维持现有的生态输水规模，青土湖湿地面积和 NDVI 波动较小。情境（c），即生态输水量增加 1 倍，青土湖湿地面积扩大，地下水位埋深不断减小，NDVI 维持较稳定水平（图 2.49）。生态输水量从 0 增加至 0.30 亿 m³ 条件下，青土湖湿地分布区地下水位埋深上升 1.08m，湿地水域面积增加 22.84km²，NDVI 增大 0.19；生态输水量从 0.30 亿 m³ 进一步增加至 0.60 亿 m³ 条件下，青土湖湿地分布区地下水位埋深上升 0.85m，湿地面积增加 4.92km²，NDVI 增大 0.11。由此可见，相同的生态输水增量（0.30 亿 m³）对湿地生态影响情势明显不同。从湿地面积和 NDVI 增量来看，随着湿地分布范围不断扩大，修复单位面积湿地生态所需输水量不断增大，生态输水量修复效率逐渐降低。

3）不同情势下湿地生态需水量阈值

综合研究结果，维持石羊河流域下游区青土湖湿地现状规模的生态输水量（下泄补给水量）阈值为 0.45 亿 m³/a。在保障该生态输水量条件下，不仅保持地下水位埋深处于湿地"适宜生态水位"范围，同时，还具备维持青土湖湿地现状水域面积。当生态输水量不大于 0.11 亿 m³/a 时，年内枯水期青土湖湿地分布区地下水位埋深位于湿地"极限生态水位"之下，可能会出现植被明显退变情势。

考虑石羊河流域下游现状社会民生合理基本用水量下，不同水文年可供自然湿地生态输水量（年均应下泄补给水量）和情势：

（1）在枯水年，红崖山出库水量为 2.43 亿 m³/a，在满足民勤盆地社会民生用水量 3.54 亿 m³/a 需求下，可供给青土湖自然湿地的生态输水量为 0.19 亿 m³/a，难以维持现状青土湖水域面积，需要人工调水增大生态输水量，以控制该湿地生态"质变"及"灾变"风险。

（2）在平水年，红崖山出库水量为 2.69 亿 m³/a，在满足民勤盆地社会民生用水需求下，可供给青土湖自然湿地的生态输水量为 0.45 亿 m³/a，满足维持青土湖现状水域面积所需水量，有利于该湿地维持现状并"向好"修复。

（3）在丰水年，红崖山出库水量为 2.94 亿 m³/a，在满足民勤盆地社会民生用水需求下，可供给青土湖自然湿地的生态输水量为 0.70 亿 m³/a，大于维持青土湖现状水域面积所需的水量，有利扩大自然湿地水域面积和进一步修复湿地分布区地下水生态功能，促进提升该湿地自我调节和抵御遭遇连年枯水情势的能力，不建议将该增加水量用于非自然生态用水需求。

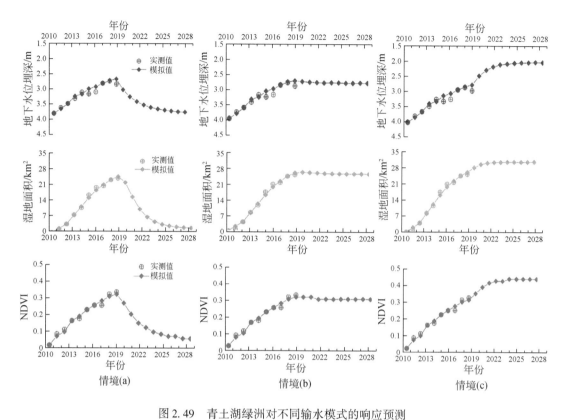

图 2.49　青土湖绿洲对不同输水模式的响应预测

情境（a）为终止输水；情境（b）为维持 0.30 亿 m³ 的输水量；情境（c）为输水量增至 0.60 亿 m³

（4）在青土湖自然湿地现状规模下，每扩大 1.0km² 水域面积，需要增加生态输水量 0.03 亿 m³ 以上。由此推算，由现状湿地水域面积的 26.7km² 恢复至建国初期的 70km²，至少需要增加生态输水量 1.53 亿 m³/a。

2.8　小　　结

（1）在西北内陆的石羊河流域，西南部以及中部湿地分布区生境质量较高，东北部生境质量较差。从生境质量演变特征来看，1995～2000 年生境质量指数小幅下降，2000 年以来该流域生境质量又呈波动上升趋势。在石羊河流域中、下游区，农田和建设用地面积较大，是生境质量威胁源的重要因子和该区生境质量下降的主要原因。

（2）在过去 50 多年中，石羊河流域中、下游区的人工绿洲面积年均增加 62.47km²，同期，天然绿洲面积年均减少 62.50km²。在 2000～2015 年，该流域各类土地增加面积占研究区总面积比率的大小依次为耕地＞建设用地＞草地＞未利用土地＞水域＞林地。其中，2000～2010 年湿地水域面积减少为 9.72km²，表征灌溉农田规模扩大用水挤占生态需水量的矛盾进一步加剧。

（3）在干旱缺水胁迫下，天然植被水分利用来源不同。在夏季，经过较长时间的没有生态输水，湿地水域面积萎缩至年内极小状态，地下水位埋深处于年内极大状态，包气带表层含水率处于年内极小情势，迫使植被向深层土壤吸用水分，甚至植被的吸水层位下延至地下水支持毛细水带内，来获取水分维持生长。进入秋季，开始人工生态输水，湿地水域面积和浅层土壤含水率开始增大，尽管潜水水位逐渐上升，但是该区植被又开始转为吸用浅层土壤水。

（4）在石羊河流域自然湿地分布区天然绿洲覆被空间配置中，不同覆被类型及组合在空间配置上的有序规则性增强，与地下水生态水位和生态功能明显修复有关。在近距离1000m 范围内，不同覆被类型空间配置的规则性较强；在中距离 1000～5000m 范围内，不同覆被类型空间配置的规则性较弱，而随机性占主导；在远距离大于 5000m 范围，不同覆被类型空间配置的随机性减弱，规则性随着距离增大而逐步增强，趋向主导作用。

（5）不同方法确定的西北内陆干旱区天然植被绿洲地下水生态位阈域之间存在一定差异，但均处于合理范围内。从平均值来看，适宜生态水位（埋深）为 2.9m，控制范围为 2.3～3.9m；极限生态水位（埋深）为 5.5m，控制范围为 4.0～7.2m。

第3章 干旱区地下水功能评价 与区划理论方法及应用

本章重点阐述干旱区地下水功能评价与区划理论方法基本理念、理论方法和研发基础，包括该理论方法适用条件、评价与区划原则和技术要求，诠释该理论方法构建、体系指标权重分解与置配、地下水功能评价与区划技术方法和所需资料处理方法，以及在甘肃石羊河流域和艾丁湖流域进行的地下水功能评价与区划结果和作用。

3.1 干旱区地下水功能理念与研发基础

在西北内陆区，地下水生态功能是地下水系统独特生态作用之一。西北内陆流域平原区地下水系统不仅具有资源功能，维持供给当地生活和生产用水功效，还具有维系自然湿地、天然植被绿洲、泉域景观和农田土地质量等生态功能。一旦地下水位埋深过大或过小，都会导致地下水生态功能退变，导致自然生态系统相应变化，包括自然湿地消失、天然植被绿洲退化、土地荒漠化或土壤盐渍化加剧。

西北内陆流域平原区地下水功能状态，与气候变化和水资源开发利用程度密切相关。该区地下水生态功能情势影响天然绿洲分布区生境质量，地下水资源状况是生态功能情势的重要影响因素。在天然状态下，西北内陆流域平原区地下水功能具有鲜明的区位特征，受气象、水文、地质构造、水文地质、水循环和地下水埋藏条件综合影响，不同区带的地下水主导（优势）功能各具特点。不同区带究竟是以资源功能为主导，还是以生态功能主导，它们是适宜作为规模开发利用水源地，还是需要严加保护自然生态分布区，亟需研发"干旱区地下水功能评价与区划理论方法"支撑。因为在西北内陆区实现地下水合理开发利用和生态有效保护，需要充分考虑地下水系统自然属性、社会属性和流域水循环演变规律，精准圈定地下水的资源功能主导区域和生态功能主导区域，最大限度地发挥地下水的资源、生态功能最佳综合功效。否则，地下水资源长期没能合理开发利用，必然引起地下水生态功能退变，引发天然绿洲生态退化危机。

3.1.1 干旱区地下水功能基本理念

（1）本书中"干旱区"的全称为干旱-半干旱区，是指干燥度大于1.50、年降水量小于400mm的西北内陆平原区。

（2）地下水功能（A）：指地下水的质和量及其在空间和时间上的变化对人类社会和环境所产生的作用或效应，主要包括地下水的资源供给功能、生态环境维持功能和地质环境稳定功能。

（3）地下水资源功能（B_1）：是"地下水的资源供给功能"简称，指具备一定的补给、储存和更新条件的地下水资源供给保障作用或效应，具有相对独立、稳定的补给源和水量的供给保障能力。

（4）地下水生态功能（B_2）：是"地下水的生态环境维持功能"简称，指地下水系统对天然植被或自然湖泊-湿地或土地质量良性维持的作用或效应，如果地下水位发生明显或显著变化，则生态环境出现响应的渐变、质变或灾变性的改变。

（5）地下水资源占有性：指天然地下水资源量占有状况，包括天然补给资源占有率和可开采资源占有率等指标。

（6）地下水资源更新性：指地下水资源补给可更新能力状况，包括地下水补给井采平衡率和地下水补给可采平衡率等指标。

（7）地下水资源调节性：指地下水位对降水、补给和开采自行均衡状况，包括地下水位变差补给比和地下水位变差开采比等指标。

（8）地下水资源可用性：指地下水资源可被合理开发利用能力，包括地下水可采资源模数和地下水资源开采程度等指标。

（9）地下水对自然湿地景观维持性：指地下水系统对自然湿地或湖泊环境维持的作用状况，包括湿地环境与地下水关联度和湖沼泉补与地下水关联度等指标。

（10）地下水对天然植被绿洲维持性：指地下水系统对天然植被系统生存和发展的作用状况，包括天然植被与地下水关联度和绿洲覆盖与地下水关联度等指标。

（11）地下水对农田土地质量维持性：指地下水系统对农田土地质量变化的作用状况，包括土地荒漠化与地下水关联度和土地盐渍化与地下水关联度等指标。

（12）地下水功能综合评价指数：是表征地下水功能状况的指标（$R_综$），$R_综 = \sum_{i=1}^{n} a_i x_i$，式中，$a_i$ 为考核指标权重；x_i 为考核指标参数；n 为考核指标个数。

（13）地下水优势功能：指地下水功能区划的各分区内最强的地下水某一功能，或是地下水资源功能，或是地下水生态功能，它源于支撑其能力的自然属性耦合的结果。

（14）地下水弱势功能：指地下水功能区划的各分区内最弱的地下水某一功能，或是地下水资源功能，或是地下水生态功能，它源于支撑其能力的自然属性耦合的结果。

（15）干旱区地下水功能区划：指依据西北内陆流域平原区浅层地下水的自然属性、社会属性及其与生态环境关联性，以及它们在区域分布上相似性和差异性，基于地下水功能评价结果的空间分布状况，按照确认的指标体系和标准进行地下水主导功能分区的行为，支撑评价区地下水合理开发与生态有效保护。

3.1.2　理论方法针对性

针对西北内陆流域平原区地下水超采治理、合理开发与生态保护亟需科学识别和确定哪些区域是地下水生态功能主导区域、哪些区域可以继续作为地下水资源供给或应急保障供给的主导区域，支撑如何分类、分区和分级精准管控的重大需求。基于西北内陆流域水循环过程、地下水与地表水之间频繁转化特点，以及干旱强烈蒸发条件下天然生态强烈依赖地下水生态功能的独特性，以确保西北内陆流域地下水超采治理、合理开发与生态有效保护的有序推进，以实现"生态保护与经济社会发展共赢"为宗旨，并深入考虑了如下 3个问题。

（1）驱动西北内陆流域下游区地下水系统功能变化的主要因子发生哪些重大变化。除了重点考虑地下水超采影响之外，还将出山地表径流水量在向中、下游输运途中被大量拦截–渠引农用等水文效应，以及下游区不同区带地下水位埋深变化对自然湿地、天然植被绿洲和农田区生态退变影响境况等要素指标进行识别考虑。

（2）西北内陆流域下游区自然湿地、天然植被绿洲等生态情势对地下水埋藏状况具有强烈依赖性，以及中、下游区地下水补给主要来自上游出山地表径流水源的独特性，以流域尺度为研究单元，根植中、下游区地下水系统的 4项资源属性和 3项生态属性。

（3）不同类型区地下水功能情势的分级评价及其与地下水埋藏状况之间的相关性，包括各类型分区地下水功能情势的分级识别和评价，确保了该理论方法具有针对性、实用性和广适性。

3.1.3　理论方法研发关键点

"干旱区地下水功能评价及区划理论方法"（记作 A_{drg} 方法）研发，突出了如下 3个关键点。

（1）重点考虑开采影响，出山地表径流水量在向中、下游输运途中人工渠引和拦截先用、转化为地下水和地下水转化为地表水等水文效应，以及中、下游区不同区带地下水位埋深变化对自然湿地、天然植被绿洲和农田区等生态退变影响程度与"渐变—质变—灾变"关系性，采用要素指标和属性指标形式根植入地下水功能评价与区划的指标体系中。由此，A_{drg} 方法具备了支持 1∶5 万或更大比例尺（精度）干旱区地下水功能评价与区划的功效。

（2）基于干旱区地下水功能属性的独特性，赋予了地下水功能评价指标的新内涵，高度重视在中、下游及其不同区带地下水位变化对自然湖泊湿地、天然植被绿洲、泉域景观和农田土地质量等生态"向好"、"正常"、"渐变"、"质变"和"灾变"影响的量化关系和阈值科学界定，突出了地下水的 4项资源属性、3项生态属性对地下水功能分级指标体系的合理支撑性专项研究和应用原位验证，包括增设了"自然湿地景观维持性"、"资源更新性"两项属性指标，以及新增"湿地环境与地下水关联度"、"湖泊泉补与地下水关联度"、"绿洲覆盖与地下水关联度"和"土地荒漠化与地下水关联度"等生态功能的要素指标，更符合西北内陆区地下水系统自然属性特征，以至 A_{drg} 方法更适宜西北内陆区地下水资源、生态功能客观评价与区划。

（3）A_{drg} 方法的不同类型分区地下水功能退变情势监测与预警指标体系，源自它们各自属性指标与地下水位埋深之间呈现的演进相关关系，即"向好"、"正常"、"渐变"、"质变"和"灾变"对应不同的地下水位埋深区间，与地下水功能评价的"强"、"较强"、"一般"、"较弱"和"弱"5 个分级相呼应，以至 A_{drg} 方法更具有针对性、实用性和广泛适用性。

3.1.4　理论方法研发基础

"干旱区地下水功能评价与区划理论方法"研发具有坚实的前期基础。2004～2009 年,根据中国地质调查局下达的"区域地下水功能评价与区划方法综合研究"专题,张光辉科研团队先后完成了"区域地下水功能及可持续利用性评价理论与方法"、"地下水功能评价体系属性层组成与意义"、"地下水功能评价指标选取依据与原则讨论"、"华北平原地下水的功能特征与功能评价"和"区域地下水功能可持续性评价理论与方法"等成果。2006 年 6 月,中国地质调查局印发了《地下水功能评价与区划技术要求》(GWI-D5, 2006 版),并在我国北方的华北平原、东北地区、山西六大盆地和西北地区广泛应用,覆盖面积达 77.4 万 km² 。但是,前期研发的"区域地下水功能评价与区划方法"(2006 版)是针对 1∶25 万比例尺区域水文地质普查需求,尚难以支撑或服务 1∶5 万或更高精度的需求,而且,它是面向我国北方的华北、东北和西北全区,缺乏基于西北内陆区干旱、天然水资源匮乏的针对性。

在上述科研积累基础上,尤其在"区域地下水功能及可持续利用性评价理论与方法"(水文地质工程地质,2006/04)基础上,开拓性研发出"适宜西北内陆区地下水功能区划的体系指标属性与应用"(水利学报,2020/07)、"干旱区地下水功能评价与区划体系指标权重解析"(农业工程学报,2020/22)和"西北干旱区地下水生态功能评价指标体系构建与应用"(地质学报,2021/05)等深化成果。

3.1.5　理论方法适用条件

"干旱区地下水功能评价与区划理论方法"主要适用于西北内陆各流域平原区,适宜流域尺度内对地下水功能区划要求较高的、地下水的地质环境功能不敏感地区。不适用跨流域、较大尺度的区域性地下水功能评价与区划。

3.2　干旱区地下水功能评价与区划理论方法

3.2.1　理论方法架构

"干旱区地下水功能评价与区划理论方法"的技术体系为"1A-2B-7C-14D"结构,如图 3.1 所示。

"1A"是干旱区地下水功能目标层(记作 A),"2B"为地下水的资源功能(B_1)和生态功能(B_2),它们支撑 A 目标层。"7C"为地下水资源功能的 4 项自然属性和生态功能的 3 项自然属性,它们分别支撑 B_1 和 B_2;其中地下水资源功能的 4 项自然属性分别为"资源占有性"(C_1)、"资源更新性"(C_2)、"资源调节性"(C_3)和"资源可用性"(C_4),地下水生态功能的 3 项自然属性分别为"自然湿地景观维持性"(C_5)、"天然植被绿洲维持性"（C_6）和"农田土地质量维持性"（C_7）。"14D"为支撑7项自然属性的14个要素指标，其中8个要素指标支撑地下水资源功能的4项自然属性，6个要素指标支撑地下水生态功能的3项自然属性。

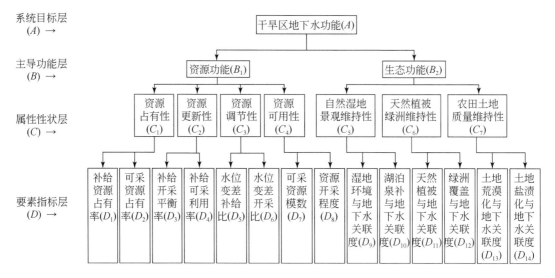

图 3.1　干旱区地下水功能评价指标体系架构

图中 *A*、*B*、*C* 和 *D* 为不同指标层符号；1、2、3、…为各指标的序号

3.2.2　原则与技术要求

1. 评价与区划原则

在西北内陆区，各主要流域的气候、水循环条件与过程、地下水系统赋存与时空分布规律，以及自然湿地和天然植被绿洲等生态对地下水（潜水）埋藏状况依赖关系等都具有相同或相似性，决定了那里的地下水功能在空间上分布具有相似的区带性和分区特征。因此，干旱区地下水功能评价与区划的基本原则如下：①尊重自然、顺应自然和保护自然，兼顾经济社会稳定发展共赢的新时代生态文明理念，充分考虑西北内陆区地下水功能的自然属性特征和承载能力；②立足于西北内陆流域平原区地下水自然属性和自然生态情势对其依赖规律，保护优先与合理适度开发并重；在保护生态时，也高度重视社会民生合理用水需求，避免自然生态保护规模过度，导致无法保障经济社会合理用水矛盾的大量涌现；③以流域尺度水循环和地下水系统水平衡为约束，以地下水资源占有性、更新性、调节性、可用性的属性状况和地下水开发利用程度，以及地下水维系自然湿地、天然植被绿洲和农田区等生态功能状况作为主要依据，充分考虑地下水超采现实影响，兼顾地表水环境功能分区；④自然生态修复、保护以必需且极小规模和有序推进为原则，在兼有多种功能区域实施优势功能合理利用与脆弱功能有力保护并重原则，尽可能实现多目标保护、多种功能互补的地下水综合功能效果最佳的目标。

2. 评价与区划技术要求

（1）地下水功能评价时，以客观数据为基础，由低到高逐级上推。其中地下水资源功能评价时，应采用近 3~5 年来地下水资源评价成果和地下水动态监测数据；地下水生态功能数据应采用植被 NDVI 和覆盖度、土地沙化程度和盐渍化程度等遥感解译数据，分辨率尽可能高。

（2）以地下水位埋深为基础数据，基于干旱区不同类型生态状况与地下水位埋深之间关系，建立地下水生态功能要素指标等级划分机制和标准。

（3）编制图件时，应在地下水资源功能和生态功能要素指标整理后，标准化数据和赋值权重，采用 ArcGIS 空间特征分析技术，编制地下水功能的 7 项属性层和 3 项功能层空间等值线分布图，相互验证和互为支撑。

（4）以初步编制的上述 10 项成果图为依据，通过现场核查和验证，确定评价与区划成果图的可靠性，针对发现的问题进行修正和完善。

（5）以地下水功能综合评价、资源功能和生态功能评价结果为基础，确认各指标的等值线成果图无误后，结合评价区地下水综合治理、土地利用规划和自然生态保护相关规划，进行地下水功能区划，在某一分区内的优势功能综合评价结果等级不应低于Ⅲ级，否则，不宜圈定该分区。

3. 指标体系构建要求

干旱区地下水功能评价与区划指标体系构建，需遵循以下要求：

（1）评价主体应是一个完整的流域尺度地下水循环系统，是由驱动因子、状态因子和响应因子群组成的"驱动–状态–响应"体系。"驱动因子"是指驱动地下水系统变化的影响因子，如降水量、地下水开采、生态输水等。"状态因子"是指描述地下水系统（或功能）状态的因子，如地下水位、地下水资源量、水质状况等。"响应因子"是指由于地下水系统（或功能）状态变化而引起水资源供给能力和环境等方面变化的因子，如水资源可采模数、自然湿地的扩张或萎缩、天然植被生长状况和土地荒漠化程度等。

（2）选取的评价指标应具有西北内陆区地下水或生态系统的代表性或典型性，易于该流域地下水功能评价与区划的指标体系构建。

（3）选取的指标可度量，可操作性强且灵活度高，能够用量化单因子或组合因子客观反映不同层级指标空间分布状况。

（4）由上到下，依次构建"1A-2B-7C-14D"结构体系隶层的评价指标体系，即由系统目标层→主导功能层→属性性状层→要素指标层依次构建。

4. 评价与区划主要流程

（1）明确评价范围和目的。首先，明确评价区域（范围），了解区域地下水系统特征，为建立研究区地下水系统评价指标体系奠定基础。然后，确定评价目的，指明具体要获得的成果，如是地下水资源功能或地下水生态功能任一目标的评价结果，还是（主导）功能综合评价结果。一般来说，区域地下水功能评价的类型为主导功能评价。

（2）建立统一的评价尺度与标准。适合的评价尺度和标准是地下水功能评价的基础。不同评价尺度，所需基础数据的精度和控制点差别较大，否则评价结果会出现较大偏差。地下水功能评价应根据客户提出的精度要求和评价区范围大小，选取适宜评价尺度和标准。评价区范围较大或比例尺过大，数据量少，成果精度差；评价区范围较小或比例尺过小，则处理数据工作量过大，且不宜阐明区域性问题。

（3）梳理和确定主要影响因素。影响和表征地下水资源功能、生态功能的因子众多，但起着主导作用或发挥重要作用的影响因子是有限的。由此，梳理和确定主要影响因素成为地下水功能评价的重要前期工作。应按照目标任务，对评价区地下水系统"驱动–状态–响应"三类因子进行调查、诊断、甄别和确认，将有限的主要因子遴选出来，为建立地下水功能评价指标体系奠定基础。

（4）构建评价区评价指标体系。针对西北内陆流域平原区地下水系统分区分带特征、补给–径流–排泄与埋藏条件和人类活动影响状况等因素，充分考虑评价区数据获取难易程度，进一步对遴选出的主要因子进行归类和整理，建立要素指标层（D 层）数据库。然后，甄别要素指标群的群组关系，分别组合成 7 个属性性状层（C 层）指标体系。最后，基于 7 项属性层指标的功能类别，构建主导功能层（B 层）指标体系，由此形成"1A-2B-7C-14D"结构的地下水功能评价指标体系。

（5）收集基础数据和预处理。地下水功能评价与区划最为基础又重要的工作，是基础数据收集和预处理，它决定地下水功能评价最终结果的质量。基础数据主要为地下水资源功能、生态功能两类数据，具体包括评价区不同单元分区长序列降水量、地下水补给资源量、可开采资源量、开采量和地下水位埋深等基础数据，或由这些数据绘制空间分布状况图件；遥感解译的各类型生态、湖泊（湿地）面积、土地盐渍化及沙化状况成果资料。按照要素指标类型，分别建立数据库，包括地理信息和控点坐标数据。

（6）评价分区及单元剖分。地下水功能评价中进行分区和单元剖分的目的，是统一资料整理的精度和方便后续评价指标计算过程。应利用 ArcGIS 平台进行评价区分区和单元剖分，以便于与其他系统数据库耦合。在分区时，应以地下水系统 II、III 级分区或灌区划分单元为分区基础。剖分单元是地下水功能评价的基本区，其面积的大小反映评价成果分辨率。由于 Landsat 遥感解译的分辨率 250m，所以，应采用 250m×250m 单元剖分作为最大的剖分单元面积。若上述数据分辨率为 30 ~ 50m，则应采用（30 ~ 50）m×（30 ~ 50）m 剖分单元作为基本区。

5. 基础资料数据要求

根据干旱区地下水功能评价与区划需要，主要涉及如下资料和数据。

（1）地下水资源功能方面：①工作底图，比例尺应不小于 1 : 5 万；②资料和数据的精度，应满足 4 级分区地下水资源评价要求；③尽可能采用近期完成的、源自于自然资源部或水利部水资源评价成果；④尽可能采用地下水资源评价成果图件资料或相关数据。

（2）地下水生态功能方面：①自然湿地、湖泊、天然植被绿洲、人工绿洲、河流和土地盐渍化或荒漠化状况等生态资料；②遥感解译精度适宜，有助于评价结果和区划成果精细化分区；③尽可能搜集近期调查相关数据，包括地下水生态水位、陆表生态和土壤盐渍化或土地荒漠化等相关成果数据；④通过地下水–生态–土壤综合调查，补充欠缺的数据，如天然植被生态与地下水关联度等数据。

3.2.3　理论方法构建

1. 体系指标权重分解与置配

"干旱区地下水功能评价与区划评价方法"体系的指标权重配置，采用层次分析与序列分析相结合的方法。首先，通过层次分析法，按隶属关系将体系中相互关联的各个要素分解为 3 个层次，并按照上一层的约束准则对其下属同一层次的各个要素进行两两判断比较，采用一组确定的数据表示指标之间的相对重要性（如 1 ~ 9）；然后，应用适宜的数学方法（见后续），求解各层次的各要素相对重要性权值，作为后续评价的基础。

采用序列分析法，根据这些定量数据排序的大小给出对应分数，然后基于这些分数确定合理权值。在图 3.1 和表 3.1 的体系中，4 个层次的任何相邻两层的高层是低层的约束准则层，即系统目标层（A 层）对主导功能层（B 层）、B 层对属性性状层（C 层）和 C 层对要素指标层（D 层），分别发挥准则约束作用，为其隶属的下一层指标状况评价提供判断相对重要性的准则要求。

2. 功能层指标权重置配

干旱区地下水主导功能层（B 层）有 2 项指标，分别地下水的资源功能（B_1）和生态功能（B_2），二者耦合决定地下水功能（A）状况。从流域尺度上看，地下水的资源功能和生态功能"权重"同等重要，它们只是在流域内不同区带上因功能优势或脆弱程度不同而存在较大差异。例如，在西北内陆流域山前平原，地下水的资源功能（B_1）强，而生态功能（B_2）较弱；在下游尾闾湖滞流区，地下水的生态功能（B_2）强，而资源功能（B_1）较弱。

地下水主导功能层的权重置配，取决于其隶属的属性指标"权重"支持。其中地下水资源功能"权重"由地下水的资源占有性、资源更新性、资源调节性和资源可用性等 4 项自然属性状况决定；地下水生态功能"权重"由地下水的"自然湿地景观维持性"、"天然植被绿洲维持性"和"农田土地质量维持性" 3 项属性指标状况决定。

地下水功能层指标权重置配的总体思路：应用综合指数法，分别求得不同评价单元地下水的资源功能指数（R_{B_1}）和生态功能指数（R_{B_2}），构成支撑判断评价单元地下水功能（综合评价，A 层目标）的"权重"基础数据。在同一评价单元，R_{B_1} 和 R_{B_2} 的大小直观反映地下水的资源功能和生态功能相对评价单元 A 层目标的重要程度，按表 3.2 要求赋值。

表 3.1　干旱区地下水功能评价与区划技术指标体系及内涵

系统目标层及代码	主导功能层及代码	属性性状层及代码	要素指标层	
			要素指标及代码	要素指标内涵
干旱区地下水功能（A）	资源功能（B_1）	资源占有性（C_1）	补给资源占有率（D_1）	评价分区地表水和地下侧向流入对浅层地下水天然补给资源模数与评价区全区平均补给资源模数的比率
			可采资源占有率（D_2）	评价分区浅层地下水可开采资源模数与评价区全区平均可开采资源模数的比率
		资源更新性（C_2）	补给开采平衡率（D_3）	评价分区近 5～12 年地表水和地下侧向流入对浅层地下水年均天然补给量与对应时段年均开采量的比率
			补给可采利用率（D_4）	评价分区近 5～12 年浅层地下水补给资源模数与可开采资源模数的比率
		资源调节性（C_3）	水位变差补给比（D_5）	评价分区近 5～12 年浅层地下水年均补给量与对应时段年均水位变差的比率
			水位变差开采比（D_6）	评价分区近 5～12 年浅层地下水年均开采量与对应时段年均水位变差的比率
		资源可用性（C_4）	可采资源模数（D_7）	评价分区近 5～12 年单位面积上年均浅层地下水可开采资源量
			资源开采程度（D_8）	评价分区近 5～12 年浅层地下水可开采资源量与对应时段平均实际开采量的比率
	生态功能（B_2）	自然湿地景观维持性（C_5）	湿地环境与地下水关联度（D_9）	评价分区湿地环境（面积）状况与同期浅层地下水位变化之间关联度
			湖沼泉补与地下水关联度（D_{10}）	评价分区湖沼环境（水深或面积）状况与同期浅层地下水通过泉水溢出补给状况的关联度
		天然植被绿洲维持性（C_6）	天然植被与地下水关联度（D_{11}）	评价分区的天然植被生长状况与同期浅层地下水位变化之间关联度
			绿洲覆盖与地下水关联度（D_{12}）	评价分区天然绿洲覆盖率状况与同期浅层地下水位变化之间关联度
		农田土地质量维持性（C_7）	土地荒漠化与地下水关联度（D_{13}）	评价分区土地荒漠化程度与同期浅层地下水位变化之间关联度
			土地盐渍化与地下水关联度（D_{14}）	评价分区的土地盐渍化状况与同期浅层地下水位变化之间关联度

表 3.2　干旱区地下水功能评价指标序列值赋值要求

归一化指标值（X）	权重赋值序列（标度*）	指标序列赋值的基本要求
$0 < X \leqslant 0.11$	1	① 两个指标之间比较，表明具有相同重要性，则赋值为 1 ② 两个指标之间比较，表明前者比后者稍重要，则赋值为 3 ③ 两个指标之间比较，表明前者比后者明显重要，则赋值为 5 ④ 两个指标之间比较，表明前者比后者强烈重要，则赋值为 7 ⑤ 两个指标之间比较，表明前者比后者极端重要，则赋值为 9 ⑥ 上述相邻判断的中间值，则赋值为 2、4、6 或 8
$0.11 < X \leqslant 0.22$	2	
$0.22 < X \leqslant 0.33$	3	
$0.33 < X \leqslant 0.44$	4	
$0.44 < X \leqslant 0.55$	5	
$0.55 < X \leqslant 0.66$	6	
$0.66 < X \leqslant 0.77$	7	
$0.77 < X \leqslant 0.88$	8	
$0.88 < X \leqslant 1.00$	9	

＊标度值越大，表明"权重"越高。

在地下水主导功能层指标的权重置配中，对于 A 层目标综合评价来讲，各项功能的指标权重值是评价单元的两项指标"权重"总值的分值，如表 3.3 所示。

表 3.3　干旱区地下水功能层指标权重解析（部分）举例

评价单元序号	资源功能指标			生态功能指标		
	R_{B_1}	权重赋值	权重	R_{B_2}	权重赋值	权重
6407	0.39	4	0.67	0.18	2	0.33
8284	0.62	7	0.58	0.42	5	0.42
37863	0.39	4	0.80	0.07	1	0.20
101887	0.18	2	0.18	0.81	9	0.82
112748	0.82	9	0.56	0.64	7	0.44

注：在石羊河流域应用，剖分单元共计 132895 组。

3. 属性层指标权重置配

1）地下水资源功能的属性指标权重

地下水资源功能的 C_1 至 C_4 属性指标分别为地下水的"资源占有性"、"资源更新性"、"资源调节性"和"资源可用性"，它们的"权重"判断主要依据分别为评价单元的入渗系数、渗透系数、给水度和开采系数，同时与它们隶属的 D 层要素指标"权值"的大小相关。地下水资源功能（B_1）作为 4 项资源属性指标的约束准则层，它与地下水的资源占有性、资源更新性、资源调节性和资源可用性之间分别呈正相关关系；这些资源属性越强，则地下水资源功能（B_1）越强。

地下水资源功能的 C_1 至 C_4 属性指标"权重"是依据表 3.2 要求赋值，由此分别确定评价单元（或分区）C_1 至 C_4 属性指标的权重。例如，在石羊河流域应用中，该属性层指标的权重置配涉及 43 个单元，包括中游区 24 个单元，编号为 W_{01} 至 W_{24}；下游区 19 个单元，编号为 M_{01} 至 M_{19}。对于每个评价单元，每项指标权重的数值是该单元 C_1 至 C_4 属性指标"权重"总值的分值，如表 3.4 所示。

表 3.4　干旱区地下水功能层的属性层指标权重解析（部分）举例

评价单元代码	资源占有性				资源更新性				资源调节性				资源可用性			
	入渗系数原始数据	归一化值	权重赋值	权重	渗透系数原始数据	归一化值	权重赋值	权重	给水度原始数据	归一化值	权重赋值	权重	开采系数原始数据	归一化值	权重赋值	权重
M_{01}	0.42	0.10	1	0.20	5.20	0.10	2	0.40	0.07	0.04	1	0.20	0.01	0.01	1	0.20
W_{18}	0.87	0.73	8	0.38	15.00	0.32	4	0.19	0.10	0.17	2	0.10	0.14	0.64	7	0.33
W_{20}	1.04	1.00	9	0.27	25.00	0.59	6	0.18	0.28	0.92	9	0.27	0.64	1.00	9	0.27
W_{23}	0.52	0.16	2	0.14	12.00	0.24	3	0.21	0.10	0.17	2	0.14	1.30	0.69	7	0.50

2）地下水生态功能的属性指标权重

地下水生态功能的 C_5 至 C_7 属性指标分别为地下水"自然湿地景观维持性"、"天然植被绿洲维持性"和"农田土地质量维持性"，它们反映不同类型生态情势与地下水埋藏条件之间关联状况，按表 3.2 要求赋值。地下水生态功能（B_2）是这 3 项属性指标的约束准则层，地下水对自然湿地景观维持性、天然植被绿洲维持性和对农田土地质量维持性越强，则评价区地下水生态功能（B_2）越强。对于每个评价单元或分区，每项指标权重的数值是该区全部指标权重总数值的分值，由此确定评价单元分区各项指标的权重。

4. 要素指标权重置配

14 项 D 层要素指标是"干旱区地下水功能评价与区划体系"的支撑基础，各项要素数据分别表达地下水功能的某一性状的实际状况。D 层要素指标状况的分级标准或权重，是这些指标分别反映地下水功能某一性状"向好"、"正常"、"渐变"、"质变"和"灾变"客观状态。由此，按照它们的重要性、关联性和系统性进行权重配置；然后，14 项 D 层要素指标分别标准归一化（0~1），再基于这些指标的原始数据大小序列，采用序列排序法计算各要素指标"权重"。

1）隶属地下水资源功能的 D_1 至 D_8 要素指标权重

采用评价区已有最新的地下水资源评价成果数据，以评价基准年监测和统测获得的数据作为基础。首先，按地下水资源评价分区，整理和建立相关数据，包括地下水天然资源量、地表水和地下侧向流入对浅层地下水天然补给量、开采资源量、近 5~12 年逐年及年均开采量、地下水位埋深及变化幅度和开采程度等。例如，在石羊河流域，按照 15 个评价分区进行 D_1 至 D_8 要素指标的基础数据收集、整理和建档；然后，遵循表 3.5 技术要求，进行各要素指标权重赋值（1~9），如表 3.6 所示。依据表 3.2 中"标度"分级理念，相对重要性越大，要素指标的"权重"序列赋值越高。在地下水资源功能的 8 项要素指标中，7 项要素指标为正相关，唯有"开采程度"对于相邻高一层指标（资源可用性）为负相关。

表 3.5　西北内陆区地下水功能评价指标的序列赋值指标体系

分解指标代码	n_1	n_2	n_3	n_4	n_5	n_6	n_7	n_8	n_9
要素指标归一化值	<0.1	0.1~0.2	0.2~0.3	0.3~0.4	0.4~0.5	0.5~0.6	0.6~0.7	0.7~0.8	≥0.8
权重赋值	1	2	3	4	5	6	7	8	9

表 3.6　干旱区地下水资源功能隶属的要素指标权重应用举例

评价分区		地下水资源功能隶属的要素指标权重解析实例											
		地下水的资源占有性						地下水的资源更新性					
		补给资源占有率			可采资源占有率			补给开采平衡率			补给可采利用率		
一级分区	二级分区	归一化值	权重赋值	权重	归一化值	权重赋值	权重	归一化值	权重赋值	权重	归一化值	权重赋值	权重
中游盆地	IR$_1$区	0.56	6	0.50	0.51	6	0.50	0.95	9	0.60	0.54	6	0.40
	IR$_3$区	1.00	9	0.50	1.00	9	0.50	0.56	6	0.40	0.82	9	0.60
	IR$_{11}$区	0.77	8	0.50	0.70	8	0.50	0.19	2	0.25	0.56	6	0.75
	HM$_1$区	0.09	1	0.50	0.01	1	0.50	0.01	1	0.50	0.01	1	0.50
下游盆地	IR$_7$区	0.50	6	0.55	0.44	5	0.45	0.46	5	0.45	0.54	6	0.55
	IR$_9$区	0.33	4	0.44	0.44	5	0.56	0.32	4	0.57	0.21	3	0.43
	HM$_2$区	0.09	1	0.50	0.01	1	0.50	0.01	1	0.50	0.01	1	0.50

2）隶属地下水生态功能的 D_9 至 D_{14} 要素指标权重

由于地下水生态功能隶属的要素指标与陆表生态状况之间密切相关，若采用水资源评价分区作为地下水生态功能（B_2）的要素指标状况评价基本单元，则存在空间分辨率过低问题，所以，D_9 至 D_{14} 要素指标"权重"赋值是基于 0.625km^2 精度（250m×250m）剖分单元，建立它们与地下水生态功能的 3 项自然属性之间关联度，进行"权重"序列值的赋值。地下水生态功能（B_2）要素指标的基础数据主要来源于长观监测、遥感监测和地质调查，其中遥感成果数据来源于 Landsat 监测。例如，在石羊河流域，地下水生态功能的要素指标有 6 项涉及自然环境、天然植被、土地盐渍化和土地荒漠化等生态情势，由此的权重赋值方法近似于地下水资源功能的要素指标权重赋值方法。

3.2.4　指标体系与技术方法

1. 地下水功能评价指标体系

干旱区地下水功能评价中包括系统目标（A）层、主导功能（B）层和属性性状（C）

层的3个层次评价技术指标体系,如表3.7所示。为了便于在"1A-2B-7C-14D"体系内有机耦合评价,3个层次评价技术指标体系都采用"强"、"较强"、"一般"、"较弱"和"弱"5个等级。基于表3.7的评价结果,它们组合特征与意义如表3.8所示。

表3.7 干旱区地下水功能评价的分级标准

系统目标(A)层综合评价分级标准				
状况分级	强	较强	一般	较弱	弱
$R_Z^{标}$值	≥0.8	0.6~0.8	0.4~0.6	0.2~0.4	<0.2

主导功能(B)层状况评价分级标准				
状况分级	强	较强	一般	较弱	弱
$R_{B_i}^{标}$值	≥0.84	0.84~0.67	0.67~0.34	0.34~0.17	<0.17

属性性状(C)层状况评价分级标准				
状况分级	强	较强	一般	较弱	弱
$R_{C_j}^{标}$值	≥0.8	0.6~0.8	0.4~0.6	0.2~0.4	<0.2
级别代码	I	II	III	IV	V
色标图例					

注:$R_Z^{标}$为A层(目标层)综合评价指数;$R_{B_i}^{标}$为B层(地下水资源功能或生态功能状况)评价指数,i为1或2;$R_{C_j}^{标}$为C层(地下水自然属性状况)评价指数,j为1~7。

表3.8 地下水功能综合评价结果的组合特征与意义

组合状态及等级			综合功能状态情势	地下水功能组合特征	利用前景
优势功能 R值≥0.67	辅助功能 R值为 0.67~0.34	弱势功能 R值 <0.34			
B_1	B_2	/	强	资源功能强,生态功能较弱	可规模开采,生态功能需要保护
	/	B_2	较强	资源功能强,生态功能弱	可规模开采,生态功能可弱化
B_2	B_1	/	强	生态功能强,资源功能较弱	可适度开采,需加强生态功能保护
	/	B_1	较强	生态功能强,资源功能弱	不宜开采,生态功能保护优先
/	$B_1=B_2$	/	一般	资源功能和生态功能都较弱	可适量开采,需加强生态功能保护
	B_1	B_2	一般或较弱	资源功能较弱,生态功能弱	可调节开采,生态功能可弱化
	B_2	B_1	一般或较弱	生态功能较弱,资源功能弱	不宜开采,重视生态功能保护
	/	$B_1=B_2$	弱	资源功能和生态功能都弱	不宜开采,需重视生态功能涵养

注:B_1表示资源功能;B_2表示生态功能;$B_1=B_2$示同级;"/"表示出现概率极小。

2. 地下水功能区划指标体系

干旱区地下水功能区划是在地下水功能评价成果的基础上,以地下水优势功能与脆弱功能为主导进行圈定范围, 达到地下水合理开发与生态有效保护的目的。干旱区地下水功能区划指标体系分为 2 级, 其中一级功能分区划分 3 种类型, 二级功能分区划分为 8 种亚类型, 如表 3.9 所示。

1）一级区划属性特征

在干旱区地下水功能"一级区划"中, 3 种区划分区类型分别是"地下水适宜开采区"、"地下水生态保护区"和"地下水资源–生态脆弱区", 它们的基本特征如下:

（1）地下水适宜开采区（记作"AB_1"类分区）, 它区划的属性指标是地下水功能综合指数（$R_Z^{标}$）≥0.6, 且同时满足地下水资源功能指数（$R_{B_1}^{标}$）为 0.67～1.0 和地下水生态功能指数（$R_{B_2}^{标}$）<0.34。即地下水的资源功能"较强"、生态功能"弱"（表 3.9）。圈定区域的地下水系统具有在自然条件下补给水源充足、稳定, 富水性和渗透性较强, 水质优良, 地下水规模开发利用对自然湿地或天然植被绿洲等生态保护影响微小或无关联。因此, 这类分区适宜作为集中供给水源地或战略应急备用水源地靶区。

（2）地下水生态功能保护区（记作"AB_2"类分区）, 它区划的属性指标是地下水的 $R_Z^{标}$≥0.6, 且同时满足地下水的 $R_{B_2}^{标}$ 为 0.67～1.0 和 $R_{B_1}^{标}$<0.34。即地下水的生态功能"较强"、资源功能"弱"（表 3.9）。圈定区域的陆表生态对地下水位埋深变化生态响应"敏感", 当地下水位持续、大幅下降, 且低于"生态水位"阈值深度条件下, 将导致当地自然湿地或天然植被绿洲等生态显著退化。因此, 这类分区地下水不宜开采, 应以地下水生态功能保护为主导。

（3）地下水资源–生态脆弱区（记作"AB_3"类分区）, 它区划的属性指标是地下水的 $R_Z^{标}$<0.6, 且同时满足地下水的 $R_{B_1}^{标}$<0.67 和 $R_{B_2}^{标}$<0.67, 即地下水的资源功能和生态功能"较弱"（表 3.9）, 都不具备主导功能潜力的区域。圈定区域的地下水系统在自然条件下具有一定水源补给能力, 但是, 地下水资源不具备规模化开采的承载能力, 同时, 该区陆表生态状况与地下水埋藏状况之间存在一定关联性, 易发生荒漠化或土壤盐渍化。

2）二级区划属性特征

A. AB_1 类的二级区划属性特征

该类二级区划分区是基于"地下水适宜开采区"的一级区划约束下, 根据地下水资源功能的资源占有性、资源调节性、资源更新性和资源可用性等自然属性状况, 进一步划分的不同类型亚区, 主要为 2 种类型, 分别为"适宜规模开采区"（记作 $AB_{1-规模}$）和"适宜限量开采区"（记作 $AB_{1-限量}$）。

"适宜规模开采区"（$AB_{1-规模}$）的属性指标特征: 资源占有性"强"（记作 C_1-I）、资源可用性"较强"（记作 C_4-II）; 或者资源占有性"较强"（记作 C_1-II）、资源可用性"强"（记作 C_4-I）。圈定区域的地下水具有较强的水源补给能力和可开发利用能力, 适宜作为城镇饮用水集中供水水源地。

"适宜限量开采区"（$AB_{1-限量}$）的属性指标特征: 资源更新性"强"（记作 C_2-I）、资源调节性"较强"（记作 C_3-II）; 或者资源更新性"较强"（记作 C_2-II）、资源调节性"强"（记作 C_3-I）。圈定区域的地下水具有较强的可更新能力和较强调节能力, 但不适宜大规模开采, 只能作为乡村饮水水源地的限量开采。

表 3.9　干旱区地下水功能区划依据及对策

一级功能区			二级功能区				
分区名称及代码	区划依据	色标图例	分区名称及代码	区划依据	色标图例	属性特征	对策
地下水适宜开采区（AB_1）	$R_Z^{标} \geqslant 0.6$；且 $0.67 \leqslant R_{B_2}^{标} \leqslant 1.0$，$R_{B_2}^{标} < 0.34$		适宜规模开采区（$AB_{1-规模}$）	C_1-I，C_4-II 或 C_1-II，C_4-I		资源占有性、资源可用性，具有较强的水源补给能力	可规模开采，适宜圈定水源地
			适宜限量开采区（$AB_{1-限量}$）	C_2-I，C_3-II 或 C_2-II，C_3-I		资源更新性、调节性强，具有较强的水资源调节能力	可适量开采，需强化补给条件优化
地下水生态功能保护区（AB_2）	$R_Z^{标} \geqslant 0.6$；且 $0.67 \leqslant R_{B_2}^{标} \leqslant 1.0$，$R_{B_1}^{标} < 0.34$		自然湿地保护区（$AB_{2-湿地}$）	C_5-I 或 C_5-II		湖泊湿地与地下水埋藏状况关联性强，具有较强的生态功能	不宜开采地下水，需加强源源补给保障
			泉水水源保护区（$AB_{2-泉源}$）	C_5-I 或 C_5-II		泉水溢出数量与地下水埋藏状况关联性强，具有资源-生态景观双重功能	不宜规模开采地下水，需加强泉水水源敏感区域地下水资源和环境保护
			天然植被保护区（$AB_{2-天植}$）	C_6-I 或 C_6-II		植被生态对地下水位埋深具有较强的依赖性，具有较强生态功能	不宜规模开采地下水，需优先保障天然植被被生态自然保护区用水
			耕地质量保护区（$AB_{2-耕地}$）	C_7-I 或 C_7-II		基本农田区耕地质量状况与地下水位埋深深关联性较强，具有较强生态功能	需合理调控潜水位埋深，严控土壤盐渍化或荒漠化加剧，确保土地质量安全
地下水资源-生态脆弱区（AB_3）	$R_Z^{标} > 0.6$，且 $R_{B_2}^{标} < 0.67$，$R_{B_1}^{标} > 0.67$		控制开采区（$AB_{3-控采}$）	C_1-III，C_4-III		资源占有性、资源可用性一般，但具有一定的水源补给能力	可调节性开采，主要服务短期应急保障供水
			禁止开采区（$AB_{3-禁采}$）	C_1-IV，C_4-V		资源占有性、资源可用性弱，生态环境较敏感	不宜开采地下水，需专注生态能保护和生态水源保障

注：表中 $R_Z^{标}$ 为 A 层（目标层）综合指数，$R_{B_1}^{标}$ 为地下水资源功能指数和 $R_{B_2}^{标}$ 为地下水生态功能指数；C_i 为地下水属性状况指标，其中 C_1 为地下水资源占有性、C_2 为资源占有性、C_3 为资源调节性、C_4 为资源可用性、C_5 为自然湿地景观维持性、C_6 为天然植被绿洲维持性和 C_7 为农田土地质量维持性；I，II，…，V 为地下水属性状况等级，意义同表 3.7。

B. AB_2 类的二级区划属性特征

该类二级区划分区是基于"地下水生态功能保护区"的一级区划约束下，根据陆表不同类型生态与地下水埋藏状况之间相关性，主要包括自然湿地、天然植被、泉水水源和耕地质量（盐渍化或荒漠化）状况，划分为"自然湿地保护区"（记作 $AB_{2-湿地}$）、"泉水水源保护区"（记作 $AB_{2-泉源}$）、"天然植被保护区"（记作 $AB_{2-天植}$）和"耕地质量保护区"（记作 $AB_{2-耕地}$）。

"自然湿地保护区"（$AB_{2-湿地}$）的属性指标特征：自然湖泊-湿地生态状况与地下水埋藏状况关联性"强"或"较强"（记作 C_5-I 或 C_5-II），地下水生态功能"强"。圈定区域的地下水以生态功能为主导，地下水对湿地水域面积及湿地植被生态具有较强的维系作用，属于地下水不宜开采区域。

"泉水水源保护区"（$AB_{2-泉源}$）的属性指标特征：泉水溢出数量或质量与地下水埋藏状况关联性"强"，地下水生态功能"强"或"较强"（记作 C_5-I 或 C_5-II）。圈定区域的地下水位埋深状况对泉水溢出数量及景观质量具有较强的维系作用。

"天然植被保护区"（$AB_{2-天植}$）的属性指标特征：非自然湿地分布区的天然植被绿洲对地下水位埋深具有较强的依赖性，地下水生态功能"强"或"较强"（记作 C_6-I 或 C_6-II）。圈定区域的地下水以生态功能为主导，地下水位大幅下降将导致陆表天然植被生态显著退化，甚至出现荒漠化景观。这类保护区主要位于自然湿地外围区域的荒漠化区，以及人工绿洲与沙漠之间过渡带，主要植被群落包括梭梭、白刺、柠条和柽柳等，属于地下水不宜开采区域。

"耕地质量保护区"（$AB_{2-耕地}$）的属性指标特征：该类型区主要分布在自然湿地保护区周边、细土平原农田区下游带和荒漠边缘带，耕地质量（农田生态）对地下水位埋深具有较强的依赖性，地下水生态功能"强"或"较强"（记作 C_7-I 或 C_7-II）。圈定区域的地下水以生态功能为主导，地下水位大幅上升会导致土壤盐渍化加剧，地下水位大幅下降会导致土地荒漠化。因此，该类型区属于地下水"水位-水量"双控区，当土壤盐渍化加剧时，需调蓄开采地下水，控降水位埋深；当土地荒漠化时，需要严禁地下水开采，确保基本农田土地质量安全。

C. AB_3 类的二级区划属性特征

该类二级区划分区是基于"地下水资源-生态脆弱区"的一级区划约束下，根据地下水资源的占有性、可用性和生态关联性等属性状况，划分为地下水"控制开采区"（记作 $AB_{3-控采}$）和"禁止开采区"（记作 $AB_{3-禁采}$）。

"控制开采区"（$AB_{3-控采}$）的属性指标特征：地下水资源功能的资源占有性和资源可用性都"一般"（记作 C_1-III、C_4-III），地下水生态功能也"一般"。圈定区域的地下水具有一定的水源补给能力和可调节性，属于控制性开采区，应为战略性短期应急保障性供水，开采时段不应大于 2 个月。

"禁止开采区"（$AB_{3-禁采}$）的属性指标特征，地下水资源功能的资源占有性"较弱"（记作 C_1-IV）和资源可用性"弱"（记作 C_4-V），地下水生态功能"较弱"，自然生态脆弱。该类型分区属于易荒漠化及沙漠化区域，地下水不宜开采，需专注生态功能保护。

3. 地下水功能评价与区划技术方法

1) 地下水功能评价技术方法

首要工作是根据干旱区地下水功能评价原则，确定地下水的资源功能（B_1）与生态功能（B_2）的组合群拟实现的总目标及其与各层（B、C 和 D 层）指标之间权值关系。通过层次分析法，将问题层次化，按隶属关系将体系中相互关联的各个要素分解为若干层次；然后，根据问题性质和预期总目标，将其分解为不同组要素指标，并按照要素之间相关影响和隶属关系，构建一个多层次指标聚集组合的结构体系。在此基础上，以 1~9 的标度对上述指标之间相对重要性进行量化（表 3.2）。最后，求解体系中各层指标状况的综合指数，并基于这些指数评价地下水功能或属性状况等级。

A. 地下水功能各项指标权重确定方法

采用序列综合法，确定各层各项指标的权重。具体步骤如下：第 1 步，明确各项指标的物理意义，统一度量单位之后，进行各项指标值大小的排序。第 2 步，根据排序结果，参考层次分析法标度分级（表 3.2），给定序列值（又称"权重赋值"，记作"N_i"），并列表。第 3 步，计算每个评价指标的所有序列值之和（$\sum[N_i]$），然后，利用式（3.1）求解每个评价指标与 $\sum[N_i]$ 的比值，于是得到第 i 个评价指标的"相对权重"（Z_i）：

$$Z_i = \frac{N_i}{N_1 + N_2 + \cdots + N_i} \tag{3.1}$$

第 4 步，利用式（3.2）进行"相对权重"归一化，得到第 i 个评价指标的"绝对权重"（Z_k）：

$$Z_k = \frac{Z_i}{Z_1 + Z_2 + \cdots + Z_i} \tag{3.2}$$

式中，N_i 为第 i 个评价指标的序列值（权重赋值）；Z_i 为相对权重；Z_k 为绝对权重。

在干旱区地下水功能评价过程中，D 层要素指标相对属性性状（C）层权重的确定是最为重要和最为基础工作，需要基于它们相对隶属的属性指标［如资源占有性（C_1）等］关联性和重要性程度而确定。

在地下水要素指标相对 C 层的权重确定中，首先对 D 层 14 项要素指标的原始数据进行标准归一化（0~1.0）处理；然后，基于表 3.2 技术要求，分别对各要素指标进行序列赋值（权重赋值）。需要注意，无论采用何种归一化方法，归一化后的数据应具有良好的延展性，而不是局限于 0.2~0.5 或 0.6~0.9 范围。本书采用"修正极值标准化方法"，进行 D 层 14 项要素指标的权重赋值；最后，分别采用式（3.1）和式（3.2）确定各要素指标相对 C 层相应属性约束的"相对权重"和"绝对权重"，如表 3.4 所示。

B. 地下水功能评价中属性指标综合指数确定方法

地下水功能中 7 项自然属性性状（C 层）的评价综合指数（R_C），采用综合指数方法［式（3.3）］确定。综合指数法可以将多项不同指标转化为可度量的指数，包括基于 7 项属性指标的干旱区地下水功能分级量化评价和基于 14 项要素指标的地下水各自然属性状况分级量化评价。

在干旱区地下水功能的自然属性状况评价中，需要将 14 项要素指标的权重赋值进行归一化，然后，确定它们相对 C_1 至 C_7 属性的绝对权重。从表 3.1 已知，干旱区地下水功能评价中的每一项自然属性状况都分别由 2 个要素指标作为基础支撑。根据已经获得的权重赋值和确定的绝对权重（α_{D_i}），应用式（3.3），分别计算 7 项地下水自然属性的综合指数值（R_C）。

$$R_C = \sum_{i=1}^{n} \alpha_{D_i} D_i \tag{3.3}$$

式中，α_{D_i} 为 D 层第 i 个要素指标的权重；D_i 为 D 层第 i 要素指标的标准归一化值；n 为要素指标的个数。

干旱区地下水功能评价中所必需的 7 项自然属性的综合指数值，计算公式分别为

$$R_{C_1} = \alpha_{D_1} D_1 + \alpha_{D_2} D_2 \tag{3.4}$$
$$R_{C_2} = \alpha_{D_3} D_3 + \alpha_{D_4} D_4 \tag{3.5}$$
$$R_{C_3} = \alpha_{D_5} D_5 + \alpha_{D_6} D_6 \tag{3.6}$$
$$R_{C_4} = \alpha_{D_7} D_7 + \alpha_{D_8} D_8 \tag{3.7}$$
$$R_{C_5} = \alpha_{D_9} D_9 + \alpha_{D_{10}} D_{10} \tag{3.8}$$
$$R_{C_6} = \alpha_{D_{11}} D_{11} + \alpha_{D_{12}} D_{12} \tag{3.9}$$
$$R_{C_7} = \alpha_{D_{13}} D_{13} + \alpha_{D_{14}} D_{14} \tag{3.10}$$

式中，R_{C_1} 至 R_{C_4} 分别为地下水资源功能中的"资源占有性"、"资源更新性"、"资源调节性"和"资源可用性"的综合指数；R_{C_5} 至 R_{C_7} 分别为地下水生态功能中的"自然湿地景观维持性"、"天然植被绿洲维持性"和"农田土地质量维持性"的综合指数；α_{D_1} 至 $\alpha_{D_{14}}$ 分别为 7 个属性隶属的要素指标权重；D_1 至 D_{14} 分别为 7 个属性隶属的要素指标的归一化值。

C. 地下水功能综合指数确定方法

干旱区地下水主导功能（B 层）状况的评价综合指数（R_B）确定，类同于地下水自然属性的 R_C 计算方法——综合指数方法应用过程。首先，进行 7 项自然属性指标的权重（序列）赋值，并确定它们对应功能层的权重（α_{B_i}），如表 3.6 所示。然后，分别应用式（3.11）和式（3.12），计算地下水资源功能和生态功能的综合指数（R_{B_1} 和 R_{B_2}）。

$$R_{B_1} = \alpha_{B_1} R_{C_1} + \alpha_{B_2} R_{C_2} + \alpha_{B_3} R_{C_3} + \alpha_{B_4} R_{C_4} \tag{3.11}$$
$$R_{B_2} = \alpha_{B_5} R_{C_5} + \alpha_{B_6} R_{C_6} + \alpha_{B_7} R_{C_7} \tag{3.12}$$

式中，α_{B_1} 至 α_{B_4} 分别为地下水资源功能隶属的 4 项自然属性的权重；R_{C_1} 至 R_{C_4} 分别为 4 项地下水资源功能隶属的 4 项自然属性的综合指数；α_{B_5} 至 α_{B_7} 分别为地下水生态功能隶属的 3 项自然属性的权重；R_{C_5} 至 R_{C_7} 分别为地下水生态功能隶属的 3 项自然属性的综合指数。

在干旱区地下水功能（A 层）综合评价中，其综合指数（R_Z）取决于各评价单元内地下水资源功能和生态功能状况。首先，分别进行 R_{B_1}、R_{B_2} 归一化；然后，根据归一化的 R_{B_1}、R_{B_2} 值和表 3.2，进行各评价单元地下水资源功能、生态功能的权重（序列）赋值（表 3.3）；最后，分别采用序列综合法的式（3.1）和式（3.2），确定它们的权重。在同一单元的 R_{B_1}、R_{B_2} 的"绝对权重"大小，是反映地下水的资源功能或生态功能相对该单元

A 层目标约束的重要程度，二者之和为 $0 \sim 1.0$，由式（3.13）计算获得。根据不同时期各流域地下水开发利用与生态保护对策，需要适时完善式（3.13）中 α_{Z_1}、α_{Z_2}，确保相应时期地下水合理开发与生态保护政策的贯彻性。

$$R_Z(j) = \alpha_{Z_1} R_{B_1}(j) + \alpha_{Z_2} R_{B_2}(j) \qquad (3.13)$$

式中，$R_Z(j)$ 为评价区第 j 单元地下水功能（A 层）状况综合评价的指数，它反映该评价单元地下水功能总体状况；α_{Z_1}、$R_{B_1}(j)$ 分别为第 j 单元地下水资源功能的综合指数和相对 A 层目标约束的权重；α_{Z_2}、$R_{B_2}(j)$ 分别为第 j 单元地下水生态功能的综合指数和相对 A 层目标约束的权重。

2）地下水自然属性和功能状况分级评价方法

在求得评价区各单元的 C、B、A 层一系列"综合指数"基础上，首先应用式（3.14）进行上述"综合指数"的标准归一化处理，确保评价区所有单元的 C、B、A 层一系列"综合指数"值为 $0 \sim 1.0$，以便于根据 C、B、A 层对应的分级评价指标体系进行分级评价。

$$R_Z^{标}(j) = \frac{R_Z(j)}{R_Z(\max)} \qquad (3.14)$$

式中，$R_Z^{标}(j)$ 为第 j 评价单元 A 层标准化后的"综合指数"值；$R_Z(j)$ 为第 j 评价单元 A 层标准化前的"综合指数"值；$R_Z(\max)$ 为评价区全部评价单元中相应指标层"综合指数"系列内的最大值，且 $0 < R_Z(\max) < 1.0$，但 $R_Z(\max) \neq 1.0$。

同理，应用式（3.14），获得第 j 评价单元 C、B 层各项评价指标进行标准化后的"综合指数"值，包括地下水资源功能和生态功能的标准化后"综合指数"值 $R_{B_1}^{标}(j)$ 和 $R_{B_2}^{标}(j)$，以及地下水功能隶属的 7 项自然属性的标准化后"综合指数"值 $R_{C_1}^{标}(j)$、$R_{C_2}^{标}(j)$、$R_{C_3}^{标}(j)$、$R_{C_4}^{标}(j)$、$R_{C_5}^{标}(j)$、$R_{C_6}^{标}(j)$ 和 $R_{C_7}^{标}(j)$。

然后，依据表 3.7 中的评价标准，分别确定评价区各个单元的 7 项自然属性、2 个地下水功能和 1 个综合评价的结果［记作"$I_{jg}(j)$"］。在此基础上，分别将这些确定的 $I_{jg}(j)$ 数据置入已建立评价单元空间坐标属性的数据库中，作为编制相应图件和 C、B、A 层各指标状况空间分布特征解析的基础数据。

最后，应用 ArcGIS 软件的空间特征分析功能，按表 3.7 中的图例要求，完成如下工作：第 1 步，基于评价区 $R_{B_1}^{标}(j)$，以及 $R_{C_1}^{标}(j)$ 至 $R_{C_4}^{标}(j)$ 的 5 个系列 $I_{jg}(j)$ 数据，绘制评价区地下水资源功能及隶属的资源占有性、资源更新性、资源调节性和资源可用性状况图系，用于分析评价区范围内哪里地下水适宜开采和哪里不适宜继续开采。第 2 步，基于评价区 $R_{B_2}^{标}(j)$，以及 $R_{C_5}^{标}(j)$ 至 $R_{C_7}^{标}(j)$ 的 4 个系列 $I_{jg}(j)$ 数据，绘制评价区地下水生态功能及隶属的自然湿地景观维持性、天然植被绿洲维持性和农田土地质量维持性状况图系，用于确定评价区范围内哪里地下水生态功能敏感、哪里亟需加强生态保护和地下水生态功能修复措施。第 3 步，基于评价区 $R_Z^{标}(j)$ 系列 $I_{jg}(j)$ 数据，绘制地下水功能状况综合评价结果分布图，用于地下水功能区划，指导识别和确定评价区地下水优势功能区、脆弱功能区和重点保护区范围，以便于为评价区地下水超采治理、合理开发与生态保护的精准管控提供关键科技支撑。

3）地下水功能区划技术方法

通过"干旱区地下水功能评价方法"应用，获得 0.06km²（250m×250m）精度的评价区地下水功能状况综合评价等级分布图，以及隶属的地下水资源功能和生态功能状况等级分布图，由此，该区具备了地下水功能区划的前提条件。以在西北内陆石羊河流域应用为例，通过应用"干旱区地下水功能评价方法"获得了《石羊河流域中下游区地下水功能状况综合评价等级分布图》、《石羊河流域中下游区地下水资源功能状况评价等级分布图》、《石羊河流域中下游区地下水生态功能状况评价等级分布图》和 7 项（幅）自然属性状况评价等级分布图，这些图分别反映了石羊河流域中游区武威盆地和下游区民勤盆地地下水的资源功能、生态功能状况和地下水对自然湿地景观环境维持性、天然植被绿洲维持性和对土地质量环境维持性状况，清晰表征了哪里地下水适宜开采、哪里不适宜继续开采、哪里地下水生态功能敏感和亟需加强生态保护。

干旱区地下水功能区划是在 250m×250m 剖分单元体系上完成，区划精度为 0.06km²。

A. 地下水功能一级区划方法

基于地下水功能综合评价结果，结合地下水资源功能、生态功能和 7 项自然属性的 $I_{jg}(j)$ 评价结果数据，进行地下水功能一级区划。按照表 3.9 要求，圈定出"地下水适宜开采区"（AB_1）、"地下水生态功能保护区"（AB_2）和"地下水资源-生态脆弱区"（AB_3），即将 $R_Z^{标} \geq 0.6$ 且 $0.67 \leq R_{B_1}^{标} \leq 1.0$ 和 $R_{B_2}^{标} < 0.34$ 区域，圈定为"AB_1 区"；将 $R_Z^{标} \geq 0.6$ 且 $0.67 \leq R_{B_2}^{标} \leq 1.0$ 和 $R_{B_1}^{标} < 0.34$ 区域，圈定为"AB_2 区"；将 $R_Z^{标} < 0.6$ 且 $R_{B_1}^{标} < 0.67$ 和 $R_{B_2}^{标} < 0.67$ 区域，圈定为"AB_3 区"。

B. 地下水功能二级区划方法

在地下水功能一级区划基础上，进行地下水二级功能区划。在地下水资源功能的优势（即 $R_{B_1}^{标} \geq 0.67$）区域内，依据地下水资源占有性、资源更新性、资源调节性和资源可用性的评价等级，进行 AB_1 类二级功能区划，圈定"适宜规模开采区"（$AB_{1-规模}$）和"适宜限量开采区"（$AB_{1-适量}$）。按照表 3.9 中的二级功能区划的标准：①将符合"C_1-Ⅰ、C_4-Ⅱ"或"C_1-Ⅱ、C_4-Ⅰ"条件的区域，圈定为 $AB_{1-规模}$ 区，该区地下水具有较强的水源补给能力和较大的可开发利用潜力；②将符合"C_2-Ⅰ、C_3-Ⅱ"或"C_2-Ⅱ、C_3-Ⅰ"条件的区域，圈定为 $AB_{1-适量}$ 区，该区地下水具有较强的可更新能力和较强调节能力。

在地下水生态功能的优势（即 $R_{B_2}^{标} \geq 0.67$）区域内，依据地下水对景观环境维持性、对植被环境维持性和对土地环境维持性的评价等级，进行 AB_2 类二级功能区划，圈定"自然湿地保护区"（$AB_{2-湿地}$）、"泉水水源保护区"（$AB_{2-泉源}$）、"天然植被保护区"（$AB_{2-天植}$）和"农田耕地保护区"（$AB_{2-耕地}$）。按照表 3.9 中的二级功能区划的标准：①将符合 C_5-Ⅰ 或 C_5-Ⅱ 条件的区域，圈定为 $AB_{2-湿地}$ 区或 $AB_{2-泉源}$ 区，该区自然湿地生态状况与地下水埋藏状况关联性强或较强，或是泉水溢出状况与地下水埋藏状况关联性强，宜以地下水生态功能为主导；②将符合 C_6-Ⅰ 或 C_6-Ⅱ 条件的区域，圈定为 $AB_{2-天植}$ 区，该区天然植被绿洲生态对地下水位埋深具有较强的依赖性，包括旱区梭梭、白刺、柠条和怪柳等植被，主要位于自然湿地外围区域的荒漠化区和人工绿洲与沙漠之间过渡带，宜以地下水生态功能为主导；③将符合 C_7-Ⅰ 或 C_7-Ⅱ 条件的区域，圈定为 $AB_{2-耕地}$ 区，主要是指分布在自然湿地分布区周边的基本农田所在范围，该区耕地质量对地下水位埋深具有较强的依赖性，需合理调控地下水位埋深，严控土壤盐渍化程度加剧。

在地下水资源功能、生态功能都较弱的（即 $R_{B_1}^{标}$ 和 $R_{B_2}^{标}$ <0.67）区域内，依据地下水功能的 7 项自然属性状况评价等级，进行 AB_3 类二级功能区划，圈定地下水"控制开采区"（$AB_{3-控采}$）和"禁止开采区"（$AB_{3-禁采}$）。按照表 3.9 中的二级功能区划的标准：①将符合 C_1-III 或 C_4-III 条件的区域，圈定为 $AB_{3-控采}$ 区，该区地下水资源占有性和资源可用性都"一般"，只能短期应急保障性开采供水；②将符合 C_1-IV 或 C_4-V 条件的区域，圈定为 $AB_{3-禁采}$ 区，该区地下水资源占有性较差和资源可用性差，地下水不宜开采，而需专注生态功能保护。

在完成上述各项地下水功能区划基础上，需要开展实地效验和完善地下水功能区划结果的工作，确保地下水功能区划成果的客观性和可靠性。实地效验工作的重点，是核查地下水功能区划的分界、重要保护区的划分范围是否客观。在开展野外实地效验之前，需设计"效验"控制性"路线"、重点"控点"和相应功能及属性性状情势效验靶区。在实地效验中，务必将 7 幅地下水功能的自然属性状况评价成果图携带现场，以便于针对性指导验证。

在区划成果实地效验和室内进一步完善基础上，参考当地主管部门的技术要求，最终完成该流域地下水功能区划成果图的勘误、完善和定稿，编制《×××流域地下水功能区划及应用说明书》和《×××流域地下水合理开发与生态保护建议报告》。

3.2.5　地下水功能分级分区评价指标体系

1. 干旱区地下水生态功能评价指标体系

在西北内陆流域平原区，地下水功能系统是由驱动因子群、状态因子群和响应因子群组成的"驱动–状态–响应"体系，其中地下水生态功能的表征因子为响应因子群，那里的地下水埋藏状况变化所引起的地表生态效应主要表现为自然湿地萎缩、天然植被退化或消亡、土地荒漠化和土壤盐渍化等，包括湖泊湿地面积、天然植被覆盖度、泉溢出流量、土地沙化和土壤盐渍化程度等指标变化。总体来看，地下水位埋深变化对自然生态退变的影响与地下水超采治理之间关系更为密切。因此，在干旱区地下水功能指标体系构建中，侧重了地下水的水位位埋深变化影响程度识别及其分级机制研究。

从上述已知，西北内陆流域平原区地下水生态功能评价指标体系 4 个层次的 "1A-2B-7C-14D" 结构技术体系（图 3.1）中地下水生态功能的自然属性是由 6 项要素指标状况集合而构成，它们分别从不同侧面反映评价区地下水生态功能的某一属性现实情势，即"自然湿地景观维持性"（C_5）、"天然植被绿洲维持性"（C_6）和"农田土地质量维持性"（C_7）。支撑地下水生态功能的属性指标分别为"湿地环境与地下水关联度"（D_9）、"湖沼泉补与地下水关联度"（D_{10}）、"天然植被与地下水关联度"（D_{11}）、"绿洲覆盖与地下水关联度"（D_{12}）、"土地荒漠化与地下水关联度"（D_{13}）和"土地盐渍化与地下水关联度"（D_{14}），它们的内涵如表 3.1 所示。

2. 干旱区地下水生态功能评价指标等级划分机制

在干旱区地下水生态功能评价中，不同层级或同一层级的各指标状况因为它们与地下水生态功能之间互动关系各不相同，以致它们的评价等级划分方法也不同。

1）地下水对自然湿地景观维持性要素指标等级划分

"自然湿地景观维持性"（C_5）由"湿地环境与地下水关联度"（D_9）和"湖沼泉补与地下水关联度"（D_{10}）构成。在西北内陆平原区，湖泊湿地和泉水溢出带分别分布于流域（盆地）下游的尾闾区和中游的细土平原前缘带。例如，黑河流域的居延海、石羊河流域的青土湖，以及张掖盆地、武威盆地的泉水溢出带生态景观等。尾闾湖区水源主要来自中、上游区地表径流下泄的补给，对于湿地湖泊区地下水生态水位具有制约性影响（王金哲等，2020a，2021）。当地表径流下泄水量丰沛时，湿地区地下水位上升，地下水埋藏深度减小，由此自然湿地的水域面积扩大；当地表径流下泄水量偏枯或长时间断流时，湿地区地下水位大幅下降，地下水埋藏深度增大，由此自然湿地的水域面积萎缩或消亡。例如，石羊河流域下游的青土湖自然湿地，其水域面积与地下水（潜水）水位埋深之间关系如图 3.2（a）所示。当湿地水域边界处监测点地下水位埋深大于 3.7m 时，湿地的水域趋于消失；当湿地水域边界处监测点地下水位埋深小于 2.0m 时，湿地的水域面积超过 55km²。泉水溢出带生态景观维持性的分级机制是同理，潜水水位上升，地下水埋藏深度减小，则泉水溢出水流量增大，泉水溢出带生态景观生境质量变好；反之，潜水水位大幅下降，地下水埋藏深度增大，则泉水溢出带生态景观生境质量变差。例如，石羊河流域中游区山前平原的泉水溢出带，其泉水流量与地下水（潜水）水位埋深之间关系如图 3.2（b）所示。当监控点地下水位埋深大于 2.4m 时，泉水流量小于 1.2m³/d；当监控点水位埋深小于 2.4m 时，泉水流量大于 2.0m³/d。

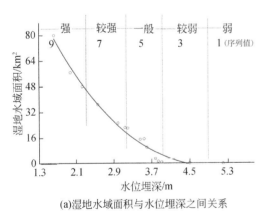

(a)湿地水域面积与水位埋深之间关系

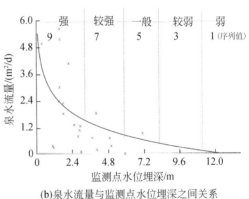

(b)泉水流量与监测点水位埋深之间关系

图 3.2　石羊河流域自然湿地面积和泉水流量与地下水位埋深之间相关关系

基于上述互动机制，在西北内陆平原区地下水生态功能评价时，由"湿地环境与地下水关联度"（D_9）和"湖沼泉补与地下水关联度"（D_{10}）等评价结果划分为"强"、"较强"、"一般"、"较弱"和"弱"5 级，奠定了相关评价指标体系构建的科技基础。

2）地下水对天然植被绿洲维持性要素指标等级划分

"天然植被绿洲维持性"（C_6）由"天然植被与地下水关联度"（D_{11}）和"绿洲覆盖与地下水关联度"（D_{12}）构成。天然植被与地下水关联度和绿洲覆盖度与地下水关联度，分别表示天然植被生长状况和植被覆盖状况对地下水位埋深变化的响应情势，其中天然植被生长状况采用生态 NDVI 表达。在西北内陆平原区，天然植被生长状况及其覆盖率都与地下水位埋深变化之间密切相关。例如，在石羊河流域下游区，天然植被生长状况、绿洲覆盖与地下水位埋深之间关系，如图 3.3 所示，呈现出明显的分级特征。从图 3.3 可见，当地下水位埋深为 1.0 ~ 3.2m 时，则该区生态 NDVI 和植被覆盖度都明显增大，它们与水位埋深之间呈正相关关系。在地下水"适宜生态水位"深度范围，随着水位埋深增大，则生态 NDVI 和植被覆盖度明显增大（图 3.3 中粉色的线段）。当地下水位埋深大于"适宜生态水位"（3.2m）之后时，则生态 NDVI 和植被覆盖度都随着水位埋深增大而显著减小（图 3.3 中深绿色的线段），它们与地下水位埋深之间呈负相关。当水位埋深为 5.3 ~ 7.4m 时，则生态 NDVI 和植被覆盖度仍然呈较大幅度减小（图 3.3 中浅绿色的线段），表明地下水位埋深处于"极限生态水位"，地表生长的甘草、矮干芦苇等部分植被物种出现枯萎死亡现象。当水位埋深为 7.4 ~ 10.2m 时，则生态 NDVI 和植被覆盖度呈小幅减小（图 3.3 中橙色的线段），地表的骆驼刺、胡杨、沙枣和红柳等呈现区域性不良生长状态。当水位埋深大于 10.3m 时，则生态 NDVI 和植被覆盖度与地下水位埋深之间相关性消失（图 3.3 中红色的线段），表明 10.3m 深度是该区天然植被生态群落"生态水位"的下限深度。

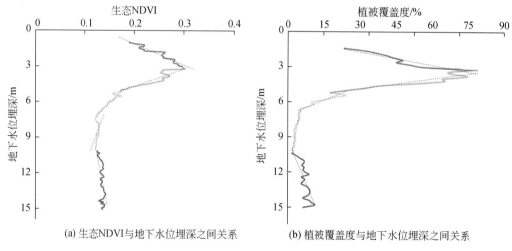

(a) 生态NDVI与地下水位埋深之间关系　　　(b) 植被覆盖度与地下水位埋深之间关系

图 3.3　石羊河流域下游区生态 NDVI 和植被覆盖度与地下水位埋深之间关系

基于上述互动机制，在西北内陆平原区地下水生态功能评价时，由"天然植被与地下水关联度"（D_{11}）和"绿洲覆盖与地下水关联度"（D_{12}）等评价结果，划分为"强"、"较强"、"一般"、"较弱"和"弱"5 级，如表 3.10 所示，奠定相关评价指标体系构建的科技基础。

表 3.10　干旱区天然植被状况与地下水位埋深之间关联度的分级

地下水位埋深分级/m	1 ~ 3	3 ~ 5	5 ~ 7	7 ~ 10	≥10
天然植被与地下水关联度	强	较强	一般	较弱	弱
绿洲覆盖与地下水关联度	强	较强	一般	较弱	弱

3）地下水对农田土地质量维持性要素指标等级划分

"农田土地质量维持性"（C_7）由"土地荒漠化与地下水关联度"（D_{13}）和"土地盐渍化与地下水关联度"（D_{14}）构成。由于这两项指标彼此为逆向关系，所以，分别介绍它们等级划分机制和结果。

（1）土地荒漠化与地下水关联度（D_{13}）：采用土地沙化程度与地下水位埋深之间关系进行表达。在西北内陆流域中、下游区，非荒漠化分布区集中出现在地下水位埋深小于4m区域，轻度荒漠化地带集中出现在水位埋深为 4 ~ 6m 区域，中度荒漠化地带集中出现在水位埋深为 7 ~ 10m 区域，重度荒漠化地带集中出现在水位埋深 10 ~ 14m 区域和极重度荒漠化地带集中出现在水位埋深大于11m区域（表 3.11）。

基于上述互动机制，在西北内陆平原区地下水生态功能评价时，"土地荒漠化与地下水关联度"（D_{13}）的评价等级划分为 5 级，分别为"强"、"较强"、"一般"、"较弱"和"弱"，对应"非荒漠化"、"轻度荒漠化"、"中度荒漠化"、"重度荒漠化"和"极重度荒漠化"（表 3.11）。

表 3.11　西北内陆流域下游区土地荒漠化与地下水位埋深之间关系

地下水位埋深/m	不同荒漠化程度的占比/%				
	非荒漠化	轻度荒漠化	中度荒漠化	重度荒漠化	极重度荒漠化
<1	0.3	2.5	0.2	0.4	0.4
1 ~ 2	6.3				
2 ~ 3	13.3	3.7			
3 ~ 4	9.2	4.6	1.1		
4 ~ 5	6.3	10.0	2.6		
5 ~ 6	5.5	11.2	6.0		
6 ~ 7	3.9	4.3	4.2	1.1	
7 ~ 8	3.4	4.0	12.4	1.6	2.2
8 ~ 9	4.1	4.3	7.4	0.7	4.2
9 ~ 10	4.9	5.2	9.1	0.9	5.0
10 ~ 11	6.0	5.1	3.8	8.2	7.4
11 ~ 12	3.8	4.4	6.0	31.0	12.5
12 ~ 13	3.5	4.3	5.5	12.5	13.5
13 ~ 14	3.6	5.2	7.3	13.8	11.8
14 ~ 15	3.4	5.6	6.4	7.9	11.0

续表

地下水位埋深 /m	不同荒漠化程度的占比/%				
	非荒漠化	轻度荒漠化	中度荒漠化	重度荒漠化	极重度荒漠化
≥15	4.7	5.6	6.1	3.6	9.3
阈值水位埋深/m	<4.0	4~6	6~8	8~11	≥11
荒漠化与地下水之间关联度	弱	较弱	一般	较强	强
属性指标生态情势	向好	正常	渐变	质变	灾变

资料来源：王金哲等，2021。

（2）土地盐渍化与地下水关联度："土地盐渍化与地下水关联度"（D_{14}）分级是基于图3.4的机制和土壤盐渍化程度的5级分类指标，划分为5级，如表3.12所示。

表3.12　西北内陆平原区土地盐渍化与地下水位埋深之间关联度的分级及依据

地下水位埋深/m	≥4.5	3.5~4.5	2.5~3.5	1.5~2.5	<1.5
表层土壤盐渍化程度	非盐渍化	轻度盐渍化	中度盐渍化	强度盐渍化	盐土级盐渍化
表层土壤含盐量/%	<0.4	0.4~0.8	0.8~1.2	1.2~2.0	≥2.0
土地盐渍化与地下水之间关联度	弱	较弱	一般	较强	强
属性指标生态情势	向好	正常	渐变	质变	灾变

注：表层土壤层是指0~30cm深度土层。

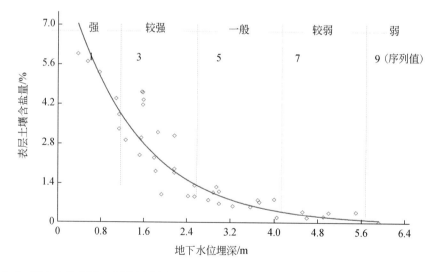

图3.4　西北内陆流域中下游区表层（0~30cm深度）土壤含盐量与地下水位埋深之间关系

"非盐渍化"土壤的易溶盐含量<0.4%，"轻度盐渍化"土壤的易溶盐含量为0.4%~0.8%，"中度盐渍化"土壤的易溶盐含量为0.8%~1.2%，"强度盐渍化"土壤的易溶盐含量为1.2%~2.0%和"盐土级盐渍化"土壤的易溶盐含量>2.0%。当地下水位埋深大于4.5m时，土壤不会发生盐渍化，处于"非盐渍化"（土壤中易溶盐含量<0.4%）状态；

当水位埋深小于 1.5m 时，土壤会发生"盐土级盐渍化"（土壤中易溶盐含量>2.0%）；当地下水位埋深为 1.5~2.5m 时，土壤可能会发生"强度盐渍化"（土壤中易溶盐含量为 1.2%~2.0%）；当水位埋深为 2.5~3.5m 时，土壤可能会发生"中度盐渍化"（土壤中易溶盐含量为 0.8%~1.2%）；当地下水位埋深为 3.5~4.5m 时，土壤可能会发生"轻度盐渍化"（土壤中易溶盐含量 0.4%~0.8%）。

3.2.6　资料处理技术方法

干旱区地下水功能评价与区划中所需要的水文地质、气象、生态、地下水埋深和水资源量等有不同类型大量的数据，由于资料来源、成果表达方式不同，这些资料被用于地下水功能评价时，需要进行前期处理，包括评价前数据整理、归一化处理、底图数据库准备和支撑评价工作的技术平台中数据试用与检验等。

根据干旱区地下水功能评价要素层指标的内涵，考虑其表征数据空间分布特征，地下水功能评价基础数据可分为三类：第一类为可按评价分区整理的数据，如地下水资源功能评价所需数据；第二类为不受评价分区限制的数据，如地下水生态功能评价所需基础数据；第三类为地下水位埋深数据，为灵活设置数据，既可以按评价分区整理，又可以按剖分单元整理。

1. 地下水资源功能评价所需基础数据来源与处理方法

1）地下水资源功能评价所需基础数据来源

干旱区地下水资源功能基础数据，包括近 5~12 年评价区地下水补给资源量、地下水可开采资源量、地下水实际开采量与开采程度、地下水位埋深数据，主要来源于评价区地下水资源评价成果、地下水量均衡结果和地下水超采状况评价等相关的成果报告。这类报告进行地下水资源的均衡分析时，通常会根据地貌、水文地质等条件划分计算单元，每个计算单元都有地下水资源评价时涉及的参数和评价结果，如计算单元的补给项，包括降水入渗补给量、地下水侧向补给量、河道渗漏补给量、灌溉水回渗补给量；排泄项，包括潜水蒸发量、河流排泄量、侧向流出量和地下水开采量等，应根据需要分类进行整理。

地下水系统的二、三级分区，或为不同灌溉区，可作为地下水资源功能指标数据整理的评价分区，具体选择应根据评价区地下水资源评价情况而确定。地下水位埋深数据的整理，应考虑西北内陆区地下水生态功能评价指标研究时段的选取，多为植被生长旺盛的 6~8 月，需要与地下水生态功能评价时段保持一致性。

2）地下水资源功能评价基础数据处理方法

在地下水功能评价过程中，应采取由 D 层到 A 层序列分析的次序。首先，整理和处理要素指标层（D 层）数据，按表 3.13 模式处理，M_1、M_2、…、M_n 为评价分区（计算单元）。然后，根据地下水功能评价指标体系的各指标内涵，按表 3.14 进行进一步归类和整理。在表 3.13 和表 3.14 基础上，整理出各分区（计算单元）地下水资源功能要素指标的原始量化数据（表 3.15），并利用式（3.1）进行标准化处理，进而获得地下水资源功能评价的"执行计算过程数据库"。

表 3.13　地下水资源功能基础数据整理表

评价分区	分区面积 /km²	近5~12年 地下水补给资源量 /万 m³	近3~5年 地下水开采量 /万 m³	近5~12年 地下水可开采量/万 m³	近3~5年地下 水开采程度 /%	近3~5年地下 水位变差 /m
M_1						
M_2						
M_3						
M_4						
M_5						
...	...	...	...	...	...	...
M_n						
全区平均						

表 3.14　地下水资源功能要素指标过程数据

评价分区	近5~12年地下 水补给资源模数 / (万 m³/a)	近3~5年地下 水开采模数 / (万 m³/a)	近5~12年 开采资源模数 / (万 m³/a)	近3~5年地下 水开采程度 /%	近3~5年地下 水位变差 /m	近5~12年地下 水补给资源模数 / (万 m³/a)
M_1						
M_2						
M_3						
M_4						
M_5						
...	...	...	...	...	...	...
M_n						
全区平均						

表 3.15　地下水资源功能评价所需要素指标原始量化数据

评价 分区	地下水补给 资源占有率 /%	地下水可开 采资源占有 率/%	地下水补给 开采平衡率 /%	地下水补给 可采利用率 /%	地下水位 变差补给比	地下水位 变差开采比	地下水可采 资源模数 / (万 m³/a)	地下水资源 开采程度 /%
M_1								
M_2								
M_3								
M_4								
M_5								
...	...	...	...	...	...	...	...	...
M_n								

3）地下水资源功能评价基础数据要素指标属性表建立

不同评价分区的地下水资源功能要素指标数据不同，需借助于 ArcGIS 技术平台创建各分区面文件，并对各分区赋值和要素指标数据标准化处理，建立各分区对应的属性表。然后，根据要素指标的评价等级和等级划分标准，编辑要素指标的属性，设置指标标准化的量化数据对应等级，完成相关信息输入属性表。由此完善的评价分区属性表奠定了地下水资源功能要素及上层属性层、功能层指标评价基础，同时也建立了要素指标的空间属性库。

2. 地下水生态功能评价所需基础数据来源与处理方法

1）地下水生态功能基础数据来源

干旱区地下水生态功能基础数据，包括评价区不同生态类型表征因子（表 3.16）和相应区域地下水位埋深数据。在上述基础数据整理时，地下水位埋深数据应根据不同生态类型区对应关系进行选取。例如，天然植被与地下水关联度、土地盐渍化与地下水关联度，它们的地下水位埋深数据分别受限于天然植被区和农田区。

表 3.16　地下水生态功能要素指标原始数据类型与来源

要素指标	指标内涵	数据类型	数据来源
湿地环境与地下水关联度	是指评价分区湿地环境（面积）状况与同期浅层地下水位变化之间关联度	湿地面积	遥感解译
湖泊泉补与地下水关联度	是指评价分区湖沼环境（水深或面积）状况与同期浅层地下水通过泉水溢出补给状况的关联度	湖沼面积或泉流量	遥感解译或监测
天然植被与地下水关联度	是指评价分区的天然植被生长状况与同期浅层地下水位变化之间关联度	植被 NDVI	遥感解译
绿洲覆盖与地下水关联度	是指评价分区天然绿洲覆盖率状况与同期浅层地下水位变化之间关联度	植被覆盖度	遥感解译
土地荒漠化与地下水关联度	是指评价分区土地荒漠化程度与同期浅层地下水位变化之间关联度	植被 NDVI、植被覆盖度或土壤沙化程度	遥感解译
土地盐渍化与地下水关联度	是指评价分区的土地盐渍化状况与同期浅层地下水位变化之间关联度	土壤全盐量或土壤盐渍化程度	监测或遥感解译

地下水生态功能要素指标的表达方式为近评价区地下水生态类型指标与地下水关联度数据，具体为湿地环境与地下水关联度、湖泊泉补与地下水关联度、天然植被与地下水关联度、绿洲覆盖与地下水关联度、土地荒漠化与地下水关联度和土地盐渍化与地下水关联度，它们所需数据如表 3.16 所示。在选取上述数据时，应侧重近 3 ~ 5 年来每年 7 ~ 8 月相关数据。如果目前地下水位埋深较大，应用时间换空间的原理，获取评价区不同生态类型要素指标与地下水位埋深之间相关性，并依据它们相关程度，确定 I、II、III、IV 和 V

级等级。

2）地下水生态功能评价所需基础数据处理方法

地下水生态功能要素指标为生态类型因子与地下水位埋深之间关联度强弱的表达，多为定性数据。为满足地下水生态功能评价的自下而上定量识别的需要，应将定性数据转换为定量数据。

根据各指标划分等级，转换时直接赋予［0，1］之间的数值，并考虑统一评价体系对不同指标的比较和计算要求，按Ⅰ、Ⅱ、Ⅲ、Ⅳ和Ⅴ级由强到弱的数据等级直接量化赋值，赋值分别为 0.9、0.7、0.5、0.3 和 0.1。

3）地下水生态功能评价基础数据要素指标属性表建立

地下水生态功能的要素指标原始数据来源于遥感解译，栅格单元大小决定数据精确度，因此，应根据遥感解译的资源数据精度，建立地下水生态功能的要素指标部分单元大小。利用 ArcGIS 技术平台的属性-符合系统-类别功能，针对不同部分单元所对应的生态指标量化赋值情况，依据它们的指标评价等级和划分标准，编辑各要素指标属性，形成各评价分区对应的属性表，形成地下水生态功能的要素指标空间属性库，并为逐级上推属性层和功能层评价奠定基础。

3. 数据标准化

数据标准化方法如式（3.1）所示。该方法是将一列数据的最小值和最大值作为［0，1］的界限值，然后通过式（3.1）转换，使该列所有数据转变成［0，1］内数据，并保持原有的位置和相对大小等级特征。

需注意的是，采用式（3.1）对变量数据标准化处理，数据序列中最小值标准化会出现"0"值问题。为避免"0"值出现对后续上一级指标评价结果的极端影响，应调整最小值"0"值为 0.01。因此，所有变量标准化后都收敛到［1.0，0.01］，由此数据分布合理、有序，不会出现数据堆积和偏态现象。这种线性变换，不会导致评价指标的变形影响，从而保证信息不失真，为上一级属性层提供合理又真实的信息。

采用极值标准化方法处理指标数据，当出现具体指标个别问题时，应注意灵活调整。例如，地下水资源功能方面的要素指标，可分为人类活动区域指标和非人类活动区域（如荒漠化区）。荒漠化区地下水开采量极小，甚至趋近于零或为零，因此，涉及荒漠化区地下水开采量数据的指标与人类活动集中区域的同类指标，一旦被放置同一数据系列分析时，就会出现异常不合理情况，这时需要进一步区分"无人荒漠区"、"有牧民或零散农田的荒漠区"等，否则，会整体上降低灌区单元的标准化值，不合理地延展灌区和荒漠化区分散空间。以表 3.17 中石羊河流域"补采平衡率"指标数据为例说明：首先将指标"补采平衡率"分荒漠化区和灌区两列数据分别考虑处理，荒漠化区由于地下水开采量极小，所以"补采平衡率"数值相对所有灌区分区的数值存较大的差值，从标准化值区间［0.01，1.0］考虑，可直接赋值 1.0，人为划定最高等级；其次，对灌区分区的数据进行标准化处理，考虑区间［0.01，0.80］，按正常修正极值标准化处理方法进行数据处理。最终，两方面数据放置在一起，构成指标"补采平衡率"的标准化数据，备用于上层属性指标分析。

表 3.17　西北内陆流域地下水功能评价"补采平衡率"指标标准化异常处理举例

灌区	补采平衡率原始数据/%	补采平衡率标准化值
AE 灌区	3.46	0.58
BN 灌区	2.55	0.42
VB 灌区	2.46	0.41
XV 灌区	4.79	0.80
FR 灌区	2.75	0.46
JF 灌区	0.19	0.03
QY 灌区	0.22	0.03
YC 灌区	0.17	0.03
HH 灌区	0.18	0.03
QH 灌区	0.18	0.03
BS 灌区	0.16	0.02
HW 灌区	0.08	0.01
QS 灌区	0.16	0.02
西荒漠化区	—	1.00
东荒漠化区	—	1.00

3.3　石羊河流域地下水功能评价与区划

3.3.1　地下水功能评价与区划基础概况

石羊河流域中游区为走廊平原，下游区为民勤盆地及青土湖湿地分布区。"干旱区地下水功能评价与区划理论方法"在该流域应用的区域是中下游平原区，包括中游区武威盆地和下游区民勤盆地，评价区面积为 8170km^2，没有涉及下游荒漠区。

在石羊河流域，地下水功能评价与区划范围涉及 13 个灌区和 2 个荒漠绿洲区。在地下水资源功能评价中，采用地下水系统的入渗系数、渗透系数、给水度和开采系数等作为确定各评价单元的地下水"资源占有性"、"资源更新性""资源调节性"和"资源可用性"等自然属性状况评价的初始分区依据，其中中游区划分为 24 个评价分区，下游区划分为 19 个分区。在地下水生态功能评价中，采用石羊河流域自然资源（地质）和水务（水利）部门地下水动态长观数据，以及核工业航测遥感中心解译的近 5 年以来逐月有关自然湿地、天然植被绿洲、土地盐渍化与荒漠化等 Landsat 遥感数据，还有项目组于 2017～2021 年野外原位调查和监测数据；采用 0.06km^2 精度（250m×250m）剖分单元作为地下水生态功能评价的基本单元，共计 13.29 万个单元。

在地下水功能综合评价与区划中，首先，将地下水资源功能评价的成果分解为250m×250m单元数据，与地下水生态功能评价单元的空间坐标体系完全一致；然后，建立13.29万个评价单元的地下水功能评价与区划数据库，包括地下水资源功能、生态功能和7个自然属性状况的标准归一化序列数据、绝对权重值、单元坐标和属性数据等。由此，具备了进行全区地下水功能综合评价与区划的前提条件。然后，依据表3.2、表3.7和式（3.1）~式（3.14），分别进行2项地下水功能、7项自然属性状况等级评价，以及A层目标约束下地下水功能综合评价。最后，依据表3.9和地下水资源功能、生态功能评价和A层状况综合评价结果，进行石羊河流域地下水功能区划和绘编该流域地下水功能区划成果图。

3.3.2 地下水功能评价与区划

1. 数据来源及可靠性

干旱区地下水功能评价与区划理论方法在石羊河流示范应用的区域，为该流域中游武威盆地和下游民勤盆地的平原区，包括黄羊灌区、杂木灌区、金塔灌区、清源灌区、西营灌区、永昌灌区、金羊灌区、东大河灌区、环河灌区、坝区灌区、泉山灌区和湖区灌区，需要的资料数据主要有这些灌区面积、灌溉类型、灌溉用水量、地下水开采量、地下水开采程度、地下水补给量和可开采资源量，以及地下水位埋深数据，本次侧重2000年以来获得的上述资料。在水文地质参数分区和数据方面，选用了降水入渗系数、渗透系数和给水度等。地下水位动态数据源自地下水长观资料，为专用监测孔的规范监测和统测数据。

在地下水生态功评价方面，采用了石羊河流域土地利用类型分布图、土地覆被类型分布图、植被NDVI分布图、植被覆盖度分布图、土壤盐渍化程度分布图和土地沙化程度分布图的基础数据，以及核工业航测遥感中心解译的有关生态环境数据，以2000~2019年Landsat数据为基础，以及项目组在2017~2021年开展自然生态-土壤-地下水之间互动关系的调查、监测和研究成果资料。

2. 地下水功能自然属性性状评价结果

1）地下水资源占有性特征

石羊河流域平原区地下水资源占有性"强"的区域主要分布于祁连山前地带的东大河灌区、西营灌区和金塔灌区，以及金塔河、杂木河和洪水河流经区域的杂木灌区、永昌灌区和金羊灌区，面积为1679km²，占评价区面积的20.6%。祁连山山区出山地表径流水量对山前带灌区地下水系统具有较强补给作用，以至这些灌区的地下水补给资源占有率评价指数为0.74~1.0，地下水可采资源占有率评价指数为0.72~1.0，如表3.18和图3.5所示。地下水资源占有性"较强"区域主要分布于武威盆地的清河灌区和环河灌区，面积为640km²，占评价区面积的7.8%；该区为浅层地下水系统径流带，区内地表水对地下水具有较强补给，清河灌区和环河灌区的地下水补给资源占有率评价指数分别为0.77和1.0，地下水可采资源占有率评价指数分别为0.70和0.47。

表 3.18 石羊河流域平原区地下水资源功能的自然属性性状评价结果

等级	地下水资源占有性		地下水资源更新性		地下水资源调节性		地下水资源可用性	
	面积/km²	占比/%	面积/km²	占比/%	面积/km²	占比/%	面积/km²	占比/%
强	1679	20.6	1048	12.8	966	11.8	1116	13.7
较强	640	7.8	590	7.2	1491	18.2	1137	13.9
一般	2377	29.1	2348	28.7	2240	27.4	688	8.4
较弱	555	6.8	1266	15.5	2196	26.9	2310	28.3
弱	2919	35.7	2918	35.7	1277	15.6	2919	35.7

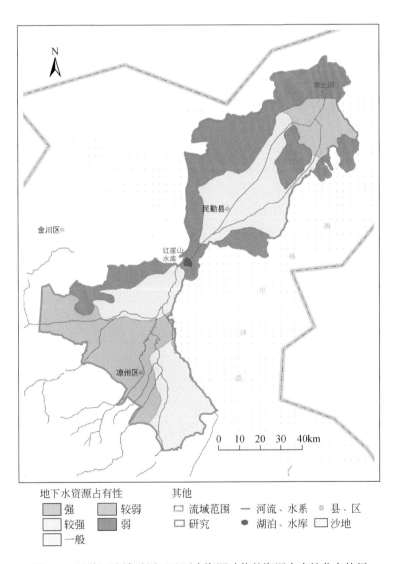

图 3.5 石羊河流域平原区地下水资源功能的资源占有性分布特征

中游武威盆地东南部的清源灌区和黄羊灌区，以及民勤盆地的泉山灌区和坝区灌区的地下水资源占有性"一般"，分布面积为2377km²，占评价区面积的29.1%，该区地下水补给资源占有率评价指数为0.33~0.71，地下水资源占有率评价指数为0.38~0.51。民勤盆地北部及条带状分布评价区西部的荒漠化地带，地下水资源占有性"较弱"或"弱"，分布面积为3474km²，占评价区面积的42.5%；该区地下水补给资源占有率评价指数为0.02~0.16，地下水可采资源占有率评价指数为0.05~0.44。

2）地下水资源更新性特征

石羊河流域平原区地下水资源更新性"强"的区域主要分布于祁连山前地带的西营灌区、金塔灌区和黄羊灌区，分布面积为1048km²，占评价区面积的12.8%；山前平原地处出山河流对地下水系统补给径流区，地下水水力梯度大、地下径流较快，更新能力强，该区地下水补给开采平衡率评价指数为0.95~1.0，地下水补给可采利用率评价指数为0.82~1.0，如表3.18和图3.6所示。地下水资源更新性"较强"区域主要分布于武威盆地的东大河灌区和杂木灌区，面积为590km²，占评价区面积的7.2%；该区同样享有出山河流补给作用，地下水更新条件较好，地下水补给开采平衡率和补给可采利用率评价指数分别为0.56~0.73和0.50~0.82。武威盆地中部及东部的清源灌区、金羊灌区、永昌灌区、清河灌区和环河灌区，以及民勤盆地的坝区灌区，地下水资源更新性"一般"，分布面积为2348km²，占评价区面积的28.7%；该区地下水补给开采平衡率评价指数为0.16~0.46，地下水补给可采利用率评价指数为0.54~1.0。武威盆地和民勤盆地西部，以及民勤盆地东南和中部局部地区，地下水资源更新性"较弱"或"弱"，分布面积为4184km²，占评价区面积的51.2%；该区地下水补给开采平衡率评价指数为0.05~0.45，地下水补给可采利用率评价指数为0.05~0.21。

3）地下水资源调节性特征

石羊河流域平原区地下水资源调节性"强"的区域主要分布于祁连山前地带的西营灌区和金塔灌区，分布面积为966km²，占评价区面积的11.8%；该区含水层厚度超过100m，由碎石和卵砾石组成，由此地下水资源调节能力强，地下水位变差补给比的评价指数为0.81~0.94，地下水位变差开采比的评价指数为0.88~1.0，如表3.18和图3.7所示。地下水资源调节性"较强"区域主要分布于武威盆地的东大河灌区、杂木灌区、黄羊灌区、清源灌区和金羊灌区，分布面积为1491km²，占评价区面积的18.2%；该区地处山前地带和盆地中部，含水层岩性颗粒渐细，调节能力弱于前述"强"区，地下水位变差补给比的评价指数为0.65~0.99，地下水位变差开采比的评价指数为0.49~0.65。武威盆地中下游的永昌灌区、清河灌区和环河灌区，以及民勤盆地上中游的坝区灌区和泉水灌区，地下水资源调节性"一般"，分布面积为2240km²，占评价区面积的27.4%，地下水位变差补给比的评价指数为0.14~0.28，地下水位变差开采比的评价指数为0.10~0.26。武威盆地和民勤盆地西部，以及民勤盆地东北部下游带，地下水资源调节性"较弱"或"弱"，分布面积为3473km²，占评价区面积的42.5%；区内地下水位变差补给比的评价指数小于0.08，地下水位变差开采比的评价指数小于0.10。

4）地下水资源可用性特征

石羊河流域平原区地下水资源可用性"强"的区域主要分布于祁连山前地带的东大河

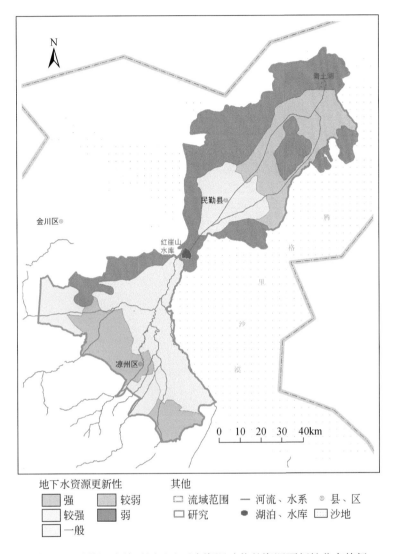

图 3.6　石羊河流域平原区地下水资源功能的资源更新性分布特征

灌区、西营灌区和金塔灌区，分布面积为 1116km²，占评价区面积的 13.7% ；该区含水层富水性强，地下水水质好，开采程度较低，可采资源模数的评价指数为 0.77 ~ 1.0，地下水资源开采程度的评价指数为 0.72 ~ 1.0，如表 3.18 和图 3.8 所示。地下水资源可用性"较强"区域主要分布于武威盆地东南部的杂木灌区、黄羊灌区和清源灌区，分布面积为 1137km²，占评价区面积的 13.9% ；该区含水层富水性好，地下水水质优良，但目前开采程度大于 1，可采资源模数的评价指数为 0.71 ~ 0.87，地下水资源开采程度的评价指数为 0.63 ~ 0.70。武威盆地中下游的永昌灌区、清河灌区和环河灌区地下水资源可用性"一般"，主要分布面积为 688km²，占评价区面积的 8.4% ；可采资源模数的评价指数为 0.25 ~ 1.0，地下水资源开采程度的评价指数为 0.17 ~ 0.63。武威盆地西部部分区域和民勤盆地全区，地下水资源可用性"较弱"和"弱"，分布面积为 5229km²，占评价区面积

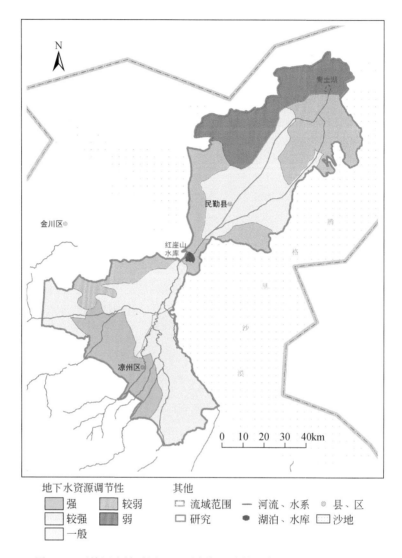

图 3.7　石羊河流域平原区地下水资源功能的资源调节性分布特征

的 64.0%；这些区域含水层富水性差，地下水资源水质也差，可采资源模数的评价指数小于 0.20，地下水资源开采程度的评价指数小于 0.10。

5）地下水对自然湿地景观维持性特征

石羊河流域平原区地下水对自然湿地景观维持性"强"区主要分布在青土湖湿地分布区和石羊河干流湿地保护区，其中青土湖湿地分布区面积为 5km²，石羊河干流湿地保护区面积为 34km²，合计面积为 39km²，占评价区面积的 12.6%；这些区域地下水位埋深小于 0.5m，地下水与地表水之间水力联系密切，土壤水处于饱和状态，植被类型以喜水植被——高杆芦苇为主，地下水对自然湿地生态具有很强的维持能力。地下水对自然湿地景观维持性"较强"区主要分布于青土湖湿地分布区地下水位埋深 0.5~1.5m 区域，分布面积为 14km²，占评价区面积的 4.5%，如表 3.19 和图 3.9 所示；雨季或生态放水时段，

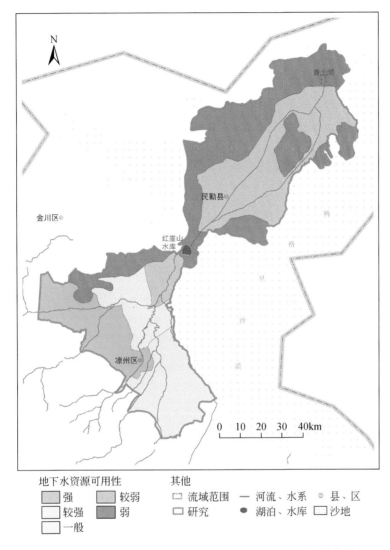

图 3.8　石羊河流域平原区地下水资源功能的资源可用性分布特征

区内间歇性有水，80~100cm 深度的土壤含水率大于 25%，植被以喜水的芦苇为优势种。在青土湖湿地分布区地下水位埋深 1.5~3.0m 的区域，地下水对自然湿地景观维持性"一般"，分布面积为 84km²，占评价区面积的 27.0%；区内 80~100cm 深度的土壤含水率近于 25%，土壤含盐量较高，盐生或适盐植被——如芦苇、盐爪爪、黑果枸杞等植被发育。在青土湖湿地分布区地下水位埋深大于 3m 区域，地下水对自然湿地景观维持性"较弱"或"弱"，分布面积为 174km²，占评价区面积的 55.9%；该区 80~100cm 深度的土壤含水率不大于 20%，小于"湿地底层土壤含水率 25%"标准，植被以旱区芦苇、红砂和白刺为主。

表3.19　石羊河流域平原区地下水生态功能的自然属性性状评价结果

等级	地下水对自然湿地景观维持性		地下水对天然植被绿洲维持性		地下水对农田土地质量维持性	
	面积/km²	占比/%	面积/km²	占比/%	面积/km²	占比/%
强	39	12.6	90	2.6	16	0.3
较强	14	4.5	249	7.2	19	0.4
一般	84	27.0	407	11.8	55	1.2
较弱	72	23.2	972	28.1	72	1.5
弱	102	32.8	1742	50.3	4548	96.6

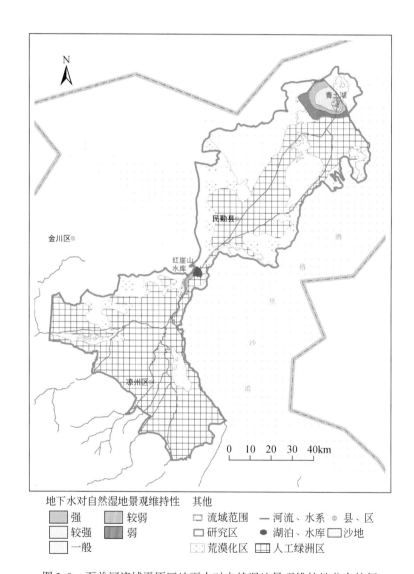

图3.9　石羊河流域平原区地下水对自然湿地景观维持性分布特征

6）地下水对天然植被绿洲维持性特征

石羊河流域地下水对天然植被绿洲维持性"强"区主要分布于青土湖湿地分布区，以及民勤盆地东侧人工绿洲与沙漠过渡带，如表 3.19 和图 3.10 所示。这些区域地下水位埋深小于 3.0m，分布面积为 90km²，占评价区面积的 2.6%；区内生长的天然植被种类以高杆芦苇、盐爪爪和黑果枸杞为主，植被的生长发育依赖于地下水。随着地下水位埋深增大，这些区域的 NDVI、植被覆盖度都明显扩增，植被覆盖度为 30%～80%。

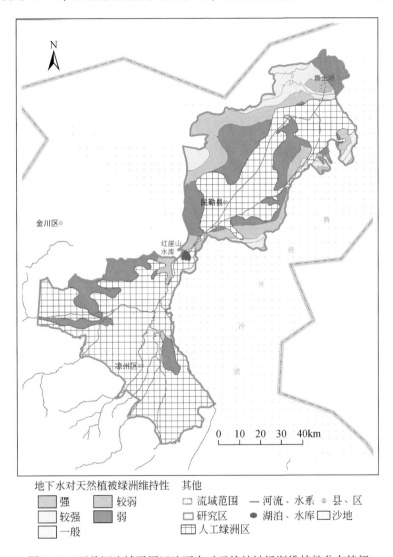

图 3.10　石羊河流域平原区地下水对天然植被绿洲维持性分布特征

石羊河流域平原区地下水对天然植被绿洲维持性"较强"区主要分布于青土湖湿地分布区和民勤盆地地下水对天然植被维持性"强"区的外围，地下水位埋深为 3.0～5.0m，分布面积为 249km²，占评价区面积的 7.2%；区内天然植被种类以盐爪爪和黑果枸杞为主，少量白刺和高杆芦苇，随着地下水位埋深增大，NDVI、植被覆盖度呈明显消减特征，植被覆盖度为 20% ~ 70%。在青土湖湿地分布区和民勤盆地地下水对天然植被维持性"较强"区外围，地下水位埋深 5.0 ~ 7.0m 区域，地下水对天然植被绿洲维持性"一般"，分布面积为 407km²，占评价区面积的 11.8%；区内荒漠化天然植被种类明显增多，如白刺、矮干芦苇、红砂等，随着地下水位埋深增大，NDVI、植被覆盖度呈现持续减小特征，植被覆盖度为 10% ~ 20%。地下水对天然植被绿洲维持性"较弱"或"弱"区，地处除人工绿洲外的其他天然植被区，水位埋深大于 7.0m 区域，分布面积为 2714km²，占评价区面积的 78.4%；区内荒漠化植被常见种类有白刺、红砂、沙蒿等，植被覆盖度小于 10%。

7) 地下水对农田土地质量维持性特征

石羊河流域平原区地下水对农田土地质量维持性"强"和"较强"区主要分布在石羊河下游的红崖山水库南部一带，分布面积为 35km²，占农田区总面积的 0.7%；区内石羊河河道渐宽、水流滞缓，加之红崖山水库蓄水，都为该区地下水持续获取补给提供有利条件，以至该区地下水位埋深较浅，低水位期的地下水位埋深小于 2.5m，如表 3.19 和图 3.11 所示。

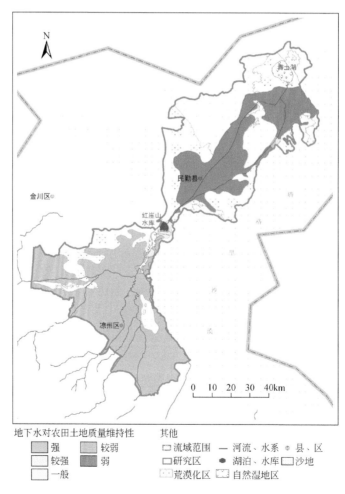

图 3.11　石羊河流域平原区地下水对农田土地质量维持性分布特征

石羊河流域平原区地下水对农田土地质量维持性"一般"区,零星分布于地下水对农田土地质量维持性较"强"区的南部和北部,以及石羊河沿线野马泉村、民勤县收成乡丰庆村,分布面积为55km²,占农田区总面积的1.2%。红崖山水库、石羊河和渠道内地表水对该区地下水有补给作用,以至在低水位期区内地下水位埋深为2.5~3.5m。地下水对农田土地质量维持性"较弱"和"弱"区分布面积为4620km²,占农田区总面积的98.1%,该区地下水位埋深大于5m。

3. 地下水功能状况评价结果

1) 地下水资源功能特征

石羊河流域平原区地下水资源功能"强"区域主要分布于祁连山前地带的金塔灌区、西营灌区和东大河灌区,以及金塔河、杂木河和洪水河流经区域的永昌灌区和金羊灌区,分布面积为1679km²,占评价区面积的20.6%;该区处于地下水系统补给-径流带,地下水资源的补给性、更新性、调节性和可用性都较强,适宜作为规模性开发利用的集中式水源地,如表3.20和图3.12所示。

表 3.20　石羊河流域平原区地下水功能状况

等级	地下水资源功能		地下水生态功能		地下水综合功能	
	面积/km²	占比/%	面积/km²	占比/%	面积/km²	占比/%
强	1679	20.6	164	2.0	1582	19.4
较强	918	11.2	275	3.4	1326	16.2
一般	2648	32.4	508	6.2	2703	33.1
较弱	2181	26.7	1712	21.0	1526	18.7
弱	744	9.1	5511	67.5	1033	12.6

石羊河流域平原区地下水资源功能"较强"区域主要分布于评价区东南部的黄羊灌区、杂木灌区和清源灌区,分布面积为918km²,占评价区面积的11.2%;该区为浅层地下水系统补给-径流带,地下水的资源占有性"较强",资源更新性"强",资源调节性和资源可用性"一般"或"较弱",该区地下水不适宜长期大规模开发利用。在中游武威盆地的清河灌区、环河灌区和民勤盆地的红崖山灌区,地下水资源功能"一般",条带状分布,面积为2648km²,占评价区面积的32.4%;该区地下水的资源占有性"一般",资源更新性"较强",资源调节性和资源可用性"一般"或"较弱",该区地下水仅适宜控制性有限量开采。石羊河流域平原区西部的荒漠化地带,地下水资源功能"较弱"或"弱",条带状分布,分布面积为2925km²,占评价区面积的35.8%;区内地下水的资源占有性"弱",资源调节性"较弱",资源可用性"弱",该区地下水不宜开采。

2) 地下水生态功能特征

石羊河流域平原区地下水生态功能"强"和"较强"区主要分布于武威盆地的石羊河干流湿地分布区和民勤盆地北部的青土湖湿地分布区,以及民勤盆地东部地下水位埋深

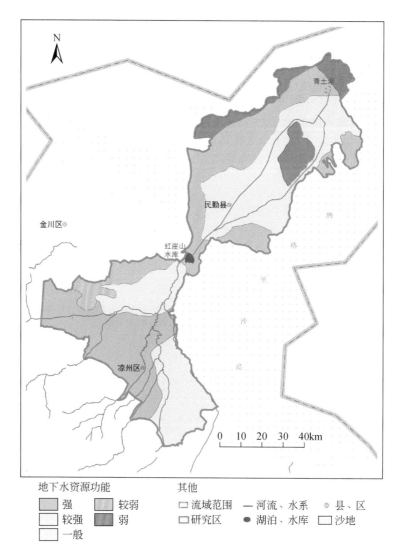

图 3.12　石羊河流域平原区地下水资源功能分布特征

较浅的天然绿洲区（表 3.20 和图 3.13），分布面积为 439km²，占评价区面积的 5.4%。这些区地下水系统的自然湿地景观环境维持性、天然植被环境维持性和土地质量状况与地下水位埋深变化密切相关，长期超采地下水可能会引起严重的生态退变问题。地下水生态功能"一般"区呈条带状分布在武威盆地的九墩乡-蔡旗乡-重兴乡一带，以及民勤盆地北部、东部地下水生态功能"强"区的周边和西部局部区域，分布面积为 508km²，占评价区面积的 6.2%；这些区域地下水系统的天然植被环境维持性和土壤质量状况与地下水位埋深变化之间存在响应关系，地下水超采性开发利用可能会引起较严重生态退化问题。

石羊河流域平原区地下水生态功能"较弱"区，呈条带状分布在武威盆地凉州区-羊下坝乡-下双乡-九墩乡-蔡旗乡的石羊河河道沿线两岸区域，以及民勤盆地靠近外围环状区域，分布面积为 1712km²，占评价区面积的 21.0%；这些区域地下水系统的天然植被环境维持性和土壤质量状况与地下水位埋深变化之间关系不密切。中游武威盆地的地下水生态功能"较弱"区以及民勤盆地地下水生态功能"较弱"区的外围区域,地下水生态功能"弱",分布面积为 5511km²,占评价区面积的 67.5%;现状,这些区域的地下天然植被环境维持性和土壤质量状况与地下水位埋深变化之间呈显著相关关系。

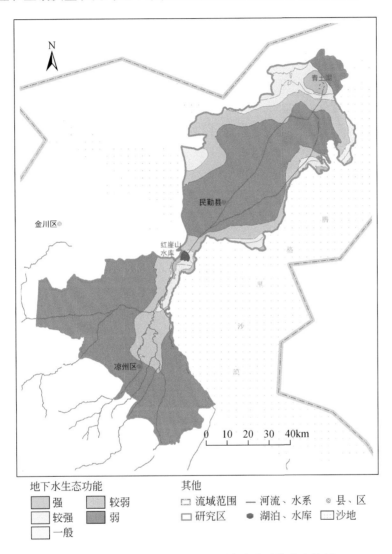

图 3.13　石羊河流域平原区地下水生态功能分布特征

3）地下水综合功能特征

综合考虑地下水的资源功能和生态功能耦合的结果(简称"综合功能"),石羊河流域平原地下水综合功能"强"区主要分布于武威盆地靠近山前的金塔河、西营河和东大河冲洪积扇孔隙水区(表 3.20 和图 3.14),分布面积为 1582km²,占评价区面积的 19.4%;该区地下水系统的资源功能"强"、生态功能"弱",地下水资源功能占主导,地下水适宜规模开发利用。地下水综合功能"较强"区主要分布在武威盆地东南部黄羊河和杂木河冲洪积扇孔隙水分布区，东部羊下坝河和洪水河中间地带，分布面积为 1326km² ，占评价区面积的 16.2% ；该区地下水资源功能"较强"，地下水生态功能"较弱"或"弱"，地下水适宜有限量开发利用。在民勤盆地局部区域地下水综合功能"较强"，青土湖湿地分布区和东部靠近沙漠一带，地下水生态功能"强"，地下水资源功能"弱"，地下水不宜开采。

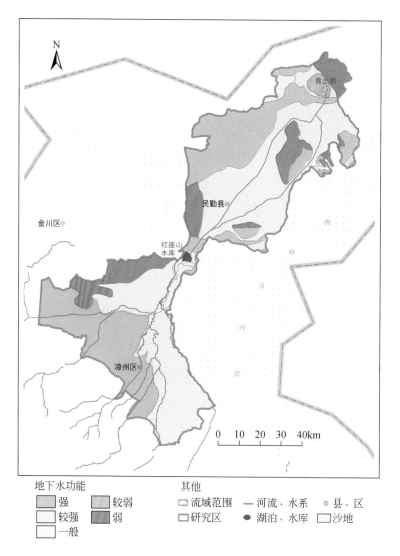

图 3.14 石羊河流域平原区地下水综合功能分布特征

在石羊河流域平原区，地下水综合功能"一般"区，呈条带状分布于武威盆地水源镇–朱王堡镇–蔡旗乡–重兴乡一带，以及民勤盆地薛白乡–县城–双茨科乡–泉山镇–西渠镇一带，分布面积为 2703km² ，占评价区面积的 33.1% ；这些区域地下水资源功能"一般"，地下水生态功能"一般"，以至地下水综合功能"一般"，不宜大规模开发利用地下水。地下水综合功能"较弱"区占较大面积，主要分布于武威盆地西北部的荒漠化区，民勤盆地西部荒漠化区、北部人工绿洲边缘和东南部小块区，分布面积达1526km²，占评价区面积的18.7%；该区地下水资源功能"一般"或"较弱"，地下水生态功能"一般"或"弱"，由此地下水综合功能"较弱"，该区属于地下水"限制开采"区域。民勤盆地北部和中部小部分荒漠化区域，以及民勤盆地东部和东南部局部区域，地下水综合功能"弱"，分布面积为1033km²，占评价区面积的12.6%；这些区域地下水资源功能"弱"，地下水生态功能也"弱"，由此该区地下水综合功能"弱"，应严格限制或禁止开采地下水。

4. 石羊河流域地下水功能区划

根据干旱区地下水功能区划的原则和技术要求，侧重考虑石羊河流域平原区地下水优势功能和脆弱功能空间分布特征，以地下水综合功能评价结果为基础，结合地下水的资源功能、生态功能和7项自然属性指标评价结果，进行了石羊河流域平原区地下水功能一级和二级区划分，如表3.21和图3.15所示。在"地下水适宜开采区"中，进一步划分为"适宜规模开采区"和"适宜限量开采区"2个二级分区；在"地下水生态功能保护区"中，进一步划分为"自然湿地保护区"、"天然植被保护区"和"耕地质量保护区"3个二级分区；在"地下水资源-生态功能脆弱区"中，进一步划分为"控制开采区"和"禁止开采区"2个二级分区。

表3.21 石羊河流域地下水功能区划结果

地下水功能区划分级与分类		地下水功能区划结果			
一级功能区	二级功能区	面积 /km²	小计 /km²	占一级分区 比率/%	占评价区 比率/%
地下水适宜开采区 (AB_1)	适宜规模开采区	1465	2602	56.30	31.8
	适宜限量开采区	1137		43.70	
地下水生态功能 保护区 (AB_2)	耕地质量保护区	36	455	7.91	5.6
	自然湿地保护区	168		36.92	
	天然植被保护区	251		55.16	
地下水资源- 生态功能脆弱区 (AB_3)	控制开采区	2767	5113	54.12	62.6
	禁止开采区	2346		45.88	

1）石羊河流域地下水功能区划总体特征

石羊河流域地下水功能区划的范围与功能评价区域完全一致，区划面积为8170km²。依照表3.9的要求，分别圈定出地下水适宜开采区（AB_1类，图3.15中蓝色范围）、地下水生态功能保护区（AB_2类，图3.15中绿色范围）和地下水资源-生态脆弱区（AB_3类，图3.15中黄色范围）。从总体上来看，在石羊河流域平原区，地下水资源-生态脆弱区占主导，占评价区总面积的62.6%；其次，是地下水适宜开采区，其分布面积占评价区总面积的31.8%。地下水生态功能保护区面积占比率较小，仅为5.6%（表3.21），这与该流域天然水资源匮乏密切相关。

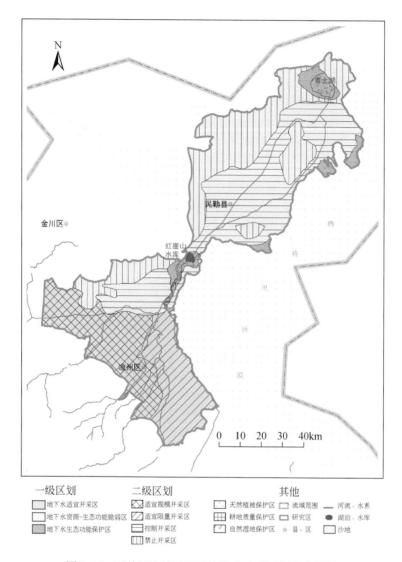

图 3.15　石羊河流域平原区地下水功能区划分布特征

2）地下水适宜开采区（AB_1）属性和分布特征

该类区地下水的资源功能"较强"、生态功能"弱"，在自然条件下地下水系统具有充足、稳定补给水源，富水性和渗透性较强，水质优良，地下水规模开发利用对天然绿洲生态影响微小或无关联，适宜作为集中供给地下水水源地或战略应急备用水源地靶区。在石羊河流域，AB_1 分布面积为 2602km²，占评价区面积的 31.8%（表 3.21），主要分布在评价区南部的石羊河流域祁连山前冲积扇带，为巨厚砂卵砾石层组成的强补给–径流分布区，出山地表径流的河水和夏季雨洪漫流是地下水的主要补给水源，植被生态以人工绿洲为主，与地下水埋藏状况之间关联性不强。

（1）"适宜规模开采区"（$AB_{1-规模}$）属性和分布特征：该类区地下水资源功能的资源占有性"强"、资源可用性"较强"，或者地下水资源功能的资源占有性"较强"、资源可用性"强"，地下水具有较强的水源补给能力和可开发利用潜力，适宜作为城镇饮用水集中供水水源地。在石羊河流域，$AB_{1-规模}$区分布面积为 1465km^2（表 3.21），占 AB_1 分布区面积的 56.30%，主要分布于祁连山前地带的金塔河、西营河和东大河冲洪积扇区，包括金塔灌区、西营灌区和东大河灌区，该区为平原区地下水系统主要补给-径流带，全域为人工绿洲区；这些区地下水资源功能"强"，占主导地位，地下水生态功能"弱"，地表生态与地下水位埋深变化之间不存在相关关系，地下水可规模性合理开采。

（2）"适宜限量开采区"（$AB_{1-限量}$）属性和分布特征：地下水资源功能的资源更新性"强"、资源调节性"较强"，或者资源更新性"较强"、资源调节性"强"，区内地下水具有较强的可更新能力和调节能力，但不适宜大规模开采，只能作为乡村饮水水源地的限量开采。在石羊河流域，$AB_{1-限量}$分布面积为 1137km^2（表 3.21），占 AB_1 分布区面积的 43.70%。主要分布在武威盆地东南部的黄羊灌区、杂木灌区、清源灌区和永昌灌区，地处平原区地下水系统的主要补给-径流带，全域为人工绿洲区，地下水资源功能"较强"，地表植被生态状况与地下水位埋深变化之间没有相关性。虽然该区内永昌灌区、清源灌区为"一般超采区"，但是"较强"的地下水资源功能尚能支撑该区地下水适量开采，需要严格管控总开采量，将有利于该区地下水资源可持续利用。

3）地下水生态功能保护区（AB_2）属性和分布特征

该类区地下水的生态功能"较强"、资源功能"弱"，区内陆表生态对地下水位埋深变化生响应"敏感"，当地下水位大幅下降，且低于"生态水位"阈深度条件下，该区自然湿地或天然植被绿洲等生态会出现显著退化，由此这类区地下水不宜开采，应以地下水生态功能保护为主导。在石羊河流域，AB_2 分布面积为 455km^2，占评价区面积的 5.6%，主要分布在武威盆地、民勤盆地的下游区和盆地边缘地区，包括青土湖自然湿地保护区、石羊河湿地保护区和湿地保护区周边的耕地质量保护区等。

（1）"自然湿地保护区"（$AB_{2-湿地}$）属性和分布特征：这类区的自然湖泊、湿地生态境况与地下水位埋深变化关联性"强"或"较强"，地下水生态功能"强"，区内地下水以生态功能为主导，地下水对湿地水域面积及植被生态具有较强的维系作用，属于地下水不宜开采区域。在石羊河流域，$AB_{2-湿地}$分布面积为 168km^2，占 AB_2 分布区面积的 36.92%；区内的地下水资源功能"较弱"，地下水系统的资源占有性"较弱"、资源可用性"弱"，地下水生态功能"强"，年内地下水位埋深介于 0～3m，水位变幅不大于 0.3m。在每年 8～10 月人工生态补水完成之后，地表水与地下水系统之间发生密切水力联系，地表水对当地地下水明显补给，同时，该区地下水位埋深变化对湿地的水域面积大小具有明显的支撑和维系作用。这些区地下水属于严格禁止开采区域。

（2）"天然植被保护区"（$AB_{2-天植}$）属性和分布特征：该类区是指非自然湿地型天然植被绿洲区，其生态对地下水位埋深具有较强的依赖性，地下水生态功能"强"或"较强"，区内地下水以生态功能为主导，地下水位大幅下降将导致该区天然植被生态显著退化，甚至出现荒漠化景观。这类保护区主要位于自然湿地外围的荒漠化区，以及人工绿洲与沙漠之间过渡带，主要植被群落包括梭梭、白刺、柠条和怪柳等，属于地下水不宜开采区域。在石羊河流域，$AB_{2-天植}$分布面积为 251km^2，占 AB_2 分布区面积的 55.16%，主要位于民勤盆地东侧沙漠与人工绿洲的过渡带，区内地下水资源功能"差"，当地地下水系统的资源补给性和资源可用性"弱",地下水生态功能"强",地下水位埋深为2~5m,天然植被主要为芦苇、柽柳、梭梭、白刺、黑果枸杞和盐爪爪等,植被生长境况与地下水位埋深变化之间较密切相关,属于地下水禁止开采区域,以保证天然植被正常生长。

(3)"耕地质量保护区"($AB_{2-耕地}$)属性和分布特征:该类区主要分布在自然湿地保护区周边、细土平原农田区下游带和荒漠边缘带,农田生态(耕地质量)对地下水位埋深具有较强的依赖性,地下水生态功能"强"或"较强",区内地下水以生态功能为主导,地下水位大幅上升会导致土壤盐渍化加剧,地下水位大幅下降会导致土地荒漠化。因此,该类区当土壤盐渍化加剧时,需调蓄开采地下水,控降水位埋深;当土地荒漠化时,需要严禁地下水开采,确保基本农田土地质量安全。在石羊河流域,$AB_{2-耕地}$分布面积为36km^2(表3.21),占AB_2分布区面积的7.91%,主要分布在武威盆地下游区的红崖山水库南侧地带,区内地下水资源功能"一般",当地地下水的资源占有性和资源更新性"较强"、资源可用性"差",地下水生态功能"强";区内地下水位埋深普遍小于3.0m,表层土壤(0~40cm)含盐量为730~8960mg/kg,呈现地下水浅埋导致土壤盐渍化现象。

4)地下水资源-生态功能脆弱区(AB_3)属性和分布特征

该类区地下水的资源功能和生态功能都"较弱",都是不具备主导功能潜力的区域,在自然条件下区内地下水系统具有一定水源补给能力,但是,地下水资源不具备规模化开采潜力,陆表生态境况与地下水位埋深变化之间存在一定关联性,易发生荒漠化或土壤盐渍化。在石羊河流域,AB_3分布面积为5113km^2,占评价区面积的62.6%(表3.21),主要分布在人工绿洲区、荒漠区和人工绿洲-荒漠区过渡区带,它们的外围是巴丹吉林沙漠或腾格里沙漠区(图3.15)。

(1)"地下水控制开采区"($AB_{3-控采}$)属性和分布特征:该类区地下水系统的资源占有性和资源可用性都"一般",地下水生态功能也"一般",区内地下水系统具有一定的水源补给能力和资源可调节性,属于控制性开采区,可作为短期应急保障性供水,开采时段不应大于2个月。在石羊河流域,$AB_{3-控采}$面积为2767km^2,占AB_3分布区面积的54.12%,主要分布于武威盆地的金羊灌区、清河灌区和环河灌区,以及民勤盆地的红崖山灌区范围,全域为人工绿洲区,地下水系统的资源补给性"强",但是,资源更新性和资源可利用性"弱",由此目前仍处于灌溉用水开采引起的中等超采状态。AB_3分布区地下水生态功能"一般"或"弱",局部地下水埋深浅、对地表植被生态具有维系作用。这类区地下水属于适量开采区,也是地表水灌溉的主要区域,地下水开采强度管控既要避免土地荒漠化,又要避免表层土壤盐渍化加剧。

(2)"地下水禁止开采区"($AB_{3-禁采}$)属性和分布特征:该类区地下水系统的资源占有性"较弱",资源可用性"弱",地下水生态功能也"较弱",属于易荒漠化及沙漠化区域,地下水不宜开采,需专注生态功能保护。在石羊河流域,$AB_{3-禁采}$面积为2346km^2(表3.21),占AB_3分布区面积的45.88%,主要分布在武威盆地西北部的荒漠化区、民勤盆地西-北部半环状区域、东红沙梁镇-西渠镇-收成乡-双茨科乡-泉山镇中部荒漠化区、东部零星区域,区内地下水系统的资源补给性和资源可用性"弱",地下水生态功能"较弱"或"弱";该区地下水位埋深以大于10m区域为主,天然植被主要为梭梭和白刺,现状天然植被生长境况与地下水位埋深之间关联度不强。但是,由于该区地处沙漠区与人工绿洲之间过渡带，对于绿洲区生态安全具有屏障保护作用，所以，该区地下水应禁止开采，以地下水位修复为主，促使这些区地表植被生态系统的多样性和复合性拓展，达到地下水生态功能和地表生态系统全面修复目的。

3.3.3　干旱区地下水功能评价与区划理论方法验证

2020 年 7 月 20 日至 8 月 20 日，本研究团队在石羊河流域开展了"干旱区地下水功能评价与区划理论方法"应用效果的野外实地验证。此次验证工作共计部署核查剖面路线 13 条，控制性核查点 127 个，如图 3.16 所示。

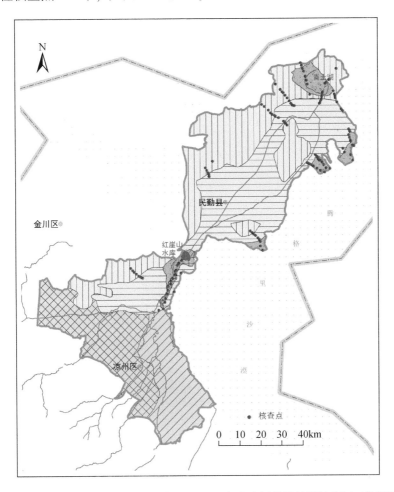

图 3.16　干旱区地下水功能评价与区划理论方法应用效果的野外验证工作部署

野外实地验证与核查的重点，是核查自然湿地保护区、天然植被保护区、农田质量保护区及相邻功能区之间界线的客观性。如图 3.16 所示，采用核查剖面路线贯穿重点核查区及相邻区，现场能够确认不同分区之间边界划定的准确性和不同分区范围划定的客观性。由此，布设自然湿地保护区核查剖面路线 2 条，包括青土湖湿地保护区和石羊河干流湿地保护区，布设控制性核查点分别为 13 个和 12 个。在农田土地质量保护区，布设核查路线 1 条，为红崖山水库南部地下水浅埋区，布设控制性核查点 7 个。在天然植被保护区，布设核查路线 10 条，集中在民勤盆地人工绿洲与荒漠区之间过渡带。

验证与核查结果表明，"干旱区地下水功能评价与区划理论方法"在石羊河流域平原区大范围（8170km²）应用，在 13 条核查剖面路线、127 个控制性核查点核查中，准确率达 99%，仅 1 个点偏差距离的 50m。上述核查结果表明，石羊河流域地下水功能评价与区划的结果符合该流域地下水功能实际状况，该理论方法具有较高的可行性，即"干旱区地下水功能评价与区划理论方法"适合作为西北内陆流域平原区地下水合理开发与生态保护的分区分级管控的关键科技支撑。

3.4 艾丁湖流域地下水功能评价与区划

3.4.1 艾丁湖流域地下水功能评价

1. 地下水功能评价指标和技术方法

1）地下水资源功能评价指标

结合艾丁湖流域水文地质条件、地下水资源状况及其开发利用程度等，艾丁湖流域地下水资源功能评价主要考虑如下指标：单井涌水量及含水层富水性、地下水补给资源模数、天然资源模数和可开采资源模数等，通过这些属性指标诊断和确定艾丁湖流域地下水资源分布特征。

2）地下水生态功能评价指标

根据 2018 年 10 月现场调查资料，结合艾丁湖流域土地利用现状，确定天然绿洲主要分布于托克逊县夏乡、高昌区艾丁湖乡和恰特喀勒乡，以及鄯善县鲁克沁镇、达浪坎乡和迪坎乡等，它们地处人工绿洲与荒漠戈壁之间，这些天然绿洲区地下水位埋深为 0～30m，主要天然植被为芦苇、骆驼刺、白刺、柽柳和盐穗木等。虽然这些天然植被较为耐旱，但是维系它们正常生长、不凋萎，仍需要地下水生态功能来维系。基于《新疆吐鲁番艾丁湖国家湿地公园总体规划》，确定艾丁湖国家湿地公园范围主要包括河流、湖泊、沼泽和人工湿地 4 种类型生态保护区，天然植被主要为芦苇、骆驼刺、柽柳和沙拐柳等沙生及盐生植被。因此，艾丁湖流域地下水生态功能评价的主要指标为地下水位埋深、天然植被生态状况和国家湿地公园生态指标等。

3）地下水评价技术方法

艾丁湖流域地下水功能评价是采用层次分析法，将上述指标与决策中有关要素分解为约束目标、实施准则和表达要素指标，分别进行定量化决策分析和赋值，包括：①构建判断矩阵，它是目标层的要素与属性层的各要素进行成对比较的结果，采用 1～9 标度刻画；②检验判断矩阵的一致性，确保判断矩阵的一致性达到可接受；③计算权重，采用"和积法"和"方根法"等,对特征向量进行归一化处理,获得地下水功能评价所需要的权重值。

4) 地下水功能评价分级指标体系

艾丁湖流域地下水功能评价采用 4 级分级指标体系,评价指标分值越高,该项功能越强。①利用 ArcGIS 技术平台的自然点间断法对单井涌水量、地下水补给资源模数、天然资源模数和可采资源模数等指标进行评分(表 3.22),由此诊断和确定各评价单元地下水资源功能的展性状况。②根据自然湿地、天然植被绿洲等生态境况与地下水位埋深之间相关关系,建立地下水生态功能评价分级指标体系(表 3.23),评价指标分值越高,表明生态情势与地下水之间关联度越高。通过大量调查和文献分析,在艾丁湖流域平原区,随着地下水位埋深增大,天然植被群落由灌木植被逐渐演替成草本植被;在地下水位埋深大于 30m 的区域,为耐旱植被,呈现梭梭、怪柳、花花柴和刺山柑等多种植被演替为花花柴、刺山柑等;在地下水位埋深为 10~30m 区域,由芦苇、骆驼刺和白刺等多种植被群落演替为骆驼刺等单一植被;在水位埋深小于 10m 区域,由芦苇、盐穗木和怪柳演替为只生长盐穗木或怪柳植被。在地下水位埋深小于 5m 区域,天然植被多样性、植被覆盖度明显不同于上述情势,地下水生态功能作用显著增强。

表 3.22　艾丁湖流域平原区地下水资源功能评价分级指标体系

地下水资源功能评价分级指标		干旱区地下水资源功能评价分级指标体系							
		单井涌水量 /[m³/(d·m)]		地下水补给资源模数 /[万 m³/(a·km²)]		天然资源模数 /[万 m³/(a·km²)]		可开采资源模数 /[万 m³/(a·km²)]	
		指标值	评分值	指标值	评分值	指标值	评分值	指标值	评分值
IV	弱	<2	≤0.1	0~36	≤0.1	0	≤0.1	0	≤0.1
III	一般	2~20	0.1~0.3	36~72	0.1~0.3	0~40	0.1~0.3	0~17	0.1~0.3
II	较强	20~200	0.3~0.6	72~108	0.3~0.6	40~64	0.3~0.6	17~40	0.3~0.6
I	强	200~1000	0.6~1.0	108~144	0.6~1.0	64~121	0.6~1.0	40~80	0.6~1.0

表 3.23　艾丁湖流域平原区地下水生态功能评价分级指标体系

地下水位埋深 /m		干旱区地下水生态功能评价分级指标体系							
		0~3		3~5		5~10		>10	
		植被覆盖度 /%	评分值	植被覆盖度 /%	评分值	植被覆盖度 /%	评分值	植被覆盖度 /%	评分值
IV	弱	≤30	≤0.1	≤25	≤0.1	≤15	≤0.1	≤10	≤0.1
III	一般	30~50	0.1~0.3	25~40	0.1~0.3	15~30	0.1~0.3	10~20	0.1~0.3
II	较强	50~70	0.3~0.6	40~50	0.3~0.6	30~40	0.3~0.6	20~30	0.3~0.6
I	强	>70	0.6~1.0	>50	0.6~1.0	>40	0.6~1.0	>30	0.6~1.0

5) 地下水功能评价指标赋权重

各评价指标赋权重,表示该指标的影响程度,最大权重值为 1.0,最小值为 0。权重值越大，则其影响能力越高；权重越小，则其影响能力越低。采用"和积法"将成对比较的各要素加和，然后归一标准化。将归一标准化的各项值相加之后，除以 2，获得各评价单元的地下水资源功能和生态功能评价的权重。采用相同方法，获得自然属性层和要素指标层的各指标权重。

6) 地下水功能评价分级

利用 ArcGIS 软件功能对各指标进行归一标准化和栅格化处理，将各单项指标乘以权重，并进行图层间叠加分析，分别求得地下水资源功能综合指数 (R_{B_1}) 和地下水生态功能综合指数 (R_{B_2})，如式（3.11）和式（3.12）。并根据表 3.24 的分级标准，确定各评价单元地下水功能等级。

表 3.24　艾丁湖流域平原区地下水功能等级评价指标体系

地下水功能等级	强	较强	一般	弱
分级指数	>0.7	0.4~0.7	0.2~0.4	<0.2

2. 艾丁湖流域地下水资源功能分布特征

在艾丁湖流域，地下水资源功能"强"区主要分布在托克逊县郭勒布依乡和夏乡一带（表 3.25 和图 3.17），分布面积为 239km²，占评价区面积的 2.03%；该区地下水含水层厚度为 10~40m，以第四系冲洪积卵砾石、砂砾石为主，地下水位埋深小于 50m，资源补给性强，单井涌水量为 200~1000m³/(d·m)，地下水的资源可用性和资源更新性"较强"，主要接受托克逊县西部及南部山区侧向地下径流补给，地下水适宜规模开采。地下水资源功能"较强"区主要分布于火焰山北侧的胜金乡、连木沁镇和七克台镇一带，以及南侧的鲁克沁镇、吐峪沟、葡萄乡和恰特喀勒乡一带，分布面积为 907km²，占评价区面积的 7.70%，地下水资源占有性强，补给能力较强，主要接受山区出山地表径流补给，地下水位埋深为 50~200m，其中山前带水位埋深大于 200m，单井涌水量为 200~1000m³/(d·m)，地下水矿化度低，适宜适度开采。在盆地内、山前戈壁带和托克逊县和高昌区南部山前平原，地下水资源功能"一般"，分布面积为 8578km²，占评价区面积的 72.86%，地下水资源占有性较强，含水层厚度较大，地下水补给主要来源于北部天山山区，水质较好。在火焰山和沙漠东部，地下水资源功能"弱"，分布面积为 2050km²，占评价区面积的 17.41%，地下水资源占有性和资源补给性"较弱"，主要为基岩裂隙水，单井涌水量很小。

表 3.25　艾丁湖流域（吐鲁番盆地）地下水功能现状情势

功能境况分级	地下水功能情势						
	资源功能			生态功能			
	面积/km²	占比/%	主要分布范围	面积/km²	占比/%	主要分布范围	
强	239	2.03	托克逊县郭勒布依乡和夏乡	838	7.17	艾丁湖乡、达浪坎乡和迪坎乡	

续表

功能境况分级	地下水功能情势						
	资源功能			生态功能			
	面积/km²	占比/%	主要分布范围	面积/km²	占比/%	主要分布范围	
较强	907	7.70	火焰山北侧胜金乡、连木沁镇、七克台镇，以及南侧鲁克沁镇、吐峪沟、葡萄乡和恰特喀勒乡	2189	18.72	人工绿洲与荒漠戈壁之间的天然绿洲	
一般	8578	72.86	盆地内、山前戈壁带及托克逊县和高昌区南部山前平原	2029	17.35	零星分布于盆地内部	
弱	2050	17.41	火焰山和沙漠东部	6636	56.76	盆地北戈壁带和南部荒漠山前	

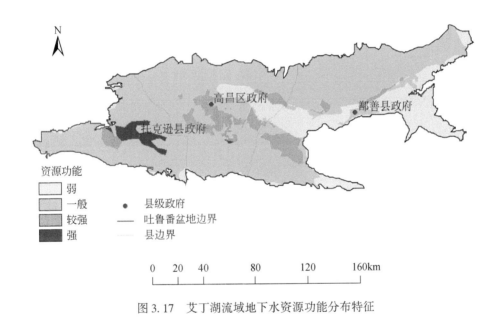

图3.17　艾丁湖流域地下水资源功能分布特征

3. 艾丁湖流域地下水生态功能及其属性性状分布特征

在艾丁湖流域，地下水生态功能"强"区主要分布于艾丁湖乡、达浪坎乡和迪坎乡一带（表3.25和图3.18），天然植被以芦苇、骆驼刺、柽柳和沙拐柳为主，分布面积为838km²，占评价区面积的7.17%。地下水生态功能"较强"区，分布在人工绿洲与荒漠戈壁之间的天然绿洲区，分布面积为2189km²，占评价区面积的18.72%。地下水生态功能"一般"区零星分布于盆地内部，其中北盆地地下水生态功能"一般"区分布面积较大，面积达2029km²，该区地下水位埋深大于30m，天然植被以耐旱植被为主。艾丁湖流域北部戈壁带和南部山前荒漠带，地下水生态功能"弱"，分布面积为6636km²，占评价区面积的 56.76%。

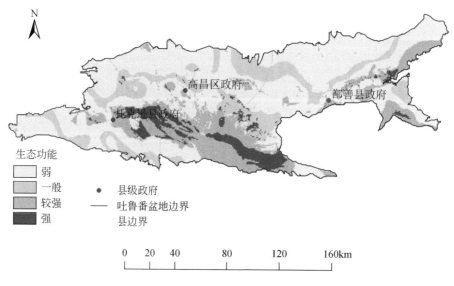

图 3.18　艾丁湖流域地下水生态功能分布特征

3.4.2　艾丁湖流域地下水功能区划

根据艾丁湖流域地下水功能评价结果和规划期该流域地下水资源配置要求，建立了艾丁湖流域地下水功能区划指标体系，并明确了各功能分区地下水开发利用和生态保护的管控要求。

1. 艾丁湖流域地下水功能区划原则

艾丁湖流域地下水功能区划以"人与自然和谐"发展和生态保护优先、兼顾民生合理用水需求等为原则，重视地下水合理开发中保护、保护中合理开发管控；以流域尺度水资源优化配置，地表水-地下水联合调用，充分利用地下水资源调查评价最新成果资料。

具体要求，包括：①人水和谐、科学利用，统筹协调经济社会发展与生态环境保护的关系，科学制定地下水超采治理、合理开发与生态保护目标，促进地下水生态功能有序、适度修复和保护；②保护优先、合理开发，充分考虑地下水对人类活动影响响应变化的滞后性，以及其赋存条件和生态功能修复艰难性；③统筹协调、全面兼顾，统筹协调地下水资源功能、生态功能等之间关系，综合考虑不同用水性质之间、不同地域之间、开发利用与保护之间、供需之间、地下水与地表水之间四维时空关系；④因地制宜、突出重点，不同地域地下水赋存条件、开发现状、认知程度和面临问题各不相同，由此密切结合各分区实际，确定它们保护重点；⑤便于管理、注重实用，既要考虑当地地下水埋藏状况和富水程度，又需结合管理之必需行政区界限，兼顾流域管理的需要，充分体现支撑和服务功效；⑥技术可行、经济约束，过度考虑经济和技术可行性或考虑不到位，都会影响艾丁湖流域生态文明建设进程。

2. 艾丁湖流域地下水功能总体思路

根据该流域地下水系统的自然资源属性和生态功能属性，以地下水主导功能为根本，兼顾未来一定时期内民生和经济社会发展对水资源的基本需求，优化配置包括地下水的流域水资源；坚持主导功能与其他功能并存，因地制宜多目标共赢，在地下水开发利用和生态保护中实施总量控制，明确自然生态修复和保护规模，且必需、极小和可持续。

3. 艾丁湖流域地下水功能区划体系

参照《全国地下水功能区划分技术大纲》要求，根据艾丁湖流域地下水自然资源属性、生态功能属性和水资源配置对地下水生态功能保护要求，将该流域地下水功能一级区划分为地下水适宜开发区、生态功能保护区和水源保留区三类。在地下水一级功能区划分基础上，根据地下水主导功能，划分为六类的地下水功能二级分区，其中，地下水适宜开发区的二级分区分别为适宜集中式供水水源区和适宜分散式开发利用区；地下水生态功能保护区的二级分区分别为自然生态敏感区和坎儿井保护区；地下水水源保留区的二级分区分别为水源储备区和不宜开采区，如表3.26所示。

表3.26 艾丁湖流域地下水功能区划体系

地下水功能一级区划		地下水二级功能区	
名称	代码	名称	代码
地下水适宜开发区	1	适宜集中式供水水源区	P_{1-1}
		适宜分散式开发利用区	Q_{1-2}
地下水生态功能保护区	2	自然生态敏感区	R_{2-1}
		坎儿井保护区	S_{2-2}
地下水水源保留区	3	水源储备区	V_{3-1}
		不宜开采区	U_{3-2}

4. 艾丁湖流域地下水功能区划属性及分布特征

1）适宜集中式供水水源区（P_{1-1}）属性与分布特征

该类型区地下水可开采资源模数不小于10万 $m^3/(a \cdot km^2)$、日开采量1万 m^3 以上；目前，艾丁湖流域的地下水水源地的开采规模仅5000 m^3/d。因此，将该流域5000 m^3 以上的日开采量供水水源地列为"集中式供水水源区"进行区划。

在艾丁湖流域有10个集中式供水水源，这些水源地的地下水可开采资源模数大于200万 $m^3/(a \cdot km^2)$，矿化度小于 1.0g/L，符合《地下水质量标准》（GB/T 14848—2017）的 I~II 类水质。

2）适宜分散式开发利用区（Q_{1-2}）属性与分布特征

由于艾丁湖流域平原区降水稀少，以至没有灌溉就没有人工绿洲，所以该流域灌区以地下水开发利用为主，如图 3.19 和图 3.20 所示。

该类型区区地下水可开采资源模数不小于 2 万 $m^3/(a \cdot km^2)$，多年平均补给资源模数为 20 万 ~ 40 万 $m^3/(a \cdot km^2)$；目前，该区地下水水质符合《地下水质量标准》（GB/T 14848—2017）的 III 类水要求，能满足灌区分散式用水需求。这些区以地下水资源功能为主导，生态功能较弱。

图 3.19　艾丁湖流域灌区分布特征

图 3.20　艾丁湖流域地下水开采井分布特征

3）自然生态敏感区（R_{2-1}）属性与分布特征

在天然条件下，下游的艾丁湖自然湿地分布区是该流域所有河流汇集地，也是该流域地表水体蒸发耗散和天然绿洲分布主要区域。由于近几十年以来艾丁湖流域上、中游区水资源开发利用程度不断增大，尤其地下水超采程度不断加剧，导致艾丁湖区入湖水量不断减少，近年已变成季节性湖泊，湖区周边天然植被严重退化，土地沙化和荒漠化比较严重。该区需要重点保护目标包括艾丁湖湿地周边的骆驼刺分布区，即"罗布泊野骆驼国家级自然保护区"。该区地下水生态功能"较强"（图 3.18），是该区主导功能。

艾丁湖流域天然绿洲主要分布在托克逊县夏乡，高昌区艾丁湖乡和恰特喀勒乡，鄯善县鲁克沁镇、达浪坎乡和迪坎乡等一带，地处人工绿洲与戈壁滩之间，主要依赖地下水供给水分维持，发挥着防风固沙和控制荒漠化作用。这些天然绿洲区地下水位埋深为 0 ~ 30m，其中在水位埋深小于 10m 区域，发育芦苇、盐穗木和柽柳，以及盐穗木或柽柳等天然植被；在水位埋深介于 10 ~ 30m 区域，天然植被以芦苇、骆驼刺和白刺为主，以及单一骆驼刺群落。

4）坎儿井保护区（S_{2-2}）属性与分布特征

目前，艾丁湖流域有坎儿井 214 条，其中高昌区 134 条、鄯善县 77 条和托克逊县 27 条。这些坎儿井最大流量为 2.12 万 m^3/d，最小流量为 17.28 m^3/d，总出水量为 63.54 万 m^3/d。

根据吐鲁番盆地坎儿井上游规划，坎儿井保护原则：①具有一定出水规模的坎儿井，坎儿井出流量的下限值为 0.43 万 m^3/d；②已规划的水利工程中坎儿井；③以北盆地中的坎儿井为主要保护对象，因为目前南盆地地下水开采程度较大，在短期地下水位难以恢复至坎儿井的生态水位。根据《新疆维吾尔自治区坎儿井保护条例》第 17 条，对坎儿井水源第一口竖井上下各 2km 范围、左右各 700m 范围内，划定为坎儿井保护区；在保护区内，禁止开采地下水。

基于以上坎儿井保护技术原则，在艾丁湖流域圈定坎儿井保护区 19 处（条），其中高昌区 5 条、托克逊县 7 条和鄯善县 7 条，坎儿井保护区面积为 167.1 km^2，合计出水量为 5810 万 m^3/a，占现有坎儿井总出水量的 25%。

5）水源储备区属性与分布特征（V_{3-1}）

该类区地处艾丁湖流域出山地表径流强渗流带，是地下水的主要补给-径流区，含水层岩性为冲洪积卵砾石及砂砾石层，地下水补给能力较强，单井涌水量为 200 ~ 1000$m^3/$（$d \cdot m$），地下水位埋深大于 100m，划分为地下水水源储备区，以确保流域中、下游地下水具备充足的侧向地下径流补给水源。

6）不宜开采区（U_{3-2}）属性与分布特征

吐鲁番盆地东南部紧邻库木塔格沙漠地区，降水稀少，地下水资源匮乏，不具备开发利用条件，划分为不宜开采区。

5. 艾丁湖流域地下水功能区划数量与面积分布特征

在艾丁湖流域，划分地下水功能一级区 37 个，其中地下水适宜开发区 18 个、地下水生态功能保护区 9 个和地下水水源保留区 10 个。在地下水功能二级区中，适宜集中式供水水源区 13 个、适宜分散式开发利用区 5 个、生态敏感区 6 个、坎儿井保护区 3 个、水源储备区 7 个和不宜开采区 3 个，如表 3.27 和图 3.21 所示。从地下水功能区划的各类分区面积来看，地下水适宜开发区面积为 2633km^2，占评价区面积的 23.47%；地下水生态保护区为 1634km^2，占评价区面积的 14.57%；地下水水源保留区为 6953km^2，占评价区面积的 61.96%。

1）地下水功能区划数量分布特征

在艾丁湖流域的 37 个地下水功能一级区划中，高昌区占 11 个，其中地下水适宜开发区 4 个、地下水生态功能保护区 5 个和地下水水源保留区 2 个；鄯善县占 10 个，其中地下水适宜开发区 2 个、地下水生态功能保护区 2 个和地下水水源保留区 6 个；托克逊县占 16 个，其中地下水适宜开发区 12 个、地下水生态保护区 2 个和地下水水源保留区 2 个。

表 3.27　艾丁湖流域地下水功能区划结果

一级功能区				二级功能区				
类型	代码	分区结果		类型	代码	划分结果		属性与区位
		数量/个	面积/km²			数量/个	面积/km²	占评价区比率/%	
地下水适宜开发区	1	18	2633	适宜集中式供水水源区	P_{1-1}	13	13	0.12	城镇及产业园区供水
				适宜分散式开发利用区	Q_{1-2}	5	2620	23.35	乡镇供水
地下水生态功能保护区	2	9	1634	自然生态敏感区	R_{2-1}	6	1483	13.22	罗布泊野骆驼国家自然保护区、艾丁湖国家湿地公园、天然绿洲、骆驼刺–柽柳等植被保护区
				坎儿井保护区	S_{2-2}	3	151	1.35	坎儿井保护区，主要分布于北盆地
地下水水源保留区	3	10	6953	水源储备区	V_{3-1}	7	6162	54.91	北部山区前戈壁带，地下水补给和赋存条件好，生态功能弱
				不宜开采区	U_{3-2}	3	791	7.05	沙漠和南部山区，地下水资源匮乏

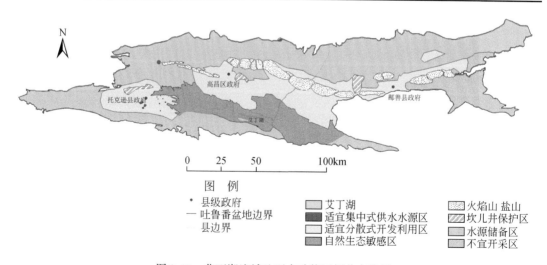

图 3.21　艾丁湖流域地下水功能区划分布特征

在艾丁湖流域的地下水功能二级区划中，高昌区的适宜集中式供水水源区 2 个、适宜分散式开发利用区 2 个、自然生态敏感区 4 个、坎儿井保护区 1 个、水源储备区 2 个；鄯善县的适宜分散式开发利用区 2 个、自然生态敏感区 1 个、坎儿井保护区 1 个、水源储备区 3 个和不宜开采区 3 个；托克逊县的适宜集中式供水水源区 11 个、适宜分散式开发利用区 1 个、自然生态敏感区 1 个、坎儿井保护区 1 个和水源储备区 2 个（表 3.28）。上述区划分布上来看，高昌区自然生态保护任务繁重，而托克逊县工业开采地下水管控任务繁重。

表 3.28　艾丁湖流域各县（区）地下水功能二级区划数量分布情况

县（区）	地下水功能二级区划数量/个						
	适宜集中式供水水源区	适宜分散式开发利用区	自然生态敏感区	坎儿井保护区	水源储备区	不宜开采区	小计
高昌区	2	2	4	1	2	0	11
鄯善县	0	2	1	1	3	3	10
托克逊县	11	1	1	1	2	0	16
合计	13	5	6	3	7	3	37

2）地下水功能区划面积分布特征

在艾丁湖流域的 37 个地下水功能一级区中，高昌区面积为 3739km²，其中地下水适宜开发区面积为 950km²，占该县域面积的 25.41%；地下水生态功能保护区面积为 715km²，占该县域面积的 19.12%；地下水水源保留区面积为 2074km²，占该县域面积的 55.47%。鄯善县一级区分布面积为 4911km²，其中地下水适宜开发区面积为 1030km²，占该县域面积的 20.97%；地下水生态功能保护区面积为 627km²，占该县域面积的 12.8%；地下水水源保留区面积为 3254km²，占该县域面积的 66.20%。托克逊县一级区分布面积为 2570km²，其中地下水适宜开发区面积为 653km²，占该县域面积的 25.41%；地下水生态功能保护区面积为 292km²，占该县域面积的 11.36%；地下水水源保留区面积为 1625km²，占该县域面积的 63.23%（表 3.29）。

表 3.29　艾丁湖流域地下水功能一级区划各县（区）分布情况

县（区）		地下水一级功能区数量/个				地下水一级功能区面积/km²			
		地下水适宜开发区	地下水生态功能保护区	地下水水源保留区	小计	地下水适宜开发区	地下水生态功能保护区	地下水水源保留区	小计
高昌区	数值	4	5	2	11	950	715	2074	3739
	占比/%	10.81	13.51	5.41	29.73	25.41	19.12	55.47	100
鄯善县	数值	2	2	6	10	1030	627	3254	4911
	占比/%	5.41	5.41	16.22	27.03	20.97	12.77	66.26	100
托克逊县	数值	12	2	2	16	653	292	1625	2570
	占比/%	32.43	5.41	5.41	43.24	25.41	11.36	63.23	100
合计		18	9	10	37	2633	1634	6953	11220

在艾丁湖流域的地下水功能二级区中,高昌区的适宜集中式供水水源区面积为 $7km^2$,占该县域面积的 0.2% ;适宜分散式开发利用区面积为 $943km^2$,占该县域面积的 25.2% ;自然生态敏感区面积为 $700km^2$,占该县域面积的 18.7% ;坎儿井保护区面积为 $15km^2$,占该县域面积的 0.4% ;水源储备区面积为 $2074km^2$,占该县域面积的 55.5% 。鄯善县的适宜分散式开发利用区面积为 $1030km^2$,占该县域面积的 21.0% ;自然生态敏感区面积为 $552km^2$,占该县域面积的 11.2% ;坎儿井保护区面积为 $75km^2$,占该县域面积的 1.5% ;水源储备区面积为 $2463km^2$,占该县域面积的 50.2% ;不宜开采区面积为 $791km^2$,占该县域面积的 16.1% 。托克逊县的适宜集中式供水水源面积区为 $6km^2$,占该县域面积的 0.23% ;适宜分散式开发利用区面积为 $647km^2$,占该县域面积的 25.18% ;生态敏感区面积为 $231km^2$,占该县域面积的 9.0% ;坎儿井保护区面积为 $61km^2$,占该县域面积的 2.4% ;水源储备区面积为 $1625km^2$ (表3.30),占该县域面积的 63.23% 。上述二级区面积分布上来看,高昌区工业开采地下水治理和自然生态保护责任繁重,而托克逊县工业开采地下水管控和坎儿井保护责任较大,鄯善县则自然生态和坎儿井保护责任较重。

表3.30　艾丁湖流域地下水功能二级区划面积各县(区)分布情况

县(区)	地下水功能二级区划面积/km^2						
	适宜集中式供水水源区	适宜分散式开发利用区	自然生态敏感区	坎儿井保护区	不宜开采区	水源储备区	小计
高昌区	7	943	700	15	0	2074	3739
鄯善县	0	1030	552	75	791	2463	4911
托克逊县	6	647	231	61	0	1625	2570
合计	13	2620	1483	151	791	6162	11220

3.4.3　艾丁湖流域地下水功能分区管控

1. 适宜集中式供水水源区管控要求

在艾丁湖流域,该类功能分区13个,主要功能是以生活饮用和工业生产用水的集中供给开采地下水为主,年均地下水开采量应不大于各功能分区年许可取水量,合计5224万 m^3/a 。

2. 适宜分散式开发利用区管控要求

在艾丁湖流域,该类功能分区5个,主要功能是以分散方式供给农村生活、农田灌溉和小型乡镇工业用水,一般为分散式或者季节性开采。由于该流域地下水已经处于较严重超采状态,地下水位已大幅下降,所以,未来这些区的水量控制目标是压减开采总规模,至2030年分散式开发利用区地下水开采量由2019年的6.31亿 m^3 压减到5.52亿 m^3 以内,有序实行地下水补采动态均衡。

3. 自然生态敏感区管控要求

在艾丁湖流域，该类功能分区 6 个，主要位于该流域中、下游至艾丁湖湿地分布区，包括骆驼刺、柽柳等天然植被区和艾丁湖国家湿地公园。这类区由于当地降水稀少，生境极为脆弱，地下水生态水位是重点保护目标，由此需严格控制其上游段灌区地下水开采，尽早改变地下水超采状态，确保这类功能区地下水位恢复并维持"适宜生态水位"范围内。

4. 坎儿井保护区管控要求

在艾丁湖流域，该类功能分区 3 个，主要功能是保护我国干旱区独特的水利工程——坎儿井基本功能及其文化价值。应严格控制坎儿井保护区范围内地下水开采量，对于目前过量开采的地区应逐步减少地下水开采量，替换为地表水及其他水源，增加地下水补给水源，确保该类保护区范围内的坎儿井出流量不小于 5810 万 m^3/a。

5. 水源储备区管控要求

在艾丁湖流域，该类功能分区 7 个，主要功能是保护该流域山前戈壁地带的地下水水源补给区，控制该区地下水开采，确保该流域中、下游区地下水可开采资源有效补给。目前和规划期内尚无较大规模开发利用活动分布在该区域。

6. 不宜开采区管控要求

在艾丁湖流域，该类功能分区 3 个，不具备开发利用条件，主要分布在鄯善县东部邻近库姆塔克沙漠地区，以自然环境保护为主，应严禁人类活动干扰。

3.5　干旱区地下水功能评价与区划作用及效应
——以石羊河流域为例

3.5.1　主要需求

在西北内陆流域天然水资源匮乏和人口数量、经济社会用水规模远超当地水资源承载力背景下，如何较为合理地治理地下水超采和修复天然绿洲分布区生态功能，需要针对性分区分级管控，明确哪些区域是地下水生态功能主导区域、哪些区域可以继续作为地下水资源供给或应急保障供给的主导区域。唯有明确各流域平原区地下水的生态功能主导区域、资源功能主导区域和二者交互影响的"脆弱区"，才能够实施分类、分区和分级精准管控，实现有限水资源既支撑自然生态修复保护，又能够支撑人口数量超载背景下经济社会稳定发展。

3.5.2　示范应用效益与作用

"干旱区地下水功能评价与区划理论方法"在石羊河流域地下水超采最为严重的武威盆地和民勤盆地应用表明，该理论方法应用具有如下效益和作用。

1. 明确了评价区地下水资源功能分区状况及其自然属性分布特征

（1）主要成果：①石羊河流域平原区地下水资源功能分区特征与状况；②石羊河流域平原区地下水资源的资源占有性分区特征与状况；③石羊河流域平原区地下水资源的资源更新性分区特征与状况；④石羊河流域平原区地下水资源的资源调节性分区特征与状况；⑤石羊河流域平原区地下水资源的资源可用性分区特征与状况。

上述成果客观地表达了西北内陆典型流域中、下游区地下水资源功能强弱在空间上分布具体范围，从地下水资源功能方面具备了支撑该流域地下水功能区划的功效，将对该流域地下水超采治理、合理开发与预警管控发挥针对性的指导作用。

（2）主要认识：石羊河流域平原区地下水资源功能总体上不"强"；在该流域地下水资源功能"强"的区域，是因为地下水的"资源占有性"较强，而"资源更新性"和"资源可用性"一般，所以该流域地下水资源不具备持续性大规模开采潜力，仅适宜作为"规模开采"战略应急备用水源。

2. 明确了评价区地下水生态功能分区状况及其自然属性分布特征

（1）主要成果：①石羊河流域平原区地下水生态功能分区特征与状况；②石羊河流域平原区地下水对自然湿地景观维持性分区特征与状况；③石羊河流域平原区地下水对天然植被绿洲维持性分区特征与状况；④石羊河流域平原区地下水对农田土地质量维持性分区特征与状况。

上述成果客观表明了西北内陆典型流域平原区自然湿地和天然植被绿洲对地下水埋藏状况依赖性及它们的具体分布范围，从地下水生态功能方面具备了支撑该流域地下水功能区划的功效，对该流域自然湿地、天然植被及基本农田质量等生态保护的规划和管控将发挥针对性指导作用。

（2）主要认识：石羊河流域平原区地下水生态功能现状总体上不强。其中自然湿地景观维持性"强"和"较强"等级（生态敏感区域）分布面积仅占评价区面积的 7.4%（53km^2）；而易发生土壤盐渍化的农田土地质量维持性"强"和"较强"等级的分布面积达 3.75 万亩。由此可见，在西北内陆区湿地修复过程中，防控农田盐渍化加剧的任务相当繁重。

3. 阐明了评价区地下水资源功能与生态功能耦合下分区特征，奠定地下水功能区划基础

（1）主要成果：石羊河流域地下水综合功能分区特征与状况。上述成果客观表明了西北内陆典型流域平原区兼顾地下水资源功能与生态功能的空间上分布特征，从地下水资源功能和生态功能两个方面具备了支撑该流域地下水功能区划的功效,将为该流域地下水超采治理、合理开发与生态保护的针对性管控科学规划提供坚实基础。

（2）主要认识：在综合考虑地下水的资源功能和生态功能条件下,石羊河流域平原区地下水功能总体上"一般"、"弱"和"较弱"等级的累计分布面积占评价区总面积的64.4%,而"强"和"较强"等级的分布面积仅占35.6%,需要水源支撑、亟待修复的天然绿洲区及现已变为荒漠区的区域较大,尤其该流域平原西部,一旦那里的荒漠扩展趋势没有得到根治,造成的影响将超越下游区北部沙漠南侵天然绿洲。

4. 取得具有科学评价支撑的地下水功能区划成果,为针对性地下水超采治理、合理开发与生态保护奠定基石

（1）主要成果：石羊河流域地下水功能区划分布图。上述成果指明了石羊河流域可以、不宜和应限制地下水开发的区域,以及地下水生态功能应重点保护的区域,具备了指引该流域科学规划地下水超采治理、合理开发与生态保护针对性精准管控的功效;同时,还奠定了未来该流域不同类型区地下水合理开发与自然生态退变危机分区分级监测与预警的关键基础。

（2）主要认识：①从地下水功能一级分区来看,石羊河流域平原区需要全面禁止开采地下水的区域分布面积占评价区总面积的比率较小,仅为5.6%,这有利于该流域实施有限目标、有序修复自然生态,同时兼顾经济社会稳定发展合理需水要求的生态文明发展战略;②该流域"地下水适宜开采区"分布面积占评价区总面积的比率达31.8%,表明该流域平原区地下水资源具备较强的战略应急备用水源承载能力,但是地下水资源功能的4项自然属性表征该平原区地下水不具备长期大规模开采的潜力,因为该区地下水资源功能的"资源更新性"、"资源调节性"和"资源可用性"都"较弱";③在石羊河流域平原区,由于"地下水资源-生态脆弱区"分布面积占评价区总面积的62.6%,所以,该流域若更大规模修复天然绿洲生态,将面临严峻的水源不足的挑战。

3.6　小　　结

（1）西北内陆流域平原区地下水系统不仅具有资源功能,维持流域中、下游区生活和生产用水功效,还具有维系自然湿地、天然植被绿洲、泉域景观和农田土地质量等生态功能。地下水位埋深过大或过小,都会导致地下水生态功能退变,引发自然生态系统退化,包括自然湿地消失、天然植被绿洲荒漠化及沙漠化或土壤盐渍化加剧。

（2）西北内陆流域平原区地下水功能状态,与气候变化和中、下游区水资源开发利用状况密切相关;该区地下水生态功能情势主导影响西北内陆流域平原区自然生态系统生境质量,地下水系统均衡状况是其生态功能的保障,在西北内陆区具有独特生态表征。

（3）书中介绍的干旱区地下水功能评价与区划理论方法,是针对西北内陆流域平原区地下水超采治理、合理开发与生态保护亟需科学识别和确定哪些区域是地下水生态功能主导区域、哪些区域可以继续作为地下水资源供给或应急保障供给的主导区域,支撑如何分类、分区和分级精准管控的需求,是基于西北内陆流域水循环过程、地下水与地表水之间频繁转化特点和天然生态强烈依赖地下水生态功能的独特性而创建。

（4）干旱区地下水功能评价与区划理论方法的技术体系为"$1A-2B-7C-14D$"结构，以流域尺度水循环和地下水系统水平衡为约束，以地下水资源占有性、资源更新性、资源调节性、资源可用性的属性状况和地下水开发利用程度，以及地下水维系自然湿地、天然植被绿洲和农田区等生态功能状况作为主要依据，充分考虑地下水超采现实影响，兼顾地表水环境功能分区。

（5）干旱区地下水功能区划是在地下水功能评价成果的基础上，以地下水优势功能与脆弱功能为主导进行圈定范围，达到地下水合理开发与生态有效保护的目的。干旱区地下水功能区划指标体系分为2级，其中一级功能分区划分3种类型，二级功能分区划分为8种亚类型。

（6）干旱区地下水功能评价与区划理论方法在石羊河流域平原区大范围（8170km²）应用，结果明确了哪些区域是地下水生态功能主导区域、哪些区域可以继续作为地下水资源供给或应急保障供给的主导区域；指明了评价区可以、不宜和应限制地下水开发的区域，以及地下水生态功能应重点保护的区域，具备了指引该流域科学规划地下水超采治理、合理开发与生态保护针对性精准管控的功效；同时，还奠定了未来典型流域不同类型区地下水合理开发与自然生态退变危机分区分级监测与预警的重要科学基础。

第4章 石羊河流域地下水生态功能退变危机形成机制与调控

本章重点阐述石羊河流域地下水生态功能退变特征与危机形成机制、地下水生态功能可控性与可恢复性和退变危机标识特征，诠释该流域地下水合理开发与生态保护指标体系、模拟方法和保护技术方案，介绍干旱区湿地保护与周边农田盐渍化智能防控关键技术应用实效，彰显西北内陆典型流域地下水生态功能退变危机形成机制与调控研究最新进展。

4.1 石羊河流域地下水生态功能退变特征与危机形成机制

本书的地下水生态功能是指地下水对陆表生态的维持作用或效应，如果地下水系统发生变化，则生态环境出现相应改变。地下水生态功能主要表现为地下水位和水质对自然湿地、天然植被绿洲和农田土地质量等生态的维持或制约作用。在西北内陆干旱区，地下水生态功能主要取决于地下水位埋深，地下水位埋深过小会引起土壤次生盐碱化、天然植被退化和自然湿地侵蚀基本农田等生态问题［图4.1（a）］；地下水位埋深过大则会引起泉水衰减或消失、河流基流衰减或断流、自然湿地萎缩或消亡和天然植被绿洲荒漠化等生态灾难［图4.1（b）］。

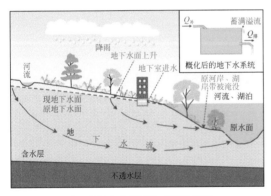
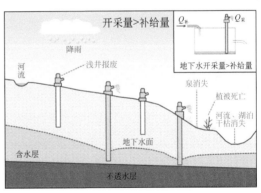

(a) 地下水位上升引起生态环境问题　　　　　　(b) 地下水位下降引起生态问题

图4.1　地下水生态功能与陆表生态情势之间关系

4.1.1 天然条件下地下水生态功能区位特征

在天然状态下，石羊河流域水循环过程决定了地表生境的区位特征、主控因素和地下水生态功能境况（图4.2）。I 区——祁连山区，为流域水资源形成水源区，多年平均年降水量为361mm，地表生境主控因子为降水和气温，地下水赋存于基岩裂隙和山间盆地，地下水生态功能主要表现为水土保持和河流基流维持，出山河水中31.4%的水资源来自山区地下水基流维持，尤其在每年降水及冰雪融水枯水季节彰显地下水维持出山河流的基流功能作用。

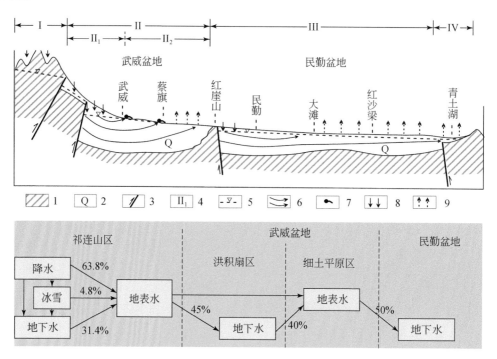

图4.2　天然状态下石羊河流域水循环模式与地下水功能分带性

1. 基岩；2. 第四系；3. 断层；4. 地下水功能分区编号；5. 地下水位；6. 地下径流及方向；

7. 泉；8. 降水入渗补给；9. 陆面蒸发

II 区——武威盆地，为中游区，多年平均降水量为166mm，自产水量不足，水资源主要来自上游祁连山山区出山地表径流的河水。根据地下水埋藏情况，该区进一步划分为山前倾斜冲洪积扇区（II$_1$）和细土平原区（II$_2$）。在山前洪积扇区，地表生境主控因子为降水和河网，该平原区地下水的主导功能是资源功能，地下水的资源占有性、资源更新性、资源调节性和资源可用性等自然属性都"强"，而地下水生态功能弱。在山前洪积扇区前缘的溢出带以下，是细土平原区，天然状态下地下水位埋深为 1~3m，地表生境主控因子为地下水和河网，地下水的资源功能较弱，生态功能强，主要表现为地下水对植被、耕地质量和对下游区基流维持等生态功能，该区40%的地下水补给资源转化为地表水，在20世纪50年代初该区泉水溢出水量达 4.4 亿 m³/a，曾是下游区自然生态的重要水源。

III 区——民勤盆地，为下游区，多年平均降水量为113mm，几乎没有地表产流，水资源主要依赖中、上游河流来水入境补给，天然状态下地下水位埋深为 1~3m，地下水矿化度为 1~5g/L，地表生境主控因子为地下水和河网，该区地下水的资源功能弱，生态功能强，主要表现为地下水对自然湿地和天然植被绿洲及人工绿洲生态维持功能。

　　Ⅳ 区——青土湖区，为石羊河流域尾闾湖分布区，天然状态下地下水位埋深为 1～
3m，地下水矿化度为 3～5g/L，该区地下水的资源功能弱，生态功能强，主要表现为自然
湿地和天然植被绿洲生态维持功能。

　　2007 年开始，石羊河流域实施了综合治理，在流域下游区采取关井压田、农田节水和
种植结构调整等一系列措施，该区地下水位在 2010 年达到最低值之后，逐渐趋于稳定及
局部缓慢小幅回升（图 4.3 和图 4.4），地下水生态功能进入恢复期。但是，目前远未得
到根本性恢复或扭转，尤其绿洲-荒漠过渡带的地下水位埋深仍大于荒漠天然植被"极限
生态水位"深度（大于 10m）。即使全面停止开采地下水，石羊河流域中、下游区地下水
位修复情势仍然不乐观（图 4.5），尤其下游民勤盆地的北部天然绿洲区即使全面停止开
采 50 年之后地下水位埋深仍大于 15m（天然植被的极限生态水位埋深小于 8m 或 10m）。

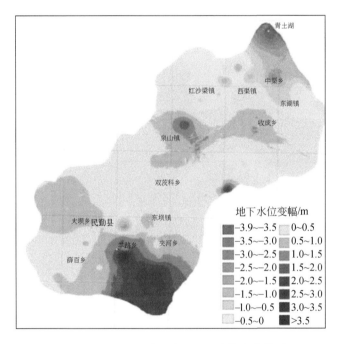

图 4.3　石羊河流域下游区地下水位变化状况

正值表示水位下降，负值表示水位上升

4.1.2　地下水生态功能退变特征与生态效应

1. 地下水生态功能退变效应

　　地处河西走廊东部的石羊河流域是水资源超用、地下水超采及其引发下游自然生态退
化最为典型流域。自 20 世纪 90 年代以来石羊河流域地表水引用率为 78% 以上，成为河西
走廊地表水开发利用程度最高的流域，水资源利用率高达 143%；同时，平原区地下水严
重超采，开采量曾占允许开采量的 202.3%，加之，该流域平原区地下水系统的主要补给

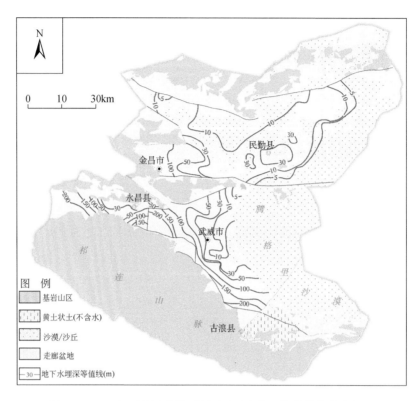

图 4.4　2018 年石羊河流域平原区地下水位埋深等值线分布状况

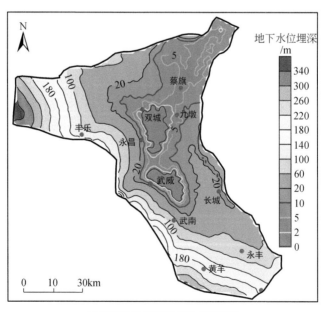

(a) 武威盆地停采 10 年后水位埋深

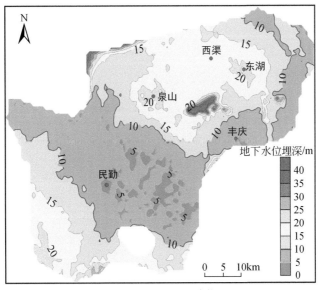

(b) 民勤盆地停采50年后水位埋深

图 4.5　未来石羊河流域中游及下游区地下水位埋深预测结果

水源——出山地表径流绝大部分被中游区灌溉用水拦引而大幅减少，由此，导致石羊河流域中、下游平原区地下水位不断下降，水位埋深远大于当地天然植被的适宜或极限生态水位阈值（深度），致使地下水生态功能失衡（发生危机），青土湖自然湿地水域面积不断萎缩甚至干涸，荒漠天然植被绿洲生态退化和土地荒漠化加剧。

石羊河流域长期超采地下水，还导致山前平原溢出带的泉流量由 20 世纪 50 年代的 4.47 亿 m^3/a，减少至 20 世纪末的 0.70 亿 m^3，衰减率达 84.3%。泉水流量不断衰减，致使依赖泉水灌溉的农田面积由 50 万亩减至现今不足 5 万亩；主要靠拦蓄中游泉水及河（洪）水的红崖山水库（下游民勤盆地主要供给水源）入库水量由 50 年代的 5.45 亿 m^3/a，减少为 20 世纪末的 1.36 亿 m^3/a，减少幅度达 75.1%，加剧了下游区取用和超采当地地下水程度，在下游民勤盆地形成超过 1000km^2 的地下水位降落漏斗分布区，原 110 多万亩耕地目前只有 60 余万亩尚能耕种，其余因沙化而弃耕。50 年代下游区青土湖湿地分布区 2m 多高芦苇现今已退化为鸡爪状芦苇，红沙梁一带 4.8 万亩沙枣树和红柳死亡、8.7 万亩枯梢及衰亡。相对于 20 世纪 50 年代，民勤盆地耕地沙化面积增加 171.6%。

应用本研究创建的"干旱区地下水生态功能退变状态的综合评价识别矩阵方法"，评价结果表明，石羊河流域下游区地下水生态功能状态处于"重度恶化"（灾变）情势的分布面积达 993.4km^2，占天然绿洲区总面积的 53.08%（图 4.6），主要分布在地下水位埋深大于 10m 的区域；地下水生态功能状态处于"中度恶化"（质变）情势的分布面积为 709.8km^2，主要分布在水位埋深为 7~10m 的区域；地下水生态功能状态处于"轻度恶化"（渐变）情势的分布面积为 102.2km^2，主要分布在水位埋深 5~7m 的区域。而地下水生态功能状态处于"良好"情势范围，主要分布在地下水位埋深 2~5m 的区域，占天然绿洲区总面积的比率不足 4.0%。

图 4.6　石羊河流域下游天然绿洲区地下水生态功能情势

由于石羊河流域地下水超采，严重透支地下水储存资源历经 30 多年，所以地下水储存资源亏空巨大，以至即使按照目前生态输水规模，若要全面修复地下水的生态功能和资源功能，需 50 年以上，甚至百年，很难在短时期（10 年内）根本性扭转石羊河流域中、下游区地下水生态功能长期失衡的现实。因此，《民勤生态建设示范区规划》（2018 ~ 2035 年）中明确：①青土湖自然湿地的水域面积，基本维持现状规模；②民勤盆地地下水开发利用量由现状的 0.86 亿 m³/a，至 2035 年在有人工调水情况下减少为 0.60 亿 m³ 以内；③天然植被绿洲区地下水的平均水位埋深，至 2035 年在有人工调水前提下实现年均升幅 0.2m。

2. 地下水生态功能退变危机标志特征

本书中地下水生态功能退变"危机"是指地下水位埋深大于自然生态"极限生态水位"（深度），自然湿地、天然植被绿洲等不同程度失去地下水通过支持毛细作用向其根系层输供水分的能力；或者，地下水位邻近地表，导致包气带表层土壤严重盐渍化，由此抑制天然绿洲植被发育和生长等境况。

在西北内陆区大量调查和监测研究结果表明，当地下水位埋深小于 5m 时，随着水位埋深减小，陆表生态 NDVI 值增大。当地下水位埋深为 3 ~ 5m 时，生态 NDVI 达到最大值。当地下水位埋深大于 5m 时，陆表生态 NDVI 处于较低水平，但是，陆表生态对地下水位变化的响应没有减弱。因此，5m 的地下水位埋深被作为天然植被绿洲"适宜生态水位"

（深度）下限，10m 的地下水位埋深被作为天然植被绿洲"极限生态水位"（深度）下限阈值。

地下水生态功能危机的程度分为"渐变"、"质变"和"灾变" 3 个阶段，它们对应的地表生态退化程度分别为生态轻度恶化、中度恶化和重度恶化。

1）地下水生态功能"渐变"背景下的天然植被生态（轻度恶化）基本特征

在西北内陆平原区，当地下水位埋深大于 5m 时，已超过多数天然植被"适宜生态水位"的深度下限，对地下水埋深依赖性较强的多数草本、灌木和乔木生态状况处于"较差"，甚至凋萎，受夏季降水滋润而短暂生长的耐寒草本灌木除外；天然植被的物种丰富度少于 4 种，且生长状态不佳，天然植被覆盖度低于 50%。当地下水位回升时，上述退化的天然植被生态状态能自行逐步恢复。

2）地下水生态功能"质变"背景下天然植被生态（中度恶化）基本特征

在西北内陆平原区，当地下水位埋深大于 7m 时，大多数天然植被凋萎死亡，植被零星分布，生长状态受到抑制，仅剩靠降水和土壤水维持的稀少草本或干枯梭梭及白刺等，物种丰富度不大于 2 种，陆表生态 NDVI 小于 0.12，天然植被覆盖度小于 25%。一旦发生地下水生态功能"质变"，若要该区地下水位上升恢复至"适宜生态水位"域（3~5m），需要采取强有力措施，流域水循环过程的自然水均衡无法实现上述目的。另外，即使地下水位恢复至"适宜生态水位"范围，陆表生态恢复也需要人工撒种造林干预，否则，短期内难以有效恢复天然植被生态景观。

3）地下水生态功能"灾变"背景下天然植被生态（重度恶化）基本特征

在西北内陆平原区，当地下水位埋深大于 10m 时，绝大多数荒漠植被已死亡，生态 NDVI 小于 0.08，物种丰富度不大于 1，地表多已荒漠化或沙化，植被覆盖度极低。在地下水生态功能已发生"灾变"的区域，即使人工造林撒种，短时期内也难以恢复原有生态。

4.1.3　地下水生态功能退变危机形成机制

1. 地下水生态功能退变与人类活动之间关系

从石羊河流域水土资源开发利用及其引发自然生态退化情势的介绍中已知晓，该流域不仅是河西走廊地区水土资源开发程度较大、地下水超采最为严重和自然生态退化严重的流域，在西北内陆区具有典型性。该流域长期、大规模的水土资源开发利用活动，极大地改变了该流域的自然水循环模式和过程，导致中、下游区地下水生态功能严重衰退，自然湿地和荒漠天然植被绿洲出现严重退化危机。

综合研究结果表明，在石羊河流域，90%以上的天然绿洲生态退化与水土资源没能合理开发利用有关，灌溉农田规模过大是主要动因。根据 1970 年以来的近 50 年该流域水土资源利用、气候变化和地下水位动态资料统计分析结果，人类活动对地下水位下降的影响率占 90%~97%，气候变化的影响率占比不足 10%。自 20 世纪 70 年代初以来，石羊河流域经历了人工绿洲替代天然绿洲的生态退变危机演进过程；从耕地面积与天然绿洲面积之间关系来看，近50年来该流域平原区每增加1hm² 农用耕地，导致1.35～2.07hm² 天然绿洲消失（图4.7）。根据高分辨的遥感解译结果，与1970年相比，2019年石羊河流域耕地面积增加1200km²，同时天然绿洲面积减少1850km²。

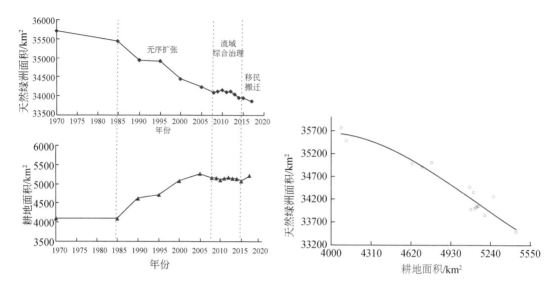

图4.7　1970年以来石羊河流域平原区天然绿洲面积与耕地面积之间互动关系

上游山区大规模拦蓄出山地表径流水量，是石羊河流域中、下游区地下水生态功能退变危机形成的动因。自20世纪70年代初以来，该流域上游区大规模拦蓄出山地表径流水量的程度不断增大，中游区农田灌溉渠引出山地表径流水量不断增加，不仅导致石羊河流域中、下游区生态水被大量挤占，而且造成该流域下游区地下水补给水源减少的程度越来越严重（图4.8）。随着农业灌溉用水的地下水开采量逐年增大，加剧了地下水位下降的幅度，导致下游区地下水生态功能和天然生态退变危机进一步加剧。

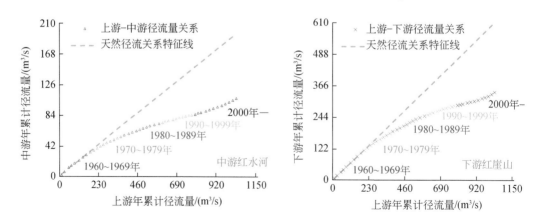

图4.8　大规模拦蓄上游出山地表径流对中、下游径流量影响特征

1）中游区武威盆地

随着石羊河流域中游区耕地面积的增加，农田灌溉引水和用水量不断增加，地表水不能满足灌溉用水需求，由此导致该区机井数量迅速增长（图 4.9），地下水开采量激增，引发严重的负效应：一方面导致地下水位不断下降（图 4.10），泉流量大幅衰减；另一方面造成进入下游的水量大幅减少。

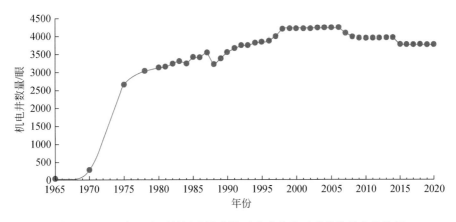

图 4.9　1965 年以来石羊河流域中游区武威盆地开采井数量变化特征

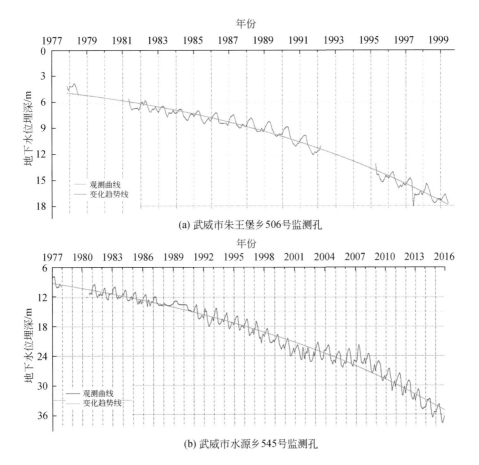

(a) 武威市朱王堡乡 506 号监测孔

(b) 武威市水源乡 545 号监测孔

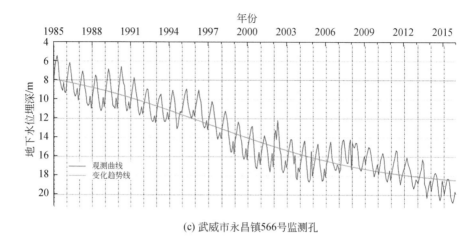

(c) 武威市永昌镇566号监测孔

图 4.10　1977 年以来石羊河流域中游区武威盆地地下水位趋势性下降特征

武威盆地处于民勤盆地和青土湖自然分布区的水源上游，该区大量拦引用出山地表径流水量和中游井灌区大规模开采地下水，不仅导致当地地下水位不断下降，山前洪积扇前缘溢出带的泉流量由 1950 年 4.4 亿 m^3/a 至 2010 年降为 0.43 亿 m^3/a，泉域区地下水生态功能退化，而且由于出山地表径流水量被中游区大规模拦引和山前平原溢出带泉流量大幅衰减，造成进入下游区（通过蔡旗断面）地表径流量由 1967 年的 5.98 亿 m^3/a，至 2002 年减少为 0.84 亿 m^3/a，至 2013 年下游区天然河道来水量仅 0.38 亿 m^3/a。上述这种水土资源过度开发利用的后果，是下游区天然绿洲面积不断萎缩和地下水生态功能退变不断加剧。

从图 4.11 可见，随着中游区农田灌溉（农灌）面积、灌溉水量和地下水开采量增大，该区天然绿洲面积减少，它们之间存在密切相关性。中游区灌溉农田面积不断扩大，驱动拦引出山地表径流水量不断增大，导致流入下游区地表水量不断减少；中游区地下水开采量不断增加，造成当地地下水位不断下降，引发山前平原溢出带的泉流量大幅衰减，导致中游区泉水补给下游区地表水量不断减少，二者叠加影响造成下游区地下水补给资源衰减，加之当地地下水开采量不断增加，造成天然绿洲面积趋势性减少。

2）下游区民勤盆地

自 20 世纪 70 年代初以来，受上游武威盆地大规模拦引出山地表径流水量和当地地下水严重超采影响，民勤盆地可开发利用的水资源量呈不断减少趋势。同时，当地开荒种田面积和灌溉农田用水量不断增大，开源途径是超采地下水。由此，导致当地地下水位趋势性下降，水位埋深由 1960 年的 1~3m，下降至现状的 10~30m（图 4.12）。

1960 年民勤盆地尚于处于天然生态"适宜生态水位"（埋深小于 5.0m）区域的分布范围较大，至 2019 年绝大部分区域的地下水位下降至"极限生态水位"［埋深 10m，图 4.12（a）］之下，地下水生态功能处于"灾变"危机状态。从 20 世纪 70 年代以来的几个井灌区地下水位下降过程来看，2010 年之前石羊河流域下游区地下水位呈现趋势性下降过程［图 4.12（b）］，表明中游区耕地面积不断扩大导致下游区来水量减少，同时，下游

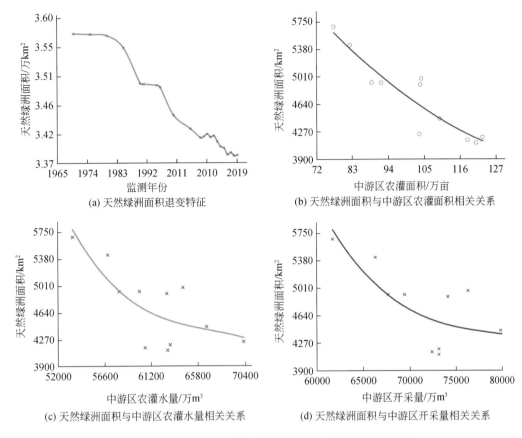

(a) 天然绿洲面积退变特征
(b) 天然绿洲面积与中游区农灌面积相关关系
(c) 天然绿洲面积与中游区农灌水量相关关系
(d) 天然绿洲面积与中游区开采量相关关系

图 4.11　石羊河流域天然绿洲规模萎缩的主要影响因素识别

区农田面积不断扩大导致当地地下水开采量不断增大，它们共同加剧了石羊河流域下游区地下水生态功能退变危机。

3）绿洲–荒漠过渡带

该区地下水生态功能退变危机形成的主要影响因素也是人类活动。在石羊河流域人工绿洲区，农业生态替代了天然生态，人工灌溉成为绿洲生态的主控因素。从图 4.12（a）可知，该流域大部分原绿洲区地下水位埋深由 1960 年的 1～3m，下降至现状的 10～30m，从"适宜生态水位"生境状态演变为"灾变"危机状态，大部分区域的地下水生态功能已经失衡，人为割裂了地表天然生态与地下水系统之间的依存关系。更为严重的是，人工绿洲区地下水位长期、大幅度下降已经波及人工绿洲–荒漠过渡带。由于该带地处地下水位降落漏斗边缘，在地下水水力梯度作用下，人工绿洲–荒漠过渡带地下水被超采漏斗区吸夺，通过侧向地下径流进入超采区，导致该带地下水位埋深也普遍下降至荒漠天然植被的"极限生态水位"深度之下，造成人工绿洲–荒漠过渡带地下水生态功能丧尽（1960 年该区水位埋深为 1～5m），土地荒漠化和沙化越加严重（图 4.13），甚至 2000 年以来该区植被覆盖指数仍呈减小特征，自然生境质量持续恶化，地下水生态功能危机尚未扭转。

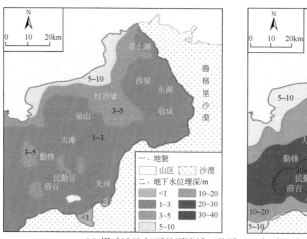
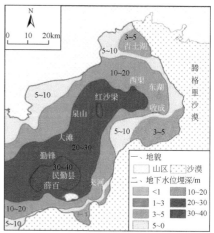

(a) 相对1960年石羊河流域下游区2019年地下水水位退变(下降)状况

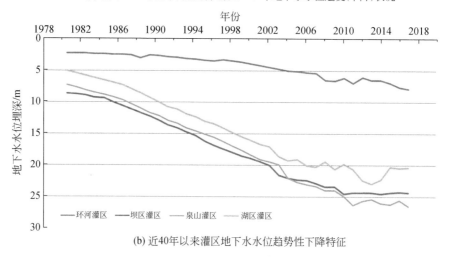

(b) 近40年以来灌区地下水位趋势性下降特征

图4.12　石羊河流域下游区地下水位埋深增大特征

2. 地下水生态功能退变危机主导因素

通过上述分析已知,石羊河流域90%以上的天然绿洲生态退化问题与当地水土资源开发利用不合理——灌溉农田规模过大、水资源长期大规模超用和地下水严重超采等人类活动密切相关。由于西北内陆区地理环境和气候条件独特,决定了"没有灌溉,就没有农业"。随着灌溉农田规模不断扩展,该流域90%以上的出山地表径流水量被山区水库拦蓄和中游区灌溉农田直接引用。但是,干旱气候下有限的天然水资源量难以满足所有灌区农田灌溉用水需求,导致灌溉农业用水的地下水开采量不断扩大,以解决灌溉水源不足问题。与此同时,出山地表径流水量被大规模拦蓄和直接引入中游区农田灌溉,农田灌溉利用系数又不断提高,导致地下水补给水源不断减少,减源开流多方面影响下该流域平原区地下水位不断下降,水位埋深不断增大,远超天然植被的"适宜生态水位"深度,甚至一些区域的地下水位埋深已远超天然植被的"极限生态水位"深度,进而引发地下水生态功

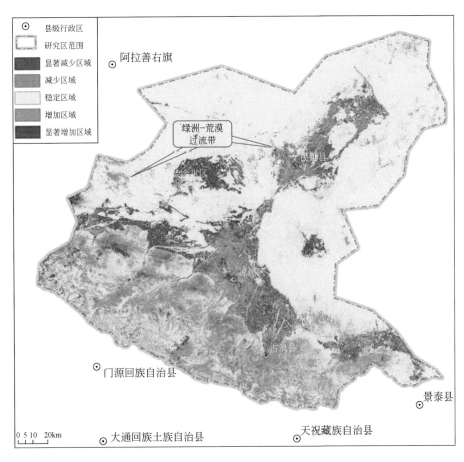

图 4.13　2000～2017 年石羊河流域生态 NDVI 变化分布特征

能退变危机和天然绿洲严重退化，湿地萎缩甚至干涸、大部分天然植被消亡和土地荒漠化等问题加剧。从上述分析来看，灌溉农田面积不断扩大似乎是西北内陆流域下游区天然绿洲退变危机的主导因素。但事实上，这只是表象；根本原因有二：一是西北内陆流域气候干旱，天然水资源为天然性匮乏；从每平方千米赋存的天然水资源数量（即天然水资源模数）来看，新疆各流域平原区地下水的天然资源模数仅为北京平原区模数的 15.22% 和河北平原区模数的 40.17%；甘肃各流域平原区地下水的天然资源模数分别为北京平原区模数的 12.70% 和河北平原区模数的 33.52%。而西北内陆各流域农业灌溉用水量占当地总用水量的比率，则远大于河北平原（小于 65%），西北内陆的许多流域灌溉农业用水量占当地总用水量的比率大于 85%。二是西北内陆各流域人口数量普遍超过当地天然水资源承载能力，如李相虎（2006）通过"近 2000 年以来石羊河流域水资源演变及影响因素"研究结果，石羊河流域多年平均水资源量的适宜承载人口数为 30 万人，但凡超过 30 万人口的时期，该流域下游区天然绿洲规模都会受到不同程度的负面影响，目前该流域人口数量已超过 230 万人。

西北内陆区各流域人口数量不断增加，必然带来生活用水量和安居所必需的粮食和经济收入需求的不断增大，它们驱动灌溉农田规模不断增大和城市化、工业生产等用水量不断增大,而西北内陆区干旱气候不会因为那里的人口数量、灌溉农田和依赖耗水发展产业规模不断增大,而出现降水量显著增多的现实,天然水资源数量仍然匮乏。因此,深刻理解和学会尊重自然、顺应自然和保护自然的新时代生态文明内涵,既充分考虑西北内陆各流域天然水资源天然性匮乏的客观性和现实性,充分理性认知和解决西北内陆流域经济社会用水规模与生态需水规模之间冲突性矛盾,通过调整和优化人类用水行为和相关产业结构,才能够根本性解决,其他途径的可持续性和安全保障性都存在较大的不确定性。

3. 地下水生态功能退变危机形成机制

西北内陆区干旱气候下降水稀少、蒸发强烈,是那里各流域平原区天然水资源匮乏的必然条件,不依人的意志为转移。上述研究结果表明,西北内陆流域地下水生态功能和天然绿洲生态退变危机形成机制中,天然水资源匮乏是根源,人口数量不断增加而驱动粮疏生产所必需的灌溉农田规模不断扩大是动力源(图4.14)。在西北内陆流域,天然水资源匮乏限制着各流域人口数量和灌溉农田规模不宜过大,否则不仅是农业灌溉用水量大规模挤占天然绿洲生态需水量,导致下游天然绿洲因严重缺水而不断退化,还会在枯水年份农田灌溉用水没有足够出山地表水供给保障,导致大规模抽取平原区地下水储存资源,加剧地下水位下降,使水位埋深长期处于天然植被"极限生态水位"深度之下,造成较长时期地下水生态功能处于退变危机情势,引发天然绿洲生态严重退化,甚至消失,以至许多原天然绿洲区出现荒漠化或沙化,如石羊河流域和艾丁湖流域下游区。

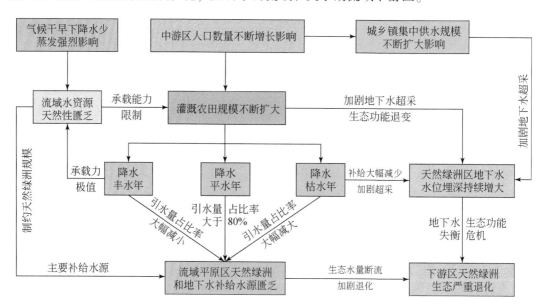

图4.14　西北内陆流域平原区地下水生态功能和天然绿洲退变危机形成与演变机制架构

在西北内陆流域平原区,天然绿洲面积(S_{tr})减少与其上游区及当地灌溉耕地面积(S_{gd})变化相关,二者之间关系受所在流域年均降水量的大小(P)和人口数量(R_p)的多少制约:

$$S_{tr} = S_{tr\text{-}max} - \omega_{PR} S_{gd} \quad (P, R_p) \tag{4.1}$$

式中，$S_{tr\text{-}max}$ 为该流域没有灌溉耕地背景下天然绿洲面积，km^2；ω_{PR} 为研究区年均降水量与人口数量耦合对灌溉耕地规模增大导致天然绿洲面积减少的影响系数，无量纲。

由此可见，西北内陆平原区灌溉耕地规模不断扩大导致流域下游区天然绿洲退变的程度，与该流域降水量大小（气候干旱程度）和人口数量多少之间密切相关。流域年均降水量越小、人口数量越多，ω_{PR} 值越大，即每增加 $1.0km^2$ 的灌溉耕地面积，天然绿洲减少的面积越大，如图 4.15 所示。例如，在降水量较大的甘肃石羊河流域平原区，每增加 $1.0km^2$ 农用耕地，导致 $1.35 \sim 2.07km^2$ 天然绿洲消失，其中在降水偏丰水时期的影响系数（ω_{PR}）趋于 1.35，在降水偏枯水时期的 ω_{PR} 值趋于 2.07。而在降水量不足 50mm 的新疆艾丁湖流域平原区，每增加 $1.0km^2$ 人工绿洲面积，导致天然绿洲面积减少 $2.57 \sim 3.83km^2$，其中在降水偏丰水时期的 ω_{PR} 值趋于 2.57，在降水偏枯水时期的 ω_{PR} 值趋于 3.83。

在西北内陆流域，耕地面积增加对天然绿洲面积减少的影响强度，不仅与生态输水量的增减和天然植被强烈依赖地下水位埋深有关，而且还与干旱气候下强烈蒸散发影响和单位面积灌溉农田耗水强度有关。从流域单元的年均降水量和潜在蒸散力来看，越往西，降水量越小，潜在蒸散力越大，单位面积的灌溉农田耗水量越高，每增加 $1.0km^2$ 灌溉耕地面积导致天然绿洲消失的面积越大，表征着天然水资源匮乏、干旱少雨和蒸发强烈的西北内陆流域的独特生境境况。

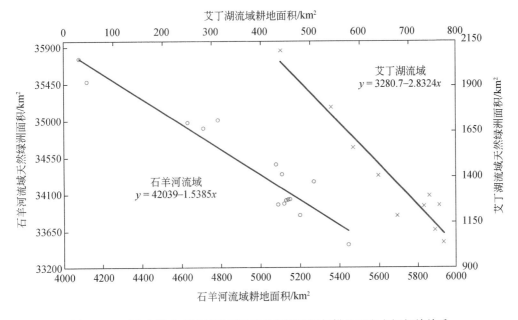

图 4.15　西北内陆典型流域平原区天然绿洲面积与耕地面积之间相关关系

4.2 石羊河流域地下水生态功能可控性与可恢复性

4.2.1 地下水生态功能退变危机难控性

1. 干旱气候制约与天然水资源匮乏

从千年、百年尺度气候变化来看，近50年以来西北内陆区处于降水偏枯、气温偏高时期。基于百年或50年平均的降水量级值，石羊河流域天然水资源难以支撑清朝及其以前各时期的自然湿地规模（图1.4）。石羊河流域多年平均水资源总量为16.59亿 m³/a，总用水量是资源量的1.4~1.7倍，农业用水量占86.6%；地下水资源量为6.89亿 m³/a，开采量是资源量的1.1~1.8倍。按照西北内陆流域水资源适宜开采阈值40%~70%考虑（钱正英和张光斗，2001；刘昌明等，2004；王西琴和张远，2008；贾绍凤和柳文华，2021），石羊河流域适宜的水资源可开发利用量为6.64亿~11.61亿 m³/a；以严重缺水区人均水资源量500~1000m³/a 为标准，6.64亿~11.61亿 m³/a 可开发利用水资源总量的适宜承载人口总数为116亿~132万人。目前，石羊河流域人口数量已达230万人，是该流域水资源可开发利用总量可承载人口数量的1.74~1.98倍，处于严重超载状态。因此，较理想目标下修复下游区自然湿地和荒漠天然植被绿洲面临水资源量严重不足的制约，即使每年人工调入一定数量的生态输水量，也难以持续稳定维系较大范围自然湿地水域面积和荒漠天然植被绿洲所需水量。本书研究表明，在石羊河流域下游区青土湖自然湿地的现状规模（26.6km²）下，恢复至1949年年末该湿地规模（70km²），至少需要增加生态输水量15272万 m³/a。

区域气候（降水、气温）条件决定着西北内陆各流域水资源承载能力（W_{tc}），包括支撑经济社会发展用水（A_{jw}）和维系自然生态需水（B_{sw}），二者合计的规模受制于 W_{tc} 约束，务必 $A_{jw}+B_{sw}<W_{tc}$，否则，人与自然之间和谐度必然遭受不良影响。由于石羊河流域天然水资源匮乏，该流域水资源及地下水承载自然生态之外的用水规模是十分有限的，当人口数量或经济生产用水规模超过 W_{tc} 时，A_{jw} 只能挤占 B_{sw}（维系自然生态水量）。

李相虎（2006）研究结果，近2000年以来石羊河流域多年平均水资源量的适宜承载人口数（记作"R_{yz}"）为30万人；但凡人口数量超过30万人的时期，民勤天然绿洲规模都不同程度萎缩。一个流域 R_{yz}（适宜承载人口数）的大小取决于该流域的 W_{tc} 大小；W_{tc} 与流域降水、气温等变化密切相关，在千年、百年尺度上是变化的。换言之，流域下游自然湿地的水域面积随着气候变干而缩小；石羊河流域下游区自然湿地水域面积明显增大的几个时期，都是降水量较多时期（图1.4和图1.5）。自19世纪以来，石羊河流域处于持续暖干化过程中，承载经济社会发展和维系自然生态的流域水资源承载能力（W_{tc}）进一步衰减，同时，具备挤占生态需水属性的 A_{jw} 则远大于 R_{yz} 约束下相应的水量值，且在短时期内难以逆转，干旱气候制约呈现不可逆性。

2. 生态修复面临水源严重不足

在西北内陆的石羊河流域、黑河流域和塔里木河流域等都已实施各种节水技术措施、人工调水工程和最严格水资源管理制度，包括地下水超采治理和生态修复等规划。但是，由于各流域人口数量、经济社会发展规模及其所需用水量都已远超过流域水资源承载能力，形成"历史欠债"。在现状人口数量、民生用水规模和自然生态修复规划所需基本水量基础上，即使全部开发利用流域天然水资源和增大调水量，该流域生态需水缺口仍然较大，尚难短时期（不大于 10 年）内根本性解决水资源短缺、生态水被大量挤占问题。

4.2.2　地下水生态功能退变可控但具有限性

1. 上游祁连山区可控性

该区地下水生态功能主要为水土保持和河水基流维持功能。从地表植被变化看（图 4.13），2000 年以来整体呈转好趋势，仅局部地区因人类采矿活动出现植被生态退化现象。但是，自祁连山自然保护区建立以来，随着封矿治理和生态移民政策的实施，该区自然生态得到有效恢复和保护，自然生态和地下水生态功能退变呈现可控性。

2. 中、下游荒漠及沙漠区可控性

人工绿洲–荒漠过渡带以外的荒漠、沙漠是西北内陆区干旱气候和天然水资源匮乏的产物，非人力所为，而且，从植被覆盖度变化情况看，无论绿洲区人类活动如何变化，荒漠及沙漠区的地表植被生态多年较稳定（图 2.13），为气候主导区，目前的技术水平下人类还不具备大规模改观能力。

3. 平原天然及人工绿洲区可控性

天然状态下石羊河流域中、下游平原区天然生态与地下水埋藏状况之间密切相关。由于人类过度开发利用水土资源，导致平原区地下水位埋深不断增大，以至该区地下水生态功能丧失，并引发天然生态严重退化。但是，近 10 年以来综合治理的明显成效表明，该区地下水生态功能退变危机可控并可有限修复（图 2.3 和图 2.13）。

在地下水与天然绿洲生态之间关系中，最为敏感影响因子是地下水位埋深变化。选取石羊河流域气温和降水作为气候影响因子，地下水开采量和耕地面积作为人类活动因子，通过复相关分析法，得到气候和人类活动对该流域平原区地下水位变化的影响程度（表 4.1）。自 20 世纪 80 年代以来，石羊河流域中、下游平原区 90% 以上地下水位变化受控于人类水土资源开发利用，尤其是民勤盆地平原地下水位变化受人类活动影响率占 98.3%。这表明在这些区域及其边缘地带地下水生态功能是人力可控的，具有一定的可修复潜力。

表 4.1　自 1981 年以来石羊河流域平原区地下水位变化主要因素影响状况

主要影响因子	气候变化和人类活动对中下游平原区地下水位变化的影响率/%	
	中游（武威盆地）	下游（民勤盆地）
气候变化（气温和降水）	10.1	1.7
人类活动（开采和耕地面积）	89.9	98.3

2007 年开始实施石羊河流域综合治理以来，先后实施了退耕还林、关井压田、农田节水和种植结构调整等措施，民勤盆地地下水开采量下降至小于当地可开采资源量（0.88亿 m^3/a），自 2010 年地下水位达到最低值之后，开始稳定及小幅回升 ［图 4.12（b）和图 4.16］。但是，目前仍远未达到根本性恢复，至 2019 年高水位期该区尚有大片区域地下水位埋深大于 10m ［图 4.12（a）］。按目前的地下水位回升速率（0.1m/a），水位埋深恢复至天然植被适宜生态水位下限深度（5m）以上尚需 50 年或 100 年以上。由此可见，西北内陆流域平原区地下水生态功能修复受制于天然水资源匮乏性影响而呈现有限性。

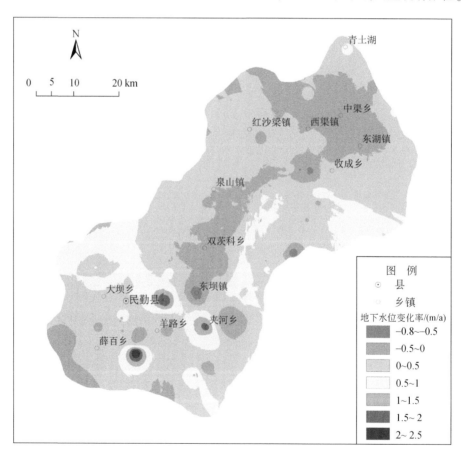

图 4.16　2010～2017 年石羊河流域下游平原区地下水位变化率

正值为水位下降，负值为水位上升

采用地下水数值模拟研究结果，武威盆地和民勤盆地平原区地下水生态功能具有可恢复性。由于水文地质条件的空间差异性，导致不同水文地质单元地下水生态功能的恢复速率不同。中游区武威盆地平原区地下水位恢复能力较强，下游民勤盆地平原区地下水位恢复能力弱。在确保粮食安全和居民生活基本需求的总用水量条件下，即使全面停采地下水，停采之后第 10 年武威市凉州城区以北的细土平原区地下水位埋深可恢复至 5m 以内（图 4.17）。民勤盆地地处流域末端，含水层颗粒细小，地下水位恢复缓慢；民勤盆地南部（民勤县城一带）地下水位恢复快些，停采 50 年之后地下水位埋深可恢复至 5m 以浅，并维持动态稳定（图 4.18）；而该盆地北部的红沙梁–西渠镇一带，若地下水位埋深恢复至 5m，则需要 100 年以上。

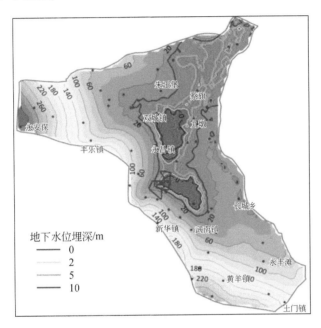

图 4.17　停采 10 年后武威盆地地下水位埋深预测结果

4.2.3　生态输水对地下水生态功能修复具有不可缺少性

在多年人工调入生态输水背景下，石羊河流域自然生态呈现趋势性改善特征（图 2.13）。如果没有人工生态输水，则下游区自然湿地和荒漠天然植被绿洲仍然将呈现退化情势，地下水位难以出现回升，由此，该流域地下水生态功能不会出现修复性改善。

1. 生态修复效果确认方法

在石羊河流域下游自然湿地分布区，生态输水能够形成局部水面或季节性淹没区，有利于补给青土湖湿地分布区地下水，修复地下生态功能，提高潜水通过支持毛细作用输供植被根系层水分的维持能力，从而促进天然植被恢复。考虑生态输水对地下水位埋深和天然植被生态影响的时空效应，建立了干旱区生态输水后地下水生态功能恢复确认的技术框

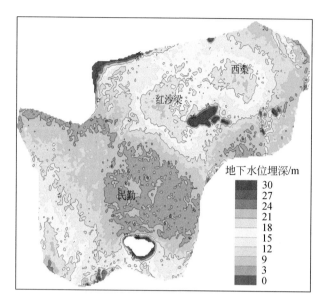

图 4.18 停采 50 年后民勤盆地地下水位埋深预测结果

架，如图 4.19 所示。该框架耦合了遥感解译、趋势检测和数值模拟等技术手段，在多源信息融合基础上，解析生态输水对天然植被恢复影响的空间范围和时间动态特征，基于地下水位埋深对植被生长的驱动机理和地下水位变化对天然植被群落演替的影响机制，构建干旱区天然植被动态模型，预测不同地下水位埋深境况下天然植被生态情势。

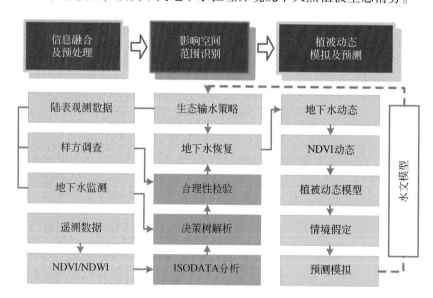

图 4.19 干旱区生态输水后地下水生态功能恢复确认技术框架

干旱区地下水生态功能恢复确认技术框架，包括：①遥测数据、陆表生态样方和地下水动态监测等信息集成模块；②天然植被时空响应特征解析模块；③天然植被动态模拟及生境预测模块。

（1）信息集成模块。收集整理遥测、样方调查和原位观测等多源数据，并进行遥感影像解译和水文资料等数据预处理，为评估生态输水对研究区地下水位和天然植被生态恢复影响提供基础信息。采用遥感数据分析 NDVI 变化，识别天然植被生态情势，并通过归一化水体指数（normalized difference water index，NDWI）检验生态输水形成的季节性水域范围。

（2）天然植被时空响应特征解析模块。采用集成迭代自组织数据分析（iterative self-organizing data analysis，ISODATA）和相关关系分析等方法，构建生态输水下天然植被响应空间范围识别决策树，如图 4.20 所示。在地下水生态功能修复空间范围识别基础上，分别逐年统计 NDVI 影响区与非影响区的空间平均值，以分析生态输水下天然植被响应的时间动态特征。其中，通过影响区 NDVI 与非影响区 NDVI 的对比分析，识别降水、气温等因子变化对 NDVI 动态变化的影响，确定生态输水对 NDVI 动态变化的影响状况。

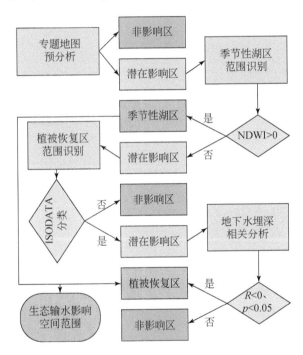

图 4.20　干旱区生态输水下天然植被响应空间范围识别决策树

（3）天然植被动态模拟及生境预测模块。基于 Verhulst 方程（verhulst logistic function）及环境承载力方程（environment carrying capacity function）构建植被动态模型。它以地下水位埋深作为模型输入，以 NDVI 作为模型输出。采用基于马尔可夫链–蒙特卡罗模拟（Markov chain Monte Carlo method）的贝叶斯推理（Bayesian inference）方法，率定植被动态模型参数。

Verhulst 方程为

$$\frac{\mathrm{d}V}{\mathrm{d}t} = b \times V \times \left[1 - \frac{V}{V_{\mathrm{ECC}}(h_{\mathrm{t}})} \right] \tag{4.2}$$

式中，V 为归一化植被指数（NDVI）；b 为内禀增长率；$V_{ECC}(h_t)$ 为植被承载力函数，依据研究区不同植被类型选取，在青土湖湿地分布区宜选取跃变形曲线函数；h 为地下水位埋深；t 为模拟时段的某时刻，在青土湖湿地分布区天然植被动态模拟中取 1 年时间步长。

2. 干旱区自然湿地恢复生态输水阈值

生态输水是目前有效解决西北内陆流域平原区自然湿地和河岸带天然植被绿洲退化问题的重要举措，生态输水阈值是生态输水举措的关键指标术之一。本研究采用概念性集总式生态水文模型模拟与优化方法和地下水-生态模型水均衡法等，解析石羊河流域下游区青土湖自然湿地现状规模维系和保护的生态输水量阈值。

概念性集总式生态水文模型模拟与优化方法：由于西北内陆流域平原区水资源天然性匮乏，需统筹优化生态输水的蒸散发损失水量和绿洲恢复生态效益，所以，采用最小的蒸散损耗而获取最大的生态效益，来确定生态输水量，其思路与架构如图 2.46 所示。

基于 2010~2019 年石羊河流域下游湿地分布区历年生态输水总量、年均地下水位埋深、绿洲面积和绿洲 NDVI 空间均值等资料，预设 24 种生态输水情境，年生态输水量为 0.05 亿~1.2 亿 m³，增减变量阈 0.05 亿 m³。应用上述方法模拟和分析结果表明，石羊河流域下游湿地分布区不同生态输水情境至理想情境的距离最小值，即生态效益和蒸散损耗与理想情境最为接近情境下的生态输水量为 0.45 亿 m³，对应地下水位埋深恢复至 2.34m，湿地面积恢复至 29.16km²，湿地生态 NDVI 恢复至 0.41。

3. 不同生态输水背景下石羊河流域下游区自然湿地生态情势

以 2000 年以来石羊河流域下游区多年来水量及其变化情况作为参考，分别设定 25%、50% 和 75% 的来水频率，作为丰、平、枯水年份平均来水量，对于供给下游区生态水量的红崖山出库水量分别为 2.94 亿 m³/a、2.69 亿 m³/a 和 2.43 亿 m³/a，同时，兼顾如下要求：

（1）在维持青土湖湿地水域面积的需求时，充分考虑上游来水情况、民勤盆地民生合理用水需求，既保证青土湖自然湿地生境质量不断改善，又满足当地经济社会合理发展的用水基本需求。

（2）在丰、平、枯水年周期变化过程中，发挥地下水可调节功能，优化配置地表水与人工调蓄，充分利用流域水循环调节与调控优势互补作用。在丰水年份，利用来水量充沛的优势，足量利用地表水代替地下水水源，充分修复地下水生态功能和储存资源应急保障能力；在枯水年份，面对上游出山地表径流的来水量不足困境，应优先兼顾生活和基本生产用水需求，适度控减向青土湖湿地输水量，或启动应急地下水水源，确保民生基本用水需求和自然湿地生态都不出现难以逆转的退变情境。

基于上述要求，采用地下水-生态模型均衡分析结果表明，维持石羊河流域下游区青土湖湿地现状（26.6km²）规模的生态输水量（下泄补给水量）阈值为 0.45 亿 m³/a。在保障该生态输水量条件下，不仅保持地下水位埋深处于湿地"适宜生态水位"范围，同时，还具维持该流域下游区青土湖湿地的现状水域面积的能力。当生态输水量不大于 0.21 亿 m^3/a（入湖水量<0.14 亿 m^3/a）时，年内枯水期青土湖湿地分布区地下水位埋深将处于湿地"极限生态水位"之下，会出现湿地生态明显退变或"灾变"境况。

考虑石羊河流域下游区现状民生基本合理用水量下，不同水文年可供自然湿地生态输水量（年均应下泄补给水量）和情势如下：

（1）在枯水年，红崖山出库入库水量为 2.43 亿 m^3/a，可供给青土湖自然湿地的生态输水量为 0.19 亿 m^3/a，现状青土湖湿地水域面积难以维持，该湿地生态面临"质变"或"灾变"潜在风险。

（2）在平水年，红崖山出库入库水量为 2.69 亿 m^3/a，可供给青土湖湿地的生态输水量为 0.45 亿 m^3/a，现状青土湖湿地水域面积能维持，且有利于该湿地分布面积稳定并"向好"演变。

（3）在丰水年，红崖山出库入库水量为 2.94 亿 m^3/a，可供给青土湖湿地的生态输水量为 0.70 亿 m^3/a，将促进该湿地的水域面积扩大。

（4）石羊河流域下游区青土湖湿地生态功能修复是一个较为漫长的过程，受超载人口数量的民生用水规模制约，以及气候变化和生态调水规模等因素制约，呈现波动式趋势性恢复过程，短时期（10 年内）难以根本性改变湿地分布区现状生态境况。

4.3　石羊河流域地下水生态功能退变危机标识特征与情势

在西北内陆流域下游区，由于中、上游区大规模拦引出山地表径流，以及中游区灌溉农田用水需求不断扩大，造成下游区地下水补给资源量不断减少、开采量不断增加，导致地下水位不断下降，地下水埋藏深度不断增大，以至地下水生态功能失衡或丧失。如何研判地下水生态功能退化危机的程度，是西北内陆区地下水超采治理和生态保护规划的重要基础。

4.3.1　干旱区地下水生态功能退变危机标识特征与识别指标体系

本研究在识别和界定地下水生态功能退变危机中，侧重其"渐变"、"质变"或"灾变"情势识别。在地下水生态功能"渐变"、"质变"或"灾变"的标识特征（表 4.2）基础上，基于天然植被生态退变的"渐变"、"质变"和"灾变"基本特征的彼此相关联要素构成，选择地下水位埋深、陆表生态 NDVI、天然植被类型、物种丰富度和植被覆盖度等 5 项指标，建立了识别西北内陆流域平原区地下水生态功能退变危机程度的识别技术指标体系（表 4.3）。

4.3.2　干旱区地下水生态功能危机程度识别方法

西北内陆平原区地下水生态功能退变危机程度识别技术指标体系的 4 个等价划分，是依据该区地下水生态功能退变的演进阶段性特征及其与地下水位埋深之间关联性程度，划分为"正常"→"渐变"→"质变"→"灾变"等情势，它们对应的代码分别为 S_{t1}、S_{t2}、S_{t3} 和 S_{t4}。在地下水生态功能退变危机程度识别评价中，4 种情势赋值为 0~1，如表 4.3 所示。

表 4.2　干旱区地下水生态功能退变危机标识特征

预警指标与生态情势		地下水生态功能退变危机标识特征
地下水位埋深 /m	陆表植被生态情势	
1.0~3.2	向好	生态 NDVI、植被覆盖度都明显扩增，且它们与地下水位埋深之间呈正相关
3.2~5.3	正常	生态 NDVI、植被覆盖度呈波动、相对稳定一定范围内的状态，它们与地下水位埋深之间密切互动变化，且天然植被仍然呈现较好的生长情势
5.3~7.4	渐变	生态 NDVI、植被覆盖度呈现持续减小特征，且它们与地下水位埋深之间呈负相关，甘草和矮干芦苇等部分植被物种出现枯萎死亡现象
7.4~10.3	质变	生态 NDVI、植被覆盖度呈现明显衰减特征，且它们与地下水位埋深之间呈负相关，骆驼刺、胡杨、沙枣、红柳等天然植被系统整体上呈现不良生长状态
>10.3	灾变	生态 NDVI、植被覆盖度与地下水位埋深之间相关性消失

表 4.3　干旱区地下水生态功能退变危机程度识别技术指标体系

评价指标		天然植被区不同等级生态功能状态下的指标			
		S_{t1}	S_{t2}	S_{t3}	S_{t4}
地下水位埋深/m		≤3	3~5	5~7	>7
陆表生态 NDVI		>0.20	0.12~0.20	0.08~0.12	≤0.08
物种丰富度/种		≥4	<4	<3	<2
植被覆盖度/%		>50	25~50	10~25	≤10
生态功能状态识别赋值		0.7~1.0	0.5~0.7	0.3~0.5	0~0.3
评价结果	生态状况	良好	轻度恶化	中度恶化	重度恶化
	生态情势	正常	渐变	质变	灾变

有关"植被类型"指标的赋值，主要考虑植被类型"多样性"和"优势种数量"状况，分别进行不同的赋值（表 4.4）。其中将乔木、灌木和草木三类植被齐全，且乔木>灌木>草本的植被类型分布区的指标赋值为 1.0，作为天然植被类型评价指标阈的上限（最大值）；根据植被类型中天然植被减少和优势种数量的变化情况，植被类型指标的赋值依

次递减。

表4.4　干旱区天然植被类型特征及其指标分级赋值

植被类型及优势种	乔木>灌木>草本	灌木>乔木>草本	乔木>灌本	乔木>草本	灌木>草本	仅灌木	草木>灌本	仅草本
指标赋值	≤1.00	0.83~1.00	0.67~0.83	0.57~0.67		0.50~0.57	0.33~0.50	<0.33

基于表4.3的技术指标体系，采用综合指数法作为西北内陆平原区地下水生态功能退变危机程度的识别和评价方法，公式为

$$R_{wj} = \sum_{i=1}^{n} \alpha_{wj}^i X_{wj}^i \tag{4.3}$$

式中，R_{wj}为西北内陆平原区地下水生态功能退变危机程度的综合指数，该值不大于1.0；α_{wj}^i为第i个识别指标的权重；X_{wj}^i为第i个识别指标的标准归一化值（0~1）；n为评价指标的个数，$n=5$。

在西北内陆平原区地下水生态功能危机程度识别中，各项指标权重（α_{wj}^i）可以采用层次分析法或与专家打分相结合方法进行确定。例如，在石羊河流域，地下水位埋深的α_{wj}^i为0.45，生态NDVI的α_{wj}^i为0.15，植被类型的α_{wj}^i为0.15，物种丰富度的α_{wj}^i为0.15和植被覆盖度的α_{wj}^i为0.10。它们可以基于对地下水位埋深变化（下降或上升）过程中的响应关联程度，通过大量样本统计分析而确定。

4.3.3　石羊河流域地下水生态功能退变危机情势

应用"干旱区地下水生态功能退变危机程度识别方法"评估石羊河流域下游区天然绿洲生态状况，结果如图4.6和图4.21所示。

图4.6表明，石羊河流域下游区地下水生态功能状态处于"灾变"（重度恶化）情势的分布面积占天然绿洲区总面积的53.08%，这些区域的地下水位埋深普遍大于10m，NDVI小于0.08，植被覆盖度小于10%，且植被物种单一。地下水生态功能状态处于"质

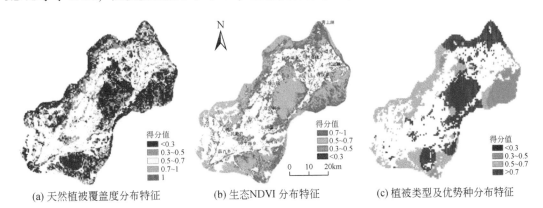

(a) 天然植被覆盖度分布特征　　　(b) 生态NDVI 分布特征　　　(c) 植被类型及优势种分布特征

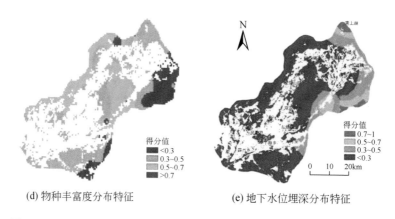

(d) 物种丰富度分布特征　　　　　　　(e) 地下水位埋深分布特征

图 4.21　石羊河流域下游区地下水生态功能退变危机程度的识别指标状况

变"（中度恶化）情势的分布面积占 37.93%，该区水位埋深为 7~10m，NDVI 为 0.08~0.12，植被覆盖度为 10%~25%，植被物种为 2~3 种。石羊河流域地下水生态功能状态处于"渐变"（轻度恶化）情势的分布面积占天然绿洲区总面积的 5.46%，该类型区水位埋深为 5~7m，NDVI 为 0.12~0.20，植被覆盖度为 25%~50%，植被物种大于两种。地下水生态功能状态处于"良好"情势的分布面积占天然绿洲区总面积的比率不足 4.0%，该区地下水位埋深为 2~5m，NDVI 大于 0.20，植被覆盖度大于 50%，植被物种不少于 4 种。

4.4　石羊河流域地下水合理开发与生态保护指标体系

由于甘肃石羊河流域地下水超采，严重透支地下水储存资源历经 30 多年，所以，地下水储存资源亏空巨大，以至即使按照目前生态输水规模，若要全面修复地下水的生态功能和资源功能，需 50 年以上甚至百年，很难在短时期（10 年内）根本性扭转石羊河流域中、下游平原区地下水生态功能长期失衡的境况。因此，《民勤生态建设示范区规划》（2018 年）等明确：青土湖自然湿地的水域面积基本维持现状规模，至 2035 年在有调入输水条件下民勤盆地地下水开发利用量减少至 0.60 亿 m³ 以内，实现天然绿洲区平均地下水位年均升幅 0.2m。

4.4.1　石羊河流域地下水合理开发利用指标体系

石羊河流域水资源（地下水）开发利用技术方案实施，应分为 3 个阶段，分别为 2025 年前、2026~2035 年和 2035 年之后。在 2025 年之前，石羊河流域水资源（地下水）用于经济社会的年均供水量应小于 55%，年均自然生态供水量不大于流域总水资源量的 45%；流域地下水合理开发的预警与管控"阈域"，为不大于 75% 的地下水开采资源量。人工调入生态输水量应优先供给生态修复需水；除了生活用水之外，严禁扩大用水规模。

2026～2035 年，石羊河流域水资源（地下水）量用于经济社会的多年平均供水量应小于 45%，多年平均生态供水量不大于流域总水资源量的 55%。流域地下水合理开发的预警与管控"阈域"，不大于 65%。人工调入生态输水量可以适量供给经济社会发展需水，但杜绝发展或扩大耗水产业规模，应有序取缔高效耗水产业，促使该流域经济社会发展用水规模逐年减少，实现流域经济社会发展用水规模与自然水资源承载力之间"和谐度"提高 30% 以上。

在 2035 年之后，石羊河流域水资源（地下水）量用于经济社会的多年平均供水量应小于 40%，多年平均生态供水量不大于流域总水资源量的 60%。流域地下水合理开发的预警与管控"阈域"，为小于 55% 的地下水开采资源量。严禁新建或扩大耗水产业规模，高效耗水产业基本取缔，实现流域经济社会发展用水规模与自然水资源承载力之间"和谐度"提高 60% 以上。当地下水生态功能得到全面修复之后，应适时提高流域地下水开采资源合理开发预警与管控"阈域"，否则，流域内土壤盐渍化生态灾变问题会日益加剧。在地下水浅埋、易发生盐渍化农田区，应保障一定规模的地下水开采强度，确保基本农田生态安全。

4.4.2　石羊河流域地下水生态功能保护指标体系

在地下水生态功能主导区，包括自然湿地保护区、天然植被绿洲保护区等，应全面禁止开采地下水，同时，应增大已严重超采的生态功能区地下水补给量，全面修复和保护地下水生态功能，避免发生较长时段（连续数月）"质变"，甚至"灾变"，需尽早将生态保护区地下水位埋深恢复至不大于 5.0m 的适宜生态水位范围内，确保自然湿地水域分布区地下水位埋深年内大于 3.0m 的持续时间不大于 3 个月。

本研究结果表明，在石羊河流域中、下游区，当地下水位埋深大于 5m 时，对水位埋深依赖性较强的多数草本、灌木和乔木生态状况"较差"，甚至凋萎，天然植被覆盖度低于 40%，物种丰富度低于 4 种；当地下水位回升时，上述天然植被可自行逐步恢复生态。当水位埋深大于 7m 时，大多数天然植被凋萎死亡，植被零星分布，生长状态受到抑制，仅剩靠降水和土壤水维持的稀少草本或干枯梭梭、白刺等，物种小于等于 2 种，NDVI 小于 0.12，植被覆盖度小于 25%；当地下水位回升时，该区生态自行恢复缓慢或部分恢复。具体指标体系如表 4.2 和表 4.3 所示。

4.5　石羊河流域地下水合理开发与生态保护模拟

石羊河流域地下水合理开发与生态保护数值模拟主要涉及中游区武威盆地和下游区民勤盆地，两个盆地水文地质条件和地下水补给–径流–排泄条件差异较大。因此，分别建立武威盆地地下水模拟模型和民勤盆地地下水数值模型。

4.5.1　武威盆地地下水数值模拟

1. 水文地质概念模型

石羊河流域武威盆地地下水数值模型模拟范围,南部以祁连山山前断裂为界,东部以腾格里沙漠地下水分水岭为界,北部以红崖山南部山前断裂为界,西部以武威盆地与永昌盆地之间的隐伏阻水断层为界,面积为 $3630km^2$。

1) 含水层组概化

模拟区双城以北为多层含水层,地下水开采井多为混层开采,上、下含水层之间存在水力联系。地下水动态观测资料表明,上、下含水层地下水位基本一致,因此,概化为统一的含水岩组进行模拟。

2) 边界条件

模拟区地表高程由 1:5 万数字地形图提取生成,模拟区底界以第四系底界为准,主要依据百余眼钻孔资料,并结合前人绘制第四系厚度等值线确定。

模拟区东边界:与腾格里沙漠的交界处,基于历年地下水流场特征,确定为零流量边界。

模拟区南边界:以隐伏断层为界,对模拟区有较弱的水量补给,定为二类边界。

模拟区西边界:沿祁连山北麓山前逆断层,对模拟区潜流补给,定为二类边界。

模拟区北边界:东西向展布的东大山–龙首山拱断束,由冲断层带组成,构成武威盆地与民勤盆地之间阻水边界,定为零通量边界。

2. 数学模型与求解

1) 数学模型

武威盆地地下水系统为赋存松散岩类孔隙水,可概化为平面非均质各向同性、非稳定地下水流系统,建立满足上述水文地质概念模型的数学模型:

$$\begin{cases} \dfrac{\partial}{\partial x}\left(K_x h \dfrac{\partial h}{\partial x}\right) + \dfrac{\partial}{\partial y}\left(K_y h \dfrac{\partial h}{\partial y}\right) + W_b - W_P = \mu \dfrac{\partial h}{\partial t} \\ h(x, y, o) = h_0(x, y, t_0) \\ K_{xy} h \dfrac{\partial h}{\partial n}\bigg|_{\varGamma_2} = -q(x, y, t) \end{cases} \tag{4.4}$$

式中, h 为含水层地下水位,m; K_x、K_y 为含水层渗透系数,m/d; μ 为含水层给水度,无量纲; W_b 为垂向各补给项强度之和,$m^3/(km^2 \cdot d)$; W_p 为垂向各排泄项强度之和,$m^3/(km^2 \cdot d)$; q 为二类边界单宽流量,$m^3/(km \cdot d)$; $\varGamma_2$ 为二类边界代号; n 为边界内法线方向。

2) 模型求解

采用基于有限差分法的 GMS 6.0 软件建立数值模型,在计算区域内采用矩形剖分和线性插值，将上述数学模型离散为有限差分方程组，然后求解。GMS（groundwater modeling system）软件是美国 Brigham Young University 的环境模型研究室和美国军队排水工程试验工作站开发的，主要用于地下水模拟。该软件整合了许多模型和程序包，具有水流、溶质运移和反应运移模拟等软件，以及建立三维地层实体，进行钻孔数据管理和二维（三维）地质统计分析功能，它适用于孔隙介质三维地下水模拟，是目前国内地下水流和溶质运移模拟方面最常用的软件。

3）初始参数设定

结合已收集数据，将 2007 年 1 月至 2012 年 12 月为模型的识别阶段，2012 年 12 月至 2018 年 12 月为模型的验证阶段。2007 年国务院批复《石羊河流域重点治理规划》以来，石羊河流域实施一系列治理举措，地下水超采治理取得明显成效。基于模拟区 2007 年 1 月潜水含水层的水位统测数据，结合地下水动态监测点资料，采用线型插值方法，确定各节点地下水的初始水位，作为地下水流数值模型模拟的初始流场。

4）水文地质参数分区

20 世纪 60～90 年代，模拟区曾开展过大量水文地质钻探和抽水试验，但是，勘探深度小于 200m，抽水试验及参数计算以稳定流法为主，仅个别地段开展过专门的给水度试验，尚不能较全面客观地反映模拟区水文地质条件。因此，本次研究区在充分利用前人资料的同时，还结合最新试验成果，进行综合对比分析，将武威模拟区划分为 39 个参数分区，确定了相应的 K、μ 等水文地质参数初值（表 4.5）。

5）源汇项处理

模拟区地下水系统的补给项，包括降水入渗、水库渗漏、地表水输送渗漏及其田间灌溉入渗、地下水田间灌溉入渗和山前侧向径流等补给；排泄项，包括潜水蒸发、泉水溢出、人工开采和西北侧向径流等排泄。

（1）降水入渗和水库渗漏补给量：采用国家武威气象站的月气象数据，结合含水层岩性、上覆地层岩性和地貌类型等条件，确定在地下水位埋深小于 5m 区域，且有效降水量大于 10mm 时，降水能入渗补给该区地下水。根据包气带岩性，确定这些入渗区的降水入渗系数为 0.30。

在红崖山水库常年蓄水区，其对地下水的渗漏补给水量与上游来水量、水库库容和水库水位相关。该区面积为 $1.9km^2$，渗漏系数采用 0.90。

（2）河渠渗漏补给量：采用地表水输送渗漏量 ＝［渠首流量×（1.0-综合利用系数）-渠系蒸发量］×0.9（折减系数）式计算，其中综合利用系数是指渠首输送至田间的水量与渠首输送水量的比值，农业灌溉水有效利用系数在东河灌区、古浪河灌区、黄羊灌区、金塔灌区、西营灌区和杂木灌区各不相同，为 0.53～0.58。

根据 2007～2018 年各灌区地表水输送水量数据，结合不同季节农田灌溉实际用水情况，计算模拟区各月份灌溉的实际用水量；模拟中使用 GMS 软件中的 Recharge 模块，计算各灌区地表水输送的渗漏水量。

表 4.5　武威盆地模拟区水文地质参数初值

分区序号	K/(m/d)	μ	分区序号	K/(m/d)	μ
1	22	0.22	21	6	0.12
2	18	0.22	22	9	0.18
3	15	0.20	23	12	0.18
4	25	0.22	24	15	0.20
5	10	0.18	25	7.5	0.12
6	15	0.20	26	7.2	0.12
7	18	0.22	27	6.5	0.12
8	15	0.20	28	8.4	0.15
9	16	0.22	29	8.6	0.15
10	15	0.2	30	15	0.20
11	12	0.18	31	8	0.15
12	13	0.18	32	7.5	0.12
13	9	0.18	33	8.2	0.15
14	6.5	0.12	34	5.5	0.12
15	6	0.12	35	6	0.12
16	5	0.12	36	5.5	0.12
17	8	0.15	37	4	0.12
18	7	0.12	38	8	0.15
19	8.5	0.15	39	4	0.12
20	6.5	0.12			

（3）地下水开采量：模拟区内现有开采井 7205 眼，分布位置如图 4.22 所示。除东河灌区只有零星地下水开采井之外，其他各灌区开采井都较多，尤其永昌灌区和清河灌区，开采井数达 1200 余眼。根据灌区开采井数量和 2007~2018 年开采量，使用 GMS 软件中的 Wells 模块，设定各灌区不同类型开采井的开采量。

（4）田间灌溉入渗补给量：包括河道渠系输送的灌溉入渗和井灌渗漏补给量。渗漏补给量主要受潜水含水层水位埋深、包气带岩性和灌溉水量大小等因素控制。模拟区每年 4~9 月是农田主要灌溉期，10~11 月进行冬灌，产生一定的渗漏渗量。通过 GMS 软件中的 Recharge 模块，计算上述渗漏补给量。

（5）山前侧向径流补给与排泄量：模拟区西部山前有侧向地下径流补给量，西北边界有侧向地下径流排泄量。根据多年地下水流场分布特征，计算模拟区边界带地下水水力坡度和侧向地下径流量。

（6）泉水溢出排泄量：武威盆地是石羊河流域潜水含水层泉水溢出的主要区域。20世纪 50 年代以前，山前出现大量泉水溢出，汇流至石羊河。随着山区水库大量截流和地下水超采，导致地下水位不断下降，以至溢出泉流量不断衰减或消失，多条泉集河干涸。目前，受泉水溢出并汇入补给石羊河的支流仅 4 条。模型中用 Drain 模块模拟该区的泉水

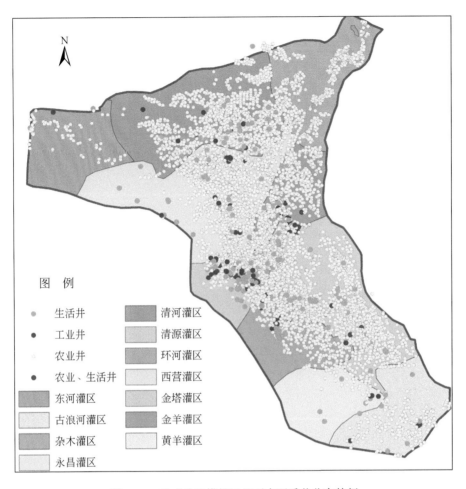

图 4.22　武威盆地模拟区地下水开采井分布特征

溢出，按照月径流数据，计算泉水溢出量。

（7）潜水蒸发量：模拟区局部地段地下水位埋深较浅，潜水蒸发较强烈，为地下水的排泄途径之一。潜水蒸发主要发生在地下水位埋深小于 5m 的地段。潜水蒸发强度与地下水位埋深、包气带岩性、地表植被和气候相关。根据阿维里杨诺夫公式，计算潜水蒸发量。

3. 模型识别与验证

1）模型识别

甄选模拟区地下水位数据翔实、有代表性的地下水动态长观孔 23 眼，分布于各灌区，它们记录了 2007 年 1 月至 2018 年 12 月模拟区地下水位变化状况。2007 年 1 月至 2012 年 12 月为模型的识别阶段，2012 年 12 月至 2018 年 12 月为模型的验证阶段。

通过调整水文地质参数和边界条件，使模型模拟的地下水位与实测水位之差最小，以实现最佳拟合效果。选择 5 个典型地下水观测孔的水位数据，与模型模拟水位进行比较，将各观测孔实测地下水位与模拟水位之间进行拟合（图 4.23）。同时，模拟输出 2012 年

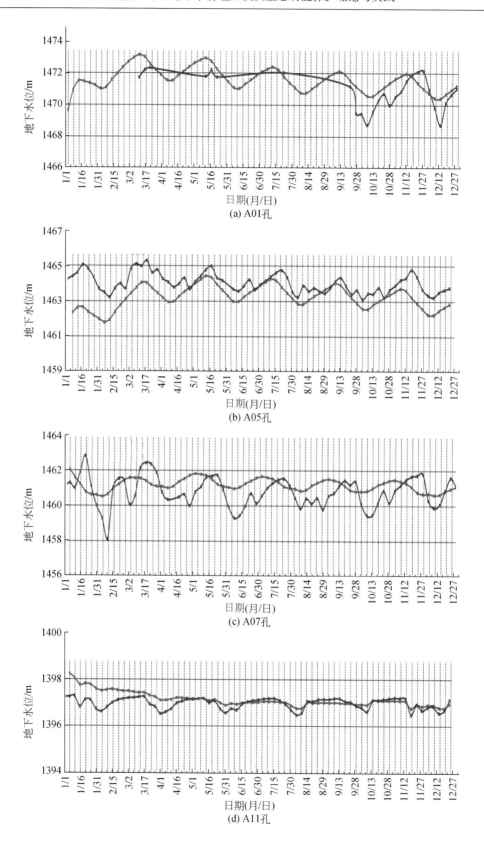

(a) A01孔

(b) A05孔

(c) A07孔

(d) A11孔

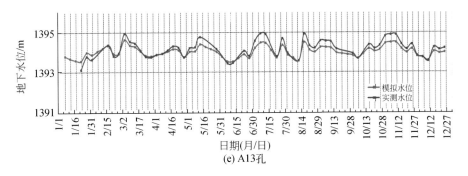

(e) A13孔

图 4.23　武威盆地模拟区识别阶段控制孔地下水位拟合结果

12 月地下水模拟流场，与实际流场进行拟合，结果如图 4.24 所示。从以上 5 个观测孔地下水位拟合结果可见，模拟地下水位动态变化过程的拟合程度较高，两者水位动态变化趋势特征基本吻合；从图 4.24 的地下水流场拟合效果来看，模型较好地反映了模拟区地下水动力场特征，1141 眼观测孔实测地下水位值与计算值之间残差均值为 0.84m，相关系数达 0.99，个别观测值偏差较大，但在 95% 置信区内。

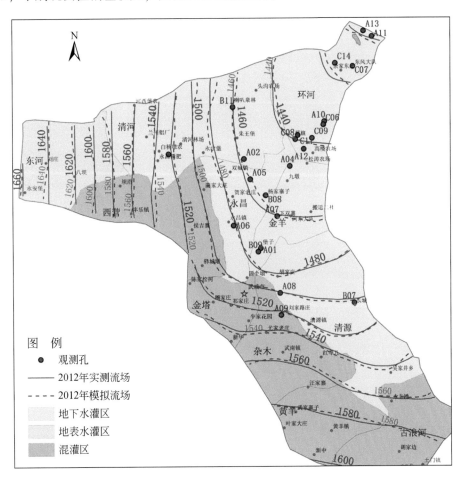

图 4.24　武威盆地模拟区 2012 年 12 月实测地下水流场与模拟流场拟合结果（单位：m）

2）模型验证

2012 年 12 月至 2018 年 12 月为模型的验证阶段。5 眼观测孔地下水位拟合曲线和 2018 年年末地下水流场拟合结果，如图 4.25 和图 4.26 所示。模拟区观测孔实测地下水位与模拟水位动态变化之间相差较小，两者水位动态变化趋势特征一致；模拟的地下水流场与实测流场拟合程度也较高，表明建立的武威盆地地下水流数值模拟模型是可靠的，能够模拟该区地下水动态变化特征和地下水位动态预测。

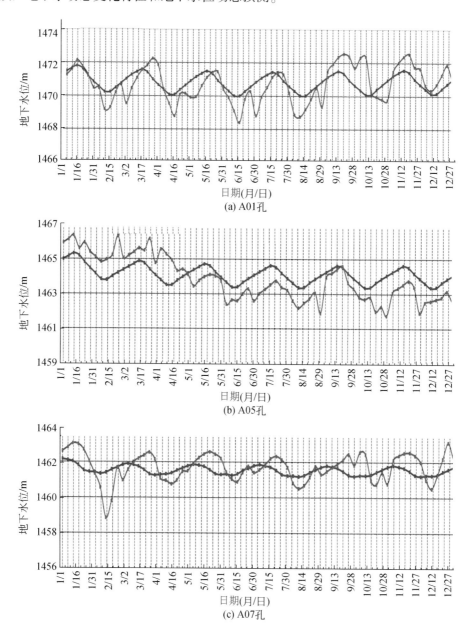

(a) A01孔

(b) A05孔

(c) A07孔

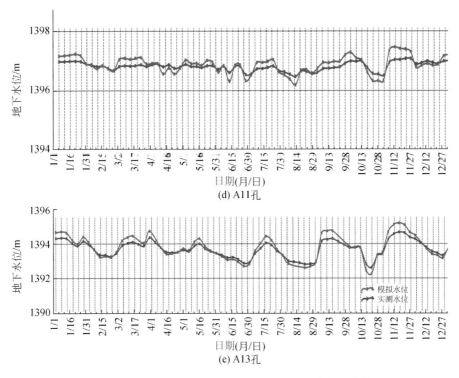

图 4.25　武威盆地模拟区验证阶段控制孔地下水位拟合结果

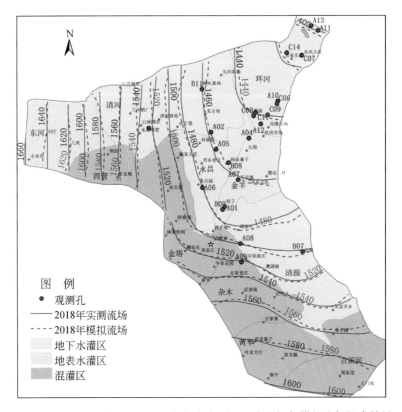

图 4.26　武威盆地模拟区 2018 年年末实测地下水流场与模拟流场拟合结果

4. 水均衡分析

应用上述模型分析武威盆地地下水均衡，结果如表4.6和表4.7所示。

表 4.6　2007~2018 年武威盆地模拟区地下水均衡分析结果　　　　　（单位：万 m³/a）

年份	补给项							排泄项					补排差
	侧向流入	降水入渗	水库渗漏	河道渠系渗漏	渠系灌溉	井灌回归	小计	侧向流出	开采	泉水溢出	蒸发	小计	
2007	21706.6	3031.3	563.8	16359.2	3946.2	17531.0	63138.2	787.3	68731.4	5625.5	937.1	76081.3	−12943.1
2008	22364.1	1157.2	625.8	17595.8	4219.3	15683.4	61645.6	640.8	63328.8	5657.2	776.8	70403.6	−8758.0
2009	21320.1	1217.0	603.4	16773.9	4044.4	15443.9	59402.7	594.4	59395.3	5630.0	984.3	66604.0	−7201.3
2010	20243.3	1557.3	708.9	16858.2	4089.4	14655.8	58112.9	560.7	55720.9	5631.3	1012.6	62925.5	−4812.6
2011	19347.9	3107.8	656.8	15395.4	3743.9	14347.8	56599.6	572.5	55290.9	5632.8	1000.3	62496.5	−5896.9
2012	18643.0	1499.0	836.8	14787.5	3581.9	14460.2	53808.4	576.8	55804.7	5662.8	1038.8	63083.1	−9274.7
2013	17926.3	997.5	805.6	14449.1	3532.1	14452.1	52163.5	579.5	55950.5	5634.3	905.7	63070.0	−10906.5
2014	17303.7	3024.4	782.6	14473.4	3532.2	13104.4	52220.7	583.6	50249.0	5634.9	1048.4	57515.9	−5295.2
2015	16828.7	2445.1	844.6	13931.4	3366.3	13064.6	50480.7	620.6	50144.5	5635.4	1144.9	57545.4	−7064.7
2016	16431.5	2170.0	1050.8	14016.6	3420.7	12934.5	50024.1	608.3	48628.9	5664.5	1184.0	56085.7	−6061.6
2017	15949.7	2439.5	847.0	14153.8	3462.2	12948.4	49800.6	586.0	48781.8	5635.8	1187.7	56191.3	−6390.7
2018	14249.0	2439.5	1145.8	13841.2	3394.6	12956.9	48027.0	525.5	48505.5	5115.8	1150.7	55297.5	−7270.5
合计	222313.9	25085.6	9472.1	182635.6	44333.8	171582.9	655423.9	7236.0	660532.2	67160.3	12371.3	747299.8	−91875.9
年平均	18526.2	2090.5	789.3	15219.6	3694.5	14298.6	54618.7	603.0	55044.4	5596.7	1030.9	62275.0	−7656.3

表 4.7　2007~2018 年武威盆地模拟区各灌区地下水均衡分析结果　　　　（单位：万 m³/a）

灌区	补给项								排泄项						均衡差
	侧向流入	降水入渗	水库渗漏	河道渠系渗漏	渠系灌溉	井灌回归	相邻区补给	小计	侧向流出	开采	泉水溢出	蒸发	相邻区排泄	小计	
东河	8005.8	—	—	1669.3	553.2	72.7	138.1	10439.1	0	763.8	0	0	9881.7	10645.5	−206.3
古浪	1833.7	—	—	700.3	142.2	57.7	555.9	3289.8	0	1033.6	0	0	2698.9	3732.5	−442.7
环河	0	1968.5	828.3	—	—	661.9	829.4	4288.1	580.8	1914.0	0	997.7	29.0	3521.5	766.6
黄羊	2307.4	—	—	1615.2	415.2	97.5	1848.8	6284.1	0	589.7	0	0	5533.6	6123.3	160.8
金塔	1745.0	—	—	2290.3	463.6	92.8	2059.4	6651.1	0	2180.8	147.2	0	4239.6	6567.6	83.5
金羊	0	19.5	—	—	—	3074.4	7180.3	10274.5	0	5450.0	3999.0	11.6	2012.4	11473.0	−1198.8
清河	0	—	—	—	—	3591.9	9822.5	13414.4	0	14293.6	0	0	3835.5	18129.1	−4714.7
清源	0	—	—	—	—	1863.9	10677.9	12541.8	0	11087.9	980.9	0	2603.6	14672.4	−2130.6
西营	2713.4	—	—	3546.0	719.3	59.0	9159.3	16197.0	0	3481.0	0	0	12398.2	15879.2	317.8
永昌	0	101.7	—	—	—	3740.5	13267.2	17109.4	0	8630.4	406.7	56.4	8469.8	17563.3	−453.9
杂木	1219.0	—	—	5047.0	1323.4	325.5	5011.5	12926.4	0	3422.4	34.7	0	8847.9	12305.0	621.4
合计	17824.3	2089.7	828.3	14868.1	3616.9	13637.8	60550.3	113415.4	580.8	52847.2	5568.5	1065.7	60550.2	120612.4	−7197.0

模拟区地下水补给来源主要为山前侧向径流补给、河道渠系渗漏和田间灌溉渗漏补给。其中山前侧向径流补给量占总补给量的 34%，河道渠系渗漏和田间灌溉渗漏补给量占总补给量的 61%，而降水入渗补给量和水库渗漏补给量仅占不足 5%。

模拟区地下水排泄项，地下水开采量占总排泄量的 88%，泉水溢出排泄量占 9%，侧向径流排泄量和潜水蒸发量占 3%。由此可见，山前侧向地下径流量、地表渠系输送水量和人工开采是影响模拟区地下水动态与均衡的主要因素。

2007~2018 年，模拟区地下水平均补给量为 54619 万 m^3/a，平均排泄量为 62275 万 m^3/a，补排差值为-7656 万 m^3/a，整体上武威盆地地下水处于超采状态。

4.5.2　民勤盆地地下水数值模拟

1. 民勤盆地水文地质概念模型

1）模拟区范围

模拟区面积为 4449km²，其潜水系统南部以红崖山水库北部断层-阿拉古山山前为界，西南部边界为民勤和昌宁两盆地之间的分水岭，西北部以隐伏断层为界，北部以青土湖南端为界，东部、东北部边界为腾格里沙漠边缘；承压水系统为北部湖区弱承压含水层分布区域，南部以湖区与泉山灌区为界，其他方向边界与一层潜水含水层保持一致。模拟区地下水系统的顶边界为潜水面，地下水通过顶边界接收入渗补给，以及通过开采和蒸发等方式排泄。以民勤盆地内连续的弱透水性黏土层为下边界，作为隔水边界处理。

2）模拟系统边界条件

模拟区边界类型有两种：隔水边界和流量边界。潜水系统西北部为北山、沙山和莱菔山等剥蚀山地，不存在与巴丹吉林沙漠的水量交换，为隔水边界；同理，模拟区南部红崖山、阿拉古山山前和苏武山边缘带，也为隔水边界。模拟区西部与昌宁盆地之间为地下水分水岭，以及湖区承压含水层与泉山灌区交界处水力交换微弱和阿拉古山之间构造鞍部，向民勤盆地侧向地下径流补给；东部、东北边界腾格里沙漠对民勤盆地地下水存在一定补给，为流量边界。

根据民勤盆地的水文地质条件，模拟区含水层系统由上新世及第四系松散堆积物构成的单一巨厚潜水含水层与多层微承压含水层构成，形成潜水-微承压水系统。潜水含水层系统厚度自南向北由 150m 变为 120m，导水性变弱。潜水与微承压含水层之间存在厚度 30~50m 较完整的弱透水黏土层。模拟区大部分地下水开采井集中在潜水含水层和湖区微承压含水层。因此，模拟区地下水系统由单层潜水含水层与北部双层微承压含水层构成。

2. 民勤盆地数学模型和求解

1）数学模型

模拟区地下水以水平运动为主，垂向运动微弱，符合达西线性渗透定律，地下水运动可概化为二维流。地下水系统输入与输出随时间和空间变化，由此，模拟区地下水为非稳定流。平面上模拟区水文地质参数没有明显方向性，为各向同性；参数随空间变化，为非均质性。因此，民勤盆地地下水数值模拟模型为各向同性、非均质的三维非稳定流模型，为

$$\frac{\partial}{\partial x}\left(K_L \frac{\partial h}{\partial x}\right) + \frac{\partial}{\partial y}\left(K_L \frac{\partial h}{\partial y}\right) + \frac{\partial}{\partial z}\left(K_z \frac{\partial h}{\partial z}\right) + \varepsilon = S \frac{\partial h}{\partial t} \quad (4.5)$$

式中，K_L、K_z 分别为含水层的水平和垂向渗透系数 m/d；h 为含水层地下水位，m；S 为储水率；ε 为源汇项 1/d。

2）模型求解

民勤盆地地下水流数值模拟采用 GMS 软件，结合 MODFLOW 2005 外部程序，采用平面剖分 400m×400m 网格，250 行和 250 列，如图 4.27 所示。将区内的苏武山基岩区定义为非活动单元不参与计算，一层活动单元格共计 27625 个，二层活动单元格共计 11732 个。根据收集到的资料，模拟应力期为 2002 ~ 2018 年，以一个月为一个应力期，共分为 204 个应力期，每个应力期为 1 个时间步长。

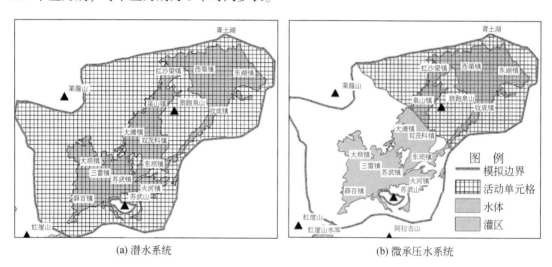

(a) 潜水系统　　　　　　　　　　　　(b) 微承压水系统

图 4.27　民勤盆地模拟区剖分单元分布特征

3）初始条件

根据 2002 年年初民勤盆地地下水位实测值，采用克里格插值法，建立模拟初始流场，如图 4.28 所示。

4）水文地质参数

模拟区潜水含水层系统水文地质参数分区 23 个，微承压含水层系统水文地质参数分区 12 个。各参数分区的初始值是根据含水层岩性、钻孔资料和抽水试验数据等确定。通过地下水流场和观测孔水位过程线拟合，识别含水层参数，最后确定各分区参数值。经过拟合和校正，得出每个分区渗透系数、给水度和储水率等水文地质参数（表 4.8 和图 4.29）。

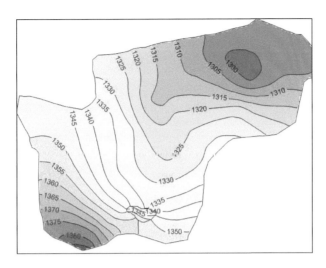

图 4.28　民勤盆地模拟区 2002 年 1 月地下水初始流场（单位：m）

表 4.8　民勤盆地地下水模拟各分区水文地质参数

潜水各分区渗透系数和给水度					
单元序号	$K/(m/d)$	μ	单元序号	$K/(m/d)$	μ
1	4	0.11	13	2	0.10
2	5	0.15	14	2.5	0.14
3	3	0.08	15	5.5	0.10
4	4	0.02	16	5.6	0.10
5	6	0.06	17	3.5	0.10
6	8.5	0.12	18	3.5	0.07
7	4.5	0.15	19	4	0.10
8	8.5	0.16	20	5	0.04
9	6	0.15	21	3.5	0.03
10	10.4	0.18	22	2	0.05
11	8.5	0.19	23	6	0.06
12	6	0.12			
承压水各分区渗透系数和储水率					
单元序号	$K/(m/d)$	S_s/m^{-1}	单元序号	$K/(m/d)$	S_s/m^{-1}
24	4.85	0.10	30	2.20	0.10
25	1.66	0.13	31	1.56	0.10
26	1.55	0.10	32	0.002	0.10
27	5.30	0.10	33	1.44	0.10
28	3.50	0.10	34	0.827	0.10
29	4.80	0.10	35	1.081	0.10

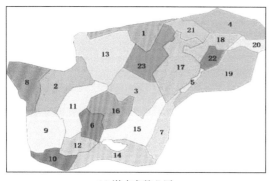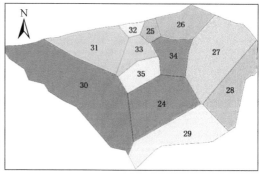

(a) 潜水参数分区　　　　　　　　　　　　　(b) 承压水参数分区

图 4.29　民勤盆地模拟区水文地质参数分区

5) 源汇项

将搜集到的大量源汇项资料，按照时空离散后，输入模拟模型。

(1) 侧向流入补给量和侧向流出排泄量：流量边界的侧向地下径流量，是根据公式估算，考虑断面附近的含水层渗透系数、垂直于断面的地下水水力坡度、断面宽度、含水层厚度、含水层给水度和水文年的天数等要素。

(2) 降雨入渗补给量：采用降雨入渗补给量计算公式确定，考虑降水入渗系数、月降水量和计算区面积。由于模拟区包气带岩性差别不大，所以概化为一个降雨入渗强度分区，降雨入渗补给系数取 0.015；将模拟期内逐月降雨补给强度以 RCH 子程序包形式代入模型。

(3) 潜水蒸发量：根据气象站获取的水面蒸发数据，依据阿维扬诺夫公式计算潜水蒸发量；将模拟期内的逐月蒸发强度以 EVT 子程序包形式代入模型。

(4) 地下水开采量：模拟区地下水开采量的 90% 以上为农业开采，其余为生活和工业开采。由于开采井集中于灌区，开采井位置分布较为均匀，所以将开采量转化为面状开采值，同时考虑将每个乡镇作为独立开采分区，划分 13 个开采分区。按照模拟区农业用水时空特征，把每年地下水开采总量离散于各个月份。生活和工业开采量基本没有季节性差异，由此将其年内各月份开采量基本均匀分配。然后，将各开采分区逐月开采量换算成开采强度，使用 RAW 子程序包代入模型。

(5) 渠系渗漏补给量：是指地表水自红崖山水库输送至模拟区各灌区的过程中，通过各级渠道渗入地下的水量。根据实施调查的各乡镇和子灌区农业用水特征，把年内的渠系引水总量离散于各个月份，并以各乡镇作为分区，计算出渠系渗漏补给强度，使用 RAW 子程序包代入模型。

(6) 灌溉渗漏补给量：按灌溉水的来源，分别计算地表水和地下水的灌溉渗漏补给量，然后，转化为面状的灌溉渗漏补给量；得到各灌区逐月的灌溉渗漏补给量之后，计算出渗漏补给强度，使用 RAW 子程序包代入模型。

6) 模型识别

模型通过水文地质参数合理调整，确保模拟地下水均衡、地下水流场和地下水位动态过程与实测资料相符合，进而达到真实反映民勤盆地内地下水开发利用对地下水动态和生态功能影响过程。模拟模型和验证原则：①模拟期末的地下水流场与实际地下水流场基本一致；②模型中的水文地质参数与模拟区实际水文地质条件相符合；③模拟的地下水位过程动态变化与实测地下水位动态过程基本相似；④模拟的地下水均衡与实际状况基本相符。

根据模拟区监测孔地下水监测数据，形成 2018 年年末实测地下水流场，与地下水模型建立的地下水模拟流场之间进行对比分析，识别和验证模拟的地下水流场相对实际地下水流场的形态是否相符。图 4.30 表明，模型模拟的地下水流场能较好地反映模拟区地下水动态规律和水文地质条件。

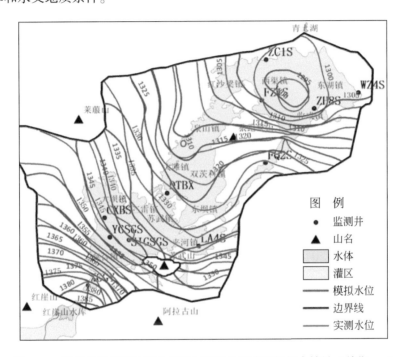

图 4.30　民勤盆地模拟地下水流场与实际地下水流场拟合结果（单位：m）

选择 11 眼典型观测孔，进行长时间序列地下水位拟合。绝大部分观测孔拟合误差小于 4.00%，最大误差为 5.27% 和最小误差为 0.81%，表明民勤盆地地下水模拟模型能够真实地反映模拟区地下水位动态变化状况。

3. 民勤盆地地下水均衡情势

民勤盆地模拟区地下水年均补给总量为 1.15 亿 m^3/a，其中井灌回渗补给量为 0.32 亿 m^3/a，占总补给量的 27.8%；渠系渗漏和地表水灌溉渗漏补给量为 0.49 亿 m^3/a，占总补给量的 42.6%；定流量边界侧向流入补给量为 0.26 亿 m^3/a 和降雨入渗补给量为 0.08 亿 m^3/a，占总补给量的 29.6%。该盆地模拟区地下水年均排泄总量为 2.45 亿 m^3/a，其中开采量为 2.34 亿 m^3/a，占总排泄量的 95.7%；潜水蒸发量为 0.11 亿 m^3/a。由此可见，模拟期模拟区地下水系统处于严重超采状态。但是，自 2015 年综合治理以来，随着地下水压采节水综合治理，地下水开采量已降至 0.90 亿 m^3/a 以下，同时井灌回归补给量也显著减小。

4. 民勤盆地地下水可开采资源量

对于民勤盆地而言，当地天然水资源量十分有限，因此，其可开采量应定义为不对地下水储存资源量造成亏损，不引起地下水位持续下降状态下的地下水开采量。利用多年平均开采量减去多年平均地下水资源亏损量，作为该区可开采资源量。基于上述地下水均衡分析，民勤盆地多年地下水可开采资源量为 1.04 亿 m^3/a。

5. 民勤盆地地下水变化趋势

1）上游来水量预测

民勤盆地内不自产地表径流，唯一的地表水是从南部红崖山水库放水进入盆地的。为缓解民勤盆地缺水现状，2001 年景电二期工程民勤延伸调水工程正式输水，引黄河水流入民勤，设计调水量为 0.61 亿 m^3/a。另外，2006 年开始上游凉州区西营水库落实省政府分水方案向民勤调水。目前，民勤盆地来水量由红崖山水库调蓄流入、景电调水和凉州调水 3 个部分汇集而成。20 世纪 50~60 年代，红崖山水库来水量达 6 亿 m^3/a。之后，来水量不断下降，至 2000 年以后来水量呈现一定范围内波动。自 2011 年以来，来水量趋于稳定为 0.83 亿 m^3/a，其上游的凉州区调水量趋于稳定为 1.34 亿 m^3/a。

对于红崖山水库来水量预测，以 2000 年以来的多年变化状况作为背景，分别以 25%、50% 和 75% 的来水频率作为丰、平、枯水年份的平均来水量。对于调水量，基于近 10 年平均来水量预测，其中景电调水量为 0.83 亿 m^3/a、凉州区调水量为 1.34 亿 m^3/a。综合以上 3 种水源，得到蔡旗断面预测的年径流量，按蔡旗水文站与红崖山水库出库断面之间输水效率以 0.859 计，得出丰、平、枯水年民勤盆地的年来水量：①丰水年，石羊河自然来水频率为 25%，调水量为 2.17 亿 m^3/a，总来水量为 3.42 亿 m^3/a，出库供水量为 2.94 亿 m^3/a；②平水年，石羊河自然来水频率为 50%，调水量为 2.17 亿 m^3/a，总来水量为 3.13 亿 m^3/a，出库供水量为 2.69 亿 m^3/a；③枯水年，石羊河自然来水频率为 75%，调水量为 2.17 亿 m^3/a，总来水量为 2.83 亿 m^3/a，出库供水量为 2.43 亿 m^3/a。

2）开采量及地下水位变化趋势

根据该流域治理规划，未来民勤盆地地下水开采量不断减小，不大于 0.87 亿 m^3/a，直至减少为 0.60 亿 m^3/a 以下，实现该盆地地下水系统正均衡和地下水生态功能不断修复。应用建立的民勤盆地地下水流模型，预测未来 50 年地下水位动态变化，以月为应力期，共 264 个应力期，每个应力期设为 1 个时间步长。选择 21 眼长期观测的监测井作为地下水位观测点，包括地下水漏斗区、一般灌区和沙漠边缘等。

预测结果：民勤盆地地下水水量均衡差值随着开采量减少而减小，各观测孔地下水位变化也是随着地下水开采减少而变小，水位持续上升区域范围较小 [图 4.5（b）]。

4.6　石羊河流域地下水合理开发与生态保护技术方案

4.6.1　流域水资源（地下水）合理开发利用与生态保护基本原则

由于石羊河流域地下水长期超采，严重透支地下水储存资源，以至即使按照目前生态输水规模，全面修复该流域平原区地下水生态功能和资源功能尚需 50 年以上，甚至百年。

因此，若要实现石羊河流域水资源合理开发利用与生态保护的预定目标，需要采取如下原则：

（1）分阶段、有序实现适应水资源（地下水）天然性匮乏性的合理开发模式，需全方位推进低耗水、经济高效的节水型社会发展模式，有序消减，直至杜绝发展高耗水产业和超采地下水。

（2）生态修复应以必需，且极小规模的需水量作为规划基准，充分兼顾经济社会发展合理用水的需求和产业结构调整的耗时性，努力促进自然生态修复保护与经济社会发展共赢，扎实推进石羊河流域生态文明建设，确保民勤不成为第二个罗布泊。

4.6.2　石羊河流域地下水合理开发及生态保护技术方案要点

基于石羊河流域地下水功能评价与区划划分的 3 个一级功能区和 7 个二级功能区（表3.21），结合该流域地下水开发利用与超采现状，以及自然生态保护要求，构建石羊河流域地下水合理开发利用与生态保护的管控技术方案纲要（表4.9）和技术方案（表4.10）。

1. 地下水调控分区及保护目标

在石羊河流域平原区地下水功能区划的基础上，结合各功能分区的生态和经济社会状况，划分了 16 个地下水调控分区，明确了各分区调控和保护目标（表4.10 和图4.31）。

2. 不同分区地下水位与水量约束指标体系

1）绿洲–荒漠过渡带地下水位约束指标

在该过渡带地下水位埋深 2～5m 时，天然植被群落生长状态最佳，生态 NDVI 最高。因此，将维持荒漠天然绿洲生态稳定的水位埋深下限控制在不大于 5m。当地下水位埋深接近地表时，会加剧土壤次生盐碱化，不利于天然植被生长。实地调查和监测数据表明，当地下水位埋深<1.5m 时，0～20cm 土壤含盐量超过 50.00g/kg，可达 80.00～180.00g/kg；当地下水位埋深>2.0m 时，表层土壤含盐量低于 5.00g/kg（农作物不减产的表层土壤含盐量实测值，其中旱区玉米稳产的耐盐阈值为 3.46g/kg、葵花为 5.00g/kg）。因此，将该分区地下水位埋深上限确定为 2m。由此，绿洲–荒漠过渡带地下水位埋深的约束指标为 2～5m。

2）农灌区地下水位约束指标

在武威盆地的山前洪积扇区，包括金塔灌区、杂木灌区、东河灌区、西营灌区、黄羊

表 4.9 石羊河流域地下水合理开发利用与生态保护的管控技术方案纲要

地下水合理开发与生态保护分区	地下水合理开发利用分区	土地利用类型	优势天然植被	控制阈值指标		现状状态		预警对策
				水位	水量	状态判断	趋势判断	
地下水适宜开采区 (K_{sy})	规模利用区 (K_{sy1})	人工绿洲	农田防护林	$h_{K_{sy1}}$	$Q_{K_{sy1}}$	$Q_{开采}>Q_{K_{sy1}}$	$\Delta h_{5年}>0$	维持现状措施，加大监测
						$Q_{开采}>Q_{K_{sy1}}$	$\Delta h_{5年}\leq0$	增大压采，加大监测
						$Q_{开采}=Q_{K_{sy1}}$	/	控制开采，加大监测
						$Q_{开采}<Q_{K_{sy1}}$	/	保持或适量增大开采量
	适宜利用区 (K_{sy2})			$h_{K_{sy2}}$	$Q_{K_{sy2}}$	同 K_{sy1}	同 K_{sy1}	同 K_{sy1}
地下水功能-生态资源-生态脆弱区 (C_{cr})	禁止开采区 (C_{cr1})	自然生态	梭梭、沙枣、白刺	h_{min1} h_{max1}	Q_{min1} Q_{max1}	$h<h_{min1}$	$\Delta h_{5年}>0$	适量开采
						$h<h_{min1}$	$\Delta h_{5年}\leq0$	维持现状措施
						$h_{min1}<h<h_{max1}$		维持现状措施
						$h>h_{max1}$	$\Delta h_{5年}>0$	增大生态补水
						$h>h_{max1}$	$\Delta h_{5年}\leq0$	维持现状措施
	控制利用区 (C_{cr2})	人工绿洲	农田防护林			同 K_{sy1}	同 K_{sy1}	
	控制利用区 (C_{cr3})	人工绿洲	柽柳、梭梭、沙枣、白刺					
	禁止开采区 (C_{cr4})	自然生态	白刺、梭梭、沙枣			同 C_{cr1}	同 C_{cr1}	
	禁止开采区 (C_{cr5})	自然生态	白刺					
	禁止开采区 (C_{cr6})	自然生态	白刺、梭梭					
	禁止开采区 (C_{cr7})	自然生态	白刺					
地下水生态保护区 (B_{bh})	溢出带保护区 (B_{bh1})	耕地	农田防护林			同 K_{sy1}	同 K_{sy1}	
	植被保护区 (B_{bh2})	自然生态	白刺、芦苇、沙枣			同 C_{cr1}	同 C_{cr1}	
	植被保护区 (B_{bh3})	自然生态	白刺、矮芦苇					
	植被保护区 (B_{bh4})	自然生态	白刺					
	湿地保护区 (B_{bh5})	自然生态	芦苇、梭梭、白刺	h_{bh5}	Q_{bh5}	$h<h_{bh5}$	/	维持现状措施
						$h>h_{bh5}$	/	增大生态补水

表 4.10　石羊河流域地下水合理开发利用与生态保护的技术方案（要点）

管控区域	管控分区	地下水主导功能	地下水调控主要保护目标	土地利用类型	水量约束 /（万 m³/a）	水位约束上限 /m	水位约束下限 /m	开采量 /（万 m³/a）	水位埋深 /m	2010 年以来水位变化趋势	20 世纪 60 年代初水位埋深 /m
中游区（武威盆地）	JT 灌区	资源功能	城市生态保障	WW 市主城区	2264.3	10	15~30	971.97	10~30	↓	5~30
	JT 灌区		战略应急保障	农区	4043.8	/	20~150		30~150	↓	10~150
	ZM 灌区		农田生态与民生保障	农区	557.4		100~150	2523.05	>150	↓	5~150
	DHD 灌区	资源功能			3798.8		50~150	3585.08	50~200	↓	>100
	XY 灌区				750.4			1077.78	50~150	↓	10~150
	HY 灌区				590.9		100~150	1565.78	>100	↓	30~150
	GL 灌区				7678.7	2	10~50	1092.30	10~50	↓	50~150
	QY 灌区				778.0		50~150	1030.99	50~150	↓	1~10
	WJJ 灌区				500.6			1440.20	10~30	↓	30~100
	YF 灌区	资源功能、生态功能并重			8233.0	2	10~50	1561.00	10~50	↓	1~10
	YC 灌区				9578.9		10~30	8933.23	10~30	↓	1~10
	QH 灌区				4262.7		5~10	8601.69	10~50	↓	1~3
	JY 灌区	生态功能			3678.2			7757.50	10~30	↓	1~5
	HH 灌区							1921.00	5~10	↓	3~5
下游区（民勤盆地）	HYS 灌区	资源功能	城市生态保障	MQ 县城区	8797.8	10	15~20	8510.00	20~40	↑	5~10
		生态功能	农田生态保障	SQ 农区		2	5~10			↑	<2
			与民生保障	HQ 农区						↑↓	1~3
	西部荒漠区	生态功能	生态安全保障	绿洲-荒漠过渡带	/	5	5~10	0	10~20	↑→	3~5
				荒漠区		5~10	5	0	5~10	→	5~10
	东部荒漠区			荒漠区		2	5	0	2~5	↑	1~3
QTH 自然湿地分布区	湿地分布区				/	/	2	0	1~3	↑	1~3
	湿地外围					2	5	0	5~10	↑	3~5

注：该表中"水位约束"指标为该流域地下水资源功能、生态功能修复和管控阈值的目标；"水量约束"指标为 2025 年之前的管控指标。

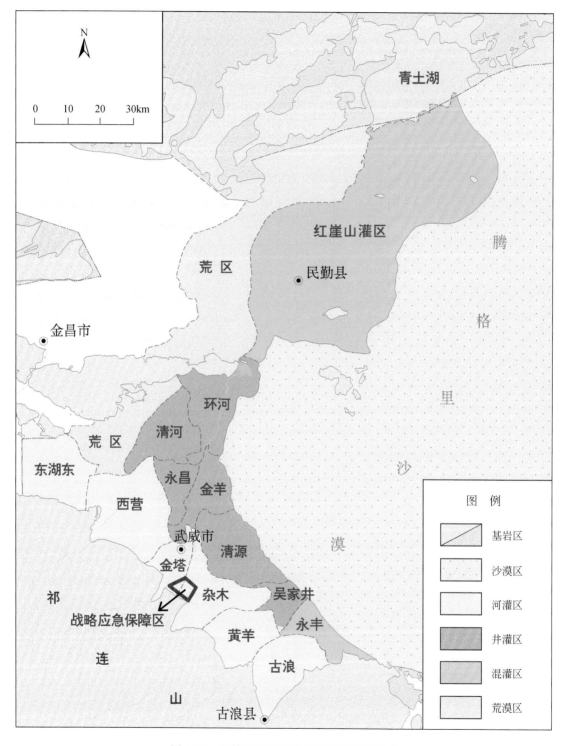

图 4.31　石羊河流域地下水调控与保护分区

灌区和古浪灌区，天然状态下地下水位埋深>10m，地表生态与地下水位埋深之间不存在依赖关系。但是，目前该区地下水位仍处于持续下降状态，综合考虑地下水资源功能恢复与保护的要求，以及下游溢出带生态保护和社会经济发展需求，将武威盆地农灌区地下水位下限控制在20世纪80年代的水平，民勤盆地农灌区地下水位下限控制在70年代的水平。

在武威盆地溢出带以下的灌区和民勤盆地天然绿洲周边灌区，为避免这些灌区土壤盐渍化加剧，地下水位埋深上限为2.0m。由于灌区农田生态主要靠灌溉维持，灌区地下水开采量主导该流域地下水超采状况，所以综合考虑该区地下水升米对其下游绿洲-荒漠过渡带天然绿洲生态水位的影响和地下水作为应急水源的属性，将该区地下水位埋深下限控制在10~15m。

3）主城区及周边区域地下水位约束指标

在武威市主城区（凉州城区）和民勤县城区，根据它们的城市发展规划，地下水空间开发利用深度不大于10m，因此，将城区地下水位埋深上限控制在10m，下限控制在15~20m。

4）水量约束指标

基于模型均衡（2009~2018年）计算结果，确定各分区地下水水量约束指标。以各灌区地下水可采资源量作为约束指标最大值，40%左右的地下水补给资源量作为控制指标的可采资源量。在荒漠天然绿洲区，目前已全面禁采。不同调控区地下水位-水量约束指标如表4.10所示。由于地下水位埋深在空间上变化较大，特别是武威盆地的祁连山山前灌区，同一调控区上、下游地下水位埋深相差也较大，表4.10中给出的最低水位约束是区间值，其中极小为灌区下游边界的地下水位埋深控制值，极大值为灌区上游边界的地下水位埋深控制值。

3. 不同功能分区地下水合理开发及生态保护技术要点

1）石羊河流域"地下水适宜开采区"（K_{sy}）

该区主要分布在武威盆地南部，该区陆表生态与地下水之间相关性差，地下水资源功能"强"，而地下水生态功能"弱"。K_{sy}以水量控制为主导，综合考虑地下水补给资源量，确定地下水可开采量（又称"允许开采量"）作为开采水量约束阈值；基于开采水量阈值约束，确定地下水位的控制阈值，如表4.10和表4.11所示。

2）石羊河流域"地下水资源-生态功能脆弱区"（C_{cr}）

该区主要分布在武威盆地溢出带以北至民勤盆地青土湖以南，包括人工绿洲和人工绿洲-荒漠过渡带，该区地下水资源功能"较弱"，地下水供给能力较低，人类活动导致地下水生态功能退化引发的生态环境问题比较严重。根据陆表生态与地下水埋藏之间关系，划分2个二级分区，"地下水禁采区"和"地下水控制利用区"。在"地下水禁采区"以地下水位埋深控制为主导，以土壤盐渍化（盐碱化）临界水位埋深和地下水生态功能"质变"阈值作为地下水位（埋深）约束指标；基于地下水位约束指标，确定地下水生态功能"质变"阈值约束下的开采水量控制阈值。在"地下水控制利用区"，综合考虑各灌区地下水补给资源量和地下水开采对周边地区"生态水位"影响情势，确定相应开采水量控制阈值；基于开采水量的约束指标，确定相应地下水的水位约束阈值，如表4.10和表4.11所示。

3）石羊河流域"地下水生态功能保护区"（B_{bh}）

该区位于武威盆地溢出带、民勤盆地东部人工绿洲与腾格里沙漠过渡带，以及青土湖及其周边地区，地下水生态功能"强"，生态保护是主要目标。在"溢出带保护区"，根据下游对溢出带泉流量的需求，确定水位控制阈值。在"青土湖湿地保护区及其周边地区"禁止开采地下水，以自然湿地现状水域规模作为保护的最低目标，确定湿地保护区界内地下水位（埋深）控制阈值。在"腾格里沙漠边缘"，以防控土壤盐渍化的地下水位临界埋深和地下水生态功能"质变"阈值作为水位约束指标，确定开采水量阈值，如表4.10和表4.11所示。

4. 石羊河流域地下水合理开发及生态保护技术方案技术路线要点

以"石羊河流域地下水合理开发利用与生态保护管控技术方案纲要"（表4.9）为指南，以现状年地下水位、用水情势和近5年变化趋势，以及自然湿地现状规模作为基础，以"生态安全优先，兼顾经济社会稳定与合理发展用水需求，自然生态保护与经济发展共赢"理念为指导原则，确定地下水"水位–水量"预警与管控指标阈。

1）地下水适宜开采区

首先通过比较现状开采量（$Q_{开采}$）与可开采资源量（$Q_{K_{syl}}$）之间均衡关系，判断开采状态：

（1）若$Q_{开采} > Q_{K_{syl}}$情势，表明处于"超采"状态，现状开采"不合理"；然后，依据近5年该区地下水位变化趋势，确定对策和管控指标阈。若地下水位处于持续下降状态，则确定"需要压采"或"增加地下水补给水量"；若地下水位处于上升状态，则确定"维持现状开采"和"加强监测"。

（2）若$Q_{开采} = Q_{K_{syl}}$情势，表明处于"开采–补给平衡"状态，现状开采"基本合理"，则确定"严格控制现状开采，不新增开采量"。

（3）若$Q_{开采} < Q_{K_{syl}}$情势，表明尚有开采潜力，现状开采"合理"，则确定"保持现状开采量"或"适当增加开采量"，如表4.9所示。

2）自然生态保护区

首先判断现状地下水位埋深（地下水生态功能）状况：

（1）若现状水位埋深（h）<生态水位的上限（h_{bh-min}），且近5年地下水位处于上升趋势，表明该保护区地下水生态功能处于"正常"或"向好"状态，则确定"保持现状措施"；若水位处于不断下降趋势，表明该保护区地下水生态功能处于"不良"或"退变"状态，则确定"增大补给量"或进一步压减保护区周围地下水开采量。

（2）若现状水位埋深（h）>生态水位的下限（h_{bh-max}），且近5年水位呈持续下降趋势，表明该保护区地下水生态功能处于"质变"或"灾变"状态，则确定"进一步加大压采强度"或"增大补给水量"，同时，"加强监测预警和管控力度"。

（3）若现状水位埋深处于 $h_{bh\text{-}min}<h<h_{bh\text{-}max}$，则确定"维持现状措施"，如表4.9所示。

3）人工生态保护区

首先判断现状地下水位埋深（地下水生态功能）状况：

（1）若现状水位埋深（h）<生态水位的上限（$h_{cr\text{-}min}$），且近5年该区地下水位处于不断上升趋势，表明人工绿洲区面临土壤盐渍化加剧风险，则确定"适量增大开采量"，将地下水位控制土壤盐渍化的临界水位埋深之下；若地下水位处于持续下降状态，则确定"维持现状措施"。

（2）若现状水位埋深（h）>植被"极限生态水位"（$h_{cr\text{-}max}$），且近5年水位处于持续上升状态，则确定"维持现状措施"；若近5年水位处于持续下降状态，表明该区面临土壤荒漠化风险，则确定"进一步加大压采强度"或"增大补给水量"，同时，"加强监测预警和管控力度"。

（3）若现状水位埋深处于 $h_{cr\text{-}min}<h<h_{cr\text{-}max}$，则确定"维持现状措施"，如表4.9所示。

5. 石羊河流域中游区武威盆地地下水调控技术方案

1）农田灌溉调控

为保证民生稳定和粮蔬安全，应维持武威盆地各灌区现状耕地面积不变。根据近5年来石羊河流域农田节水的平均水平，即年节水量为10m³/亩，至2025年，亩均灌溉水量由目前的460.3m³降至更合理额度，农田灌溉节水量将全部置换地下水开采量。全国现状亩均灌溉水量为368m³，考虑到西北干旱气候条件和稳定粮食产量，2025~2035年灌溉定额应保持这一合理额度。2030~2035年，按"引大入秦"工程规划，武威盆地配水额完全置换古浪灌区地下水开采量之后，剩余水量可输送至下游严重超采的清源灌区，促进清源灌区地下水减采量全面实现。

为了防止武威城区以北地下水位过高，其他灌区的灌溉开采量维持2030年的水平。2035年之后，尽管"引大入秦"工程规划给武威盆地配水额增至更合理水量，考虑到各灌区地下水开采量已降至可采资源量之下，但应维持2030~2035年的年开采量控制指标不变，调水工程输水可增加用于生态或向民勤生态输水量。

2）其他开采

为维持经济发展和社会稳定，工业用水和生活用水开采量维持现状。2020~2050年，武威盆地各灌区地下水开采调控方案，如表4.11和表4.12所示。基于上述地下水开采量的调控方案，采用地下水模拟模型预测的2025年、2030年、2035年和2050年地下水位埋深变化状况，如图4.32~图4.34所示。

采用上述调控方案，可以实现如下目标：①至2025年后，除东河灌区和金羊灌区外，大部地区可以实现地下水开采补给平衡，局部地区地下水位开始上升；2030年之后至2050年，大部分地区实现地下水位上升；②武威城区地下水位埋深控制在10m深度以下，可保证城区地下空间安全；③武威城区以北的石羊河沿河地带，地下水位埋深控制在2~5m，明显改善河道两侧天然生态环境，同时还能避免大面积土地次生盐碱化；④经济社会发展用水能够得到有效保障，促进武威盆地地下水–生态–经济社会的和谐。

表4.11 石羊河流域不同调控分区地下水调控措施及目标

盆地	调控分区	土地利用类型	地下水管控阈指标 水量约束/(万m³/a)	地下水管控阈指标 水位约束/m 上限	地下水管控阈指标 水位约束/m 下限	地下水现状 开采量/(万m³/a)	地下水现状 水位埋深/m	地下水现状 2010年以来水位变化趋势	地下水调控措施及目标 2020~2025年	地下水调控措施及目标 2026~2035年	地下水调控措施及目标 2035年后
武威盆地	JT灌区	区城区	2264.3	10	10~30	971.97	10~30	↓	维持现状灌溉面积，通过农业节水置换，每年减采2%，遏制水位下降趋势	禁止一定的开采，控制城区水位埋深在10m深度以下，确保地下建筑安全	地下水开采量控制在可采量之下，保持地下水动态平衡
	ZM灌区	农区		—	20~150	2523.05	30~150	↓	维持现状灌溉面积，通过农业节水置换，每年减采2%，遏制水位下降趋势	禁止扩大灌溉面积，地下水开采量维持在可采量之下，期末水位恢复至30~150m，并保持动态平衡	地下水开采量控制在可采量之下，保持地下水动态平衡
	HD东灌区	农区	4043.8	—	20~150	3585.08	30~150	↓	维持现状灌溉面积，通过农业节水置换，每年减采2%，遏制水位下降趋势	禁止扩大灌溉面积，地下水开采量维持在可采量之下，期末水位恢复至30~150m，并保持动态平衡	地下水开采量维持在可采量之下，保持地下水动态平衡
	XY灌区	农区	557.4	—	100~150	1077.78	>150	↓	维持现状灌溉面积，通过农业节水置换，每年减采2%，遏制水位下降趋势	禁止扩大灌溉面积，地下水开采量维持在可采量之下，并保持地下水动态平衡	地下水开采量控制在1500万m³/a左右，保持地下水动态平衡
	HY灌区	农区	3798.8	—	50~150	1565.78	50~200	↓	维持现状灌溉面积，通过农业节水置换，每年减采2%，遏制水位下降趋势	禁止扩大灌溉面积，地下水开采量维持在可采量之下，实现水位在100~150m的动态平衡	地下水开采量控制在可采量之下，保持地下水动态平衡
	GL灌区	农区	750.4	—	50~150	1092.30	50~150	↓	维持现状灌溉面积，通过农业节水置换，每年减采2%，遏制水位下降趋势	禁止扩大灌溉面积，地下水开采量维持在可采量之下，实现水位在50~150m的动态平衡	地下水开采量维持在可采量之下，保持地下水动态平衡
	YC灌区	农区	590.9	—	100~150	8933.23	>100	↓	维持现状灌溉面积，通过农业节水置换，每年减采2%，遏制水位下降趋势	禁止扩大灌溉面积，地下水开采量维持在可采量之下，实现水位在100~150m的动态平衡	地下水开采量控制在可采量之下，保持地下水动态平衡
	QY灌区	农区	8233.0	2	10~30	1030.99	10~30	↓	维持现状灌溉面积，通过农业节水置换，每年减采2%，遏制水位下降趋势	禁止扩大灌溉面积，地下水开采量维持在可采量之下，实现水位在10~30m的动态平衡	保持一定的地下水开采量，地下水位埋深控制在2m深度以下
	WJJ灌区	农区	7678.7	2	10~50	1440.20	10~50	↓	维持现状灌溉面积，通过农业节水置换，每年减采2%，遏制水位下降趋势	禁止扩大灌溉面积，地下水开采量维持在可采量之下，实现水位在10~50m的动态平衡	保持一定的地下水开采量，通过换减少地下水开采，地下水位埋深控制在10~50m深度以下

续表

盆地	调控分区	土地利用类型	地下水管控阈域指标			地下水现状			地下水调控措施及目标		
			水量约束 /(万 m³/a)	水位约束 /m 上限	下限	开采量 /(万 m³/a)	水位埋深 /m	2010年以来水位变化趋势	2020~2025年	2026~2035年	2035年后
武威盆地	WJJ灌区	农区	778.0	50~150	50~150	1440.20	50~150	↓	维持现状灌溉面积,通过农业节水置换,每年减采2%,遏制水位下降趋势	禁止扩大灌溉面积,地下水开采维持在可采量之下,实现动态平衡	地下水开采量控制在可采量之下,保持地下水动态平衡
	YF灌区	农区	500.6	—	50~150	1561.00	50~150	↓	维持现状灌溉面积,通过农业节水置换,每年减采2%,遏制水位下降趋势	禁止扩大灌溉面积,地下水开采维持在可采量之下,实现动态平衡	地下水开采量控制在可采量之下,保持地下水动态平衡
	QH灌区	农区	9578.9	2	10~50	8601.69	10~50	↓	维持现状灌溉面积,通过农业节水置换,每年减采2%,遏制水位下降趋势	禁止扩大灌溉面积,地下水开采维持在可采量之下,实现动态平衡	地下水开采量控制在可采量之下,保持地下水位埋深控制在2m深度以下
	JY灌区	农区	4262.7	2	10~30	7757.50	10~30	↓	维持现状灌溉面积,通过农业节水置换,每年减采2%,遏制水位下降趋势	禁止扩大灌溉面积,地下水开采维持在可采量之下,实现动态平衡	保持地下水平衡地下水位埋深控制在2m深度以下
	HH灌区	农区	3678.2	2	5~10	1921.00	5~10	↑	维持现状灌溉面积,地下水位控制在2m以下	同前期	同前期
民勤盆地	HYS灌区	mq城区	8797.86	10	15~20	8510.00	20~40	↑↓	利用"引大入秦"地表水适当置换地下水开采,通过农业节水置换,每年减采2%,遏制水位下降趋势	利用"引大入秦"地表水置换地下水开采,实现地下水采补平衡	维持一定的开采,置换地下水,控制地下水埋深在深度10m以下,确保地下建筑安全
		qsb区		2	15~20			↑↓	维持现状灌溉面积,通过农业节水置换,每年减采2%,实现地下水面回升	利用"引大入秦"地表水,置换地下水开采,保持地下水回升趋势	维持一定的开采,控制地下水埋深在深度2m以下
		hq灌区		2	15~20			↑	维持现状灌溉面积,通过农业节水置换,每年减采2%,保持地下水回升趋势	利用"引大入秦"地表水,置换地下水开采,保持地下水回升趋势	维持一定的开采,控制地下水位埋深在深度2m以下
	MQ荒漠区	绿洲外围10km	—	2	5~10	0	10~20	↑	增加河道生态输水,恢复地下水位	增加河道生态输水,地下水位恢复至5m深度以内	控制地下水埋深在深度2m以下
		绿洲10km以外	—	2	5~10	0	5~10	→	维持现状	控制地下水位埋深2m深度以下	同前期
	QTH湿地分布区	湿地区	—	—	3	0	1~3	↑	维持现状地表轮灌水规模,控制地下水位埋深不大于3m	同前期	同前期
		湿地外围	—	2	5	0	5~10	↑	封育保护	封育保护	封育保护,控制地下水位在2m深度以下

表 4.12　2020～2050 年武威盆地各灌区地下水开采调控阈值

灌区	不同时段各灌区地下水允许开采量阈值/(万 m³/a)							
	2020 年	2021 年	2022 年	2023 年	2024 年	2025 年	2026～2030 年	2031～2050 年
GL	911.17	807.05	737.64	668.23	598.82	529.41	529.41	0
HY	115.37	0	0	0	0	0	0	0
ZM	2514.77	2061.95	1760.08	1458.20	1156.32	854.44	854.44	854.44
JT	1435.66	1214.80	1067.55	920.31	773.07	625.82	625.82	625.82
XY	2319.46	1859.06	1552.13	1245.20	938.26	631.33	631.33	631.33
FD	216.02	0	0	0	0	0	0	0
YC	7561.12	7319.81	7158.94	6998.06	6837.19	6676.31	6676.31	6676.31
QY	10050.21	9729.46	9515.63	9301.79	9087.96	8874.12	8874.12	5474.12
JY	4746.36	4594.88	4493.90	4392.91	4291.92	4190.94	4190.94	4190.94
QH	11106.89	10752.42	10516.10	10279.79	10043.47	9807.15	9807.15	9807.15
HH	1810.71	1810.71	1810.71	1810.71	1810.71	1810.71	1810.71	1810.71
全区	42787.76	40150.15	38612.67	37075.19	35537.72	34000.24	34000.24	30070.83

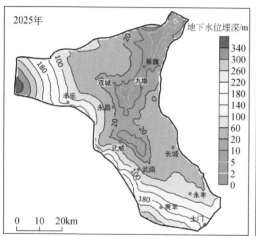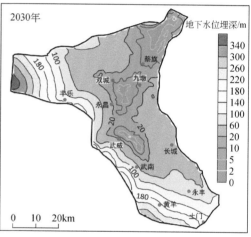

图 4.32　预测 2025 年、2030 年武威盆地地下水位埋深状况

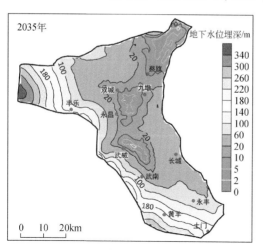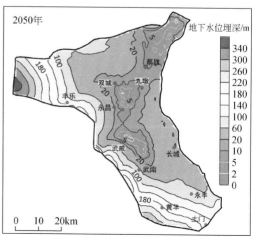

图 4.33　预测 2035 年、2050 年武威盆地地下水位埋深状况

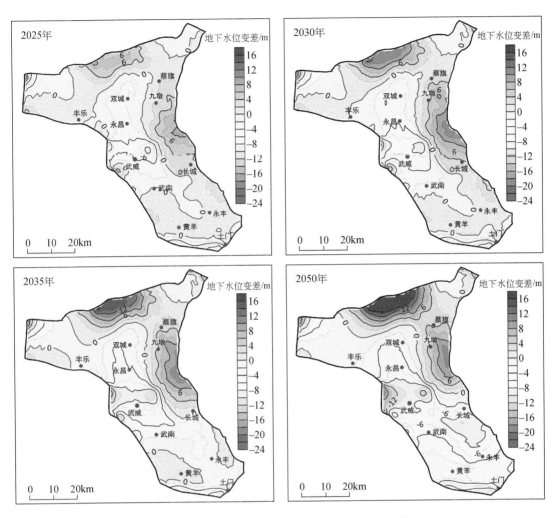

图 4.34　预测不同年份武威盆地地下水位变差状况
负值为上升区

6. 石羊河流域下游区民勤盆地地下水调控技术方案

民勤盆地位于石羊河流域下游，第四纪地层以湖相细颗粒沉积物组成，地下水在垂直向和水平方向的渗透性差，决定了该区地下水恢复周期长。采用民勤盆地地下水流模拟模型预测结果，在该盆地完全停止地下水开采之后，盆地平原区地下水首先向民勤坝区地下水漏斗分布区汇集；50 年之后，民勤坝区地下水漏斗区地下水位上升 16～28m，受该漏斗区地下水位大幅上升拥水影响，民勤西部荒漠区地下水位随之上升 2～10m（图 4.35），将明显促进绿洲-荒漠过渡带地下水生态功能修复。但是，坝区以北的红沙梁-西渠镇一带，由于含水层颗粒更加细小，以至地下径流缓慢，所以，100 年之后该带地下水位埋深也难以恢复至 5m 深度。

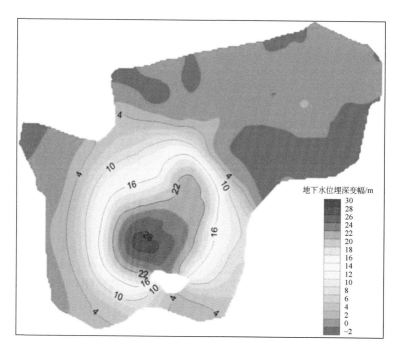

图 4.35 预测停采 50 年后民勤盆地地下水位埋深变幅状况

正值为上升区，负值为下降区

鉴于以上预测境况，充分利用"引大入秦"地表水配额，置换地下水开采量。"引大入秦"向石羊河流域的配水额，在满足下游生态需水量前提下，全部置换地下水开采量。同时，应实施地下水回补工程，疏通大西河古河道，在丰水年将余水泄入河道，增加民勤盆地西部地下水补给水量，促进该盆地天然绿洲区地下水生态功能进一步修复。

4.6.3 石羊河流域水资源配置及地下水生态功能保障

在石羊河流域，基于近 20 年来水资源供用和耗状况，包括农灌、牲畜、居民生活、工业生产和生态环境的用水定额及规模，通过剖析中游区（武威盆地）与下游区（民勤盆地）用水矛盾，以"干旱区地下水功能评价与区划理论方法"确定的地下水功能区划成果为基础，以提升"生态-经济-社会"发展和谐度为目标，应用石羊河流域水资源优化配置模型和多种配置方案指标体系，构建了基于自然与人工调蓄于一体的林-地-水资源统一规划的配水方案。

1. 石羊河流域水系结构特征

1）流域水系结构特征

石羊河水系发源于祁连山东部冷龙岭北坡，自东向西由大靖河、古浪河、黄羊河、杂木河、金塔河、西营河、东大河和西大河等 8 条河流和 11 条小沟小河组成，河流补给来源为山区大气降水和高山冰雪融水，产流面积为 1.11 万 km^2，多年平均天然径流量为 13.62 亿 m^3。该流域水系结构特征，如图 4.36 所示。

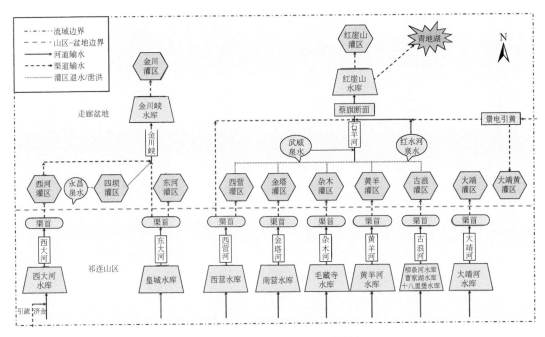

图 4.36　石羊河流域水系结构特征

2）武威与民勤盆地输供水系统结构

武威与民勤盆地的地表水系结构特征，如图 4.37 所示。祁连山区出山径流经西营水库、南营水库、毛藏寺水库和黄羊河水库，以及柳条–曹家–十八里堡水库泄水，依次分别形成西营河、金塔河、杂木河、黄羊河和古浪河 5 条河流，加之武威平原区地下水开采，分别对西营灌区、金塔灌区、杂木灌区、黄羊灌区和古浪灌区进行供给灌溉用水。流经各个灌区的五条河最终汇集形成石羊河干流。

为了改善民勤盆地生态环境，近年来修建了西营河向民勤盆地调水的输水渠道。至此，西营河向民勤的调水、景电二期延伸工程所引的黄河水与上游来水，共同汇集到蔡旗断面，进入红崖山水库。红崖山水库出流，一部分进入红崖山灌区（下游民勤灌区），与民勤盆地地下水一起构成盆地灌区供水水源；另一部分由专门的输水渠道，输送至流域尾闾湖区——青土湖自然湿地，作为生态输水专线保障工程，维持青土湖自然湿地现状水域规模（26.6km²）耗水。

2. 流域水资源多目标优化配置

1）水资源优化配置指导思想

①节水优先，空间均衡，系统治理，对于天然水资源匮乏地区，加强水资源调度，保证区域经济正常运行；②从公平角度出发，确保城乡居民都能够享受到应有的水源和良好生态环境；③不断推进提高水资源利用效率，保证生态系统水供给和合理配置，维持生态系统平衡和经济社会稳定发展。

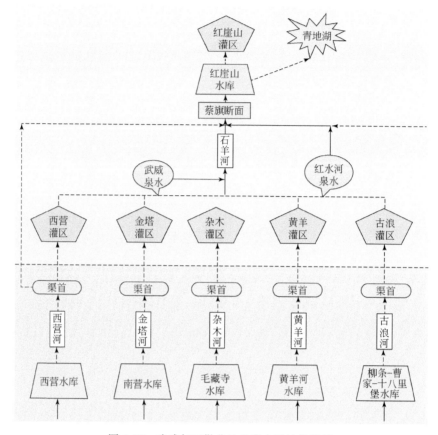

图 4.37　武威与民勤盆地地表水系结构特征

2）水资源优化配置模型

武威盆地与民勤盆地之间由红崖山水库进行连接，如图 4.38 所示。上游水库泄水量（WW_1）流经武威盆地，经当地的开发利用之后，剩余水量（WW_2）与景电工程延伸工程调水量（$W_{外调}$）和西营河向民勤调水量（WQ_1）汇集至蔡旗断面，进入红崖山水库；然后，由水库下泄水量（WQ_2）进入民勤灌区。WQ_2 水量在民勤盆地消耗殆尽，不存在单元间的水资源交换情况。

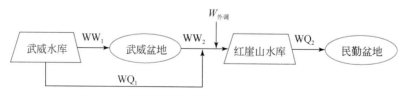

图 4.38　石羊河流域地表水资源配置与转化关系

3）基于地下水功能区划的水资源优化配置

应用"干旱区地下水功能评价与区划理论方法"，确定石羊河流域地下水功能的不同类型分区，包括地下水规模开采区、地下水适量开采区、湿地保护区、天然植被保护区、耕地质量保护区和地下水禁止开采区等，建立自然与人工调蓄于一体的林−地−水资源统一规划的地下水合理开发利用配置方案。

　　4）可供水量

　　地表水可供水量主要为流域内古浪河、黄羊河、杂木河、金塔河和西营河5条河流的出山口地表径流水量，丰水年为10.95亿 m³、平水年为9.38亿 m³ 和枯水年为8.04亿 m³。2011年至今西营河向民勤输水工程运行以来，蔡旗断面处红崖山水库的出流量观测值为0.87亿 m³/a。地下水可供水量不大于现状开采量，其中武威盆地为3.38亿 m³/a、民勤盆地为0.85亿 m³/a。

　　5）青土湖生态输水量

　　2016~2019年石羊河流域民勤盆地蔡旗断面过水总量为3.37亿~4.01亿 m³/a，其中西营河调水为1.11亿~1.43亿 m³/a，景电二期向民勤调水量为0.85亿~1.00亿 m³/a，天然河道下泄为0.96~1.93 m³/a；红崖山水库向青土湖下泄输供生态水量为0.31亿 m³/a。

　　为了实现青土湖自然湿地生态修复的目标，即湿地水域面积不小于26.6 km²、绿洲 NDVI 恢复至0.41和湿地水域保护区地下水位埋深不大于3.0 m，需维持生态输水量为0.45亿 m³/a。

　　6）模拟水资源优化配置方案

　　基本原则：①利用景电二期延长（民调）工程，在工程和水文条件允许情况下提高引调水量；②利用西营河专用输水渠，结合外调引水，增加民勤蔡旗断面过水总量；③有序、适度压减农作物灌溉面积，降低亩均灌溉定额，增加自然生态保护供水量；④依据武威与民勤盆地地下水功能区划和天然绿洲保护需求，优化地下水开采规模及范围空间布局，实施精准管控（图4.39）。

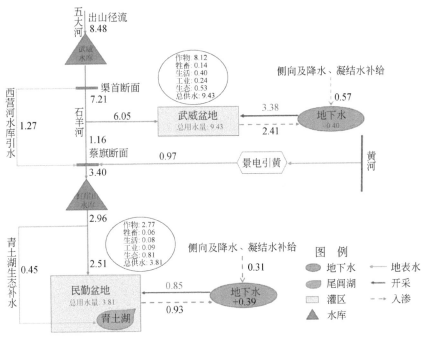

(a)方案1

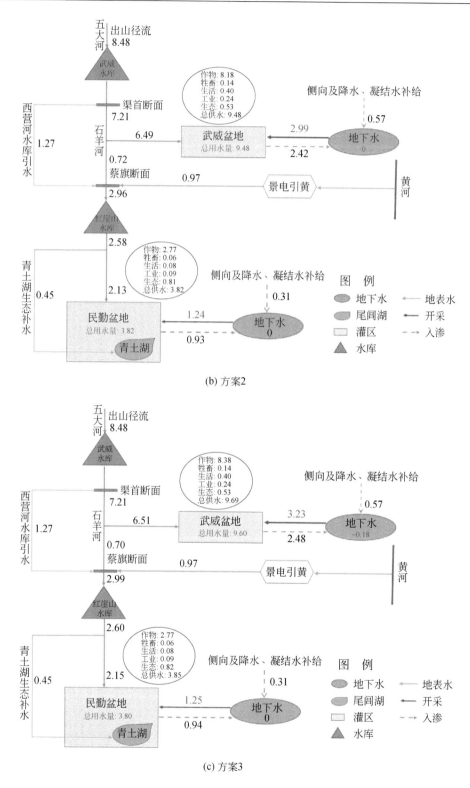

(b) 方案2

(c) 方案3

图 4.39　"保田增林"情景下石羊河流域水资源优化配置的不同方案（单位：亿 m³/a）

在 5 条河出山径流量 8.48 亿 m³ 的约束下，"保田增林"情景下 3 种供水方案的水资源优化配置，如图 4.39 所示：①若武威盆地和民勤盆地的地下水开采量分别为 3.38 亿 m³/a、0.85 亿 m³/a，则武威和民勤缺水量分别为 0.26 亿 m³/a 和 0.04 亿 m³/a，其中武威盆地地下水超采量为 0.40 亿 m³/a，民勤盆地地下水储存资源量增加 0.39 亿 m³/a［图 4.39（a）］；②若两盆地均要求地下水开采−补给平衡，则武威和民勤缺水量分别为 0.21 亿 m³/a、0.03 亿 m³/a［图 4.39（b）］；③若民勤地下水开采−补给平衡、武威按需开采量和两盆地需水都被满足，则武威盆地地下水开采量为 3.23 亿 m³/a，超采量为 0.18 亿 m³/a［图 4.39（c）］。

在上述"保田增林"的水资源优化配置方案下，武威盆地可增加林草面积为 200.4km²，促使武威盆地林草覆盖率达到 12.2%。若将林草灌溉面积分布在武威盆地东侧、腾格里沙漠交接带和西北部荒漠过渡带，可使武威盆地地下水适宜规模开采区林草面积由 60.7km² 增加到 116.6，林草覆盖率达到 10.6%；地下水适宜限量开采区的林草面积由 51.3km² 增加到 195.8km²，覆盖率达到 13.8%。民勤盆地可增加林草面积 91.9km²，其中地下水控制开采区现有林草面积为 60.5km²，林草覆盖率达 6.5%。

在 5 条河出山径流量 8.48 亿 m³ 的约束下，"以田换林"情景下 3 种供水方案的水资源优化配置，如图 4.40 所示。方案 1、方案 2 和方案 3 均能满足各类用水量。若民勤盆地地下水地下水开采−补给平衡，武威按需开采地下水和武威和民勤盆地需水都被满足，则武威盆地地下水开采量为 2.91 亿 m³/a，同时，该盆地地下水储存资源量增加 300 万 m³/a［图 4.40（c）］。

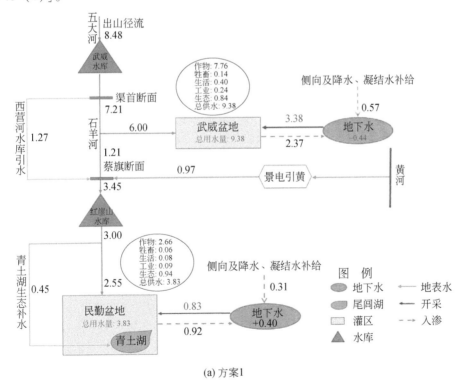

(a) 方案1

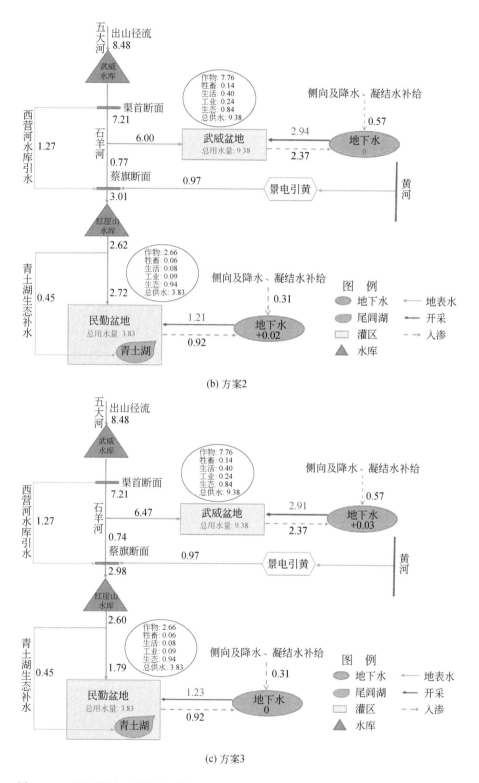

图 4.40 "以田换林"情景下石羊河流域水资源优化配置的不同方案（单位：亿 m³/a）

4.6.4　石羊河流域自然湿地及周边农田协同保护智能调控技术体系

在石羊河流域下游自然湿地保护区,预警与管控阈的上限是地下水位埋深≤3.0m (对应"渐变"),极限下限为5.0m(对应"灾变")。

1. 自然湿地生态主导区地下水功能保护控制阈域

在石羊河流域下游自然湿地保护区,应全面禁止开采地下水,同时,还需尽可能增大已严重超采的、影响湿地地下水生态功能的分布区地下水补给量,有序全面修复和有效保护地下水生态功能,避免发生较长时段(连续数月)"质变"甚至"灾变",争取尽早将自然湿地生态保护区地下水位埋深恢复至不大于3.0m。

2025年之前,在确保维持现有规划目标的需水前提下,当人工调入水源较充沛时,应尽最大可能增大下游自然湿地保护区地下水系统回补水量,加快自然生态保护区地下水生态功能修复达标的进程;杜绝将人工调入水源作为支持扩大再生产的用水条件。

2026~2035年,以修复和重构合理规模的且具备根本性抵御沙漠侵入的自然湿地生态系统为保护目标;至2035年,除极端干旱年份的低水位期之外,实现自然湿地保护区水域范围内地下水(潜水)水位埋深普遍小于3.0m的生态修复基本目标,确保地下水维持自然湿地的生态功能得以根本性修复,并初具抵御偏枯水年份干旱气候影响的能力,维系枯水年自然湿地不常年干涸,避免演变成荒漠化灾害。

2035年之后,自然湿地所在的流域具备水量平衡与自我调节功能,地下水储存资源的应急保障能力实现区域性修复,能够支撑所在流域75%以上的人口生活和必要生产应急用水;流域地下水生态功能全面修复,并具备全方位抵御极端干旱事件的承载能力,能够维系连续2~3年干旱气候下自然湿地生态不出现"灾变"退化情势;在一般水文年份,即使没有人工调水量,地下水生态功能也具备维系自然湿地全时域生态的能力。

在2035年之前,有序、逐步建成基于大数据和实时监测的自然湿地分布区水域面积、天然植被生长与覆盖状况,以及保护区范围地下水生态功能动态的监测–预警与管控智能支撑技术系统。至2035年,全面构建和运行生态保护区地下水生态功能动态的监测–预警与管控智慧支撑系统。

2. 自然湿地地下水生态功能与自然生态保护技术要点

一般年份,应足额保障自然湿地保护区和天然植被绿洲保护区供水量,尤其年内枯水月份生态基流量保障。当遭遇特丰水年份,应确保地下水功能急需修复的分区充分补水,最大限度地增补和修复地下水储存资源和生态功能保障能力。对于以自然湿地保护为主导区域,应全面禁止经济生产用水开发水资源,尤其严禁开采地下水。

基于自然湿地修复保护及周边农田防控土壤盐渍化加剧的共赢原则,应高度重视自然湿地周边农田区地下水(潜水)水位过高引发次生盐渍化危害的智能调控保障工程建设,既要确保自然湿地保护区地下水位埋深不大于3.0m"生态水位阈",又要确保湿地周边农田区地下水位埋深不小于1.9m"土壤盐渍化加剧防控阈",同时,还要合理利用调控工程抽取的微咸地下水，实时缓解湿地周边农田区灌溉期水源短缺难题。

在石羊河流域青土湖湿地保护区及其周边地区，以维持自然湿地（水域面积）现状规模作为湿地保护的最低目标，确定湿地保护区界内地下水位（埋深）控制在阈值范围内。在"腾格里沙漠边缘"，以防控土壤盐渍化的地下水位临界埋深和地下水生态功能"质变"阈值作为水位约束指标（表4.13），确定开采水量阈值。

表 4.13　不同保证率下生态输水对青土湖湿地生态水位变化影响情势

输水量保证率/%	湖区平均水位埋深/m	调控点地下水位降幅/m	湿地区不同位置监测点地下水位降幅/m					地下水位埋深情势
			V_{01}	V_{04}	V_{05}	V_{08}	V_{10}	
25	1.85	0.70	1.02	1.38	0.76	0.69	0.93	接近湿地"极限生态水位"
50	1.40	0.45	0.68	0.91	0.48	0.45	0.56	接近湿地"适宜生态水位"下限
75	1.20	0.21	0.36	0.45	0.22	0.20	0.26	接近湿地"适宜生态水位"上限
90	0.67	0.08	0.16	0.16	0.08	0.05	0.07	接近湿地"极限生态水位"上限

注：该湿地适宜生态水位下限为2.91m，荒漠化水位为3.64m。

3. 干旱区湿地保护与周边农田盐渍化智能防控关键技术

在西北内陆流域下游区，随着自然湿地逐渐修复，其周边农田因地下水位不断上升而面临土壤盐渍化加剧问题，影响当地民生安居。因此，如何既要确保自然湿地按照规划要求有序修复，同时，又最大限度地控降湿地周边农田盐渍化，已成为西北内陆平原区地下水超采治理与生态修复亟待解决的关键问题之一。从表4.14可见，在西北内陆区，该类问题需求较大。

表 4.14　西北地区耕地压力指数增大特征

省、自治区	近小康水平（420kg）耕地压力			到小康水平（450kg）耕地压力			到富裕水平（500kg）耕地压力		
	指数	等级	情势	指数	等级	情势	指数	等级	情势
新疆	1.06	II	预警	1.14	III	明显	1.26	III	明显
青海	0.94	II	预警	1.00	II	预警	1.11	III	明显
宁夏	1.00	II	预警	1.07	II	预警	1.19	III	明显
陕西	1.03	II	预警	1.10	II	预警	1.23	III	明显
西北6省（自治区）	0.86	I	不明显	0.93	II	预警	1.03	II	预警

在西北内陆流域下游自然湿地保护区，其"适宜生态水位"深度是地下水位埋深不大于3.0m；当水位埋深大于3.0m时，自然湿地生态进入退变的"渐变"阶段。同时，自然湿地保护区周边的农田区地下水（潜水）水位埋深不宜小于1.9m，否则，该农田土壤

含盐量大于农作物耐盐阈值（<5.00g/kg），会导致农田作物产量明显减产。因此，1.9～3.0m深度阈域是该技术研发的关键指标。即通过智能化调控自然湿地周边农田区"水量-水位"，在每年农作物生长期调控区地下水位埋深控制在1.9～3.0m，既保障自然湿地生态安全，又保障湿地周边农田作物生长期土壤含盐量小于农作物耐盐阈值。

在西北内陆流域下游区自然湿地逐渐修复过程中，如何实现既保障自然湿地生态安全，又保障周边农田土壤盐渍化不加剧的"双保障"目标，关键途径是调控区地下水"水量-水位"实时协同"双控"，实现水量与水位变幅之间彼此精准量化协同。由于涉及多眼井水量调控，不同井位的不同水位变幅控制，该问题成为为"多元双控"与"多维协同"调控科技难题。

（1）多元双控制约：①自然湿地与农田交界处控制地下水位埋深<3.0m，同时，周边农田区地下水位埋深>1.9m；②农田区内 n 组的每眼调控井"水量-水位"需敏感双控；③ n 组调控井之间"水量-水位"调控幅度彼此实时协调一致，确保低成本下盐渍化防控的时段与水位降幅最佳，以至调控抽取出的地下微咸水水量最少。

（2）多维协同制约：①湿地保护与周边农田盐渍化防控的如何实现协同；②研究区 n 眼调控井位置如何协同，才能实现实时高效控制地下水流场；③每眼调控井成井的层位、取控水能力与围岩水理参数之间如何协同，才能实现调控井"水量-水位"彼此敏感响应；④各调控井之间"水量-水位"如何实时协同，包括调控区地下水系统侧向流入水通量变化、灌溉渗漏水通量变化等不确定性影响。

（3）辐射井+虹吸井的地下水高效集采技术：主要由抽水井、辐射井、虹吸管等组成，实现"水量-水位"双阈值的智能调控功能（图4.41），不仅可以精准实时调控水量和水位，而且还可实现地下水位智控的由点-线-面协同高效管控。

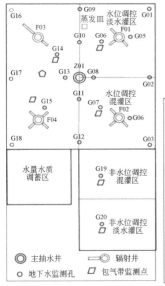
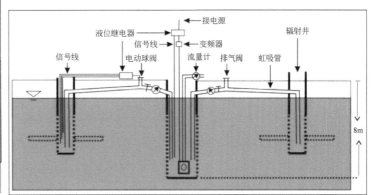

图4.41　干旱区湿地周边农田防控土壤盐渍化加剧智能调控关键技术体系

（4）地下水水量-水位全自动智能管控技术：在西北内陆流域下游区湿地保护与农田盐渍化防控中，抽水井流量由变频器调节控制，各井之间地下水位由电动球阀、液位继电器和信号线等组成系统控制。该系统可以根据预设的控制水位（水位阈域）自动调控（图4.41）。由于自然湿地及周边农田多为湖积地层，含水层渗透性差，给水或释水延时长，所以，该系统有效破解了湖积地层含水层调控抽水难以长时间、不间断精准控量的难题。同时，通过优化调控井布设的位置、取水段、井径和辐射取水滤管的技术参数，以及智能调控系统运行方式，有效解决了长时间运行中虹吸管内产生空气阻滞的难题，实现了虹吸管自动排气关键技术的突破，达到多元双控-多维协同智能调控的预期目标。

上述技术体系在石羊河流域典型区已成功示范应用两年以上，取得理想实效，实现研发目标。

（5）示范区背景与运行结果：该示范区位于石羊河流域邓马营湖南的井村西部，示范核心区分布面积为30亩，地处天然绿洲与人工绿洲的过渡带，多年平均降水量为124mm，多年平均蒸发量为2064mm；地下水位埋深介于1～3m，地下水矿化度为1～5g/L。

示范区及周边地层岩性：0～70cm深度，为黄色亚砂土、亚黏土；70～120cm深度，为灰白色黏土、亚黏土；120～150cm深度，为灰白色黏土，含少量粉细砂；150～200cm深度，为灰白色夹锈染色粉细砂；200～400cm深度，为黄褐色粉细砂、细沙。潜水（地下水）含水层底板埋深20m，含水层岩性以粉细砂和中细砂为主，富水性较差，受蒸发影响较大（图4.42）。区内地下水流向由南向北，天然植被主要为盐爪爪、芦草和红柳，农田作物主要为玉米和食葵。

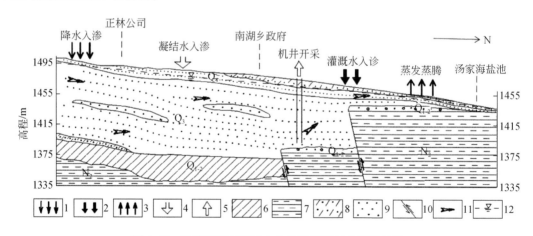

图4.42　示范区所在区域水文地质剖面与水循环过程

1. 降水入渗；2. 灌溉水入渗；3. 蒸发蒸腾；4. 凝结水入渗；5. 机井开采；6. 黏土；7. 泥岩；8. 亚砂土；9. 中细砂；10. 隐伏断层；11. 地下径流；12. 地下水位

示范区于2019年年初建成，划分为：①水位调控淡水灌区；②水位调控混灌区；③水位调控天然植被区；④水量水质调蓄区（图4.43）。技术设施分为四大系统：①地下水高效集采井系统；②地下水的"水量-水位"自动调控系统（图4.41）；③"三水"水循环自动监测系统；④微咸地下水合理利用灌溉系统。

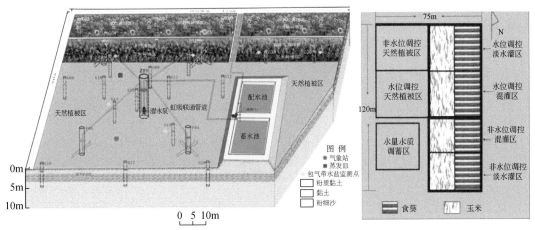

(a) 示范基地系统构成与功能分区

(b) 示范基地全貌

图 4.43　示范应用功能分区与全貌景观

　　2019 年 7~9 月和 2020 年 7~9 月，应用上述技术体系分别对示范区地下水位埋深实施了精准调控，实现了示范区地下水位埋深 1.9~3.0m 范围的实时控制（图 4.44），有效减控了区内潜水蒸发强度，抑制了土壤盐分积累，实现了该区农田土壤含盐量小于安全阈值（图 4.45）。2019 年 7~9 月，调控前种植区水位埋深为 1.3~1.6m，调控期间种植区内的 50% 区域水位埋深下降至 1.9m 以下，70% 的区域水位埋深大于 1.8m [图 4.44（b）]。

　　在示范应用期间，设定了对比区，选择周边非盐渍化的农田，包括淡水灌溉对比区和咸淡水混灌对比区。示范应用的调控区，包括淡水灌溉区和咸淡水混灌区，它们种植的农作物与对比区农作物品种相同（葵花和玉米），调控区与对比区的农作物产量情况如表 4.15 所示。从表 4.15 可见，示范调控区的农作物单产量总体上高于对比区农作物产量，由此表明在实施地下水位精准调控下，即使咸淡水混灌也没有引起调控区农作物明显减产。

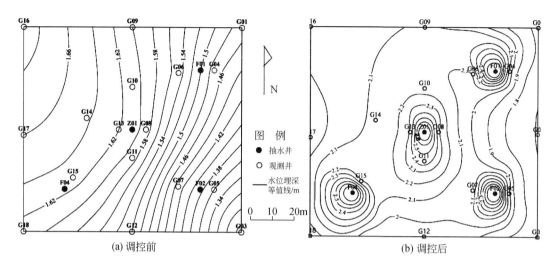

图 4.44 调控前、后示范区地下水位埋深变化状况

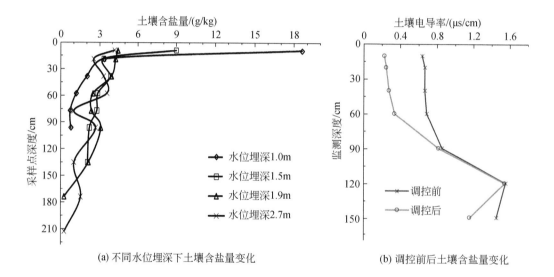

图 4.45 示范区不同水位埋深下和调控前后土壤含盐量分布状况

表 4.15 2020 年度不同试验区农作物产量对比

不同试验分区		不同试验区不同作物产量/(kg/亩)	
		葵花	玉米
示范应用调控区	淡水灌溉区	375	1141
	咸淡水混灌区	377	1070
周边农田对比区	淡水灌溉区	404	1082
	咸淡水混灌区	360	958

4.7 小　　结

（1）在天然状态下，石羊河流域水循环过程决定了地表生境的区位特征、主控因素和地下水功能境况。上游山区地下水功能主要为水土保持和河流基流维持功能；中游区地下水主导功能是资源功能，地下水的资源占有性、资源更新性、资源调节性和资源可用性等自然属性都"较强"，而地下水生态功能弱。下游区地下水的资源功能弱，生态功能强，自然湿地和大然植被生态保护是其主导功能。

（2）应用"识别矩阵方法"评价结果，石羊河流域下游区地下水生态功能状态处于"重度恶化"面积占天然绿洲区总面积的 53.08%，这些区的地下水位埋深大于 10m。在该流域中、下游区地下水生态功能退变危机形成中，天然水资源匮乏是根源，人口数量不断增加驱动粮疏生产所必需的灌溉农田规模不断扩大是动力源，上游山区大规模拦蓄出山地表径流水量是动因。

（3）西北内陆平原区灌溉农田规模不断扩大导致流域下游区天然绿洲退变的程度，与该流域降水量大小（气候干旱程度）和人口数量多少之间密切相关。流域年均降水量越少、人口数量越多，每增加 $1.0 km^2$ 的灌溉农田面积导致天然绿洲减少的面积越大。在甘肃石羊河流域，每增加 $1.0 km^2$ 灌溉农田，导致 $1.35 \sim 2.07 km^2$ 天然绿洲消失。

（4）由于石羊河流域地下水长期超采，严重透支地下水储存资源 30 多年，所以，即使按照目前生态输水规模，若要全面修复该流域平原区地下水生态功能和资源功能，尚需50 年以上、甚至百年。

（5）基于自然湿地修复保护及周边农田防控土壤盐渍化加剧的共赢原则，既要确保自然湿地保护区地下水位埋深不大于 3.0m "生态水位阈"，又要确保湿地周边农田区地下水位埋深不小于 1.9m "土壤盐渍化加剧防控阈"，多元双控与多维协同智能调控关键技术应用，不仅实现了自然湿地修复不影响周边农田产量的预期目标，而且，还通过农田区地下水位控降，减少了潜水蒸发消耗量和淡水利用量。

第5章　艾丁湖流域地下水合理开发与生态保护协同调控

5.1　艾丁湖流域地下水生态功能退变背景与特征

本章围绕艾丁湖流域水资源超用及地下水超采，以及其引发的自然湿地和天然植被绿洲退化问题，以地下水位埋深及其生态功能效应为核心内容，分别介绍了艾丁湖流域地下水生态功能退变背景与特征，揭示了该流域平原区自然湿地萎缩和天然绿洲生态退化与地下水开发利用之间关系，阐明了艾丁湖流域天然绿洲生态退化可控性与有限性。简要介绍了具有独创性的干旱区地下水–季节性河流–湖泊耦合分布式模型，以及基于不同情景下预测地下水位变化趋势和生态效应。重点概述了该流域地下水合理开发与生态保护技术方案和应用示范效果。

5.1.1　艾丁湖流域地下水生态功能退变背景

选取流域内 4 个气象站的 1987 年以来的资料，包括新疆吐鲁番气象站台（代码 51573）、吐鲁番东坎气象站台（代码 51572）、托克逊气象站台（代码 51571）和鄯善县气象站台（代码 51581），4 个气象站位置如图 5.1 所示。

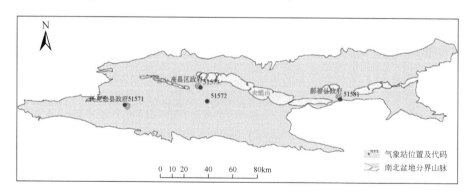

图 5.1　艾丁湖流域平原区气象站位置

1. 降水补给资源匮乏特征

降水是艾丁湖流域平原区地下水系统主要补给水源，但是，它起源上游山区，平原区降水稀少。

1）年内降水量分布特征

在该流域西部（51571 气象站），6～8 月降水较多，月降水量可达 1.9mm，其他月份降水量不足 1mm，夏季降水量占全年降水的 65% 左右。在艾丁湖流域中部（51572 气象站），6～8 月平均降水量可达 2.9mm，夏季降水量占全年降水的 51% 左右。在该流域北部（51573 气象站），6～8 月平均降水量可达 3mm，夏季降水量占全年降水的 46% 左右。在艾丁湖流域东部（51581 气象站），6～8 月平均降水量可达 5.1mm，夏季降水量占全年降水的 49% 左右。

2）年际降水量变化特征

基于 51573 和 51581 气象站的 1987 年以来降水监测资料，年降水量呈减少趋势，其中多年平均年降水量为 15.8～27.6mm，最大年降水量为 33.4～76.8mm（1998 年）、最小年降水量为 5.5～13.8mm（1997 年）。

2. 地下水埋藏基本特征

选用 1987 年以来艾丁湖流域平原区地下水水动态监测数据系列，包括水利部门管理长期观测孔 23 眼，水文地矿部门管理的长期观测孔 82 眼，主要均匀分布在高昌区、托克逊县和鄯善县一带，如图 5.2 所示。

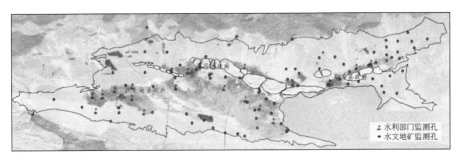

图 5.2　艾丁湖流域平原区选用地下水动态监测孔

从 2011 年和 2016 年艾丁湖流域平原区地下水位埋深分布特征来看，该流域地下水位埋深呈南北方向分带性，北部地下水位埋深较大，许多地区水位埋深大于 100m，甚至大于 300m；该流域南部地下水位埋深较小，尤其艾丁湖自然湿地分布区，地下水位埋深小于 10m（图 5.3 和图 5.4），该区为艾丁湖流域地下水系统排泄区（图 5.5）。

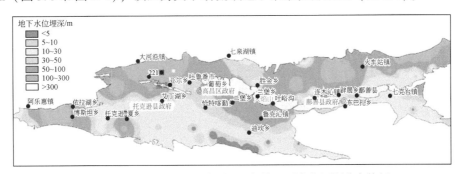

图 5.3　2011 年艾丁湖流域平原区年均地下水位埋深分布特征

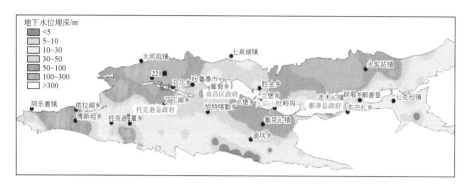

图 5.4　2016 年艾丁湖流域平原区年均地下水位埋深分布特征

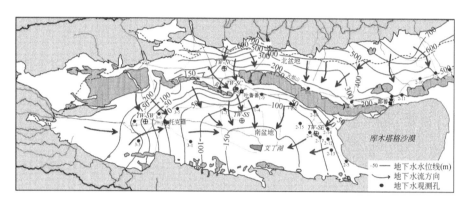

图 5.5　艾丁湖流域地下水流场分布特征

在该流域火焰山地带，地下水位埋深为 50～100m，是因为该区地势海拔较高，补给水源少，同时，地下水开采量和溢出量也大，近 10 年以来该区地下水处于超采状态。在该流域北盆地的北缘地区，地下水位埋深大于 50m，与该区域地势和地下水埋藏条件有关，那里含水层厚度大、富水性和渗透性强，处于艾丁湖流域平原区地下水系统补给−径流区；在北盆地的南缘绿洲带，地下水受火焰山阻挡，由此地下水位抬升，形成溢出带泉域。

5.1.2　艾丁湖流域地下水位埋深变化特征及主要影响因素

1. 地下水位年内变化特征

按照 3 个不同行政县（区），各选取 4 眼地下水动态监测孔，分析它们所在区域地下水变化特征和趋势。

1）高昌区年内地下水位变化特征

该区是艾丁湖流域地下水开发利用程度较高、超采情势比较严重的区域。从图 5.6 来看，人工绿洲区监测孔（II$_{1-5}$、II$_{1-6-2}$）的地下水位埋深呈现春灌期间（3～8 月）持续大幅下降过程，水位降幅达 2～3m。年内 7～8 月呈现地下水位最大埋深，主要是受农业灌溉，包括夏季葡萄、哈密瓜等需水量大，地表水难以满足需求，由此地下水开采量显著增大所致。8 月之以后，随着农业开采量大幅减小，水位逐渐回升，但是，由于该区地下水处于超采状态，所以，年末地下水位低于年初水位，气候越是干旱，年末地下水位差越大。

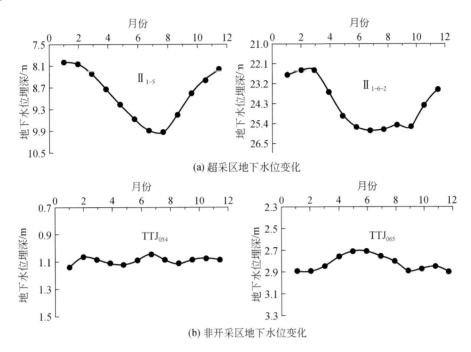

图 5.6　艾丁湖流域高昌超采区及非开采区年内地下水位埋深变化特征

在高昌区，远离人工绿洲开采区的监测孔（TTJ_{054}、TTJ_{065}）年内地下水位特征，完全不同于人工绿洲开采区地下水位变化特征，呈现随着出山地表径流量变化而起伏变化特征，年水位变幅不大于 0.25m。TTJ_{054} 孔位于艾丁湖湿地周围的荒漠区，TTJ_{065} 孔位于天然绿洲区。

2）托克逊县年内地下水位变化特征

该区是艾丁湖流域地下水开发利用程度较高、超采情势也比较严重的区域。从图 5.7 来看，人工绿洲开采区和天然绿洲非开采区年内地下水位埋深变化特征明显不同。人工绿洲开采区监测孔（II_{3-9}、$TW-S_2$）地下水位，在年内春灌期间（3~8 月）也是呈现持续大幅下降过程，水位降幅达 2~5m。8 月之以后，随着农业开采量大幅减小，水位逐渐回升，但是，由于该区地下水处于超采状态，所以，年末地下水位低于年初水位。

在托克逊县区，远离人工绿洲开采区的监测孔（TK_{05}、TTJ_{177}）年内地下水位特征，明显不同于人工绿洲开采区地下水位变化特征，呈现随着出山地表径流量变化而起伏变化特征，年水位变幅不大于 1.0m。TK_{05} 孔位于山前荒漠区，$TJJF_{177}$ 孔位于天然绿洲区。

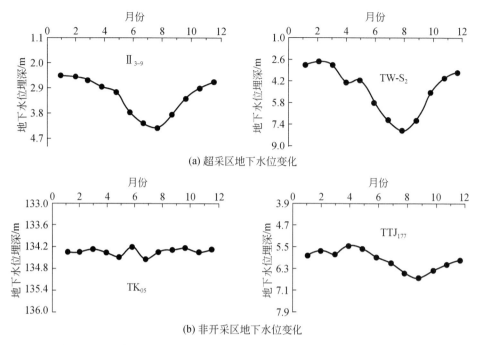

图 5.7　艾丁湖流域托克逊超采区及非开采区年内地下水位埋深变化特征

3）鄯善县年内地下水位变化特征

该区是艾丁湖流域地下水开发利用程度较高、超采情势比较严重的区域之一。从图 5.8 来看，人工绿洲区监测孔（Ⅱ$_{2-2}$、TE-S$_2$）的地下水位埋深呈现春灌期间（3~9 月）持续

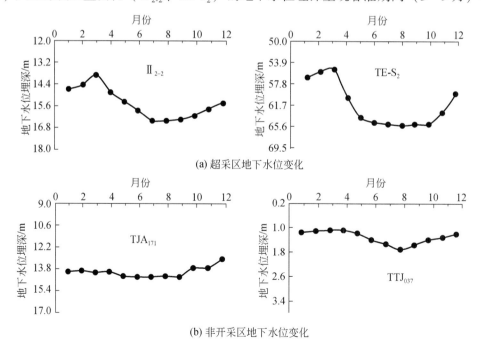

图 5.8　艾丁湖流域鄯善县超采区及非开采区年内地下水位埋深变化特征

大幅下降过程，水位降幅达 2~10m。年内 8~10 月呈现地下水位的最大埋深，主要是受农业灌溉，包括夏季葡萄、哈密瓜等需水量大，地表水难以满足需求，由此地下水开采量显著增大所致。10 月之以后，随着农业开采量大幅减小，水位逐渐回升，但是，由于该区地下水处于严重超采状态，所以，年末地下水位也明显低于年初水位。

在鄯善区，远离人工绿洲开采区的监测孔（TJA_{171}、TTJ_{037}）年内地下水位特征，完全不同于人工绿洲开采区地下水位变化特征，呈现随着出山地表径流量变化而起伏变化特征，年水位变幅不大于 1.0m。TJA_{171} 孔位于东部荒漠区，TTJ_{037} 孔位于南部天然绿洲区。

从图 5.6~图 5.8 可见，艾丁湖流域 3 个区（县）两种类型分区年内地下水位变化特征基本相同。在人工绿洲开采区，上半年农业灌溉期地下水位埋深不断增大，下半年农业非灌溉期水位埋深逐渐减小，7~8 月出现年内最大水位埋深。在非开采的荒漠区和天然绿洲区，地下水位随着出山地表径流量呈现波动变化特征。由此可见，艾丁湖流域平原区地下水位不断下降，由灌溉农业用水规模主导。

2. 地下水位年际变化特征

从 1988 年以来的近 30 年艾丁湖流域平原区地下水位变化趋势特征来看，随着人口数量和灌溉农田面积不断增加，地下水位呈不断下降趋势。

1）高昌区年际地下水位变化特征

从图 5.9 可以看出，1988~2000 年人工绿洲开采区 II_{1-5} 孔的地下水位变化趋势特征不明显，震荡变化的水位变幅不大于 6.0m。2000~2008 年，该区地下水位呈现趋势性下降过程，平均年降幅为 0.85m，这期间正是该区经济快速发展，地下水开采量不断增加时期。2008~2016 年，地下水位埋深在 12.5m 上、下波动，呈现新的地下水动态均衡。自 1988 年以来高昌区开采区 II_{1-5} 孔的地下水位累计降幅达 8.0m。高昌区非开采区 II_{6-2} 孔地下水位变化特征与 II_{1-5} 孔近同，2000~2013 年该孔地下水位埋深呈不断增大趋势特征，平均年降幅为 0.5m。艾丁湖流域地下水综合治理以来（2013 年之后），水位埋深逐渐减小，呈现治理成效。

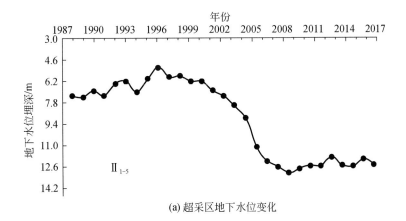

(a) 超采区地下水位变化

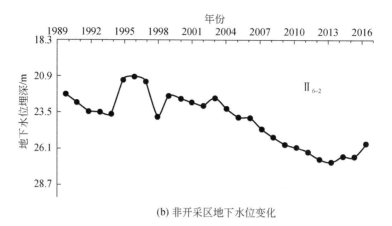

(b) 非开采区地下水位变化

图 5.9　艾丁湖流域高昌超采区及非开采区年际地下水位埋深变化特征

2）托克逊县年际地下水位变化特征

从图 5.10 可以看出，1988 年以来人工绿洲开采区 II_{3-1} 孔的地下水位呈现不断下降趋势特征，平均年降幅 0.20m，累计降幅 5.0m 地下水超采时间明显早于高昌区。2003 年以来托克逊县开采区 II_{3-5} 孔地下水位变化特征与开采区 II_{3-1} 孔近同，仅 2002~2016 年地下水

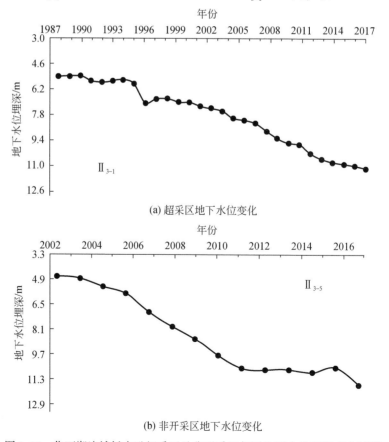

图 5.10　艾丁湖流域托克逊超采区及非开采区年际地下水位埋深变化特征

位累计降幅达 8.5m，年均降幅达 0.6m，这是受其上游的人工绿洲区地下水严重超采影响的后果。

3）鄯善县年际地下水位变化特征

从图 5.11 可以看出，2000 年以来鄯善县人工绿洲开采区 II_{3-2} 孔的地下水位呈现不断下降趋势特征，累计降幅 4.0m。2000 年以来鄯善县非开采区 II_{2-5} 孔地下水位变化特征与开采区 II_{3-2} 孔近同，地下水位呈现不断下降趋势特征，累计降幅 3.0m。2013 年之后，该区地下水位埋深逐渐减小，呈现治理成效。

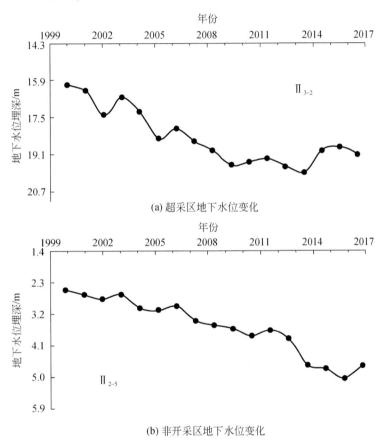

图 5.11　艾丁湖流域鄯善超采区及非开采区年际地下水位埋深变化特征

从图 5.9～图 5.11 可见，艾丁湖流域平原区 3 个区（县）的 6 个监测孔年际地下水位变化特征表明，灌溉农业规模大小对地下水位降下幅度具有显著影响。一旦加以合理管控，地下水位下降趋势就会得到遏制。表 5.1 进一步作证上述认识的客观性，由于 1988 年以来正值艾丁湖流域经济快速发展，尤其灌溉农业，由此地下水开采量逐年增大，3 个区（县）人工绿洲开采区地下水位不断下降，该流域平原区地下水位年均降幅为 0.64m，其中高昌区年均水位降幅为 0.63m、鄯善县年均水位降幅为 0.87m 和托克逊县年均水位下降幅度 0.42m。位于人工绿洲开采区下游的天然绿洲（非开采）地下水位也呈现不断下降趋势，与人工绿洲区地下水长期严重超采密切相关。

表 5.1 1988 年以来艾丁湖流域平原开采区地下水位变化特征

分区	监测孔	水位数据时段（年份）	年均水位埋深/m		水位变幅/m	
			初始值	末期值	累计变幅	年均变幅
高昌开采区	II₁₋₅	1988～2016	7.04	12.39	-5.35	-0.19
	II₆₋₂	1990～2016	21.56	26.51	-4.95	-0.19
	II₁₋₇	2002～2013	5.84	15.32	-9.48	-0.86
	II₁₋₈	2003～2010	8.58	5.50	3.08	0.44
	II₁₋₉	2002～2015	41.14	43.34	-2.2	-0.17
	II₁₋₁₁	2011～2016	12.93	23.38	-10.45	-2.09
	II₁₋₁₂		59.12	65.97	-6.85	-1.37
	全区平均年变幅/m		—	—	—	-0.63
鄯善开采区	II₂₋₁	2000～2016	10.19	6.97	3.22	0.20
	II₂₋₂		12.01	17.44	-5.43	-0.34
	II₂₋₃		16.02	19.26	-3.24	-0.20
	II₂₋₅		2.49	4.95	-2.46	-0.15
	II₂₋₁₀		10.75	16.24	-5.49	-0.34
	II₂₋₁₃		9.25	14.15	-4.9	-0.31
	II₂₋₁₅		30.64	64.34	-33.7	-2.11
	II₂₋₁₆		69.34	122.44	-53.1	-3.32
	TE-S₂		53.65	74.44	-20.79	-1.30
	全区平均年变幅/m		—	—	—	-0.87
托克逊开采区	II₃₋₁	1988～2016	5.29	10.76	-5.47	-0.20
	II₃₋₃	2002～2016	12.16	21.32	-9.16	-0.65
	II₃₋₄		12.97	18.13	-5.16	-0.37
	II₃₋₅	2003～2016	4.65	12.87	-8.22	-0.63
	II₃₋₆	2002～2016	6.30	16.72	-10.42	-0.74
	II₃₋₉	2009～2016	2.29	2.76	-0.47	-0.07
	TW-S₂	2006～2016	2.93	5.48	-2.55	-0.26
	全区平均年变幅/m		—	—	—	-0.42

注：水位变幅的负值为水位下降值；正值为水位上升值。

3. 地下水位动态影响因素

地下水位动态变化是艾丁湖流域平原区地下水系统水量均衡的结果。当排泄量（开采量）大于补给量，则地下水位下降；当排泄量（开采量）小于补给量，则地下水位上升；当排泄量（开采量）趋于相等补给量，则地下水位基本稳定。

1）降水对艾丁湖流域平原区地下水位变化影响

由于该流域平原区降水稀少，所以，当地降水量难以明显影响该区地下水动态显著变化。采用 SPSS 统计的相关分析方法，结果表明该流域平原区地下水位显著变化与当地降水量之间不存在密切相关性（表 5.2）。

表 5.2　1988 年以来艾丁湖流域平原地下水位变化与当地降水量之间相关性

监测井号	II_{1-5}	II_{6-2}	II_{1-7}	II_{1-8}	II_{1-9}	II_{2-1}	II_{2-2}
相关系数	−0.163	0.030	−0.423	0.457	−0.279	−0.064	−0.352
显著系数	0.417	0.880	0.224	0.302	0.468	0.815	0.182
监测井号	II_{2-3}	II_{2-5}	II_{2-10}	II_{2-13}	II_{2-15}	II_{2-16}	TE-S_2
相关系数	−0.380	−0.109	−0.313	−0.180	0.035	−0.040	0.296
显著系数	0.132	0.676	0.238	0.504	0.897	0.887	0.439
监测井号	II_{3-1}	II_{3-3}	II_{3-4}	II_{3-5}	II_{3-6}	II_{3-9}	TW-S_2
相关系数	−0.108	−0.145	−0.138	−0.060	−0.037	0.032	0.163
显著系数	0.599	0.637	0.654	0.839	0.900	0.945	0.653

2）开采量对艾丁湖流域平原区地下水位变化影响

由于该流域平原区气候极端干旱，加之，当地降水稀少，所以人工开采是地下水位变化的主要影响因素之一。

（1）高昌开采区，以 II_{6-2} 监测孔地下水位变化为例，采用 SPSS 统计的相关分析方法，进行其与开采量变化之间相关关系分析，结果表明二者之间具有变化趋势一致性特征（图 5.12）。即开采量显著增大，地下水位明显下降；开采量显著减小，地下水位明显上升。由此，表明开采量是该区地下水位变化的主要影响因素之一。

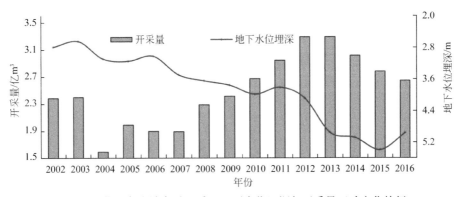

图 5.12　艾丁湖流域高昌开采区地下水位埋深与开采量互动变化特征

从表 5.3 可以看出，在高昌开采区，地下水位埋深的大小与开采量之间存在明显相关性。除了 II_{1-5} 监测孔之外，其他 3 眼监测孔地下水位变化与开采量之间相关系数都大于 0.60，显著系数不大于 0.01，支持开采量是地下水位变化的主要因素的认识。

表 5.3　艾丁湖流域高昌开采区地下水位变化与开采量之间相关性

监测孔代码	II_{1-5}	II_{1-6-2}	II_{1-7}	II_{1-9}
相关系数	0.317	0.765	0.832	0.640
显著系数	0.250	0.001	0.003	0.010

（2）托克逊开采区，以 $Ⅱ_{3-5}$ 监测孔地下水位变化为例，采用 SPSS 统计的相关分析方法，进行其与开采量变化之间相关关系分析，结果表明二者之间具有变化趋势一致性特征（图 5.13）。

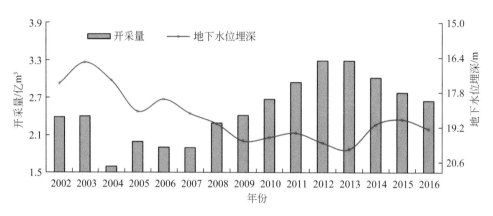

图 5.13　艾丁湖流域托克逊开采区地下水位埋深与开采量互动变化特征

采用 SPSS 统计的相关分析方法，对艾丁湖流域托克逊开采区 6 眼监测孔地下水位埋深与年开采量之间相关关系分析的结果表明，该区地下水位变化与当地地下水开采量显著相关（表 5.4），开采量变化是该区地下水位变化的主要因素之一。

表 5.4　艾丁湖流域托克逊开采区地下水位变化与开采量之间相关性

监测孔代码	$Ⅱ_{3-1}$	$Ⅱ_{3-3}$	$Ⅱ_{3-4}$	$Ⅱ_{3-5}$	$Ⅱ_{3-6}$	TW-S_2
相关系数	0.769	0.659	0.731	0.863	0.831	0.897
显著系数	0.001	0.014	0.005	0.001	0.001	0.001

（3）鄯善开采区，以 $Ⅱ_{2-3}$ 监测孔地下水位变化为例，采用 SPSS 统计的相关分析方法，进行其与开采量变化之间相关关系分析，结果表明二者之间具有变化趋势一致性特征（图 5.14）。

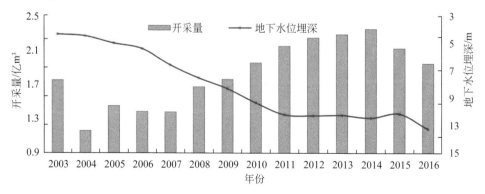

图 5.14　艾丁湖流域鄯善开采区地下水位埋深与开采量互动变化特征

5.2　艾丁湖流域天然绿洲生态退化与地下水开发利用关系

破解艾丁湖流域自然湿地退化与地下水开发利用之间关系，是解决该流域地下水超采治理及生态功能保护的关键基础，需要掌握干旱区自然湿地退化过程、形成机制和主导因素。本节重点阐述艾丁湖湿地及水域规模变化、天然植被绿洲和人工绿洲变化特征、主控因素，包括泉流量和地下水开发利用影响状况，以及地下水生态水位形成特征。

5.2.1　艾丁湖流域天然绿洲退变特征

1. 研究方法和数据来源

1) 收集与整理资料

收集了艾丁湖流域内气象、水文、地形地貌、水文地质和地下水监测等资料，以及天然植被绿洲、人工绿洲变化和地下水位动态等数据，并系统整理、归类和建库。

2) 野外调查

共布设 6 条样带，每条样带内布设若干 15m×15m 的样方，共计 63 个样方（图 5.15）。重点调查各样方内植被种类、植被覆盖度、植株高度和长势情况，并在样方内开展了土壤、植被根系测量和采样，采样深度分别为 20cm、40cm、65cm 和 100cm，测试土壤含水率、土壤可溶盐量和 pH 等指标。同时，在 38 个样方附近设置地下水位动态监测孔（图 5.16），开展地下水动态监测。

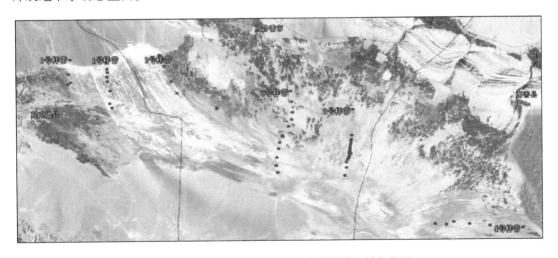

图 5.15　艾丁湖流域生态调查实测样带及样方位置

图 5.16　艾丁湖流域生态调查配套的地下水动态监测孔位置

（1）天然植被样方调查。以艾丁湖流域 2017 年地下水位埋深分布图作为底图，布设天然植被样方调查控制点、线和实物工作量。沿地下水位等值线的垂线方向布置样带，每条样带内布设若干天然植被调查样方（图 5.15），分别调查不同地下水位埋深分区内天然植被种类、植被数量、植被覆盖度、植株高度和长势情况等。

天然植被调查样带的位置及基本特征：0 号样带位于托克逊县东部，地处绿洲区与荒漠区之间交界线上，样带长度为 5km，自北向南布设 4 个样方点。1 号样带位于托克逊县东部与吐鲁番市交界处风区，样带长度为 8.9km，自北向南共布设 8 个样方点。2 号样带位于吐鲁番市风区与绿洲区之间交界线上，样带长度为 8.3km，自西北向东南共布设 5 个样方点。3 号样带位于吐鲁番市三堡乡以南的荒漠区，样带长度为 13km，自北向南共布设 16 个样方点。4 号样带位于鄯善县迪坎乡以南，库木塔格沙漠景区以西，样带长度为 18km，自西北向东南共布设 7 个样方点。5 号样带位于吐鲁番市恰特喀勒乡以南，艾丁湖以北的绿洲–荒漠区过渡区，样带长度 16km，自北向南共布设 10 个样方点。

（2）天然植被类型与覆盖度调查。调查重点区域为艾丁湖流域天然植被区，面积为 1323km²，采用 2.5km×2.5km 网格（图 5.17），沿每个网格进行天然植被类型和覆盖度调查，包括记录各个网格内植被物种分布，观察不同种类植被分布边界特征和拍照，记录位置。在天然植被群落发生变化处，勾出边界，并在群落内作 4m×4m 的样方调查，包括植被种类组成、盖度、植株高度、植株数量和生长情况等。通过调查，查明艾丁湖流域主要天然植被类型有骆驼刺、芦苇、黑果枸杞、刺山柑（野西瓜）、花花柴（胖姑娘）、碱蓬、盐穗木、盐爪爪、红柳和梭梭等。

3）大数据遥感解译

大数据遥感解译包括自然湿地水域面积变化、天然植被绿洲和人工绿洲规模与生态情势等数据预处理、图形镶嵌、图像校正和图像融合与裁剪等，通过 20 世纪 70 年代以来艾丁湖流域上述遥感解译，识别和确定有林地、灌木、疏林地、低覆盖度草地、中覆盖度草地、高覆盖度草地、水体、雪冰、耕地、居住用地和未利用地范围变化及其互动关系，以

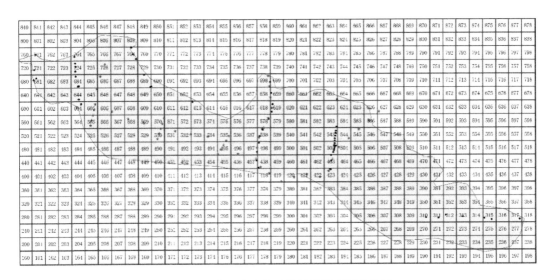

图 5.17　艾丁湖流域天然植被类型调查范围

及与地下水位埋深之间关系。

采用 Landsat 图像数据，其中 1976 年为 Landsat-2 MSS 波段中的 b7（近红外）、b5（红）和 b4（绿）合成的遥感影像，1990 年、1995 年、2005 年和 2010 年为 Landsat-5 TM 波段中的 b4（近红外）、b3（红）和 b2（绿）合成的遥感影像，2015 年、2017 年和 2019 年为 Landsat-8 OLI 波段中的 b3（绿）、b4（红）和 b5（近红外）合成的遥感影像。选用每年的 8~9 月影像。因为每年 8~9 月各类地物一般没有冰雪覆盖，植被最为发育，便于遥感解译。

4）天然植被覆盖度定量反演

基于构建的地表植被覆盖度遥感定量反演模型，利用 2018~2019 年数次采样所获得的大量地表植被覆盖度实测数据，包括 2018 年 4、5、10 月和 2019 年 5 月实测数据。应用 2018 年 5 月的采样数据，验证模型反演结果精度，决定系数达 0.88，平均误差 0.004，均方根误差 0.045，表明模型反演天然植被覆盖度的精度满足本研究要求。

2. 地下水位变化特征及天然植被生态演变情势调查

1）地下水位历史变化过程调查

将艾丁湖流域天然植被区分为西区、中区和东区 3 个调查分区，分别进行 3 个分区范围内地下水位的历史变化过程调查。其中西区调查点 6 个、中区调查点 7 个和东区调查点 7 个，共计 20 个点位（图 5.18）。调查结果表明，20 世纪 90 年代至 2010 年该流域天然植被区地下水位下降的幅度最大，2010 年至今水位下降幅度明显减小，部分区域地下水位有所上升。其中，60 年代至今，西区地下水位普遍下降 10~15m，下降幅度较小；中区和东区西部，地下水位普遍下降 20~40m，下降幅度较大；东区东部地下水位普遍下降 5~15m，下降幅度最小。

2）天然植被覆盖度与植被类型变化历史调查

基于典型性、代表性和可行性原则，在艾丁湖流域调查西区划分 4.5km×4.5km 网格，沿每个网格进行天然植被生长演变历史调查，了解该区天然植被生长、物种类型、物种结构、覆盖度、长势和影响植被生长因素等情况，调查内容还包括地下水位、地表径流来水量、开垦、放牧和植被保护区等状况。通过调查，查明历史戈壁与天然植被区分界线位于现状分界线北侧 1.5km 处，分界线以北自 20 世纪 50 年代至今始终为戈壁滩，从没有任何植被生长。该分界线以南，在 50 年代稀疏分布有骆驼刺，向南逐渐茂密，至 60~70 年代该区有地下水泉溢出露；在 1995 年之前，该区天然植被始终长势良好，1996 年之后天然植被长势逐渐变差，天然植被生长区范围不断缩小，现状为砂砾覆盖，只有芦苇根和骆驼刺根。

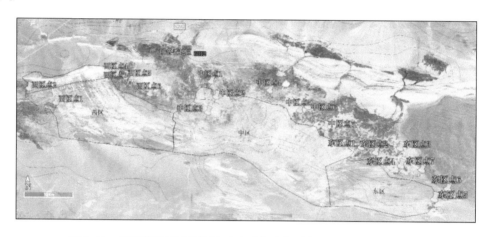

图 5.18　艾丁湖流域天然植被区地下水动态历史变化分区调查井位置

在 20 世纪 50~60 年代，艾丁湖流域平原区天然植被普遍长势良好；至 90 年代，随着大量开垦农田，天然植被范围退缩，直至 2007 年开始禁牧和建立自然保护区之后，上述区域天然植被出现恢复迹象。其中，在 50~70 年代区内骆驼刺长势极好，盖度大于 70%，高度 70cm 左右；至 90 年代开始明显退化，2000 年前后呈现明显退化特征，目前骆驼刺盖度已恢复 20%~40%，高度为 30~50cm。从地下水位埋深来看，西然木村 1984 年建井时，地下水位埋深 1.5m，1995 年下降至 3~4m；至 2007 年，该井地下水位埋深已至 10m 以下。目前，地下水位恢复 6~8m。艾丁湖流域平原区内的其他区域地下水位埋深变化和天然植被演变具有相同变化特征。

3）天然植被根系调查

在西区，现存 18m 深的坎儿井井底处，依然有骆驼刺根系生长，但在天然植被区发现仅在 0~1m 深度发现植被根系。在中区和东区，0.2~0.3m 深度存在一层白色盐壳，天然植被根系仅能在白色盐壳上方土壤中发现。

4）灌溉回归水量调查

在西区，自北向南地表水流向天然植被区，河道附近天然植被长势良好。在 20 世纪

80 年代修建的排碱沟北侧为农田和大棚，灌溉方式为喷灌和滴灌；南侧为天然植被分布区，主要为骆驼刺和芦苇，长势极好。在中区，有河水冲刷痕迹，北侧为高粱和葡萄种植区；南侧为天然植被区，生长梭梭、芦苇和稀疏骆驼刺，在南侧天然植被区，托克逊白杨河水补给地下水。在东区，北侧滴灌种植梭梭，南侧为天然植被区，主要生长柽柳和黑果枸杞，盖度稀疏，河沟中有柽柳生长；在干涸河沟两侧种植梭梭，河床中主要生长红柳，向西南方向的河沟两侧天然植被区域主要生长骆驼刺，盖度较低，戈壁滩无植被生长。

3. 自然湿地补给水源及水域退变特征

艾丁湖自然湿地水域面积变化是该流域水资源开采利用及地下水超采状况的终极表现结果。灌溉农田用水规模、总用水量或地下水超采量扩大，导致该湿地水域面积明显缩小。由于该湿地补给水源主要来自艾丁湖流域内 14 条河流排泄水量，但是随着上、中游用水量大幅度增加，入湖水量显著减少。采用 Landsat 影像资料，利用可见光、红外波段进行水体信息的自动提取，通过 NDWI 计算，获得 1996 年以来艾丁湖湿地水域面积变化过程数据，如图 5.19 所示。1996 年至今，艾丁湖湿地水域面积总体呈现缩小趋势特征，其中 2005～2010 年水域面积呈快速缩小过程，年均水域面积仅 4.2km²；2010 年以来艾丁湖流域实施了退地和高效节水灌溉等措施，总用水量逐年减少，以至 2010 年以来该湿地水域面积呈现波动回升特征，其中 2011～2015 年该湿地水域年均面积为 2.8km²，2016～2018 年年均水域面积达 8.4km²。

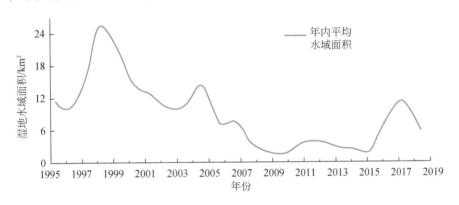

图 5.19　艾丁湖流域下游区自然湿地水域面积演变特征

5.2.2　艾丁湖流域天然绿洲退变主要影响因素及其变化特征

1. 艾丁湖流域天然植被状况及主控因素

1）近 20 年来艾丁湖流域植被覆盖与生态指数演变特征

在艾丁湖流域，土地覆盖类型以裸地为主，山区和山前地带多为草地，有零星森林分布［图 5.20（a）］。山区降水在山前入渗并以地下水形式汇集到盆地中心地区，形成绿洲,并成为艾丁湖自然湿地分布区主要补给水源。中心绿洲区(简称"中心区")有耕地分布,艾丁湖湿地分布区有小范围水域。2001~2017年该流域多年平均NDVI分布特征,如图5.20(b)所示;全区NDVI小于0.40,北部山区为0.2,西部山区为0.2~0.3,荒漠区小于0.05。在中心区,尤其吐鲁番市主城区、托克逊县和鄯善县城区一带,NDVI为0.3左右。

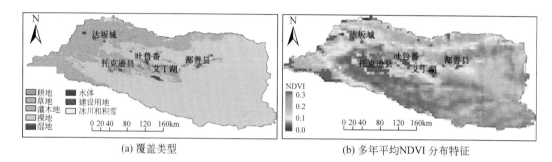

(a) 覆盖类型　　　　　　　　　　　　　　(b) 多年平均NDVI分布特征

图5.20　艾丁湖流域覆盖类型及多年平均NDVI分布特征

从2001~2017年艾丁湖流域年均NDVI变化趋势来看,中心区NDVI高于全区平均值(图5.21)。2010年以来全区NDVI呈明显增大趋势,该流域NDVI变化与上游山区达坂城的年降水量之间存在相关性,表明山区降水量变化对艾丁湖流域全区天然植被生态境况影响较大。

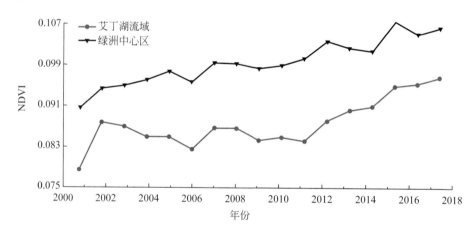

图5.21　艾丁湖流域年均NDVI年际变化特征

选取艾丁湖流域植被生长较为适宜的6~8月NDVI,其中NDVI<0.05的区域视为裸土。采用每年6~8月NDVI最大值(0.7)作为基数,划分为高覆盖度区(NDVI占最大值比>60%)、中覆盖度区(30%<NDVI占最大值比≤60%)和低覆盖度(NDVI占最大值比≤30%)。从图5.22可以看出,2000年以来艾丁湖流域绿洲中心区以低植被覆盖度为主,植被覆盖度处于逐年波动上升趋势;该流域植被低覆盖度占比呈增大趋势,表明在荒漠与绿洲之间过渡带出现荒漠向绿洲转变情势。

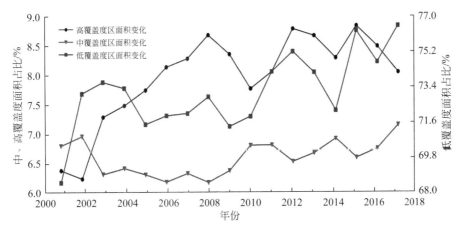

图 5.22　每年 6 ~ 8 月艾丁湖流域不同植被覆盖面积占比年际变化特征

2）艾丁湖流域 NDVI 时空变化影响因子

（1）地形变化影响。水热条件是 NDVI 时空变化的主要影响因子，而地形对地表水热条件具有较大影响。在艾丁湖流域北侧天山南坡和西侧天山东坡，各选取 1 个跨越不同高程范围的矩形样本区，即 89° ~ 89.5°E 和 42.5° ~ 43.5°N、87° ~ 88°E 和 42.5° ~ 43°N 区间，对这两个区 NDVI 与地面高程和坡向之间关系分析结果表明，在北侧天山南坡的样本区，海拔 200m 以下区域为绿洲区，地表覆盖类型为农田及荒漠，NDVI 为 0.1 ~ 0.6，极大值（0.6）出现在海拔 2900m 区域；在海拔 4000m 以上区域，NDVI 趋于 0，地表常年积雪。在西侧天山东坡的 500m 区域，NDVI 为 0.05，地表覆盖为荒漠；随海拔增高，NDVI 逐渐增大，峰值（0.65）出现在 3100m 区域，之后 NDVI 逐渐下降，至海拔 4000m 区域仍有植被覆盖（图 5.23）。从上述可以看出，虽然艾丁湖流域的北侧天山与西侧天山的 2 个样本区的纬度相近，太阳辐射条件基本相同，但是，西侧天山植被生长条件优于北侧天山，反映出在热量条件相同情况下水汽主要来源于西风环流，以至西侧天山的水汽条件略优于北侧天山，由此西侧天山的植被生长较好。

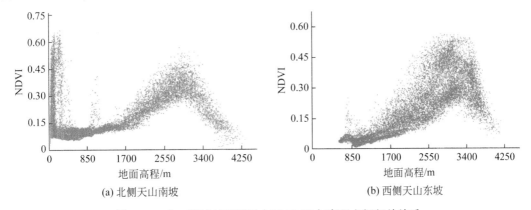

图 5.23　艾丁湖流域不同样本区 NDVI 与高程之间相关关系

（2）坡向影响。两个样区 NDVI 与坡向之间关系，如图 5.24 所示。在北侧天山的西北坡向（310°~330°），植被发育最好，其次是东面和东南坡向，北面坡向植被发育较差。在西侧天山，北面、西北和西面坡向植被发育好，东南坡向（140°）较差。由此可见，不论是北侧天山还是西侧天山，适宜植被发育的都是西北坡向，因为水汽来源主要来自西风环流，所以，西侧坡向水汽条件最好，同时西北向的半荫蔽山坡还满足了植被生长所需光热条件，它直射时间比朝南坡向少、蒸散发量较低。

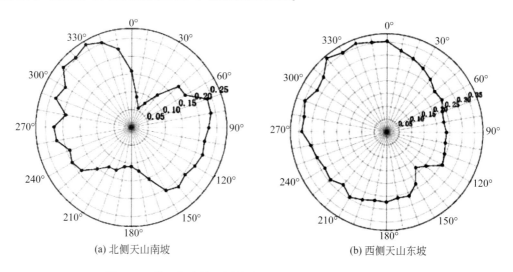

（a）北侧天山南坡　　　　　　　　　（b）西侧天山东坡

图 5.24　艾丁湖流域不同样本区 NDVI 与各个坡向之间关系

（3）气候因子影响。利用艾丁湖流域 2001~2017 年 6~8 月 NDVI 与同期累积降水量和平均气温序列进行偏相关分析，结果表明，全区平均 NDVI 与降水量之间正相关，尤其北部海拔 3000m 以上的山区和山前戈壁带（海拔为 1000~2000m），相关系数大于 0.6。在平原区洪积-冲积带，NDVI 与降水量之间相关性弱（图 5.25）。该流域 NDVI 与气温之间负相关，其中北部海拔 3000m 以上的山区和东南荒漠区 NDVI 与气温之间呈一定的负相关，反映出气温增高，蒸散发量增加，使植被可利用水量减少。但在海拔 1000m 以下的中心区域，NDVI 与气温之间正相关性较强，相关系数大于 0.7，表明该区地下水提供相对稳定的水分，夏季气温适当增高有助于植被生长。

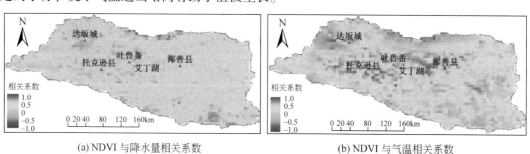

（a）NDVI 与降水量相关系数　　　　　　　　　（b）NDVI 与气温相关系数

图 5.25　艾丁湖流域夏季平均 NDVI 与同期累积降水量和平均气温之间相关系数分布特征

（4）河水补给对植被影响。由于艾丁湖流域平原区降水稀少，所以河流对土壤含水量的渗透补给对植被生长至关重要。例如，在该流域白杨河河道附近，虽然地下水位埋深较大，但芦苇发育。在白杨河旧河道附近，天然植被覆盖度仍维持较高水平，反映出旱区天然植被对河流水源的依赖性，同时，植被也发挥着涵养水源作用。因为植被生长吸收土壤盐分，在一定程度上促进了河岸土壤涵养水分化。

（5）地下水位埋深对植被影响。从 4 个不同条件的测区 NDVI 和植被覆盖度与地下水位埋深之间相关关系来看，它们之间不是简单线性相关关系。地下水位埋深过浅也影响天然植被生长，这与包气带岩性与结构、潜水面之上支持毛细水上升高度的大小和植被根系发育深度等相关。地下水是艾丁湖流域平原区天然植被群落生理活动所需水分的主要来源，地下水位埋深变化直接影响根系层含水量多少。在二测区的盐蒿生长区域，NDVI 和植被覆盖度极大值出现在地下水位埋深 5.2～5.5m 分布区，该区电导率较低；在二测区的距离河道较远地带，河水无法季节性渗透补给土壤，土壤类型为黏土，地下水毛细上升高度较高，因此该区植被生长所需水分主要来自地下水供给。在三测区，地下水流向自西向东，地面高程沿程降低，上游地下水对下游区存在侧向补给，在一定程度上补充土壤水分；在东部靠近湖区的洼地，地下水侧向补给虽然增加了土壤水分，但是矿化度较高的地下水蒸发也引起表层土壤积盐显著增大，导致 NDVI 和植被覆盖度明显变小（图 5.26）。

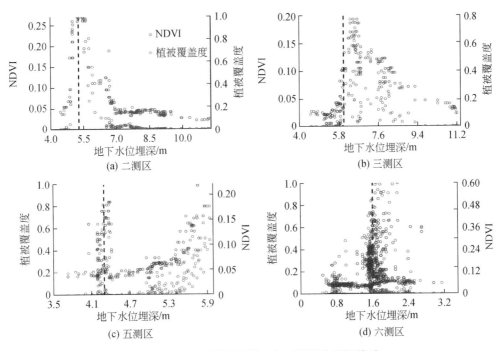

图 5.26　各区域植被覆盖与相对地下水埋深关系

对于艾丁湖湿地分布区，天然植被生长受土壤水分和盐分的双重制约。在地势较高区域，天然植被生长受水分亏缺胁迫；在地势低洼区域，天然植被生长受土壤盐分胁迫。在艾丁湖流域平原区，湿生芦苇、盐蒿和骆驼刺生长（NDVI 和植被覆盖度极大值）的最为适宜生态水位（埋深）分别为1.5m、5.2m和4.3m（图5.26），地下水位上升邻近地表呈现生态负效应［图5.26（d）］。

2. 河口湿地退变特征

在艾丁湖流域下游尾闾湖分布区，20世纪50～60年代曾分布有一、二类国家重点保护的白鹳、黑鹳、大天鹅、小天鹅、苍鹰、鸢、红隼、大鸨和波斑鸨等野生动物18种和鹅喉羚等兽类12种，目前均已绝迹。90年代初，该湿地分布区可以看见三五成群的鹅喉羚，每年春、秋季大小天鹅、白鹳、黑鹳和灰鹤等大量候鸟迁徙过程中停留、栖息艾丁湖湿地区，数量最多时可达上万只，且有一定数量的候鸟在艾丁湖越冬。如今，随着艾丁湖湿地水域缩小和生态退化，鹅喉羚及候鸟在该区已经看不到。在艾丁湖湿地，天然植被有梭梭、沙拐枣、柽柳、麻黄、甘草和胡杨，以及盐生植被——刚毛柽柳、多枝柽柳、盐节木、盐穗木、盐爪爪、盐角草、黑果枸杞、骆驼刺和芦苇等。近20年来该区周边大片芦苇、红柳、盐节木、黑刺和骆驼刺枯死，生长稀疏盐节木，植被群落由芦苇向盐节木演变。

3. 天然植被退变特征

1）天然植被退变基本特征

艾丁湖流域同其他西北内陆盆地一样，生态环境十分脆弱，天然植被退化比较明显。在20世纪80年代初，艾丁湖流域平原区大果泡泡刺、芦苇分布面积为227km²，占绿洲区面积的17.2%；疏叶骆驼刺分布面积为215km²，占16.3%；芦苇、疏叶骆驼刺分布面积为196km²，占14.9%；多枝柽柳分布面积为137km²，占10.4%；小獐茅分布面积为109km²，占8.2%；花花柴、疏叶骆驼刺分布面积为46km²，占3.5%（图5.27）。农田耕地面积为33km²，仅占2.5%；裸地面积为158km²，占12.0%。

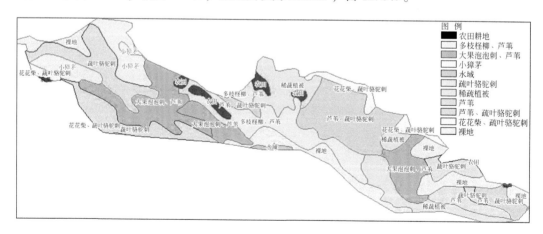

图5.27　20世纪80年代初艾丁湖流域平原区自然生态状况

至2019年，艾丁湖流域平原区疏叶骆驼刺盐生草甸分布面积为585km²，占绿洲区面积的43.7%；芦苇盐生草甸分布面积为155km²，占11.6%；柽柳灌丛分布面积为

40.5km²，占3.0%；花花柴盐生草甸分布面积为16.6km²，占1.2%；黑果枸杞灌丛分布面积为37.7km²，占2.8%；盐爪爪荒漠分布面积为15.2km²，占1.1%；盐穗木荒漠分布面积为6.8km²，占0.5%；梭梭荒漠分布面积为6km²，占0.4%（图5.28）。农田耕地面积为60.9km²，占4.5%；裸地面积为416km²，占31.0%。

相对20世纪80年代初自然生态境况，至2019年艾丁湖流域平原区天然植被生态及类型发生了较大退变。80年代初该流域分布范围最广的天然植被是骆驼刺、芦苇和大果泡泡刺，而至2019年分布范围最广的天然植被演变为骆驼刺盐生草甸，大果泡泡刺及小獐茅天然植被几乎绝迹。在过去的40年中，骆驼刺始终为艾丁湖流域平原区分布范围较广的优势物种，这与该区地下水位变化和骆驼刺生态保护区圈定密不可分，而芦苇、柽柳分布范围不断缩减，零星分布的梭梭、盐爪爪和盐穗木新兴植被出现下游天然植被区（图5.27和图5.28）。

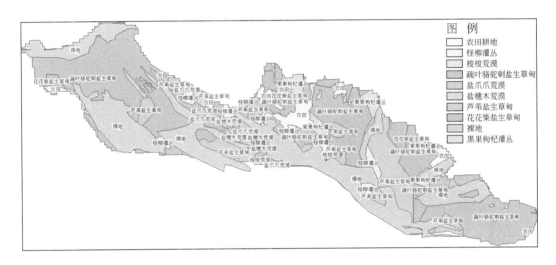

图5.28　2019年艾丁湖流域平原区自然生态状况

2）不同时期天然植被分布范围变化特征

1976~2010年，艾丁湖流域天然植被衰退范围为1429km²、扩张范围为377km²，衰退面积远大于扩张面积，呈现总体退化趋势特征。在1976年，艾丁湖流域天然植被面积为2110km²，至2010年天然植被面积减小至1058km²。该流域天然植被衰退的范围，主要分布在西区的郭勒布依乡西部、吐托公路南侧、中区恰特喀勒乡南部和艾丁湖区北部，以及东区达朗坎乡和迪坎乡南部（图5.29）。这些退变与其上游带耕地农田不断扩大、地下水位不断下降和进入湖补给量不断减少密切相关。

2010~2019年，艾丁湖流域天然植被的扩张范围为669km²、衰退范围为299km²，扩张范围大于衰退范围，呈现总体向好趋势特征（图5.30）。天然植被的扩张范围，主要分布在该流域西区的夏乡吐托公路南侧、中区恰特喀勒乡南部、艾丁湖北部和东区达朗坎乡周边。2010年天然植被面积为1058km²，2019年天然植被面积增至1428km²，这与近几年该流域野生骆驼刺保护基地围栏工程建设和地下水超采综合治理相关。

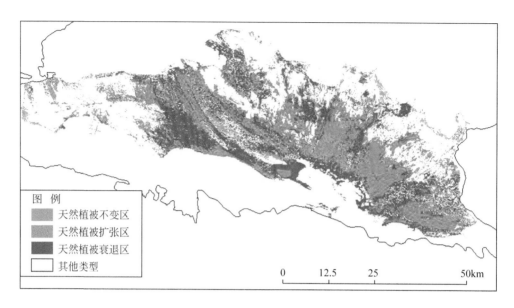

图 5.29　1976 ~ 2010 年艾丁湖流域天然植被范围变化状况

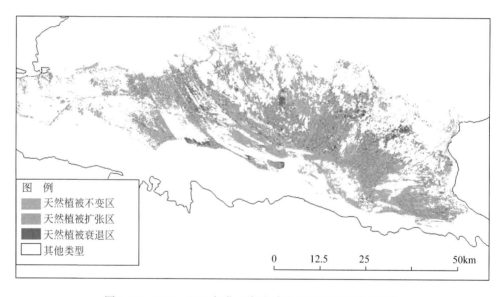

图 5.30　2010 ~ 2019 年艾丁湖流域天然植被范围变化状况

相对于 1976 年，2019 年艾丁湖流域天然植被的衰退范围为 1061.04km², 扩张范围为 379km², 衰退范围远大于扩张范围, 呈现总体上退化趋势特征。天然植被的衰退范围, 主要分布在该流域西区郭勒布依乡西部和吐托公路南侧, 以及中区艾丁湖的北部和东区达朗坎乡和迪坎乡南部。1976 年天然植被面积为 2110km², 2019 年天然植被面积为 1428km²。天然植被范围退变与耕地农田不断扩大、水资源开发利用强度和地下水超采程度不断增大, 以及地下水位埋深不断增大和入湖区水量不断减少相关。

4. 天然绿洲覆盖度演变特征

应用地表植被覆盖度遥感定量反演模型和基于地表植被覆盖度实测数据，得到 1976 年以来天然绿洲覆盖度演变数据。从图 5.31 可见，1976～1990 年艾丁湖流域天然绿洲面积呈减少趋势，1990～2005 年呈缓速增加特征和 2005～2010 年为明显减少阶段。2010 年以来艾丁湖流域天然绿洲面积呈增大趋势，且 2015 年之后增加趋势显著。

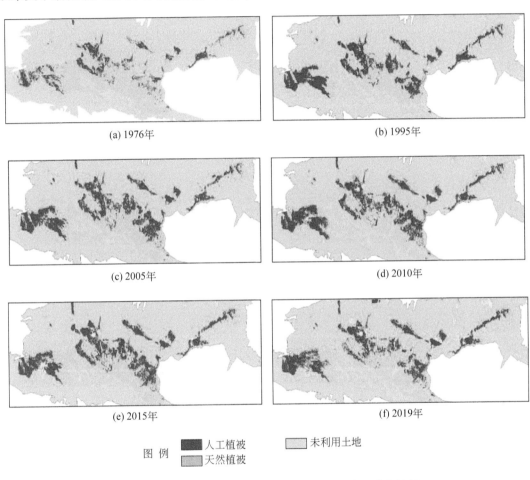

图 5.31　1976～2019 年艾丁湖流域土地利用类型演变特征

从艾丁湖流域天然绿洲覆盖度和天然绿洲覆盖分布面积来看，1976～1995 年呈减小特征，1995～2015 年呈增加特征和 2015～2019 年呈先降后升趋势（图 5.32）。艾丁湖流域天然绿洲分布面积及覆盖度变化，主要受地下水位埋深和地表出山来水量变化影响。平原区天然植被生态对上游来水和地下水支持毛细供水的依赖性强。随着流域水资源开发利用强度增大，上游大量修建水库及大规模拦用出山地表水，大幅减少了进入平原区天然绿洲来水量，加剧了当地地下水超采程度，导致地下水位不断下降，引发天然植被绿洲显著退化。

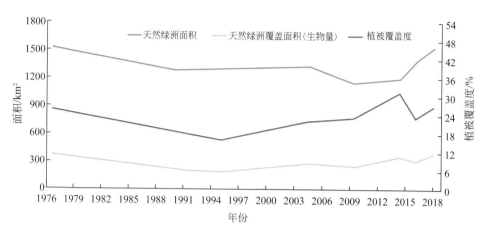

图 5.32　1976～2019 年艾丁湖流域天然绿洲面积及覆盖度演变特征

5. 天然绿洲退变主要影响因素演变特征

从图 5.33 可见，天然绿洲生态情势变化与地下水开采量之间具有明显互动关系。1976～2010 年艾丁湖流域地下水开采量迅速增大，同期天然绿洲分布面积显著减少；2010～2017 年，该流域地下水开采量呈现下降趋势，同期天然绿洲分布面积呈明显恢复特征，表现出二者之间相关互动性。由于艾丁湖流域平原区降水稀少，当地降水量变化对天然绿洲影响不明显，所以，地下水开采量成为主导天然绿洲生态退变的主导因素之一。

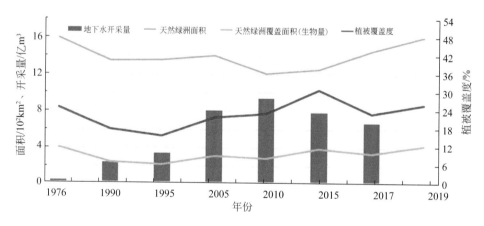

图 5.33　1976～2019 年艾丁湖流域天然绿洲生态情势与地下水开采量之间互动关系

1）水资源开发利用影响特征

从 1976～2019 年历年水资源开发利用量及其组成来看，该区总用水量由 1976 年的 3.97 亿 m³/a，至 2010 年增大为 13.80 亿 m³/a，净增为 9.83 亿 m³，增幅达 248%；同时，地下水开采量由 1976 年的 0.43 亿 m³/a，至 2010 年增大为 8.25 亿 m³/a（图 5.34），增幅达 1819%。2010 年之后，总用水量由 13.80 亿 m³/a 至 2019 年降为 12.70 亿 m/a，目前水资源开发利用率为 115%，仍处于严重超用状态；同期地下水开采量由 2010 年的 8.25 亿 m³/a，至 2019 年减降为 6.31 亿 m³/a，现状地下水开发利用率 122%，仍处于超采状态，年均地下水超采量 0.4 亿 m³，超采区主要分布在该流域高昌区、鄯善县和托克逊县人工绿洲灌区。

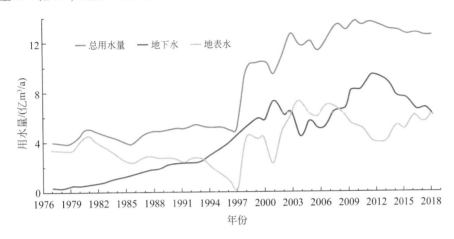

图 5.34　1976 年以来艾丁湖流域总用水量及其组成演变特征

2）土地开发利用影响特征

1976～2019 年，艾丁湖流域耕地面积总体上呈现先显著增大、中缓慢增加和后期略有减小的变化过程。1976～1990 年该流域耕地面积增加 299.42km²，1990～2010 年又增加 141.86km²，2010～2019 年耕地面积减少 102.71km²。1976～2019 年该流域城乡工矿及居民用地面积呈不断扩大趋势特征（图 5.35），累计增加 303.88km²。

1976～2010 年，艾丁湖流域城乡工矿及居民用地、耕地面积增幅分别达 638% 和 75%，同期，湿地水域、草地和灌木分布的面积分别减幅 70%、50% 和 38%。2010～2019 年，城乡工矿及居民用地面积继续扩大，增幅 32%；草地、灌木和湿地水域分布面积小幅恢复。耕地和城乡工矿及居民用地主要分布在流域中部和北部，草地主要分布在流域中、下游区，林地分布在河流两岸及部分河谷地带，在中部灌木与草地耕地混合分布；少量湿地水域，包括艾丁湖区及少量河流及耕地中的人工水域，面积不是该流域平原区的 1.0%。

3）地下水开采影响

目前艾丁湖流域（吐鲁番盆地）地下水开采机电井 6796 眼，坎儿井 214 条。其中以机井方式获得地下水开采量占该盆地开采总量的 84%。1994～2008 年，正直西部大开发政策实施，艾丁湖流域地下水开采量由 2.99 亿 m³/a 激增到 9.08 亿 m³/a，钻井深度由 60～80m 增大到 120～150m。自 2009 年以来相继出台了一系列遏制地下水超采政策，至 2012 年地下水开采量达到峰值之后，开始逐年下降，目前已经控减至 7.60 亿 m³/a 以下。

2004～2012 年，艾丁湖流域的主要开采区——高昌、托克逊和鄯善地区地下水开采量呈明显增大过程，对该流域平原区地下水生态功能影响呈现加剧趋势。自 2012 年以来，这些主采区地下水开采量呈逐年减少趋势特征（图 5.36），对下游平原区地下水生态功能影响趋于减弱。在上述用水总量中，灌溉农业用水量曾占 92.3%。

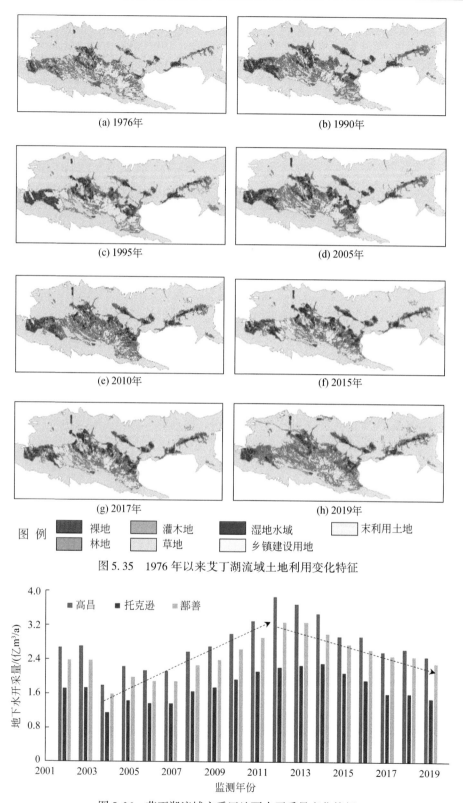

(a) 1976年　　　　　　　　　　　　　(b) 1990年

(c) 1995年　　　　　　　　　　　　　(d) 2005年

(e) 2010年　　　　　　　　　　　　　(f) 2015年

(g) 2017年　　　　　　　　　　　　　(h) 2019年

图 例　　裸地　　　灌木地　　　湿地水域　　　末利用土地
　　　　　林地　　　草地　　　　乡镇建设用地

图 5.35　1976 年以来艾丁湖流域土地利用变化特征

图 5.36　艾丁湖流域主采区地下水开采量变化特征

从艾丁湖流域人工绿洲面积和天然绿洲面积变化来看，二者之间呈现互逆变化特征。1976～1990 年，该流域人工绿洲面积大幅增加，天然绿洲面积大幅减少，由此，艾丁湖流域天然绿洲面积与人工绿洲面积比值由 1976 年的 4.74 大幅度减小至 1990 年的 1.78（图 5.37），同期地下水开采量显著增加。1990～2010 年，人工绿洲面积小幅增加，天然绿洲面积明显减少，该流域天然绿洲面积与人工绿洲面积比值由 1990 年的 1.78 大幅度减小至 2010 年的 1.36，同期地下水开采量由不足 3 亿 m³/a 增加至 9 亿 m³/a 以上。2010～2015 年，人工绿洲面积小幅减少，天然绿洲面积增大，艾丁湖流域天然绿洲面积与人工绿洲面积比值由 2010 年的 1.36 增大至 2015 年的 1.49，同期地下水开采量明显减少。2015～2019 年，人工绿洲面积显著减少，天然绿洲面积显著，该流域天然绿洲面积与人工绿洲面积比值由 2015 年的 1.49 增大至 2019 年的 2.23，同期地下水开采量趋势性减少。

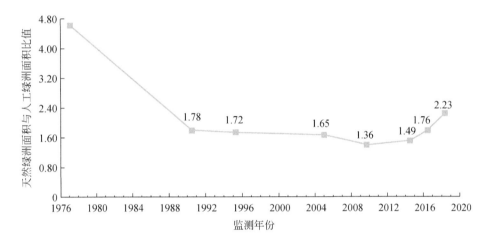

图 5.37　1976 年以来艾丁湖流域天然绿洲与人工绿洲面积比值变化过程

从上述艾丁湖流域天然绿洲面积与人工绿洲面积之间相关关系来看，1976～2019 年人工绿洲面积增长 196km²，天然绿洲面积则减少 682km²，呈现人工绿洲面积每增加 1km²，天然绿洲面积减少 3.47km² 的相关特征。2010 年为转折点，在 2010 年之前，人工绿洲面积增加，天然绿洲面积减少；2010 年之后，人工绿洲面积开始减少，天然绿洲面积开始增加。1976～1990 年，人工绿洲面积每增加 1km²，天然绿洲面积则减少 3.83km²；1990～2010 年，人工绿洲面积每增加 1km²，天然绿洲面积减少 1.55km²。2010～2015 年，人工绿洲面积每减少 1km²，天然绿洲面积则增加 3.77km²；2015～2019 年人工绿洲面积每减少 1km²，天然绿洲面积则增加 2.57km²。1976～2010 年，人工绿洲面积每增加 1km²，天然绿洲面积减少 3.17km²。

上述艾丁湖流域天然绿洲与人工绿洲面积发生明显变化的原因，是 2010 年以前该流域经济发展较为粗放，经济和人口增长对粮蔬需求量显著增加，驱动大规模扩展了耕地农田面积，使得人工绿洲面积呈现递增趋势。而 2010 年以后，由于采取了多项生态保护措施和地下水超采治理对策，包括推进了约束水资源和地下水开发利用量、提高渠系水利用率、新增高效节水面积和退减灌溉面积等措施，促使天然绿洲面积得以恢复。

4）艾丁湖自然湿地退变因素分析

艾丁湖流域下游自然生态用水的主要补给水源产生于上游山区，湿地分布区年降水量不足 10mm，不能产生径流。自 1976 年以来，艾丁湖流域人口数量从 33.0 万人至 2010 年增加为 62.4 万人，人口数量增加 89.1%（净增 29.4 万人）；灌溉农田面积由 47 万亩增加为 2010 年的 125 万亩，增加 266.0%；总用水量从 6.9 亿 m³/a 增加到 2010 年的 13.6 亿 m³/a，增加 97.1%；地下水开采量从 0.4 亿 m³/a 增加到 8.3 亿 m³/a，增加 1975.0%。同期，天然绿洲分布面积由 2110km² 减少至 1058km²，减少 50%；人工绿洲面积从 445km² 增加到 777km²，增加 75.0%。下游区艾丁湖湿地水域面积曾萎缩至干涸。基于上述数据，每增加 1 万人口，总用水量增加 2288.7 万 m³/a，人工绿洲面积增大 11.3km²，天然绿洲面积减少 35.8km²。2011~2019 年，人工绿洲面积减少 135.6km²，总用水量减少 0.9 亿 m³/a，天然绿洲面积增加 369.9km²。由此可见，没有水源的支撑，无论是维系经济社会稳定发展，还是修复和保护自然生态，都不会成为可能。

5.2.3　典型区天然绿洲退变与地下水位埋深之间的关系

1. 地下水生态水位确定方法与依据

地下水生态水位是西北内陆区天然绿洲存在的关键指标之一，具有适宜和极限生态水位的上、下限之分。若地下水位埋深过浅，不仅会引起土壤通气性降低，植被根系呼吸减弱，而且表层土壤中大量盐分积累，致使天然植被生长受到抑制。当地下水位上升致使支持毛细水前缘抵达强烈蒸发深度时，表层土壤盐渍化会加剧；若地下水位降低至天然植被根系吸水界限深度之下时，植被根部气孔关闭，失去生长水分有效供给，导致植被凋萎死亡，这一深度的地下水位埋深为生态水位（深度）的下限。

根据陆表植被吸用水与地下水位埋深之间关系，潜水面之上的支持毛细水带前缘至天然植被根系层上界深度之上，对应的地下水位埋深为地下水供给天然植被用水的极限深度，又称“适宜生态水位”（记作 h_{st}）。h_{st} = 主根系层下界深度（D_{zb}）+ 潜水支持毛细水上升高度（H_{mx}）。h_{st} 的大小不仅与地下水位埋深之间密切相关，而且还与天然植被类型（根系发育深度）和包气带岩性之间存在相关关系。因为不同天然植被群落的 D_{zb} 的发育深度各不相同，或相同的植被群落分布区因包气带岩性不同，其 H_{mx} 存在一定差异，进而 h_{st} 不同。不同岩性包气带，其 H_{mx} 高度差异较大（表 5.5）。

表 5.5　艾丁湖流域不同岩性土壤最大潜水支持毛细水上升高度

土壤质地	壤土	粉质黏壤土	砂质黏壤土	砂质壤土	黏壤土	壤质黏土	粉质壤土
潜水支持毛细水上升高度/cm	205	170	148	146	171	167	116

2. 艾丁湖流域包气带岩性与支持毛细上升高度特征

该流域平原区包气带岩性分布特征，如图 5.38 所示。包气带岩性以壤土分布面积占比最大，其次为砂土、粉壤土和砂质黏壤土分布面积。由此，艾丁湖流域平原区潜水支持毛细水上升高度分布特征，如图 5.39 所示。

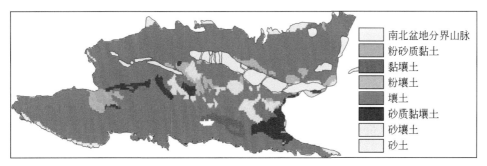

图 5.38　艾丁湖流域平原区包气带岩性分布特征

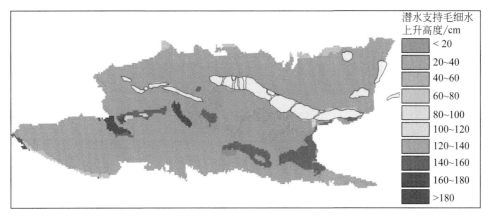

图 5.39　艾丁湖流域平原区潜水支持毛细水上升高度分布特征

3. 艾丁湖流域平原区天然植被适宜含水率分布特征

该流域森林面积为 764.40km², 森林覆盖率仅 1.10%; 草地分布面积为 7681.86km², 覆盖度大于 5%。平原区人工绿洲之外，以荒漠戈壁为主，只在潜水位埋深较浅区域，生长有片状、零星分布的骆驼刺、红柳、白刺和芦苇等耐旱植被。这些天然植被适宜土壤含水率差异较大，如表 5.6 所示。

表 5.6　艾丁湖流域主要耐旱植被适宜生长条件和生态水位下限

天然植被	天然植被适宜土壤含水率/%	植被根系长度/cm		生态水位埋深的下限/m
		一般长度	最大长度	
柽柳	9.5~27.7	92	—	3.0~5.0
梭梭	3.4~24.8	190	500	2.0~2.5
骆驼刺	0.87~27.12	155~1200	3000	4.5~6.0
刺山柑	1.73~17.85	130	—	2.1~2.2
芦苇	3.45~36.45	100	220	2.0~2.3

4. 艾丁湖流域平原区地下水生态水位特征

在艾丁湖流域，通过大量调查、探测和勘查，查明该流域西区地下水适宜生态水位（埋深）下限为7.0m，该区包气带土壤岩性以粉质黏土为主；该流域中区、东区的地下水适宜生态水位（埋深）下限为6.76m，该区包气带土壤岩性以砂壤土为主。通过大量调查表明，在地下水位埋深不大于3m区域，天然植被生长良好、枝叶繁茂、植株密集，有青幼林（苗）生长；在地下水位埋深3~6m区域，天然植被生长较好，枝叶比较繁茂、植株较密集，但缺少幼林（苗）生长。在地下水位埋深大于10m区域，天然植被生长不好，枝叶稀疏，植株稀疏，趋于枯萎。

在乔木、灌木分布区，天然植被生长较好的地下水位埋深不宜大于8m；在草甸分布区，天然植被生长较好的地下水位埋深不宜大于3m。胡杨、红柳和沙枣等天然植被的适宜生态水位埋深的下限7~8m，罗布麻、甘草和骆驼刺的适宜生态水位下限为5~6m，芨芨草的适宜生态水位下限不大于4m。柽柳生长的适宜地下水位埋深为3~5m，骆驼刺群落最适于生长的地下水位埋深为2.0~3.5m。

5. 艾丁湖流域平原区天然植被根系发育与生态水位下限分布特征

该流域天然植被主要有柽柳、梭梭、盐穗木、盐节木、骆驼刺、芦苇、花花柴、刺山柑和膜果麻黄（图5.40），分布面积1323km²，它们根系发育和分布特征如表5.6所示。由此，上述天然植被生态水位的下限分布特征，如图5.41所示。

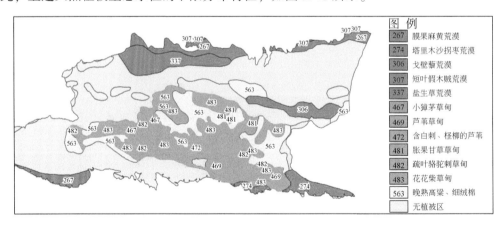

图5.40　艾丁湖流域平原区天然植被绿洲分布区位与多样性特征
绿色区域为地下水生态功能主导区

调查结果表明，在地下水位埋深小于2.0m区域，湿地植被占比大于70%，并出现湿地植被群系演替变化。在地下水位埋深2.0~3.5m区域，呈现湿地植被与耐旱、耐盐植被过渡地带，并随水位埋深增大，耐旱、耐盐植被明显增多，其中在地下水位埋深大于2.5m区域，湿地植被减少显著。在地下水位埋深3.5~7.0m区域，湿地植被基本消失，耐旱、耐盐植被成为优势物种，包括梭梭、盐节木、柽柳和骆驼刺等。在地下水位埋深大于7.0m区域，合头草、刺山柑、白皮锦鸡儿、膜果麻黄和驼绒藜等耐旱植被为主。

生态水位下限/m

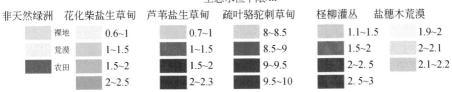

图 5.41 艾丁湖流域中、下游区主要天然植被绿洲生态水位下限分布特征

在地下水位埋深小于 1.0m 区域，NDVI 随着水位埋深减小而变小，天然植被的最大盖度达 98%，优势植被为芦苇，单位面积植被株数可达 34 株。在地下水位埋深大于 1.0m 区域，NDVI 随着地下水位埋深增大而变大，在 2.5 ~ 3.0m 时达到最大值；随着地下水位埋深增大，天然植被覆盖度逐渐减小，优势植被由喜水植被芦苇过渡为胖姑娘、花花柴和椭圆形天芥菜等耐旱植被，植被覆盖度为 10% ~ 30%。在地下水位埋深 4.5 ~ 5.8m 区域，天然植被覆盖度随水位埋深增大而减小，优势植被为骆驼刺；其中在地下水位埋深 5.0 ~ 5.5m 区域，以疏叶骆驼刺为主的 NDVI 达到荒漠区极大值。在地下水位埋深大于 8m 区域，NDVI 处于较低值，天然植被覆盖度为 3% ~ 10%。疏叶骆驼刺作为一种耐旱植被，当地下水位埋深小于 0.7m 时，该植被不生长。因为当土壤含水量大于 21% 时，疏叶骆驼刺种子的萌发率开始下降，幼苗发育受到抑制。

由此可见，在艾丁湖流域平原区的地下水位埋深小于 1.0m 区域适宜芦苇等喜水植被生长，地下水位埋深 1 ~ 4m 区域适宜盐穗木等耐盐碱植被生长，地下水位埋深 4 ~ 6m 区域适宜骆驼刺和白刺耐旱植被生长。疏叶骆驼刺的适宜生态水位下限为 4.5 ~ 6.0m。

5.3 艾丁湖流域天然绿洲生态退化可控性与有限性

5.3.1 天然水资源匮乏制约性与生态修复艰难性

由于艾丁湖流域地处西北内陆干旱区的吐鲁番盆地，气候极度干旱，雨水极少。平原区年降水量由北向南从 150mm 减少到 10mm；托克逊县城以西平原区年降水量由西向东从 50mm 减少到 10mm，托克逊县城以东平原区年降水量均小于 10mm。艾丁湖流域天然绿洲主要分布于人工绿洲与戈壁荒漠之间，吐鲁番盆地的北盆地山前侧向补给是艾丁湖流域平原区地下水主要补给水源。

艾丁湖流域多年平均水资源总量为 12.61 亿 m³/a，总用水量是资源量的 1.2~1.5 倍，农林牧渔畜等用水量占 92.3%；地下水资源量为 2.03 亿 m³，开采量是资源量的 2.4~3.8 倍，占总用水量的 58.7%。按照西北内陆流域水资源适宜开采阈值 40%~70% 考虑（钱正英和张光斗，2001；刘昌明等，2004；王西琴和张远，2008；贾绍凤和柳文华，2021），该流域适宜的水资源可开发利用量为 5.04 亿~8.83 亿 m³/a。2016 年该盆地区总用水量为 12.85 亿 m³，超用程度达 45.53%~154.96%；地下水开采量为 7.55 亿 m³，大于地下水资源量 5.52 亿 m³。该区总用水量曾达 14.0 亿 m³ 以上，地下水开采量超过 9.0 亿 m³/a；目前水资源开发利用仍处于严重超用和地下水处于严重超采状态，超采区主要分布在天然绿洲分布区上游的高昌区、鄯善县和托克逊县人工绿洲区。

1909 年，艾丁湖流域下游自然湿地水域面积仍保持在 230km²，蓄水量为 4.6 亿 m³，湖面蒸发量为 4 亿 m³；至 1940 年，该流域灌溉面积由 1909 年的 10 万亩扩大到 40 余万亩，灌溉用水量达 4 亿 m³，导致艾丁湖湿地萎缩至 150km² 左右。1949 年，艾丁湖流域平原区灌溉面积达 46 余万亩，自 20 世纪 50 年代以来耕地面积不断扩大，至 1985 年该区灌溉面积近 100 万亩，成井 3400 多眼，年开采量为 1.76 亿 m³。到 2009 年，艾丁湖流域平原区灌溉面积超过 190 万亩，总用水量达 14.8 亿 m³/a。随着该流域灌溉面积不断增加，艾丁湖水域面积不断萎缩，如 1973 年、1989 年和 1993 年艾丁湖水域面积分别为 29km²、11km² 和 3km²，目前艾丁湖已演变为季节性湖泊，仅白杨河季节性补给艾丁湖，其他较大河流除洪水外均不能流入艾丁湖。

本书采用地下水-生态模型模拟分析结果表明，即使在已实施的压采节水总量控制方案下，艾丁湖水域南盆地大部分的人工绿洲区地下水位仍呈下降趋势，仅在丰水年份（白杨河径流量达 2.5 亿 m³）能够有水补给艾丁湖湿地，其余年份基本难有水入湖区；在总量控制方案下，虽然经济社会水资源超用和地下水超采对地下水生态功能影响程度逐渐减弱，但是该流域地下水超采情势尚未被根本性改变，艾丁湖湿地以北的天然绿洲退化也没能呈现趋势性扭转。由此可见，艾丁湖流下游的天然绿洲区地下水生态功能修复仍然面临水源匮乏的现实，实现"维持现有的 176 万亩的骆驼刺盐生草甸等天然植被面积不退化，保障一定的艾丁湖水域面积"的治理目标面临严峻挑战。

5.3.2 地下水生态功能退变有限可控性

自 2009 年以来，相继出台了《吐鲁番地区地下水水资源费征收管理办法的通知》、《艾丁湖生态保护治理规划》和《吐鲁番市地下水超采区治理方案》等一系列遏制地下水超采的政策，近 10 年以来艾丁湖流平均每年新建高效节水 8 万亩、高效节水农田面积为 90 多万亩；已退地减水、退田 14 余万亩，关闭开采 400 多眼。自 2010 年开始艾丁湖流域已呈现治理效果，总用水量已由 2009 年的 14.8 亿 m³，目前压减至 13 亿 m³/a 以下，地下水开采量自 2012 年达到峰值之后呈现逐年下降趋势，目前开采量已下降至 7.60 亿 m³/a 以下。2011~2019 年耕地面积减少 135km²、湿地水域面积为 0.5km²、草地面积增加

369km²，2016 年 8 月艾丁湖水域面积曾达 20km²。但是，2011～2019 年艾丁湖流域城乡镇建设用地面积在前期增加 104km² 的基础上，又增加 38km²，表明生活和工业用水需求仍在增长。

1. 天然植被生态修复有限性特征

从天然植被覆盖度时空变化来看，1976～2005 年艾丁湖流域植被覆盖度不断下降，人工植被区平均覆盖度大于天然植被区平均覆盖度；2010 年以来艾丁湖流域天然植被覆盖度显著增大，其中该流域典型天然植被——骆驼刺保护区植被覆盖面积从 1994 年的 113.3km²，至 2004 年减少到 98.3km²，至 2014 年该保护区植被覆盖面积增加 114.1km²，2018 年达到 182.5km²，而且以中等覆盖为主。另外，从 1994 年以来艾丁湖流域生态 NDVI 变化特征来看，2010～2018 年高密度覆盖的 NDVI 分布范围明显扩大，2018 年的高密度覆盖范围明显大于 2014 年。上述这些变化特征与地下水位埋深之间呈正相关关系（图 5.42）；当水位埋深大于 6m 时，多数草本、灌木和乔木生态状况较差，甚至凋萎；当

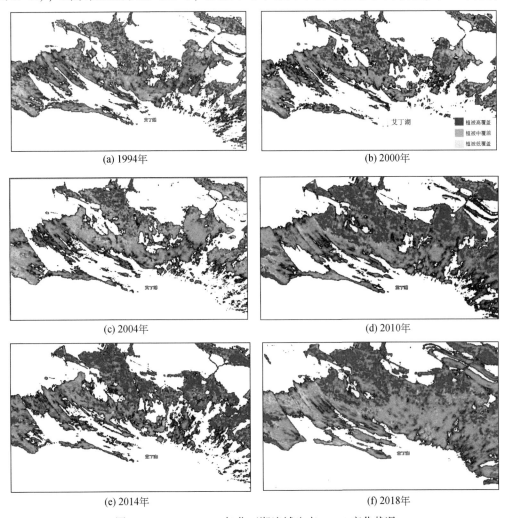

(a) 1994年　　　　　　　　　　　(b) 2000年

(c) 2004年　　　　　　　　　　　(d) 2010年

(e) 2014年　　　　　　　　　　　(f) 2018年

图 5.42　1994～2018 年艾丁湖流域生态 NDVI 变化状况

地下水位埋深大于7.5m时，生态NDVI小于0.1，大多数植被凋萎死亡，植被零星分布，覆盖度小于25%。当水位埋深大于8m时，生态NDVI小于0.08（图5.43），覆盖度极低，绝大多数植被已死亡。

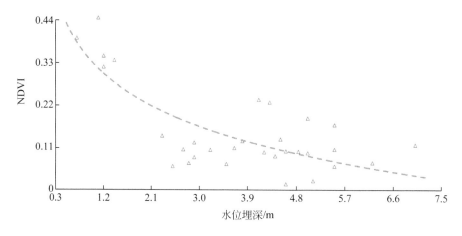

图5.43　艾丁湖流域生态NDVI与地下水位埋深之间关系

通过1976~2010年和2010~2019年两个时段的艾丁湖流域天然植被变化对比结果表明，1976年天然植被面积为2110km²，至2010年天然植被面积减少至1058km²；天然植被衰退范围主要分布在艾丁湖流域西部和南部地区，原因是这些区域水资源开发利用强度不断增大，局部区域地下水超采程度显著加大，导致进入天然绿洲区水量不断减少。从图5.29与图5.30可见，2010~2019年天然植被扩张区域范围明显增大，天然植被衰退区域范围明显减少。相对2010年，艾丁湖流域天然植被面积由1058km²增大至2019年的1428km²，扩大面积为669km²，衰退面积为299km²，整体呈趋好特征，这与该流域地下水超采综合治理不断推进有关。但是，2010~2019年天然植被衰退面积仍然不小，表明艾丁湖流域地下水生态功能及自然生态退化治理的可控制是有限的，面临水源匮乏的严峻挑战。

2. 典型天然植被生态修复可控性特征

艾丁湖流域享誉世界上分布面积最大的耐盐、抗旱的疏叶骆驼刺，由20世纪80年代的220万亩减至2004年的98万亩，其中90万亩为生长不良状态。从1994~2018年艾丁湖流域疏叶骆驼刺覆盖面积变化状况来看，2010年和2018年该流域骆驼刺保护区植被覆盖面积较大，分别为143.81km²和182.52km²；2000年和2004年该流域骆驼刺保护区植被覆盖面积较小，分别为101.20km²和98.33km²。1994~2004年，骆驼刺保护区植被覆盖面积呈减小特征。2004年以来该流域骆驼刺保护区植被覆盖面积呈波动增大趋势特征，2018年该流域骆驼刺植被覆盖类型以中等覆盖为主，低覆盖次之，存在少量高覆盖（图5.44）。

根据大量实际调查资料，采用代表性物种——疏叶骆驼刺的样方统计方法，对单位面积的疏叶骆驼刺个体数和平均长势进行量化评估，形成疏叶骆驼刺密度变化结果。从艾丁湖流域疏叶骆驼刺生长密度在空间上变化趋势来看，自上游人工绿洲区至下游湖区，骆驼刺生长密度由10.50逐渐减小为0（图5.45），与地下水位埋深变化相关。

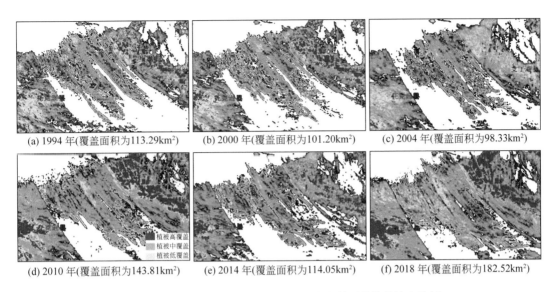

(a) 1994 年(覆盖面积为113.29km²)　　(b) 2000 年(覆盖面积为101.20km²)　　(c) 2004 年(覆盖面积为98.33km²)

(d) 2010 年(覆盖面积为143.81km²)　　(e) 2014 年(覆盖面积为114.05km²)　　(f) 2018 年(覆盖面积为182.52km²)

图 5.44　1994 年以来艾丁湖流域疏叶骆驼刺覆盖状况演变特征

年均覆盖面积为 125.53km²

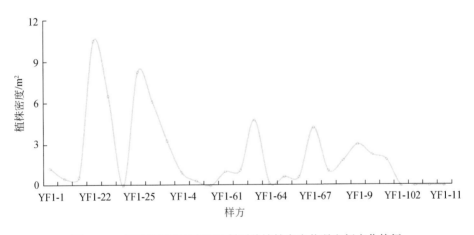

图 5.45　艾丁湖流域疏叶骆驼刺覆盖植株密度状况空间变化特征

5.3.3　艾丁湖流域地下水埋藏条件局限性

1. 恰特喀勒乡–艾丁湖样带地下水埋藏条件局限性

艾丁湖流域恰特喀勒乡–艾丁湖样带地下水埋藏状况，如图 5.46 所示。该样带 1/3 地段的地下水位埋深大于 10m，大于艾丁湖流域平原区适宜生态水位的下限深度，不利于天然植被生长。在该样带的下游段，占样带长度的 2/5，地下水位埋深小于 1m 时，易发生土壤盐渍化。

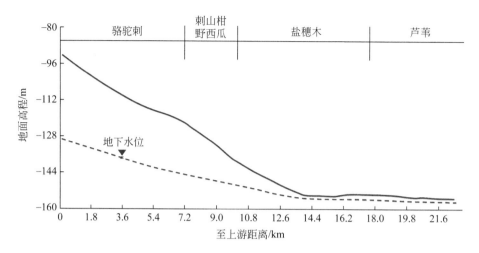

图 5.46　艾丁湖流域恰特喀勒乡–艾丁湖样带地下水埋藏局限性特征

在艾丁湖流域恰特喀勒乡–艾丁湖样带的地下水位埋深 1~5m 区段，潜水蒸发强烈，又由于距离艾丁湖区较远、无地表水补给，所以土壤含盐量较高，达 628.40g/kg，仅盐穗木等耐盐碱植被可以生存。随着该样带地下水位埋深增大，喜水的芦苇逐渐消失；当地下水位埋深超过地下水蒸发极限深度时，土壤含水率显著变小，刺山柑和野西瓜等天然植被成为优势植被。至恰特喀勒乡–艾丁湖样带上游的地下水位埋深 20~30m 区段，唯有骆驼刺和白刺植被能够生存（图 5.46）。

2. 大墩–白杨河子样带地下水埋藏条件局限性

艾丁湖流域大墩–白杨河子样带地下水埋藏状况，如图 5.47 所示。该样带穿过了艾丁湖流域最大的骆驼刺保护区，自北至南，地下水位埋深逐渐增大，在上游段（北部）骆驼刺保护区，地下水位埋深为 4.0~5.8m，该区骆驼刺盖度为 45%~79%。向南（下游段），

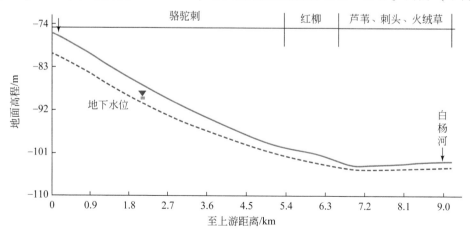

图 5.47　艾丁湖流域大墩–白杨河子样带地下水埋藏局限性特征

地下水位埋深逐渐减小，在水位埋深 2~4m 区段天然植被以红柳为主，可见零星骆驼刺和芦苇分布；在地下水位埋深 0.3~0.7m 区段，天然植被以芦苇、刺头和火绒草为主，尤其在白杨河河道两侧 50m 内，芦苇生长旺盛。在大墩–白杨河子样带，地下水埋藏条件的局限性是 2/3 区段地下水水力梯度较大，一旦出现局部地下水超采，则会导致该样带的整个中、上游带地下水生态功能退变危机和地表生态严重退化。

5.4　干旱区地下水–季节性河流–湖泊耦合分布式模型

5.4.1　模型研发背景与特色

1. 研发背景

艾丁湖流域地表水与地下水之间频繁转化，平原区地下水系统补给、径流和排泄源汇项时空分布和变化十分复杂，常见地下水模型难以高效模拟地下水–湖泊之间相互作用，以及坎儿井特殊取水过程。传统水文模型难以详细刻画复杂的渠系灌溉系统、取用水和渠首分水过程。艾丁湖流域平原区地下水超采治理、合理开发和生态保护等不同情景下技术方案优化论证，需要针对性开发"干旱区湖泊–季节性河流–地下水耦合模型"（C++ object-oriented model for underground water simulation，COMUS），刻画模拟上述水文过程，解决该流域自然生态退化的水资源不合理开发利用问题。

艾丁湖流域地下水补给水源主要来自上游山区降水和冰雪融水形成出山地表径流，通过河流渗漏补给；盆地内地下水、人工绿洲灌溉用水、生态输水和尾闾湖泊水域之间水量转化关系复杂，交互频繁（图 5.48），由此，基于艾丁湖流域"出山河流入渗—渠系引水

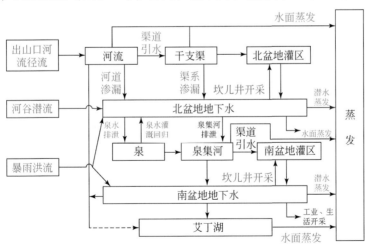

图 5.48　艾丁湖流域平原区地下水系统及其与地表水之间转化关系

图中红色字为水资源转化过程及转化源汇项

渗漏—绿洲灌溉回归—泉水出流—泉集河汇流—坎儿井开采—机井开采—湖泊耗水—生态植被耗水"等全链的地下水文过程模拟,在常规地下水模拟水量平衡模型基础上,研发了季节性河流和湖泊两个功能模块,发展了不同用水方案下地下水流场变化预测和生态效应模拟技术方法。

2. COMUS 模型特色

COMUS 模型采用模块化设计架构,包括单元间渗流模块、井模块、面状补给-潜水蒸发模块、通用水头模块和排水沟模块,具备了实现地下水模拟单元间流动、井抽水、面状补给和潜水蒸发等模拟功能,还针对干旱区地下水补给主要来自上游山区出山地表河流渗漏补给,以及盆地内地下水—人工绿洲灌溉—生态输水—尾闾湖泊水域之间水量频繁转化特点,开发季节性河流和湖泊两个功能模块。

1)地下水–季节性河流耦合模拟(季节性河流模块)

COMUS 模型将河网系统在空间上分为河网、河系、河流和河段等 4 个层次,以河段为基本单位进行地下水–河流耦合模拟,采用指定流量分流和分水比分流两种分水方式,实现河网中各条河流模拟次序的自动识别功能,用户可以任意顺序输入河段信息,并可进行河流的增添和删除,由此简化了复杂河网系统模拟的输入准备工作。该模型在模拟季节性河流与地下水间水量交换、计算河道渗漏和地下水排泄过程中,能够模拟河流上游引水、下游分水,以及河道内蒸发影响下河流输水过程和河流流量–水位动态变化过程。

2)地下水–湖泊相互作用模拟(湖泊模块)

COMUS 模型克服了采用有限差分方法模拟湖泊过程中网格划分过于复杂,且收敛不稳定的问题,采用湖泊模拟的"倾斜湖底网格"法(sloping lakebed method,SLM)。该方法中湖底高程在垂向上的离散,独立于含水层系统的网格离散,含水层系统剖分可以显著简化,避免了含水层垂向剖分过细,导致地下水单元干与湿转换计算不稳定问题。SLM 方法根据湖泊水位和湖底高程之间相对关系,将湖泊计算单元分为完全积水、部分积水和完全未积水 3 种状态,模拟湖泊–地下水相互作用,在不同状态之间切换过程中能够保证边界条件的连续性,从而确保计算过程收敛性。

3)灌区引水渠系输水和引水过程智能模拟

COMUS 模型基于季节性河流模块,构建了一种全新的模拟单元——输水通道,实现了灌区引水渠系输水和引水过程的智能模拟。其主要功用是存储与河道–渠道有关的数据信息,用来建立河道–渠道的拓扑结构。基于输水通道的需水和分水计算,采用逆序渠道需水计算方法,实现渠道末端需水量和沿途消耗量自动计算出渠首总需水量,并可以对所有输水通道分水–需水更新后,再进行顺序供水模拟,从而实现灌区干、支和斗渠等复杂渠道系统的渠道引水、输水和不同用水方式智能化模拟。

4)模拟"坎儿井"

坎儿井是我国著名的地下水利灌溉工程,主要分布在新疆吐鲁番盆地(艾丁湖流域)和哈密地区。坎儿井主要由竖井、暗渠、明渠和涝坝(蓄水池)等组成,这一特有地下水利工程结构复杂,且水流在地下运动状态较为隐蔽,通常地下水模拟将其简单当作竖井概化处理，这不能客观反映坎儿井取用水和沿途水流过程。COMUS 模型基于季节性河流模块，实现坎儿井的集水输水渠段与地下含水层之间水量交互关系的刻画，将整个坎儿井系统分为暗渠段、明渠涝坝取水段和漫流区 3 个部分，分别进行坎儿井的取水、用水和沿途渗漏补给，以及非灌溉时期排水入渗全部过程模拟。

5.4.2　COMUS 模型功能

1. 季节性河流与地下水耦合模拟

1) 河网系统及汇流结构

本研究将河网系统在空间上分为 4 个层次，分别为河网、河系、河流和河段。河网是指研究区范围内所有交错纵横的河流所构成的地表水通道系统。河网中的河流可能经多个流域出口流出，因此，将河网分为多个河系，每个河系对应一个流域出口。河系由多条河流组成，其中河流是地表水流经的某一条通道，具有上、下游概念，水量经由每条河流的上游流动到下游，并汇入其下一级河道，成为下一级河流上游的入流量，水量通过河流的逐级汇流，最终从河系的最下级河流的下游出口流出。在该模拟算法中，各条河流是相互独立的地表水通道单元。为了模拟河流与地下水之间相互耦合作用，按地表水与地下水差分网格空间分布关系，将河流划分为各个河段。河段是指某河流分布在某地下水网格单元中的一段，是模拟河道地表水与地下水相互作用的基础单元。河流中水量从上游向下游流动，因此，按地下水差分网格单元逐段将河流从上游到下游划分并按顺序进行编号，河段编号从小到大的相对顺序，代表水流的流动方向（图 5.49）。在河流单元数据结构体内部，每个结构体中包含两个单元指针数组，分别为上游单元指针数组和分流单元指针数组。其中上游单元指针数组保存所有向该河流单元汇流的上游河流单元的指针；分流单元指针数组保存该河流单元所要分流的河流单元的指针，包括单元编号数据、单元属性数据和单元分流数据等信息。

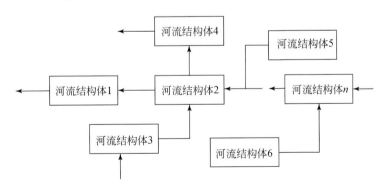

图 5.49　干旱区 COMUS 模型中河网汇流结构特征

在河网汇流结构构建过程中，考虑天然河网的拓扑结构（河网中不同河流的上、下游关系），以及人类干预下调水关系（不同河流之间人工分水）。在有人类干预状况下，河流之间存在相互调水关系，致使河网关系更为复杂，需要在自然河网基础上采用河流结构体的分流单元指针数组，设置调水关系。

2）河流与地下水之间相互作用数值模拟

基于水动力学方程，建立河段单元网格与地下水含水层之间水力联系。河段作为模拟的最小单元，通过计算与其所在的地下水网格单元之间渗流量，来模拟河流–含水层之间水力联系。每个网格单元都建立 1 个水均衡方程，使单元入流量减单元的出流量等于网格单元流量的变化量。河流向地下河系统提供水源，或地下河系统向河流排泄地下水，取决于河流与地下水之间水力梯度方向。与河流单元类似，河段单元中包括河段编号、所在单元网格位置、水力传导度、河床顶底部高程、河流水位和曼宁糙率系数等。无论是指定水位计算，还是自动水位计算，一个河段的上游入流量减去该河段的渗漏量之后，将作为个河段的下游出流量，流向下一个河段，成为下一个河段的上游入流量。这样，逐次将河流流量从河流的最上游河段，计算到河流的最下游河段，该流量接着又将成为下一条河流的上游入流量，直到河流水量离开河网系统。

2. 渠系自动分水模拟

目前，地下水数值模拟商业软件尚难以精确地模拟灌区渠系单元的地下水动态，也无法对灌区供水进行模拟。具体表现为，一是无法根据灌区需水量，确定渠首总引水量。在地下水模型中，每条引水渠道或用水渠道都有渗漏量与蒸发量，而这两个量需要根据水位变化获得，因此不能通过累加需水量形式确定渠首总引水量。二是河系与渠系之间树状拓扑结构完全相反。河系是指一定流域范围内，由大大小小的地表水体构成脉络相通的水系；系统中河流都为自然河流，都遵循水往低处流的规律，不论是溪、泉，或是冰川融水或湖泊，都在流域出口处汇合成一条河流。渠道是指人工建造的水流通道，其中输水渠道和灌溉渠道是从水源处取水、输送和分配到灌区的各处水道；总干渠水量通过支渠、斗渠、农渠和毛渠，逐层分配到田间，由此，河系中河道之间是汇水关系，渠系中渠道之间是分水关系，它们的结构完全相反。因此，若要对河道和渠道的汇水供水关系进行模拟，必须确定渠首取水口处的流量。首先，逆序需水计算，将渠系末端需水量通过渠系逐级累加至渠首，计算出渠首的总需水量；然后，以计算出总需水量为基础，进行顺序供水模拟，再判断模拟结果是否收敛，上述迭代过程直至模拟结果收敛为止。

3. 坎儿井系统地下水动态模拟

坎儿井供水特征是无需任何动力，一年四季稳定常流。根据人工绿洲生产属性，坎儿井供水分为灌溉期用水和非灌溉期用水。在艾丁湖流域，每年 11 月 15 日至次年 2 月底为非灌溉期，平均 120 天左右，坎儿井水流向冬灌田、苗圃林或其他树林，大部分水量流向下游天然绿洲区。每年 2 月底至 11 月中旬为灌溉期，坎儿井水全部供给农田灌溉。根据上述坎儿井水供给规律，基于地下水模型的季节性河流模块，建立坎儿井模拟方法（图 5.50）。将坎儿井供水系统概化为季节性河流，进行模拟水流过程。坎儿井模拟模型由 3 个部分构成，第一部分为暗渠段，模拟坎儿井水流与地下水之间补给–排泄关系；第二部分为明渠涝坝取水段，模拟坎儿井水流在明渠和涝坝的水量损失和人工取用过程；第三部分为漫流区，模拟非灌溉时期的灌溉剩余水量入渗补给生态系统过程。

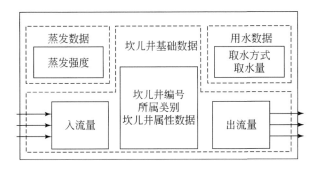

图 5.50　干旱区 COMUS 模型中坎儿井模拟系统结构

坎儿井的暗渠段实际上是类似埋在地底的地下暗河，由此根据地下水位与暗渠底部之间高度差异，将暗渠段分为集水段和输水段。在集水段部分，地下水位高于暗渠通道的底部，含水层中水流向着暗渠汇集补给；在输水段部分，地下水位低于暗渠通道底部，水量在沿着渠道流动的过程中发生渗漏。为模拟坎儿井系统水量补给和渗漏过程，按照地下水数值模拟网格剖分暗渠段，采用 Darcy 定律推导的公式，计算暗渠与含水层之间补给或渗漏量，采用曼宁公式计算暗渠水流量和水深。坎儿井的明渠和涝坝作为水利工程，它供给生态水于天然绿洲面积 2700 亩和湿地水域面积 800 亩。这些局域天然绿洲的形成，是由于明渠渠道向含水层渗流过程，处理明渠渗流量方式与处理地下暗渠渗漏方法类似，也是通过将明渠分成渠段，然后分别模拟每段的渗漏量。由于明渠涝坝是开阔的水面，因此，需要考虑水面蒸发损耗量和人工用水量。人工用水分为厂矿企业、城镇的集中用水和分段式灌溉用水，它们的用水量计算方式不同。

在非灌溉时期，有一部分的坎儿井水离开明渠涝坝段，沿着地面向下游流去，成为漫流。无论漫流区域是荒漠或是戈壁，还是天然绿洲，因存在漫流补给而发育天然植被，甚至演变为小绿洲。流向漫流区的水量为灌溉剩余水量，它补给生态系统的方式是入渗过程。漫流区渗漏量和蒸发损失量的计算方式，与明渠涝坝段的计算方法相同。

4. 湖泊湿地水文动态模拟

首先，测量和确定湖泊湿地汇水范围、蓄滞水范围和来自上游多条河道汇入水量。湖泊湿地汇水范围包括汇入河道的产、汇流面积；然后，查明湖泊湿地流域范围的排泄水量状况，下泄一般是通过人工控制闸门的自然下泄或泵站抽排，通常有数个下泄通道。最后，计算湖泊湿地范围总面积，作为潜在最大积水面积，它由湖泊湿地所在区域地势或堤防高程决定。通常情况下湖泊湿地水域范围极少能达到最大积水面积，因此，将湖泊湿地面积分为两个部分：一部分为湖泊现状积水区面积；另一部分为湖泊现状未积水区面积，湖泊湿地水域总面积为二者面积之和。

5.4.3　艾丁湖流域季节性河流与地下水耦合模拟

1. 艾丁湖流域地表水–地下水模型构建

1）模拟范围

艾丁湖流域季节性河流与地下水耦合模拟的范围，为艾丁湖流域平原区，即吐鲁番盆地的北盆地和南盆地，横向距离为 216km、纵向距离为 92km。该流域的北盆地与南盆地之间通过盐山–火焰山隆起相隔，北盆地平原区主要有大河沿–柯柯亚河流域地下水子系统和坎尔其河流域地下水子系统。但这两个地下水子系统之间主要以隔水边界和地下水分水岭边界相隔，它们彼此水力联系较弱。南盆地平原有大河沿–柯柯亚河流域地下水子系统和阿拉沟–白杨河流域地下水子系统，两个地下水子系统之间存在直接地下径流水力联系，只是它们在地表水系分属不同地表水流域，以地表水分水岭区分。南盆地的地下水子系统向东，与库木塔格沙漠地下水系统以隔水边界相隔，所以，库木塔格沙漠地下水系统没有被列入模拟范围内。北盆地平原区以单一潜水含水层为主，模拟范围内仅火焰山以北的高昌区胜金乡一带存在潜水–承压水多层结构区，面积较小，含有 3 ~ 5 个承压含水层；南盆地多层结构的潜水–承压水系统为一个较为完整、封闭，南北宽 4.6 ~ 27.5km、东西长 94km，面积共 1757km^2，含有 11 ~ 19 层承压含水层（图 5.51）。

2）模拟方法

艾丁湖流域季节性河流与地下水耦合数值模拟模型中，应用单元中心有限差分法进行地下水运动模拟，采用有限差分方程组的强隐式法求解，模拟地下水准三维流动，包括模拟井流、面状补给、泉水、蒸发蒸腾、沟渠和河流等对地下水流影响的各种外应力效应。考虑模拟区潜水与下伏承压水之间越流交互影响，包括潜水水位和承压水水头变化、潜水含水层底板高程、潜水含水层渗透系数、越流系数、含水层给水度和所有源汇项，尤其季节性河流、潜水蒸发、地下水开采和面状补给项等。对于模拟区承压水，考虑其与上覆潜水含水层之间越流补给影响，包括承压水导水系数、承压水含水层储水系数和开采等源汇项。

3）模型求解

采用数值解法进行求解，在二元模型中将地下水含水层系统划分为一个三维的网格系统，将含水层系统剖分为潜水含水层和承压含水层，每一层又剖分为若干行和若干列。对于特定计算单元，其位置采用该单元所在的行号、列号和层号来表示。流入单元的水量为正，流出单元的水量为负，由达西公式在行方向上逐一计算流入单元流量。类似可推出通过其他五个界面的地下水流量。然后，累计计算六个相邻的单元和该单元所包含的全部源汇项。

4）地下水模拟参数分区

根据研究区水文地质图和含水层富水性分区，参考盆地沉积规律及 59 个抽水试验点的成果进行模型参数分区，主要包括导水系数、潜水给水度、储水系数和越流系数等，如表 5.7 和图 5.52 所示。

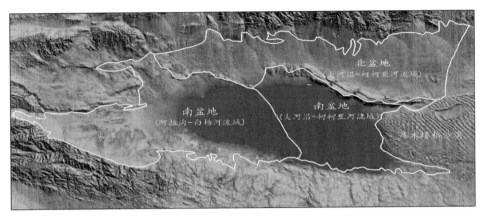

(a) 下游南盆地与中游北盆地之间空间分布关系

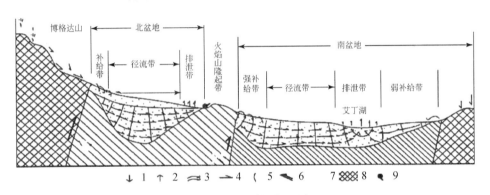

(b) 流域水循环剖面与分区

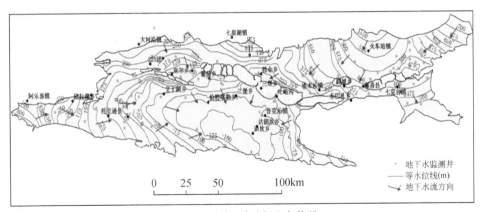

(c) 平原区地下水流场分布状况

图 5.51 艾丁湖流域平原区地下水系统组成与分布特征

1. 大气降水; 2. 地下水蒸发; 3. 地表水入渗; 4. 地下水潜流; 5. 地下水等值线;

6. 断层; 7. 隔水层; 8. 基岩; 9. 泉

表 5.7　艾丁湖流域平原区地下水数值模拟分区水文地质参数

地理分区	地下水类型	参数分区	导水系数 /(m²/d)	潜水给水度	储水系数	越流系数 /(10⁻⁶ 1/d)
北盆地	浅层水	I_1	1200～2000	0.12～0.15	—	—
		I_2	500～1000	0.08～0.10		
		I_3	300～500	0.06～0.08		
		I_4	100～200	0.05～0.07		
	深层水	C_1	500～800	—	0.0010～0.0030	5.5～7.5
		C_2	100～200		0.0015～0.0040	
南盆地	浅层水	II_1	1000～1500	0.10～0.13	—	—
		II_2	500～1000	0.08～0.10		
		II_3	300～500	0.06～0.08		
		II_4	60～100	0.05～0.07		
		II_5	20～40	0.04～0.05		
		II_6	10～20	0.03～0.05		
	深层水	CC_1	500～800	—	0.0006～0.0020	5.5～7.5
		CC_2	400～600		0.0008～0.0030	
		CC_3	100～200		0.0015～0.0040	
		CC_4	20～40		0.0020～0.0060	

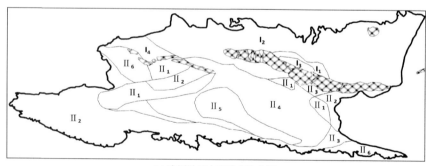

(a) 浅层地下水系统参数分区

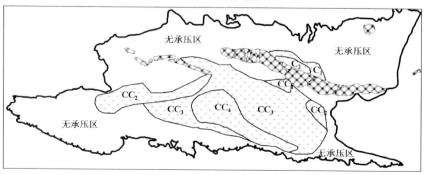

(b) 深层地下水系统参数分区

图 5.52　艾丁湖流域平原区地下水数值模拟深层地下水参数分区

5）主要源汇项处理

本次研究中主要源汇项处理为点状和面状两种类型。①地下水补给，包括河道渗漏、渠灌田间渗漏和坎儿井井灌回归补给，都作为面状补给项在季节性河流–地下水程序中自动计算，通过模型参数识别进行调整。利用 GIS 工具将模型网格单元和土地利用类型进行空间叠加，获得每个网格单元上耕地所占面积；以耕地面积作为权重，将以乡镇为单位评价或统计的渠灌田间渗漏补给和井灌回归补给数据进行空间展布，得到面上源汇项的强度。暴雨洪流、河谷潜流和井灌回归补给，处理为点状补给，分配到相应模拟单元上，根据监测数据给定补给强度。②泉集河和坎儿井开采是模拟区地下水主要排泄项，其中泉水出露主要分布北盆地，为下降泉，其排泄量与潜水水位埋深相关；坎儿井开采是通过将采水点（取水口）挖掘到潜水面以下，基于潜水水力梯度进行输送而开发利用的，其排泄原理与泉水排泄一致；泉水和坎儿井排泄量影响模拟，在模型中作为季节性动态进行模拟。③机井及自流井开采，作为点状排泄由模型井程序包输入，根据监测数据给定排泄量。④潜水蒸发影响在模型中作为面状边界条件，根据地下水位埋深状况自动进行计算和调整，单独处理。由于模拟区在无植被的裸地条件下潜水蒸发极限埋深不大于 5.0m，且在地下水位埋深大于 1.5m 之后显著衰减。但是根系发达的耐旱耐盐植被，如骆驼刺、梭梭等通过根系吸用消耗地下水。监测数据表明，在地下水位埋深为 2.0～3.0m，骆驼刺分布密度为 1.28 株/m²、平均株高 59.2cm 和冠幅 55.2cm×49.2cm 条件下，其年耗水量为 131.6mm。与泉水和坎儿井一致，潜水蒸发作为与地下水埋深直接相关的排泄项，需要输入与潜水蒸发相关的计算参数，包括蒸发极限埋深、水面蒸发强度和植被耗水影响等。

2. 艾丁湖流域平原区地下水动态模拟与趋势预测

1）用水总量控制

《关于吐鲁番市用水总量控制实施方案的批复》（新政函〔2017〕266 号）确定了《吐鲁番市用水总量控制实施方案》，包括吐鲁番盆地各区县分行业用水量指标、分水源用水量指标、用水效率指标和退减灌溉面积等。

2）预测结果

至 2030 年，艾丁湖流域所在吐鲁番盆地总用水量由 2018 年 12.85 亿 m³/a，减少至 10.70 亿 m³/a；地下水供水量由从 2018 年的 6.79 亿 m³/a，减少至 3.96 亿 m³/a。由于现状该流域水资源开发利用率达 102.0%，仍处于超载状态，至 2030 年水资源开发利用率仅降至 85.0%，尚为高开发利用状态，该流域平原区自然生态保护和地下水生态功能修复情势仍然面临水源不足的挑战。未来 10 余年内艾丁湖流域平原区地下水超采状态尚难根本性改变，预测结果是未来天然绿洲区地下水位总体上呈波动缓慢下降趋势，地下水位埋深仍在增大。

3）艾丁湖湿地生态需水基本特征

该湿地分布区基本生态需水量，包括维持湖泊水体需水、河口湿地需水、河流水面蒸发和盐生草甸需水量 4 个部分，前两部分之和为入湖水量。

（1）入湖水量。根据遥感和蒸散发资料，确定艾丁湖湿地水域面积，基于湿地分布区水量平衡，估算 2000 ~ 2017 年艾丁湖入湖水量。2009 ~ 2019 年主湖区的多年平均水域面积为 4.0km²，尚不能维持常年性湿地生态基本功能，其生物多样性仍呈退化趋势。2005 ~ 2008 年艾丁湖湿地分布区多年平均水域面积为 8.37km²，最大水域面积达 27.7km²，多年平均干涸月数 3 个月，最多干涸月数 5 个月和最少干涸月数 2 个月，尚能维持了常年性湿地基本生态功能，对湿地生物多样性影响可控。基于 2005 ~ 2008 年艾丁湖湿地生境情势，作为 2030 年艾丁湖湿地生态保护的参照目标态，需要入湖生态需水量为 0.60 亿 m³/a，相应上游水库蒸发水量为 0.54 亿 m³/a，旱生天然植被需水量为 2.37 亿 m³/a，合计该流域平原区生态需水量为 3.51 亿 m³/a，占艾丁湖流域出山地表径流总水量的 31.6%。

（2）不同规划水平年艾丁湖流域生态缺水量。基于现状生态用水量和生态保护目标需水量分析，实现该流域生态修复和保护目标的缺水情势：若 2020 年满足 3.07 亿 m³ 的生态需水量，则生态缺水量达 1.63 亿 m³，社会经济需水与生态需水之间矛盾依然比较突出；至 2030 年，从艾丁湖流域之外年调水量为 1.79 亿 m³，才能满足该流域生态需水的基本要求。

4）地下水水量–水位控制分区

基于艾丁湖流域地下水功能区划成果，综合考虑县（区）行区划管理和天然绿洲保护需求，将艾丁湖流域地下水水量–水位控制分区划分为天然绿洲保护区（生态脆弱区）、生态敏感区（戈壁区）和人工绿洲区等三类，共计 14 个分区。在天然绿洲保护区，根据不同群落的地下水生态水位和现状设置的地下水位埋深控制目标，确保艾丁湖湿地分布区及以西的天然植被绿洲不再继续退化；在人工绿洲区，设置地下水开采量控制目标，确保该类型区地下水实现采补平衡。但是，在实现人工绿洲区地下水采补平衡之前，由于该区仍处于地下水超采状态，地下水位将继续下降，可能会导致南盆地艾丁湖湿地以北的天然绿洲保护区地下水位继续下降，由此那里的天然植被生态修复仍面临制约性影响。

艾丁湖流域地下水水量–水位控制分区的位置、范围和地下水生态功能管控指标体系如表 5.8、表 5.9 和图 5.53 所示，各分区现状生态状况如图 5.54 所示。艾丁湖流域地处亚洲腹地，山区大部基岩裸露，天然植被稀少，难以涵养水分；山前倾斜平原由戈壁带砂砾石组成，渗透性强，仅在局部低洼处零星生长梭梭、铃铛刺、骆驼刺和盐嵩等植被。在平原区，除人工绿洲范围之外，以荒漠戈壁为主，天然植被覆盖度普遍较低，唯有潜水位埋深较浅区域片状生长骆驼刺、红柳、白刺和芦苇等耐旱植被，目前天然绿洲分布面积仅占地下水功能区总面积的 11.8%。

表 5.8　艾丁湖流域地下水双控分区位置及范围

生态功能分区	水量水位双控分区及代码	面积/km²	生态功能分区	水量水位双控分区及代码	面积/km²
人工绿洲区	高昌区北盆地（C1）	76	天然绿洲保护区（生态脆弱区）	疏叶骆驼刺草甸（N1）	469
	高昌区南盆地（C2）	992		芦苇盐生草甸、柽柳灌丛（N2）	196
	鄯善县北盆地（C3）	437		柽柳灌丛+盐穗木荒漠（N3）	84
	鄯善县南盆地（C4）	478		疏叶骆驼刺草甸+柽柳灌丛（N4）	181
	托克逊县（C5）	714		骆驼刺盐生草甸+花花柴盐生草甸（N5）	551

表5.9　艾丁湖流域地下水生态功能管控指标体系

生态功能分区及代码		地貌特征	植被类型	土壤岩性	管控指标	管控阈值
天然绿洲保护区（生态脆弱区）	低地草甸区（N1、N4、N5）	艾丁湖西部、北部	骆驼刺	粉土、粉质黏土	水位埋深	天然植被良好
						生态水位上限2~3m
						生态水位下限7~10m
	灌丛植被区（N2）	艾丁湖北部、西部洪水冲沟、平原洼地	芦苇、柽柳	粉土、粉质黏土、黏土	水位埋深	天然植被良好
						生态水位上限2~3m
						生态水位下限4~5m
	自然湿地分布区（N3）	艾丁湖核心区周边，地势低洼，地表分布大量盐碱壳	盐穗木	粉土、粉质黏土、黏土	水位埋深	天然植被良好
						生态水位上限2~3m
						生态水位下限4~5m
生态敏感区	戈壁荒漠区（D1、D2、D3）	山前戈壁平原	—	砂砾	—	禁止开采
人工绿洲区	北盆地人工绿洲区（C1、C3）	北盆地人工绿洲、地下水溢出带	人工植被	粉土、粉质黏土	水位、开采量	现状开采量
						控制水位上限2~3m
						控制水位下限现状水位
	南盆地人工绿洲区（C2、C4、C5）	南盆地	人工植被	粉土、粉质黏土	水位、开采量	采补平衡开采量
						控制水位上限2~3m
						控制下限采补平衡水位

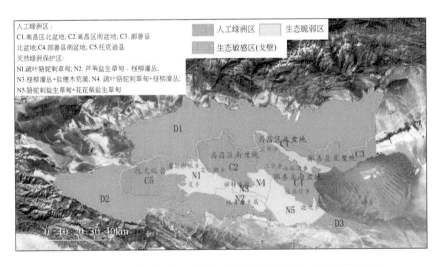

图5.53　艾丁湖流域地下水生态功能保护水量-水位双控分区

5）现状地下水开发生态效应与趋势预测

以2011年为起始年份，首先进行地下水稳定流模拟，地下水系统补给项中包括暴雨洪流、河谷潜流、机井灌溉回归、自流井灌溉回归和水库坑塘渗漏补给等，根据最新的地下水资源评价资料确定。应用COMUS模型，模拟河流、渠道等地表水系之间汇流与分水

(a) 天然草甸 (N1分区)　　　　(b) 灌丛植被区 (N2分区)　　　　(c) 沼泽植被 (N3分区)

(d) 盐生植被 (N5分区)　　　　(e) 山前戈壁 (D分区)　　　　(f) 人工绿洲区 (C分区)

图 5.54　艾丁湖流域地下水生态功能保护分区现状生态景观

关系，以及地表水与地下水之间转化关系，其中河流渗漏补给量、渠系渗漏补给量和坎儿井回归补给量是由模型自动模拟识别的，非人为设定。在地下水排泄项中，农业、工业和生活用水的地下水供水量，以及自流井排泄量，也是根据最新地下水资源评价资料确定，其中对艾丁湖流域南盆地农业的地下水开采量进行消减，以实现地下水采补动态平衡。坎儿井开采量、泉/泉集河排泄量和潜水蒸发量分别与模拟预测评价区地下水位分布状态直接相关，由模型模拟确定各排泄项。艾丁湖流域平原区地下水稳定流模型经调整后，模拟地下水均衡的源汇（补给–排泄）项，如表 5.10 所示。

表 5.10　艾丁湖流域平原区稳定流模拟地下水均衡源汇项

补给项	补给量/(万 m³/a)	排泄项	排泄量/(万 m³/a)
暴雨洪流	18952	农业机井开采	40591
河谷潜流	4295	工业水源地开采	1619
河流渗漏（含火焰山水系）	44996	生活水源地开采	2168
渠系渗漏（含火焰山水系）	11002	坎儿井开采	14916
渠灌田间渗漏	11199	自流井排泄	1366
机井灌溉回归	7887	泉/泉集河排泄	15373
坎儿井灌溉回归	3368	潜水蒸发	27543
自流井灌溉回归	334	艾丁湖湖盆蒸发	1566
泉水回归	1544		
水库坑塘渗漏	1499		
污水渗漏回归	125		
合计	105201	—	105142

　　针对大草湖泉、大旱沟泉和亚尔乃孜泉等流量较大的泉，分别进行参数识别。大草湖泉泉水流量为 0.30 亿 m³/a，艾丁湖乡灌溉引水量为 0.21 亿 m³/a，吐鲁番城乡大草湖饮水工程引水量为 0.09 亿 m³/a。大草湖地下水主要接受北部山前的洪流补给和西北向的白

杨河渗漏补给。白杨河小草湖渠首多年平均径流量为 1.71 亿 m³/a，巴依托海渠首多年平均流量为 1.66 亿 m³/a，白杨河小草湖至巴依托海渠首区间沿程损失量为 0.05 亿 m³/a，大旱沟泉流量为 0.16 亿 m³/a。

利用艾丁湖流域南盆地人工绿洲区地下水位等值线和 2011 年地下水位统测数据，进行模型调参，实现模拟地下水位值与地下水位观测等值线分布基本一致。南盆地地下水补给主要有北部和西部两个方向。在南盆地的北部和北盆地地下水自山前地下径流，遇到火焰山-盐山阻挡，一部分地下水以泉水出露形式转化为地表水，然后通过火焰山吐峪沟、葡萄沟和胜金沟等以河流形式汇入南盆地，并在南盆地渗漏，再度形成对南盆地地下水系统补给；另一部分水量直接通过盐山-火焰山之间缺口，潜流侧向地下径流汇入南盆地，这些从北盆地汇入的地下水继续在水力梯度作用下向南盆地最低点——艾丁湖湿地分布区汇流。在南盆地西部阿拉沟、白杨河和乌斯通沟的河流下渗，也形成对盆地地下水补给，并由西向东向运动，最终向艾丁湖湿地分布区汇流。

建立的艾丁湖流域平原区潜水初始流场（2011 年）与模拟验证的 2017 年潜水流场特征，如图 5.55 所示。

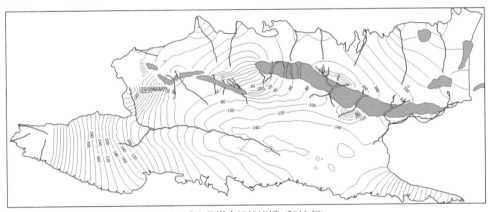

(a) 建立的潜水初始流场 (2011 年)

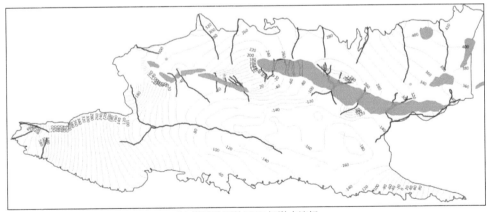

(b) 模拟验证的2017年潜水流场

图 5.55 艾丁湖流域平原区潜水初始流场与验证流场分布特征（单位：m）

将稳定流模型模拟的 2011 年地下水流场作为初始条件，利用 2011～2017 年地下水补给、径流和开采资料，建立非稳定流模型，模拟地下水流场动态变化，结果如表 5.11 所示。

表 5.11 艾丁湖流域平原区地下水非稳定流模拟均衡结果 （单位：亿 m³/a）

年份	补给量					排泄量					储变量
	侧向补给及井灌回归	河道渗漏	渠系渗漏	渠灌田间渗漏坎儿井灌溉回归	小计	开采量	坎儿井流量	泉水排泄	潜水蒸发	小计	
2011	3.79	3.17	1.09	1.61	9.66	7.28	1.49	1.30	2.66	12.72	−3.06
2012	4.00	3.16	1.09	1.60	9.85	7.67	1.46	1.29	2.47	12.89	−3.04
2013	3.97	3.60	1.09	1.60	10.26	7.63	1.45	1.28	2.41	12.78	−2.51
2014	3.67	2.89	1.09	1.60	9.25	7.05	1.46	1.29	2.31	12.11	−2.86
2015	3.26	6.54	1.08	1.60	12.50	6.26	1.49	1.31	2.60	11.66	0.83
2016	3.15	6.21	1.08	1.61	12.05	6.04	1.52	1.32	2.94	11.83	0.23
2017	3.15	3.60	1.08	1.61	9.44	6.04	1.54	1.33	2.63	11.53	−2.08

地下水流场变化及生态效应。从 2011～2017 年艾丁湖流域平原区地下水位降幅分布特征来看，南盆地恰特喀勒乡、三堡乡、吐峪沟乡和达浪坎乡的人工绿洲区地下水位下降幅度较大，并导致其下游天然绿洲保护区地下水位也出现明显下降趋势，尤其艾丁湖北部的恰特喀勒乡、二堡乡和三堡乡一带天然绿洲保护区地下水位下降明显（图 5.56）。

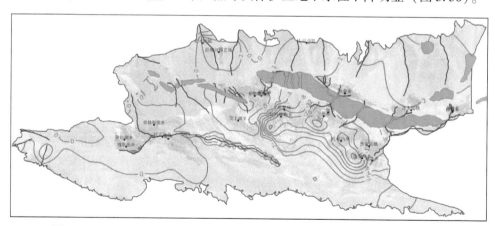

图 5.56 2011～2017 年艾丁湖流域平原区地下水位降幅分布特征（单位：m）

艾丁湖流域高昌区的艾丁湖乡和亚尔乡人工绿洲区地下水位总体上变化不大，骆驼刺草场西侧范围内，包括吐托公路南侧的艾丁湖乡、夏乡和郭勒布依乡天然绿洲保护区地下水位下降也不明显。在艾丁湖湿地分布区，地下水位下降幅度较小，表明地下水超采治理已经显示成效，尤其 2015 年以来艾丁湖乡和夏乡人工绿洲区地下水位出现回升过程，夏乡天然保护绿洲区——野生骆驼刺保护基地内地下水位也出现回升迹象（表 5.12），2015年以来该区骆驼刺生长情势明显好转。只要地下水位埋深能维持现状（2017 年）水平，

176 万亩的骆驼刺草场生态就能够得到保障，但是需要确保艾丁湖以西的艾丁湖乡、夏乡和郭勒布依乡的天然绿洲保护区地下水位不再继续降低。托克逊县博斯坦乡、依拉湖乡和高昌区葡萄乡、七泉湖镇部分地区以及白杨河下游沿岸，地下水位出现回升，这与阿拉沟、煤窑沟等河流径流量增大，导致河流和渠系入渗补给量增加有关。

综上所述，基于艾丁湖流域平原区现状年地下水均衡模拟分析，模拟区现状总补给量为 9.26 亿 m^3/a，地下水总排泄量为 11.74 亿 m^3/a，其中机井开采量和潜水蒸发量分别占总排泄量的 58% 和 15%，总排泄量大于总补给量，亏缺水量为 2.48 亿 m^3/a，以地下水超采为主导。

表 5.12 2011~2017 年艾丁湖流域平原各功能分区地下水位变化特征

生态功能分区	水量-水位双控分区及代码	面积/km²	地下水位变化趋势	地下水位埋深/m						
				2011 年	2012 年	2013 年	2014 年	2015 年	2016 年	2017 年
人工绿洲区	高昌区北盆地（C1）	76	↑	9.93	9.95	9.97	9.94	9.87	9.82	9.78
	高昌区南盆地（C2）	992	↓	29.57	31.02	32.49	33.73	34.64	35.44	36.22
	鄯善县北盆地（C3）	437	↑	36.78	36.80	36.82	36.80	36.73	36.65	36.58
	鄯善县南盆地（C4）	478	↓	71.35	72.30	72.93	73.97	74.89	74.95	75.44
	托克逊县（C5）	714	↑	25.51	25.67	25.77	25.78	25.43	25.15	24.96
天然绿洲保护区	疏叶骆驼刺草甸（N1）	469	↑	6.82	6.89	6.79	7.17	6.58	5.88	7.01
	芦苇盐生草甸、柽柳灌丛（N2）	196	↓	6.32	6.39	6.45	6.51	6.56	6.31	6.39
	柽柳灌丛+盐穗木荒漠（N3）	84	↓	7.43	7.56	7.54	7.56	7.65	7.31	7.50
	疏叶骆驼刺草甸+柽柳灌丛（N4）	181	↓	27.89	27.99	27.81	28.08	27.84	28.28	27.98
	骆驼刺盐生草甸+花花柴盐生草甸（N5）	551	—	10.27	10.21	10.25	10.28	10.28	10.31	10.21

5.5 艾丁湖流域地下水合理开发与生态保护技术方案

5.5.1 流域水资源（地下水）合理开发利用与生态保护基本原则

艾丁湖流域水资源及地下水合理开发利用与生态保护应遵循如下原则：

（1）分阶段、有序实现适应水资源（地下水）天然性匮乏的合理开发模式，需全方位推进低耗水、经济高效的节水型社会发展模式，有序消减，直至杜绝高耗水产业和超采地下水状况。

（2）生态修复以必需且极小规模的需水量作为规划基准，充分兼顾经济社会发展合理用水的需求和产业结构调整的耗时性，扎实推进确保"艾丁湖不会成为第二个罗布泊，吐鲁番不会成为第二个楼兰"的生态文明建设目标。

（3）一方面控制人工绿洲规模，减少农业开采量和引灌河水量，将人工绿洲区和下游天然植被绿洲区地下水位维持在"适宜生态水位"范围，根治下游区疏叶骆驼刺天然植被生态系统退化趋势,保障艾丁湖自然湿地入湖生态水量;另一方面,在地下水开采的"三条红线"控制目标下,实施高效节水、退地减水和压减开采量,增大地下水储存资源的补给修复能力。

5.5.2　艾丁湖流域分阶段与水资源(地下水)开发利用控制阈域

1. 总体控制指标体系

在 2030 年之前,艾丁湖流域水资源(地下水)量用于经济社会的年均供水量小于60%,年均生态供水量不大于流域总水资源量的40%;流域地下水合理开发的预警与管控"阈域"为不大于65%的地下水开采资源量。除生活用水之外,严禁扩大用水规模。

2031~2035 年,艾丁湖流域水资源(地下水)量用于经济社会的多年平均供水量小于55%,多年平均生态供水量不大于流域总水资源量的45%;流域地下水合理开发的预警与管控"阈域",不大于60%。杜绝发展或扩大耗水产业规模,实现流域经济社会发展用水规模与自然水资源承载力之间"和谐度"提高25%以上。

在 2035 年之后,艾丁湖流域水资源(地下水)量用于经济社会的多年平均供水量小于50%,多年平均生态供水量不大于流域总水资源量的50%;流域地下水合理开发的预警与管控"阈域",为小于50%的地下水开采资源量。实现流域经济社会发展用水规模与自然水资源承载力之间"和谐度"提高55%以上。

2. 分区控制指标体系

1)超采区

至 2025 年艾丁湖流域地下水超采区面积大幅减少,地下水位的下降幅度≤0.5m/a;至 2030 年全部地下水超采区水位基本稳定,地下水位下降幅度≤0.1m/a 或呈上升趋势。2025 年、2030 年艾丁湖流域地下水位埋深预警与管控阈域,如表 5.13、表 5.14 和图 5.41所示。

2)生态功能主导区

在艾丁湖流域地下水生态功能主导区(图 5.53)的上游超采区域,分阶段压减地下水开采量,增大已严重超采的生态功能区地下水补给水量,全面修复和保护地下水生态功能,尽早将该区地下水位埋深恢复至不大于 5.0m,确保艾丁湖湿地水域分布区地下水位埋深不大于 3.0m。在艾丁湖流域中、下游区分布有骆驼刺、柽柳、梭梭、盐穗木、盐节木、芦苇、花花柴、刺山柑和膜果麻黄等旱区珍贵天然植被,以这些植被适宜土壤含水率(表 5.6)作为预警阈值构建参考依据,并考虑它们根系长度、分布区包气带岩性和支持毛细上升高度等因素,确定这些珍贵天然植被保护区地下水"生态水位"下限。

在《吐鲁番市用水总量控制实施方案》(2018 年 9 月)约束下,至 2025 年和 2030年,艾丁湖流域各生态功能分区水位控制阈值,如表 5.13、表 5.14 和图 5.53 所示。

表 5.13　未来 20 年没有人工调水下艾丁湖流域各生态功能区地下水位调控限

生态功能分区及代码	面积 /km²	地下水位埋深调控限/m					分布区位及生态特征
		控阈值	2018 年	2020 年	2025 年	2030 年	
疏叶骆驼刺草甸（N1）	469	<10.0	10.22	10.09	10.94	10.76	低地草甸；艾丁湖西部
芦苇盐生草甸、柽柳灌丛（N2）	196	<7.0	6.35	6.30	6.60	6.86	灌丛植被；艾丁湖北部、西部洪水冲沟及平原洼地
柽柳灌丛+盐穗木荒漠（N3）	84	<11.0	10.73	10.66	11.51	12.27	荒漠植被；艾丁湖核心区周边，地势低洼，地表盐碱壳发育
疏叶骆驼刺草甸+柽柳灌丛（N4）	181	<10.0	36.25	37.90	41.56	44.38	低地草甸；艾丁湖北部
骆驼刺盐生草甸+花花柴盐生草甸（N5）	551	<10.0	34.43	35.27	37.28	38.92	低地草甸；艾丁湖东北部

表 5.14　未来 20 年有人工调水下艾丁湖流域各生态功能区地下水位调控限

生态功能分区及代码	面积 /km²	水位埋深调控限/m					
		上限	下限	2018 年	2020 年	2025 年	2030 年
疏叶骆驼刺草甸（N1）	469		<10.0	10.22	10.09	10.77	10.64
芦苇盐生草甸、柽柳灌丛（N2）	196		<5.0	6.33	6.28	6.25	6.30
柽柳灌丛+盐穗木荒漠（N3）	84	2.0~3.0	<10.0	10.60	10.66	11.17	11.44
疏叶骆驼刺草甸+柽柳灌丛（N4）	181		<10.0	36.25	37.90	41.23	40.88
骆驼刺盐生草甸+花花柴盐生草甸（N5）	551		<10.0	34.43	35.24	37.02	36.94

3）地下水资源功能主导区

从艾丁湖流域全区考虑，2025 年之前地下水开发规模不大于该区地下水开采资源量的 75%；2026~2035 年，该流域地下水开发规模小于 65%；2035 年之后，开发规模小于 60%，确保艾丁湖地下水资源功能主导区储存资源应急保障能力恢复至 20 世纪 70 年代初水平。

依据《艾丁湖生态保护治理规划》（2018 年）、《吐鲁番市用水总量控制实施方案》（2018 年 9 月）和《吐鲁番市地下水超采区治理方案》（2018 年 9 月），至 2030 年，艾丁湖流域（含兵团 21 团）用水总量由现状（2017 年）的 13.22 亿 m³/a 降低至 10.81 亿 m³/a；地下水供水量由现状的 7.87 亿 m³/a 控减至 4.03 亿 m³/a，全面实现地下水水量采补平衡。

5.5.3　艾丁湖流域地下水合理开发及生态保护技术方案要点

基于艾丁湖流域地下水功能区划结果，并结合艾丁湖流域地下水开发利用和超采现状，以及生态保护要求，构建该流域地下水合理开发与生态功能保护的"水位-水量"管控技术指标，如表 5.13~表 5.15 所示。总体上，体现有限目标、分区和有序逐步全面修复天然绿洲保护区的地下水生态功能。

1. 分区管控方案技术要点

1) 集中供水区

艾丁湖流域"集中供水区"共计 10 个，主要为城乡镇生活和企业生产用水，它们以水量控制为主导，兼顾有序修复地下水位埋深（表 5.15）。

表 5.15　未来 20 年有外域调水下艾丁湖流域超采区地下水位埋深调控限

资源功能分区及代码	面积/km²	水位埋深调控限/m						
		水量控阈	水位上限	水位下限	2018 年	2020 年	2025 年	2030 年
高昌区北盆地（C1）	76	现状开采量		<现状水位	9.78	9.73	9.41	9.03
高昌区南盆地（C2）	992	<可开采量		采补平衡水位	37.10	38.47	39.50	34.76
鄯善县北盆地（C3）	437	现状开采量	2.0~3.0	<现状水位	36.59	36.54	36.07	35.20
鄯善县南盆地（C4）	478	<可开采量		采补平衡水位	110.12	114.42	120.05	112.84
托克逊县（C5）	714				24.99	24.91	23.94	22.67

2) 适宜分散开发区

艾丁湖流域"适宜分散开发区"共计 5 个，主要为农村生活和农业灌溉用水；它们以"水量-水位"双控管控为主导，有序修复地下水位埋深作为管控目标（表 5.15）。

在上述技术方案约束下，至 2030 年艾丁湖流域中、下游区地下水储存资源量仍减少 10.70 亿 m^3，年均减少 0.82 亿 m^3。至 2030 年前，C2、C4 人工绿洲区地下水位仍呈下降趋势，对其下游段的 N4、N5 天然植被绿洲区地下水生态功能形成负效应影响。

3) 生态脆弱区

艾丁湖流域"生态脆弱区"共计 12 个，主要位于罗布泊野骆驼国家自然保护区、艾丁湖国家湿地公园、戈壁荒漠与人工绿洲之间（图 5.53）。在这 12 个"生态脆弱区"范围内，禁止开采地下水，以地下水位埋深控制指标管控为主导（表 5.13、表 5.14），同时，人工调入生态输水是该区自然生态修复的支撑举措。

4) 水源涵养区

艾丁湖流域"水源涵养区"共计 5 个，是艾丁湖流域中、下游地下水生态功能的重要涵养水源，为地下水"限制开采"和"增大水源补给"的区域。

5) 不宜开采区

艾丁湖流域"不宜开采区"共计 6 个，这些区域天然地下水资源匮乏，不具备开发利用条件。在人工调入生态输水较充沛条件下，应增大该区地下水补给水量，确保该区地下水生态功能和陆表生境不会进一步恶化。

2. 不同引水方案下水资源合理开发与生态保护管控技术要点

在艾丁湖流域，3 种修复和保护地下水生态功能方案，预警与管控要点如下。

1）控减 0.60 亿 m³ 水量方案

在艾丁湖流域灌区减少白杨河及阿拉沟引水量 0.60 亿 m³/a 条件下，由于相应灌区渠系和田间入渗量随之减少，所以，地下水资源量年均减少 0.89 亿 m³，仅能基本满足艾丁湖生态需水量。模型模拟研究结果，维持艾丁湖湿地水域面积 50km² 规模，需要生态水量（下泄补给水量）4650 万~4991 万 m³/a，确定生态水量阈值为 5000 万 m³/a。在上述方案约束下，丰水年及平水年份艾丁湖湿地水域面积可达 70km² 以上；在枯水年份，即使将引水量压减至白杨河径流量的 30% 以下，仍没有水量流入艾丁湖湖区，该湿地的水域面积将萎缩 44.70%（表 5.16）。

表 5.16　减少 0.60 亿 m³ 引水量方案下艾丁湖水域面积及入湖水量

模拟预测年份	白杨河径流量及引水量/（亿 m³/a）		下游自然湿地响应变化特征			
	径流量	引水量	面积		入湖水量	
			数量/km²	变化率/%	数量/（亿 m³/a）	变化率/%
2018	2.03		73.51	40.37	0.62	77.14
2020	2.58		115.83	121.18	1.14	225.71
2025	1.56		31.32	-40.19	0.22	-37.14
2030	1.81		59.25	13.14	0.47	34.29
丰水年	2.14	0.31	82.87	58.24	0.74	111.43
平水年	1.77		76.50	46.08	0.40	14.29
枯水年	1.45		28.96	-44.70	0.15	-57.14
多年平均	1.68		52.37	—	0.35	—

注：变化率为相对多年平均值，正值为增大及负值为减小。

在艾丁湖流域灌区减少地表水引水量 0.60 亿 m³/a 方案下，与总量控制方案相比，该流域中、下游区的泉水（包括泉集河）流量和坎儿井流量变化不大。

2）控减 0.94 亿 m³ 水量方案

在灌区减少白杨河及阿拉沟引水量 0.94 亿 m³/a 条件下，由于相应灌区渠系和田间入渗量减少，所以，地下水资源量年均减少 0.90 亿 m³，基本满足艾丁湖生态需水量。在上述方案约束下，丰水年及平水年份艾丁湖水域面积可达 90km² 以上；在枯水年份，天然径流流入湖区水量减少 44.68%，艾丁湖湿地的水域面积将萎缩 31.88%（表 5.17）。与总量控制方案及减少引水量 0.60 亿 m³ 方案相比，在减少引水量 0.94 亿 m³ 方案下艾丁湖流域中、下游区泉水（包括泉集河）流量和坎儿井流量变化不大，只是地下水蒸发量略有减少，地下水生态功能尚未明显好转。其中，由于托克逊县灌溉入渗补给减小，导致该区地下水位下降，同时，引起艾丁湖以西艾丁湖乡、夏乡和郭勒布依乡天然绿洲保护区地下水位出现下降，并影响 N4、N5 天然植被绿洲区地下水生态功能。

3）人工调水方案下预警与管控要点

根据《艾丁湖生态保护治理规划》（2018 年），艾丁湖流域的人工外调水规模 3 亿~5 亿 m³/a，至 2025 每年需人工调水 2.79 亿 m³。在人工调水方案下，且河流径流量不小于多年平均径流量，2025 年之后艾丁湖流域中、下游区地下水储存资源量将年均增加 600 万 m³，总体上地下水系统呈现采补平衡趋势，同时，满足艾丁湖生态需水量要求。但是，在枯水年份，仍难以足量满足艾丁湖自然湿地的 5000 万 m³/a 生态需水量。因此，需要考虑加大产业结构调整，进一步压减经济社会用水规模。

表 5.17　减少 0.94 亿 m³ 引水量方案下艾丁湖水域面积及入湖水量

模拟预测年份	白杨河径流量及引水量/(亿 m³/a)		下游自然湿地响应变化特征			
	径流量	引水量	面积		入湖水量	
			数量/km²	变化率/%	数量/(亿 m³/a)	变化率/%
2018	2.03		86	24.64	0.75	59.57
2020	2.58		126	82.61	1.27	170.21
2025	1.56		49	−28.99	0.35	−25.53
2030	1.81	0.17	72	4.35	0.61	29.79
丰水年	2.14		95	37.68	0.88	87.23
平水年	1.77		96	39.13	0.53	12.77
枯水年	1.45		47	−31.88	0.26	−44.68
多年平均	1.68		69	—	0.47	—

注：变化率为相对多年平均值，正值为增大及负值为减小。

在人工调水方案下，艾丁湖流域中、下游区泉水（包括泉集河）流量和坎儿井流量都明显增大，至 2030 年坎儿井流水量可恢复接近 20 世纪 90 年代水平，坎儿井的水流量达 2.0 亿 m³/a。同时，人工绿洲区地下水位恢复至或高于现状水位，艾丁湖以北的恰特喀勒乡、二堡乡和三堡乡天然植被绿洲区地下水位普遍有所上升；但是，这些区地下水位仍将低于现状水位 3～5m。由此可见，艾丁湖以北的天然植被绿洲区恢复将是一个较为长期的过程。

4）总量控制方案下地下水均衡趋势特征

在总量控制方案下，模型预测 2018～2030 年地下水储存资源多年平均减少 0.43 亿 m³/a，2030 年之前艾丁湖流域平原区地下水系统仍处于超采状态，其中上游出山地表径流的来水量处于偏枯年份水平，地下水储存资源减少量在 1.0 亿 m³/a 以上（表 5.18）；处于偏丰水年份，地下水系统趋于补采均衡或储存资源量得以一定补充。预测结果表明，该流域恰特喀勒乡、二堡乡和三堡乡一带地下水开采规模主导艾丁湖流域平原区地下水储存资源量亏缺情势，与该区地下水补给水源较少之间存在一定关联。

表 5.18　总量控制方案下艾丁湖流域平原区地下水均衡变化趋势　　　（单位：亿 m³/a）

年份	补给项					排泄项					储变量
	侧向流入及井灌回归	河流渗漏	渠系渗漏	渠田渗漏及坎儿井回归	小计	开采量	坎儿井流量	泉水排泄量	潜水蒸发量	小计	
2018	3.70	5.08	1.10	1.61	11.49	6.79	1.53	1.32	2.89	12.53	−1.04
2020	3.58	4.07	1.10	1.62	10.37	6.14	1.55	1.33	2.98	12.00	−1.63
2023	3.44	4.09	1.10	1.63	10.26	5.37	1.60	1.35	2.80	11.12	−0.86

续表

年份	补给项					排泄项					储变量
	侧向流入及井灌回归	河流渗漏	渠系渗漏	渠田渗漏及坎儿井回归	小计	开采量	坎儿井流量	泉水排泄量	潜水蒸发量	小计	
2025	3.34	3.59	1.09	1.64	9.66	4.86	1.64	1.36	2.71	10.57	-0.91
2026	3.31	4.10	1.09	1.64	10.14	4.68	1.65	1.36	2.77	10.46	-0.32
2027	3.28	5.60	1.09	1.64	11.61	4.50	1.67	1.36	2.73	10.26	1.35
2028	3.24	3.60	1.09	1.65	9.58	4.32	1.68	1.37	2.72	10.09	-0.51
2029	3.21	4.11	1.09	1.65	10.06	4.14	1.70	1.37	2.66	9.87	0.19
2030	3.17	4.11	1.09	1.65	10.02	3.96	1.72	1.37	2.98	10.03	-0.01
平均	3.41	4.43	1.09	1.63	10.57	5.21	1.62	1.35	2.82	11.00	-0.43

5) 总量控制方案下坎儿井流量、泉水流量和潜水蒸发量变化趋势

在总量控制方案下，2018～2030 年艾丁湖流域泉水（包括泉集河）流量和坎儿井流量都呈增加趋势特征（图 5.57），主要与北盆地胜金乡、南盆地亚尔乡和葡萄乡一带地下水位回升相关；在丰水年份该流域平原区潜水蒸散发量明显增大，枯水年份潜水蒸散发量明显减小。由此，在枯水年份，应重视地下水开采量控制，尤其在天然绿洲保护区的上游人工绿洲超采区，应确保天然绿洲保护区地下水位埋深不低于生态水位下限。

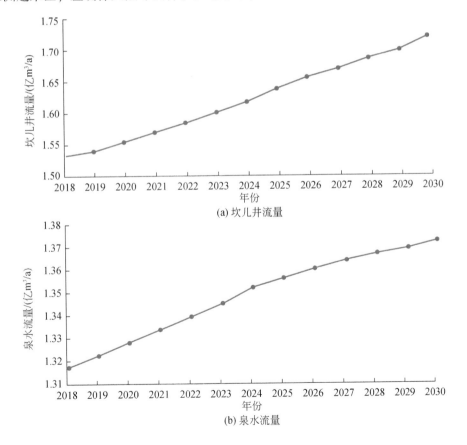

(a) 坎儿井流量

(b) 泉水流量

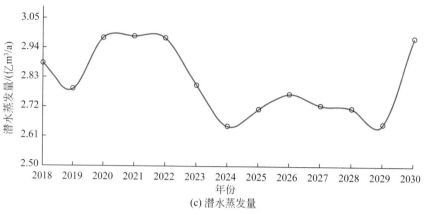

(c) 潜水蒸发量

图 5.57 2018~2030 年坎儿井流量、泉水流量和潜水蒸发量变化特征

6) 地下水生态功能区地下水位变化趋势

总量控制方案下，在北盆地的胜金乡、亚尔乡、辟展乡、连木沁镇和鄯善镇，以及南盆地艾丁湖乡的人工绿洲区（C1、C3、C5 区，参见图 5.53），地下水位趋于稳定或略有上升，尤其托克逊人工绿洲区（C5 区）地下水位上升趋势明显；在南盆地的大部分人工绿洲区（C2、C4 区），地下水位仍呈下降趋势，但是下降幅度逐渐减小，至 2030 年地下水位趋于基本稳定。由此，在艾丁湖湿地分布区以西的艾丁湖乡、夏乡和郭勒布依乡的天然绿洲保护区（N1、N2 区），地下水位处于基本稳定状态，能够维持艾丁湖以西的天然绿洲保护区植被生态不继续退化；但是在艾丁湖分布区以北的恰特喀勒乡、二堡乡和三堡乡的天然绿洲保护区（N4、N5 区），地下水位仍呈下降趋势（表 5.19），这与其上游带的人工绿洲区地下水仍处

表 5.19 总量控制方案下 2018~2030 年艾丁湖流域平原生态功能区地下水位埋深变化特征

生态类型区	水量–水位双控分区及代码	水位变化趋势	不同年份水位埋深/m												
			2018 年	2019 年	2020 年	2021 年	2022 年	2023 年	2024 年	2025 年	2026 年	2027 年	2028 年	2029 年	2030 年
人工绿洲区	高昌区北盆地（C1）	↑	9.62	9.58	9.53	9.48	9.42	9.37	9.30	9.25	9.20	9.15	9.10	9.05	9.00
	高昌区南盆地（C2）	↓	38.27	39.12	39.87	40.52	41.09	41.57	41.96	42.28	42.55	42.76	42.91	43.00	43.04
	鄯善县北盆地（C3）	↑	56.53	56.50	56.46	56.38	56.28	56.17	56.04	55.91	55.78	55.64	55.51	55.36	55.22
	鄯善县南盆地（C4）	↓	77.21	76.98	77.75	78.53	79.51	80.04	80.91	81.44	81.39	82.09	82.67	83.37	83.72
	托克逊县（C5）	↑	25.87	25.93	25.81	25.68	25.58	25.33	25.06	24.86	24.57	24.30	24.09	23.82	23.58
天然绿洲保护区	疏叶骆驼刺草甸（N1）	—	5.97	7.06	6.58	6.43	7.24	6.73	5.91	7.05	6.61	5.83	6.97	6.47	6.46
	芦苇盐生草甸、柽柳灌丛（N2）	↓	6.54	6.63	6.70	6.77	6.84	6.90	6.57	6.65	6.73	6.54	6.64	6.72	6.80
	柽柳灌丛+盐穗木荒漠（N3）	—	7.54	7.53	7.46	7.26	7.25	7.37	6.69	7.02	7.29	6.80	7.31	7.36	7.44
	疏叶骆驼刺草甸+柽柳灌丛（N4）	↑	27.91	27.78	27.32	27.23	26.95	26.93	26.73	27.00	26.92	26.65	26.86	26.90	27.09
	骆驼刺盐生草甸+花花柴盐生草甸（N5）	—	10.20	10.14	10.07	10.13	10.15	10.21	10.19	10.15	10.08	10.11	10.07	10.13	10.12

于超采状态密切相关,如果这些人工绿洲区地下水超采不能尽早根治,可能会导致 N4、N5 区天然植被继续退化。

7)地下水生态功能区用水量变化特征

总量控制方案下,2018~2030 年艾丁湖流域 C1、C3 和 C5 区人工绿洲区地下水位呈回升趋势,这 3 个分区地下水储变量分别年均增加 22.30 万 m^3、191.17 万 m^3 和 1290.78 万 m^3,而 C2 和 C4 区地下水储变量分别年均减少 2468.43 万 m^3 和 4954.83 万 m^3(表 5.20)。由此可见,至 2030 年,C1 人工绿洲区地下水基本处于采补平衡状态,应维持现状调控措施。C3 和 C5 人工绿洲区地下水位逐渐上升,地下水储存资源量增加,呈现地下水生态功能修复向好趋势,可以维持现状耕地规模和配套节水措施。而 C2 和 C4 人工绿洲区应是未来地下水超采重点治理区域,总量控制方案下节水工程、退耕减水和水源置换等措施的力度尚需增强。

表 5.20　总量控制方案下 2018~2030 年艾丁湖流域平原生态功能区地下水储变量变化特征

年份	地下水储变量/(万 m^3/a)									
	人工绿洲区					天然绿洲保护区				
	C1	C2	C3	C4	C5	N1	N2	N3	N4	N5
2019	19.27	−4644.36	66.26	−7399.67	89.40	2561.81	484.21	−40.39	−85.04	−831.50
2021	25.42	−3603.11	154.77	−6416.90	853.17	2752.98	86.63	67.66	5.09	−799.41
2023	26.58	−2691.29	210.67	−5324.72	1448.36	2989.59	59.01	48.97	−7.81	−751.29
2025	25.38	−1829.24	246.80	−4261.00	1847.50	3263.60	51.05	−4.11	−37.93	−689.31
2027	23.33	−1180.92	256.96	−3490.44	1873.34	3436.56	44.75	−6.01	−42.69	−628.61
2029	22.04	−571.38	265.69	−2763.37	1835.27	3604.59	40.85	−7.82	−45.03	−565.34
2030	21.60	−274.62	270.97	−2407.42	1800.96	3686.33	39.53	−7.62	−45.68	−532.21
平均	22.30	−2468.43	191.17	−4954.83	1290.78	3101.40	165.60	4.14	−33.23	−708.64
变化趋势	—	⇩	⇧	⇩	⇧	⇧	⇩	⇩	⇩	⇩

在 5 片天然绿洲保护区中,N1 和 N2 天然绿洲保护区地下水储变量年均分别增加 3101.40 万 m^3 和 165.60 万 m^3(表 5.20),这两个分区地下水接受上游段侧向地下径流补给和河道渗透补给。N3 天然绿洲保护区地下水处于基本平衡状态,该区只有上游段侧向地下径流补给。从这些天然绿洲区地下水功能修复角度考虑,目前远没达到预期修复目标,需要进一步加强其上游段地下水开采规模管控。N4 和 N5 天然绿洲保护区地下水储变量年均分别减少 33.23 万 m^3 和 708.64 亿 m^3,地下水位埋深呈增大趋势,是未来加强管控的主要区域。

8)艾丁湖湿地分布区入湖水量变化趋势

在总量控制方案实施下,通过节水工程、退灌减水和水源置换等压减地下水开采量,将改善或增大艾丁湖湿地分布区入湖水量。模型预测结果表明,2018~2030 年艾丁湖湿地分布区年均入湖水量为 0.58 亿 m^3,水域面积平均为 8.34km²。其中丰水年份入湖水量明显增大，尤其 2024 年、2027 年的入湖水量分别达 1.36 亿 m^3/a 和 1.38 亿 m^3/a，艾丁湖湿地的水域面积分别达到 26.48km^2 和 39.59km^2。在平水年份，艾丁湖湿地分布区年均入湖水量为 0.51 亿 m^3；在枯水年份，该湿地分布区年均入湖水量为 0.23 亿 m^3，这些水量在入湖区径流过程中大部分渗漏及蒸发损失，基本无水量流入积水区（表 5.21）。

表 5.21　总量控制方案下艾丁湖湿地分布区水域面积及入湖水量变化特征

年份	水域面积/km^2	入湖水量/(亿 m^3/a)	年份	水域面积/km^2	入湖水量/(亿 m^3/a)
2018	0.37	0.80	2025	0	0.24
2019	0.17	0.20	2026	0	0.51
2020	0.08	0.47	2027	39.59	1.38
2021	0.04	0.60	2028	0	0.26
2022	0.02	0.21	2029	0	0.53
2023	0.01	0.49	2030	0	0.53
2024	26.48	1.36	平均	8.34	0.58

综上所述，基于《吐鲁番市用水总量控制实施方案》（2018 年 9 月）和《吐鲁番市地下水超采区治理方案》（2018 年 9 月），以 2017 年为基准年，采用本书研发的 COMUS 模型，模拟预测 2018~2030 年艾丁湖流域平原区地下水位、储存资源量、坎井系统和泉水排泄量、潜水蒸发量和进入艾丁湖湿地分布区入湖水量等变化趋势的，结果表明，该流域地下水超采综合治理正在显示成效，但是，地下水生态功能远未根本修复，局部地区需要进一步加强地下水超采综合治理的举措。

5.6　艾丁湖流域地下水超采治理与生态保护示范应用

在艾丁湖流域选择典型农业开采的地下水超采区，开展地下水超采综合治理优化方案示范应用与验证，检验"干旱区湖泊-季节性河流-地下水耦合模型"（COMUS）模拟预测结果，促进该流域地下水合理开发与生态保护技术方案进一步完善。

示范区选取原则：①典型性，选取地下水位下降幅度较大、农业用水超采为主导区域；代表性，示范区在艾丁湖流域地下水超采及治理中具有代表性，可以发挥引领示范作用；②广适性，经济可行，示范措施高效节水，便于推广，包括地下水与地表水统一管理和调配、水源置换、渠道防渗改造和计量设施建设等。

5.6.1　应用示范区基本概况

1. 示范区位置及背景概况

示范区位于吐鲁番市西南 17km 处的艾丁湖乡西然木村，它是以农业为先导，农牧结合互补共同发展的农牧业乡区，地处人工绿洲区与天然植被区带（图 5.58）。西然木村的北部是未开发的戈壁带,西部为天然植被区,东部和南部为人工绿洲区,该村用水量以农业灌溉用水为主导,供给水源为地下水和地表水,以地下水水源为主。西然木村灌溉农田面积为6589亩,全部属于示范区范围。

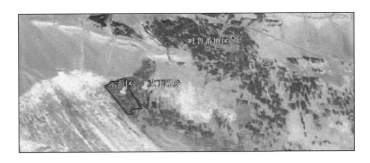

图 5.58　艾丁湖流域应用示范区位置及范围

西然木村所在的艾丁湖乡属于地下水超采区[图5.59(a)],2017年之前该区地下水位不断下降;该乡有耕地面积3.2万亩,天然草场面积40多万亩。示范区所在的西然木村,人口4687人,地处艾丁湖自然湿地的西部上游区,现有机电井28眼,其中农灌机电井24眼[图5.59(b)],低压管道计量点22处,明渠计量点3处。灌溉方式为机井灌溉和管道灌溉,主要种植葡萄、高粱、哈密瓜、西瓜和牛羊饲草等,瓜类、孜然、高粱和蔬菜为单年生植物。2016~2020年示范区内种植结构分布特征,如表5.22所示。

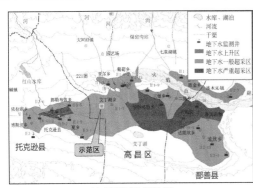

(a) 示范区地理位置

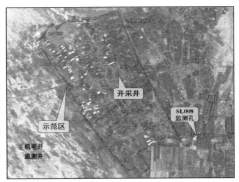

(b) 示范区及开采井分布状况

图 5.59　示范区地理位置及开采井与SL008观测孔分布状况

表 5.22　2016~2020 年示范区种植结构特征

作物	2016 年		2017 年		2018 年		2019 年		2020 年		多年平均	
	种植面积/亩	占比/%	种植面积/亩	占比/%	种植面积/亩	占比/%	种植面积/亩	占比/%	种植面积/亩	占比/%	种植面积/亩	占比/%
葡萄	1155	14.2	1155	15.7	1155	15.1	1155	14.7	1155	13.6	1155	14.6
果树	1265	15.5	1265	17.2	1265	16.5	1265	16.1	1265	14.9	1265	16.0
瓜	1700	20.9	1850	25.1	1679	21.9	1480	18.8	1860	22.0	1714	21.7
孜然	610	7.5	650	8.8	600	7.8	470	6.0	780	9.2	622	7.9

续表

作物	2016 年		2017 年		2018 年		2019 年		2020 年		多年平均	
	种植面积/亩	占比/%	种植面积/亩	占比/%	种植面积/亩	占比/%	种植面积/亩	占比/%	种植面积/亩	占比/%	种植面积/亩	占比/%
高粱	1770	21.7	1589	21.6	1790	23.4	2039	25.9	1494	17.7	1736	22.0
蔬菜	89	1.1	80	1.1	100	1.3	180	2.3	35	0.4	96.8	1.2
复种高粱	1559	19.1	774	10.5	1071	14.0	1278	16.2	1873	22.1	1311	16.6
合计	8148	100	7363	100	7660	100	7867	100	8462	100	7900	100

示范区所在的西然木村属大通河流域，附近有大旱沟泉水和三个泉河。大通河出山口以上河段长 54km，集水面积为 724km^2，河流出山口后在山前冲洪积扇带漫流大量流失，其下游河床宽达 1~2km，除夏季洪水出山口以下的漫流一定范围之外，出山口处多年平均径流量仅 1.41 亿 m^3/a。在该河干流出山口以上建有取水渠首，在出山口处建有地下水水源地 1 处。洪水较大时，有部分地表径流直接流入艾丁湖湿地分布区。大旱沟为泉水沟，由地下水在火焰山北部出露汇集而成，泉水沟长度为 1.36km，泉水年径流量为 1370 万 m^3。三个泉河发源于北部天山的中低山区，流经大河沿镇、艾丁湖乡、大草湖水源地和亚尔镇，最终注入白杨河；该泉河为季节性河流，河水流量主要集中在夏季洪水期。

2. 示范区水文地质与地下水埋藏概况

示范区含水层为多层结构潜水–承压水系统，地处冲洪积平原中–下部的细土带，第四系沉积厚度为 100~500m，含水层岩性为砂砾石、中粗砂、中细砂及粉细砂，潜水含水层富水性中等，深层承压水含水层富水性丰富。潜水含水层呈环状分布于艾丁湖湿地分布区外围的艾丁湖乡一带，东南部水量丰富，涌水量为 100~782m^3/d，渗透系数为 2~10m/d，水化学类型为 SO$_4$·HCO$_3$-Ca·Na（或 Mg·Na）型水，地下水矿化度小于 1.0g/L；承压水含水层近东西向、呈条带状分布在艾丁湖乡–夏乡大地村一带，渗透系数为 3.06~16.45m/d，含水层顶板埋深为 40~70m，水化学类型为 HCO$_3$-Na·Ca 型或 HCO$_3$·SO$_4$-Ca·Na 型水，矿化度小于 1.0g/L（表 5.23）。

表 5.23　示范区所在区域承压水含水层性状特征

钻孔编号	孔深/m	抽水试验层位/m	含水层岩性	水位埋深/m	含水层厚度/m	涌水量/(m/d^3)	降深/m	渗透系数/(m/d)	影响半径/m	水化学类型	矿化度/(g/L)
KT27	117	24~96	含砾中粗砂、中砂	2.00	38.0	497	2.82	4.82	62	HCO$_3$-Na·Ca	0.20
						709	4.52	4.58	97		
						1539	8.29	6.05	204		
TK27	300	119~279	含砾中粗砂、中–粗砂	4.99	65.8	486	1.54	4.93	34		0.19
						1431	3.72	7.18	99		
						1599	6.72	4.57	144		

区内地下水运动以水平为主，向艾丁湖湿地分布区运移。在冲洪积平原上部，地形坡度为 5‰~20‰，地下水水力坡度为 2‰~5‰；在冲洪积扇中部，地形坡度为 1‰~3‰，地下水水力坡度为 1‰左右；在冲洪积扇下部，地下水水平运移且缓慢，潜水以垂直蒸发为主。

5.6.2　示范区地下水超采治主要理措施

示范区实施地下水超采治理主要措施，包括节水灌溉工程、水源置换工程、退地减水及完善流域地下水位监测系统和取用水量监测系统等，以及跟踪监测、补充调查和确定生态地下水位，通过地下水数值模拟进行预测，分析节水压采措施对提高地下水利用率和减缓水位下降的作用，评价其节水压采的成本和效益，定量分析示范推广应用对保护艾丁湖流域地下水储存资源的影响，提高应急供水保障能力。

1. 节水灌溉措施

实施高效节水灌溉。①实施渠道防渗工程，通过渠道防渗建设与渠系配套措施，减少输水损失，提高灌溉水利用系数；②在适合区域推广滴灌（图 5.60）、喷灌等高效节水灌溉工程，减少田间水量损失，实现灌排并举，促进现代农业节水灌溉技术推广应用；③推进 IC 卡控制管道灌溉等规模化的高效节水灌溉工程，完善灌溉用水计量，严格用水定额管理，促进农田灌溉节水。

图 5.60　示范区高效节水（滴灌）范围分布状况（以 2019 年为例）

2. 水源置换措施

实施地下水与地表水统一管理，地下水开采井限量开采，杜绝超采。适时推进水源置换工程，将原本的地下水源改为地表水源供给，使农业灌溉用水由井水为主向河水与井水相结合转变；同时，通过地下水与地表水统一管理、调配和计价收费措施，推动农业灌溉方式改变，由单一的水资源管理模式转为地表水和地下水联合调度管理的新模式；配套渠道改造和新增计量设施工程，促进水资源合理配置和高效利用。优化和改造输配水主管网，按一户一管的标准，对示范区内管网进行改造和信息化升级，建立农业精准供水管网系统，切实压减地下水超采量。

3. 退地减水措施

严格执行"以水定地"的原则，在保障现状责任田不减少的前提下，有序实施退地计划，减少农业灌溉用水规模，适当增加工业用水和生活用水，合理配置水资源。制订的退地方案应确保各区域退减面积不突破耕地红线，不能将基本农田退减，并保障耕地保有量。

4. 建立支撑压采节水管控地下水位及用水量监测系统

立足于艾丁湖流域地下水埋藏和分区特点，结合现有用水监测站网、地下水水井和用水类型分区状况，在河流出山口、关键断面和艾丁湖湿地入湖口等设置流量在线监测站，建立"取水–用水–排水"监测体系，对拥有取水许可证的用水户取用水量和机井、坎儿井及泉水出流量在线监测；采用超声波流量计对低压管道流量计量，有效在线监测和管控用水状况，实现地下水动态和生态功能情势监控数字化、精细化和科学化。

本书充分利用示范区已有机电井和地下水位观测井，增设了对比观测井的地下水位动态和开采量跟踪监测。西然木村（示范区）的 28 眼机电井井深为 50~130m，所以，观测井的选取原则：①观测期内不抽水；②观测井地下水动态能够反映示范区特征。基于以上原则，选定 5 眼机电井作为示范区农业灌溉开采管控下地下水位核查监测井，并于 2018年 5 月、2018 年 11 月和 2019 年 4 月进行了地下水位动态跟踪监测。同时，在示范区东南部下游区建立 1 眼地下水位观测孔（SL008），实时监测。

5.6.3　艾丁湖流域压采节水措施实施与实效

1. 艾丁湖流域总体效果

在艾丁湖流域，已经累积退减农田灌溉面积为 13.99 万亩，占原灌溉面积的 7.46%；新增高效节水灌溉面积为 57.31 万亩，渠道防渗改造 1218.5km 和关闭开采机电井 391 眼。通过上述措施，艾丁湖流域用水总量逐年下降，总用水量已由 2012 年的 13.79 亿 m³ 减少到 2019 年的 12.75 亿 m³，其中农业用水量减少 1.65 亿 m³/a，工业用水量减少 0.14 亿 m³/a；同期，该流域生活用水量增加 0.20 亿 m³/a，城区生态环境用水量增加 0.55 亿 m³/a。从供给水源来看，地表水供水量呈增大趋势，由 2012 年的 4.35 亿 m³ 至 2019 年增加为 6.39 亿 m³；地下水供水量呈减少趋势，由 2012 年的 9.44 亿 m³，至 2019 年减少为 6.31 亿 m³。

2. 压采措施实施前后效果对比分析

1）气象水文条件变化特征

2016～2020 年示范区所在区域年降雨量为 1.9～17.0mm，其中 2018 年为丰水年，2019 年趋于平水年，2020 年为特枯水年（表 5.24）。由此可见，2018～2020 年作为示范时段，具有典型性。示范前期的 2016～2017 年，年降雨量与多年降雨量相比分别减少 10.7%～45.0%，介于平水年及偏枯水年之间。示范区压采节水措施实施之后，2018～2020 年既有平水年、又有特枯水，年降雨对示范区地下水储存资源量变化没有增补作用；但是，2020 年作为大旱年份，灌溉农业需用水量明显增大，对示范应用构成不利条件。

表 5.24　2016～2020 年示范区年降雨量

监测年份	2016	2017	2018	2019	2020	2016～2020 平均值	多年平均值
年降雨量/mm	12.5	7.7	17.0	13.0	1.9	10.4	14.0
相对多年平均值变化率/%	−10.71	−45.00	21.43	−7.14	−86.43	−25.71	0

注：引自高昌区气象站监测资料。

2）灌溉用水量变化特征

2018～2020 年，示范区实施水源置换、渠道防渗、滴灌和用水量计量监测等措施，年灌溉用水量和地下水开采量都呈现减少特征，如表 5.25 所示。相对 2016～2017 年年均值，2018～2020 年年均地下水供给的灌溉用水量减少 67.8 万 m³，地下水灌溉用水量占灌溉总用水量的比率减少 11.6%；总灌溉用水量减少 15.3 万 m³/a，平均每亩灌溉毛定额减少 23.2m³ 水量。如果没有遭遇 2020 年大旱年份，压采节水措施效果将会更显著；由于 2020 年地表水来水量明显减少，造成地表水灌溉用水水源显著不足，由此地下水灌溉用水量有所增大。

表 5.25　2018～2020 年示范区灌溉用水量变化特征

项目	年份	灌溉面积/亩	滴灌面积/亩	地下水灌溉水量/（万 m³/a）	地表水灌溉水量/（万 m³/a）	年灌溉用水量/（万 m³/a）	地下水占总灌溉用水量比率/%	综合毛灌溉定额/（m³/亩）	
示范之前	2016	6589	0	300	229	529	57.97	802.85	775.50
	2017			292	201	493		748.22	
示范时段	2018		700	261	239	500	46.33	758.84	752.30
	2019		1950	170	294	464		704.20	
	2020		500	263	261	523		793.75	
示范前后变化量		—		−67.8	−49.7	−15.3	−11.64	−23.20	

3）压采节水效果

压采措施实施前，示范区地下水供水量占灌溉用水总量的 58.0%，地表水供水量占 42.0%；压采措施实施后，示范区地下水供水量占灌溉用水总量的 46.3%，地表水供水量占 53.7%。

灌溉节水压采措施实施之后，地下水开采量减少 22.9%，地下水灌溉用水量由 296 万~300 万 m³/a 减少至 170 万~263 万 m³/a（表 5.25）。应用示范期间，相对示范前的 2016~2017 年平均产量，2018~2020 年平均高粱、瓜类和葡萄亩产的产量。分别增加 12.22%、20.92% 和 15.92%（表 5.26），同期地下水灌溉用水量占总用水量比率减小 11.64%。

表 5.26　示范应用期间不同农作物产量状况

示范区种植作物		年均产量/(kg/亩)				
		2016 年	2017 年	2018 年	2019 年	2020 年
高粱		149.5	191.5	189	195	190
瓜类		1066	992.5	1197.5	1104.5	1432
葡萄		883.5	879.5	1034.5	1090.5	940.5
较 2016~2017 年平均产量的变化量/(kg/亩)	高粱	平均值 170.5		平均值 191.33		12.22%
	瓜类	平均值 1029.3		平均值 1244.67		20.92%
	葡萄	平均值 881.5		平均值 1021.83		15.92%

4）水资源与生态效益

节水压采措施实施之后，示范区地下水位埋深比实施前同期（监测日期 1 月 1 日至 7 月 10 日）地下水位上升 2.91m；示范区地下水储存资源量由示范前的 176.49 万 m³，实施之后地下水储存资源量增加至 207.03 万 m³，提高地下水调蓄资源（急供水能力）17.30%。

在同一地区，地下水位上升表征该区地下水储存资源量增加；地下水位大幅持续下降，表征该区地下水储存资源量减少，地下水系统处于严重超采状态。相对 2017 年 1 月 1 日至 7 月 10 日地下水位埋深，2019 年同期示范区地下水位埋深减小 2.91m；2020 年 6 月 3 日至 7 月 27 日地下水位埋深，较 2017 年同期地下水位埋深减小 5.82m，表征示范区地下水储存资源量呈现增加趋势。对于地下水作为战略应急备用水源，其储存资源量增加，表征着其战略应急能力的提高。

3. 应用示范启示地下水生态位预警与控制阈

示范区西侧为天然植被区，示范区地下水位埋深变化直接影响该天然植被区生态水位安全。通过该示范区地下水压采节水和地下水生态水位修复，发现地下水生态水位阈不是一个绝对值，而是维持某一区域生态系统平衡的地下水位变化的区间。

1）示范区西侧天然植被区地下水生态水位上限

该天然植被区为低地草甸，地处北盆地人工绿洲区地下水超采影响区域，地下水生态水位（埋深）上限为 2.0～3.0m，阈值的上限应设定为 2.0m。如果地下水位埋深小于 2.0m，表层土壤盐分明显增加，将会抑制天然植被生长情势。

2）示范区西侧天然植被区地下水生态水位下限

本研究发现，在 1976～2010 年该天然植被区界线曾向南退缩，而 2011～2017 年该范围扩大，这与示范区所在区域的地下水位埋深变化密切相关。在 1976～2010 年退缩，或 2011～2017 年扩大，该界线变化后，都与 7.0m 的地下水位埋深线基本重合。在 20 世纪 60～70 年代，该区有泉水出露和坎儿井运行，在地下水位埋深下降至 7.0m 以下，泉水及坎儿井系统都干涸，区内天然植被生态显著退化，因此，示范区西侧天然植被区地下水生态水位（埋深）下限应为 7.0m。

4. 示范区地下水生态水位预警与管控模式

1）预警与管控原则

（1）确保示范区及西侧天然植被区生态不进一步退化，呈现良好恢复趋势。

（2）地下水位出现异常变化，按照天然绿洲区生态安全预警指标体系适时预警，提出应对建议。

（3）一旦天然绿洲区生态发生明显退变警示，即刻采取进一步减采措施。

2）预警与管控信息源

示范区生态退变预警与管控的信息源，为 SL008 监测孔实时地下水动态观测数据。

3）预警与管控目标

年末地下水位不小于年初水位埋深，任一时段（以旬为基本单位）监测的地下水位埋深不大于前期 3 年来的同时段平均水位埋深，否则，视为"异常"，需采取应对举措。应确保每 3 年移动平均值大于前期值，以及天然绿洲区地下水生态功能有序有效修复。

在示范区西侧天然植被区：①地下水位管控的"蓝线"目标水位埋深为 5.5m，因为该区适宜生态水位（埋深）为 2.0～5.5m；②地下水位管控的"红线"目标水位埋深为 7.0m；③地下水位管控的"黄线"目标水位埋深为 5.5～7.0m。

5.7　小　　结

（1）艾丁湖流域 2019 年总供水量为 12.74 亿 m^3/a，其中地下水供水量为 6.31 亿 m^3/a，水资源开发利用率大于 110%。在该流域总用水量中，农业用水量仍占 84.3%，主导该流域地下水超采情势。

（2）1976 年至 2010 年，艾丁湖流域平原区每增加 1 km^2 人工绿洲，天然绿洲面积减少 3.2 km^2；天然绿洲面积由 2100 km^2 减少到 1052 km^2；同期，人工绿洲由 445 km^2 增加到 777 km^2。2010～2019 年，每减少 1 km^2 人工绿洲，天然绿洲面积增加 2.7 km^2；该流域天然绿洲面积增加 370 km^2，人工绿洲面积减少 136 km^2。基于 1945 年艾丁湖自然湿地水域面积（155 km^2），至今现减少 97%，年均减少 5 km^2，艾丁湖已从常年性湖泊退化为季节性湖泊；1996～2010 年艾丁湖湿地水域面积呈减小趋势特征，2010 年以来该湿地水域面积呈波动恢复趋势特征。

（3）艾丁湖流域平原区天然绿洲生态情势与地下水位埋深之间密切相关。在地下水位埋深小于 4.5m 区域，天然植被覆盖度随水位埋深减小而增大；水位埋深 0.5 ~ 1m 区域，植被覆盖度达 98%，以芦苇为优势物种。在地下水位埋深 4.5 ~ 5.8m 区域，天然植被优势物种为胖姑娘、花花柴和椭圆形天芥菜等，植被覆盖度 10% ~ 30%。在水位埋深大于 5.8m 区域，天然植被覆盖度随着水位埋深增加而逐渐减小，植被覆盖度 3% ~ 10%。

（4）基于艾丁湖流域地下水补给与排泄条件和地下水合理开发利用与生态保护技术方案优化论证需求，自主开发了"干旱区湖泊–季节性河流–地下水耦合模型"（COMUS）系统，实现艾丁湖流域"出山河流入渗—渠系引水渗漏—绿洲灌溉回归—泉水出流—泉集河汇流—坎儿井开采—机井开采—湖泊耗水—生态植被耗水"等全链条地下水文过程模拟。模拟结果表明，至 2030 年艾丁湖流域南盆地恰特喀勒乡、三堡乡、吐峪沟乡和达浪坎乡的人工绿洲区地下水位下降幅度较大，可能对其下游天然绿洲区地下水生态功能修复产生较明显的负面影响。

（5）通过艾丁湖流域农业超采区水源置换、滴灌节水和压减地下水开采量的应用示范，示范结果表明天然水资源匮乏的制约性仍然显著。2019 年开展了 1950 亩规模的滴水灌溉，地下水供给的灌溉用水量从前期的 292 万 ~ 300 万 m³/a，下降至 170 万 m³/a。而在大旱年份（2020 年），500 亩滴水灌溉背景下，地下水供给的灌溉用水量仅下降至 263 万 m³/a，灌溉总用水量则趋于实施压采节水措施前的水平。

（6）干旱区独特的气候条件，决定了"没有灌溉，就没有农业"。因此，"可持续的压采效果"="合理人口数量+适宜灌溉农田规模+适量地表水源+经济可行节水灌溉技术"深度耦合的示范经验。因此，应着眼于中、长期治理战略，难以在短时期（不大于 10 年）内根治地下水超采和修复自然生态至 20 世纪 70 年代初水平，至少需要 30 ~ 50 年。

第6章 西北内陆典型自然湿地地下水生态功能保护调控技术体系

本章介绍了以湿地恢复与保护为目标的地表水–地下水联合调控关键指标体系，包括干旱区湿地适宜水域分布规模、适宜入湖水量和各类生态水位阈值识别理论方法，以及干旱区自然湿地生态系统多要素动态一体化监测体系构建的技术要求和监测内容。重点阐述了基于监测数据破解的干旱区湿地植被水分利用效率变化特征、生态输水影响与干旱胁迫植被吸水响应特征、非生长季输水对湿地植被生态恢复影响机制和生态输水下地下水与湿地水域之间水量转化规律，剖析了湿地分布区不同位置样地植被根系分布特征和基于稳定同位素示踪的植被水分利用特征，简述了应用湿地生态–水文耦合模型模拟 50 种情景下未来不同时段青土湖湿地生态多要素动态演变趋势和不同生态水位约束下的适宜入湖水量。

6.1 面临挑战与研究背景

6.1.1 面临挑战与总体研究思路

1. 面临主要挑战

1）湿地生态修复与保护面临主要问题

湿地是处于水生与陆生之间特殊的生态系统，它兼有陆生和水生生态系统的基本特征，与海洋生态系统和森林生态系统构成地球表层三大生态系统。在《湿地公约》中，湿地被定义为天然或人工、长久或暂时存在的沼泽地、湿原、泥炭地或水域地带，包含静止或流动的淡水、半咸水或咸水水体，以及低潮时水深不超过 6m 的水域。全球内陆及沿海带的湿地分布面积超过 1210 万 km^2，其中永久淹没和季节性淹没水域面积分别占 54% 和 46%。由于湿地水文过程与生态过程具有关联性，所以，湿地生态水文过程成为生态水文地学的重要研究内容。

湿地具有涵养水源、净化水质、维护生物多样性、蓄洪防旱、调节气候和固碳等重要生态功能，在雨季蓄水和旱季释水过程中对地表径流具有调节作用，降低或延迟径流峰值，同时导致基流和蒸散发量增大。由于缺氧环境下有机物分解缓慢，导致湿地中存储着大量的碳，其土壤碳含量远大于农业土壤含碳量，成为二氧化碳、甲烷等温室气体的潜在排放源，对气候变化产生影响。另外，湿地对农业活动引发的湖泊富营养化等水环境问题能够起到缓解作用，对维持天然植被生态系统健康和生物多样性涵养也具有重要作用。例如，在河西走廊三大流域湿地保护区分布着天然植被种类 84 科 399 属 1044 种，脊椎动物 30 目 65 科 312 种，远高于西北内陆区物种多样性的背景值。

然而，在过去几十年中，由于人口数量不断增加和人类活动规模及强度不断增大，湿地急剧减少和退化，湿地动植物和生态系统正在遭受严峻挑战，在西北内陆区大部分流域下游自然湿地和天然植被绿洲生态都发生了严重退化，甚至分布范围大幅萎缩，土地荒漠化及沙化范围显著扩大。从世界范围角度看，全球湿地面积至少减少了 1/3，并且仍在继续恶化。例如，从 20 世纪 80 年代至今，美国波特兰附近的 233 个湿地中，有 40% 的湿地因人类活动影响或者因干旱而消失。中国湿地分布面积位居世界第 4，约占全球湿地分布面积的 10%，但是，30% 左右的湿地已发生严重退化问题或消失，包括本书的新疆艾丁湖流域和甘肃石羊河流域下游区自然湿地的大面积退化，甚至曾完全干涸，呈现沙化现象。

2）地下水系统对自然湿地支撑作用日益突显

地下水位大幅下降是自然湿地生态退化的重要影响因素。地下水生态水位是维系自然湿地系统健康的重要阈值指标，以至如何调控地下水系统与湿地之间水文过程，来维持自然湿地生态已成为湿地学科研究前沿。地下水作为湿地水文系统的主要组成部分，通过与地表水之间水量和溶质交换，在湿地生态系统的物质能量循环过程中发挥着重要作用。在西北内陆平原区，地下水是维系自然湿地的重要水源和基础条件，它对自然湿地形成、发展、退化或消亡都发挥着重要作用，并影响湿地生境质量、水文地球化学和生物地球化学作用。因此，从水文地质专业角度来探索该过程和机制，已成为生态水文地学的重要研究方向之一。

地下水对湿地生态系统的支撑功能，包括通过维系湿地分布区天然植被生态需水水源。在干旱环境下，地下水不仅是天然植被生长发育所需水分的主要来源，而且，还是植被分带和根系分布深度的主要生境驱动力，地下水位埋深变化对天然植被演化具有驱动影响作用。在入渗性较强的高地，植被根系沿着降水入渗带发育，尤其在地下水位缓变带植被根系发育深度与水位埋深之间具有较强相关性；在地下水向地表排泄的尾闾湖区，植被根系发育较浅，以避免缺氧胁迫。在上述两个区之间过渡带，植被根系生长深度可达潜水支持毛细上升高度的前缘带或地下水位附近。天然植被根系深度与降水量、包气带厚度与岩性结构、植被生长形式及种属、地下水位埋深和年内变化幅度之间存在显著相关性，即随着地下水位埋深增大，植被根系发育的深度随之增大。当潜水（地下水）水位埋深大于极限生态水位深度时，旱区天然植被会枯死。由此，长期大规模开采地下水，会造成天然绿洲区地下水位大幅下降，导致地下水维系湿地生态功能退化，从而引发植被群落退变。

3）以湿地恢复与保护为目标的地下水调控技术体系亟待进一步认知

自然湿地恢复是指通过生态技术或生态工程对退化或消失的湿地进行重建或再现，重构人类活动干扰前的自然湿地功能和多样性。20 世纪 90 年代之前，美国、欧洲和澳大利亚已充分认识到恢复湿地生态系统的重要性，并制定了一系列恢复计划。不同的外界因素造成的自然湿地退化，导致功能发生改变，引发生态环境问题甚至灾害。随着生态文明建设和安居生活质量不断提高，人们逐渐意识到恢复、重建和加强湿地修复和保护的必要性和迫切性。在西北内陆干旱区，以湿地恢复与保护为目标的地下水生态功能重建，离不开地下水调控技术体系支撑；在流域水循环及水文过程中，地下水系统功能变化是流域水循环演变的结果，并引发下游区生境质量响应变化。这其中，地表水调控应是地下水生态功能修复的必要组成部分，因为通过调控河流上、下游的纵向连通，能有效保证下游湿地的供水或上游湿地的排水，促进生物等物种的迁徙。调控河流–泛滥平原/湿地和河流–湖泊系统的横向联通，再现河道的蜿蜒和连续性，从而使水陆交错带湿地恢复，辅以水生植被培育，恢复种群多样和生物链完整的牛轭湖自然生态系统。调控湿地分布区地表水–地下水系统垂直水文交换，不仅涉及湿地水域规模和分布范围，许多天然湿地退化乃至消亡还与地表水–地下水之间转化过程和自然规律被严重干扰相关。

因此，本项目设置了"重要湿地地下水调控及生态功能保护"课题，以西北内陆典型流域下游自然湿地为重点研究对象，开展西北内陆干旱区自然湿地系统与水资源利用之间关系、影响机制和以湿地系统保护为目标的调控关键技术研究。在西北内陆干旱区，降水稀少，天然水资源匮乏，自然生境十分脆弱；加之，近几十年来水资源过度开发利用和地下水严重超采，导致西北内陆流域下游平原区自然湿地生态严重退化，已经出现制约当地社会经济稳定发展的诸多问题，其修复和保护已成为重大迫切需求。然而，由于自然状态下生态逆转是一个长期的动态变化过程，不是生态输水唯一解的问题，还有如何认知湿地生境质量变化与地下水生态功能和人类活动之间互动关系、响应机理和调控模式等诸多科学问题亟待破解，需要系统性掌握湿地生态变化及其与相关影响因子之间互动信息，以及所面临的主要挑战。

（1）缺乏湿地生态系统与大气系统–地表水–土壤水–地下水之间互动的多要素动态监测体系。因为自然湿地通常位于气、生、水、土等之间地球表生系统的最为密切区域，是大气、植被、土壤、地表水和地下水等多系统中相关要素协同耦合作用结果，其中某一要素变化必然影响其他要素响应变化，最终导致自然湿地的结构、生态功能和生境质量发生改变。目前，国内外相关研究多基于某一个或几个要素，尤其地表要素的监测结果来讨论湿地演化，基于"大气系统–地表水–土壤水–地下水之间互动的多要素动态"一体化监测数据的研究较匮乏，尤其是地下水维持自然湿地的生态功能机理和演变过程研究缺乏，制约了湿地生态功能评估、演化机制、定量预测和调控关键技术研究。

（2）干旱区地下水与湿地生态系统协同演化过程和机制有待进一步研究。在我国西北内陆区，自然湿地作为人类影响最为显著的生态敏感区，叠加自然背景影响，湿地生态系统与地下水功能协同演化过程和机制十分复杂，既有自然属性问题，也存在大量社会属性难题。西北内陆区绝大多数湿地生态对地下水位埋深和水源补给状况具有较强依赖性，在天然状态下其结构、功能和演化与地下水生态功能状态之间密切相关。过去几十年来随着社会经济快速发展和水资源大规模开发利用，地下水超采程度已成为制约下游区自然湿地修复和保护的瓶颈问题，且导致地下水与湿地生态系统间协同演化成为复杂又难以预测的难题，以至天然和人为活动耦合作用下地下水与湿地生态系统演化过程和机制不清，严重制约着干旱区自然湿地修复和有效保护的水资源及地下水合理开发利用调控关键技术研发。

（3）以干旱区自然湿地保护为约束的地下水生态功能调控技术体系亟需研发。西北内陆区自然湿地修复与保护，仅依赖地表生态输水工程是难以达到自然湿地生态可持续修复和有效保护的。因为西北内陆平原区灌溉农田用水的水源保障也需要人工调入水源保障，否则，地下水超采加剧就难免；农业灌溉用水与自然湿地等生态输水之间争水矛盾如何解决，自然湿地生态输水延迟至灌溉期之后（如每年 9~11 月）是否可行，那时天然植被等亟待需水期已过，对自然湿地会产生何种影响？这些都与湿地分布区地下水生态功能情势及其变化特征有关，需要相关多要素一体化监测数据支撑相关研究，才能够破解和解答上述科技难题，需要研发相关关键技术体系，包括湿地分布区地下水生态功能退变危机分级预警和管控指标体系、不同水文年份湿地生态需水量阈值指标体系及其周边农田盐渍化加剧管控指标体系等。流域下游自然湿地水域面积及其分布区地下水生态功能状况，不仅与地表水调入水量的多少有关，而且还与调入时间、调入水量的空间分配状况和地下水流场动态变化之间密切相关。换言之，西北内陆干旱区自然湿地的修复和保护，必需从流域水循环和湿地区地下水生态-水文流场势的角度考虑，以地下水生态功能修复为根本，以地表生态输水量时空优化控制为驱动，研发和建立干旱区湿地-地下水生态系统修复和调控技术体系，有力促进我国西北内陆区自然湿地恢复进程和保护能力提高。

（4）西北内陆下游区自然湿地除了具有自身多种生态功能之外，还具有阻挡沙漠侵蚀绿洲和防止土地荒漠化等作用。由于西北内陆干旱区水资源量极为短缺，人口数量远超天然水资源承载力，由此导致尾闾湖区自然湿地萎缩、甚至消亡；地下水长期大规模超采，导致水位埋深大幅增加，以至地下水生态功能严重失衡和依赖地下水生存的天然植被绿洲荒漠化。自然状态下生态系统修复或逆转是一个长期涵养和动态变化过程，是人与自然和谐关系的最终表现。由此，需要深刻认知人类活动与自然因素影响下干旱区自然湿地生态系统与地下水系统之间协同演化过程与互动机制。生态输水是保护和修复干旱区流域下游天然绿洲的有效手段，具有成本性和规模有限性。对于有限规模的生态输水量，不同的调控方案下生态修复效果差异较大。随着生态输水河道距离的增大，地下水位与植被对生态输水响应减弱，沿途生态水损失量增加。另外，生态输水对天然植被恢复并非只有益处，当地下水位因生态输水而大幅上升之后，由于土壤蒸发将地下水中盐分带到表层土壤中，会导致土壤盐分含量明显增加，对植被生长造成威胁或加剧湿地周边土壤盐渍化程度。

基于上述挑战，亟需开展如下研究：①旱区地下水-湿地生态系统协同作用机制，不同环境下天然植被水分利用策略的差异特征；②在长时间序列卫星遥感影像、无人机高空间分辨率及高精度数字高程数据支撑下，确定影响干旱区天然湿地生态的地下水关键参数和安全界限，构建湿地分布区地下水-生态水文系统耦合模型，预测不同生态输水条件下地下水位埋深时空变化趋势及其对应的湿地水域变化范围、极限生态需水量和植被生态效应；③未来不同生态输水情景下最优湿地水域范围、适宜和极限生态水位、年际和年内最佳生态输水配置与管控方案效应模拟预测研究。

2. 总体研究思路

针对上述亟需破解的难题与挑战，以西北干旱区石羊河流域下游青土湖湿地分布区为主要研究区，研发和构建干旱区自然湿地多要素动态一体化监测体系和数据分析方法，包括基于地下水-湿地生态系统的多要素一体化动态监测系统的生态水文耦合模型，精细刻画干旱区湿地生态系统结构及其与地下水系统之间互动关系，揭示干旱区自然湿地生态水文过程对地下水开发利用的响应机制，研发了以湿地保护为约束的地表水-地下水联合调控技术体系。

1）构建干旱区自然湿地生态系统的多要素动态一体化监测方法体系

以羊河流域下游的青土湖湿地分布区作为研究主靶区，综合应用遥感、新型地下探测、同位素和温度示踪、微气象梯度观测等技术，采用野外周期性实地探测、调查和站网点实时高精度监测，获取多要素动态数据，奠定干旱区地下水系统生态功能变化及其与生态输水和湿地生态情势之间互动关系的研究基础。

2）识别和确定干旱区自然湿地生态结构与功能的地下水保障阈值参数和安全界限

根据地表水、地下水、土壤水和植被群落等多要素监测数据，采用时空等效方法，研究干旱区自然湿地生态对地下水生态功能的依赖形式和程度，识别影响湿地结构和功能的地下水保障阈值参数，确定其安全界限。

3）揭示干旱区地下水系统与自然湿地生态系统之间协同演化过程和机制

基于长时间序列的遥感数据和水文、地下水系统等监测和探查资料，反演人类活动和自然二元因素约束下干旱区自然湿地生态系统与地下水系统之间协同演化过程，揭示地下水生态功能时空演变对自然湿地生态系统生境条件和植被群落影响特征；基于示范区站网点监测数据，研究干旱区植被体内水（绿水）与大汽水（降水和蒸发）、土壤水、地表水和地下水系统之间"五水"转化规律和时空变异特征，尤其季节性冻融影响下地表水-土壤水-地下水之间跨季储存与转化规律，破解自然湿地分布区演化过程和深层次机制。

4）研发和构建基于物理过程的地下水-湿地生态水文系统耦合模型

基于示范区地下水系统结构和湿地生态系统结构的精细刻画，识别和确定相关模型参数，构建基于物理机制的地下水-湿地生态水文系统耦合模型，并利用监测得到的多源数据对模型进行校正，识别模型不确定性，形成干旱区湿地区地表水-地下水联合调控技术的"元模型"。

5）探索以湿地生态保护为约束的地下水调控技术体系

基于干旱区湿地生态系统与地下水系统协同演化过程的反演结果，确定干旱区湿地生态保护目标及对应地下水生态功能指标体系，以其作为约束，基于构建的地下水-湿地生态水文耦合模型，采取多目标最优化理论，构建既能维持干旱区自然湿地生态，又不至于造成其他环境问题和水资源"浪费"的最优化配置方案，形成一套以干旱区自然湿地生态保护为约束的地下水调控技术体系，包括监测→机理分析→关键参数的安全界限确定→模型构建→方案优化的流程，以最适规模的湿地水域面积和最为合理生态输水量的确定为目标。

3. 以湿地生态保护为约束的地下水调控技术体系研究框架

经过4年的研究，形成了适用于西北内陆区下游自然湿地生态保护为约束的地下水科学调控技术体系的研究架构，如图6.1所示。

（1）在湿地保护和恢复中，首先应明确目标，即维持或恢复湿地的哪种或哪几种功能。应根据实际情况和当地需求，确定水资源调控体系需要维持的湿地主要功能。自然湿地应具有各种生态功能，如维持生物多样性、景观观赏和改善小气候等。

（2）确定影响湿地生态功能的地下水-地表水关键参数及安全界限，为实现自然湿地生态系统健康运行提供技术指标体系支撑。在确定湿地系统保护的调控关键参数和安全界限过程中，应遵循研究区地下水-湿地生态系统协同演化机制，同时，需以地下水-湿地生态系统的多要素动态一体化监测体系获取的数据为主要支撑。

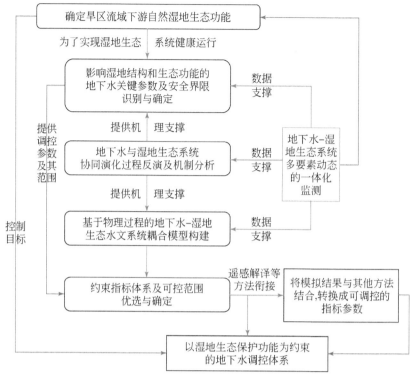

图 6.1 以湿地生态保护为约束的地下水调控技术体系研究架构

（3）地下水–湿地生态系统的多要素动态监测数据，应源自研究区（自然湿地分布区）站网点实时监测，以及基于长时间观测获得的地下水位时空变化特征及其与地表水之间交换时空数据。

（4）建立研究区地下水–湿地生态水文系统耦合数值模型，以上述多要素动态监测数据作为模型参数校准和模型验证的基础，确保该模型支撑研究区地下水–湿地生态系统协同演化机制。

（5）湿地分布区地下水生态功能调控，应基于上述模型预测结果为指导，以地下水关键参数及其安全界限为约束，确定湿地生态保护的地下水生态功能调控目标，优化和确定最佳、适宜和极限生态输水量、来水方式及配置方案，以及湿地分布区地下水生态功能情势分级预警指标体系。

6.1.2 研究背景与应用示范区

1. 应用示范区背景概况

应用示范区为我国西北内陆干旱区的第三大内陆河——石羊河流域下游的尾闾湖湿地分布区，即青土湖湿地分布区，地理范围为 103°36′~103°39′E、39°04′~39°09′N，地处民勤盆地东北部，位于巴丹吉林沙漠东南端和腾格里沙漠西北缘，是两大沙漠的交汇带，具有重大的防控沙漠侵蚀绿洲的屏障功能。20 世纪 50 年代以来，由于石羊河流域上游大规模修建拦蓄出山地表径流的蓄引水工程，造成下游区主要供给水源——红崖山水库以下的石羊河主河道长期干涸，导致青土湖湿地失去了补给水源，至 1959 年完全干涸。随着湿地水域干涸，该湿地植被演变为荒漠，大部分地区被流沙覆盖，区域生态不断恶化。为了改善石羊河下游区域生态环境，2010 年 9 月开始以渠道输送的形式向其下游青土湖分布区注入生态用水，青土湖湿地水域范围得以动态性局部恢复。

相对西北内陆区主要流域，青土湖湿地所在流域具有如下 4 个方面典型性。

1) 典型内陆流域旱区特征

石羊河是我国西北内陆区三大内陆河流之一，与塔里木河流域、艾丁湖流域、黑河和疏勒河等内陆河流域一样，天然水资源匮乏，生态水被经济社会用水大量挤占，导致下游自然湿地生态退化危机。在山前冰川消融和降雨补给条件下，这些流域水资源补给源区和上游形成地表径流或入渗补给地下水；在中游，普遍存在水资源过度开发利用，导致下游生态缺水，以至湿地大幅萎缩或干涸。目前，以流域为调控单元的水资源综合治理和管控，包括生态输水是它们的共性举措。

2) 民生用水与生态用水之间冲突特征

在河西走廊三大流域中，石羊河流域开采量最大，曾占河西走廊地下水总开采量的 64.3%；石羊河流域农业灌溉和林草地浇灌的开采量最大，占河西走廊农业总开采量的 86.4%。自 20 世纪 90 年代以来，石羊河流域地表水引用率在 78% 以上，成为河西走廊地表水开发利用程度最高的流域，水资源利用率高达 143%，地下水净开采量占该流域允许开采量的 202.3% 和占地下水补给资源量的 169.3%。2005 年石羊河流域用水量达到峰值，总用水量达 27.92 亿 m^3，其中地下水供水量为 12.46 亿 m^3；至 2015 年该流域总用水量减降至 23.59 亿 m^3，其中农田灌溉和林牧渔畜用水量占 86.3%，地下水供水量减少至 8.07 亿 m^3/a。该流域平原地下水位不断下降，导致青土湖自然湿地水域面积不断萎缩甚至消失。

3) 下游区自然湿地生态屏障地位

青土湖湿地位于巴丹吉林沙漠东南端和腾格里沙漠西北缘，两座沙漠在此逐渐合拢，且沙漠化范围曾以大致 10m/a 的速度向南侵蚀扩展。青土湖湿地是阻止两大沙漠合拢、南侵民勤绿洲的天然生态屏障，在我国生态安全保障方面具有战略地位。

4) 下游区自然湿地演变与修复典型性

在西汉时期，青土湖最大水域面积为 4000km^2，受人类活动和气候变化等影响，至 1959 年完全干涸；1960~2010 年该湿地区的地表水和地下水天然补给水量逐年减少，地下水位不断下降，区内土地沙化和荒漠化不断加剧，其退化的演变过程在西北内陆区具有典型性。在生态系统结构方面，青土湖湿地水域面积、植被覆盖、群落类型和地下水位埋深都随来水量的季节性变化而变化，且沿湖心至沙漠方向呈明显分带性差异分布特征，在西北内陆区具有典型性。生态恢复与保护也具有典型性，近 10 年来石羊河流域生态输水和地下水超采综合治理已呈现效果，青土湖湿地水域面积得到有效恢复，最大水域面积达 26.7km^2。自 2000 年开始塔里木河流域实施生态输水，仅 2017 年输水量达 10 亿 m^3 以上，塔里木河流域下游的台特玛湖水域面积恢复至 511km^2。黑河流域实施生态输水以来，其下游东居延海湿地水域面积常年保持在 40km^2 左右。疏勒河流域下游哈拉奇湖湿地，通过生态输水，至 2019 年年底水域面积达 5km²。

2. 湿地分布区地貌特征及气象水文条件

1) 地质地貌特征

青土湖分布区位于石羊河流域地质构造单元北部的阿拉善台地和北山断块，该地质构造带在北部紧邻祁连山大地槽，在加里东运动时期形成以前寒武纪变质岩石为基底，沉积了石炭系、侏罗系、白垩系、古近系和新近系等一系列地层。由于青土湖分布区毗邻腾格里沙漠和巴丹吉林沙漠，沙漠连片分布，包括沙堆、沙垄、新月型沙丘、新月型沙丘链、抛物线沙丘和近三角锥形沙丘等类型；按在沙区植被覆盖程度，分布有固定型沙丘、半固定型沙丘和流动型沙丘。

2) 气象水文条件

青土湖湿地分布区属于温带大陆性干旱荒漠气候，干旱少雨、蒸发强烈、冬季长而寒冷、夏季短而炎热，多风且多干热风。该区年均降水量为 110mm，集中每年 7~9 月；蒸发强烈，年均蒸发量为 2640mm，是降水量的 24 倍（图 6.2），年平均气温为 7.8℃，年均日照时数为 2832.1h，年均太阳直接辐射为 573kJ/cm²。

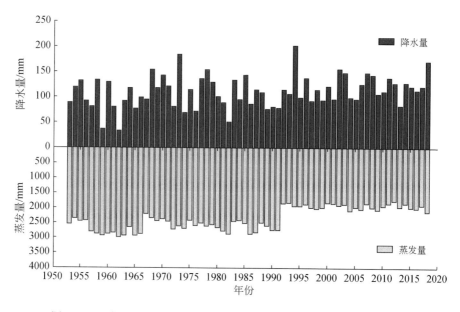

图 6.2　石羊河流域青土湖湿地分布区年降水量及蒸发量年际变化特征

3) 土壤与植被特征

青土湖湿地分布区土壤类型主要为灰棕漠土、风沙土、盐土和草甸土，土壤形成过程中母质影响明显，生物作用微弱，具有较强的易溶性盐类积累过程、亚表层黏化和铁质化现象，母质多为洪积、沉积物或现代风积沙，发育层次不明显，pH 大于 8.0，比重为 2.48~2.80g/cm³，有机质含量为 0.4%~0.8%。湖盆内草场主要为盐土，母质多为湖积沉积物。

青土湖湿地分布区天然植被以旱生、超旱生和沙生的灌木、半灌木和灌木为主，植被20多种，这些荒漠植被结构较为简单、密度稀疏，群落盖度大部分区域小于20%，为典型荒漠景观。由于石羊河流域上游长期大规模拦引截流出山地表径流水量，造成青土湖湿地分布区来水量大幅度减少，地下水位大幅下降，区内原有的隐域植被，如以沼泽及草甸为代表的湿生植被种等，已经被现今的荒漠植被逐渐取代。

3. 湿地历史演变特征

石羊河流域的尾闾——青土湖，原名潴野泽、白亭海，是《尚书·禹贡》中记载的11个大湖之一，分布面积大于1.6万km²，最大水深达60m，曾为巨大型淡水湖泊。后来潴野泽一分为二，变成东、西两湖，其中西部湖区为西海，又称休屠泽。在汉朝时期，青土湖水域面积为4000km²，至隋唐时期水域面积仍达1300km²。到明清时期，被称"青土湖"，水域面积为400km²。自1924年以来，由于石羊河流域人口数量和灌溉农田面积不断增加，青土湖范围不断萎缩。1958年修建红崖山水库，彻底破坏了民勤盆地地下水系统天然补给水源，直接导致青土湖干涸和民勤绿洲加速沙漠化，至1959年青土湖完全干涸（图6.3）。2010年开始，每年秋季进行生态输水，生态水自红崖山水库放出后，经衬砌输水渠道输送至青土湖分布区，以至青土湖湿地生态得到逐步修复，局部形成较为稳定的水域面积。

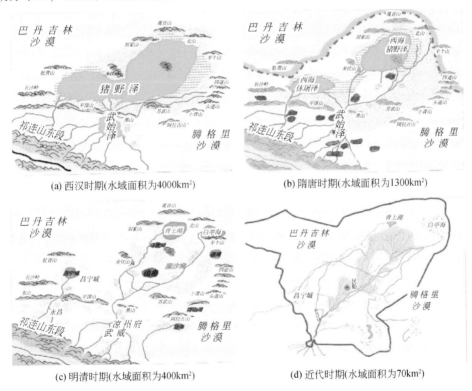

(a) 西汉时期(水域面积为4000km²)　　　　(b) 隋唐时期(水域面积为1300km²)

(c) 明清时期(水域面积为400km²)　　　　(d) 近代时期(水域面积为70km²)

图6.3　青土湖范围历史演化特征①

---

① 丁宏伟等，2003，河西走廊地下水勘查报告，甘肃省地质调查院，19~268。

4. 湿地分布区含水系统及地下水补给-径流-排泄条件

1) 含水系统特征

青土湖湿地所在的民勤盆地,基岩裂隙水主要分布在民勤盆地的红崖山一带和第四系松散沉积物下伏基岩中,其他区域为第四系松散岩层孔隙水,第四系含水层是盆地内地下水的主要储存空间。民勤盆地内第四系松散层厚度为50~200m,自南而北渐薄;第四系含水层厚度为20~50m,民勤县城以南的含水层岩性主要为中粗砂、中细砂、细砂及砂砾石层(图6.4),20世纪末期地下水位埋深为5~30m,由南向北、由西向东渐浅,腾格里沙漠边缘小于5m,含水层富水性较差,单井涌水量为1000~2000m³/d(表6.1)。区内地下水矿化度变幅较大,为0.36~5.60g/L,自南而北渐增;民勤县城及其以南区域的地下水矿化度为0.73~2.81g/L,腾格里沙漠边缘及丘间洼地矿化度为2.55~5.77g/L,青土湖湿地分布区局部地段地下水矿化度达15.92g/L。

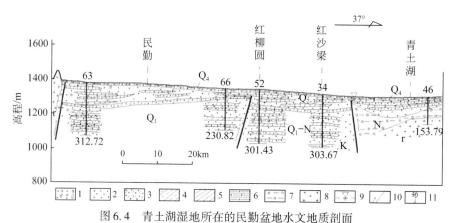

图6.4　青土湖湿地所在的民勤盆地水文地质剖面

1. 砂砾石;2. 砂;3. 亚砂土;4. 亚黏土;5. 黏土;6. 砂质泥岩;7. 泥砾岩;8. 花岗岩;
9. 地下水位;10. 断层;11. 钻孔编号及孔深(m)

表6.1　青土湖湿地所在区域(民勤盆地)含水层富水性状况

孔号	探测位置	探测深度 /m	含水层厚度 /m	降深5m下涌水量 /(m³/d)	资料来源
MQ04	薛百下新沟庄	312.7	81	2211	
MQ05	民勤大滩七干站	230.8	119	1411	
MQ03	中渠所	282.2	167	1568	
MQ18	红柳园	301.4	128	1719	"西渠幅综合水文地质普查报告"
MQ20	民勤石板井	301.3	199	1977	
MQ01	红沙梁孙指挥下王化	303.7	93	924	
MQ02	西渠扶拱	297.2	54	630	

青土湖湿地所在区域的含水介质由第四系松散沉积物和基岩裂隙构成,其中第四系含水系统由含砾砂、亚砂土、中粗砂和细砂等组成,与弱透水层或隔水层互层。出露基岩和

底部基岩发育裂隙含水系统。区内第四系松散岩类孔隙水分布连续，含水层厚度不均匀，上述含水系统厚度达 400m，由南向北先增大后减小（图 6.4）；浅层地下水为潜水动力特征，随着深度增大逐渐过渡为承压水。青土湖南侧隐伏断层，将青土湖分布区含水层与民勤盆地含水层系统阻隔，青土湖分布区的含水层厚度小于 150m。

2）地下水流场特征

青土湖湿地所在的民勤盆地内地下水位埋深为 3~40m，由沙漠向绿洲方向逐渐增大。图 6.5 为生态输水工程启动前该区地下水流场分布状况，包括 2002 年 2 月和 8 月、2005 年 2 月和 8 月、2008 年 2 月和 8 月地下水流场分布特征。总体来看，邻近青土湖分布区地下水由东南向西北方向流动，至青土湖湿地分布区排泄。

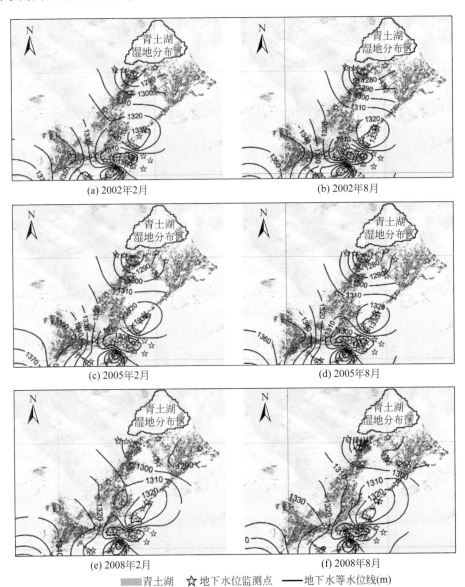

(a) 2002年2月　(b) 2002年8月
(c) 2005年2月　(d) 2005年8月
(e) 2008年2月　(f) 2008年8月

▨ 青土湖　☆ 地下水位监测点　—— 地下水等水位线(m)

图 6.5　生态输水工程启动前青土湖湿地上游区地下水流场分布特征

2010 年生态输水工程启动以来,对青土湖湿地水域面积和天然植被生态修复发挥明显作用。但是从图 6.6 可见,2011 年 2 月及 8 月、2013 年 2 月及 8 月、2015 年 2 月及年 8 月的 6 幅地下水流场分布特征没有发生显著变化,民勤地下水位降落漏斗仍然存在,而青土湖湿地分布区北部地下水位呈现比较明显上升特征,表明生态输水正在逐渐修复青土湖湿地分布区地下水生态功能,尤其在 2019 年 4 月地下水流场变化比较显著(图 6.7)。

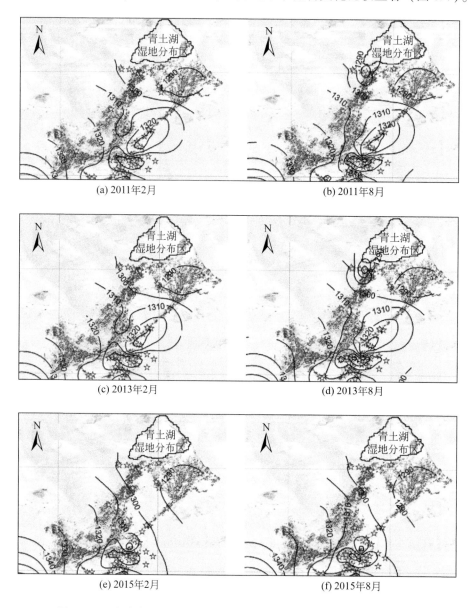

图 6.6　生态输水工程启动之后青土湖湿地上游区地下水流场分布特征

图例同图 6.5

从图 6.7 可以看出,青土湖湿地分布区南部边界一带存在地下水排泄区,在西北部呈现地表水入渗补给的水丘分布区,地下水流向自西向湿地分布区径流。而东南部地下水流向与湿地所在区域方向相反，表明该区地下水对湿地没有地下径流补给。西北部、北部和东北部的地下水等水位线梯度方向指示，存在侧向地下径流补给青土湖分布区的地下水系统动力条件。

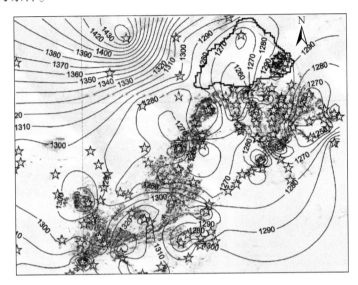

图 6.7　2019 年 4 月青土湖湿地分布区及上游区域地下水流场分布特征

图例同图 6.5

3) 地下水补给–径流–排泄条件

生态输水之前，青土湖湿地分布区地下水系统主要接受当地降水和凝结水入渗补给，以及上游侧向地下径流流入补给。由于民勤盆地年降水量不足 150mm，所以，降水及凝结水入渗补给水量十分有限。该区地下水补给主要为来自东、北、西部的侧向地下径流补给；同时，青土湖湿地分布区南部断裂带存在补给该区地下水条件。青土湖湿地分布区与上游民勤盆地地下水系统被断裂隔开，断裂带上覆 20m 厚度第四系沉积物，湿地一侧的下部为基岩（图 6.4）。青土湖湿地分布区地下水以蒸散发和侧向地下径流形式排泄，以蒸散发排泄为主。

生态输水之后，青土湖湿地分布区地下水补给项增加了输水渠道渗漏补给和湿地水域渗漏补给。输水渠道和湿地水域渗漏补给，已经成为该区地下水的主要补给来源。生态输水以来，青土湖湿地分布区地下水位呈现波动上升趋势，并由湿地水域范围向四周通过侧向地下径流补给外围地下水，促使青土湖湿地分布区地下水位普遍呈现不断修复趋势特征，尤其以侧向地下径流形式向西部和东部水动力传递补给效应。地下水的排泄方式仍然以蒸散发为主，输水以来地下水位明显上升，导致地下水蒸散发排泄更为强烈，同时，还增加了向湿地水域和输水渠道的排泄项，且随着地下水位不断上升而增大。

5. 应用示范区技术设施概况

在石羊河流域下游区，选定青土湖湿地分布区作为示范应用区。在青土湖湿地分布区建立两条实时监测剖面，安装 10 套包气带要素指标监测仪器，包括包气带含水率、土壤水势、电导率和地温等。监测仪器选用 Decagon 的 5TE 水分监测传感器，以及 Campbell 的 257 土壤水势探头，监测频率 30min/次；配套设备分别采用 Campbell 公司的 CR300 型号数据采集器和宏电公司型号为 H7118C 供电系统。同时，配套布设了气象、地下水动态和植被生理等指标监测设施（图 6.8）。

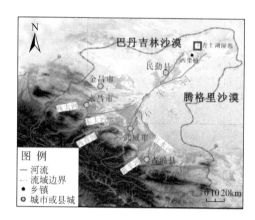
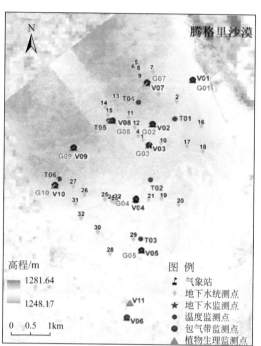

图 6.8　青土湖湿地分布区地下水、包气带和植被系统多要素一体化监测体系布设实况

依据自然湿地分布区地下水位埋深、地表植被类型和地面是否会被淹没 3 个性状，天然植被类型主要考虑芦苇、白刺、盐爪爪和梭梭等。在 10 个监测站点都涉及上述植被或它们组合分布，其中 8 个监测站点处设置了地下水动态监测，分别为 V02、V03、V04、V05、V07、V08、V09 和 V10 号；在 V02 和 V04 站点安装了大气补偿探头（图 6.8）。

示范区建设初期，湿地分布区内地下水位埋深为 0~3m。其中 8 个监测站点选设在地下水位埋深为 0~3m 的区域，1 个监测站点选设水位埋深为 3~4m 的区域，1 个监测站点选设水位埋深大于 4m 的区域。在 10 个监测站点中，5 个监测站站点不会发生被淹没情况，5 个监测站站点会发生季节性淹没情况，且这 5 个站点季节性淹没时间不同，以便于研究湿地水域变化与地下水位埋深和地表植被响应变化特征。

自 2018 年 9 月全面建设完成并正常运行以来，持续获取上述监测系列数据，这些数据应用有力地支撑了湿地保护关键参数研究。

6.2　干旱区自然湿地生态–地下水系统
多要素动态一体化监测

本研究的目的是研发以湿地生态系统保护为目标的地下水调控技术，其核心是为构建干旱区地下水系统水文过程与生态过程的耦合模型提供基础源数据支撑。因为干旱区自然湿地分布区地下水调控及生态功能保护的前提是深入了解其演化过程（过去），掌握当前其状态及主导因素（现在）和预测不同方案卜地卜水生态功能演变趋势（木米）。这些研究都需要基于地下水–湿地生态系统多要素动态一体化监测数据支撑，而前人及前期相关源数据获取或积累几乎空白。因此，本书以石羊河流域下游的青土湖湿地分布区水循环过程为主线，创建覆盖湿地植被、潜水、包气带水、地表水（包括湖水）和近地表大气等多要素动态一体化的监测站点网体系，在 2018 年 9 月至 2021 年 6 月开展了高精度实时监测，深入了解"地下水–土壤–地表水–植被–大气"（GSSPAC）体系的水分状态和转化规律。

6.2.1　自然湿地多要素动态一体化监测难点

干旱区湿地–地下水系统不同于其他系统，其相互作用带内水文过程复杂，受湿地水域水位和地下水位变化耦合影响，具有如下特征。

1. 监测场区水文–生态复杂转化过程

西北内陆流域下游的湿地分布区蒸发量大，降水匮乏，区内完全不具备产流条件，天然植被只能依靠当地地下水及生态输水（客水）来维持生态系统稳定性。在植被吸收利用这些水之前，它们在时空上呈现复杂的转化：①空间上，河水→湖水→地下水→土壤水的转化；②时间上，当年秋冬季储存→来年春季消融→植被生长季吸收利用的跨季节模式。由此，需要对整个转化过程进行高精度实时监测，包括垂向空间上的自下而上的"地下水（groundwater）—土壤（soil）—地表水（surface water）—植被（plant）—大气（atmosphere）（GSSPAC）"体系，时间上的全年各季节动态监测（不仅限制于生长季）。

2. 湿地分布区生态系统结构与功能多因子影响

水分是干旱区生态系统结构和功能的主控性因子，对天然植被生长发育、群落结构和分布具有关键作用。但是，由于该区强烈蒸发作用，叠加人工生态输水造成的地下水位季节性大幅变化，加剧了天然植被根系层土壤盐分含量异常变化，以至盐分也成为干旱区湿地生态系统结构和功能的重要影响因子。因此，青土湖湿地分布区生境多要素动态的监测至少涉及天然植被生态、水和盐等类型要素。

3. 不同地段水、盐含量和阈值约束效应显著不同

水、盐不仅是西北内陆干旱区自然湿地生态的重要影响因子，而且，它们在不同地段的含量和阈值约束效应差异较大。例如，在地下水位影响范围之外的区域，或没有地下水

分布区，地下水生态功能作用则无从谈起。水、盐主控性影响最为典型的区域是湿地分布区，湖心以地表水为主，湖岸以季节性地表水、地下水和近饱和土壤水为主，近岸以地下水及其支持主细作用维持的土壤水为主，远岸区以当地降水为主。由此，对于西北内陆流域平原区天然植被来讲，水分可利用性和相应植被类型、植被-水分关系和生态输水调控的有效性呈现出显著差异，随着水、盐的梯度变化，天然植被生态情势呈现响应变化。由此可见，这就需要全覆盖湿地分布区及其相关邻区水平方向多要素动态监测，否则，干旱区地下水-湿地系统相互作用的信息链就会不完整，影响湿地修复和保护的关键问题研究。

4. 大数据监测基础薄弱

西北内陆流域天然水资源匮乏，承载力十分脆弱，以至这些内陆流域尾闾湖区由于地处偏远、交通不便，大数据采集和传输硬件设施落后、基础条件薄弱和缺乏建设基础。因此开展干旱区流域下游地下水-湿地系统多要素动态一体化监测，需要采用以自动监测及遥感监测方式为主，人工调查为辅的研究模式。

6.2.2　自然湿地多要素动态一体化监测站网建设

1. 监测对象

自然湿地多要素动态一体化监测对象是 GSSPAC 体系全覆盖。在石羊河流域下游青土湖湿地分布区，需要掌握人工渠道输送水通过湖水渗漏和降雨入渗补给土壤水和地下水动态过程，以及潜水水位及其支持毛细水上升高度变化如何响应输水时间和输水量动态变化过程；需要掌握土壤水、地下水在什么条件下和时段如何被天然植被根系吸收利用，又如何通过植被蒸腾或包气带蒸发进入大气，形成地下水—土壤水—地表水—植被—大气体系的水循环过程。

（1）湖水（地表水）及潜流带（地下水）监测：对湿地水域（地表水）进行压力（水深）和水温实时监测，为识别和确定适宜湿地水域规模（面积）和地表水-地下水交换量提供高精度数据支撑；对潜流带地下水位、水温和电导实时高分辨监测，为精准掌握地下水系统响应生态输水响应及其与湿地水域范围之间关系研究提供基础数据。

（2）包气带（土壤）监测：对包气带（土壤）水势、含水率、水电导和温度实时监测，为掌握湿地水域范围、天然植被吸水条件和土壤水分赋存-运移规律，以及生态输水条件下地下水位变化对土壤含水率和天然植被水分来源及水分利用效率研究提供必要基础数据。

（3）天然植被调查与监测：在景观尺度上，采用遥感和无人机技术开展调查与监测；在群落尺度上，采用样带和样方监测方法，开展植被的生态学特征，包括植被冠层盖度、高度、生物量、生物多样性、生长状况和根系分布等调查及其变化监测；在植被个体尺度上，采用定点监测方法，开展植被生理特征指标监测，包括植被气孔导度、植被生长速度、蒸腾和光合作用速率等。

在上述监测数据基础上，采用时空等效和同位素示踪的方法，开展不同类型植被群落与地下水系统之间水分通量关系研究，识别和确定地下水生态功能调控关键参数及生态安全界限域。

（4）近地表大气监测：对青土湖湿地分布区的气象要素实时监测，包括风向、风速、降雨量、气温、气压、相对湿度和太阳辐射，为计算湿地水域蒸发、天然植被蒸腾和潜水蒸发量提供可靠数据支撑。

2. 监测范围

自然湿地多要素动态一体化监测范围是青土湖湿地分布区水域湖心—湖岸—近岸—远岸梯度带，这是基于不同植被群落+不同生境的评价需求。在线状监测剖面上，依据地下水位埋深变化、地表植被类型和水域淹没时空变化等特征，还包括植被类型差异、包气带岩性不同和微地貌差异等因素，选定监测站点。

（1）植被类型差异：青土湖湿地分布区属于温带大陆性干旱荒漠气候，自然植被以干旱荒漠植被为主，多为旱生、超旱生和沙生灌木和草本植被，包括灌木藜科的建群物种白刺（*Nitraria tangutorum*）和多年生草本禾本科的建群物种芦苇（*Phragmites australis*），它们是该区的优势种，在区内具有代表性。其中，白刺呈斑块状和点状分布，总体分布面积较大；芦苇群落主要分布在地下水位较浅的区域，或低洼积水带。另外，区内还分布有盐爪爪、梭梭、驼蹄瓣、骆驼蓬和黑果枸杞等天然植被。

（2）地下水位和包气带岩性变化：整个青土湖湿地分布区地下水位季节变化比较明显，总体上呈现湿地水域为中心，向四周呈辐射状地下水位埋深逐渐增大。但是，由于现今青土湖湿地的水域零星分布，尚未连片，由此目前该区地下水流场呈现比较复杂水动力场状态特征（图6.7）；沿北西—南东方向，地下水位呈规律性变化，水位梯度较大；沿北东–南西方向，地下水位梯度较小，包气带岩性存在差异，该剖面上天然植被多样性较为丰富。由此，监测剖面选择在地下水位梯度变化较大的走向上，监测站点则选择在包气带岩性和天然植被存在差异的站点处。

（3）生境差异和微地貌影响：每年秋季（9~11月）生态输水受微地貌变化影响，青土湖湿地分布区较低洼处呈现季节性淹没，在地势低洼带形成较为稳定的水域面积，而地势较高处始终不会出现被水淹没的情况。同时，受微地貌变化影响，区内地下水位埋深不均匀分布，且季节变化明显，进而对该区天然植被生境差异和年内变化产生不同程度影响，形成植被的不同水分利用模式。由此，在不同生境和不同微地貌区部署监测站点，以便获取植被对地下水位变化的生理生态响应相关数据，包括植被吸水来源和吸水层位随时间变化的数据。

3. 监测手段

自然湿地多要素动态一体化监测是根据不同研究尺度需求，对应不同分辨率的监测手段。

1）区域尺度

在景观和生态方面，采用遥感调查方法，解译与获取青土湖湿地分布区不同时期地表生态演变信息，包括土地利用类型、地形地貌、植被类型、植被覆盖度、水域面积和湿地范围等，为地下水开发利用中生态功能退变及其与湿地生态之间关系研究提供依据。对于微地貌变化明显、但变化幅度较小区域，采用高精度的无人机低空测量，获取青土湖水域范围及周边湿地微地貌类型和相对高程信息，校准之后换算成标准高程监测数据，为遥感解译和模型构建提供基础数据。

2）场地和群落尺度调查

开展钻孔探查、采心和编录，绘制典型地层岩性剖面图和控制点包气带岩性与地层结构柱状图；开展土壤样品采集，进行颗粒级配、土壤含水率和容重等测试分析，获取包气带岩性特征和土壤理化参数。采集各类水样，进行同位素和水化学测试分析，为青土湖湿地分布区降水–地表水–包气带水–地下水之间水通量关系研究提供基础数据。开展湖水与地下水之间关系的温度示踪实验，为地表水与地下水之间交换量验证提供依据。开展植被木栓化的茎部和不同层位的土壤水氢氧同位素测试及示踪实验，获取确定植被吸水层位的基础数据。开展生态样方调查，包括植被冠层盖度、高度、生物量、生物多样性、生长状况和根系分布等，为了解植被群落结构提供数据支撑。

3）站点和植被个体尺度

在监测站点的垂直剖面不同深度上，采用自动化原位监测技术，监测地表水和地下水的温度、电导和水压，以及土壤的水热盐和气象要素（风向、风速、降雨量、气温、气压、相对湿度和太阳辐射）。为了提高数据的实时性和可靠性，水压、气压、温度和电导的探头都不单独配备数据记录仪，而是采用实时采集、统一存储和传输数据的方法，即在野外站点安装集成式的数据采集设备，与各类探头进行有线对接，同步实时获取并储存各探头的监测数据；集成式数据采集设备，配备大容量的存储卡，实施数据长时间稳定的存储。在植被个体尺度上，重点监测植被气孔导度、生长速度、蒸腾和光合作用速率等。

4）监测时间

全年实时动态监测。大气、包气带、地下水和湿地水域动态的长时间序列监测；对植被进行不同季节、年际变化特征的监测，并结合样方调查、试验测试和各类示踪等获取的数据，支撑精细刻画青土湖湿地分布区生态系统–地下水系统结构和基本特征。

长时间序列动态监测，采用先进仪器设备和数据采集系统实现，监测时间为2018年9月至2021年6月，包括多个观测剖面上不同位置、不同深度处的地下水位及湿地水域水深、地下水温度与地表水体温度、包气带温度和气温，以及地下水水质参数等，为连续自动监测（30min/次）。

基于上述"地下水–湿地生态系统多要素动态一体化监测体系"的实际部署，如图6.8所示。

6.2.3　自然湿地多要素动态一体化监测运行效果

1. 包气带监测

在青土湖湿地分布区设置2条剖面，穿越湿地水域中心区域，在2018年9月初正式开始监测。各监测点的基本特征,如表 6.2 所示。区内地下水位埋深 0 ~ 3m,其中大部分区域水位埋深小于 2m。在 10 个监测站点中,5 个点不会被淹没,5 个点季节性淹没。各站点探头的埋深是根据土壤岩性布设,如表 6.3 所示。获得近 3 年的监测数据,呈现特征如下所述。

表 6.2　青土湖湿地包气带监测点基本特征

监测点号	站点处主要植被类型	地下水位埋深/m	实时水位埋深/m	淹没状态
V01	白刺、芦苇	1.8 ~ 3.0	1.90	不被淹没
V02	芦苇、白刺、盐爪爪	1.0 ~ 2.1	1.48	不被淹没
V03	芦苇	0 ~ 1.0	0.96	季节性淹没
V04	芦苇	1.0 ~ 2.3	1.70	季节性淹没
V05	芦苇、白刺	3 ~ 4	3.50	季节性淹没
V06	梭梭	>4	>4.00	不被淹没
V07	芦苇	0 ~ 1	0.86	季节性淹没
V08	芦苇	1 ~ 2	1.10	不被淹没
V09	芦苇、白刺	1 ~ 2	1.40	季节性淹没
V10	盐爪爪、黑果枸杞	2 ~ 3	2.10	不被淹没

表 6.3　青土湖湿地包气带监测点探头埋设深度

点号	地下水位埋深/m	探头监测深度/m								探头类型
V01	1.90	0.1	0.25	0.5	1.0	1.5	1.75			0.1m 仅有水分探头,无水势探头;其他深度均有水势探头
V02	1.48	0.1	0.25	0.5	0.75	1.0	1.25			
V03	0.96	0.1	0.25	0.5	0.75	0.9				
V04	1.70	0.1	0.25	0.5	0.75	1.0	1.5			各深度均有水势探头
V05	3.50	0.1	0.25	0.5	1.0	1.5	2.0	2.5	3.0	
V06	>4.00	0.1	0.25	0.5	1.0	1.5	2.0	2.5	3.0	
V07	0.86	0.1	0.25	0.5	0.75					
V08	1.10	0.1	0.25	0.5	0.75	1.0				
V09	1.40	0.1	0.25	0.5	0.75	1.0	1.2			0.1m、1.2m 仅有水分探头
V10	2.10	0.1	0.25	0.5	1.0	1.5	2.0			0.1m 仅有水分探头

1)包气带含水率特征

受生态输水影响,在青土湖湿地分布区各包气带监测点的不同深度含水率在每年 8 ~ 9 月开始增大,9 月至次年 8 月呈现波动减小过程。其中每年 1 ~ 2 月受冻结影响,表层土壤含水率出现极小值;3 月中下旬受冻结、冰融化影响,表层土壤含水率出现小幅增大特征(图 6.9)。

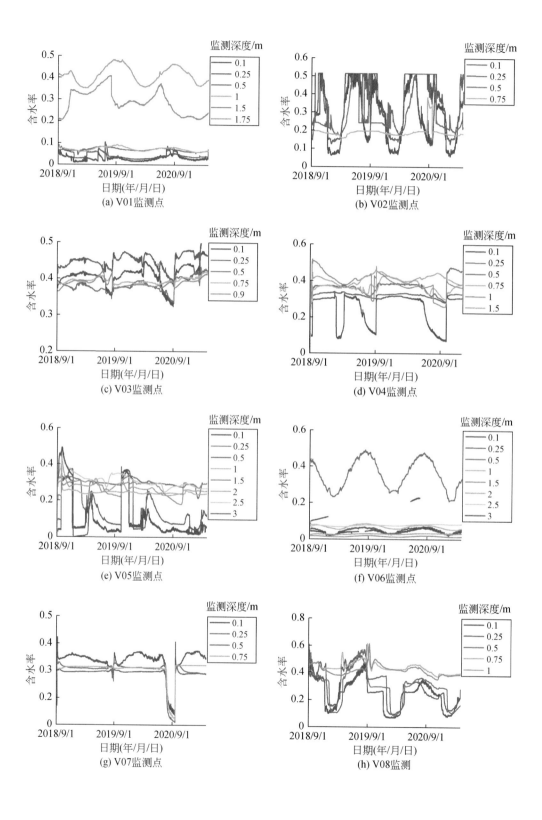

(a) V01监测点　　　(b) V02监测点　　　(c) V03监测点　　　(d) V04监测点

(e) V05监测点　　　(f) V06监测点　　　(g) V07监测点　　　(h) V08监测

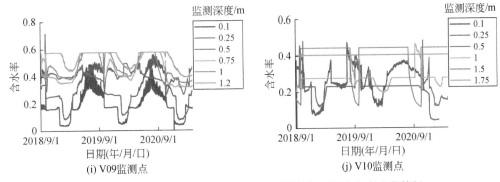

图 6.9　青土湖湿地分布区各监测点不同深度土壤含水率变化特征

在青土湖湿地分布区，靠近湿地水域的 V02、V03、V04 和 V07 监测点的土壤含水率变化趋势特征近同，含水率比较高；处于湿地水域边缘的 V08、V09 和 V10 监测点的土壤含水率变化趋势相似，在每年 1~2 月表层土壤含水率因冻结影响监测数据趋于零；远离湿地水域的 V01、V05 和 V06 监测点的土壤含水率，总体变化特征与其他监测点类似，但表层、深层土壤含水率差别较大，其中 V01 点土壤类型为砂土，支持毛细上升高度较小，所以，表层土壤含水率较低，而深层含水率较高。

2）包气带电导率特征

在青土湖湿地分布区，各包气带监测点不同深度电导率变化特征与地下水位埋深相关。受生态输水影响，每年 8~9 月地下水位埋深减小，土壤中盐分被溶解进入地下水，由此包气带电导率迅速下降；9 月至次年 8 月，地下水位埋深增大，地下水中盐分残留包气带中，则包气带电导率呈现增大特征。每年 3 月之后，受冻结冰融化补给地下水影响，包气带电导率出现小幅下降（图 6.10）。

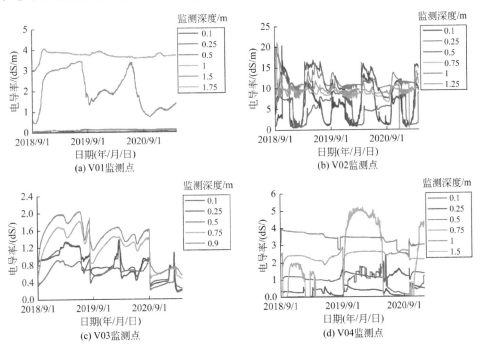

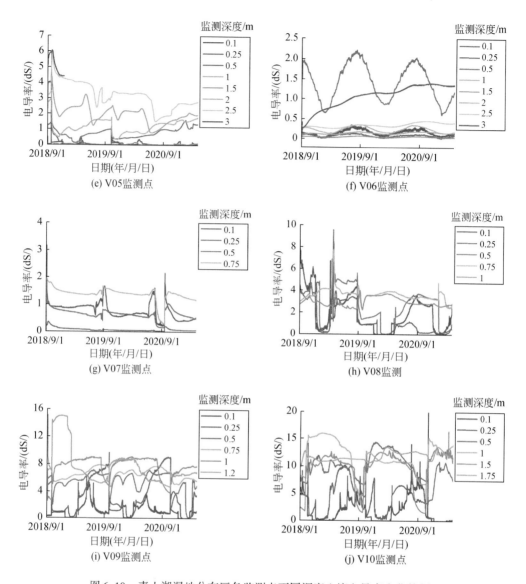

图 6.10　青土湖湿地分布区各监测点不同深度土壤电导率变化特征

对于不同位置的包气带监测点来说，V01、V03、V04、V05 和 V07 点的电导率较小，不大于 6dS/m；V02、V08、V09、V10 点的电导率较大，大于 10dS/m。包气带不同深度的电导率普遍与地下水位埋深有关，同时又受地层岩性影响。在地下水位埋深最大时段，土壤电导率出现极大值；在地下水位埋深最小时段，土壤电导率出现极小值。

3）包气带温度特征

在青土湖湿地分布区，各包气带监测点温度变化趋势相近，每年 1～2 月较低，每年 7～8 月较高，变化范围为-10～40℃。表层土壤温度年际和日际变幅，都明显大于深层监测点温度相应变幅（图 6.11）。

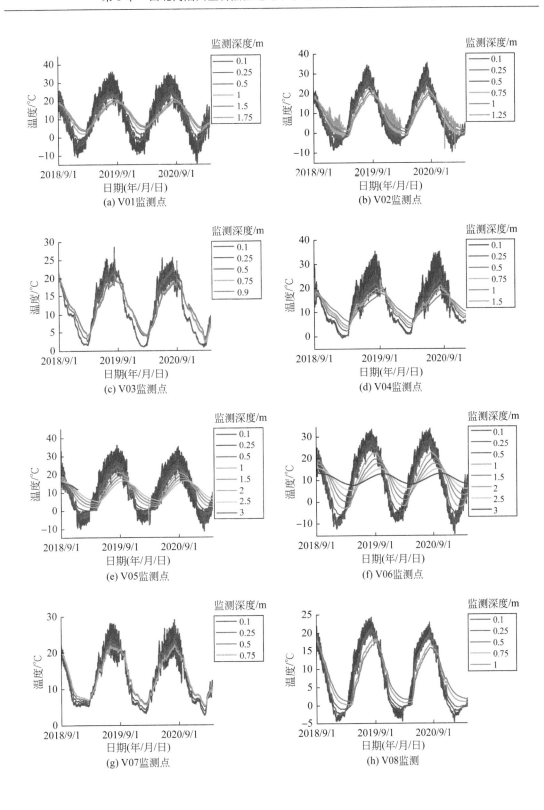

(a) V01监测点

(b) V02监测点

(c) V03监测点

(d) V04监测点

(e) V05监测点

(f) V06监测点

(g) V07监测点

(h) V08监测

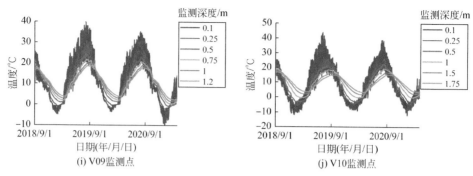

图 6.11　青土湖湿地分布区各监测点不同深度土壤温度变化特征

2. 地下水动态监测

在青土湖湿地分布区，采用 Solinst Levelogger LTC 探头自动监测地下水的温度、电导和水位埋深，数据采集频率 30min/次。在 G02 和 G04 地下水监测点设置了大气补偿探头，用于校正监测的地下水位埋深数据。在正式开始监测之前，选定 32 个地下水位控制点，先后开展 9 次地下水位埋深统测，监测时段分别为 2018 年 7 月 20～26 日、2018 年 8 月 22～25 日、2018 年 9 月、2018 年 12 月、2019 年 5 月、2019 年 7 月、2019 年 9 月、2020 年 12 月和 2021 年 4 月。在建立 10 个监测孔时，进行全心采样、颗粒分析和岩性鉴定，查明青土湖湿地分布区包气带岩性结构与入渗性分布特征。

1）地下水位动态变化特征

在青土湖湿地分布区中各地下水位的动态监测点，监测结果表明：每年 8～9 月地下水位大幅上升，之后逐渐下降，至每年生态输水开始前水位埋深达年内极大值 [图 6.12（a）]。在每年 3 月，受冻结的冰融化补给影响，地下水位出现小幅度回升 [图 6.12（b）]。

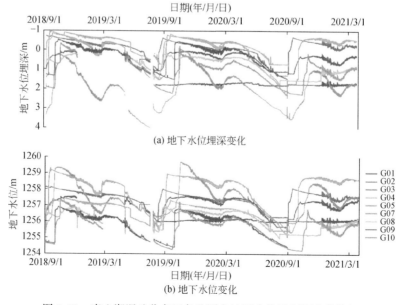

图 6.12　青土湖湿地分布区各监测点地下水位及埋深变化特征

在青土湖湿地分布区，远离湿地水域、靠近沙漠的 G01 监测点地下水位变化最小；远离湿地水域的 G05 监测点，受地势高程影响，地下水位变化幅度较大。靠近湿地水域的 G02、G03、G04、G07、G08、G09 和 G10 监测点地下水位埋深变化趋势近同，它们的最大水位埋深不大于 2m。

2）地下水温度动态变化特征

在青土湖湿地分布区，每年 2~3 月各监测点的地下水温度呈现极小值，每年 7~8 月地下水温度呈现极大值，变化范围为 0~20℃，周期性变化规律显著，但是年际间的温度极大值或极小值存在一定差异（图 6.13）。

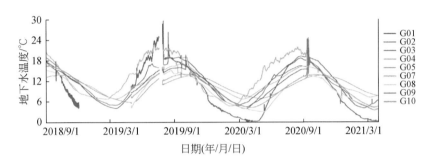

图 6.13　青土湖湿地分布区各监测点地下水温度变化特征

3）地下水电导率动态变化特征

在青土湖湿地分布区，地下水电导率体变化趋势或周期性规律明显。总体上来看，生态输水期间地下水电导率较高，冬季地下水电导率较低（图 6.14）。其中，在生态输水之后 G02、G05、G08、G09 和 G10 监测点地下水电导率上升幅度较大，达 20000~40000μS/cm，与 G02、G08、G09 和 G10 监测点土壤盐渍化程度高有关。G03、G04 和 G07 监测点的地下水电导率最大值小于 10000μS/cm，与它们靠近湖水和水位埋深较浅有关。

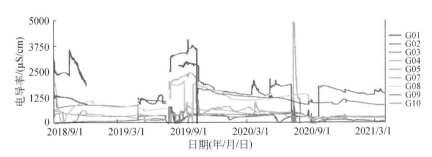

图 6.14　青土湖湿地分布区各监测点地下水电导率变化特征

4）地下水流场动态特征

在青土湖湿地分布区，生态输水（每年 8 月）之前地下水总体流向是自东向西径流；在生态输水之后（每年 9~12 月），由于湿地水域向地下水渗漏补给，导致湿地水域分布区地下水位显著上升，形成流向指向四周的水力梯度，所以，地下水自湿地水域中心区域向湿地周边径流。在每年 4~5 月，因土壤解冻影响，地下水位出现短暂上升过程（图 6.15）。

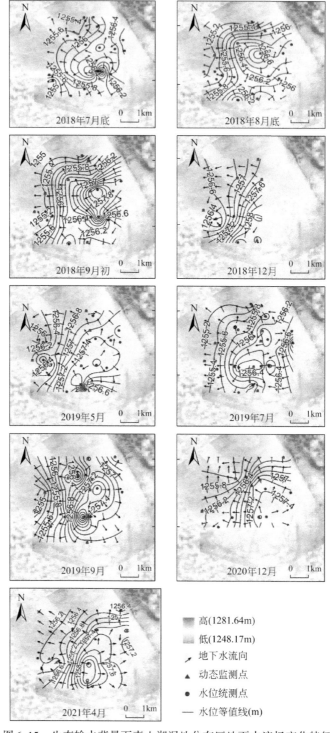

图 6.15　生态输水背景下青土湖湿地分布区地下水流场变化特征

3. 湖水及潜流带监测

为计算地表水与地下水之间转化水通量，在青土湖湿地分布区安装 6 套（站点）温度跟踪监测设备，地表水、土壤水和地下水温度实时监测，包括青土湖湿地水域及湖底不同深度的浅层地下水温度监测（图 6.16）。

1）温度监测剖面选取

在青土湖湿地分布区，重点监测青土湖水域范围及其周边 5km 范围水的温度；自青土湖湿地中心至周边，布设了两条测温剖面，每个剖面设置 3 个监测站点，监测地表水体、土壤水和地下水实时温度变化，包括地下水位微小变化，为确定青土湖地表水体与地下水系统之间交换水分通量提供基础数据。每条温度监测剖面的长度是依据湿地水体水位波动对地下水影响范围而确定的，各监测点之间间距依据湿地水域与地下水系统之间相互作用强度和复杂程度。

2）温度监测垂向剖面设计

在青土湖湿地分布区，监测地下潜流带温度的监测剖面布设如图 6.16 所示。采用铁或钢管作为监测剖面支护，根据需要在不同深度处设置温度监测点，布设测温探头；支护测管长度需大于潜水位的极大值埋深，至少 1.1m 支护测管进入河床或湖底。需确保河床或湖底之上设有测温点，实时监测地表水体温度和气温。

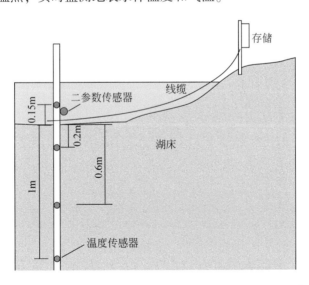

图 6.16　青土湖湿地分布区地表水–地下水系统测温布设示意图

3）温度监测仪器、监测时间及监测频率

温度传感器为 ONSET 公司 HOBOSTMB-M006/M017 型号探头，外接数据采集器，监测频率 1 次/30min。在 1 号、2 号和 4 号潜流带的监测站点附近安装了湿地湖水动态监测设备，包括温度和压力等指标监测，监测分辨率分别为 0.1℃ 和 0.21cm。为确保水压、水位监测数据精度和可靠性，在监测区内 V02、V04 监测站点布设气压探头，进行大气压力监测。

4）温度监测站点及监测深度

在青土湖湿地分布区，沿地下水水力梯度变化主方向，分别布设 2 条温度监测剖面，每个剖面上布设 3 个温度监测站点。在 6 个温度监测站点中，3 个站点位于季节性湖水淹没区域、3 个站点位于始终淹没区域。每个监测站点在垂向上布设 4 个不同深度处监测点，实时监测地表水体和青土湖湿地水域湖底 0.2m、0.6m 和 1m 深度处温度。在 6 个温度监测站点中，T01 号、T02 号和 T04 号站点自 2017 年夏季以来一直布设有地表水监测设施，长期监测湖水淹没情景下水温动态变化；T01 号和 T04 号测温站点，在每年生态输水之前，存在一段时间地表水体分布区处于干涸状态（年内大部时间内处于淹没状态），T03 号、T05 号和 T06 号站点在生态输水之后的部分时段内处于淹没状态。

5）湿地水域地表水体和湖床地下温度变化特征

在青土湖湿地分布区，6 个站点的不同深度温度呈年际周期性波动变化特征，各站点或不同深度监测的温度变幅存在差异，如图 6.17 所示。其中自 2018 年 8 月以来 T02 号站点始终处于被水淹没状态，在 2020 年 8～9 月 T01 号站点处于非淹没状态，2019 年 3～10 月 T03 号站点处于淹没状态，在 2019 年 8 月和 2020 年 7～9 月 T04 号站点处于非淹没状态，2019 年 10～11 月 T05 号站点处于被水淹没状态，在 2019 年 5～10 月和 2020 年 5～10 月 T06 号站点处于非淹没状态。

各个站点监测的温度年变化幅度和日变化幅度与测点埋藏深度相关，它们随着测点深度增大而减小。湿地水域地表水体（湖水）温度变化最为显著，地表水温度呈现昼夜变化、季节性变化和年际变化 3 重耦合特征，其温度变化幅度远大于下伏不同深度处监测土壤水温度变幅。湖底之下 0.2m 深度处土壤水温度变化幅度次之，温度昼夜变化幅度明显小于湖水温度变幅。长期淹没于水中的 T01 号、T02 号和 T03 号站点的 0.6m 和 1m 深度处监测土壤水温度昼夜变化微弱，它们季节性变化明显。生态输水之后没有被水淹没的 T03 号、T05 号和 T06 号站点的 0.6m 和 1m 深度处监测土壤水温度，明显不同于被水淹没的各监测站点，其监测温度昼夜变化幅度较显著（图 6.17）。

在每年 2 月至夏季生态输水之前，青土湖湿地水域湖水位不断降低，水体深度变浅；除 T02 号站点之外，其他 5 个温度监测站点的地表处于无水境况。这期间因气、固体比热容和热传导系数大于水，所以，未被水淹没站点监测土壤水温度变化幅度大于被淹没站点的监测土壤水温度变幅，尤其温度的昼夜变化特征更为显著。当发生生态输水时，不同温度的水通过地下或地表径流形式流入温度监测站点处，引起监测点处监测土壤水温度突然变化（图 6.17），指示生态输水影响起止时刻、影响过程和影响程度。除 T02 号站点之外，其他温度监测站点的不同深度处监测土壤水温度在生态输水（9 月）后都发生了显著变化，指明受到生态输水补给影响。

4. 近地表大气监测

1）陆面气象站

近地表大气参数是分析水面蒸发等不可或缺的基础数据，因此，设置专门气象站，支撑植被蒸腾和水面蒸发量估算。

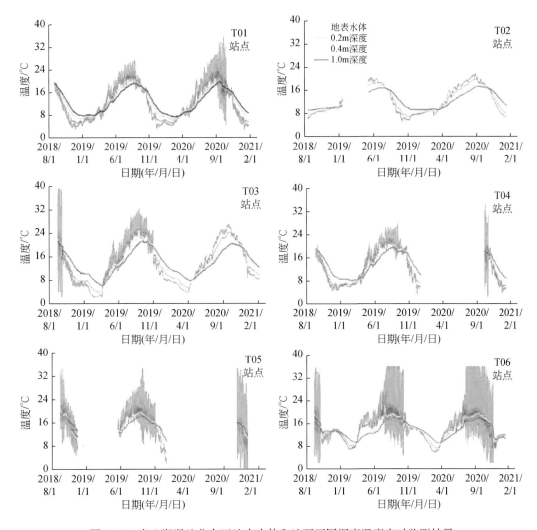

图 6.17　青土湖湿地分布区地表水体和地下不同深度温度实时监测结果

（1）支撑植被蒸腾量估算的气象监测站，位于青土湖湿地分布区陆域，该区天然植被类型包括芦苇、白刺和梭梭等，其中距湿地水域较近区域芦苇和白刺分布较多。另外，气象站点一带水分和盐分反映青土湖湿地基本特征。综合上述考虑因素，陆面气象站设置在包气带 4 号监测点站一带。为了对比不同高度气象站的差异性，在同一站点设置了不同高度的两组气象站。

（2）水上气象站，设置在青土湖湿地分布区较大水域面积中心处。干旱区湿地水域范围的水面蒸发量是该区主要消耗项，也是确定适宜湿地水域规模和调入生态输水量的关键基础数据。气象站安装在随湖水深度沉浮的木筏平台上，位于 2 号温度监测站点一带。

（3）降雨监测采用自计雨量筒，设置在中科院盐渍化试验站内，距离青土湖湿地 5km。在降雨结束 6 小时内，若无再降雨，则将记录雨量；在降雨结束 6 小时内，若再降雨时，合计记录一次雨量。在 2018 年 7 月以来，共采集 10 次降水量，获得 10 组雨水样品，进行稳定同位素氢氧的测试分析，支撑天然植被的水分来源分析。

（4）监测指标及频率。选用 2900ET 便携式自动气象站，主要监测风向、风速、雨量、气温、相对湿度和太阳辐射等指标，全天候实时监测，监测频率 30min/次。在监测期间，若发生降雨事件，及时采集雨水样品。

2）水面蒸发量确定

湿地水域蒸发引起的水分损失是青土湖湿地生态需水量的主要组成部分，需要精准确定消耗水量多少与变化规律。湿地水面蒸发量的大小，除了与辐射、风速和空气湿度等气象因素相关之外，还与湿地水域规模、水域水深、水温和水面植被覆盖，以及湿地水源补给与排泄特征等相关。

本书中湿地水域总蒸发量估算，采用由点尺度上蒸发量乘以水域面积的方法确定。因为现状青土湖湿地水域分布碎片化，各片水域面积都较小，空间上差异性不明显。由于季节性生态输水补给影响，年内青土湖湿地水域分布范围和水面面积变化也较大，所以，采用遥感监测确定。在应用能量平衡法估算湿地水域蒸发量时，采用了陆面和水上气象站实时监测的总辐射、气温、空气湿度、风速和降水量等数据，水温采用站点温度监测数据。

水面蒸发特征是基于 2019 年 7 月 22 日至 2021 年 4 月 7 日期间监测数据，结果表明青土湖湿地分布区降水、气温和蒸发量季节效应明显。在观测期内，受秋季输水和冬季结冰的影响，每年 10 月和次年 3 月青土湖湿地分布区总蒸发量处于较高水平。

5. 植被调查与监测

本书开展不同尺度的植被调查与监测工作，包括景观尺度、群落尺度和个体尺度，采集的植被样品用于同位素测试。

1）景观尺度

采用遥感解译方法，开展了景观尺度植被生态状况调查。在生态输水前后，分别存在较长时间序列的遥感数据，因此选用了波段丰富、时空分辨率较高的遥感数据，提取天然植被和水体面积信息。在生态输水之后，天然植被恢复和长势应强于生态输水之前生境，利用这一特点对比生态输水前后植被长势的差异性，如图 6.18 所示。

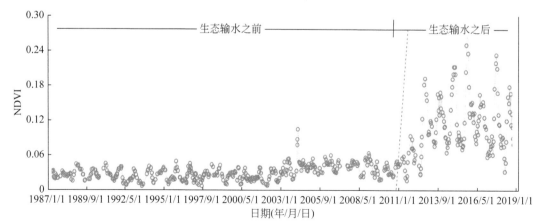

图 6.18　青土湖湿地分布区生态输水前后 NDVI 值差异特征

2）群落尺度

采用样方调查，在青土湖湿地分布区调查和监测了 10 个生态样方，包括白刺、梭梭、柽柳、芦苇、盐爪爪、黑果枸杞和猪毛菜等天然植被。

样方调查方法：①采用测绳等工具圈定大样方范围，设置界限标志；②测量和记录样方面积、地理位置、经纬度、海拔、坡向和坡度等，同时拍照记录；③根据样方内的植被类型及分布状况，划定和开展 1m×1m 的小样方调查；④对于每个样方内的多种植被，记录各种植被的名称、株树、盖度、高度、胸径（仅限于乔木）等；⑤使用网格纸，绘制样方简图，标注植被种类及其分布位置和分布面积等。

调查结果：在青土湖湿地分布区天然植被以矮化木本、半木本或肉质泌盐荒漠植被为主（表6.4），形成稀疏的植被群落。天然植被主要有小果白刺、柽柳、沙蒿、红砂、盐爪爪、罗布麻、肉苁蓉、枸杞、猪毛菜和锁阳等，平均盖度为 10%～25%；草本天然植被分布较少，主要有芦苇、蒿类、骆驼蓬、沙蓬、盐角草、酸模、黄花菜、车前、二色补血草、甘草、马蔺、碱蓬、树锦鸡儿和芝麻菜等，平均盖度为 5%～15%。人工种植的植被主要以梭梭为主。

表6.4　青土湖湿地分布区各样方内主要天然植被类型及地下水位埋深

样方序号	各站点处主要植被类型	地下水位埋深变化范围/m	监测时地下水位埋深/m
1	白刺、芦苇	1.8～3.0	1.90
2	芦苇、白刺、盐爪爪	1.0～2.0	1.48
3	芦苇	0～1.0	0.96
4	芦苇	1.0～2.0	1.70
5	芦苇、白刺	3.0～4.0	3.50
6	梭梭	>4.0	>4
7	芦苇	0～1.0	0.86
8	芦苇	1.0～2.0	1.10
9	芦苇、白刺	1.0～2.0	1.40
10	盐爪爪、黑果枸杞	2.0～3.0	2.10

根系调查：采用定直径铁桶、分层挖掘法，每隔 10cm 对地表以下土壤采集一次样品，带回室内进行根系筛选。在筛选过程中，挑选所有的植被根；然后，将根系置于 0.5～2mm 的筛子内，用小水流将根系轻洗干净。根系阴干之后，采用图像捕捉系统对根系进行扫描，并对根系进行归类分析，获得不同直径范围的总根长度。根据"总根长密度＝总根长/土壤样品体积"，计算各分层内总根长的密度。

根据青土湖湿地分布区天然植被优势种及其空间分布特征，采用<1m、1～2m、2～3m 和>3m 的 4 个地下水位埋深区段，进行了 10 个样地代表性植被——芦苇和白刺水分来源分析；并根据生态样方调查点距湿地水域距离的不同，开展了 2 个研究剖面综合研究，采集植被样品 162 个、土壤样品 693 个、降水样品 6 组、湖水样品 36 组和地下水样品 28 组。

对于样地中的每种优势植被，选取 3～4 棵长势良好的植被作标记，跟踪监测 5 月初（萌芽期）、7 月底（生长旺）和 9 月初（生长末期）植被生态状况，采集每个样地的土壤和植被样品。采集方法：①在每个样点内，分别采集每种优势植被的 15～20 根的 5cm 长的木栓化茎干，去掉枝条段的外皮和韧皮部，混合后分为 3 组，作为平行样，测试分析植被体内水分的 δD 和 δ¹⁸O；②同步采集土壤样品和潜水样，在茎干采样的植被周围钻取土壤，用于土壤水 δD、δ¹⁸O 的测试分析，每个深度采集 3 组，重复样。

在植被样、土壤样和潜水样采集完成之后，现场放入 8mL 的硼硅酸盐玻璃瓶中，密封口并置于保温箱中冷藏保存，送实验室测试分析。其中，植被样和土壤样应在 −10℃ 以下冷冻保存，直至进行水分提取；在样品测试时，首先使用 LI-2100 低温真空抽提系统，抽提出植被样品和土壤样品中的水分，即时装入 2mL 透明螺纹口自动进样瓶中，密封口并在 6℃ 冷藏。潜水样应使用直径 0.02μm 的水相针式滤器进行过滤之后，装入 2mL 透明螺纹口自动进样瓶中，密封口并在 6℃ 冷藏保存，直至进行稳定同位素测试。上述 3 种水样，采用 Picarro L2140-i 超高精度液态水和水汽同位素分析仪进行稳定同位素测试。

（1）地上生物量特征，如表 6.5 和表 6.6 所示。在青土湖湿地分布区天然植被分布特征与距湿地水域之间距离密切相关。在湿地水域区域，以湿生植被芦苇为优势种，植被群落类型以芦苇群丛为主；随着距湿地水域距离的增大，植被物种多样性增加，湿生植被芦苇明显减少，而旱生植被白刺、盐爪爪、骆驼蓬和梭梭等明显增多，植被群落类型呈现白刺-芦苇群丛、白刺-骆驼蓬群丛、白刺-盐爪爪-芦苇群丛，最终演变为梭梭-白刺-芦苇群丛。

表 6.5　青土湖湿地分布区各样地主要植被群落类型及地下水位埋深

样方编号	植被群落类型	芦苇				初始地下水位埋深/cm
		平均株数/（株/m²）	平均高度/m	相对盖度/%	生长状况	
V01	白刺+骆驼蓬群丛	6	68	15	一般	190
V02	白刺+盐爪爪-芦苇群丛	61	185	80	极旺盛	155
V03	芦苇群丛	80	137	40	旺盛	90
V04	芦苇群丛	23	72	25	一般	177
V05	白刺-芦苇群丛	0.01	20	1	较差	350
V06	梭梭-白刺群丛	71	77	80	一般	>400
V07	芦苇群丛	28	85	25	较差	90
V08	芦苇群丛	148	50	60	良好	116
V09	白刺-芦苇群丛	0.01	20	偶见	较差	126
V10	盐爪爪群丛	59	133	10	一般	210
V11	梭梭-白刺-芦苇群丛	6	68	15	一般	>400

表 6.6　青土湖湿地分布区各样地主要植被生态特征

植被种名	样方编号	相对盖度/%	生长状况
白刺	V01	20	较好
	V02	24	较差
	V05	21	良好
	V06	40	一般

续表

植被种名	样方编号	相对盖度/%	生长状况
白刺	V08	5	较差
	V09	24	较差
	V11	12	良好
盐爪爪	V02	40	旺盛
	V08	5	较差
	V10	90	旺盛
骆驼蓬	V01	2.5	较好
梭梭	V06	30	一般
	V11	10	一般

（2）地下生物量特征，各样地植被根长的密度分布如图 6.19 所示。从图 6.19 可见，芦苇根系主要分布在近地表浅层土壤中，随着深度增大，芦苇根系逐渐减少；在芦苇生长

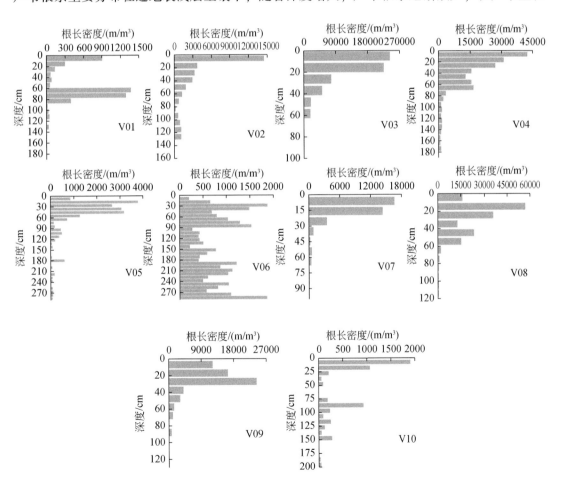

图 6.19　青土湖湿地分布区各样地根长密度分布特征

旺盛、相对盖度高的样地，其根系极发育。而白刺根系呈明显的二态分布特征，有利于白刺对水源的获取；梭梭根系分布较深，在整个土壤层中较为发育，在取样范围内无明显根系密度分布峰值。

3）个体尺度

侧重植被生理指标监测，因为光合作用是植被生长发育的基础，植被的光合生理特性反映植被长期适应环境，在一定程度上体现其对生境的响应，尤其表现在植被的光合速率、气孔导度、蒸腾速率和水分利用效率等方面。因此，开展植被叶片的光合生理特性研究，采用 LI-6400XT 便携式光合作用测量系统，分别于每年 5 月上旬、7 月底至 8 月初，在晴朗无云天气下进行植被的气孔导度、胞间 CO_2 浓度、净光合速率和蒸腾速率测定，主要进行芦苇、白刺、盐爪爪和梭梭等测定，各植被分别选取 2~3 个长势良好的植株；然后，在每个植株上选取 2 个叶片，每次 3 个重复样，取其平均值。在测定前，对每个叶片进行充分的光诱导；测定时，确保环境稳定性，计算它们各自的水分利用效率。

（1）V02 监测站点白刺光合参数变化特征：随着气温的升高和光强增加，白刺的净光合速率和蒸腾速率随之增大，呈"单峰"特征。在上午 10:00 时，白刺的净光合速率达到极大值，然后，缓慢减小；在夏季的下午 14:00 时，白刺的净光合速率再次上升。春季在 10:00 时，白刺的净光合速率极大值达 17.49μmol/(m²·s)；夏季在 10:00 时，白刺的净光合速率极大值 15.41μmol/(m²·s)。在上午 7:00 时，春季的白刺净光合速率小于夏季的净光合速率；至下午 15:00，春季的白刺净光合速率大于夏季的净光合速率。在 15:00~18:00 时段，夏季的白刺净光合速率大于春季的净光合速率；春季和夏季的白刺的蒸腾速率峰值分别出现在 14:00 和 10:00 时，分别为 7.41mmol/(m²·s) 和 11.42mmol/(m²·s)。白刺夏季的蒸腾速率大于春季，随着温度的降低、光强的减弱，白刺叶片的失水速率减小，蒸腾速率随之降低（图 6.20）。

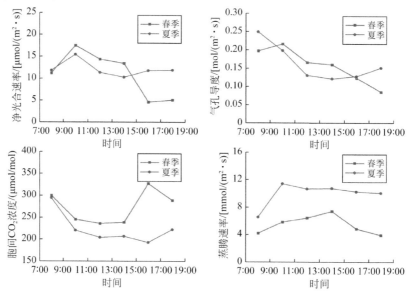

图 6.20　青土湖湿地分布区 V02 监测站点白刺春夏季光合参数日动态变化特征

气孔导度对植被的蒸腾作用有重要的影响，总体上春季的白刺胞间 CO_2 浓度大于夏季的 CO_2 浓度。春季气孔导度极大值均出现在上午 10:00，随后急剧下降，气孔关闭进入"午休"。夏季气孔导度前期急剧下降，在 14:00 至呈上升趋势，与春季趋势特征相反（图 6.20）。因为不同季节白刺胞间 CO_2 浓度变化在前期的趋势相同，后期变化差异明显；上午 8:00 和下午 18:00 白刺胞间 CO_2 浓度都较大，而在 10:00 ~ 14:00 趋势趋于稳定，量值较小。春季的白刺胞间 CO_2 浓度极大值出现在 16:00 时，为 327.33μmol/mol；在 18:00 时，降至 289.23μmol/mol，而在夏季的白刺胞间 CO_2 浓度极小值出现在 16:00 时，为 192.98μmol/mol。

（2）V05 号站点白刺光合参数变化特征：该站点春季白刺净光合速率呈"双峰"变化，第一次峰值出现在 9:00，为 13.41μmol/（m²·s），随后降低；第二次峰值出现在 15:00 时，为 10.82μmol/（m²·s）。夏季净光合速率极大值出现在 9:00，为 13.95μmol/（m²·s）。总体上 V05 号站点白刺春季的净光合速率大于夏季的，仅在 17:00 之后的夏季净光合速率大于春季（图 6.21）。春季白刺的气孔导度呈下降趋势，仅在 15:00 时出现短暂上升，随后继续下降；夏季 V05 号站点白刺气孔导度极大值为 0.34mol/（m²·s），出现在 9:00 时，略高于春季；在 13:00 出现另一个峰值，为 0.15mol/（m²·s）。

V05 号监测站点白刺的胞间 CO_2 浓度在 17:00 时出现明显增大，春季白刺的胞间 CO_2 浓度大于夏季的 CO_2 浓度，春季白刺的极小值出现在 19:00 时，为 575.44μmol/mol；夏季白刺的极小值出现在上午 7:00 时，为 368.8μmol/mol。春季白刺的蒸腾速率变化呈"双峰"特征，第一个峰值出现在 11:00，为 7.17mmol/（m²·s）；下午在 15:00 时再出现峰值，为 7.62mmol/（m²·s），随后下降。夏季白刺的蒸腾速率极大值出现在 13:00 时，7:00 时出现极小值（图 6.21）。

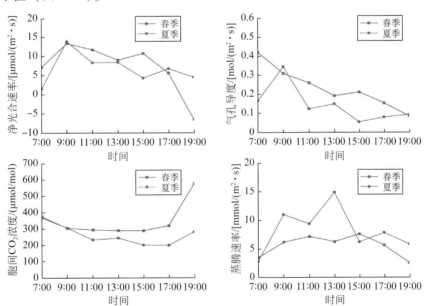

图 6.21　青土湖湿地分布区 V05 监测站点白刺春夏季光合参数日动态变化特征

（3）V02 号站点芦苇光合参数变化特征：芦苇的净光合速率在春季呈下降趋势，夏季呈"双峰"变化特征。在春季，芦苇净光合速率的极大值出现在 12:00，为 16.38μmol/(m²·s)；夏季芦苇净光合速率的第一次峰值出现在 10:00，为 20.83μmol/(m²·s)，随后降低；芦苇净光合速率的第二次峰值出现在 16:00 时，为 14.2μmol/(m²·s)。总体上，芦苇的夏季净光合速率大于春季的净光合速率（图 6.22）。

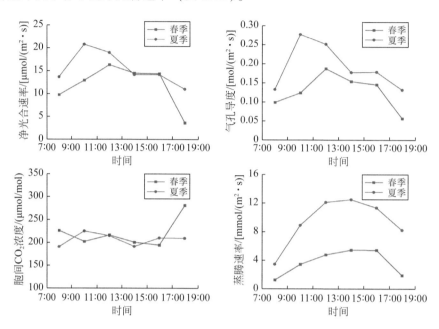

图 6.22　青土湖湿地分布区 V02 监测站点芦苇春夏季光合参数日动态变化特征

V02 号站点芦苇春季的气孔导度小于夏季，变化幅度较大。春季芦苇气孔导度极大值出现在 12:00 时，随后继续下降；芦苇夏季的气孔导度极大值出现在 10:00，为 0.28mol/(m²·s)。该站点芦苇胞间 CO_2 浓度的春季极小值出现在 18:00 时，为 281.26μmol/mol；夏季的芦苇胞间 CO_2 浓度极小值出现在 10:00，为 224.86μmol/mol。该站点芦苇在春、夏两季的蒸腾速率变化趋势相同，都是先升、后降，总体上夏季芦苇的蒸腾速率大于春季。春季芦苇的蒸腾速率达峰出现在 14:00 时，为 5.41mmol/(m²·s)；夏季芦苇的蒸腾速率达峰出现在 14:00 时，为 12.44mmol/(m²·s)。

（4）V05 号站点芦苇光合参数变化特征：V05 号站点芦苇的净光合速率在春、夏两季变化较大，春季芦苇净光合速率的第一次峰值出现在 9:00 时，为 10.3μmol/(m²·s)，随后降低；芦苇的净光合速率第二次峰值出现在 15:00 时，为 12.93μmol/(m²·s)。夏季芦苇的净光合速率第一次峰值和第二次峰值分别出现在 9:00 时和 13:00 时，极大值分别为 15.2μmol/(m²·s) 和 13.07μmol/(m²·s)。

芦苇春季的气孔导度小于夏季，且变化较大。春季在 9:00 时，芦苇的气孔导度达到第一个峰值，为 0.14mol/(m²·s)；15:00 时芦苇气孔导度出现第二个峰值，为 0.17mol/(m²·s)。夏季芦苇气孔导度的极大值出现在 9:00 时，为 0.24mol/(m²·s)。V05 号站点芦苇夏季的胞间 CO_2 浓度呈现较平稳变化特征，春季则呈先降、后升变化特征

（图6.23），在17:00时上升变化显著。春季芦苇胞间CO_2浓度的极小值出现在13:00时，为213.79μmol/mol；夏季的极小值出现在7:00时，为284.54μmol/mol。

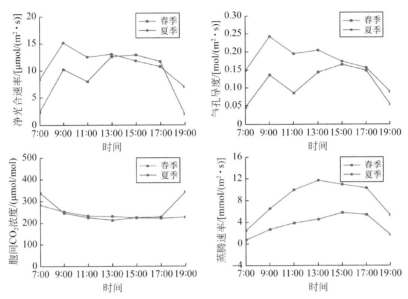

图6.23　青土湖湿地分布区V05监测站点芦苇春夏季光合参数日动态变化特征

　　V05号站点芦苇春、夏两季的蒸腾速率变化趋势相同，都是先升后降，夏季蒸腾速率大于春季。春季芦苇蒸腾速率峰值出现在15:00时，为5.49mmol/（m^2·s）；夏季芦苇蒸腾速率极大值出现在13:00时（图6.23），为11.47mmol/（m^2·s）。

　　（5）V06号站点梭梭光合参数变化特征：梭梭的净光合速率在春、夏两季变化较大（图6.24和图6.25），春季梭梭净光合速率的第一次峰值出现在9:00，为10.3μmol/（m^2·s），

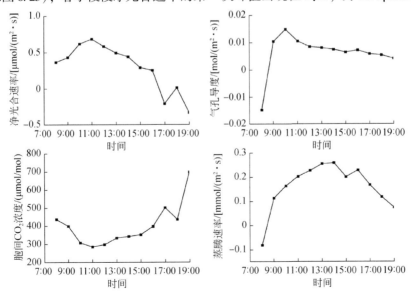

图6.24　青土湖湿地分布区V06监测站点梭梭春季光合参数日动态变化特征

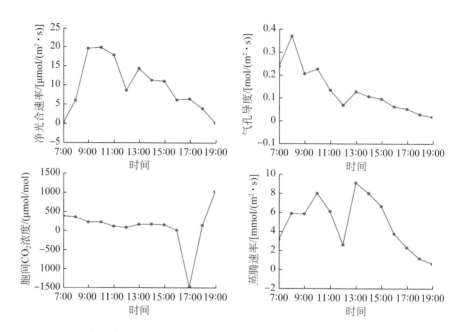

图 6.25　青土湖湿地分布区 V06 监测站点梭梭夏季光合参数日动态变化特征

随后降低；梭梭的净光合速率第二次峰值出现在 15:00 时，为 12.93μmol/(m² · s)。梭梭的气孔导度变化也较大，第一个峰值出现在 9:00 时，为 0.14mol/(m² · s)；梭梭气孔导度的第二个峰值出现在 15:00 时，为 0.17mol/(m² · s)。V06 号站点梭梭的胞间 CO_2 浓度极小值出现在 13:00 时，为 213.79μmol/mol。梭梭的蒸腾速率变化呈现先升后降特征，在 15:00 时出现峰值，为 5.49mmol/(m² · s)。

（6）V08 和 V10 号站点盐爪爪光合参数变化特征：盐爪爪春季的净光合速率在 V08 呈下降趋势，在 V10 呈单峰变化趋势。V10 盐爪爪净光合速率峰值出现在 10:30 时，为 16.51μmol/(m² · s)；该站点盐爪爪气孔导度呈下降趋势，V10 盐爪爪气孔导度大于 V08 盐爪爪气孔导度。V10 盐爪爪胞间 CO_2 浓度变化较平缓，该站点盐爪爪胞间 CO_2 浓度极小值出现在 13:15 时，为 240.37μmol · mol⁻¹；V08 站点盐爪爪胞间 CO_2 浓度极小值出现在 14:30 时，为 213.38μmol/mol。盐爪爪春、夏两季的蒸腾速率呈单峰变化趋势（图 6.26 和图 6.27），V08 站点盐爪爪蒸腾速率峰值出现在 14:30 时，为 7.54mmol/(m² · s)；V10 站点盐爪爪蒸腾速率极大值出现在 15:45 时，为 8.17mmol/(m² · s)。

4）植被水分利用效率变化特征

植被水分利用效率（WUE）是蒸腾消耗单位重量的水分所同化的 CO_2 的量，等于净光合速率与蒸腾速率的比值，表示植被对水分的利用程度。在石羊河流域下游区青土湖湿地分布区，芦苇的瞬时水分利用效率日变化特征如图 6.28 所示。在春季，该区芦苇的瞬时水分利用效率达 3.39μmol/mmol，大于夏季芦苇的瞬时水分利用效率（1.86μmol/mmol）。V02 站点的芦苇瞬时水分利用效率大于 V05 站点芦苇的瞬时水分利用效率，它们分别为 2.84μmol/mmol 和 2.41μmol/mmol。

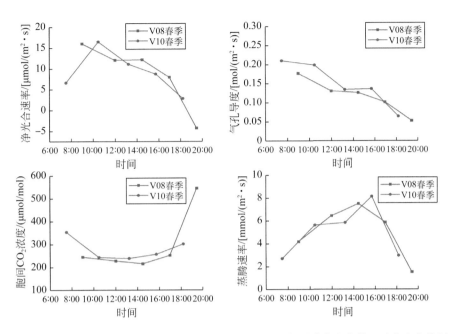

图 6.26 青土湖湿地分布区 V08、V10 监测站点盐爪爪春夏季光合参数日动态变化特征

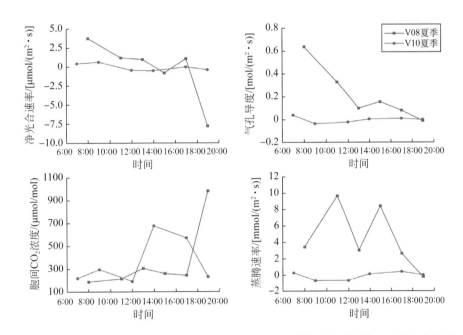

图 6.27 青土湖湿地分布区 V08、V10 监测站点盐爪爪夏春季光合参数日动态变化特征

在青土湖湿地分布区，白刺春季的瞬时水分利用效率也是大于夏季的白刺瞬时水分利用效率，它们分别为 1.51μmol/mmol 和 1.10μmol/mmol。同样，V02 站点白刺的瞬时水分利用效率（1.63μmol/mmol）大于 V05 站点白刺的瞬时水分利用效率（0.92μmol/mmol），如图 6.28 所示。由于植被的水分利用效率大小与植被根、茎和叶组织结构状况，以及光

强、气温、湿度、气压、叶温、气孔导度和土壤水分亏缺状态等密切相关，所以，在春旱季节，它们节约水分，干旱生境的许多植被采取了增加气孔阻力的形态、结构和生理机制，通过降低蒸腾水分量，提高水分利用效率，进而适应干旱缺水环境。

在上述研究结果中，白刺的水分利用效率比芦苇的水分利用效率低（图 6.28），是因为白刺的高光合建立在高蒸腾耗水基础上，在强蒸腾作用下具有从土壤中吸取水分以保持其生存的能力；而芦苇水分利用效率较高，与青土湖自然湿地生境和芦苇特质属性有关。

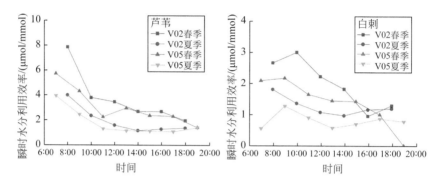

图 6.28　青土湖湿地不同监测站点春夏季芦苇和白刺瞬时水分利用效率日内动态变化特征

6.3　生态输水影响与干旱胁迫植被吸水响应特征

基于石羊河流域青土湖湿地分布区的地下水-湿地生态系统多要素动态一体化监测获取的遥感、生态输水、地下水位埋深和同位素数据，开展了干旱区地下水与湿地生态系统协同作用机制、生态输水对地下水生态功能和对湿地天然植被恢复影响研究，查明了地下水位变化下天然植被水分利用策略，构建了干旱区地下水位变化下湿地分布区天然植被根系吸水模型。

6.3.1　生态输水影响特征

1. 生态输水期土壤含水率及地下水位变化特征

2018 年 8 月初至 2018 年 10 月初，石羊河流域下游区青土湖自然湿地正处于生态输水期。在生态输水期，由于大量人工调入输水进入湿地分布区，不仅湿地水域面积明显扩大，而且，该区各监测点的地下水位普遍上升，土壤含水率也明显增大（图 6.29）。其中 9 月初 V03 监测点被淹没之后，整个剖面始终处于饱和状态；V02 和 V04 监测点整个土壤剖面含水率增大也比较明显，而距离湿地水域较远的 V05 监测点的浅层土壤含水率明显增大，深层土壤含水率则变化较小。距离湿地水域最远的 V01、V06 监测点，其深层土壤含水率出现小幅度上升，而浅层含水率变化始终较小，这表明生态输水补给湿地水域分布区对湖心区域地下水产生了有效补给，且湖心区地下水位上升通过地下侧向径流影响 V01、V06 监测点的水位也呈现上升趋向，在支持毛细作用下传导影响 V01、V06 监测点的深层土壤含水率增大。V01、V06 监测点深层土壤含水率增大的速率或幅度，与 V01、V06 监测点地下水位上升幅度密切相关。

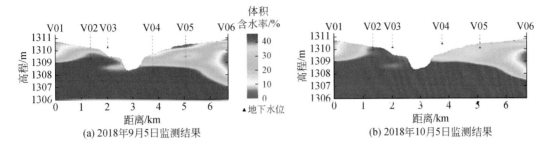

图 6.29　生态输水期青土湖湿地区土壤含水率及地下水位变化特征

2. 生态输水之后土壤含水率及地下水位变化特征

2018 年 11 月初至 2018 年 12 月期间，处于生态输水之后时段，青土湖湿地水域分布区地下水得到来自生态输水补给湖水的有效入渗补给，从图 6.30 中的 2018 年 11 月 5 日监测结果可见，距离湿地水域最近的 V03、V04 监测点地下水位上升显著。由此，在 2018 年 11 月初至 2018 年 12 月初，生态输水效应通过地下侧向径流向两侧的 V02、V05 监测点，以及 V06 和 V01 监测点传递。

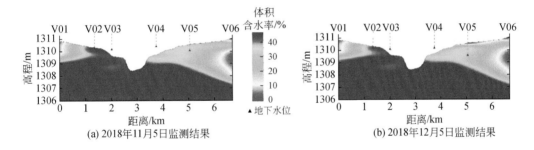

图 6.30　生态输水之后青土湖湿地区土壤含水率及地下水位变化特征

在 2018 年 10 月初至 2018 年 12 月初的地下水侧向补给期，各监测点地下水位均出现小幅度上升特征，而大部分监测点的土壤含水率没有明显变化，表明是受地下侧向补给作用影响。其中位于湿地水域最近的 V03、V04 监测点地下水位呈现下降特征，表明地表生态输水对地下水入渗补给结束，V03、V04 监测点地下水正在发生侧向径流和排泄。位于 V04 监测点南侧的 V05 监测点地下水位也不断上升，同时，该监测点土壤剖面的含水率也没有明显变化。而远离湿地水域的 V02 监测点地下水位不仅上升，而且达到本次生态输水影响的水位升幅峰值。V06 监测点的深层土壤含水率出现小幅度下降，表明生态输水效应进入末期。上述特征表明，生态输水到达青土湖分布区之后，首先，湿地区地下水得到补给；然后，在较大水力梯度作用下，湿地区地下水通过侧向地下径流传递生态输水补给效应，由距离湿地水域最近的监测点首先响应，然后依次向远处的 V02、V01 监测点，或

V05、V06 监测点地下水传递补给效应；在生态输水结束之后，由近至远，各监测点地下水位依次下降。

3. 季节性冻土冻结期土壤含水率变化特征

2019 年 1 月初至 2019 年 2 月初为每年的季节性冻土冻结期，在青土湖湿地分布区各监测点的土壤含水率呈减少趋势特征（图 6.31）。由于气温和土壤温度都较低，自表层向下土壤水由液态转变为固态（冻结）。距离湿地水域较远的 V01、V06 监测点浅层土壤含水率最先出现减少特征，而距离湿地水域较近的 V05、V02 监测点土壤含水率出现减少特征则较晚。

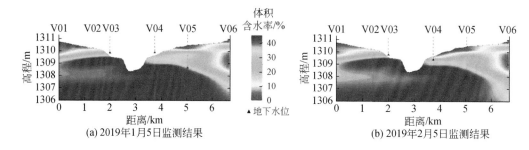

(a) 2019年1月5日监测结果　　　　　　　　(b) 2019年2月5日监测结果

图 6.31　季节性冻土冻结期青土湖湿地地区土壤含水率及地下水位变化特征

4. 季节性冻土消融期土壤含水率变化特征

2019 年 3 月初至 2019 年 4 月初为季节性冻土消融期，青土湖湿地分布区各监测点土壤含水率呈增大趋势特征（图 6.32）。其中 V02、V04 和 V05 监测点土壤剖面的含水率增幅较大，而距离湿地水域较远的 V01、V06 监测点浅层土壤含水率呈增大特征，深层含水率没有出现明显变化。该时期各监测点土壤含水率增大，主要是由于气温升高，导致自表层向下冻土层水分逐渐消融。由于 V01、V06 监测点的土壤含水率始终较低，结冻和消融对该监测点土壤含水率变化影响较小。从各监测点土壤含水率变化的时间顺序来看，V02 监测点土壤含水率增大的起始时间明显滞后于其他各监测点，V01、V04、V05 和 V06 监测点土壤含水率变化较早。当进入冻土消融期的后期（2019 年 3 月初至 2019 年 4 月初），V01、V04、V05 和 V06 监测点土壤含水率增大速率明显减缓，而 V02 监测点的土壤含水率则急剧增大。

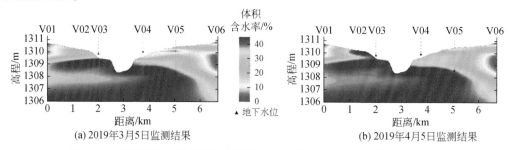

(a) 2019年3月5日监测结果　　　　　　　　(b) 2019年4月5日监测结果

图 6.32　季节性冻土消融期青土湖湿地地区土壤含水率及地下水位变化特征

5. 强蒸散发期土壤含水率及地下水位变化特征

2019 年 5 月初至 2019 年 8 月初，为青土湖湿地分布区每年蒸散发较为强烈时期。由于气温不断升高，植被生长需水和蒸腾作用增强，各监测点浅层土壤含水率和地下水位都呈不断下降趋势特征（图 6.33）。当进入雨季，每年的 6 月初至 8 月初，距离湿地水域较远的监测点浅层土壤含水率呈现增加特征。

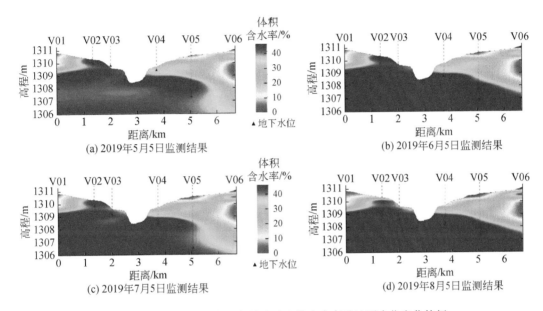

图 6.33 　强蒸散发期青土湖湿地区土壤含水率及地下水位变化特征

6.3.2 　干旱胁迫植被获取耗用水分深度变化特征

1. 较粗颗粒岩性包气带下植被根系发育特征及其与含水率和地下水位埋深关系

在石羊河流域下游的青土湖湿地分布区，V01 监测点的包气带岩性颗粒较粗，以砾质土为主，表层壤质砂土厚度不足 0.6m（图 6.34），持水能力较差。地下水（潜水）水位埋深是 10 个监测点中相对较大的，年内最大的水位埋深 1.9m。V01 监测点所在区域的地表植被稀疏，白刺是唯一植被物种，为单种群构成的植被群落。实地调查表明，在该监测点土壤剖面中，植被根系发育密度存在 2 个显著高密层位，分别为地面以下 0～20cm 和 60～90cm。根据植被群落的地表结构推断，这种"双层高密根系"结构与白刺种群的年龄结构有关；2 个根系高密分布层位，分别对应白刺幼苗和成年 2 类植被体群。

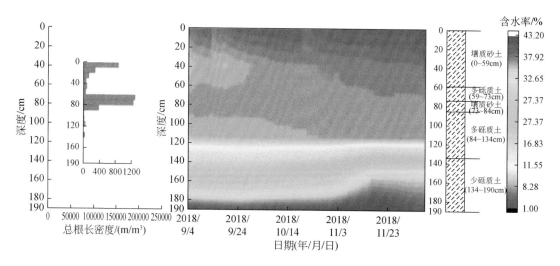

图 6.34   V01 监测点植被根系发育特征及其与土壤含水率之间关系

将 V01 监测点的植被根系发育密度分布剖面与土壤含水率剖面对照可见，植被根系主要分布在 1.2m 以浅的较干燥土壤中，在含水率较高的 1.2m 以深的土壤中植被根系发育密度较低。这与白刺的水分生理习性相符，白刺作为一种耐旱植被，对缺水胁迫具有较强的适应和耐受能力，而对淹水胁迫则没有进化出对应机能，所以，其根系不善于在高含水率中发育。20cm 表层土壤中根系高密发育，属于白刺幼苗。由于 V01 监测点的地下水位埋深较大，当地降水稀少，且生态输水无法淹没 V01 监测点所在区域，所以，该监测点表层土壤极为干燥，根据白刺为无性繁殖性状属性，推断这些幼苗应是与成年个体的主根连接在一起的，通过成年母体的深根从深层土壤中获取生长所需水分。

在青土湖湿地区第二条样带上，V08、V10 监测点条件和植被根系发育情况与第一条样带上的 V01 监测点境况相同，如图 6.35 和图 6.36 所示。V08、V10 监测点的植被根系发育密度存在 2 个显著高密层位，其中，V08 监测点植被根系发育的 2 个高密层位分别为

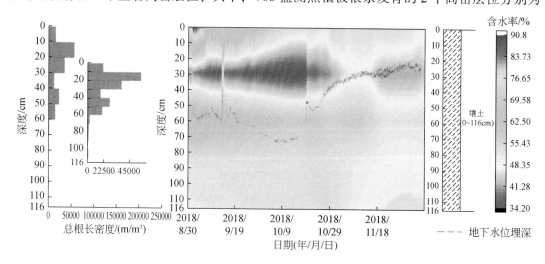

图 6.35   V08 监测点植被根系发育特征及其与土壤含水率和地下水位埋深之间关系

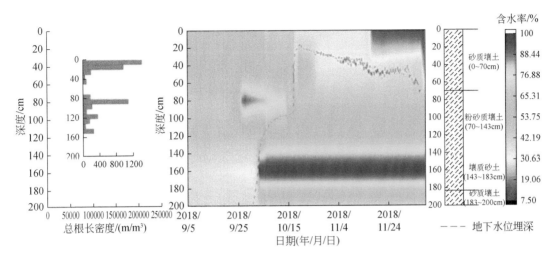

图 6.36　V10 监测点植被根系发育特征及其与土壤含水率和地下水位埋深之间关系

地面以下 10 ~ 30cm 和 40 ~ 60cm；V10 监测点植被根系发育的 2 个高密层位，分别为地面以下 0 ~ 30cm 和 70 ~ 90cm。V08 监测点包气带岩性单一，为壤土；V10 监测点包气带岩性为多层结构，自上而下岩性分别为砂质壤土、粉砂质壤土、壤质砂土和砂质壤土，颗粒较细，在砂质壤土与粉砂质壤土之间转换带发育了 70 ~ 90cm 的植被根系高密层。在同一剖面植被根系发育两个高密层位，除与植被类型有关外，还与地下水位埋深变化及其支持毛细上升高度前缘位置密切相关。

2. 较细颗粒岩性包气带下植被根系发育特征及其与含水率和地下水位埋深关系

在青土湖湿地分布区，V02 监测点的包气带岩性颗粒较细，以砾质壤土和壤质砂土为主，持水能力较强。地下水位埋深较浅（图 6.37），年内最大的水位埋深 1.6m。V02 监测点所在区域的地表植被密度有所增大，优势种为盐爪爪，其次是芦苇；虽有白刺分布，但

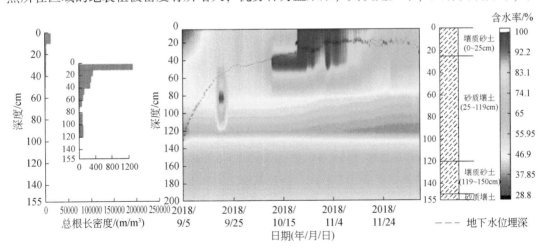

图 6.37　V02 监测点植被根系发育特征及其与土壤含水率和地下水位埋深之间关系

大多已枯死，仅存少量植株活枝。地表发育有盐壳，表明地下水支持毛细作用影响已达地表，由此土壤含水率高，蒸发作用下出现表层土壤盐渍化，因而植被优势种由旱生的白刺向耐盐的盐爪爪演替。

实地调查和监测结果表明，在60cm深度以浅，植被根系发育密度随着深度增大而递减，表明该区植被根系集中分布在表层土壤中，与半灌木盐爪爪和旱生芦苇的生态习性相符。盐爪爪属于直根性，一般为地上部分高15cm，主根入土后，分叉生出4~5个侧根；侧根倾斜或水平方向扩展，根系长达80~100cm。在侧根上，又生出许多细长的不定根，从而导致根系在表层集中。在地面以下80~120cm深度，出现一个不明显的根长发育密度层位，应该是早期白刺发育的根系。

3. 细颗粒岩性包气带下植被根系发育特征及其与含水率和地下水位埋深关系

在青土湖湿地分布区，V03监测点的包气带岩性颗粒细密，为砂质壤土（图6.38），持水能力强，含水率高。地下水位埋深浅，年内最大的水位埋深0.9m。V03监测点所在区域的地表植被为芦苇单物种群落，密度大、长势良好。该区的植被根系主要发育在表层，随深度增大、根系密度单调递减，表明浅埋的地下水及其支持毛细向上输供水分作用限制了该区植被根系向深部发育，同时也为植被耗水提供了充足水源，使其根系在较浅深度土壤层中滋润发育。

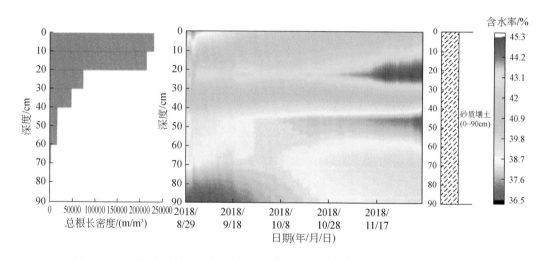

图6.38 V03监测点植被根系发育特征及其与土壤含水率和地下水位埋深之间关系

第二条样带上的V07、V09监测点条件和植被根系发育情况，与第一条样带上的V03监测点境况相同，如图6.39和图6.40所示。V07、V09监测点植被根系主要发育在表层，随深度增大、根系密度单调递减，表明浅埋的地下水及其支持毛细向上输供水分作用限制了该区根系向深部的发育，同时，也为植被耗水提供了充足水源，使其根系在较浅深度土壤层中易发育。由于V07、V09监测点包气带岩性存在较明显不同，它们根系发育在深度上也存在明显差异。其中V07监测点包气带岩性为壤质砂土和中砾质土，颗粒粗，以至植被根系主要发育在20cm以浅的表层壤质砂土中（图6.39）。而V09监测点包气带岩性为壤质砂土和砂质壤土，表层壤质砂土层厚度较薄，下部砂质壤土层厚度大，以至其根系发育达到 40cm 深度以下（图 6.40），明显大于 V07 监测点根系发育深度，V09 监测点的根系最大密度层位分布在 20～30cm，而不是在 0～20cm，包气带多层结构对根系发育和分布特征发挥了一定作用。

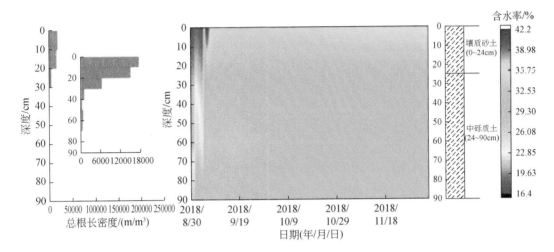

图 6.39　V07 监测点植被根系发育特征及其与土壤含水率和地下水位埋深之间关系

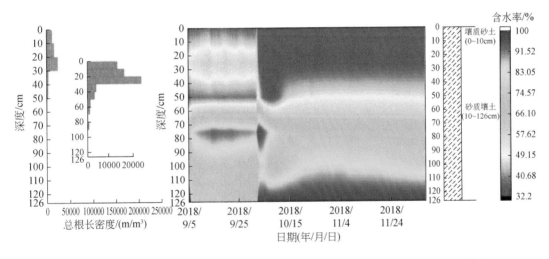

图 6.40　V09 监测点植被根系发育特征及其与土壤含水率和地下水位埋深之间关系

4. 细颗粒岩性包气带下植被根系发育特征及其与含水位埋深率和地下水关系

在青土湖湿地分布区，V04 监测点的包气带岩性颗粒细密，以砂质土壤和粉砂质壤土为主（图 6.41），持水能力强，毛细上升高度较大，土壤含水率较高。地下水位埋深较大，年内最大的水位埋深 1.8m。V04 监测点与 V03 监测点类似，所在区域的地表植被也为由芦苇单物种构成的群落，植被覆盖密度大、长势好。该区植被根系发育密度也是从表层向下呈递减趋势特征，但其递减幅度比 V03 监测点弱，在地面以下 70cm 深度仍发育较高密度根系，在表层根系发育的集中程度不如 V03 监测点。V04 监测点植被根系发育生境与 V03 监测点之间的明显不同，主要是地下水位埋深之间存在较大差异。由此表明，对于同种植被在包气带岩性相似环境中，地下水埋藏状况对植被根系在空间上发育和分布特征具有控制性作用。当地下水位埋深较大时，植被为获得足够的水分，根系主动向深层发育。

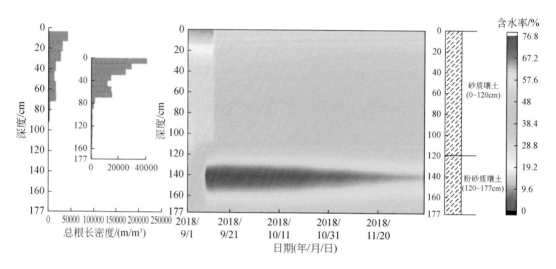

图 6.41　V04 监测点植被根系发育特征及其与土壤含水率和地下水位埋深之间关系

5. 较细颗粒岩性包气带下植被根系发育特征及其与含水率和地下水位埋深关系

在青土湖湿地分布区，V05 监测点的包气带岩性颗粒较细，以壤质砂土和砂质壤土为主（图 6.42），具有一定的持水能力。地下水位埋深大，年内最大的水位埋深 3.5m。在生态输水之前，70cm 以浅的土壤较干燥，70cm 以下土壤含水率较高。相对 V03、V04 号

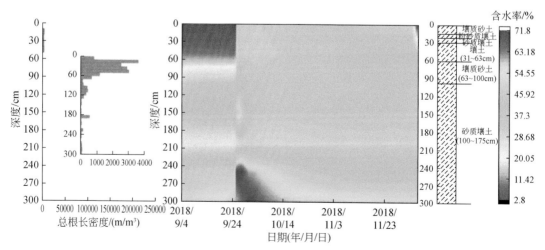

图 6.42　V05 监测点植被根系发育特征及其与土壤含水率和地下水位埋深之间关系

监测点，V05 监测点所在区域的地表植被发育密度小，植株矮、长势差，丛生白刺有零散分布。与地表植被类型相对应，该监测点土壤剖面中植被根系发育 2 个高密层位，分别为 0~70cm 和 90~130cm 深度。0~70cm 植被根系发育高密层与 V04 监测点芦苇的根系发育高密层位深度近同，90~130cm 植被根系发育高密层比 V01 监测点成年白刺的根系高密层的深度略大，但该层植被根系密度远小于 0~70cm 根系密度。

　　形成上述差异特征的原因，是随着地下水位埋深增大，土壤含水率不断减少，尤其表层土壤水分亏缺比较严重，芦苇和白刺竞争吸用有限的土壤水分，导致生态位产生分化，出现根系发育"层片"现象。与芦苇相比，白刺适应缺水环境能力较强，其根系发育的高密度层不显著，低密度根系发育。虽然该区芦苇根系发育密度比白刺根系密度大，但是芦苇总体长势较差，这与 70cm 以浅土壤较为干燥有关。

6. 多高密层植被根系发育特征及其与含水率和地下水位埋深关系

　　在青土湖湿地分布区，V06 监测点的包气带岩性颗粒较细，以砂土和粉砂质壤土为主（图 6.43），具有一定的持水能力，土壤剖面的含水率低。地下水位埋深大，年内最大的水位埋深 4.0m。V06 监测点所在区域植被群落的优势物种是小乔木梭梭，其次是丛生灌木白刺，偶见草本植被芦苇。与地表 3 种类型植被物种相对应，该监测点土壤剖面中植被根系发育 3 个高密层位，分别 20~40cm、60~90cm 和 190~300cm 深度，对应着芦苇、白刺和梭梭。

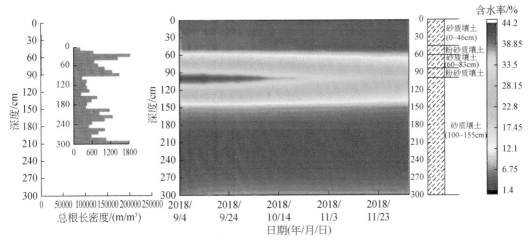

图 6.43　V06 监测点植被根系发育特征及其与土壤含水率和地下水位埋深之间关系

　　V06 监测点所在区域出现植被根系发育 3 个高密层位的"层片"现象，与该区包气带厚度较大和表层土壤水分严重亏缺密切相关。随着地下水位埋深不断增大，包气带浅部可被植被利用水分的不断减少，由此多种植被竞争吸用有限土壤水分成为必然，导致 3 种植被吸水位层（空间生态位）产生分化，根系发达的梭梭善于利用深层土壤水和地下水，白刺发育利用中层土壤水的根系，芦苇利用浅层土壤水。值得注意的是，虽然 60~140cm 深度土壤含水率明显高于表层和下部土壤含水率，这与粉砂质壤土互层有关，前面已经介绍过包气带岩性多层结构有利于植被水分输供。

综上所述，地下水位埋深是影响植被群落结构、物种组成和根系发育分布特征的主导因素之一，彰显在西北内陆干旱区地下水生态功能的独特作用。

（1）对于相同的植被物种，当潜水（地下水）的水位埋深较浅时，植被根系集中发育和分布在表层土壤，根系发育密度随深度增大而递减；随着水位埋深不断增大，其根系发育和分布深度呈增大趋势特征，根系在垂向上分布更为分散，以有利于植被从更大的土壤空间获取植被生存和生长所需水分。

（2）随着距离湿地水域分布区向外延伸，地下水位埋深逐渐增大，植被类型随由湿生植被向旱生植被演替，由芦苇单物种群落向芦苇+白刺群落过渡，最后由芦苇+白刺群落向梭梭+白刺+芦苇群落演替。随着包气带上部土壤水分赋存量的减少，物种丰度呈增多特征。这表明，在西北内陆干旱区，大多数植被，尤其多年生的灌木和乔木，已进化具备了对缺水胁迫的适应机能，而对淹水胁迫的适应和耐受性较差，从而导致淹水胁迫（地下饱水带）成为控制物种多样性的重要因素之一。

（3）随着潜水水位下降，包气带厚度增大，在垂向上植被根系发育的分层现象越明显。因为包气带上部可被植被利用水分减少，加剧植被物种之间吸用土壤水分的竞争，从而导致植被生态位在空间上分化。当地下水位浅埋，或支持毛细上升高度较大时，表层土壤中可被植被利用水分较为充足，于是植被物种之间对吸用土壤水分的竞争减弱或停止，植被根系发育和分布表层土壤中，根系发育深度明显变浅。

（4）在地下水位埋深较大时，植被根系不得不向深层发育，以获取生存所需水分。乔木或成年灌木植被根系发育，与浅根的草本或灌木幼苗植被之间可能存在偏利共生机制。即乔木或成年灌木等深根植被在夜间吸收地下水或其支持毛细水，它们通过根系向上提升水分，或者通过相连的根系输送给浅根幼苗，或者由浅根将水分释放到浅层土壤中供草本植被吸收利用。

6.3.3 干旱区地下水与湿地生态系统协同作用机制

1. 非生长季输水影响效应

2010～2019 年向石羊河流域青土湖湿地分布区生态输水状况，包括青土湖湿地年内入湖水量和红崖山水库年放水量情况，如表 6.7 所示。从表 6.7 的输水时间可知，青土湖自然湿地生态输水主要发生在植被非主要生长的秋季（每年 9～11 月），2014 年以来年入湖水量和水库放水量趋于稳定。通过青土湖湿地分布区年入湖水量与红崖山水库年放水量之间相关分析，可见湿地年入湖水量与上游水库放水量多少密切相关（图 6.44），二者线性关系的斜率为 0.68，截距为 0，表明自红崖山水库年放水至入湖的渠道水量损失率为 32%。

表 6.7 石羊河流域下游区青土湖湿地历年生态输水状况

输水时段（年/月/日）		输水天数	红崖山水库放水量	入湖水量	日均入湖水量
开始时间	结束时间		/（万 m³/a）	/（万 m³/a）	/（万 m³/d）
2010/9/1	2010/10/20	50	1290	910	18.20

续表

输水时段（年/月/日）		输水天数	红崖山水库放水量	入湖水量	日均入湖水量
开始时间	结束时间		/（万 m³/a）	/（万 m³/a）	/（万 m³/d）
2011/9/2	2011/10/24	53	2160	1282	24.19
2012/7/31	2012/11/25	118	3000	2100	17.80
2013/8/2	2013/11/5	96	2000	1399	14.57
2014/6/9	2014/11/4	149	3300	2325	15.60
2015/8/17	2015/11/5	81	2833	1983	24.48
2016/7/30	2016/11/3	97	3358	2335	24.07
2017/8/1	2017/11/21	113	3830	2400	21.24
2018/8/6	2018/11/6	93	3180	2208	23.74
2019/8/1	2019/10/30	91	3100	2155	23.68

自 2010 年青土湖湿地生态输水以来，该区地下水位逐渐上升，水位埋深逐渐变浅（图 6.45），其中 2017 年青土湖湿地分布区地下水位上升幅度最为显著，当年入湖水量最大，为 2400 万 m³（表 6.7），其上游的红崖山水库放水量达 3830 万 m³/a；2015 年青土湖湿地分布区地下水位年均变幅为负值，当年入湖水量仅 1983 万 m³，虽然是 2014 年以来入湖水量最少的年份，但是日均入湖水量为最大值（24.48 万 m³/d）。2017 年以来该区入湖水量呈现逐年减少特征，地下水位埋深趋于稳定，且小于 3.0m，但湿地水域面积没能稳

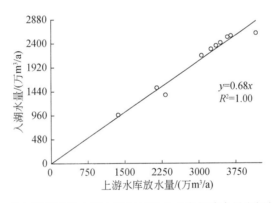

图 6.44　青土湖湿地年入湖水量与红崖山水库年放水量之间相关关系

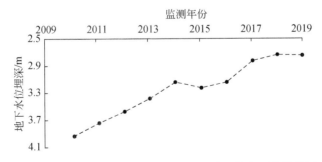

图 6.45　青土湖湿地东北部年均地下水位埋深年际变化特征

定维持 26.6km² 的现状预期目标。由此可见，生态输水对于干旱区湿地的地下水生态功能修复具有不可替代作用，与入湖补给水量多少、补给时间和补给强度之间存在相关性。

　　每年生态输水期间和之后，湿地水域范围和青土湖湿地分布区各个监测站点包气带含水率及地下水位埋深响应变化特征，如图 6.29 ~ 图 6.43 和图 6.46 所示。进入 9 月之后，随着生态输水开始，湿地水域范围不断扩大，各个监测点的地下水位先后出现明显上升特征；随着湿地水域分布区地下水位不断升高，湖区地下水开始通过地下径流补给相邻区地下水，距湿地水域渗漏补给区越近监测站点的地下水位响应变化越早，水位升幅越大 [图 6.46（a）]。进入 3 月之后，由于气温上升，地表水和冻结的表层土壤消融水对地下水补给增加，湿地分布区地下水位出现一定程度上升 [图 6.46（c）]；随后，进入农业主灌期，气温不断上升，湿地分布区各站点的地下水位埋深普遍增大，湿地水域面积不断缩小，至生态输水前（7 ~ 8 月）出现年内水位埋深最大值 [图 6.46（d）]。进入 9 月之后，重新开始又一轮变化过程。

　　对比 10 个监测点的土壤含水率变化特征（图 6.34 ~ 图 6.43），可见不同位置的站点受生态输水影响程度明显不同。例如，V02、V04、V05、V09 和 V10 等监测站点土壤含水率在生态输水前后的季节性变化特征显著，表明生态输水对这些站点处土壤水及地下水产生了一定的影响；而 V01、V03 和 V07 监测站点土壤含水率在生态输水前后的季节性变化不明显，表明生态输水对这些站点处影响较小。上述差异形成，与地表径流场或地下水径流场分布状况相关；由于不同监测站点所处的地理位置和地势高低不同，以及距湿地水域的距离不同，故形成上述差异。距湿地水域越近、地势越低的监测站点，受生态输水影响越显著；反之，距湿地水域越远、地势越高的监测站点，受生态输水影响越弱。除此之外，在每年 3 月之后，V02、V04、V05、V09 和 V10 站点表层土壤含水率都出现了明显增大特征，这与地下水位埋深减小的变化相一致。上述差异特征还表明，每年生态输水量的有限性，以至没能稳定维持湿地水域面积 26.6km² 的现状目标。

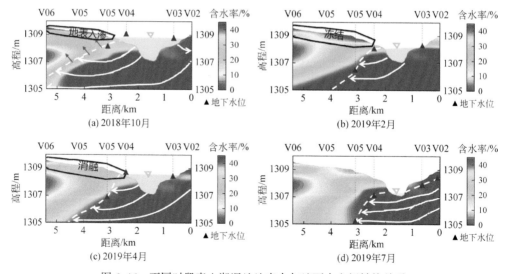

图 6.46　不同时段青土湖湿地地表水与地下水之间转换关系

2. 生态输水下地下水与地表水之间关系

从图 6.46 可见，在每年生态输水之后，青土湖湿地分布区水域面积明显增大，湖水位上升；同时，湿地水域分布区地下水位随之不断上升，并从湿地水域分布区至湿地周围邻区的地下水位呈现依次上升过程，各监测站点的土壤含水率也随之增大，表明生态输水补给湿地水域过程中，湖水通过渗漏补给地下水 [图 6.46（a）]，且当年生态输水补给湿地水量越大，地下水获取渗漏补给而水位上升范围和升幅越大。进入冬季之后，青土湖湿地分布区水域湖面冻结，湖水位逐渐下降，但是湖水仍继续补给地下水，补给量逐渐减小。在包气带表层冻结过程中，地下水位呈下降趋势。

在每年夏季，没有生态输水情况下，青土湖湿地分布区水域面积呈逐渐缩小过程，直至年内最小规模，甚至暂时干涸。这期间，地下水位随之不断下降，包气带表层含水率减小，在湿地水域缩小的后期，陆域地下水通过自然排泄方式补给湖水 [图 6.46（d）]。

6.3.4　青土湖湿地分布区水域面积与植被覆盖度变化特征

1. 湿地水域面积与植被覆盖度变化特征

基于遥感解译数据，石羊河流域青土湖湿地水域面积动态变化过程，如图 6.47 所示。从图 6.47 可见，自 2010 年 9 月以来，生态输水工程推进了青土湖湿地生态修复进程，包括维系一定范围的水域面积。从湿地水域面积年内极值的年际变化趋势特征来看，青土湖湿地水域面积呈现不断恢复趋势；同时，年内湿地水域面积变化也较大，年内枯水期最小面积仅 $2km^2$，年内水域极大面积为 $12 \sim 15km^2$，近 3 年中最大水域面积曾达 $26.7km^2$。

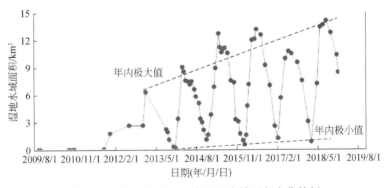

图 6.47　近 10 年来青土湖湿地水域面积变化特征

随着生态输水逐年实施，青土湖湿地分布区的水域由年内最小面积恢复至年内最大范围的用时越来越短。但是，由于生态输水呈间断、脉冲式补水过程，每年 8 ～ 10 月集中补水，规避了春夏季农业主灌期与农业用水争水的冲突以至青土湖湿地水域面积呈现季节性显著振荡变化特征。在秋冬季，青土湖湿地水域面积处于基本稳定状态，水域面积较大，湖水渗漏补给地下水主要发生在这一时期。在夏季，水域主要分布在湿地中部地势较低的区域，近几年几乎常年有水。自秋季生态输水开始，湿地水域面积向西部和北部扩张。由此，在青土湖湿地分布区，呈现 3 种生境状况：长期被水淹没、间断性被水淹没和长期不被水淹没，以至 3 个区块的地表天然植被类型和生态状况存在一定差异。

从 10km 直径的青土湖湿地范围内来看天然植被覆盖度变化，不同植被覆盖度的面积呈现出明显季节性变化特征（图 6.48），每年 11 月到次年 2 月不同植被覆盖度的面积呈现年内极小值，在每年 6～9 月不同植被覆盖度的面积呈现年内极大值。其中天然植被覆盖度小于 10% 的分布区面积季节性变化幅度较小，包括裸岩、裸土和水域等区域；而天然植被覆盖度大于 30% 的面积，它们季节性变化幅度较大，年内有些月份甚至会出现面积为 0 的境况。

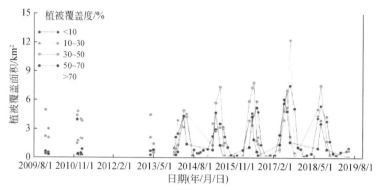

图 6.48　近 10 年来青土湖湿地不同植被覆盖度的植被覆盖面积变化特征
2009～2013 年遥感数据存在缺失

基于红崖山水库于 2010 年 9 月开始向青土湖湿地进行生态输水的背景，采用 2010 年 9 月以来的数据，结合青土湖湿地水域面积以及对应周边 10km 范围内天然植被覆盖情况，通过相关性分析，探查不同植被覆盖度的面积变化与青土湖湿地水域面积之间关系，如表 6.8 所示。在青土湖湿地分布区，天然植被覆盖度大于 70% 的分布面积与湿地水域面积变化之间相关性较弱，可能与该类型区分布面积较小有关。该湿地植被其他覆盖度的分布面积与湿地水域面积之间都呈负相关关系，尤其植被覆盖度 30%～50% 的分布面积与湿地水域面积之间负相关性更强。从青土湖湿地分布区天然植被覆盖总面积与湿地水域面积之间相关性来看，也呈现较强的负相关关系。湿地水域面积变化影响较大的区域是植被覆盖度小于 50% 的区域，而对植被覆盖度大于 70% 的区域影响微弱。上述这种特征，可能与每年生态输水发生在天然植被非主生长期（9～11 月）有关，而每年天然植被覆盖度较大的 6～9 月正是湿地水域面积出现极小值时段。由此表明，生态输出效应是通过地下水生态功能修复来持续展现，湿地水域面积大小变化对天然植被修复影响是非正相关的。

表 6.8　青土湖湿地不同植被覆盖度面积变化与水域面积之间相关系数

植被覆盖度/%	0～10	10～30	30～50	50～70	70～100	植被覆盖总面积
相关系数	−0.506	−0.533	−0.691	−0.575	0.217	−0.721

2. 非生长季输水对湿地植被生态恢复影响机制

非生长季输水对湿地生态恢复影响机制：前一年秋季生态输水形成的湿地水域面积越

大，次年湿地分布区天然植被覆盖度小于50%的区域面积越大。从2010~2017年青土湖湿地分布区NDVI逐年变化趋势来看，呈现自然生态不断修复趋势（图6.49），NDVI值由生态输水之前的0.076至2015年恢复为0.124，呈现非生长季生态输水通过修复地下水生态功能（水位上升），实现修复自然湿地天然植被生态的功效。

随着青土湖湿地水域面积扩大，不仅湿地水域分布区地下水位抬升，而且，水域分布区周边地下水位也得到不同程度的修复，进而促进了湿地分布区天然植被强烈依赖的地下水生态功能不断修复和保护。在生态输水（2010年）以前，青土湖湿地分布区只有极少数的芦苇种群生长；自2010年9月生态输水以来，不仅湿地生境得到一定程度修复，而且，区内地下水生态功能也得到明显修复，芦苇种群分布范围逐年扩大，已经从输水之前的零星斑状分布，恢复现今的连片分布景观。从图6.50可见，2010年以来青土湖湿地芦苇分布面积与湿地水域面积之间紧密相关，现今青土湖湿地芦苇分布面积是生态输水之前芦苇分布面积的25倍，面积增加至20.89km²。

图6.49　近10年来青土湖湿地分布区NDVI变化趋势特征

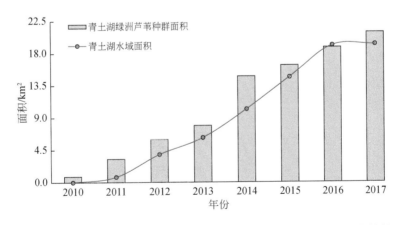

图6.50　近10年来青土湖湿地芦苇分布面积与湿地水域面积互动变化特征

在过去20年中，在生态输水驱动下青土湖湿地分布区天然植被生态呈现多层次恢复，裸地逐步向低覆盖、中覆盖和高覆盖覆被类型演替，表明生态输水对于青土湖湿地分布区生态恢复和植被多样性增多发挥了促进作用。其中，在近距离1km范围内，不同覆被类型空间配置的规则性较强；在中距离1~5km范围内，不同覆被类型空间配置的规则性较弱，随机性占主导地位；在远距离大于5km范围内，不同覆被类型空间配置的随机性减弱，而规则性随距离增大逐步占据主导地位。

　　自2010年生态输水以来，青土湖湿地分布区地下水位呈现明显的恢复性上升，这有效促进了植被生态恢复，以至高覆盖、中覆盖和低覆盖植被分布面积都明显增大，该区植被总覆盖度也得到明显提高。其中，青土湖湿地分布区NDVI趋势性增大与地下水位埋深之间相关性较强，NDVI随着地下水位埋深减小而增大。当地下水位埋深小于2.3m时，植被长势较好，NDVI较大；当水位埋深远大于2.3m时，NDVI明显减小。地下水位埋深变浅，不仅会减小湿地水域渗漏对地下水补给水量，而且，还能促使潜水面之上支持毛细水供给植被根系吸用，每年可维持至4~5月都在为天然植被生长供给水源。由此可见，非生长季生态输水也具有重要的生态功能修复作用。

6.3.5　青土湖湿地分布区植被水分利用机制

1. 湿地分布区天然植被根系分布特征

　　在石羊河流域青土湖湿地分布区，以青土湖水域为中心，沿北北东方向布设了2条样带（图6.8），开展了生态输水和不同潜水位埋深背景下天然植被类型、根系分布、吸水层位、水位来源和主要生态因子等调查和动态监测。其中，第一个样带由样点V01~V06监测点组成，调查时期的潜水位埋深0.9~4.0m，在生态输水之前的夏季末期呈现年内水位最大埋深；第二条样带由样点V07~V10监测点组成，调查时期的潜水位埋深0.8~2.0m（图6.51）。

　　V01监测点潜水位埋深年内极大值1.9m，包气带岩性以砾质土为主，表层壤质砂土层厚0.6m，持水性较差，以至地表天然植被稀疏，白刺为唯一植被物种，是单种群构成的植被群落（图6.51）；在调查的土壤剖面上，植被总根长密度存在两个显著的峰值区间，分别为地面以下的0.2m深度以浅和0.6~0.9m深度，分别对应白刺幼苗和成年植被群体。

　　V02监测点潜水位埋深年内极大值1.6m，包气带岩性以砾质壤土和壤质砂土为主，持水能力较强，地表天然植被密度明显增大，优势种为盐爪爪，其次是芦苇（图6.51）；该站点虽有白刺分布，但大多已枯死，可能与潜水位埋深较小、土壤盐渍化抑制相关，导致优势种由旱生的白刺向耐盐的盐爪爪演替；在0.6m以浅，植被总根长密度随深度单调递减，与半灌木盐爪爪和旱生芦苇的生态习性相一致，侧根扩展长达80~100cm。

　　V03监测点潜水位埋深年内极大值0.9m，包气带岩性为砂质壤土，持水能力强，含水率高，地表植被为芦苇单物种群落（图6.51），密度高、长势良好；总根长密度在表层最高，随深度单调递减，表明浅埋的地下水为植被提供了充足水源，也限制了根系向深部发育。

　　V04监测点潜水位埋深年内极大值1.8m，包气带岩性以砂质和粉砂质壤土为主，持

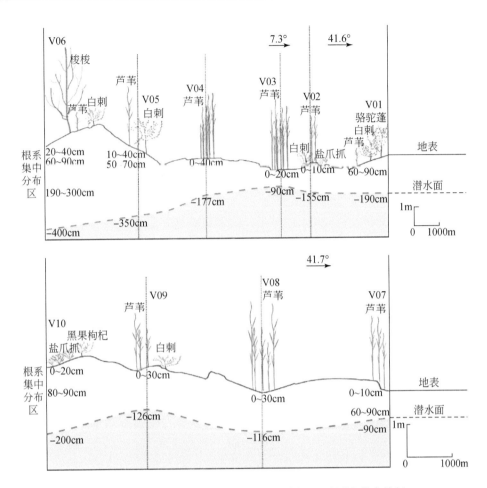

图 6.51 青土湖湿地天然植被根系调查剖面和监测点分布特征

水能力强，支持毛细上升高度较大，土壤含水率较高。与 V03 点类似，地表天然植被由芦苇单物种构成的群落（图 6.51），密度高、长势好；该点总根长密度也是从表层向下呈递减趋势，在地下 0.7m 深度处仍保持较高值。

V05 监测点潜水位埋深年内极大值 3.5m，包气带岩性以壤质砂土和砂质壤土为主，具有一定的持水能力，在输水之前 0.7m 深度以浅的土壤较为干燥，地表植被以芦苇为主，较 V03、V04 号点密度小、植株矮和长势差，零散分布有丛生白刺；在土壤剖面上总根长密度也出现 2 个峰值区间，分别为 0.0~0.7m 深度和 0.9~1.3m 深度（图 6.51）。

V06 监测点潜水位埋深年内极大值 4.0m，包气带岩性以砂土和粉砂质壤土为主，具有一定的持水能力，土壤剖面上土壤含水率低，地表植被群落的优势物种是小乔木梭梭，其次是丛生灌木白刺，偶见草本植被芦苇；土壤剖面上的总根长密度出现 3 个峰值，分别为 0.2~0.4m、0.6~0.9m 和 1.9m 深度以下（图 6.51），分别对应着芦苇、白刺和梭梭根系发育特征。

V07~V10 与第一个样带上的各监测站点具有相似的天然植被根系分布特征（图 6.51），在此不再赘述。综合上述结果，会发现地下水位埋深是影响天然植被群落结构（物种组成和密度）与根系分布特征的主要因素之一。

具体表现为：①对于相同植被物种，当潜水埋深较浅时，根系集中分布在表层，根长密度随深度增大而递减，随着潜水位埋深增大，其根系分布呈加深趋向，根系在垂向上的分布更为分散。②自湖心向湖岸，随着潜水位埋深增大，天然植被物种丰度增多缺水胁迫适应机制更加明显。③随着潜水位埋深增大，天然植被根系在垂向上分层现象越来越明显，物种间水分竞争加剧。④在潜水位埋深较大时，深根植被（如乔木或成年灌木）与浅根植被（如草本或灌木幼苗）间可能存在偏利共生机能。

2. 基于稳定同位素示踪的湿地分布区天然植被水分利用机制

识别和确定干旱区天然植被利用水分的来源有多种方法，其中稳定同位素技术是一种有效的、原位识别和非破坏性的方法。一般认为，除少数耐盐植被和旱生植被外，对大多数陆生植被而言，水分在从根部到未栓化的植被茎干之间的运输过程中，它的同位素成分并不发生变化，这是应用稳定同位素示踪技术识别和确定干旱区天然植被水分来源，或量化植被对不同水源利用程度的理论基础。考虑西北内陆旱区天然植被趋水性特征，土壤水分运动决定着这些植被的生存和生长。在 2010 年石羊河流域生态输水以来，青土湖湿地分布区地表水域渗漏补给，促使该湿地分布区地下水位上升，影响着区内天然植被群落类型演替和植被生长。因此，根据植被水分生理特征和生态输水影响状况，探查生态输水对青土湖湿地分布区植被水分利用方式和程度的影响为本研究的重要内容。综合考虑青土湖湿地分布区天然植被优势种及其空间分布特征，按照<1m、1～2m、2～3m 和>3m 的地下水位埋深区段，在 10 个样地内选择了芦苇、白刺作为青土湖湿地分布区代表性植被，分别开展了植被水分来源监测（图 6.8），共采集植被样品 162 个、土壤样品 693 个、地下水样品 28 组、湖水样品 36 组和降水样品 6 组，分别进行稳定同位素测试分析。

1）青土湖湿地分布区不同位置样地生态水来源及同位素特征

从图 6.52 可见，天然植被类型及其生境同时影响它们水分的供给来源。由于芦苇群落主要分布在距湿地水域较近区域，地下水位埋深较小，由此芦苇主要吸收近地表的浅层土壤水；位于湿地水域周围的样地 V07 一带，芦苇主要吸收湖水。在春、夏和秋不同季节，地下水位埋深由浅→深→浅，芦苇吸水主要深度也由浅→深→浅。正是由于湿地水域边缘带地下水位埋深较小，不同季节芦苇吸水层位较为稳定；而远离湿地水域的地下水位埋深较大时，不同季节土壤水亏缺程度差异较大，以至不同季节芦苇的吸水层位变化也较大。结合各样地芦苇根长密度分布特征来看，承担芦苇主要吸水作用的细根集中分布在浅层土壤中，在适宜条件下芦苇吸水层位深度达 130cm。

从空间上看，距湿地水域越远的站点，地下水位埋深越大，白刺吸水层位越深。通过对比有无沙丘两种不同生长环境下白刺的吸水层位可见，从夏季到秋季，生长在沙丘上的白刺吸水深度由逐渐变浅至吸收地表以上沙丘中的土壤水，同期地下水位埋深呈现逐渐变浅特征；对于生长在地表上白刺，随着春、夏、秋季节演替，白刺吸水深度逐渐增大，同期地下水位埋深也呈现增大特征。

A. V01 样地生态水来源及同位素特征

在 V01 样地，从植被水与其潜在水源 δ¹⁸O 值的比较可知，在夏季，白刺主要吸收地面以下 0～30cm 的土壤水；骆驼蓬在夏季主要吸收地面以上 10～0cm 沙包中的土壤水和地面以下 20～40cm 土壤水，在秋季主要吸收地面以下 10～40cm 的土壤水。从植被水与其潜在水源 δD 值的比较可知，白刺在夏季主要吸收地面以下 30～40cm 土壤水、地面以下 60～70cm 土壤水和地下水；骆驼蓬在夏季主要吸收 90～100cm 土壤水和地下水，在秋季主要吸收地面以下 70～150cm 土壤水和地下水（图 6.52）。

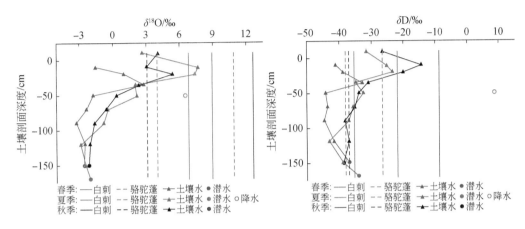

图 6.52　青土湖湿地分布区 V01 样地的植被水与其潜在水源 $\delta^{18}O$ 和 δD 值特征

B. V02 样地生态水来源及同位素特征

在 V02 样地，从植被水与其潜在水源 $\delta^{18}O$ 值的比较可知，芦苇在春季主要吸收地下水，在夏季主要吸收地面以下 0～30cm 的浅层土壤水和地面以下 50～70cm 的土壤水，在秋季主要吸收地面以上 20～40cm 沙包中的土壤水。白刺在夏季主要吸收地面以上 60～70cm 沙包中的土壤水；在秋季，白刺吸水层位发生小幅度上升，主要吸收地面以上 70～80cm 沙包中的土壤水。盐爪爪在夏季和秋季均主要吸收地面以上 70～90cm 沙包中的土壤水（图 6.53）。

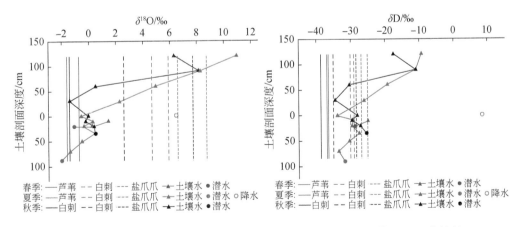

图 6.53　青土湖湿地分布区 V02 样地的植被水与其潜在水源 $\delta^{18}O$ 和 δD 值特征

从植被水与其潜在水源 δD 值的比较结果，白刺在春季主要吸收地下水，在夏季主要吸收地面以上 50~70cm 沙包中的土壤水和地面以下 0~50cm 土壤水，在秋季主要吸收地面以上 20~40cm 沙包中的土壤水。盐爪爪在春季主要吸收地面以下 0~10cm 土壤水，在夏季主要吸收地面以上 20~30cm 沙包中的土壤水，在秋季主要吸收地面以上 50~70cm 沙包中的土壤水和地面以下 0~20cm 土壤水（图 6.53b）。

C. V03 与 V04 样地生态水来源及同位素特征

在 V03 样地，从植被水与其潜在水源 δD 值的比较可知，由于地下水位埋深仅 21cm，地下水是该区优势植被芦苇在夏季的主要水分来源（图 6.54）。

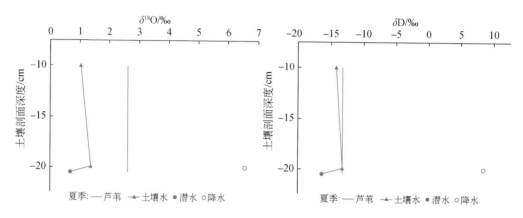

图 6.54　青土湖湿地分布区 V03 样地的植被水与其潜在水源 $\delta^{18}O$ 和 δD 值特征

在 V04 样地，从植被水与其潜在水源 δD 值的比较结果可知，在夏季，该区芦苇吸收地面以下 0~30cm 的土壤水、地面以下 50~80cm 的土壤水和地下水（图 6.55）。

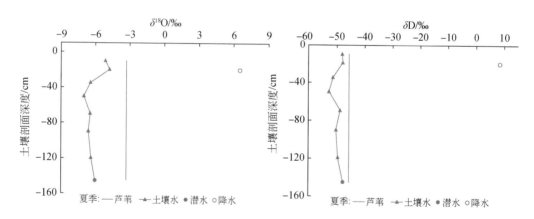

图 6.55　青土湖湿地分布区 V04 样地的植被水与其潜在水源 $\delta^{18}O$ 和 δD 值特征

D. V05 样地生态水来源及同位素特征

在 V05 样地，从植被水与其潜在水源 $\delta^{18}O$ 值的比较可知，从春季到夏季、再到秋季，芦苇的吸水层位深度总体上呈由浅至深，然后至浅变化，不同季节之间水分来源变化不大。芦苇在春季主要吸收地面以下 0~20cm 的浅层土壤水，在夏季主要吸收地面以下 20~40cm 的浅层土壤水，在秋季主要吸收地面以下 10~30cm 的浅层土壤水。白刺吸水层位的变化特征与 V02 样地近同，白刺在夏季主要吸收地面以下 10～30cm 的土壤水，在秋季主要吸收地面以上 10～30cm 沙包中的土壤水。从植被水与其潜在水源 δD 值的比较结果，芦苇在春季主要吸收地面以下 10～80cm 土壤水和地下水，在夏季主要吸收地面以下 30～50cm 土壤水和地下水，在秋季主要吸收地面以下 20～30cm 土壤水；白刺在春季主要吸收地面以下 0～20cm 土壤水，在夏季主要吸收地面以下 20～40cm 土壤水和地下水，在秋季主要吸收地面以上 0～50cm 沙包中的土壤水和地面以下 0～20cm 土壤水（图 6.56）。

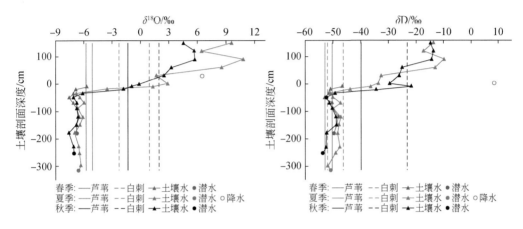

图 6.56　青土湖湿地分布区 V05 样地的植被水与其潜在水源 $\delta^{18}O$ 和 δD 值特征

E. V06 与 V07 样地生态水来源及同位素特征

在 V06 样地，从植被水与其潜在水源 $\delta^{18}O$ 值的比较可知，白刺在春、夏、秋三季分别主要吸收地面以下 10～20cm 土壤水、地面以下 20～30cm 土壤水和地面以下 30～40cm 的土壤水；梭梭在春、夏、秋三季主要吸收地面以下 0～20cm 土壤水、地面以下 20～30cm 土壤水和地面以下 50～70cm 土壤水。从植被水与其潜在水源 δD 值的比较结果，白刺在春、夏、秋三季主要吸收地面以下 40～70cm 土壤水、地面以下 140～160cm 土壤水和地面以下 140～160cm 土壤水；梭梭在春夏秋三季主要吸收地面以下 30～50cm 土壤水、地面以下 70～90cm 土壤水和地面以下 80～100cm 土壤水（图 6.57）。

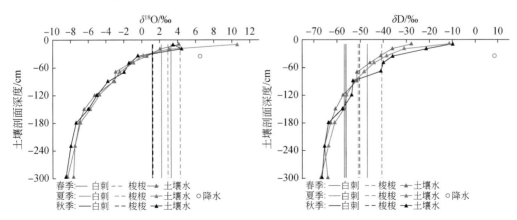

图 6.57　青土湖湿地分布区 V06 样地的植被水与其潜在水源 $\delta^{18}O$ 和 δD 值特征

在 V07 样地,由于地下水位埋深仅 14.5cm,附近分布有大面积湖水,所以,从植被水与其潜在水源 $\delta^{18}O$ 值、δD 值的比较可知,芦苇在夏季同时吸收地下水和湖水(图 6.58)。

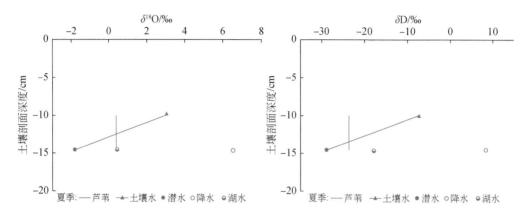

图 6.58 青土湖湿地分布区 V07 样地的植被水与其潜在水源 $\delta^{18}O$ 和 δD 值特征

F. V08 样地生态水来源及同位素特征

在 V08 样地,优势植被为芦苇,白刺和盐爪爪分布较少。从植被水与其潜在水源 $\delta^{18}O$ 值的比较可知,芦苇在春季主要吸收地面以下 20～40cm 的土壤水,在夏季主要吸收地面以下 10～30cm 的土壤水,在秋季主要吸收土壤水和地下水。从植被水与其潜在水源 δD 值的比较结果可知,芦苇在春季主要吸收地面以下 30～40cm 的土壤水,在夏季主要吸收地面以下 50～105cm 的土壤水和地下水,在秋季主要吸收地面以下 0～30cm 的土壤水。该样地的白刺,在春季主要吸收地下水,在秋季主要吸收地面以下 0～30cm 的土壤水(图 6.59)。

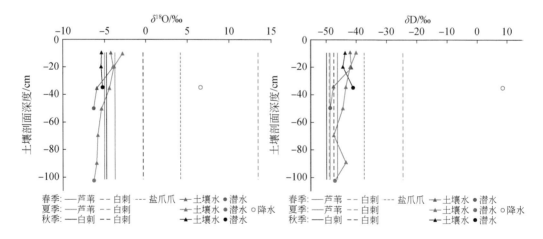

图 6.59 青土湖湿地分布区 V08 样地的植被水与其潜在水源 $\delta^{18}O$ 和 δD 值特征

G. V09 样地生态水来源及同位素特征

在 V09 样地,从植被水与其潜在水源 $\delta^{18}O$ 值的比较可知,芦苇在春季和夏季都主要

吸收地下水，在秋季主要吸收地面以下 10～30cm 土壤水。白刺在秋季主要吸收地面以上
0～20cm 沙包中的土壤水和地面以下 0～20cm 的土壤水。从植被水与其潜在水源 δD 值的
比较结果，芦苇在春季主要吸收地面以下全剖面土壤水和地下水，在夏季主要吸收地面以
下 10～30cm 的土壤水，在秋季主要吸收地面以下 60～120cm 的土壤水和地下水。白刺在
春季主要吸收地面以下土壤水和地下水（图 6.60）。

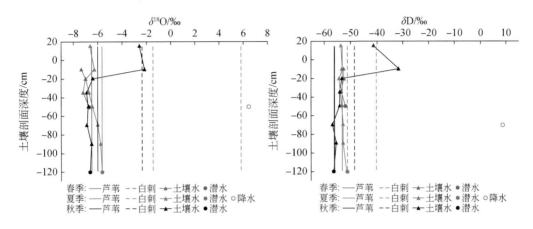

图 6.60　青土湖湿地分布区 V09 样地的植被水与其潜在水源 $\delta^{18}O$ 和 δD 值特征

H. V10 样地生态水来源及同位素特征

在 V10 样地，从植被水与其潜在水源 δD 值的比较可知，盐爪爪在春季主要吸收地下水，
在夏季主要吸收地面以下 0～20cm 土壤水、地面以下 70～80cm 土壤水和地下水，在秋季主
要吸收地面以下 20～50cm 土壤水、地面以下 170～230cm 土壤水和地下水（图 6.61）。

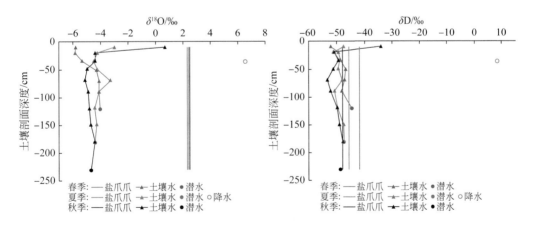

图 6.61　青土湖湿地分布区 V10 样地的植被水与其潜在水源 $\delta^{18}O$ 和 δD 值特征

综上所述，在石羊河流域下游青土湖湿地分布区不同水源的同位素示踪结果表明，植
被类型和生境同时影响着植被的水分来源。对于水生植被芦苇来讲，在春、夏、秋三季，
随着地下水位埋深由浅至深、再变浅的动态变化过程，芦苇主要吸用土壤水的深度也由浅
至深、再变浅。从空间上，近邻湿地水域的芦苇在不同季节吸水层位的深度比较稳定，而

远离湿地水域的芦苇在不同季节吸水层位的深度变化较大，与表层土壤水分亏缺变化程度相关。由于芦苇根系集中分布于浅层土壤中，所以，浅层土壤水是芦苇的主要水分来源。在地下水位埋深较大区，芦苇根系吸水的深度可从地面以上 40cm 延至地面以下 130cm 深度。对于旱生植被白刺来讲，生长在沙包上的白刺，从夏季到秋季，随着水位埋深逐渐变浅，白刺吸用土壤水的深度也逐渐变浅，直至吸收地表以上沙包中的土壤水；没有沙包分布而生长地表的白刺，在春、夏、秋三季，随着地下水位埋深逐渐增大，白刺吸水的深度也逐渐增大。从空间上看，距湿地水域越远，地下水位埋深越大，白刺吸水的深度也越大。梭梭多生长于湿地湖泊分布区边缘地带，地下水位埋深较大。

2）不同深度处土壤水和地下水对植被用水贡献率

基于上述研究结果，本研究选取的芦苇和白刺两个代表性植被，研究不同位置样地天然植被水分利用的水源特征。依据同位素质量守恒原理，采用多元线性混合模型定量计算植被对各水源利用比率。为了量化研究青土湖湿地分布区各类水源对植被生态水的贡献率，以各样地的植被水与其潜在水源^{18}O、D 双稳定同位素为基础，采用 MxiSIAR 模型估算各潜在水源的贡献程度。MxiSIAR 模型估算结果输出后，根据 δ^{18}O、δD 值进行土壤分层，将层内各个深度土壤水的贡献率相加，作为层内土壤水对植被的贡献率。

A. V02 样地各潜在水源贡献率

V02 样地，在不同季节，各潜在水源对植被的平均贡献率如图 6.62 所示。从夏季到秋季，当有生态输水时，随着生态输水进行，芦苇吸水的层位上移。在夏季，芦苇主要吸收地面以上沙包中 20cm 以浅的土壤水、地面以下土壤水和地下水，上述 3 个水源对芦苇

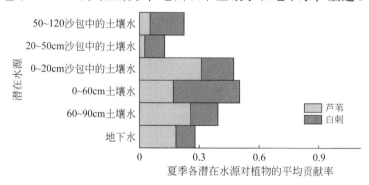

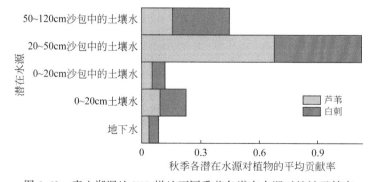

图 6.62　青土湖湿地 V02 样地不同季节各潜在水源对植被贡献率

生态水的平均贡献率达 91.8%。输水之后，在夏季末，随着地下水的水位上升和包气带上部土壤含水率增大，以至秋季的芦苇吸水层位明显上移，其中地面以上 20~50cm 沙包的土壤水对芦苇生态水贡献率 67.7%。在芦苇和白刺共生分布区，夏季土壤全剖面的水分均有被植被吸用状况；在秋季，白刺的吸水层位上移，主要吸收地面以上 20~120cm 沙包的土壤水，该水源对白刺的平均贡献率达 75%。

B. V05 样地各潜在水源贡献率

在 V05 样地，在不同季节，各潜在水源对植被的平均贡献率如图 6.63 所示。在不考虑沙包的情况下，春季芦苇对全剖面土壤水均有吸用，全剖面土壤水对芦苇生态水的平均贡献率 96.3%；在夏季，芦苇吸水的层位下移，主要利用地面 30cm 以下的土壤水，该水源对芦苇的平均贡献率 74.6%；夏季末输水之后，在秋季，芦苇吸水的层位上移，芦苇主要吸用地面以上沙包的土壤水和地面以下土壤水；在春、夏、秋三季，地下水对芦苇吸用水的贡献率较低，分别为 3.7%、10.1% 和 4.9%。白刺吸水的层位季节变化特征与芦苇类似，在春季，地面以下全剖面土壤水对白刺吸用水的平均贡献率 84.6%；在夏季，地面30cm 以下土壤水对白刺吸用水的贡献率 55.3%；在秋季，白刺对地面以上沙包的土壤水和地面以下土壤水都吸用；在春、夏、秋三季，地下水对白刺的贡献率，分别为 15.4%、6.8% 和 4.2%，高于对芦苇吸用水的贡献率。

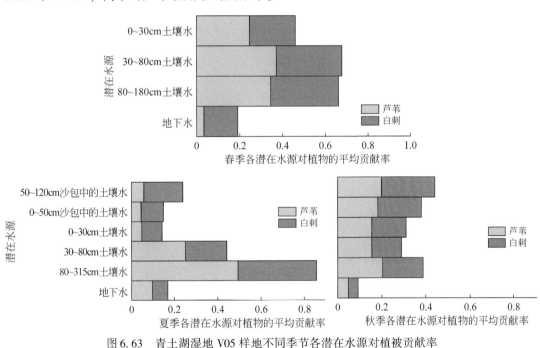

图 6.63　青土湖湿地 V05 样地不同季节各潜在水源对植被贡献率

C. V06 样地各潜在水源贡献率

在 V06 样地，在不同季节，各潜在水源对植被的平均贡献率如图 6.64 所示。由于该区地下水位埋深较大，所以，芦苇不发育，主要生长旱生植被白刺和梭梭。在春、夏、秋三季，该区白刺和梭梭的吸水层位均先下降、后趋稳特征。在春、夏、秋三季，地面以下 0~20cm 土壤水对白刺的贡献率分别为 35%、8.8% 和 14.8%，地面以下 100~300cm 土壤水对白刺的贡献率分别为30.6%、65.3%和58.6%。在春、夏、秋三季，地面以下0~20cm土壤水对梭梭的贡献率分别为35.6%、16.2%和14.8%，地面以下100~300cm土壤水对梭梭的贡献率分别为29.7%、50.8%和50.2%。

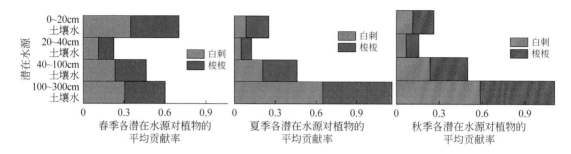

图6.64　青土湖湿地分布区V06样地不同季节各潜在水源对植被贡献率

D. V02样地各潜在水源贡献率

在V02样地，在不同季节，各潜在水源对植被的平均贡献率如图6.65所示。由于该样地近邻湿地水域区，地下水位埋深浅，所以，芦苇吸收的水分主要来源于湖水，其次为地下水。在夏季，它们芦苇吸用水的贡献率，分别为65.7%和32.4%。

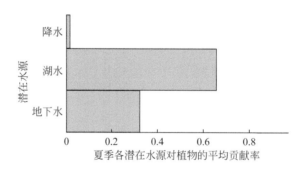

图6.65　青土湖湿地V02样地水源对植被贡献率

E. V08样地各潜在水源贡献率

在V08样地，在不同季节，各潜在水源对植被的平均贡献率如图6.66所示。从春季到夏季，该样地的芦苇水分来源变化较小，白刺吸水的层位则以地面40cm以下土壤水为

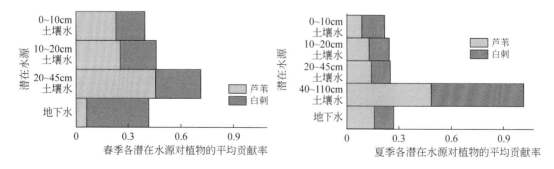

图6.66　青土湖湿地分布区V08样地不同季节各潜在水源对植被贡献率

主。在春季，地面以下 20~45cm 土壤水对芦苇吸用的贡献率为 45.6%；在夏季，地面以下 40~110cm 的土壤水对芦苇吸用水的贡献率为 48.3%。在春季，地下水对白刺吸用水的贡献率达 36%；在夏季，地面以下 40~110cm 土壤水对白刺吸用水的贡献率为 53.6%，地下水对白刺吸用水的贡献率下降为 10.6%。

F. V09 样地各潜在水源贡献率

在 V09 样地，在不同季节，各潜在水源对植被的平均贡献率如图 6.67 所示。从春季到夏季、再到秋季，芦苇的主要吸水层位逐渐下移至地面以下 60~120cm 层位，而白刺的主要吸水层位先下降、后上升。在春季，芦苇主要吸收地面以下 0~10cm 土壤水和地面以下 60~120cm 土壤水，它们芦苇吸用水的贡献率分别为 26.5% 和 35.2%；在夏季，地面以下 10~60cm 土壤水和地面以下 60~120cm 土壤水对芦苇吸用水的贡献率，分别为 30% 和 30%；在秋季，地面以下 60~120cm 的土壤水对芦苇吸用水的贡献率达 55.6%。在春季，白刺对地面以下全剖面土壤水均有吸用；在夏季，白刺主要吸用地面以下 10~60cm 土壤水和 60~120cm 土壤水，它们的贡献率分别为 44.6% 和 25.2%；夏季末输水之后，白刺的吸水层位上移，在秋季白刺主要吸用水地面以上 0~20cm 沙包中的土壤水和地面以下 0~10cm 土壤水，它们的水分贡献率分别为 45.3% 和 22.1%。

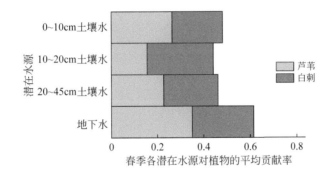

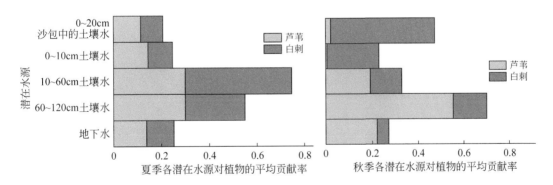

图 6.67　青土湖湿地分布区 V09 样地不同季节各潜在水源对植被贡献率

G. V10 样地各潜在水源贡献率

在 V10 样地，在不同季节，各潜在水源对植被的平均贡献率如图 6.68 所示。在夏、秋两季，该样地的芦苇、白刺和梭梭吸水层位变化较小，主要吸收地面 130cm 以下土壤水。从夏季到秋季，芦苇和梭梭的吸水层位基本稳定，地面 130cm 以下的土壤水对夏、秋两季芦苇吸用水的贡献率，分别为 66.8% 和 68.6%；地面 130cm 以下的土壤水对夏、秋两季梭梭吸用水的贡献率，分别为 48.5% 和 46.3%。从夏季到秋季，白刺吸水的层位发生下移，其中地面以下 0~40cm 土壤水对白刺吸用水的贡献率由 29.4% 下降为 10.8%，地面 130cm 以下的土壤水对白刺吸用水的贡献率由 51.7% 上升为 60.9%。

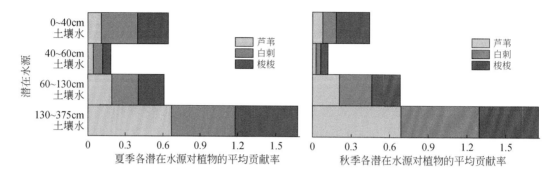

图 6.68　青土湖湿地分布区 V10 样地不同季节各潜在水源对植被贡献率

3）年内不同季节湿地植被水分利用水源层位变化特征

基于 2019 年 5 月、7 月和 9 月监测数据，获得青土湖湿地分布区典型天然植被水分的平均贡献率，如图 6.69 和图 6.70 所示。从图 6.69 和图 6.70 可知，生态输水对该湿地分布区天然植被水分利用的不同水源比率产生重要影响。随着距湿地水域距离不同，地下水位埋深呈现明显不同变化，致使植被用水途径和各水源供给比率存在较大差别。当有充足供给水源的土壤水分能满足植被吸收利用需水时，地下水被取代；受连年生态输水的叠加效应影响，湿地水域面积不断扩大，以湖水及表层土壤水作为水源的芦苇等湿地植被分布面积不断扩大。

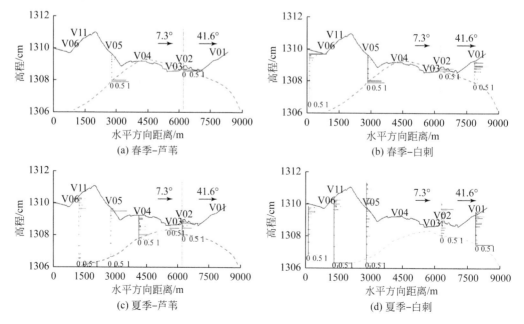

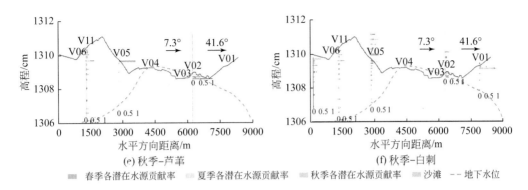

图 6.69　不同季节青土湖湿地分布区一号剖面各样地潜在水源对芦苇和白刺水分的平均贡献率

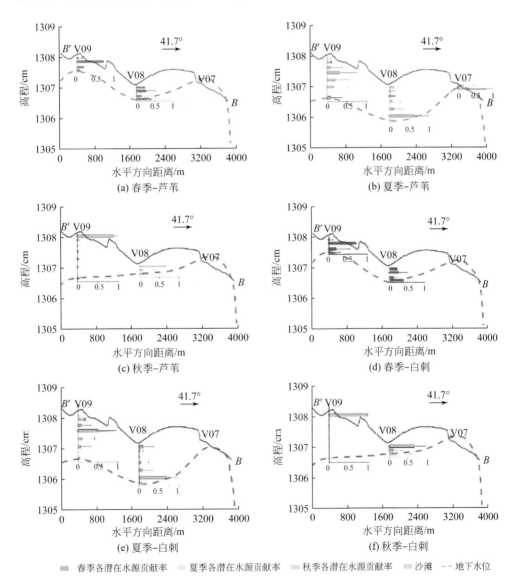

图 6.70　不同季节青土湖湿地分布区二号剖面各样地潜在水源对芦苇和白刺水分的平均贡献率

在湿地水域周围地带，芦苇容易直接获取湖水供给水分；随着距湿地水域距离的增大，芦苇水分的主要水源由湖水、浅层土壤水向中深层土壤水转变，直至浅层地下水成为水源。白刺也表现出类似规律，受生态输水促使湿地分布区地下水位上升影响，湿地水域附近的白刺既利用浅层土壤水又利用地下水；而距湿地水域较远的白刺，则以利用中层土壤水为主，这与白刺根系密度呈现"双峰"分布特征相符。对于距湿地水域较远的植被，如 V11、V06 样地，生态输水对这些区域植被生境影响微弱，天然植被用水策略没有发生明显变化。

综上所述，在石羊河流域下游青土湖湿地分布区，植被在春季返青、夏季和秋季生长过程中，利用的水分来源是明显不同的；在相同季节，不同植被吸用水分的来源也各不相同，相同植被在地下水位埋深不同地区，植被吸用水分的来源也不相同。植被在春季返青和夏季生长期，吸水层位不断下移。当秋季生态输水之后，随着输水量不断增大，湿地水域面积不断扩大，当地地下水位不断上升；随着地下水位不断上升，潜水面之上支持毛细水向上部土壤输供水分，包气带上部土壤含水率随之增大。进入冬季，停止生态输水，湖面冻结、湿地水域面积减小，表层土壤水冻结。到春季，由于湿地水域面积继续萎缩，当地地下水位开始明显下降，但土壤水含水率仍保持较高范围。春季植被返青，开始吸用土壤水和地下水，随着地下水位不断下降，表层土壤含水率不断减小，植被吸用水层位再次开始下移。

3. 干旱区植被根系吸水模型与验证

基于同位素示踪结果，构建与验证天然植被根系吸水模型。目前，对于干旱区天然植被生态用水研究，多为通过植被根系吸水模型刻画。针对植被根系吸水研究主要集中在玉米、小麦或向日葵等农作物上，且以接受地表灌溉供水为主。对于干旱区天然植被根系吸水研究而言，存在这些模型所需诸多参数难以获取的难题。因此，本研究基于同位素示踪结果，在剖析干旱区生态环境特征基础上，改善和优化现有植被根系吸水模型，并应用到石羊河流域青土湖湿地分布区。

1）干旱区根系吸水优化模型建立

重点考虑西北内陆区干旱、少雨，水分来源主要为上游的生态输水特点，且上游输水呈间断性，导致区内地下水位埋深变幅较大等因素，将地下水位波动作为一个关键影响因子纳入吸水模型中，实现植被根系的吸水模式随着地下水位变化而改变。另外，还考虑了植被根系分布的主要区域并不一定是对应其吸收水分的主要位置，而且，当地下水位低于"极限生态水位"时潜水对根系吸水的供给能力大幅减弱甚至消失，这时植被根系分布更少，并向含水率分布更高的深层土壤中获取水分。

根据在青土湖湿地分布区监测数据，芦苇生长适宜生态水位深度 $\leqslant 1.2\mathrm{m}$，生态水位下限（埋深）为 $3.5\mathrm{m}$。因此，在根系吸水优化模型中，当地下水位埋深不大于 $1.2\mathrm{m}$ 时，参数 γ 设定为 1.0，认为土壤各层含水率较高，根系吸水的比率分配受到根系密度分布实况主导；当地下水位埋深大于 $1.2\mathrm{m}$ 时，则 γ 值呈线性减小 [式（6.1）]，表明随着地下水位埋深增加，土壤表层含水率降低，根系吸水有效性下降，此时根系分布对吸水量的影响力减弱，根系吸水比率发生了改变。

$$\gamma = \begin{cases} 1, & h \leqslant 120 \\ \dfrac{350-h}{230}, & 120 < h < 350 \\ 0, & h \geqslant 350 \end{cases} \tag{6.1}$$

式中，h 为地下水位埋深，cm。

2）根系吸水优化模型模拟结果

选取 V05 样带作为示范应用模拟区，模拟 2019 年 3 月 1 日至 2019 年 7 月 31 日（共计 153 天）芦苇根系吸水过程。该模拟时段的背景是：3 月之后模拟区表层土壤含水率出现明显增加，加之，气温回暖，芦苇等天然植被开始吸收水分维系生长，这一阶段植被根系主要吸用土壤水，这是模拟根系吸水的最佳时段。在此时段之后，地下水位不断下降，土壤含水率逐渐降低，植被生长进入稳定态，其对水分的需求量达到平衡状态，在这种情况下对其模拟，难以观察其根系吸水变化过程。

模拟的初始条件是选择开始模拟时刻的实测土壤含水率分布。上边界为大气边界，降雨量采用气象站监测数据，蒸发量采用彭曼公式计算获得；下边界设定为变水头边界（一类边界），由地下水位埋深数据确定。模型中参数，采用对土壤剖面进行岩性分层，根据不同深度处土壤颗粒级配及容重数据，计算和确定土壤水分运动参数，如表 6.9 所示。

表 6.9　青土湖湿地根系吸水优化模型土壤水分运动参数

土壤分层/cm	θ_r/（cm³/cm³）	θ_s/（cm³/cm³）	α	ω	K_s/（cm/d）
0~18	0.0466	0.3826	0.0375	3.1295	563.50
18~23	0.0430	0.4064	0.0067	1.5908	36.95
23~31	0.0455	0.3831	0.0382	2.6847	369.54
31~63	0.0392	0.3984	0.0109	1.5022	31.94
63~100	0.0411	0.3863	0.0415	2.1644	199.20
100~115	0.0387	0.3965	0.0126	1.4810	31.95
115~175	0.0479	0.3814	0.0366	3.4566	739.73
175~300	0.0376	0.3943	0.0162	1.4496	35.51

注：θ_r 为土壤实时体积含水率；θ_s 为土壤饱和体积含水率；α 为土壤水分胁迫函数；ω 为根系吸水分配函数；K_s 为渗透系数。

采用优化前模型模拟结果，如图 6.71（a）所示。从 3 月初至 7 月末，模拟区植被根系吸水的土壤层位为 10~65cm，且吸水层位没有随着季节变化而明显改变。模拟期间地下水位埋深 1.27~3.00m，且在模拟时段地下水位埋深不断增大。3 月中旬模拟区表层土壤（0~30cm）含水率 0.131~0.150，4 月中旬表层土壤含水率 0.092~0.227，5 月中旬模拟区表层土壤含水率 0.072~0.151，6 月中旬表层土壤含水率 0.043~0.096 和 7 月中旬模拟区表层土壤含水率 0.026~0.080。自 5 月之后，表层土壤含水率呈明显减少趋势特征，这种境况的表层土壤含水率难以满足植被根系水分需求。因此，5 月之后模拟结果呈现的植被根系吸水的土壤层位集中在根系较为密集表层土壤中，与实际情况之间差距较大。

采用根系吸水优化模型模拟结果，如图 6.71（b）所示。从 3 月初至 7 月末，植被根系吸水的土壤层位随时间而变化，3～4 月植被根系吸水的主要层位 10～50cm 深度；5 月之后，随着地下水位埋深增大，根系吸水的层位深度也逐渐下移，其中在 50～250cm 层位出现一定比率的吸水量。

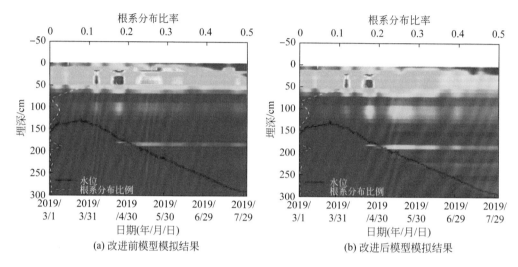

(a) 改进前模型模拟结果　　　　　　　　　　　(b) 改进后模型模拟结果

图 6.71　不同模型模拟青土湖湿地分布区 V05 样带典型植被根系吸水量时空变化特征

对比改进前后模型模拟的结果，地下水位埋深变化对植被根系吸水影响特征：当水位埋深较浅时，植被根系吸水受到根系分布主导，吸水量主要集中在根系分布比率较大的土壤层位；当水位埋深逐渐增大时，植被根系的吸水层位下移，根系分布对植被吸水的主导影响减弱，反映了青土湖湿地分布区天然植被根系吸水来自不同水源特征，受到地下水位变化显著影响。

3）根系吸水优化模型验证

通过采用优化前后模型分别模拟和结果对比分析可见，优化后根系吸水模型实现了植被根系吸水模式对地下水位埋深变化的响应特征。根据模拟区天然植被根系吸水的探测情况，分别选取 5 月 15 日（春季）和 7 月 31 日（夏季）两个时间点的根系吸水数据，进行对比分析，结果表明：优化前模型模拟的 5 月 15 日 0～30cm 土壤层的植被根系吸水量占总吸水量的 27.79%，30～80cm 土壤层的根系吸水量占 55.82%，以及 80cm 至潜水面土壤层的根系吸水量占 16.15%，其中地下水供给水量仅占根系总吸水量的 0.25%。7 月 31 日，0～30cm 土壤层的植被根系吸水量占总吸水量的 19.03%，30～80cm 土壤层的根系吸水量占 59.44%，80cm 至潜水面土壤层的根系吸水量占 20.98%，其中地下水供给水量占根系总吸水量的 0.57%（表 6.10）。

优化后模型模拟的 5 月 15 日 0～30cm 土壤层的植被根系吸水量占总吸水量的 22.16%，30～80cm 土壤层的根系吸水量占 42.84%，以及 80cm 至潜水面土壤层的根系吸水量占 33.64%，其中地下水供给水量仅占根系总吸水量的 1.35%。7 月 31 日，0～30cm 土壤层的植被根系吸水量占总吸水量的 12.15%，30～80cm 土壤层的根系吸水量占

28.09%，80cm 至潜水面土壤层的根系吸水量占 56.92%，其中地下水供给水量仅占根系总吸水量的 2.85%（表 6.10）。综上可知，模型优化后，随着地下水位埋深增大，深土壤水对根系吸水的贡献比率逐渐增加。

表 6.10　不同模型模拟青土湖湿地分布区 V05 样带典型植被根系吸水量的差异特征

层位序号	层位深度/cm	各层根系量占总量比率/%	改进前模型根系吸水量占比/%		改进后模型根系吸水量占比/%	
			5 月 15 日	7 月 31 日	5 月 15 日	7 月 31 日
1	0~30	39.58	27.79	19.03	22.16	12.15
2	30~80	44.76	55.82	59.44	42.84	28.09
3	80 至潜水面	9.24	16.15	20.98	33.64	56.92
4	地下水	6.42	0.25	0.57	1.35	2.85

采用同位素示踪结果（图 6.72）作为验证的基准值，即 5 月 15 日模拟区 0~30cm 土壤层对植被吸水的贡献率 24.7%、30~80cm 土壤层对植被吸水的贡献率 37.2% 和 80cm 深度至潜水面土壤层对植被吸水的贡献率 34.4%，地下水对植被吸水的贡献率 3.7%；7 月 31 日模拟区 0~30cm 土壤层对植被吸水的贡献率 5.0%、30~80cm 土壤层对植被吸水的贡献率 25.3% 和 80cm 深度至潜水面土壤层对植被吸水的贡献率 49.3%，地下水对植被吸水的贡献率 10.1%。由此可见，改进后的模型模拟结果更接近同位素示踪结果。

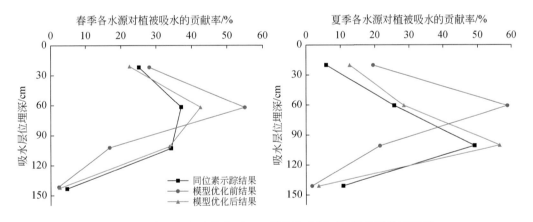

图 6.72　青土湖湿地分布区 V05 样带各水源对植被的平均贡献率

综上所述，在西北内陆石羊河流域下游青土湖湿地分布区实施非生长季生态输水，呈现出湿地水域面积及周边天然植被生态修复效果，该区地下水生态功能得到一定程度修复，并在天然植被生长发育过程中发挥着重要作用。从每年春季→夏季→秋季，该湿地分布区地下水位先降、后升，当地典型植被芦苇和白刺的吸水层位也呈先降、后升的变化特征，这些得益于每年秋季生态输水影响。在每年春季冻土融化之后，浅层土壤含水率增大，地下水位埋深较浅，有利于春季植被萌发和生长，芦苇和白刺等天然植被主要吸用近地表土壤水；进入夏季，在强烈蒸散发作用、上游来水量大幅减少、植被生长耗水和当地农业开采量增大等多重因素影响下，湿地分布区地下水位大幅下降，包气带浅层土壤含水率显著减少，芦苇和白刺的吸水层位随之下移，主要吸用中、深层土壤水。进入秋季，开始生态输水，青土湖湿地分布区地下水位呈现上升过程，芦苇和白刺等天然植被的吸水层位呈现小幅度上移特征。由此可见，在生态输水背景下地下水与湿地生态系统之间存在协同作用机制。

6.4　干旱区自然湿地地下水生态功能保护关键指标体系

干旱区湿地地下水生态功能关键参数与安全界限是自然湿地生态保护、预警和管控的基础，包括湿地水域和植被分布区应恢复的最大面积及其对应的适宜生态水位、临界水位和极限水位，以及它们对应的极小生态需水量阈值等参数。

6.4.1　青土湖湿地分布区天然植被恢复范围时空变化特征

识别和确定石羊河流域青土湖湿地的生态水位，首先需要明确青土湖湿地水域和植被恢复面积与长势等背景。从图 6.73 可见，在 2010 年 9 月实施生态输水以来，青土湖湿地分布区范围内不同位置监测站点反映天然植被长势特征的 NDVI 都呈现显著变化特征。由此可知，既然青土湖湿地分布区天然植被因生态输水得到明显恢复，则生态输水前后植被长势必然反映在 NDVI 值变化上，具有模拟可识别特征，由此，可以确定湿地生态恢复区域的范围。

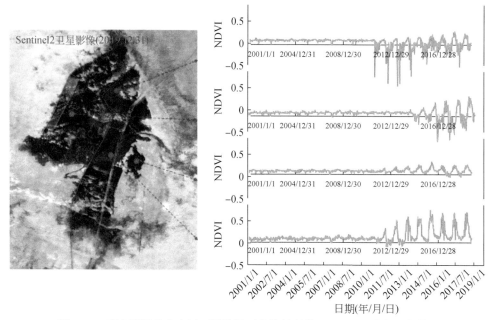

图 6.73　青土湖湿地分布区不同位置天然植被长势（NDVI）动态变化特征

基于上述植被恢复范围的提取方法，通过逐像元计算，获得了自 2010 年生态输水以来各年度石羊河流域下游青土湖湿地分布区天然植被恢复区域（图 6.74）。从图 6.74 可见，生态输水在促进青土湖湿地天然植被恢复过程中，湿地南部和中部的天然植被恢复较早，这是因为生态输水主渠道由南向北，南部和中部最先获得生态水，且获得生态补水比较充分；后期湿地西部和西北部的植被逐渐恢复，这些区地下水位明显上升，天然植被更容易获取地下水或通过支持毛细作用供给水分，加之，建设生态输水的西部支渠，能够直接将生态输水送至湿地西部和西北部。由此可见，青土湖湿地天然植被恢复范围的大小与生态输水状况之间密切相关。

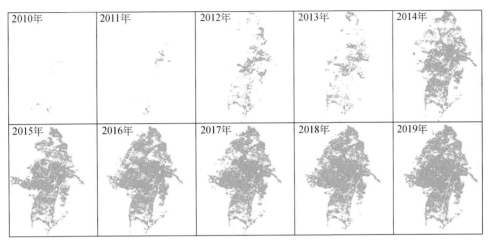

图6.74 自2010年生态输水以来青土湖湿地分布区天然植被恢复范围年际变化特征

通过对比2010年9月生态输水以来石羊河流域下游青土湖湿地分布区天然植被恢复范围（面积）与入湖水量之间互动关系（图6.75），发现：2016年以来该湿地分布区植被恢复的空间分布和面积不仅趋于稳定，而且，还呈现天然植被恢复面积变化与生态输水之间存在一定滞后性。由于每年秋季（9~11月）开始生态输水，而此时已经错过青土湖湿地分布区天然植被利用水的主要时段，以至当年青土湖湿地分布区植被生长所需水分主要受前一年生态输水对土壤水和地下水补给范围和程度影响。另外，每年秋季生态输水促使地下水位上升，导致地下水生态功能修复的效应滞后当年生态输水期，下一年天然植被生态对地下水生态功能修复进行响应，包括多样性增加等。从图6.75可以看出，2012年、2014年和2016年青土湖湿地分布区天然植被恢复面积的增长率较高，分别对应2010年、2012年和2014年较大的生态输水量，表征青土湖湿地分布区天然植被恢复对生态输水的响应滞后时间在1年以上。

6.4.2 青土湖湿地分布区天然植被长势时空变化特征

青土湖湿地分布区天然植被长势可以从年内、年际变化的两个时间尺度上识别。从青土湖湿地分布区天然植被年内长势变化特征来看，年内湿地植被长势与当年湿地水域面积之间没有呈现较强的线性相关特征（图6.76）。例如，11月至次年5月份，湿地水域面积较大，而湿地生态指数NDVI值较小或为负值；7~8月，湿地水域面积较小，而湿地生态NDVI较大。因生态输水和蒸发强度较弱，春、秋和冬季青土湖湿地分布区水域面积较大；

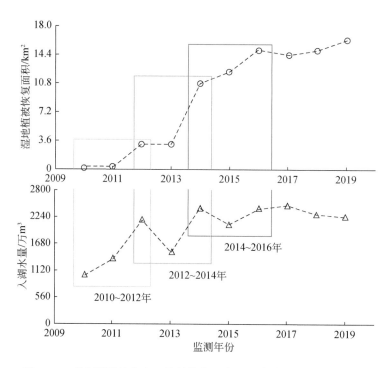

图 6.75 青土湖湿地分布区植被恢复面积和入湖水量年际变化特征

进入夏季后，湿地水域面积明显萎缩，这期间是湿地天然植被长势最为旺盛、需水最为强烈时期，主要依赖前一年生态输水补给土壤水和地下水的水源供给。

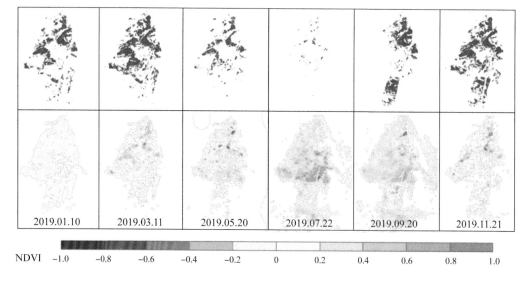

图 6.76 2019 年年内不同季节青土湖湿地分布区天然植被长势和水域范围变化特征

从青土湖湿地分布区天然植被长势（生长季 NDVI 均值，记作 MNDVI；AMNDVI 为湿地全区域 MNDVI 的均值）年际变化特征来看，自 2010 年 9 月生态输水以来，该湿地分布区天然植被恢复不仅面积显著增大，而且植被长势也明显变好，2015 年以来 AMNDVI 都处于 0.14 以上，而 2011~2014 年 AMNDVI 为 0.08~0.11（表 6.11），这表明生态输水量基本稳定之后，青土湖湿地分布区地下水生态功能修复处于良好境况，有效维系了该湿地分布区天然植被生境质量。

表 6.11　生态输水以来青土湖湿地分布区全区平均 NDVI 年际变化特征

年份	2010	2011	2012	2013	2014	2015	2016	2017	2018	2019
AMNDVI	—	0.08	0.09	0.11	0.11	0.14	0.15	0.15	0.15	0.17

6.4.3　青土湖湿地分布区天然植被恢复生态水位识别与确定

根据西北内陆流域平原区天然植被生态情势与地下水位埋深之间关系，湿地分布区地下水关键参数包括临界生态水位、适宜生态水位和极限生态水位。地下水的临界生态水位包括盐渍化生态水位和生态警戒水位（埋深）。盐渍化生态水位主要是指防控地下水位埋深过浅，其通过支持毛细水带输送水盐至地表土层，在强烈蒸发作用下地下水中盐分积聚地表，造成表层土壤盐渍化，抑制天然植被生长的水位埋深。生态警戒水位是指潜水蒸发趋于零的水位埋深，包气带上部土壤干燥，浅根草本植被会因缺水而枯萎或死亡，根系较深的乔灌木主根向下延伸吸收地下水，具有一定的抵御表层土壤水分严重亏缺的能力，但植被生长会受到不同程度的水分胁迫。适宜生态水位是指潜水面之上的支持毛细水带前缘延伸至天然植被主根系层中，能满足植被根系层充分供水，几乎所有植被耗用水都能得到供给保障，同时既不会导致地表土地盐碱化，也不会荒漠化。在适宜生态水位（埋深）分布区，天然植被覆盖度、长势和生物多样性都处于最好境况。

为了识别和确定青土湖湿地分布区地下水生态水位的关键参数，构建地下水位埋深与湿地分布区天然植被恢复面积之间函数关系。当植被恢复面积最大时，对应的地下水位埋深为适宜生态水位（埋深），由此，确定湿地分布区地下水生态水位的阈值。在构建上述关系中，重点考虑：①湿地分布区天然植被良好生长时，要求根系层土壤含水率不宜过高或过低，土壤含水率过高或水淹状态下植被根系因无法获取氧气而受涝渍，土壤含水率过低下植被因根系吸水来源不足而凋萎；②基于无人机遥感数据，青土湖湿地分布区湖底地面高程符合正态分布，应采用正态分布函数描述地下水位埋深与天然植被恢复面积之间关系（图 6.77）。

基于图 6.77 中的地下水位埋深与各生态水位之间关系，设置 5 个生态水位（埋深）分别为 h_{eu}、h_{cu}、h_{op}、h_{cl} 和 h_{el}。h_{eu} 和 h_{el} 分别表示沼泽化水位和荒漠化水位，当地下水位埋深小于 h_{eu} 时，表示左边的累积比率小于 1.0%；当地下水位埋深大于 h_{el} 时，代表右边的累积比率小于 1.0%。当地下水位埋深小于 h_{el} 和大于 h_{eu} 时，表明湿地分布区天然植被得到部分恢复。h_{cu} 和 h_{cl} 代表湿地天然植被恢复面积变化最快的地下水位埋深，分别为盐渍化水位和生态警戒水位；当地下水位埋深小于 h_{cu} 时，表示湿地内盐渍化明显加重；当地下水位埋深大于 h_{cl} 时，表示湿地植被因受缺水而逐渐退化。h_{op} 则代表湿地植被恢复面

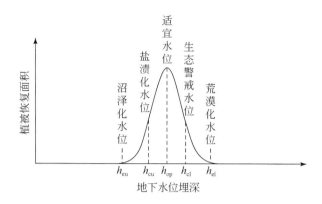

图 6.77 西北内陆流域下游湿地分布区植被恢复面积与地下水的阈值水位埋深之间关系

积最大境况下地下水位埋深，为湿地分布区天然植被的适宜生态水位；当地下水位埋深处于该值附近时，植被恢复面积最大，可视为天然植被生态得到最佳修复。

基于青土湖湿地分布区地下水位埋深和天然植被恢复面积数据（图 6.78），通过最小二乘法拟合获得二者关系式，相关系数（R^2）为 0.94，有

$$S_{hf} = 17.08 \cdot \exp\left[-\frac{1}{2} \cdot \left(\frac{h-2.91}{0.31}\right)^2\right] \tag{6.2}$$

式中，S_{hf} 为湿地分布区天然植被恢复面积，km^2；h 为湿地分布区地下水位埋深，m。

由图 6.78 和式（6.2），获得青土湖湿地分布区天然植被恢复的最大面积为 17.08km^2，它对应的沼泽化防控生态水位（埋深）为 2.18m、盐渍化防控生态水位（埋深）为 2.60m、荒漠化防控生态水位（埋深）为 3.64m，以及现状生态输水条件下适宜生态水位（埋深）为 2.91m 和生态警戒水位（埋深）为 3.22m。在现状生态输水条件下，当青土湖湿地分布区地下水位埋深大于 3.22m 时，区内天然植被生态可能会出现退化迹象。

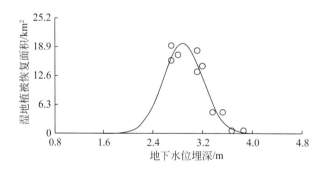

图 6.78 青土湖湿地分布区天然植被恢复面积与地下水位埋深之间关系

采用长时间序列高空卫星遥感数据和构建的植被恢复范围逐年提取方法，确定了自 2010 年生态输水以来的各年植被恢复范围（图 6.75 和图 6.76）。结果表明，生态输水有效恢复了石羊河流域下游青土湖自然湿地植被，且近几年来植被恢复面积趋于稳定，新增植被恢复区域与生态输水之间具有一定滞后性，滞后时间 1 年以上。

从卫星遥感影像解译的植被长势特征来看，湿地植被长势在空间上存在显著差异，湿地中心区植被长势最好，西北部长势较差，但是有迹象表明可通过生态输水的空间进一步合理分配能提升湿地西北部植被整体长势。

通过构建湿地分布区植被恢复面积-地下水埋深关系模型，结合干旱区湿地生态水位的定义，得到了青土湖湿地的各生态水位（埋深）阈值：适宜生态水位为 2.91m，生态警戒水位为 3.22m，盐渍化水位为 2.60m，荒漠化水位为 3.64m 和沼泽化水位为 2.18m。与西北内陆干旱区不同类型植被的生态水位汇总数据对比，同时考虑青土湖湿地主要恢复的植被为芦苇，对比结果表明针对青土湖湿地估算的生态水位阈值符合当地实际情况。

6.5　青土湖湿地生态-水文耦合模型构建

石羊河流域下游区青土湖湿地生态-水文耦合模型构建，是基于物理过程的地下水-湿地生态水文耦合模型，是在前述研究成果和认识基础上的凝练和深化。目前，构建生态水文模型多数采用现有的卫星遥感高程数据，但是，青土湖湿地分布面积较小，现有卫星遥感的高程数据空间分辨率和高程数据精度反映微地貌变化难以满足该湿地分布区模型构建需求，采用这数据不能高分辨地反映青土湖湿地分布区地形起伏变化，以至影响模拟和预测湿地水域面积和生态需水量准确性。针对该难题，本研究采用无人机航测获取的高分辨率和高精度的高程数据作为模型高程的输入数据，并通过长时间序列卫星反演的湿地水域变化数据，检验模型模拟结果，确保构建的模型能够比较客观地反映青土湖湿地分布区地表水-地下水水文过程和生态效应；同时，基于在青土湖湿地分布区开展的湿地多要素动态一体化监测获得的数据，效验模型描述该区地下水-湖水之间相互作用关系，以期支撑生态输水下青土湖湿地生态情势的监测-预警和管控需求。

6.5.1　青土湖湿地生态-水文耦合模型构建概况

针对已有的卫星高程数据和无人高程数据，结合青土湖湿地分布区及周边水文地质条件，确定生态水文模型的范围、边界和模型地表高程的处理方法等，以实现概念模型构建。

1）模型范围

青土湖湿地分布区是模型模拟的重点范围。因缺少天然水文地质边界，为减小边界不确定性对模拟结果的影响，模型范围自青土湖湿地分布区向外扩展至北部、东部和西部的沙漠接壤处，南部边界位置为青土湖湿地分布区与民勤盆地之间断裂带（图 6.79），由此模拟区面积为 400km²。在青土湖湿地分布区东北部与沙漠之间存在明显的地势高程和地貌差异，界线较分明；在西北部，地表高程明显高于青土湖湿地分布区。

2）边界条件概化

青土湖湿地分布区地下水补给来源，主要有侧向地下径流补给、生态输水渠道的渗漏补给和湿地水域渗漏补给，以及当地降水入渗补给；地下水排泄途径，主要为侧向地下径

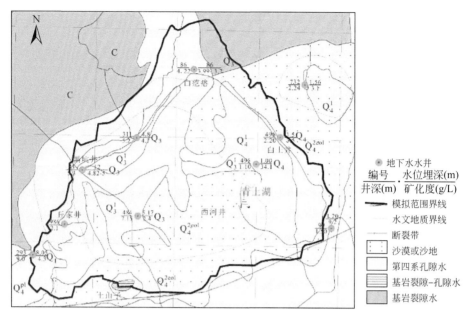

图 6.79　石羊河流域下游青土湖湿地分布区模型模拟范围

流排泄、蒸散发和地下水向湖、沟渠地表水体排泄。①侧向径流边界,分别为模拟区的东、北、西部,都被沙漠包围,模拟区地下水系统接受这 3 个方向的侧向地下径流流入补给;模拟区南部的隐伏断层带,存在较弱地下水水力联系,根据实测水位模型中将南部边界概化为给定水头边界。②底边界,模拟深度为地面以下 100m 深度范围,在该深度处地下水流以水平流动为主,模型中概化为零水流通量边界。③上边界,接受降水入渗和蒸散发过程,以及湿地水域、沟渠地表水体与地下水之间相互转化,分别由补给、蒸散发和地表水体交换过程刻画;模拟区内,没有人工开采等源汇项。

（1）侧向边界（图 6.80）,模拟区北部、东北部和西部边界的给定流量初始值,是基于模拟区地下水等水位线分布的水力梯度和含水层的水力传导系数而确定;在获得合理的稳定流初始流场时,对边界条件的流量进行了大量测试,以确定模拟边界的流量值范围。在模拟区南部给定水头边界,依据实测的各个监测点地下水位值给定。

（2）上边界,降水入渗和蒸散发。2000 年以来青土湖湿地分布区模拟区多年年均降水量 120mm,由于气候干旱和蒸发强烈,降水对模拟区地下水的实际入渗补给水量极小,采用降水量与降水入渗系数之积确定。在模拟中,降水入渗补给量划分为两个分区,在地下水位埋深较浅的分布区降水入渗系数为 0.1;在青土湖湿地分布区外围、地下水位埋深大于 5m 的区域,降水对地下水入渗补给水量可以忽略。采用基于彭曼-蒙特斯公式获得模拟区湿地水域蒸发量,区内多年平均水体蒸发量为 1950mm,模拟中将每个应力期的水面蒸发量分解为各月均值。

潜水蒸发量与地下水位埋深相关。根据青土湖湿地分布区模拟区表层 4 ~ 5m 深度为细砂及砾砂层互层沉积物,确定其潜水蒸发极限深度 3.5m。区内试验数据表明,潜水位埋深 0.5m 时,细砂层地下水蒸发系数为 0.3 和砾砂层蒸发系数为 0.03。在模拟中,将青土

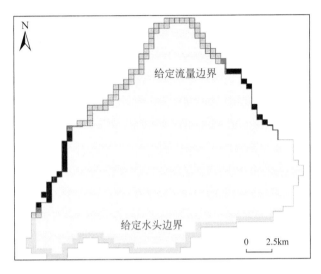

图 6.80　青土湖湿地分布区模型中侧向边界类型

湖湿地分布区范围以外的区域潜水蒸发强度依据其水位埋深分段设置；在青土湖湿地分布区内，考虑地下水位埋深较小，因此将潜水蒸发强度设置为随水位埋深和季节不同而发生变化。

输水渠道与地下水交换量：根据实地调查，输水渠道有 2 条，在生态输水季节（每年 9～11 月）输水渠道过水，在其他时段处于干涸状态。河流与地下水之间交换量和交换速率，由渠水位标高、渠床基底标高和渠道渗漏系数控制。渠道渗漏系数依据河床厚度、渠流宽度和渠床垂向渗透系数等计算获得。根据地面高程进行渠床基底标高设置。由于输水渠道为人工开挖，输水渠道的宽度和深度规范并固定。渠水位是根据输水时渠道内实际水深进行设定，其中在夏秋季放水时渠道内水深为 2～3m，非输水季节渠道与地下水交换量忽略不计。在输水时段，渠道渗漏对地下水补给明显影响渠道带地下水位变化，所以，在河流模块的调参过程中，除了考虑渠水位和底板标高之外，还重点考虑渠床渗漏系数的设置合理性。基于渠道网格面积和厚度，设置了渠道的渗漏系数初始值，通过模拟拟合调整该参数，直至满足模拟要求。在输水季节，渠道渗漏系数较大；在非输水季节，渠道渗漏系数极小，设置为 $0.00001m^3/d$。

湿地水域（湖泊）与地下水交换量：青土湖湿地的水域面积大小、蒸发量都对模拟区地下水交换量产生影响，同时对湿地分布范围和模拟区地下水均衡产生影响，由此该项模拟是重要内容。青土湖湿地分布区地表高程变化比较复杂，起伏多变，湿地水域面积、水深等与该区地表高程紧密相关。其中该区网格地表高程的刻画精度直接影响湿地水域面积和水深（水位）等模拟结果，较粗网格难以精细刻画湿地水域变化范围，过于精细网格会带来不必要的巨大时间等投入成本。综合考虑以上因素，采用 30m×30m 网格单元，地表高程数据采用低空无人机遥感测量资料确定。青土湖湿地的水域面积随时间变化，其面积大小直接影响其与地下水之间交换量。由于湿地水域基底地形相对固定，所以，湿地水域面积与其深度之间呈正相关关系。当湿地水域面积较大时，其深度随之增大，即湿地水域面积变化反映青土湖湿地湖区水深变化的程度。湿地水域面积越大，水体蒸发量也越大。为了反映湿地水域面积动态变化及相应蒸发量变化，模型中选取湖泊模块模拟湿地水域面积、水深、蒸发量和地表水域（湖水）与地下水之间交换量动态变化情况。

为了确保青土湖湿地分布区水域动态模拟达到应有精细要求，采用 2017~2018 年多个月份湿地水域面积较大的遥感图像信息作为数据，将不同月份解译的湖面分布范围叠加，叠加之后圈定模拟采用较大水域范围，覆盖了青土湖湿地水域可能覆盖绝大部分区域，如图 6.81 所示。在湖泊模块中，湿地水域水深（水位）是根据水域范围水均衡量确定的，在每个时间步长中的水位是基于上个时间步长计算的水位和当前时间步长内的降水量、蒸发量、径流量、用水量和与其他系统之间交换量确定。通过上述计算过程，并根据湿地水域水位分布状况，获得不同时段湿地水域面积及其与地下水之间交换量。

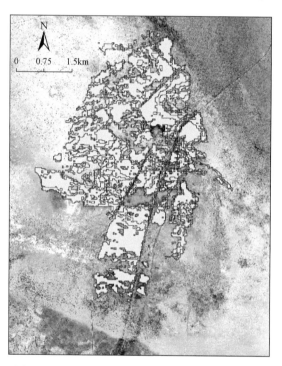

图 6.81　青土湖湿地分布区模型中水域模拟范围

3）模拟参数

模拟参数包括含水层水力传导系数、给水度和储水系数等，它们初始值的给定是基于区内钻探资料和本书野外探测数据，并在模型校正过程中对以上参数进行了识别和优化。

6.5.2　青土湖湿地生态-水文耦合模拟结果

采用 MODFLOW 程序中三维非稳定流，开展青土湖湿地生态-水文耦合模拟，结果如下。

1. 生态输水前后湿地分布区地下水流场变化特征

1）模拟区地下水流场时空变化特征

通过生态输水前 2010 年与输水后 2020 年的地下水位对比的结果表明，生态输水促进了模拟区地下水位明显上升，其中在模拟区西部和北部，地下水位变幅较小；在模拟区中部地下水位上升较明显。在生态输水前湿地水域及周边地下水位为 1305～1306m，生态输水 10 年之后该区域地下水位上升至 1306～1307m；在模拟区东南部，地下水位线呈现明显偏移，表明该区地下水位上升幅度较大（图 6.82）。

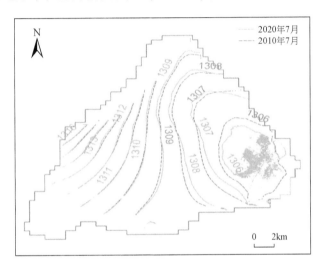

图 6.82   生态输水 10 年之后青土湖湿地地下水流场变化特征（单位：m）

从 2010 年 9 月生态输水以来的逐年地下水流场变化特征来看，2011～2014 年模拟区地下水位恢复较快，2015～2016 年该区地下水位恢复速率变缓，直至 2017 年以来模拟区地下水流场趋于稳定状态（图 6.83）。

2）不同分辨率下模拟区地下水位埋深时空变化特征

（1）利用模型高程数据（空间分辨率 30m）减去地下水位数据，获得 2009 年 8 月 1 日至 2020 年 7 月 31 日地下水位埋深的模拟结果，按照水位埋深分别为 0、1m、2m 和 3m 统计各年内相应分布区面积变幅，由此，近 10 年来不同水位埋深对应面积度幅逐年变化特征如图 6.84 所示。

从图 6.84 可见，在 2009 年 8 月 1 日至 2009 年 10 月 31 日期间，4 种地下水位埋深的分布面积变幅都趋于 0km²。自 2009 年 10 月 31 日起，4 种水位埋深的分布区面积变幅都逐年增大特征，至 2012 年 8 月 31 日之后 4 种分布区面积的变幅呈现波动平衡状态，呈现每年 7 月的面积变幅最小，每年 11 月的面积变幅最大。自 2012 年 8 月 31 日以来，在 4 种水位埋深分布区中，水位埋深不大于 0m 的分布面积变幅为 6～14km²，水位埋深 0～1m 的分布面积变幅为 6～11km²，水位埋深 1～2m 的分布面积变幅 4～8km²，以及水位埋深 2～3m 的分布面积变幅 1.5～4.5km²。至 2012 年以来在每年有限的生态输水量下，湿地分布

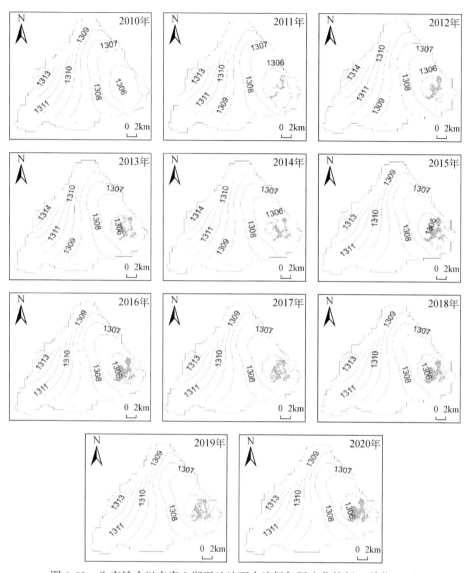

图 6.83　生态输水以来青土湖湿地地下水流场年际变化特征（单位：m）

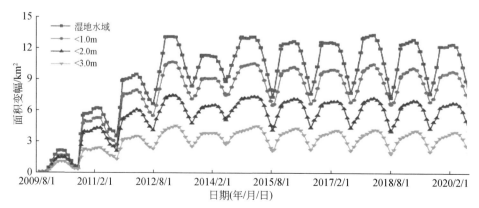

图 6.84　生态输水 10 年以来青土湖湿地分布区不同水位埋深对应面积变幅年际变化特征

基于 30m 空间分辨率的结果

区地下水生态功能修复范围和程度处于相对稳定状态,生态输水对青土湖湿地水域分布区之外地下水位修复影响较小。

(2)基于无人机高精度分辨率(1m)高程数据,按照地下水位埋深分别为 0、1m、2m 和 3m 统计各年内相应分布区面积变幅,结果如图 6.85 和图 6.86 所示。2009 年 8 月 1 日至 2009 年 10 月 31 日,4 种水位埋深的分布区面积都处于极小值、且相对稳定状态;自生态输水开始(2009 年 10 月 31 日)以来,4 种水位埋深的分布区面积都呈现波动增大趋势,其波动变化特征与每年生态输水时段保持一致。2012 年 8 月 31 日以来,4 种水位埋深的分布区面积变化都呈现相对固定状态,每年 7 月出现极小值,每年 11 月出现极大值。

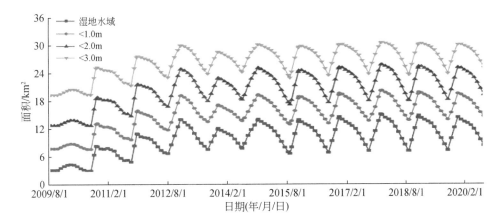

图 6.85 生态输水以来青土湖湿地不同水位埋深对应面积实测值年际变化特征

基于 1.0m 空间分辨率的结果

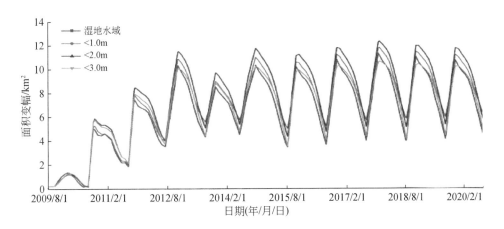

图 6.86 生态输水以来青土湖湿地不同水位埋深对应面积变幅实测值逐年变化特征

基于 1.0m 空间分辨率的结果

(3)不同水位埋深分布面积极小值与极大值年际变化特征

基于每年红崖山水库向青土湖湿地分布区生态输水,在输水前后模拟区呈现地下水低水位期(每年 7 月)和高水位期(每年 11 月)的年际变化规律,选取 7 月末(水位埋深最大）和 11 月末（水位埋深最小）两个时段，分析模拟区地下水位埋深分布及年际变化特征（图 6.87）。

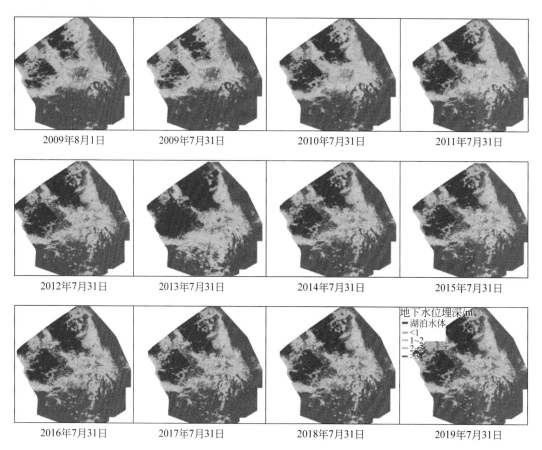

2009年8月1日　　2009年7月31日　　2010年7月31日　　2011年7月31日

2012年7月31日　　2013年7月31日　　2014年7月31日　　2015年7月31日

2016年7月31日　　2017年7月31日　　2018年7月31日　　2019年7月31日

图 6.87　生态输水以来青土湖湿地分布区每年生态输水前（7 月）地下水位埋深分布特征

从图 6.87 可见，2009～2019 年每年 7 月末青土湖湿地分布区地下水位埋深都呈现东部深、西浅的分布特征。地下水位埋深小于 1m 的区域主要分布在模拟区西北部，而地下水位埋深大于 3m 的区域主要分布在模拟区东南部，这与该区地面高程分布特征相一致。自 2009 年生态输水以来，青土湖湿地分布区地下水位埋深呈现逐年减小趋势，水位埋深小于 1m 的区域范围逐年由西北部向东南部扩大，2012 年之后已延伸至模拟区中部。在生态输水前，地下水位埋深大于 3m 的分布面积几乎占据模拟区 1/2 面积；生态输水以来，地下水位埋深大于 3m 的分布面积逐年减小，自 2012 年 7 月末以来该区分布面积呈现较为稳定状态，年际变化幅度较小。

从图 6.88 可见，2009～2019 年每年 11 月末青土湖湿地分布区地下水位埋深仍然呈现东部深、西浅的分布特征。地下水位埋深小于 1m 的区域主要分布模拟区西北部，而地下水位埋深大于 3m 的区域主要分布在模拟区东南部。自 2009 年 9 月生态输水以来，模拟区地下水位埋深呈现逐年减小趋势，尤其地下水位埋深小于 1m 的分布面积逐年扩大，由模拟区西北部向东南部逐年扩展。自 2012 年 1 月以来该区域范围覆盖了模拟区大部分地区，而水位埋深大于 3m 的分布面积逐年萎缩；2012 年以来各年 11 月末的地下水位埋深状况较为相似，变化幅度较小。

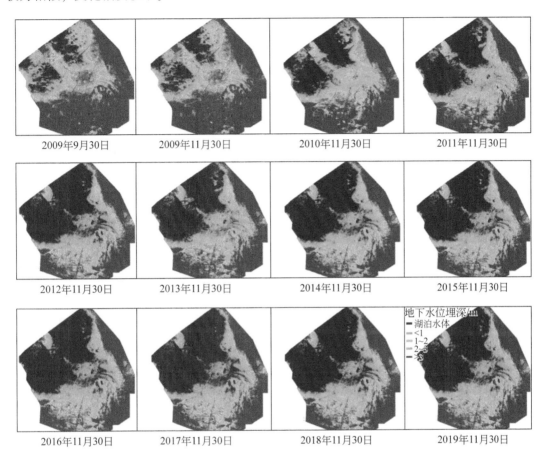

图 6.88　生态输水以来青土湖湿地分布区每年生态输水后（11 月）地下水位埋深分布特征

通过对比 2009 年以来的每年 7 月末与 11 月末模拟区地下水位埋深分布特征可知，在生态输水之前，青土湖湿地分布区夏、冬两个季的地下水位埋深之间差异不明显；而生态输水之后，每年 7 月与 11 月的地下水位埋深分布状况明显不同。每年 7 月末模拟区地下水位埋深明显大于每年 11 月末的水位埋深；每年 7 月地下水埋深小于 1m 的分布面积明显小于 11 月水位埋深分布面积，而每年 11 月地下水位埋深大于 3m 的分布面积明显大于 11 月水位埋深分布面积。这充分表明生态输水对青土湖湿地分布区地下水生态功能的修复是不可缺少的必要条件。

2. 青土湖湿地分布区水均衡特征

生态输水已成为青土湖湿地分布区水均衡中新增的重要补给项，随着逐年定期生态输水，导致该区水域面积、地表水体水位和地下水位埋深的明显变化，打破了生态输水之前青土湖湿地分布区水均衡，由此需要新的水均衡分析。这里的水均衡分析范围，如图 6.89 所示，其中蓝色区域是重点水均衡范围。

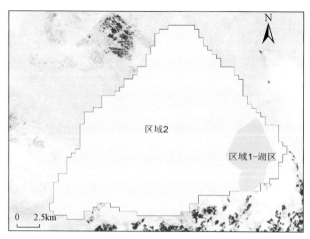

图 6.89　青土湖湿地分布区水均衡计算区域划分

在生态输水期间，湿地水域和输水渠道地下水渗漏已成为水均衡区地下水系统主要补给源，在 2010~2012 年期间青土湖湿地水域渗漏补给地下水的水量逐年明显增大，之后波动变化。水均衡区地下水向地表水的排泄量呈现先降后波动变化特征，如图 6.90 所示。

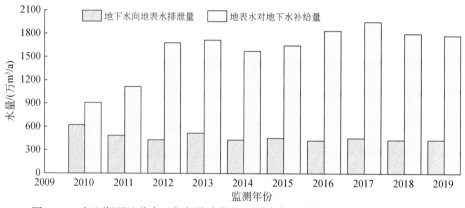

图 6.90　青土湖湿地分布区每年输水期间地下水与地表水之间交换量变化特征

该处年份为 8 月 1 日至次年 7 月 31 日

从图 6.91 可以看出，在生态输水之前，湿地水域分布区外围区域地下水呈现补给湿地分布区地下水；在生态输水之后，湿地分布区地下水补给外围区域地下水，两个区域之间补排关系发生转变。在 2010 年、2011 年和 2013 年，由于生态输水量较少，所以，呈现外围区域地下水补给湿地分布区地下水过程。2013 年以来，由于生态输水量增大，加之，逐年补水对湿地水域分布区地下水渗漏补给累计增加，以至该区潜水水位逐年上升，同时，湿地分布区地下水逐年增大补给外围区域地下水。上述补给水量大小与当地湿地水域面积变化相关。

为进一步验证水均衡模型的可靠性，采用能量平衡法获得湿地水域蒸发量。该蒸发量估算采用点尺度上的实际蒸发量与湿地水域面积之积算法。青土湖湿地水域面积年内变化较大，其动态变化状况是依据遥感影像识别和确定的。

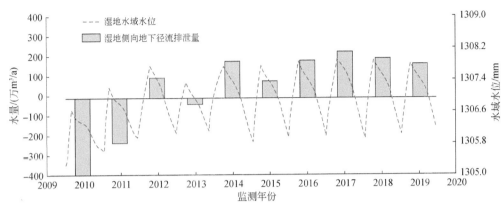

图 6.91　生态输水以来青土湖湿地分布区侧向地下径流排泄量及水域水位变化特征

从水均衡模拟结果（图 6.92）来看，青土湖湿地分布区地下水系统的主要补给源是湿地水域渗漏补给量，其次为输水渠道渗漏补给量，以及湿地外围区域侧向地下径流补给量。随着湿地水域分布区地下水位不断上升，湿地外围侧向地下径流补给量不断减少，自 2013 年以来该补给量明显小于湿地水域分布区侧向地下径流排泄量，湿地水域渗漏补给量占主导。均衡区地下水系统的主要排泄项是蒸散发量，其次是湿地水域分布区侧向地下径流排泄量。

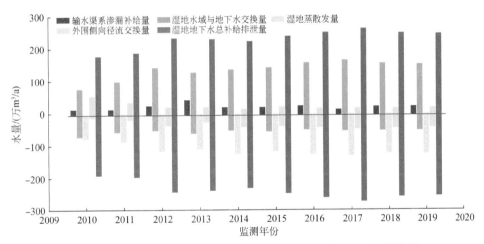

图 6.92　生态输水以来青土湖湿地分布区地下水均衡源汇项变化特征
正值表示湿地分布区地下水获得补给量，负值表示地下水排泄量

综上所述，基于模型水均衡分析结果，自石羊河流域下游青土湖湿地分布区生态输水补给以来，蒸散发量是该区地下水系统主要排泄项，蒸发量占该区地下水排泄总量的 50%左右；生态输水是该湿地分布区地下水系统主要补给来源，包括输水渠道和湿地水域渗漏补给量，占该区地下水总补给量的 70% 以上。

6.6　基于湿地生态功能保护的输水方案与安全调控技术体系

有关石羊河流域下游区青土湖湿地分布区的适宜生态水位和不同生态输水情景下该区

地下水位埋深变化特征在前面已详尽阐述。在此基础上，应用上述识别和验证的模型模拟，侧重讨论未来不同生态输水方案情景下青土湖湿地分布区水域面积、地下水位埋深和水均衡变化趋势，识别不同生态输水管理模式将会对该湿地分布区地下水生态功能产生什么样影响，以期为未来青土湖湿地生态输水的优化管理提供科学依据。

6.6.1 青土湖生态输水现状及管理目标

石羊河流域下游青土湖湿地分布区生态输水的水源地——红崖山水库修建于1958年，是拦截石羊河河水而形成的平原水库。该水库地处石羊河干流河道中部，距离石羊河下游青土湖湿地分布区130km²，现库容为1.27亿m³，控制流域面积为1.34万km²。红崖山水库建成后，主要是解决民勤绿洲农田灌溉供水。从水库的入库水量来看，2000年之前来自中游区进入民勤盆地的地表水呈减少趋势（表6.12），在水库调度上尚未考虑下游河道和青土湖湿地生态供水问题。红崖山水库大规模拦蓄进入民勤盆地的地表水，曾致使石羊河流域下游100km以上的河道废弃，导致民勤绿洲地下水位不断下降，天然绿洲大幅萎缩及植被枯死，土地沙漠化面积不断扩大。

表6.12 1960年以来红崖山水库年均入库水量变化特征

时段	1960~1969年	1970~1979年	1980~1989年	1990~1999年	2000年	2001~2009年	2010~2021年
年均入库水量/(亿m³/a)	4.56	3.23	2.29	1.47	1.14	1.47	人工调入生态输水

为改善石羊河流域生态环境，《石羊河流域重点治理规划》（2007年）中明确，自2010年开始从红崖（表6.7）山水库向青土湖湿地分布区下泄生态水量为1290万m³，2011~2021年年均下泄生态水量为2900万m³，其中2017年下泄生态水量达3830万m³，青土湖湿地水域面积得到明显修复。红崖山水库水量补给，主要依托天然河道来水和景电二期人工调水工程。

《石羊河流域重点治理规划》（2007年）中明确，2010年地下水停止超采，生态环境恶化得到有效遏制；至2020年通过进一步合理配置水资源，民勤盆地实现一定范围的地下水正均衡，生态环境得到明显改善，北部地下水位埋深小于3m范围逐渐扩大，期望绿洲规模稳定在不少于1000km²水平。在上游来水量较少的年份，优先保证生活用水，其次保证重点工业和基本生态用水，剩余水量满足农业和其他用水；在来水量充足的年份，配水优先序不变，水量不再增加，富余水量满足工农业用水需求之后，增加沿河道下泄生态水量。

6.6.2 青土湖生态输水情景方案设置

1. 情景方案设置

生态输水量规模的不同直接影响青土湖分布区入湖水量的多少，生态输水量的规模受石羊河流域中、上游来水量约束。入湖水量的多少不仅影响湿地水域面积、地下水位埋深和湿地分布区天然植被生态恢复状况。因此，模拟预测未来青土湖分布区水域面积、地下水位埋深和天然植被生态恢复变化趋势，合理的年输水量确定是关键指之一。在本书的模拟中，直接采用青土湖湿地分布区入湖水量，而不是红崖山水库下泄水量，由此，避免了因不同规模输水量下入湖水量占比不同而带来不确定性的影响。

输水时段的不同也是模拟预测未来青土湖分布区水域面积、地下水水埋深和天然植被生态恢复变化趋势的需要重点考虑影响因素。在过去 10 余年的生态输水中，生态输水最早的年份是开始于当年 6 月上旬，结束最晚为 11 月下旬，其中 9~11 月输水的年份占 80% 以上；输水时长最短为 50 天，最长时段为 150 天，其中 90 天以上的年份占 70% 以上。因此，在本研究的系列情景设置中，模拟分析采用以同一生态输水量条件下改变输水时段对输水效果的影响，以及输水起始时间和输水时长两方面考虑。

从过去石羊河生态输水数据可知，每年生态输水都是持续性输水。生态输水时段，通常需要结合上、中游工农业用水状况，尽可能避免与生产用水峰期发生较严重冲突。优先保证生态输水，应重点体现在水资源额度的配置上，具体输水时段（月份）应具备协调机制，以确保流域水资源配置与管理全链条的优化，综合效益最佳。因此，本书设置间歇性输水系列情景，模拟分析间歇性输水影响。

总之，本研究侧重考虑了不同规模生态输水量、不同输水时段和时长，以及间歇性输水方式，对未来青土湖湿地分布区水域面积、地下水位埋深和天然植被生态恢复影响境况，设置 50 种生态输水情景方案（表 6.13），应用已识别和验证的模型进行模拟预测分析。模拟预测中，月降水量与月蒸发量采用 2016 年 8 月至 2020 年 7 月对应月份的平均值，生态输水背景下最大入湖水量采用 2017 年的入湖水量，即 2400 万 m^3/a，现状入湖水量采用 2016~2019 年入湖水量的平均值，即 2274 万 m^3/a。

表 6.13 青土湖湿地分布区未来不同生态输水情景方案

情景		生态输水情景	调控变量	理由或目的
主类	分类			
I	第 1 组 1~6	未来 20 年青土湖生态输水的入湖水量分别为最大入湖水量的 10%、25%、50%、75%、90% 和 100% 保证率	生态输水量	预测未来 20 年不同保证率下入湖水量，对湿地分布区水域面积、地下水位和旱地湿地分布面积等变化趋势影响
	第 2 组 7~24	1）预测未来 1 年内分别以最大输水量的 10%、25%、50%、75%、90%、100% 保证率输水，第 2 年使监控点（0 号地下水位观测点）地下水位恢复至现状年所需入湖水量； 2）在现状模型的基础上，预测未来 2 年内分别以最大输水量的 10%、25%、50%、75%、90%、100% 保证率输水，第 3 年使监控点（0 号地下水位观测点）地下水位恢复至现状年所需入湖水量； 3）在现状模型的基础上，预测未来 3 年内分别以最大输水量的 10%、25%、50%、75%、90%、100% 保证率输水，第 4 年使监控点（0 号地下水位观测点）地下水位恢复至现状年所需入湖水量	生态输水量	侧重丰平枯不同水文年的中、上游可输供水能力变化，对湿地分布区水域面积、地下水位和旱地湿地分布面积等变化趋势影响

续表

情景		生态输水情景	调控变量	理由或目的
主类	分类			
Ⅱ	25	未来50年停止生态输水，没有不考虑气候变化影响，蒸发量和降水量取近4年平均值	生态输水量	预测当停止生态输水，未来50年青土湖湿地分布区水域面积、地下水位和旱地湿地分布面积等变化趋势
Ⅲ	第1组 26~30	入湖总量为均现状入湖水量，输水起始时间为每年8月1日，输水时长分别为60天、75天、90天、105天和120天	输水时段及输水时长	基于现状输水时长90天，考虑当缩短或增加输水时长，对湿地分布区水域面积、地下水位和旱地湿地分布面积等变化趋势影响
	第2组 31~37	入湖总量均为现状入湖水量，输水时长均为90天；输水起始时间分别为每年6月1日、6月16日、7月1日、7月16日、8月1日、8月16日和9月1日	输水时段及输水起始时间	基于现状输水起始每年8月1日前后，分析提前放水，或者延后放水，对湿地分布区水域面积、地下水位和旱地湿地分布面积等变化趋势影响
Ⅳ	38~41	1）入湖总量为均现状入湖水量，输水总时长均为90天，每年8月1日起开始输水；2）持续性输水方案为持续输水90天；间歇性输水方案，第一输水时段30天，停输30天；第二输水时段时长30天；3）3种情景：①第一、二输水时段的输水量占总输水量的25%和75%；②第一、第二输水时段输水量占总输水量的50%和50%；③第一、第二输水时段输水量占总输水量的75%和25%	持续性输水与间歇性输水	现状输水为持续输水90天，考虑间歇性放水方式对湿地分布区水域面积、地下水位和旱地湿地分布面积等变化趋势影响
Ⅴ	42~50	入湖总量为最大入湖水量的倍比，均为每年8月1日开始输水，输水时长90天。输水量倍数的梯度，分别为0.1倍、0.25倍、0.5倍、0.75倍、0.9倍、1倍、1.25倍、1.5倍和2.5倍	生态输水量	按梯度增减生态输水的入湖水量，对湿地分布区水域面积、地下水位和旱地湿地分布面积等变化特征及趋势影响

从表6.13可见，青土湖分布区生态输水情景方案共设计5个主类、7组分类和50种情景。其中，第Ⅰ主类中，包括2组分类和24种情景；第Ⅱ主类中，包括1组分类和1种情景；第Ⅲ主类中，包括2组分类和12种情景；第Ⅳ主类中，包括1组分类和4种情景；第Ⅴ主类中，包括1组分类和8种情景。

2. 不同保证率下生态输水入湖水量情景模拟结果

1）地下水位时空变化特征

在最大入湖水量分别为2400万m^3/a的10%、25%、50%、75%、90%和100%情景

下，模拟结果如图 6.93 所示。在入湖水量保证率为 10% ~ 75% 时，石羊河流域下游青土湖湿地分布区地下水等水位线呈现逐年萎缩特征（向湿地中心位移），其中在 2020 ~ 2025 年地下水位下降比较明显；2025 年之后，该区地下水等水位线仍然呈现萎缩特征，但是地下水位下降幅度减小。在入湖水量保证率不小于 90% 时，与现状地下水位相比，未来 20 年内青土湖湿地分布区地下水位基本稳定。在入湖水量保证率为 100% 时，2020 ~ 2025 年地下水位呈现上升趋势特征，2025 年之后地下水位开始处于相对稳定状态。

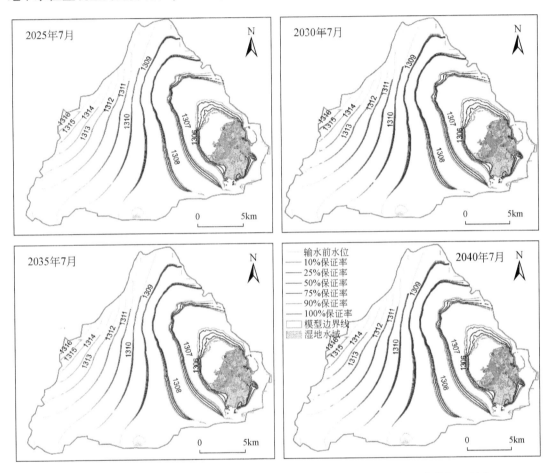

图 6.93　不同保证率入湖水量下未来 20 年青土湖湿地分布区地下水流场变化特征（单位：m）

与现状地下水流场比较，生态输水的入湖水量保证率为 10% ~ 75% 时，青土湖湿地分布区地下水位处于整体下降趋势；入湖水量保证率为 90% 时，该区地下水流场特征与现状基本一致。在入湖水量保证率为 100% 情景下，青土湖湿地分布区地下水位呈现整体上升特征。

2）湿地水域面积及地下水位埋深变化特征

模拟预测结果表明，生态输水的入湖水量保证率为 10% 时，未来 20 年年内湿地水域最大面积仅为 8.1km²；入湖水量保证率提高为 25% 时，未来 20 年的每年最大水域面积 9.46km²。生态输水的入湖水量保证率提高至 75% 时，未来 20 年各年内湿地水域最大面积为 13.46km²。在入湖水量保证率为 100% 时，湿地水域最大面积达 15.5km²，将大于现状湿地水域年均面积。相对现状湿地水域年均面积，当入湖水量保证率小于 90% 时，湿地水域面积减小；反之，当入湖水量保证率大于 90% 时，湿地水域面积增大。

不同保证率入湖水量情景下，湿地分布区不同地下水位埋深的分布面积随之变化，如表 6.14 所示。至 2040 年高水位期，生态输水的入湖水量保证率为 10% 情景下，地下水位埋深小于 1m、2m 和 3m 的分布面积分别为 14.09km²、17.39km² 和 22.75km²；入湖水量保证率为 100% 情景下，地下水位埋深小于 1m、2m 和 3m 分布区面积分别为 20.26km²、25.41km² 和 29.87km²。至 2040 年低水期，生态输水的入湖水量保证率为 10% 条件下，地下水位埋深小于 1m、2m 和 3m 的最小分布面积为 12.75km²、16.05km² 和 20.41km²；入湖水量保证率为 100% 条件下，地下水位埋深小于 1m、2m 和 3m 的最小分布面积为 14.49km²、18.84km² 和 23.71km²。

3）未来 20 年湿地分布区水量均衡结果

相对现状年（2020 年），在生态输水的入湖水量保证率小于 50% 时，青土湖湿地分布区水均衡系统总体上处于地下水补给湿地水域状态，湿地邻区地下水通过侧向地下径流补给湿地中心区地下水系统，表明当入湖水量小于最大入湖水量的 50% 时，即入湖水量不大于 1200 万 m³/a，不能满足湿地生态需水量的基本需求。当生态输水的入湖水量保证率为 90% 时，入湖水量与现状输水量相近，各均衡项与现状年（2020 年）相近。当入湖水量保证率为 100% 时，呈现湿地水域渗漏补给地下水，同时，湿地中心区地下水侧向流出排泄量增大。

表 6.14　预测 2040 年不同生态输水入湖水量保证率下不同地下水位埋深的最大分布面积

不同地下水位埋深分区	不同保证率入湖水量下不同水位埋深的年内最大分布面积/km²					
	10%	25%	50%	75%	90%	100%
小于 1m 分布区	14.09	14.95	16.40	18.25	19.46	20.26
小于 2m 分布区	17.39	18.70	21.16	23.46	24.68	25.41
小于 3m 分布区	22.75	24.46	26.84	28.58	29.40	29.87
不同地下水位埋深分区	不同保证率入湖水量下不同水位埋深的年内最小分布面积/km²					
	10%	25%	50%	75%	90%	100%
小于 1m 分布区	12.75	13.00	13.43	13.86	14.15	14.49
小于 2m 分布区	16.05	16.34	16.91	17.59	18.08	18.48
小于 3m 分布区	20.41	20.91	21.79	22.72	23.31	23.71

注：范围为具有高精度高分辨率高程数据的区域。

4）停止输水情景下湿地分布区水域面积和地下水位变化特征

（1）地下水位变化特征：2010 年 9 月生态输水以来，石羊河流域下游区青土湖湿地水域面积明显增大，区内地下水位明显上升，如图 6.94 所示。

以位于青土湖湿地分布区东北部 0 号监控点的地下水位变化为例，在 2010～2020 年生态输水期间，该点地下水位呈现不断上升过程；在停止输水情景下，模拟预测未来

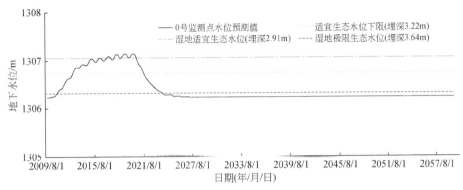

图 6.94　输水以来和未来 30 年停止输水情景下青土湖湿地 0 号监测点地下水位变化趋势

30 年 0 号点的地下水位先显著下降过程，至 2025 年之后水位趋于稳定。基于地下水适宜生态位（埋深）为 2.91m，地下水生态临界水位（埋深）为 2.60～3.22m，极限生态水位（埋深）上限不大于 2.18m、下限极限生态水位（埋深）不小于 3.64m，模拟结果表明：停止生态输水 1 年后，即 2022 年输水之前，0 号监测点的地下水位降至临界生态水位之下；停止输水 2 年之后，0 号监测点地下水位下降至极限生态水位之下；停止输水 4 年之后，该点的地下水位稳定处于极限生态水位之下，这不应是未来将发生的境况。

（2）湿地水域面积及不同地下水位埋深的分布范围变化特征：模拟预测结果表明，未来停止输水 50 年，在 2～5 年内青土湖湿地水域面积迅速减小，直至接近干涸。从现状、停止输水 10 年后和 50 年后，地下水位埋深小于 1m、2m 和 3m 的分布面积来看，青土湖湿地分布区地下水生态功能退变情势比较严重。当停止向青土湖湿地生态输水之后，至 2030 年地下水位埋深小于 1m、2m 和 3m 的分布面积分别由现状的 14.21km² 萎缩为 12.30km²，由 18.18km² 萎缩为 15.58km² 和由 23.43km² 萎缩为 19.48km²；2030 年之后，湿地分布区水位埋深小于 3m 的分布面积相对稳定（表 6.15）。

表 6.15　停止输水后不同时期不同地下水位埋深的分布面积变化特征

不同地下水位埋深分区	停止输水之后不同水位埋深的分布面积及变幅/km²				
	现状	2030 年		2070 年	
		面积	变幅	面积	变幅
小于 1m 分布区	14.21	12.30	−1.91	12.29	−1.92
小于 2m 分布区	18.18	15.58	−2.6	15.58	−2.6
小于 3m 分布区	23.43	19.48	−3.95	19.47	−3.96

注：范围为具有高精度高分辨率高程数据的区域。

3. 现状条件下生态输水的合理入湖水量

通过对比不同生态输水的入湖水量保证率下未来 20 年模拟预测结果，重点考虑 18 种生态输水情景，它们对应所需入湖水量如表 6.16 所示。在 10% 生态输水入湖水量保证率下输水持续 3 年，使青土湖湿地分布区 0 号监控点地下水位恢复至现状水平，每年需要入湖水量 4640 万 m³；在 100% 生态输水入湖水量保证率下持续输水 3 年时，使青土湖湿地分布区 0 号监控点地下水位恢复至现状水平，每年需要入湖水量 2070 万 m³。从表 6.16 可见，不同保证率下生态输水入湖水量持续 1~3 年之后，分别在第 2~4 年使 0 号监测点地下水位恢复至现状水位水平，这些入湖水量彼此差异较大。其中，保证率小于 50% 下的入湖水量现状条件下难以满足；90% 保证率下入湖水量现状条件下能够满足，可以作为目前青土湖湿地分布区合理入湖水量的阈值。

表 6.16　不同生态输水的入湖水量保证率下不同时段输水恢复原水位所需入湖水量

生态输水 保证率/%	不同持续输水时段恢复 0 号监测点地下水位所需入湖水量/(万 m³/a)		
	持续输水 1 年	持续输水 2 年	持续输水 3 年
10	3630	4320	4640
25	3400	3970	4200
50	2980	3330	3450
75	2560	2700	2750
90	2310	2340	2340
100	2150	2100	2070

4. 不同输水时段情景效应

1) 地下水位变化特征

在生态输水的入湖水量不变情景下，改变输水起始时间或输水时长，模拟未来青土湖湿地分布区水域面积、地下水位和旱地湿地分布面积等变化趋势，识别最佳输水时段或时长。由此，设置输水起始时间不同和输水时长不同的 2 组系列情景，每种情景预测时间都为 10 年，每年其他条件均相同。

从图 6.95 可见，输水起始时间均为每年 8 月 1 日，而每年生态输水时长分别为 60 天、75 天、90 天、105 天和 120 天，湿地东北部的 0 号和 1 号监测点在输水时长 60 天情景下地下水位最低，随输水时长增加，地下水位逐渐上升。地处湿地内及湿地分布区南部的 2~10 号监测点地下水位，在相同输水量下，输水时段越短，这些监测的地下水位上升出现峰值的时间越早；反之，输水时段越长，水位上升出现峰值的时间越晚。但是，无论输水时长如何改变，对于年内青土湖湿地分布区地下水位的极小值和极大值出现时段影响微小。

从图 6.96 可见，在不同输水起始时间情景下，湿地分布区东北部的 0 号和 1 号监测点的年内地下水位极大值和极小值出现时间呈现明显差别。在起始时间分别为 6 月 1 日、6 月 16 日、7 月 1 日和 7 月 16 日生态输水过程中，0 号和 1 号监测点的地下水位随输水时间延后而增高；而在起始时间分别为 8 月 1 日、8 月 16 日和 9 月 1 日输水过程中，0 号和 1 号监测点的地下水位随输水时间延后而变化差值较小。在不同输水起始时间情景下，湿地内及湿地分布区南部的 2~10 号监测点，随输水时间延后地下水位变幅增大，即输水时间越延后，地下水位极大值越大和极小值越小。

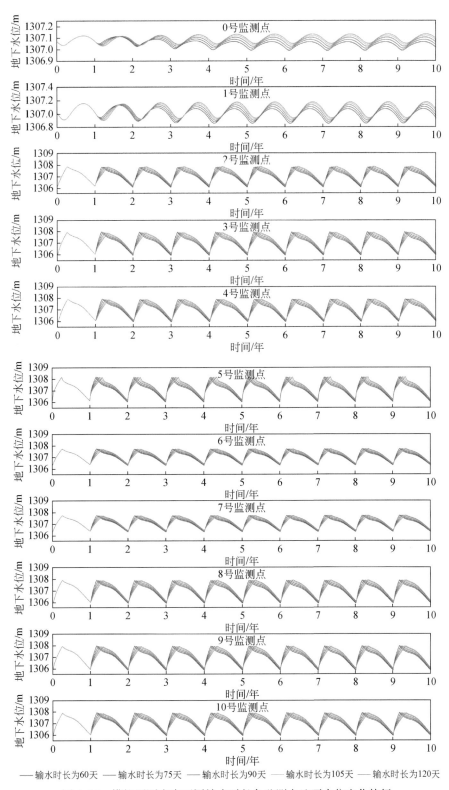

图 6.95 模拟预测未来不同输水时长各监测点地下水位变化特征

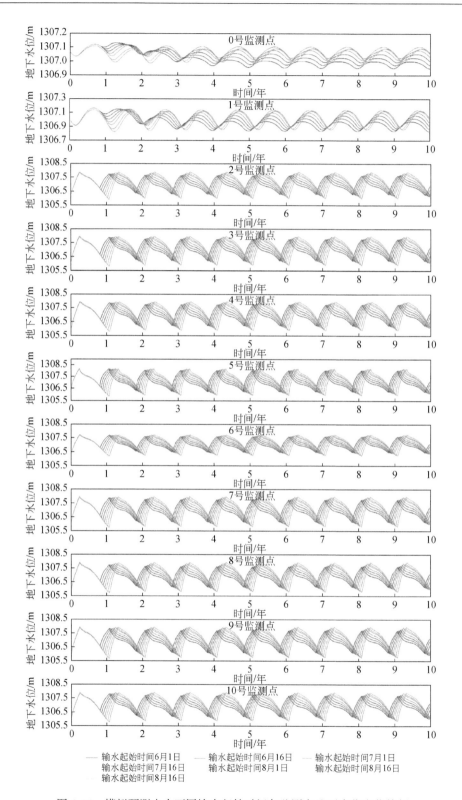

图 6.96 模拟预测未来不同输水起始时间各监测点地下水位变化特征

2）湿地水均衡变化特征

在西北内陆流域下游区，陆地水面和地下水蒸发量随季节变化显著。模拟结果表明，随着生态输水起始时间不断后延，青土湖湿地分布区水域和地下水蒸发量逐渐减小，其中输水时段为 6 月 1 日至 8 月 31 日的湿地水域和地下水蒸发量最大，分别为 1246 万 m³ 和 1300 万 m³；输水时段为 9 月 1 日至 11 月 31 日的湿地水域和地下水蒸发量最小，分别为 1141 万 m³ 和 1189 万 m³；不同输水时段的湿地分布区蒸发总量极大值与极小值之差值为 216 万 m³。输水时段介于 8 月 1 日至 10 月 31 日的湿地水域对地下水补给量最大，输水时段为 7 月 16 日至 10 月 15 日的青土湖湿地分布区地下水对湿地之外邻区侧向地下径流排泄量最大（表 6.17）。

表 6.17　不同输水起始时间情景下湿地分布区水均衡特征

生态输水时段	不同输水起始时间情景下湿地分布区水均衡项/万 m³			
	地下水蒸发量	陆表水域蒸发量	湿地分布区侧向地下径流排泄量	湿地水域对地下水补给量
6 月 1 日—8 月 31 日	1300	1246	95	1121
6 月 16 日—9 月 15 日	1287	1228	124	1135
7 月 1 日—9 月 30 日	1273	1210	152	1148
7 月 16 日—10 月 15 日	1256	1196	178	1159
8 月 1 日—10 月 31 日	1240	1185	152	1165
8 月 16 日—11 月 15 日	1204	1141	175	1084
9 月 1 日—11 月 30 日	1189	1141	170	1084

生态输水的起始时间都相同（均为 8 月 1 日），则生态输水的时长越长，青土湖湿地分布区水域面积和地下水位处于较大值的持续时间越长，区内水域和地下水蒸发量越增大。在生态输水的时长为 60 天情景下，湿地分布区水域和地下水蒸发量分别为 1171 万 m³ 和 1231 万 m³；当输水时长为 120 天时，湿地分布区水域和地下水蒸发量分别为 1204 万 m³ 和 1253 万 m³。不同输水时长情景下青土湖湿地分布区蒸发总量的最大差值为 155 万 m³（表 6.18）。

表 6.18　不同输水时长情景下湿地分布区水均衡特征

生态输水时段	不同输水起始时间情景下湿地分布区水均衡项/万 m³			
	地下水蒸发量	陆表水域蒸发量	湿地分布区侧向地下径流排泄量	湿地水域对地下水补给量
8 月 1 日—9 月 30 日	1231	1171	145	1180
8 月 1 日—10 月 15 日	1235	1177	173	1174
8 月 1 日—10 月 31 日	1240	1185	152	1165
8 月 1 日—11 月 15 日	1246	1195	222	1155
8 月 1 日—12 月 1 日	1253	1204	241	1146

3）不同输水时段效应

通过上述模拟可见，在生态输水的入湖水量和输水时长保持不变条件下，不同输水起始时间对青土湖湿地分布区地下水位变化影响较小，对于年内地下水位的极小值和极大值出现时间具有一定的影响；该湿地水域和地下水蒸发量随输水的起始时间后延而减小，随着输水的时长增大而增加，不同输水时段形成的蒸发量差值 216 万 m^3/a。

5. 间歇性输水方式情景效应

1）湿地分布区地下水位变化特征

在入湖水量和年内累计输水时长不变条件下，采用间歇性输水方式，将输水时段划分 2 个时段，并设定各输水时段的输水量占比率不同，每种情景的预测时间均为 10 年，其他条件完全相同。从图 6.97 可见，输水时段均为每年 8 月 1 日至 10 月 31 日，其中 9 月 1~30 日暂停输水时段，8 月和 10 月两个时段为持续性输水。在第 1 时段和第 2 时段输水的入湖总量分别占总输水量的 25% 和 75% 情景下，青土湖湿地分布区东北部的 0 号和 1 号监测点地下水位最高；在第 1 时段和第 2 时段输水的入湖总量分别占总输水量的 75% 和 25% 条件下，0 号和 1 号监测点地下水位最低。同时，在相同输水量下，持续性输水和间歇性输水方式的改变，对湿地内及湿地分布区南部 2~10 号监测点地下水位峰值出现时间的影响较大，而对该区地下水位变化影响小。

2）湿地水均衡变化特征

相对持续性输水方式，采用第 1 输水时段和第 2 输水时段的入湖水量分别占总入湖水量的 25% 与 75%，50% 与 50% 和 75% 与 25% 的 3 种情景，水均衡模拟结果表明，这点改变青土湖湿地分布区水均衡影响较小。

6. 生态输水量变化情景效应

在输水时段和输水方式都不变情景下，改变生态输水的入湖水量。模拟模型中输水系数为最大入湖水量的倍数，其中最大入湖水量为 2400 万 m^3；当入湖水量为 2400m^3 时，输水系数为 0.1。每种情景的预测时间 10 年，其他条件都完全相同。模拟预测的不同入湖水量下青土湖湿地水域面积和该湿地分布区地下水位埋深变化特征（表 6.19）。

模拟结果表明，青土湖湿地水域面积随生态输水的入湖水量增大而扩大，该湿地分布区东北部的 0 号监测点地下水位埋深与生态输水的入湖水量之间呈显著正相关关系（图 6.98）。在适宜生态水位约束下青土湖湿地分布区对应的生态输水入湖水量为 2184 万 m^3/a，相应湿地水域面积 14.83km^2。从表 6.19 和图 6.98 可见，随着生态输水入湖水量的倍增，湿地水域面积和地下水位埋深小于 1m、小于 2m 及小于 3m 的分布面积都呈增大趋势，而这些面积与对应入湖水量的比值呈减小趋势，表明随着生态输水的入湖水量不断增大它对湿地水域面积扩展和地下水生态功能修复效应呈现逐渐减弱趋势。

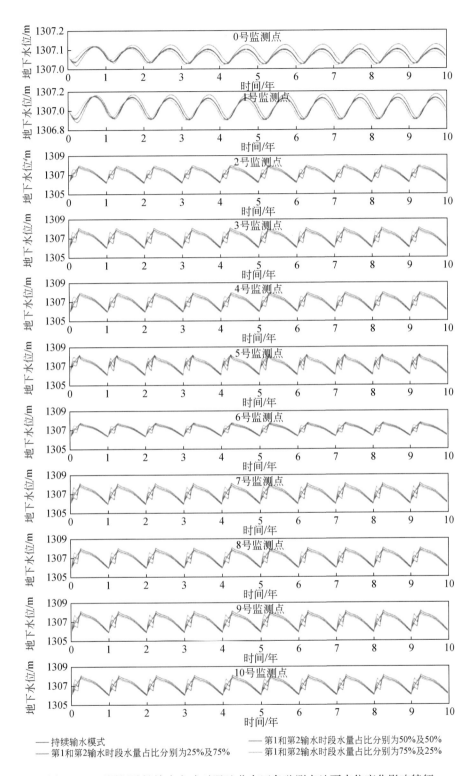

图 6.97　不同间歇性输水方式对湿地分布区各监测点地下水位变化影响特征

表6.19　不同入湖水量下青土湖湿地分布区水域面积和地下水位埋深变化特征

生态输水入湖水量/(万 m³/a)	湿地水域面积		湿地水域水位/m	0 号监测点地下水位埋深/m	地下水位埋深小于2m 的分布面积		地下水位埋深小于3m 的分布面积	
	面积/km²	与入湖水量比值			面积/km²	与入湖水量比值	面积/km²	与入湖水量比值
240	8.18	0.0341	1306.0	3.52	17.39	0.0725	22.75	0.0948
600	9.47	0.0158	1306.4	3.39	18.71	0.0312	24.47	0.0408
1200	11.52	0.0096	1307.1	3.20	21.16	0.0176	26.84	0.0224
1800	13.46	0.0075	1307.6	3.02	23.46	0.0130	28.58	0.0159
2160	14.65	0.0068	1307.9	2.92	24.68	0.0114	29.40	0.0136
2400	15.51	0.0065	1308.1	2.85	25.42	0.0106	29.87	0.0124
3000	17.72	0.0059	1308.6	2.68	27.00	0.0090	30.83	0.0103
3600	19.78	0.0055	1308.8	2.52	28.26	0.0079	31.61	0.0088
4800	23.21	0.0048	1309.9	2.18	30.06	0.0063	32.82	0.0068
6000	26.11	0.0044	1310.8	1.84	31.48	0.0052	33.76	0.0056

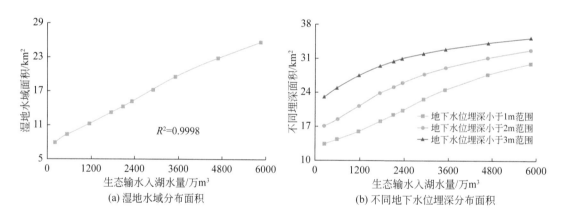

图6.98　湿地水域面积和不同地下水位埋深的分布面积与入湖水量之间相关关系

7. 青土湖湿地分布区生态输水量阈值识别

基于石羊河流域青土湖湿地分布区的适宜生态水位（埋深）2.91m 和极限生态水位（埋深）3.22m，以及必需、有限和可持续原则，识别该区适宜及极限生态水位下需水量阈值。通过建立地下水位埋深及其不同分布面积与入湖水量之间函数关系，模拟获得不同水位埋深的分布面积对应的生态需水量。前面分析已知，地下水位埋深及其分布面积大小与累积入湖水量和湿地分布区累计蒸散量之间存在密切相关性，且为非线性关系。因此，应用构建的青土湖湿地分布区地下水位埋深与累积入湖水量之间函数关系，识别和确定该湿地现状条件下适宜生态水位约束下的年入湖水量，以及不同地下水位埋深的分布面积对应适宜年入湖水量。

表 6.20 表明，在地下水的不同生态水位（埋深）约束下，它们对应的适宜年入湖水量之间差异较大。其中，在适宜生态水位（埋深，2.91m）下，适宜年入湖水量为 2225万 m³/a，其上游水库年放水量不小于 3272 万 m³/a。地下水位埋深不大于 1.0m 的分布面积≥26.6km²，其对应的年入湖水量和上游水库年放水量，分别为 3338 万 m³/a 和 4908 万 m³/a。

表 6.20　不同生态水位约束下青土湖湿地分区适宜入湖水量和上游水库放水量

湿地分布区生态水位阈	生态输水的入湖水量/（万 m³/a）	水库放水量/（万 m³/a）	0 号监控点地下水位埋深/m	湿地水域面积/km²	不同地下水位埋深的分布面积/km²			生态效应
					<1m	<2m	<3m	
荒漠化水位	1398	2056	3.64	7.65	13.65	16.30	21.82	极小入湖水量
生态警戒水位	1877	2761	3.22	11.23	16.37	21.11	26.58	极小适宜入湖水量
现状条件下适宜生态水位	2225	3272	2.91	14.82	19.53	24.68	29.45	适宜入湖水量
盐渍化水位	2647	3892	2.60	18.73	23.14	27.64	31.32	极大适宜入湖水量
沼泽化水位	3338	4908	2.18	23.37	27.19	30.25	32.74	极大入湖水量

注：地下水位埋深的面积仅统计高精度高分辨率高程的区域；水位埋深<1.0m 的分布面积管控阈值≥26.6km²。

从过去 10 年石羊河流域生态输水的年入湖水量和年水库放水量变化来看，供水的主要水源是红崖山水库放水。2011 年以来，红崖山水库的主要补给水源——景电二期调水工程的调水量稳定在 8300 万 m³/a，凉州区调水量稳定在 13400 万 m³/a。蔡旗断面至红崖山水库放水口之间的输水效率为 0.859。考虑石羊河流域上、中游气象水文的丰—平—枯周期变化影响，红崖山水库应确保的下泄水量，如表 6.21 所示。

表 6.21　不同水平年蔡旗断面来水量和红崖山水库放水量（单位：万 m³/a）

水文年型	入库水源				红崖山水库放水量	现状条件下青土湖湿地可获得水量
	景电二期调水量	凉州区调水量	天然径流来水量	蔡旗断面来水量		
丰水年	8300	13400	12500	34200	29400	4000
平水年	8300	13400	9600	31300	26900	3200
枯水年	8300	13400	6600	28300	24300	2300
平均	8300	13400	9567	31267	26867	3167

现状人口和经济发展状况下，民勤盆地（不包括青土湖湿地生态用水），农业、工业、生活和生态用水量分别为 23369 万 m³/a、2218 万 m³/a、1187 万 m³/a 和 5523 万 m³/a，年均总用水量 32300 万 m³/a，供水水源以红崖山水库放水量为主，年地下水开采量为 6900万~10300 万 m³/a，其中丰水年开采量小于 6900 万 m³/a。由此可见，在现状条件下，除去保障民勤盆地民生基本用水量之外，青土湖湿地分布区可获得入湖水量为 2300 万~4000 万 m³/a，多年平均入湖水量为 3167 万 m³/a，基本可以满足表 6.20 中的各项适宜入湖水量的需求。

综上所述，在 10%、25%、75%、90% 和 100% 的不同保证率下，在未来 20 年预测中，小于50%保证率的生态输水入湖水量无法满足青土湖湿地现状水域面积和湿地分布区地下水生态功能，修复与保护需求，可能发生湿地水域面积萎缩和地下水位下降趋势特征；唯有大于75%保证率的生态输水入湖水量能够维系青土湖湿地分布区现状水域面积和地下水生态功能修复与保护需求。停止生态输水情景下，该湿地分布区地下水位降至极限生态水位之下，并保持稳定。改变输水时段，包括改用间歇性输水方式，对青土湖湿地水域面积和地下水位年均变化影响有限，湿地分布区水域蒸发量与地下水蒸发量构成的总蒸发量的最大差值仅216万 m^3/a。在现状条件下，除去保障民勤盆地民生基本用水量之外，青土湖湿地分布区适宜入湖水量（多年平均值3167万 m^3/a）能够得到基本保障。

6.7 小　　结

（1）西北内陆流域下游自然湿地退化治理与地下水生态功能恢复保护已成为当今重大需求，需要揭示干旱区地下水系统与自然湿地生态系统之间协同演化过程和机制，识别和确定自然湿地分布区生态水位指标体系及最为合理的生态输水量，研发适宜西北内陆区的、以湿地生态保护为约束的地下水调控技术体系。

（2）基于湿地地下水–湿地生态系统多要素动态监测数据的研究结果，地下水位埋深是影响西北内陆干旱区植被群落结构、物种组成和根系发育分布特征的主导因素：①对于相同植被物种，当潜水位埋深较浅时，植被根系集中发育和分布在表层土壤，根系发育密度随深度增大而递减；随着水位埋深不断增大，其根系发育和分布深度呈增大趋势特征；②由湿地水域分布区向外延伸，随着潜水位埋深增大，植被类型由湿生植被向旱生植被演替，由芦苇单物种群落向芦苇+白刺群落过渡、由芦苇+白刺群落向梭梭+白刺+芦苇群落演变；③随着潜水位埋深增大，在垂向上植被根系发育的分层现象越明显；④当潜水位埋深较大时，植被根系被干旱胁迫不得不向深层发育，以获取生存所需水分。

（3）在西北内陆干旱区的春季、夏季和秋季，随着地下水位埋深由小至大、再变小的变化过程，湿生植被芦苇主要吸用水层位的深度由浅至深、再变浅；在年内不同季节，近邻湿地水域的芦苇和白刺吸水层位深度比较稳定，远离湿地水域的植被吸水层位深度变化较大，与表层土壤水分亏缺变化程度相关。

（4）基于构建的天然植被恢复面积–地下水位埋深的关系模型模拟分析，确定青土湖湿地分布区适宜生态水位（埋深）为2.91m、生态警戒水位（埋深）为3.22m、盐渍化水位（埋深）为2.60m、沼泽化水位（埋深）为2.18m和荒漠化水位（埋深）为3.64m，生态输水的适宜入湖水量为3338万~4500万 m^3/a。

（5）自人工调入生态输水以来，石羊河流域青土湖湿地分布区输水渠道和湿地水域渗漏补给量占该区地下水总补给量的70%以上，潜水蒸发量占该区地下水总排泄量的50%左右。小于50%保证率的生态输水入湖水量，无法满足该区现状水域面积和地下水生态功能修复与保护需求，将会发生湿地水域面积萎缩和地下水位趋势性下降生态问题；唯有大于75%保证率的生态输水入湖水量，能够满足现状水域面积和地下水生态功能修复与保护需求。

第7章　西北内陆区地下水合理开发及生态保护支撑体系与对策

我国西北内陆流域下游区自然湿地和荒漠天然植被绿洲生态退化治理及修复保护，与地下水能否实现合理开发利用密切相关，目前面临诸多严峻挑战。在西北内陆平原区，不仅天然水资源匮乏，自然生态对地下水埋藏状况具有强烈依赖性，而且各流域下游区地下水系统获取水源补给呈现较大局限性，几乎完全取决于中游区灌溉农业用水规模。另外，西北内陆区艾丁湖流域、石羊河流域和黑河流域等许多流域，都实行了最严格水资源管理制度和全方位节水压采治理工程，由此进一步调控的难度显著增大。本章从西北内陆区流域尺度角度，基于理性思考、现实情势和未来需求，探讨旱区地下水合理开发与生态保护的支撑体系和对策，包括亟需、限阈和分区分级管控指标体系，以及预警和保障支撑技术体系，期望对后续相关研究有所启迪。本章内容是探讨性研究成果，引借应用尚需结合具体实际进一步深化。

7.1　西北内陆区地下水合理开发及生态保护面临挑战与亟需

7.1.1　生态文明建设新时代要求

在西北内陆流域，如何实现尊重自然、顺应自然和保护自然的生态文明建设新时代要求，其中能否实现地下水合理开发与自然生态有效保护，同时，确保城乡民生安居和经济社会稳定发展，已成为当代无法回避的重大现实问题。生态兴则文明兴，生态衰则文明衰，要实现中华民族伟大复兴的中国梦，就必须建设生态文明强国。生态文明建设功在当代、利在千秋，它是人类积极改善和优化人与自然关系，建设相互依存、相互促进和共处共融生态社会的前提。生产方式是社会发展的决定力量，决定文明形态的形成，探索新的生态文明形态形成将促进人与自然和谐相处。解决人类活动带来的资源环境问题，关键是实现生产方式转变；建设生态文明，必须以把握自然规律、尊重自然为前提，以人与自然、环境与经济、人与社会和谐共生为宗旨，以资源和环境承载力为基础。推进新时代生态文明建设，需要新理论指导新实践，需要山清水秀天蓝地绿的生态环境。

7.1.2　解决西北内陆经济社会和谐发展已步入艰难期

西北内陆流域水资源超用及地下水超采的治理和自然生态的修复已历经 10 余年，在取得明显成效的同时，也步入了艰难期。庞大的人口数量及其所必需的民生安居和经济发展用水规模，与当地天然水资源匮乏性之间难调和性问题越来越突出，水源水量严重紧缺。由于西北内陆各流域人口数量已远超当地天然水资源承载能力，各流域天然水资源难以同时全面满足现状经济社会发展用水规模和自然生态修复所必需水量。即使人工调水规模不断增大，也难以永续确保当地生活、生产发展不断增长的用水需求，以及流域中–下游平原区地下水超采治理、自然湿地和天然植被绿洲修复所需足额水量，这些都无法规避客观存在的"天然水资源匮乏性"、"干旱气候制约不可逆性"和"自然生态对地下水强烈依赖性"的严峻挑战。这些彼此交织又错综复杂的挑战，若不能有序、逐渐理性解决，必将严重制约西北内陆各流域经济社会可持续发展，推延我国生态文明建设的进程。

实现西北内陆经济社会和谐发展，既需要充分考虑西北内陆各流域天然水资源匮乏性、地下水严重超采和自然生态退化治理非短期能根本性扭转的艰难性，还需要充分认知解决经济社会用水与生态需水之间冲突矛盾的长期存在性，以及有序、有效和可持续地偿还数十年地下水严重超采的"历史欠债"的必然性。必需、有限和有序修复流域下游区自然湿地等天然绿洲，离不开地下水生态功能修复与保障；因为每当遭遇连年枯水时段，地下水资源功能和生态功能的保障作用无可替代。在气候干旱、天然性水资源匮乏的西北内陆区，将自然湿地和荒漠天然植被绿洲修复至与当代生态文明建设要求相符的状态，唯有实现全方位、全地域和全过程的生态文明建设目标，根本性解决地下水区域性超采问题，建立符合新时代生态文明建设要求的、适宜西北内陆区的地下水合理开发与生态保护的支撑技术体系，全面修复流域下游地下水生态功能保障机能，才可实现西北内陆各流域地下水生态功能退变危机分区分级预警与有效智慧管控。

7.1.3 破解人与自然和谐发展能力是关键

面对上述挑战和已大规模挤占自然生态需水量并导致严重后果的现实，亟须理性认知自然界报复人类不理性行为的过程、机制、标识特征和可控性，人类究竟具备什么样的与自然和谐发展的能力，包括理性发展自我约束能力和水土资源合理开发调控能力。从人与自然和谐发展角度，配置用于自然生态修复与保护的生态水量大小，其规划前提是必须认清流域水资源天然性匮乏和可用于自然生态修复的水源潜力有限性，应以确保必须保护的自然生态区得以可持续发展为根本，避免半途而废；应充分考虑到遭遇流域性连年偏枯情势的民生应急水量和基本生态水量，在规划配置中扎实深化具体。自然生态修复与保护的规模必须是极小、且十分必要的，应成为未来 30~50 年内西北内陆流域实现人与自然和谐关系修复的前提，这是自然生态保护与民生稳定发展共赢的必要条件。因此，确立各流域下游区自然湿地和荒漠天然植被绿洲退化修复到什么程度（规模）、最低维持什么样规模，以及如何实现地下水生态功能和资源功能退变危机的分区分级预警和精准管控，将成为未来数十年需要不断探索、实践和验证的关键内容之一。

7.2　西北内陆区地下水合理开发及生态保护准则与限阈

7.2.1　流域水资源（地下水）开发与自然生态保护准则

流域尺度天然水资源承载力是西北内陆平原区水资源（地下水）开发及生态保护是否"合理"的度量基值。在中尺度（5~12 年）完整水文周期内，年均总用水量小于该流域天然水资源总量×合理开发率[*]的水量，视为处于"合理"状态，即具备了实现流域水资源系统水平衡，且可持续的必要条件，同时，自然生态需水也得到"合理"保障。因此，流域水平衡约束是西北内陆区水资源及地下水合理开发与生态保护的前提准则。

1. 水资源（地下水）开发与自然生态保护之间关系准则

生态安全优先，兼顾民生安居与经济合理发展用水需求，努力实现生态保护与经济发展共赢，是西北内陆流域水资源（地下水）合理开发与生态保护之间关系的准则之一。切实尊重自然、顺应自然和保护自然，既不盲目地扩大自然生态修复和保护规模；同时，又要有序解决经济发展用水挤占生态需水的矛盾，杜绝继续地下水超采问题。

刘昌明和夏军（2007）指出，如果一个国家的水资源开发利用率达到或超过 30%，人类与自然的和谐关系就会遭到破坏（刘昌明等，2004）。李丽娟和郑红星（2000）认为，国际上公认的地表水合理开发利用率是 30%。钱正英和张光斗（2001）提出，由于我国北方地区水资源短缺，地表水资源开发利用率应维持在 60%~70%；对于生态环境相对脆弱的西北干旱地区，其水资源开发利用率不应超过 70%。王西琴和张远（2008）提出，海河、黄河、淮河和辽河流域允许最大开发利用率分别为 49%、39%、30% 和 29%。贾绍凤和柳文华（2021）指出，关于 40% 的水资源开发利用率阈值有很强的科学性；由于每个地区气候、生态等条件不同，每条河流差别很大，所以，不能把水资源开发利用率40% 这一数值绝对化；既要考虑生态系统要求，也要考虑人类生存和发展的现实用水需要；宏观而言，湿润地区水资源开发利用率阈值应该低于干旱地区水资源开发利用率阈值。

基于上述认知和本项目研究成果，提出：在天然水资源匮乏的西北内陆区，自然生态修复应以必需且极小规模的需水量作为规划基量，实施"百年有序修复战略"，有序推进和实现"维系社会稳定与生态安全，促进人与自然和谐度提升"共赢的战略目标。在2025 年之前，多年平均生态供水量（B_{sw}）不大于流域天然水资源总量的 45%，B_{sw}/A_{jw} 值（A_{jw} 为经济社会用水的最大值）不小于 0.82；2026~2035 年，中尺度水文周期内多年平均 B_{sw} 不大于天然水资源总量（W_{tc}）的 55%，B_{sw}/A_{jw} 值不小于 1.22；2035 年之后，中尺度水文周期内多年平均 B_{sw} 不小于流域天然水资源总量的 60%，B_{sw}/A_{jw} 值不小于 1.50。经济

---

[*]　指可以被经济社会开发利用的水量占流域水资源总量的比率，其前提是不引起流域内自然湿地和天然植被绿洲等生态系统退化。

社会总用水量（A_{jw}）小于 W_{tc} 与 B_{sw} 之差，地下水开采量小于所在分区"适宜生态水位"阈约束下允许开采量（对应年内最大水位降幅），如表 7.1 所示。

表 7.1　西北内陆流域自然水资源及地下水合理开发阈域

不同时段	不同时期用水规模占流域水资源总量比率/%		B_{sw}/A_{jw} 值	地下水允许开采阈域/m					
	生态供水规模（B_{sw}）	经济社会用水规模（A_{jw}）		自然湿地保护区	天然植被绿洲保护区	湿地周边农田区	基本农田区	城镇饮用水源地	战略备用应急水源地
2025 年之前	≥45	<（W_{tc}-B_{sw}）	0.82	<3.0	1.5<h<5.0	1.9<h<3.0	1.9<h<8.0	<年均开采资源量	<应急允许开采量
2026~2035 年	≥55	<（W_{tc}-B_{sw}）	1.22	<3.0	1.5<h<5.0	1.9<h<3.0	1.9<h<8.0	<年均开采资源量	<应急允许开采量
2035 年之后	>60	<（W_{tc}-B_{sw}）	1.50	<3.0	1.5<h<5.0	1.9<h<3.0	1.9<h<8.0	<年均开采资源量	<应急允许开采量

注：流域水资源开发利用率阈域参考王西琴和张远，2008；h 为地下水位埋深，m。

2. 水资源（地下水）开发与自然生态保护之间协调准则

一般年份，遵循生态安全优先准则，在流域范围内进行水资源（地下水）开发与自然生态保护之间协调。从长期发展考虑，应不断增大生态供水量（B_{sw}）占流域天然水资源总量（W_{tc}）的比率，有序压减经济社会用水量（A_{jw}）占 W_{tc} 的比率，至 2035 年之后 B_{sw}/A_{jw} 值应达到 1.5 以上。

在自然湿地保护区和天然植被绿洲保护区，遵循以防控自然生态"质变"、杜绝"灾变"为主导，自然生态修复与保护规模以必需、极小和可持续为准则，不以牺牲合理的经济社会发展所需用水量为代价，即不盲目追求不计代价、无序扩张的自然生态修复与保护规模，而是充分考虑流域天然水资源承载能力、不同时期自然生态供水规模与经济社会用水规模之间合理配置比率（B_{sw}/A_{jw}），立足于以促进人与自然和谐发展不断提升为根本。

当遭遇特大或连年大旱的极端气候时段，应优先满足生活和社会稳定基本用水的需求，严格禁止高耗水产业取用战略应急备用的地下水水源或挤占生态用水量。

3. 水资源（地下水）开发与自然生态保护之间保障准则

一般年份，应参照表 7.1 的配置关系，足额保障自然湿地保护区和天然植被绿洲保护区供水量，尤其年内天然植被生长需水季节应保障生态基流量。当遭遇特丰水年份，应充分确保急需修复的地下水生态功能及资源功能分区补水，最大限度地增补和修复这些分区地下水储存资源和生态功能保障能力，其中重点区域是自然湿地保护区、荒漠屏障天然绿洲带和战略应急备用地下水水源区。

基于自然湿地保护及其周边农田盐渍化防控加剧的共赢原则，应高度重视自然湿地周边农田区地下水（潜水）水位过高引发次生盐渍化危害的智能调控保障工程建设，既要确保自然湿地保护区地下水位埋深不大于 3.0m "生态水位阈"，又要确保湿地周边农田区水位埋深不小于 1.9m "土壤盐渍化加剧防控阈"，同时应重视调控抽取微咸地下水的合理利用，缓解旱季灌溉水源短缺难题。

7.2.2　流域水资源开发与自然生态保护之间规模阈约束

1. 流域水资源合理开发与生态保护实现支撑点

在西北内陆区，流域水平衡是水资源合理开发与自然生态保护的支撑点。在中尺度（5～12 年）水文周期内，该区流域水资源系统收支应处于动态平衡状态。相对流域水均衡期的初始态，末期的自然湿地水域面积没有呈现趋势性缩小，以地下水生态功能为主导区域地下水位没有呈现趋势性下降，即为 "合理" 态。在降水偏枯时段，尤其枯水年份的低水位期允许地下水位动态性下降；但是，在降水偏丰年份，应确保流域中下游平原区地下水位普遍明显上升至预期目标。

2. 不同分区水资源合理开发约束阈

流域水平衡动态 "合理" 是确定流域内不同分区或单元水资源 "合理开发规模" 的约束条件。在流域水平衡目标约束下，流域内不同水文分区水资源合理开发的支撑点是：流域中下游平原区水资源开发利用的规模需要符合 "水资源（地下水）开发与自然生态保护之间关系准则" 要求，2025 年前 B_{sw}/A_{jw} 不小于 0.82，2026～2035 年 B_{sw}/A_{jw} 不小于 1.22，2035 年之后 B_{sw}/A_{jw} 达 1.5 以上，并呈增大或稳定趋势。

3. 不同分区水资源合理开发规模阈

不同功能分区或单元水资源 "合理开发规模" 确定的依据是不同的，但是支撑基础是相同，即地下水功能评价与区划的结果和分区分级监测、预警与管控指标体系。

对于地下水生态功能主导区，包括自然湿地保护区、荒漠天然植被保护区和泉域景观保护区等，水资源 "合理开发规模" 趋于零，应以 "禁止开发" 为阈，禁止经济生产用水开发当地水资源，尤其严格禁止地下水开采，确保自然湿地保护区地下水位埋深不大于 3.0m，荒漠天然植被保护区地下水位埋深不大于 5.0m 并呈不断修复趋势。

对于地下水资源功能主导区，包括水源地、耕地区等非自然生态保护区，水资源 "合理开发规模" 阈域是：①2025 年之前，年均总供水量占流域天然水资源总量的比率不大于 55%；2026～2035 年，年均总供水量占比不大于 45%；2035 年之后，年均总供水量占比不大于 40%；②战略应急备用地下水水源地，非应急时段全面禁止开采，应确保该区地下水位埋深恢复和维持在 20 世纪 70 年代初水平；③基本农田区，限量开采，应确保年均开采量小于该区地下水开采资源的允许阈值，以及确保地下水位埋深不小于 1.9m，土壤盐渍化不加剧。在西北内陆流域平原农田区，尤其中游细土平原下游段，应保持一定的开采强度，避免土壤盐渍化加剧和有效控降潜水强烈蒸发耗水。

7.2.3　流域水平衡目标下地下水合理开发约束阈

1. 流域地下水合理开发约束阈

在西北内陆流域水资源开发利用规划和管控中，2025 年之前，流域地下水合理开发约束阈（允许的流域内年开采量占多年平均开采资源量的比率，$R_{\text{gw-min}}$）不大于 75%；2026 ~ 2035 年，$R_{\text{gw-min}}$ 不大于 65%；2035 年之后，$R_{\text{gw-min}}$ 不大于 55%。非生活用水需求，原则上不增大地下水供给，灌溉农业的地下水开采规模应有序减降，直至实现灌溉分区 $R_{\text{gw-min}}$ 约束阈的要求。

2. 不同水文分区地下水合理开发约束阈

在流域上游区，全面禁止地下水开采，以涵养地下水补给水源为主。在流域中游区，主要满足城镇生活集中供水需求。其中，2025 年之前，该区地下水合理开发约束阈（允许的该区年开采量占该区多年平均开采资源量的比率，$R_{\text{gw-zy}}$）不大于 65%；2026 ~ 2035 年，$R_{\text{gw-zy}}$ 不大于 55%；2035 年之后，$R_{\text{gw-zy}}$ 小于 50%。在流域下游区，生态安全优先、全面保护地下水生态功能；原则上，严禁非生活用水需求开采地下水。2025 年之前，该区地下水合理开发约束阈（允许的该区年开采量占该区多年平均开采资源量的比率，$R_{\text{gw-xy}}$）不大于 10%；2026 ~ 2035 年，$R_{\text{gw-xy}}$ 不大于 12%；2035 年之后，$R_{\text{gw-xy}}$ 小于 15%。需要高度重视自然生态保护区地下水生态功能修复所需要水源和未来防控湿地周边农田盐渍化加剧所需调控的开采需求。

3. 不同功能分区地下水合理开发约束阈

在地下水生态功能主导区，包括自然湿地保护区、荒漠天然植被保护区和泉域景观保护区等，生态安全优先配置地下水，全面保护地下水生态功能，避免发生较长时段（连续数月）处于"质变"、甚至"灾变"状态；保护区范围内严禁开采地下水，应确保湿地保护区地下水（潜水）水位埋深不大于 3.0m，其他生态保护区地下水（潜水）水位埋深不大于 5.0m，极端情势下小于极限"生态水位"阈值。

在地下水资源功能主导区，包括水源地、耕地区等非自然生态保护区，2025 年之前，$R_{\text{gw-zg}}$ 不大于 85%；2026 ~ 2035 年，$R_{\text{gw-zg}}$ 不大于 75%；2035 年之后，$R_{\text{gw-zg}}$ 小于 70%。在大型城镇水源地，多年平均的地下水年开采总量不大于该区多年平均年开采资源量。其中，降水枯水年份允许该类水源地的当年年末地下水位低于前一年的年末水位，但是，年开采量应明显小于规划期内平水年份的年开采量；降水丰水年份，水源地的当年年末地下水位应明显高于前一年的年末水位，升幅不小于枯水年份的水位降幅。在应急备用地下水水源区应急供水年（特枯水年），应允许应急水源区的当年年末地下水位大幅低于前一年的年末水位，但是，月均开采量应明显小于规划期内枯水年份的月均开采量。在降水丰水及平水年份，严禁启用应急备用地下水水源，但需及时启动应急备用水源地的涵养工程，增大水源区地下水补给，确保丰水年年末的水源区地下水位恢复至应急之前的平水年水位状态。

7.3　西北内陆区地下水开发及生态保护分区分级管控指标体系

7.3.1　不同类型保护区地下水生态功能退变预警指标体系

1. 天然植被生态区地下水生态功能状态综合评价指标阈

在西北内陆区大量调查和监测研究结果表明，当地下水位埋深小于 5m 时，随着水位埋深减小，陆表生态 NDVI 增大；当地下水位埋深 3 ~ 3.5m 时，NDVI 达到最大值。当水位埋深大于 5m 时，NDVI 处于较低水平，并随着地下水位埋深增大而减少，而且 NDVI 对地下水位变化响应变弱。因此，将地下水位埋深 5m 作为天然植被绿洲保护区适宜生态水位阈值的下限。当水位埋深大于 10m，NDVI 对地下水位变化开始没有响应变化特征。因此，将地下水位埋深 10m 作为天然植被绿洲保护区极限生态水位的阈值下限。

2. 天然植被保护区地下水生态功能分级预警指标体系

在西北内陆的荒漠天然植被绿洲保护区，其生态安全预警与管控阈是基于干旱区地下水功能区划的天然植被绿洲保护区生态功能情势的 5 个等级划分技术要求，采用天然植被绿洲生态的"灾变"、"质变"、"渐变"、"正常"和"向好"的 5 个等级预警指标体系。在每一种预警情势中，再依据地下水水位的上升或下降幅度不同，分别对应不同的"预警结论"和"对策建议"。其中，水位下降的"情势"对应"一般变化"、"不良变化"和"劣性变化"，水位上升的"情势"对应"一般变化"、"良性变化"和"异常变化"，如表 7.2 所示。

表 7.2　西北内陆流域天然植被绿洲生态安全预警与管控阈域指标体系

天然植被绿洲安全水位*阈域与情势/m	预警依据与结论			对策建议
	水位动向	同期变幅比较/cm	预警结论	
<3（向好）	h_x ↑	①<50 ②≥50	①一般变化 ②良性变化	①维持现有监管措施 ②适度加强监测
	h_x ↓	①<30 ②≥30	①一般变化 ②不良变化	①维持现有监管措施 ②适度加强监测与管控
3 ~ 5（正常）	h_0 ↑	①<80 ②≥80 ③>150	①一般变化 ②良性变化 ③异常变化	①维持现有监管措施 ②适度加强监测 ③加大监测与预警措施
	h_0 ↓	①<50 ②≥50 ③>100	①一般变化 ②不良变化 ③劣性变化	①维持现有监管措施 ②适度加强监测 ③加大监测与预警措施

续表

天然植被绿洲安全水位*阈域与情势/m	预警依据与结论			对策建议
	水位动向	同期变幅比较/cm	预警结论	
5~7(渐变)	h_d ↑	①<80 ②≥80 ③>150	①一般变化 ②良性变化 ③异常变化	①维持现有监管措施 ②适度加强监测 ③加大监测与预警措施
	h_d ↓	①<50 ②≥50 ③>100	①一般变化 ②不良变化 ③劣性变化	①维持现有监管措施 ②适度加强监测与管控 ③加大监测、预警与管控措施
7~10(质变)	h_{dd} ↑	①<80 ②≥80 ③>150	①一般变化 ②良性变化 ③异常变化	①维持现有监管措施 ②适度加强监测 ③加大监测与预警措施
	h_{dd} ↓	①<50 ②≥50 ③>120	①一般变化 ②不良变化 ③劣性变化	①适度加强监测 ②加大监测与预警措施 ③采取压减或增补,水量>Q
>10(灾变)	h_c ↑	①<80 ②≥80 ③>150	①一般变化 ②良性变化 ③异常变化	①维持现有监管措施 ②适度加强监测与预警 ③加大监测与预警措施
	h_c ↓	①<50 ②≥50 ③>120	①一般变化 ②不良变化 ③劣性变化	①适度加强监测与管控 ②加大监测、预警与管控措施 ③采取压减或增补,水量>QQ

* 指地下水位埋深;

注:h_x,…,h_c 为天然植被绿洲区监测点不同情势下地下水位相对基值和变化方向;Q、QQ 为压减或增补的地下水水量,其中 Q 为适时调控水量,QQ 为按期必需足额调控水量。

3. 自然湿地保护区地下水生态功能分级预警指标体系

在西北内陆的自然湿地保护区,其生态安全预警与管控阈是基于干旱区地下水功能区划的自然湿地保护区生态功能情势的 5 个等级划分技术要求,采用自然湿地生态的"灾变"、"质变"、"渐变"、"正常"和"向好"的 5 个等级预警指标体系。在每一种预警情势中,再依据地下水的水位上升或下降幅度的不同,分别对应不同的"预警结论"和"对策建议"。其中,水位下降的"情势"对应"一般变化"、"不良变化"和"劣性变化",水位上升的"情势"对应"一般变化"、"良性变化"和"异常变化",如表 7.3 所示。

表 7.3　西北内陆流域自然湿地生态安全预警与管控阈域指标体系

自然湿地生态安全水位*阈域与情势/m	预警依据与结论			对策建议
	水位动向	同期变幅比较/cm	预警结论	
<0.5(向好)	h_x ↑	①<30 ②≥30	①一般变化 ②良性变化	①维持现有监管措施 ②适度加强监测
	h_x ↓	①<20 ②≥20	①一般变化 ②不良变化	①维持现有监管措施 ②适度加强监测与管控

续表

自然湿地生态安全水位＊阈域与情势/m	预警依据与结论			对策建议
	水位动向	同期变幅比较/cm	预警结论	
0.5~1.5（正常）	h_0 ↑	①<30 ②≥30 ③>100	①一般变化 ②良性变化 ③异常变化	①维持现有监管措施 ②适度加强监测 ③加大监测与预警措施
	h_0 ↓	①<20 ②≥20 ③>50	①一般变化 ②不良变化 ③劣性变化	①维持现有监管措施 ②适度加强监测 ③加大监测与预警措施
1.5~3（渐变）	h_{d-1} ↑	①<30 ②≥30 ③>100	①一般变化 ②良性变化 ③异常变化	①维持现有监管措施 ②适度加强监测 ③加大监测与预警措施
	h_{d-1} ↓	①<20 ②≥20 ③>50	①一般变化 ②不良变化 ③劣性变化	①维持现有监管措施 ②适度加强监测与管控 ③加大监测、预警与管控措施
3~5（质变）	h_{d-2} ↑	①<50 ②≥50 ③>100	①一般变化 ②良性变化 ③异常变化	①维持现有监管措施 ②适度加强监测 ③加大监测与预警措施
	h_{d-2} ↓	①<30 ②≥30 ③>70	①一般变化 ②不良变化 ③劣性变化	①适度加强监测 ②加大监测与预警措施 ③采取压减或增补，水量>Q
>5（灾变）	h_{dd} ↑	①<50 ②≥50 ③>150	①一般变化 ②良性变化 ③异常变化	①维持现有监管措施 ②适度加强监测与预警 ③加大监测与预警措施
	h_{dd} ↓	①<50 ②≥50 ③>100	①一般变化 ②不良变化 ③劣性变化	①适度加强监测与管控 ②加大监测、预警与管控措施 ③采取压减或增补，水量>QQ

＊指地下水位埋深；

注：h_x，…，h_{dd} 为自然湿地边界监测点不同情势下地下水位相对基值和变化方向；Q、QQ 为压减或增补的地下水水量，其中 Q 为适时调控水量，QQ 为按期必需足额调控水量。

4. 灌溉农田保护区地下水生态功能分级预警指标体系

在西北内陆的灌溉农田超采区，其安全预警与管控阈仍然是基于干旱区地下水功能区划的基本农田区生态功能情势 5 个等级划分指标要求，采用农田生态的"灾变"、"质变"、"渐变"、"正常"和"向好"等 5 个等级预警指标体系。在农田生态的每种情势中，再依据地下水的水位上升或下降幅度的不同，分别对应不同的"预警结论"和"对策建议"，如表 7.4 所示。

表 7.4　西北内陆流域灌溉农田超采区地下水涵养预警与管控阈指标体系

灌溉农田超采区预警-管控水位*阈域与情势/m	预警依据与结论			对策建议
	水位动向	同期变幅比较/cm	预警结论	
<1.5(灾变)	$h_{xxx} \uparrow$	①<20 ②≥20 ③>50	①一般变化 ②不良变化 ③劣性变化	①维持现有监管措施 ②加强监测，维持开采量≤Q ③增大开采强度，水量>QQ
	$h_{xxx} \downarrow$	①<30 ②≥30	①一般变化 ②良性变化	①维持现有监管措施 ②适度加强监测与管控
1.5~2.5(质变)	$h_{xx} \uparrow$	①<50 ②≥50 ③>100	①一般变化 ②不良变化 ③劣性变化	①维持现有监管措施 ②加强监测，增大开采量>Q ③增大开采强度，水量>QQ
	$h_{xx} \downarrow$	①<60 ②≥60 ③>120	①一般变化 ②良性变化 ③异常变化	①维持现有监管措施 ②适量调减开采量<Q ③调减开采强度，水量<QQ
2.5~3.5(渐变)	$h_x \uparrow$	①<50 ②≥50 ③>100	①一般变化 ②不良变化 ③劣性变化	①维持现有监管措施 ②适量增大开采量>Q ③增大开采强度，水量>QQ
	$h_x \downarrow$	①<80 ②≥80 ③>120	①一般变化 ②良性变化 ③异常变化	①维持现有监管措施 ②适量调减开采量<Q ③调减开采强度，水量<QQ
3.5~5.0(正常)	$h_0 \uparrow$	①<50 ②≥50 ③>100	①一般变化 ②不良变化 ③劣性变化	①维持现有监管措施 ②适量增大开采量>Q ③增大开采强度，水量>QQ
	$h_0 \downarrow$	①<50 ②≥50 ③>100	①一般变化 ②良性变化 ③异常变化	①维持现有监管措施 ②适量调减开采量<Q ③调减开采强度，水量<QQ
5.0~8.0(向好)	$h_{d-1} \uparrow$	①<50 ②≥50 ③>120	①一般变化 ②良性变化 ③异常变化	①维持现有监管措施 ②适度加强监测 ③及时查明成因，适时监管
	$h_{d-1} \downarrow$	①<30 ②≥30 ③>80	①一般变化 ②不良变化 ③劣性变化	①维持现有监管措施 ②适量调减开采量<Q ③调减开采强度，水量<QQ
>8.0(渐变→灾变)	$h_{d-1} \uparrow$	①<30 ②≥30 ③>50	①一般变化 ②良性变化 ③异常变化	①维持现有监管措施 ②适度加强监测 ③及时查明成因，适时监管
	$h_{d-1} \downarrow$	①<30 ②≥30 ③>50	①一般变化 ②不良变化 ③劣性变化	①适量调减开采量<Q ②调减开采强度，水量<QQ ③限量或禁止开采

　*指地下水位埋深；

　注：h_{xxx}，…，h_{d-1} 为灌溉农田超采区下游边界监测点不同情势下地下水位相对基值变化方向；Q、QQ 为调控的地下水水量，其中 Q 为适时调控水量，QQ 为按期必需足额调控水量。

5. 泉域景观保护区地下水生态功能分级预警指标体系

根据式（7.1）确定的在西北内陆流域泉域景观保护区地下水位预警与管控"生态水位"上限（h_{sb-min}）和下限（h_{sb-max}），以及溢出带（泉口处）地下水位埋深≤0m 和"规划目标"保护"泉流量，（q_{sb}）"，同时，基于干旱区地下水功能评价与区划要求，采用泉域景观生态的"向好"、"正常"、"渐变"、"质变"和"灾变"等 5 个等级，建立西北内陆流域泉域景观保护区生态功能情势的预警指标体系。在泉域景观生态的每种情势中，再依据地下水位上升或下降幅度的不同，分别对应不同的"预警结论"和"对策建议"。其中，地下水的水位下降"情势"，对应"一般变化"、"不良变化"和"劣性变化"；地下水的水位上升"情势"，对应"一般变化"、"良性变化"和"异常变化"，如表 7.5所示。

表 7.5　西北内陆流域泉域景观保护区生态安全预警与管控阈域

泉域景观生态安全水位*阈域与情势/m	预警依据与结论			对策建议
	水位动向	同期变幅比较/cm	预警结论	
<0（向好）	h_{sb-min} ↑	①<30	①一般变化	①维持现有监管措施
		②≥30	②良性变化	②适度加强监测
	h_{sb-min} ↓	①<20	①一般变化	①维持现有监管措施
		②≥20	②不良变化	②适度加强监测与管控
0~0.5（正常）	h_{sb-min} ↑	①<30	①一般变化	①维持现有监管措施
		②≥30	②良性变化	②适度加强监测
		③>50	③异常变化	③加大监测与预警措施
	h_{sb-min} ↓	①<20	①一般变化	①维持现有监管措施
		②≥20	②不良变化	②加大监测与预警措施
		③>30	③劣性变化	③适量增大压减，水量<Q
0.5~1.5（渐变）	h_{sb-min} ↑	①<30	①一般变化	①维持现有监管措施
		②≥30	②良性变化	②适度加强监测
		③>50	③异常变化	③加大监测与预警措施
	h_{sb-min} ↓	①<20	①一般变化	①加强监测与管控
		②≥20	②不良变化	②加大监测与预警措施
		③>30	③劣性变化	③适量增大压减，水量>Q
1.5~3.0（质变）	h_{sb-min} ↑	①<50	①一般变化	①维持现有监管措施
		②≥50	②良性变化	②适度加强监测
		③>80	③异常变化	③加大监测与预警措施
	h_{sb-min} ↓	①<30	①一般变化	①加强监测与管控
		②≥30	②不良变化	②适量增大压减，水量>Q
		③>50	③劣性变化	③增大压减或增补，水量<QQ

泉域景观生态安全水位 * 阈域与情势/m	预警依据与结论			对策建议
	水位动向	同期变幅比较/cm	预警结论	
>3.0(灾变)	h_{sb-min} ↑	①<50 ②≥50 ③>80	①一般变化 ②良性变化 ③异常变化	①维持现有监管措施 ②适度加强监测 ③加大监测与预警措施
	h_{sb-min} ↓	①<30 ②≥30 ③>50	①一般变化 ②不良变化 ③劣性变化	①加强监测与管控 ②适量增大压减，水量>Q ③增大压减或增补，水量>QQ

* 指地下水位埋深；

注：h_{sb-min} 为泉域景观区监测点不同情势下地下水位相对基值和变化方向；Q、QQ 为压减或增补的地下水水量，其中 Q 为适时调控水量，QQ 为按期必需足额调控水量。

在西北内陆的泉域景观保护区，其生态安全预警与管控阈是泉水溢出带（泉口处，h_{sb-0}）地下水位埋深≤0m，但需要转换成监测点的预警阈域（h_{sb}）。基于"规划"保护目标的"泉流量"（q_{sb}）和监测点孔口高程，换算获得泉域范围内监控点水位埋深，为泉域景观保护区地下水位预警与管控"生态水位"阈的上限（h_{sb-min}）；对应泉水溢出带（泉口处）h_{sb-0}≤0m 的监测点地下水位埋深，为泉域景观保护区生态安全预警与管控"生态水位"阈的下限（h_{sb-max}），是"灾变"预警与管控阈值。由此，西北内陆区泉域景观"渐变"、"质变"和"灾变"危机的预警与管控阈域，是介于 h_{sb-min} 和 h_{sb-max} 之间，其中 h_{sb-min} 和 h_{sb-max} 值确定是分别根据"规划"明确的保护泉流量最大值和最小值，采用式（7.1）计算获得。

$$h_{sb} = \frac{q_{sb}}{\mu F_{sb}} + h_{sb-0} \tag{7.1}$$

式中，h_{sb} 为泉域景观保护区监测点地下水位埋深预警与管控阈值，cm；h_{sb-0} 为泉域景观保护区溢出带（泉口处）地下水位埋深预警与管控阈值，cm；q_{sb} 为"规划"确定的泉域保护泉流量阈值，m³/d；μ 为泉域地下水系统综合给水度，无量纲；F_{sb} 为有效补给溢出流量的区域面积，km²。

7.3.2　基于次生灾害防控的地下水合理开发指标体系

针对地下水开发利用不合理，导致土地荒漠化或农田区土壤盐渍化加剧等问题防控，基于"自然生态保护与经济社会发展"共赢的新时代生态文明建设要求，建立干旱区防控次生灾害的地下水合理开发指标体系。

1. 资源主导功能区地下水合理开发指标体系

从流域尺度考虑，2025 年之前，全流域地下水开采资源的合理开发预警与管控"阈域"≤75%，平均每年应偿还自然生态保护区地下水生态功能的补给亏缺水量占流域开采资源总量的 25%；2026～2035 年，全流域地下水开采资源的合理开发预警与管控

"阈域"≤65%，平均每年应偿还自然生态保护区地下水生态功能的补给亏缺水量占流域开采资源总量的35%；2035年之后，全流域地下水开采资源的合理开发预警与管控"阈域"≤55%，平均每年应偿还自然生态保护区地下水生态功能的补给亏缺水量占流域开采资源总量的45%（表7.6）。

表7.6　西北内陆流域资源主导功能区地下水合理开发指标体系

不同时点	地下水开采资源*的允许开发比率/%													
	全流域		上游区		中游区		下游区		基本农田区		城镇饮用水源地		战略备用应急水源地	
	允许率	偿还率	允许率	偿还率	允许率	偿还率	允许率	偿还率	允许率	偿还率	允许率	偿还率	允许率	偿还率
2025年之前	<75	≥25	<10	≥90	<85	≥15	<10	≥90	<65	≥35	<90	≥10	<25	≥75
2026~2035年	<65	≥35	<5	≥95	<75	≥25	<12	≥88	<55	≥45	<80	≥20	<30	≥70
2035年之后	<55	≥45	<0	100	<70	≥30	<15	≥85	<50	≥50	<75	≥25	<55	≥45

* 开采资源是指相应评价区范围的多年平均地下水开采资源量（又称"可开采量"）。

在流域上游区，全面禁止地下水开采，以涵养地下水补给水源为主导。

在流域中游的地下水资源功能主导区（水源地、非自然生态保护区等），2025年之前，该区地下水开采资源的合理开发预警与管控"阈域"≤85%，平均每年应偿还自然生态保护区地下水生态功能的补给亏缺水量占该区开采资源总量的15%；2026~2035年，该区地下水开采资源的合理开发预警与管控"阈域"≤75%，平均每年应偿还自然生态保护区地下水生态功能的补给亏缺水量占该区开采资源总量的25%；该区地下水开采资源的合理开发预警与管控"阈域"≤70%，平均每年应偿还自然生态保护区地下水生态功能的补给亏缺水量占该区开采资源总量的30%，如表7.6所示。

在流域下游区，应以生态安全优先、全面保护地下水生态功能为主导。原则上，严禁非生活用水需求开采地下水（表7.6）。

在城镇饮用水源地和战略应急备用水源地等非生态功能主导区，地下水开采资源的允许开发比率阈<55%，如表7.6所示。其中，①战略应急备用地下水水源地应以修复其应急保障能力为主，该区地下水位埋深应恢复至20世纪70年代初水平；②城镇饮水集中供给地下水水源地，其年均开采规模占流域地下水开采资源量的比率不大于30%，占水源地评价区地下水开采资源量的比率为75%~90%，如表7.6所示。

2. 生态-资源功能脆弱区地下水合理开发指标体系

在西北内陆流域地下水生态-资源功能脆弱区，其中非人工绿洲区，地下水位埋深应恢复至8.0m以上，修复目标是3.5~5.0m（"适宜生态水位"阈域）。

在地下水生态-资源功能脆弱区的基本农田区，需要地下水"水位-水量"双控预警，以限制地下水开采为主，确保地下水位埋深不小于1.5m（盐渍化灾害控制阈的下限）和不大于8.0m（荒漠化灾害控制阈的下限）。1.9m的水位埋深是盐渍化农田种植玉米和向日葵不减产量的阈值上限。

对于自然湿地保护区周边的农田，以防控土壤盐渍化为主导，兼顾下游自然湿地的

3.0m"生态水位"阈约束（表7.7）。基于表7.7有关农田区指标体系约束，在自然湿地周边农田地下水位埋深小于1.9m时，需要采用以"水量"调控农田区地下水"水位"埋深的安全情势，确保水位埋深为1.9~3.0m，严控土壤盐渍化加剧导致农田明显减产。

表7.7　西北内陆流域自然湿地周边农田生态安全预警与管控指标体系

湿地周边农田生态安全水位阈域与情势/m	预警依据与对策	
	预警依据	预警对策
<1.9（农田区不安全）	土壤盐渍化加剧	增大开采强度和加强监测，确保水位降幅≥0.5m
1.9~3.0（农田和湿地安全）	①$h<2.5m$；②h呈上升趋势	①加强监测，适量增大开采强度；②确保水位升幅$<0.0m$
	①$h>2.5m$；②h呈下降趋势	①加强监测，微减开采强度；②确保水位降幅$\leq0.5m$
>3.0（威胁湿地安全）	h呈上升趋势	①加强监测，微增开采强度；②确保水位升幅$\leq0.5m$
	h呈下降趋势	①加强监测，停止开采；②确保水位降幅$<0.0m$

注：h为地下水位埋深，m。

7.3.3　基于战略应急备用的地下水保障指标体系

战略应急备用水源是人口聚集区（城镇）应对干旱等极端天气、抵御突发污染事件的必要举措，属于紧急启用的暂时性后备供水水源地。基于各种情景导致的短时间（<30天）或较长时间（1~6个月）城镇基本生活用水失去原有供水水源情景，作为建立战略应急备用的地下水保障指标体系的前提条件。

1. 战略应急备用地下水源启用前提与保障机制

当遭遇特大或连年大旱的极端气候事件，应适时启动干旱区战略应急备用地下水水源地，优先保障生活用水和社会稳定用水的基本需求，禁止非饮用水需求违法挤占战略应急水源。启用的前提条件是降水为特枯水情势，且上游山区出山地表径流水量锐减50%以上的极端缺水情势（相对多年平均的周期水平），也是启动干旱区战略应急备用地下水水源地的必要条件，且每年应急总供水量不大于战略应急水源允许的可开采水量（W_{yj}）。

2. 战略应急备用地下水供给保障指标体系

战略应急备用水源地，应具备确保75%以上的城镇总人口、最小生活用水量的低于6个月应急供水能力。在战略应急供水年，水源地当年的年末地下水位可以大幅低于前一年的年末水位。但是，月均地下水开采量需明显小于规划期内枯水年份的月均地下水开采量。

3. 战略应急备用地下水水源涵养保障体系

在2035年之前，战略应急备用地下水水源地应以修复其应急保障能力为主，水源地保护区地下水位埋深应恢复至20世纪70年代初水平。这期间，战略应急备用地下水水源地的允许开采率25%~30%，其中2025年之前允许开采率小于25%。因为现实的战略应急备用地下水水源地被过去超采已经严重透支，亟需修复承载能力。

2035 年之后，战略应急备用地下水水源地的允许开采率 55%（表 7.6）。原因有二：①历经 10 余年强力修复之后，干旱区战略应急备用地下水水源地应具备了较强的应急保障能力；②2035 年之后，小康社会安全对供水安全保障的基本要求将明显提升。

从战略应急备用地下水水源可持续利用考虑，其涵养保障体系要求是：在战略应急之后的 3~5 年内，需充分利用流域上、中游降雨丰水提供的机遇，尤其逢特丰水或连年丰水年份，应及时启动人工地下调蓄工程，足额回补 W_{yj}，确保战略应急备用水源地的年末地下水位恢复至应急之前的水位埋深，水源地的地下水储存资源不应少于多年平均水平的 75%。

7.4　西北内陆区地下水开发利用及生态保护的预警与保障技术体系

7.4.1　地下水开发利用及生态保护的监测−预警支撑技术体系

1. 监测与预警支撑指导思想

1）经济实用智能监测网系支撑

按照地下水主导功能分区，分别依据各分区所属类型地下水动态监测与预警指标体系，布设有限、具有全区控制能力的监测点，具备无线发送、远程接收功能。监测点地下水动态要素包括水位、水量、水温和水质等指标，信息采集为小时级分辨率，采集的地下水动态信息实施双地储存，确保任何情势下基础数据的安全性。

2）阈值约束下指标体系支撑实时规范预警

基于地下水动态数据研判和各类型分区地下水功能分级预警指标体系约束，针对"灾变"、"质变"和"渐变"中"异常变化"或"不良变化"（表 7.2~表 7.7），实时呈现"红色"、"橙色"和"黄色"等预警标示（表 7.8）。

表 7.8　干旱区地下水开发及生态保护的监测与预警标识指标体系

预警情势	正常	渐变	质变	灾变
预警色标	▨	▢	▨	▨
支撑技术	表 7.2~表 7.7 等分级预警指标体系			

2. 干旱区地下水开发利用及生态保护监测与预警支撑技术路线图

依托"干旱区地下水开发及生态保护监测与预警与管控技术平台"，基于地下水动态监测网系实时提供数据、预设预警时段、时长和表 7.2 至表 7.8 的相关指标体系，监测和预警保护区地下水功能情势，重点预警地下水功能的"渐变"、"质变"和"灾变"情势发生与演进，包括 3 种情势下"异常变化"和"不良变化"预警。

针对地下水功能的不同预警情势，应采取不同的预警对策（图7.1）：①"正常"情势，按规范时长预警；②"渐变"情势，结合情势变化趋势预警。若频繁出现"异常变化"，则加强实时监测与预警，同时加强控制开采措施；若没有出现"异常变化"，则按规范时长预警；③"质变"情势，则加强实时监测与预警，并加大控采和人工调入补水措施。若频繁出现"异常变化"，则加密监测与预警。④"灾变"情势，则加强实时监测与预警，并加大禁采和人工调入补水等措施。若频繁出现"异常变化"，则进一步加密监测与预警。

上述预警的支撑主体，分别是国家、相关区域地方政府和流域管理机构，他们肩负地下水动态监测网系建设、优化与维护，以及地下水功能分区分级管控阈指标体系确认的责任。同时，他们也是该项监测与预警的受理和决策客户。技术支撑主体是自然资源、水文水资源和水利等方面国家科研机构（图7.1），他们肩负干旱区地下水功能退变危机预警与管控的理论、指标体系和支撑技术平台等完善和升级研发的任务。

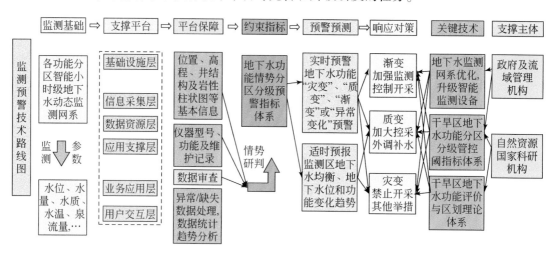

图 7.1　干旱区地下水功能情势监测与预警支撑技术体系

3. 干旱区地下水开发利用及生态保护监测与预警支撑技术体系

"干旱区地下水开发及生态保护的监测与预警支撑技术体系"主要由监测基础、支撑平台、约束指标、预警理论与方法等组成，如图7.2所示。

"干旱区监测与预警支撑技术体系"基础是流域内所有的地下水动态监测点组成的网系及其信息储存与管理"支撑平台"。地下水动态监测点背景、监测设备性状和水位、水温及水质等动态数据由"支撑平台"储存和维护。

"约束指标"主要包括表7.2～表7.7等不同类型区地下水功能情势分级预警指标体系，不同类型区包括自然湿地保护区、荒漠天然植被绿洲区、农田保护区和泉域景观保护区等。

"预警理论"主要为干旱区地下水功能评价理论、地下水功能退变危机"渐变"–"质变"–"灾变"形成机制和"生态水位"理论等。

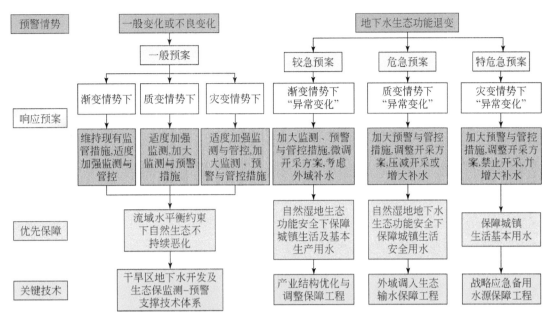

图 7.2　干旱区地下水开发利用及生态保护响应支撑机制

"预警方法"是基于"约束指标",根据"预警支撑理论",进行不同类型区地下水功能退变情势研判和预警,并依据表 7.8 的要求,分别给出"红色"、"橙色"和"黄色"等预警色标提示。

"预测方法"是根据地下水动态监测历史数据,采用时间序列分析、回归分析和趋势分析方法技术,预测地下水动态变化趋势;然后,结合实时监测的地下水动态数据,预测预警未来地下水功能情势,并提出相应建议,为主管部门决策提供科学支撑依据。

1) 响应支撑原则

在西北内陆区地下水开发利用管控中,针对可能出现地下水功能退变的"渐变"、"质变"和"灾变"情势,基于"约束指标"(不同类型区地下水功能情势分级预警指标体系),制定"响应预案"。一旦获得"干旱区地下水开发及生态保护监测与预警系统"发出的"预警",应及时根据"预案"即刻响应。

"响应预案"应分为"一般"、"较急"、"危急"和"特危急"等 4 种类型。"一般预案",主要是应对表 7.2 ~ 表 7.7 中的"一般变化"和"不良变化";"较急预案",主要是应对"渐变"情势下"异常变化";"危急预案",主要应对"质变"情势下"异常变化";"特危急预案",主要应对"灾变"情势下"异常变化"和"劣性变化"。

2) 响应支撑机制

以"监测与预警支撑技术体系"为前提,以"一般预案"、"较急预案"、"危急预案"和"特危急预案"等为响应举措,实施"生态优先"、兼顾"生活供水"保障的技术路线(图 7.2)。

在干旱区地下水合理开发及生态保护的"一般变化"或"不良变化"响应中,依托"干旱区地下水合理开发及生态保护的监测与预警支撑技术体系",施以"适度加强监测与管控"或"加大监测、预警与管控"等措施（图7.2），确保在"流域水平衡约束下自然生态不持续恶化"。

在干旱区地下水合理开发及生态保护的"渐变情势下'异常变化'"响应中，依托"产业结构优化与调整保障工程"，并施以"加大监测、预警与管控"或"微调开采方案，考虑人工调入补水"等措施（图7.2），确保在"自然湿地生态功能安全下保障城镇生活及基本生产用水"。

在干旱区地下水合理开发及生态保护的"质变情势下'异常变化'"响应中，依托"人工调入生态输水保障工程"，并施以"加大预警与管控措施，调整开采方案"或"压减开采或增大补水"等措施（图7.2），确保在"自然湿地地下水生态功能安全下保障城镇生活安全用水"。

在干旱区地下水合理开发及生态保护的"灾变情势下'异常变化'"和"劣性变化"响应中，依托"战略应急备用水源保障工程"，并施以"加大预警与管控措施（图7.2），调整开采方案"或"禁止开采，并增大人工调入补水"等措施，确保"保障城镇生活基本用水"。

3）保护响应支撑保障

在西北内陆平原区地下水合理开发及生态保护的监测与预警的响应中，面对预警给出的"一般变化"或"不良变化"、"渐变"情势下"异常变化"，以及"质变"情势下"异常变化"和"灾变"情势下"异常变化"及"劣性变化"，分别提供"监测与预警支撑技术体系"、"产业结构优化与调整保障工程"、"人工调入生态输水保障工程"和"战略应急备用水源保障工程"等实施保障支撑。

7.4.2　地下水合理开发及生态保护的监测与预警保障技术体系

在干旱区地下水开发及生态保护的"监测与预警支撑技术体系"与"响应支撑技术体系"之间，由"支撑平台"（图7.3）链接，它承载着"保障"作用，全称为"干旱区地下水合理开发及生态保护监测-预警与管控技术支撑平台"（简称"支撑平台"）。

1. 监测与预警的保障技术体系组成与功能

"支撑平台"集干旱区地下水开发及生态保护的监测与预警区地下水基础数据库、监控、评价、模拟和预警预测于一体，包括正在运行的石羊河流域武威-民勤盆地（或其他研究区）地下水水流数值模拟模型和水文-生态分析模型等，依据地下水动态实时信息、不同类型分区地下水功能情势分级预警指标体系，保障实时预警与精准管控功能的实现。

"支撑平台"在网络交互、系统之间耦合与切换（图7.3）、实时监测与预警成果表达，以及系统运行过程中容错和自适应等功能，分别达到相应基本性能的技术要求。其中，①网络平台性能，实现非复杂查询和处理响应时间≤5s，年均无故障运行的时间大于99.9%；②系统平台性能，采用安全可靠、通用性好的操作系统和大型数据库管理系统，保证各种情况下不会出现死机或系统崩溃现象；③应用支撑平台性能，不仅具备业务应用

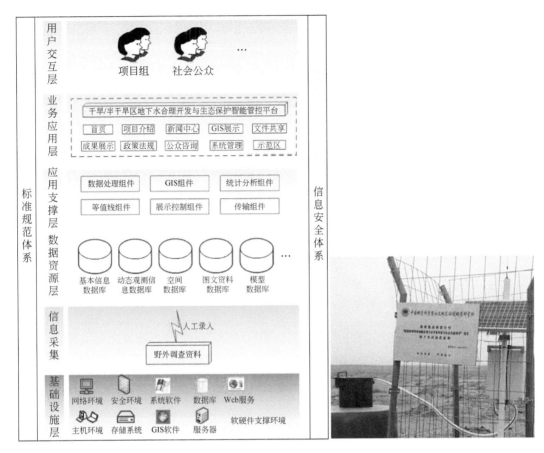

图 7.3　干旱区地下水合理开发及生态保护监测–预警与管控技术支撑平台

的各级组织开发和运行能力，而且，还具备了灵活可扩充性和高度可配置管理性；④应用系统性能，实现人机界面友好、输入输出方便、模型建立便捷、统计图表生成规范和查询检索快捷；⑤安全性能，实现身份认证、访问控制和实现授权访问机能，同时，还具备了数据备份功能；⑥容错–自适应性能，在人员操作过程中，当出现错误操作或可能导致信息丢失的操作时，能推理纠正或给予正确的操作提示。

"支撑平台"采用 .NET 技术路线，基于 SQL server 大型关系型数据库进行"支撑平台"系统的软件开发和设计，为 B/S 结构展示（图 7.4）。操作系统采用 Windows Server 2008 中文企业版——Windows 7；数据库系统为 Sql Server2012，开发平台为 Vs2017。"支撑平台"提供了 MODFLOW 模型的接口。

"支撑平台"系统的总体结构为 6 个层次，分别为基础设施层、信息采集、数据资源层、应用支撑层、业务应用层和用户交互层。其中"业务应用层"依托"应用支撑层"环境，建立业务逻辑和构建干旱区地下水合理开发与生态保护智能管控平台的支撑功能（图 7.4 ~ 图 7.7），包括地下水动态及功能情势实时预警、趋势预测预报、预测结果和响应效应展示等。

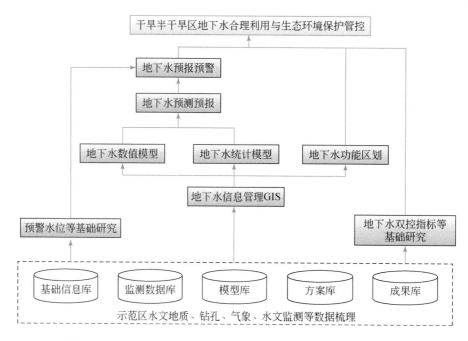

图 7.4　干旱区地下水监测–预警与管控技术支撑平台的业务流程

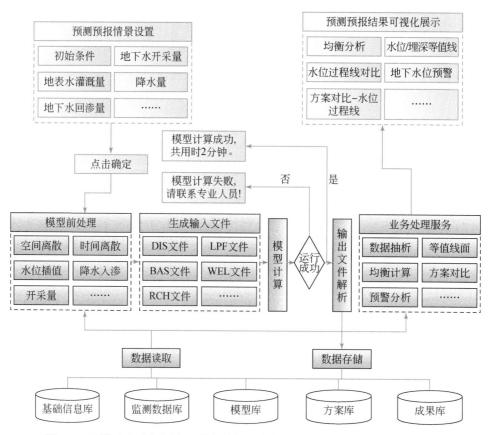

图 7.5　干旱区地下水监测–预警与管控技术支撑平台的数值模型集成运行流程

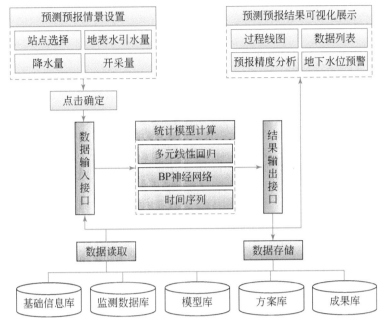

图 7.6　干旱区地下水监测–预警与管控技术支撑平台的统计模型集成运行流程

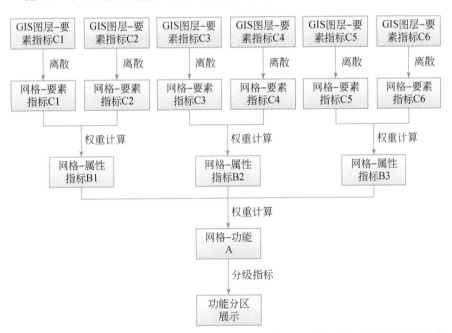

图 7.7　干旱区地下水监测–预警与管控技术支撑平台的地下水功能区划模型运行流程

2. 监测与预警的保障技术体系数据库集与运行机制

"支撑平台"的数据库集：包括基本信息库、动态监测信息库、空间数据库、图文资料数据库和模型数据库。

（1）基本信息库：主要存储地下水动态监测点（孔）、雨量站等基本信息。

（2）动态监测信息库：主要存储地下水位、降雨量和干旱区地下水合理开发及生态保护监测与预警等动态信息数据。

（3）空间数据库：主要存储地理空间相关图层信息，包含行政区划图、水系图、土地利用类型图、包气带岩性结构图、水文地质分区图和含水层组地质参数分区图系等。

（4）图文资料数据库：主要存储研究进展图件和文档资料。

（5）模型数据库：主要存储地下水动态预警预测所需模型相关的结构信息、参数信息、运算信息和模型成果信息等。

"支撑平台"运行实行"管理权限"机制：分为公务用户、专业用户和管理用户。"公务用户"可以查看实时预警状态，"专业用户"在"公务用户"权限基础上具有开展模拟分析和预警预测业务工作，"管理用户"负责平台管理、维护和更新。

3. 监测与预警的保障技术体系应用实例

1）应用概况

"干旱区地下水合理开发及生态保护监测-预警与管控技术支撑平台"（图7.3，简称"支撑平台"）已经在西北内陆区石羊河流域应用。应用该"支撑平台"的"地下水双控模拟模型技术"模拟预测了石羊河流域下游区民勤盆地在地下水开采量-水位双控下，客观刻画了该区地下水开采量与水位之间联动关系，分别识别和确定了不同功能分区地下水管理控制的水位埋深上、下限，以及上述水位上、下限约束下合理开发管控的地下水开采量的上、下限（表7.9），包括集中开发区、分散开发区，自然湿地、天然植被绿洲及其边缘生态脆弱区，以及具有重要生态保护意义的泉域和滨河地段水源涵养区等26个分区。

表7.9 地下水双控模拟模型应用确定的研究区监测井管控水位指标阈值

序号	名称	监测类型	水位埋深指标/m		序号	名称	监测类型	水位埋深指标/m	
			h_x	h_s				h_x	h_s
1	肆甘所社	M_1	32.78	5.00	14	沙咀墩西	M_3	5.00	0
2	三雷三新	M_1	34.51	5.00	15	制产一社	M_3	5.00	0
3	贰甘所社	M_2	32.54	3.00	16	幸福二社	M_2	46.21	3.00
4	大滩北新	M_1	28.65	5.00	17	西渠首好	M_1	49.37	5.00
5	陆甘所社	M_2	27.55	3.00	18	东固深井	M_1	35.73	5.00
6	中路四社	M_2	31.91	3.00	19	往致四社	M_3	5.00	0
7	更名六社	M_2	38.15	3.00	20	附智三社	M_3	5.00	0
8	夹河黄案	M_2	11.32	3.00	21	阳和四社	M_1	16.05	5.00
9	羊路元泰	M_2	33.20	3.00	22	珠明五社	M_3	11.99	0
10	孙指六社	M_2	40.06	3.00	23	中兴三社	M_2	35.00	3.00
11	小西九社	M_2	30.53	3.00	24	盈科人饮	M_1	30.41	5.00
12	红星七社	M_1	29.88	5.00	25	城西八社	M_2	27.49	3.00
13	珍宝一社	M_3	5.00	0	26	夹河群井	M_3	5.00	0

注：h_x 为地下水位埋深控制的下限，h_s 为水位埋深控制的上限；M_1、M_2、M_3 为监控分区类型的代码。

2）西北内陆流域地下水双控模拟模型研发与应用

A. 地下水双控模拟模型研发背景

针对西北内陆流域地下水超采与生态退化管控，需要地下水"水量-水位"双控的需求，研发适宜西北内陆流域地下水双控模拟模型。地下水的开采量与水位控制是从地下水系统的输入与输出两端施以管控的不同方式，它们彼此联动性和相互约束。地下水取水总量控制是以区域地下水可开采量为控制上限，对某一区域、某一时段内不同用户取用地下水总量进行约束。地下水位控制是预设地下水控制水位指标，通过管控措施确保地下水位变化限于指标范围，发挥地下水的资源、生态和环境综合效益的最佳功能。

客观刻画地下水的开采量与水位之间联动关系，是合理制定"水量-水位"双控阈值指标的关键。在西北内陆流域平原区，地下水与地表水同源，且多次转化，地下水的开采资源量受不同年份来水量和地表水开发利用状况显著影响；同时，流域下游区地下水生态功能与其水位、水量和水质性状之间密切相关。而水资源管理范围往往跨越多个水文地质单元，包括山前冲洪积扇，中游细土平原人工绿洲区、下游自然湿地和荒漠天然植被绿洲区等，地下水系统的复杂分带性使得地下水的水量与水位之间关系难以用集中参数方法准确刻画。本书以甘肃石羊河流域下游区民勤盆地为研究区，采用地下水数值模拟方法，构建了地下水的水位指标与水量指标之间联系，模拟识别和确定示范研究区地下水的"水量-水位"双控阈值指标，首次采用具有上、下限的阈域替代静态值，作为西北内陆平原区地下水超采治理、合理开发利用与生态保护的"双控指标"。

B. 地下水双控指标确定的技术方案

地下水"水量-水位"双控类型分区：集中开发区（M_1）是指在现状或规划期内以供给生活或工农业生产用水为主的大规模集中供水地下水开采区，地下水的开采资源模数不少于 10 万 $m^3/(a \cdot km^2)$，单井出水量不少于 $30 m^3/h$，地下水矿化度不大于 $2g/L$。分散开发区（M_2）是指在现状或规划期内以分散方式供给农村生活、农田灌溉和小型乡镇工业用水的地下水开采区，地下水开采资源模数不少于 2 万 $m^3/(a \cdot km^2)$，单井出水量不少于 $8 m^3/h$，地下水矿化度不大于 $2g/L$。生态保护区（M_3）是指具有重要生态保护意义且生态系统对地下水埋藏状况变化响应敏感的区域，包括自然湿地、天然植被绿洲及其边缘生态脆弱区，以及具有重要生态保护意义的泉域和滨河地段水源涵养区。

地下水管控水位阈值确定：地下水管控水位阈值是依据特定管理目标设定的，它能够约束和保护地下水的某一功能自然属性可持续性。资源型管控水位阈值的上、下限为该类型管控水位阈值的上限（h_{zs}），采用潜水蒸发极限埋深；下限（h_{zx}）借鉴地下水水源地的最大允许降深计算方法确定，或采用含水层厚度的 1/3 或 1/2 作为阈值下限。生态型管控水位阈值的上、下限为该类型管控水位阈值的上限（h_{ss}），采用不同生态类型区"生态水位"的上限，如自然湿地水域分布区为地表处，而湿地周边农田区为地面以下 1.9m；生态型管控水位阈值的下限（h_{sx}），采用不同生态类型区"生态水位"的下限。环境型管控水位阈值的上、下限为该类型管控水位阈值上限，（h_{hs}），以不同环境管理区类型为指导，分类确定，如在大中城市区以地下工程的最大极限深度为上限，而在城市集中供给水源保护区则以不发生地下水污染为上限；环境型管控水位阈值的下限（h_{hx}），采用地下水位下降不引起灾害性地面沉降、地裂缝或塌陷等环境地质问题的最小深度为下限。

在集中开发区，采用资源型管控水位阈值的上/下限，以 M_1 类监测井模拟预测和确定该类型管理的地下水位的指标为上/下限。在生态保护区，以生态型管控水位阈值上/下限，作为该区的地下水位的指标上/下限。在分散开发区，参考环境型管控水位阈值上/下限，以 M_2 类监测井模拟预测和确定该类型区的地下水位的指标为上/下限。

在每一个地下水管控分区，设置三类（M_1、M_2 和 M_3）功能指标监测井，M_1 为集中开发区指标监测井，M_2 为分散开发区指标监测井，M_3 为生态保护区指标监测井。某一管控区内的指标监测井地下水位出现下降或上升，则认为该管控区地下水位发生相同变化。上述指标监测井为国家级或省级地下水动态监测井。

设管控区内 M_1、M_2 和 M_3 井的数量，分别为 i、j、k（$i,j,k=1,2,3,\cdots$），则管控区地下水的管控水位指标上限 $h_s=\{h_{zs},h_{hs},h_{ss}\}$，管控区地下水的管控水位指标下限 $h_x=\{h_{zx},h_{hx},h_{sx}\}$。

地下水管理水量阈值确定：关键补给项与排泄项确定是基于天然绿洲优先保护的原则，则天然植被区地下水排泄量不可被袭夺开发利用。由此，有

$$Q_s=\frac{1}{n}\sum_{i=1}^{m}\sum_{j=1}^{n}A_{ij}W_{gi}K_v \tag{7.2}$$

$$W_{gi}=a\left(1-\frac{h_i}{h_{0\max}}\right)^b E_{601} \tag{7.3}$$

式中，i 为植被类型；m 为某一地区主要植被类型数量；j 为计算期，a；n 为计算年数；Q_s 为多年平均生态需水量，m^3；A_{ij} 为某类植被某年的面积，m^2，可由遥感解译获得；K_v 为植被系数，等于有植被地段的潜水蒸发量与无植被地段的潜水蒸发量之比值；W_{gi} 为第 i 植被类型区某一地下水位埋深下潜水蒸发量，m^3，采用阿维扬诺夫公式获得；a、b 为经验系数；h_i 为地下水位埋深，m；$h_{0\max}$ 为潜水蒸发极限埋深，m；E_{601} 为 601 型蒸发皿水面蒸发量，m。

管控单元划定：地下水管控单元是管控区内的次一级地下水开发利用单元，划分为小型流域、灌区、生态保护区和行政区等，用于统计每个单元的地下水开采量。

水量指标确定：在西北内陆平原区，松散介质含水层中地下水水流可概化为非均质三维地下水流系统，地下水运动为

$$S\frac{\partial H}{\partial t}=\frac{\partial}{\partial x}\left(K_h\frac{\partial H}{\partial x}\right)+\frac{\partial}{\partial y}\left(K_h\frac{\partial H}{\partial y}\right)+\frac{\partial}{\partial z}\left(K_v\frac{\partial H}{\partial z}\right)+\varepsilon \tag{7.4}$$

式中，H 为地下水位，m；S 为含水介质的储水率，m^{-1}；K_h、K_v 分别为含水介质的水平和垂向渗透系数，m/d；ε 为源汇项，d^{-1}。

应用数值法，求解式（7.4），将获得现状条件下管控区地下水水流数值模型。然后，以现状开采布局和开采量为依据，给出各种地下水开采方案和开采量，通过运行该数值模型预测不同方案下的地下水位。在此基础上，将不同开采方案下指标监测井预报的地下水位与管控水位指标之间进行对比，由此获得符合管控水位指标阈值约束的地下水开采量指标的上、下限。

C. 地下水双控模拟模型应用

地下水双控模拟模型应用模拟区位于甘肃省石羊河流域下游区，属于典型荒漠绿州，面积 4800km^2（图 7.8）。示范应用中采用的预报期为 2011 年 1 月至 2030 年 12 月，设置了

18 种开采情景。预测中该区上游来水量——红崖山灌区渠系（总干渠首）输水量是采用近 10 年来多年均值（2.48 亿 m³/a），以及渠系渗漏系数 0.18 和井灌回归渗漏系数 0.25。至 2030 年，田间渠灌渗漏系数和井灌回归渗漏系数采用 0.13。预报期末的天然植被面积按增加 5% 计，得到预报期内生态需水总量 3.48 亿 m³，采用插值法分解到每一年。通过上述模拟模型应用，获得预报期末的 26 个分区管控水位阈值约束下地下水开采量的管控控制阈值的上、下限。

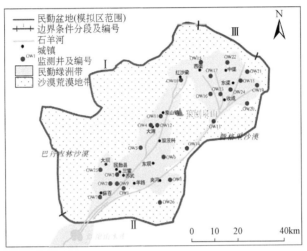

图 7.8　地下水双控模拟模型应用区范围与边界条件
Ⅰ. 隔水边界；Ⅱ. 流入边界；Ⅲ. 流出边界

在地下水双控模拟模型应用的模拟区，地下水含水层为上新世和第四系的单一巨厚含水层与多层结构系统，上部为潜水，下部为弱承压水；在潜水与弱承压含水层之间弱透水黏土层厚度 50m。自南向北，潜水含水层厚度由 150m 变为 120m；潜水主要受渠系渗漏和田间灌溉水入渗补给，以及上游侧向径流和凝结水补给，主要排泄项为人工开采量、蒸发量和植被蒸腾量。双控模拟模型应用的模拟区地下水流以水平运动为主，垂向水量交换微弱。因此，将地下水运动概化为二维流，该地下水系统的输入和输出随时间和空间变化，参数分区如图 7.9 所示。

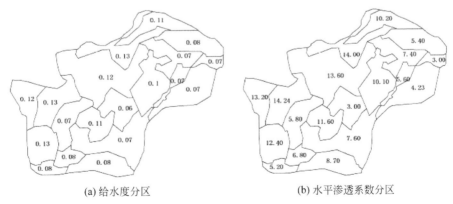

(a) 给水度分区　　　　　　　　(b) 水平渗透系数分区

图 7.9　地下水双控模拟模型应用参数分区

　　上述地下水模拟研究，采用 GMS 软件中的 MODFLOW 模块求解式，建立模拟区地下水流数值模拟模型。模型平面上剖分为 250 行、250 列，网格单元面积 400m×400m；模拟期 2001～2010 年，以一个月为一个应力期。模型给出的 2010 年末地下水流场与实际地下水流场之间拟合性好，模拟结果能够真实反映模拟区地下水位动态变化，模型给出的地下水均衡结果符合模拟区水文地质特征。

　　水位指标模拟确定：结合石羊河流域下游区地下水开发利用现状和超采治理相关规划，在该区地下水功能区划成果基础上，确定 26 眼指标监测井（图 7.8）。将现状地下水超采漏斗区确定为集中开发区，将青土湖自然湿地及外围天然绿洲分布区确定为生态保护区，其他区域确定为分散开发区。在上述三类管控分区，分别选择 2 眼指标监测井，绘制有监测数据以来的地下水位过程曲线（图 7.10）。

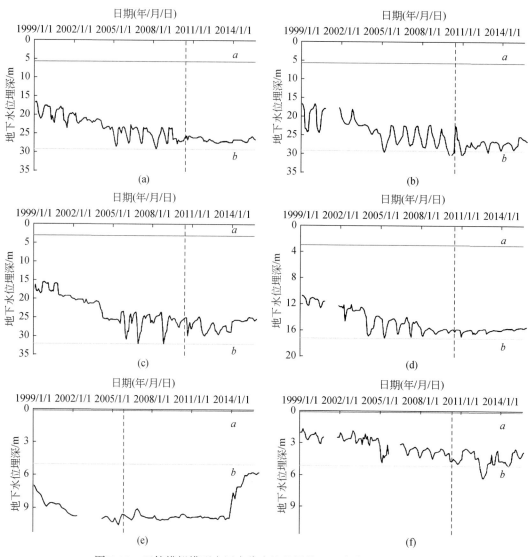

图 7.10　双控模拟模型应用中代表性监测井地下水位埋深变化特征

a. 水位指标的阈值上限；*b.* 水位指标的阈值下限

根据前面明确的地下水位指标确定原则，h_{zs} 取值 5.0m，h_{zx} 取值为 2010 年之前地下水的最大水位埋深；h_{hs} 取值 3.0m，h_{hx} 取值为 2010 年之前地下水的最大水位埋深；h_{ss} 取值 0.0m，h_{sx} 采用自然湿地"极限生态水位"深度（5.0m）。通过模拟分析，获得由 26 眼指标监测井表征的管控区地下水位指标阈值，如表 7.9 所示。

3）水量指标模拟确定

利用已建立并校正的上述模拟模型，以 2011 年 1 月至 2030 年 12 月为预报期，预测模型应力期为一个月。预测模型中降雨量和蒸发量，选取 1953 ~ 2019 年系列气象资料的多年平均值；预测红崖山灌区渠系输水量（总干渠首）为 2.48 亿 m^3/a，渠系渗漏补给系数因主干支渠全面衬砌，取值 0.18，渗漏补给量为 4464 万 m^3/a。在预报期，现有渠灌入渗补给系数 0.3，井灌回归补给系数 0.25；至 2030 年，模拟预报所用的田间渠灌入渗补给系数和井灌回归补给系数减小至 0.13。考虑该流域综合治理已见成效，所以，预报期末的天然植被面积按增加 5.0% 计，得到预报期内地下水的生态需水总量 3.48 亿 m^3，以线性插值法分解到每一年。设置 18 种开采方案，在每种开采方案中依据已知比率，将总量分解到各灌区，输入预测模型。通过上述模拟模型计算，获得预报期末的全部监测点地下水位阈值约束下的管理（管控）水量指标上、下限阈值。

上述成果支撑了《石羊河流域地下水合理开发与生态保护技术方案》，以及石羊河流域下游区自然湿地生态需水量阈值识别和确定，即在考虑石羊河流域下游区社会民生基本合理用水量下的青土湖湿地生态输水量阈值及其生态效应。在明确向青土湖湿地分布区年生态输水量保持 3338 万 ~ 4500 万 m^3 条件下，能够保持湿地分布区地下水位埋深介于"适宜生态水位"范围，并维持现状（26.6km^2）湿地水域规模实现规划确定的预期目标。

7.5　西北内陆区地下水合理开发与生态保护战略对策

7.5.1　流域水平衡约束下有序实现目标战略对策

1. 实施流域水平衡战略对策背景与基点

1）战略对策背景

"流域水平衡约束下有序实现目标战略对策"主要面向近期（2025 年前）和中期（2026 ~ 2035 年），充分考虑西北内陆区"天然水资源匮乏性"、"自然生态对地下水强烈依赖性"和"干旱气候制约不可逆性"的客观存在。事实上，西北内陆各流域人口数量和经济社会发展用水规模，包括灌溉农业，总的需用水量规模已经远大于各流域天然水资源承载能力，包括地下水，即使实施从该流域之外人工调入输水（简称"外域调水工程"）工程，短时期内也难改变现实的"流域水不平衡"问题。因为在西北内陆的塔里木河流域、黑河流域和石羊河流域等已经实施了外域调水工程、各种压采节水措施和最严格水资源管理制度，但是，这些流域地下水超采和生态退化情势尚未根本性扭转，生态修复前景也在不断下调预期目标。西北内陆各流域人口数量及所需生活用水量、基本保障生产用水量仍处于历史峰期，在确保民生安居和经济社会稳定所需供水量前提下，当地水资源基本没有剩余水量供给下游自然生态和地下水生态功能修复。

2）战略对策基点

流域尺度天然水资源承载力是西北内陆各流域地下水开发利用和生态保护是否"合理"的度量基值。因此，流域水平衡约束是该区各流域水资源（地下水）合理开发与自然生态保护的前提准则（图7.11）。

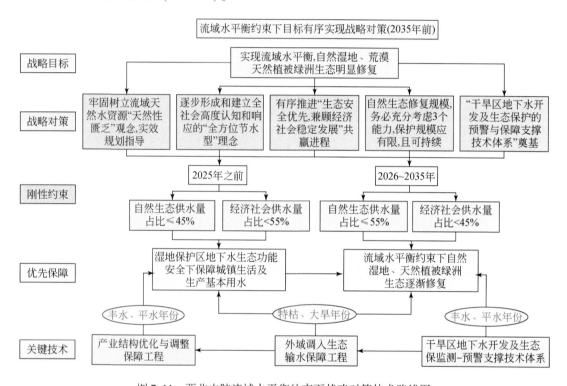

图7.11　西北内陆流域水平衡约束下战略对策技术路线图

在流域水平衡约束下有序实现战略目标的对策中，生态修复以必需且极小规模的需水量为规划基量。2025年之前，中尺度水文周期（5～12年）内多年平均生态供水量不大于流域总水资源量的45%；2026～2035年，多年平均生态供水量不大于流域总水资源量的55%。尽管40%被视为流域水资源开发利用是否"合理"的阈值（贾绍凤和柳文华，2021），然而各流域已经超载的人口需要继续生存和生活，经济社会总用水量尚需保障正常生活和经济社会稳定发展的合理用水需求，有序逐渐减控用水总量，应将减负过程产生的副效应控制在可以接受水平内；但是，各流域经济社会总用水量需小于流域总水资源量与生态修复供水量之差值，地下水开采量小于所在功能分区适宜生态水位阈域的允许开采量（表7.1），以确保流域水平衡客观实现。

2. 流域水平衡约束下战略对策

（1）牢固树立西北内陆流域天然水资源承载能力的属性是"天然性匮乏"观念，所有经济社会发展规划务必基于这一观念而建立。否则，或是挤占生态需水份额，或成为制约未来经济发展的瓶颈，规划失去指导作用。

（2）逐步形成和建立全社会高度认知和响应的"全方位节水型"理念、节水意识、水文明民生机能和经济社会发展模式，与流域水资源"天然性匮乏"属性相适应，包括"节水型"产业结构、经济发展模式、人口数量、生活方式、文化教育和相应法律法规，构筑"全方位节水型"生态文明社会建设的根本基础。

（3）高度重视有序实现流域水平衡目标的重要性。应深入贯彻"生态安全优先，兼顾经济社会发展合理用水需求，努力实现生态保护与经济发展共赢"的新时代生态文明建设基本原则。人工调水的规模是有限的，尚难短时间（不大于 10 年）内完全补偿过去数十年期间超用、挤占生态需水量和地下水系统超采量，唯有随着"全方位节水型"社会全面地深入发展和不断进步，以及较长时段（不小于 30 年）有序人工调入生态补水，才能逐步实现"流域水平衡"和规划预期生态修复的目标。

（4）自然生态修复规模，务必充分考虑 3 个能力，且应有限和可持续。在 2035 年之前，自然生态修复规模应"有限"，确保不继续恶化为前提，应充分考虑除了必需保障的生活和经济社会生产用水量之外，还应切实考虑当地天然水资源可用于自然生态修复的承载能力、可持续和经济可行的人工调水能力，以及应对极端干旱气候能力，充分认识到已发展的、且依赖耗水驱动发展的产业，还有超载人口数量都难以在短时期内根本性改变，需要较漫长的调整和适应过程。

（5）有序实现流域水平衡目标，需要"干旱区地下水开发利用及生态保护的预警与保障支撑技术体系"保驾护航。在有限水资源承载力约束下，应基于"干旱区地下水功能评价与区划"成果，扎实推进"地下水合理开发及生态功能保护的分区分级预警与精准管控"落地。只有基于各流域内地下水功能不同分区分级监测-预警与管控指标体系，针对性规划、监测、预警和管控当地水资源开发利用状况和地下水生态功能情势，才能确保"有限水资源"合理开发利用和生态功能有效修复。

3. 流域水平衡约束下战略对策技术路线图

2035 年之前，实现西北内陆各流域水平衡战略的"刚性约束"，如图 7.11 所示。在西北内陆"流域水平衡约束下有序实现目标战略对策"中，前提是有序实现流域水平衡目标。在确保实现流域水平衡目标下，2025 年之前流域中下游平原区自然湿地、荒漠天然植被绿洲生态退变的趋势应得到遏止；自然生态供水规模占流域总水资源量的比率不大于 45%，经济社会用水的供水量占流域总水资源量的比率不大于 55%。2026 ～ 2035 年，流域中下游平原区自然湿地、荒漠天然植被绿洲生态得到明显修复；自然生态供水规模占流域总水资源量的比率不大于 55%，经济社会用水的供水量占流域总水资源量的比率不大于 45%。

为了确保西北内陆"流域水平衡约束下有序实现目标战略"如期实现，在 2025 年之前，应深入推进"产业结构优化与调整保障工程"（图 7.11），在特枯、大旱年份加大"外域调入生态输水保障工程"；2026～2035 年，全面推进"干旱区地下水开发及生态保监测－预警支撑技术体系"，在特枯年份适时运行"外域调入生态输水保障工程"或启用"战略应急备用水源保障工程"。

7.5.2　生态文明约束下自然生态保护战略对策

1. 实施自然生态保护战略对策背景与基点

1）战略对策背景

在西北内陆流域，"生态文明约束下自然生态保护战略对策"主要面向中期（2026～2035 年）和后期（2035 年之后），是在全面推进"流域水平衡约束下有序实现目标战略对策"基础上，瞄准"逐步实现人与自然和谐发展的生态文明模式"战略目标，努力实现全方位、全地域和全过程的推进生态文明建设，从根本上解决流域地下水超采导致中、下游区地下水生态功能退化危机的全面治理和修复问题，实现"尊重自然、顺应自然和保护自然"的新时代生态文明建设基本目标。

2）战略对策基点

扎实实现西北内陆流域"人与自然"之间和谐度显著提升。2035 年前，以修复和重构合理规模的且具备根本性抵御沙漠侵入的自然湿地及天然植被绿洲等生态系统作为主攻目标，自然生态保护供水规模（B_{sw}）与经济社会用水规模（A_{jw}）之间合理配置比率（B_{sw}/A_{jw} 值）不小于 1.22；除极端干旱年，自然湿地保护区水域范围内地下水位埋深普遍小于 3.0m，地下水系统初具抵御偏枯水年份干旱影响而维持自然湿地生态功能的能力，控降自然湿地"灾变"发生。2035 年之后的 20 年内，B_{sw}/A_{jw} 值应达 1.50 以上，自然湿地所在的流域具备了水平衡与自我调节功能，地下水生态功能具备抵御极端干旱事件的承载能力，可维系连续 2～3 年干旱气候下自然湿地生态不出现灾变性退化情势。

2. 生态文明约束下生态保护战略对策

（1）自然生态修复规模务必基于西北内陆流域水资源"天然性匮乏"属性，以及人工可调水规模有限且成本无限的局限，以防控荒漠化和沙漠侵蚀绿洲等灾害为宗旨，杜绝无水资源承载力支撑的旅游景观兴扩建。自然湿地和天然植被绿洲的保护规模应为当地天然水资源和人工调入水量可持续且经济可行，同时，还应满足根本性抵御沙漠扩展侵害和防控荒漠化的需求。

（2）西北内陆流域自然生态修复规模，需量力而行、有限规模和有序修复与保护。近期（2025 年前），应以遏止内陆流域自然生态继续恶化趋势为主导，确保土地荒漠化及沙漠化趋势得到扭转；中期（2026～3035 年），应以适度修复重点流域有限规模自然生态为主导，中、下游区自然湿地景观和荒漠天然绿洲生态得到明显恢复；远期（2035 年之后），应以西北内陆流域自然生态得到显著修复，以及"人与自然"之间"和谐度"明显提升为主导，流域中、下游区自然湿地景观、荒漠天然绿洲生态和生物多样性显著恢复。

（3）深刻理解和贯彻"生态安全优先，兼顾经济社会稳定与合理发展用水需求，努力实现生态保护与经济发展共赢"新时代要求，既不盲目地扩大自然生态修复与保护规模，又要有序解决经济发展用水挤占生态需水的现实问题，促进生态文明建设要求的"全方位节水型"社会构筑。

（4）高度重视自然生态保护区地下水生态功能修复与预警管控的重要性。自然生态"修复"必要，但人为修复能力有限；自然生态"保护"功效大于"修复"，利效在于长远。自然生态"保护"的关键，是杜绝自然生态保护区上游段地下水超采和确保足量生态基流水量补给，实现有序逐月合理配置。保障西北内陆流域下游区生态基流水量，应是自然生态修复规模阈的保护战略对策中核心点之一。

（5）基于自然湿地保护及周边农田土壤盐渍化防控的共赢原则，应高度重视自然湿地周边农田区地下水（潜水）水位过高带来次生环境危害的智能调控保障工程建设，既确保自然湿地周边地下水位埋深为 1.9～3.0m，又不断促进"调控保障工程"抽取的微咸地下水合理高效利用。

3. 生态文明约束下战略对策技术路线图

2035 年之后 20 年内，实现生态文明战略对策的"刚性约束"，如图 7.12 所示。在西北内陆流域"生态文明约束下自然生态保护战略对策"中，逐步实现"人与自然和谐发展的生态文明模式，根本性解决西北内陆流域地下水超采和地下水生态功能全面修复"目标前提下，于 2035 年之前，应实现自然湿地保护区水域范围地下水位埋深普遍小于3.0m，地下水生态功能初具抵御偏枯水年干旱影响的能力；2035 年之后的 20 年内，自然湿地保护区地下水生态功能具备抵御极端干旱事件的承载能力，可维系连续 2～3 年干旱气候下自然湿地生态不出现灾变性退化情势。

为了确保西北内陆流域"生态文明约束下自然生态保护战略对策"的如期实现，在2035 年之前，应依托"产业结构优化与调整保障工程"，大力推进"生态文明建设要求的'全方位节水型'社会构筑"，在特枯水年份加大"外域调入生态输水保障工程"；在 2035 年之后 20 年内，依托"外域调入生态输水保障工程"和"地下水生态功能修复与保障工程"，全面推进"西北内陆流域人与自然之间和谐度显著提升"战略目标的实现（图 7.12）。

7.5.3　自然资源一体化规划下地下水合理开发战略对策

1. 实施地下水合理开发战略对策背景与基点

1）战略对策背景

在西北内陆流域，"自然资源一体化规划下地下水合理开发战略对策"主要面向近期（2025 年前）和中期（2026～2035 年），是在全面推进"生态文明约束下自然生态保护战略对策"基础上，瞄准"根本性解决内陆流域地下水超采和地下水生态功能全面修复"

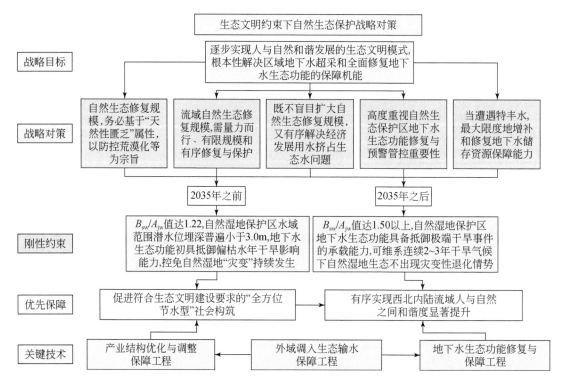

图 7.12 西北内陆流域生态文明约束下自然生态保护战略对策技术路线图

战略目标,切实促进"尊重自然、顺应自然和保护自然"的新时代生态文明建设目标如期实现。西北内陆流域地下水合理开发战略的关键是如何保障地下水生态功能有序有效修复。如果地下水超采的根源得不到根本性解决,那里的各流域中、下游区地下水生态修复至 20 世纪 70 年代初水平的目标是难以实现的。地下水超采的根源,不是单一过量开采问题,还有规划与配置不合理、精准管控不到位和对天然水资源天然性匮乏认知缺乏应有深度等问题,包括评价确定的流域水资源可利用量和地下水可开采资源量过大,没有剔除干旱区地下水生态功能所应占据的水资源量等多维影响因素,还有地下水系统补给条件等自然因素、灌溉农业和人口数量过大等人为因素,以及地形地貌等环境因素,需要在自然资源一体化规划约束下,才有可能最终实现"地下水合理开发战略对策"。

2)战略对策基点

经济社会用水总规模、灌溉农田规模和自然生态保护规模,这 3 个"规模"需与各流域天然水资源承载力相适应,必须有利于促进人与自然之间"和谐度"显著提升。在 2025 年之前,流域地下水年供水量不应大于开采资源量的 75%,应明显促进流域水平衡推进和自然生态保护能力提高。在 2026 ~ 2035 年,农业用水量不应大于该流域总用水量的 70%,地下水年供水量占多年平均开采资源量的比率不应大于该流域开采资源量的 65%,至 2035 年流域内自然湿地和天然植被绿洲保护区地下水生态功能应得到全面修复(图 7.13)。

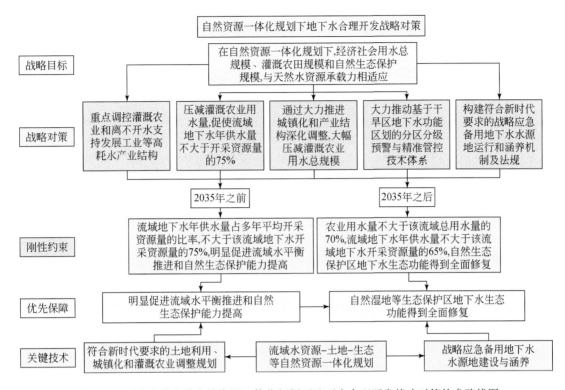

图 7.13　西北内陆流域自然资源一体化规划下地下水合理开发战略对策技术路线图

2. 自然资源一体化规划下地下水合理开发战略对策

（1）应充分考虑西北内陆各流域天然水资源承载能力及其中下游区合理开发阈域，有序推进中、下游区土地资源合理开发和有效管控，推动经济社会用水总规模、灌溉农田规模和自然生态保护规模与天然水资源承载力相适应，重点调控灌溉农田规模和减控高耗水产业用水规模。

（2）在 2025 年之前，重点调减高耗水产业规模，压减灌溉农业总用水量或灌溉农田规模，促使流域地下水年供水量占多年平均开采资源量的比率不大于开采资源量的 75%，明显促进流域水平衡推进和自然生态保护能力提高。

（3）在 2026~2035 年，全面有序杜绝高耗水产业续存发展，同时，通过大力推进城镇化和产业结构深化调整，大幅压减灌溉农业用水总规模，农业及相关产业总用水量不大于该流域总用水量的 70%；流域地下水年供水量占多年平均开采资源量的比率，不大于该流域地下水开采资源量的 65%，至 2035 年流域内自然湿地和天然植被绿洲保护区地下水生态功能得到全面修复。

（4）在流域水资源评价和地下水水量均衡中，充分考虑地下水生态功能享有天然水资源的自然属性，大力推动"干旱区地下水功能评价与区划理论方法技术"应用，以及基于地下水功能区划成果的分区分级预警与精准管控技术体系实施。

（5）应高度重视战略应急备用地下水水源地建设，构建符合新时代要求的战略应急备用地下水水源地管理、运行和涵养机能，包括相关法律法规和技术要求，切实避免被作为一般性备用水源不合理开发利用。

3. 自然资源一体化规划下战略对策技术路线图

在西北内陆流域"自然资源一体化规划下地下水合理开发战略对策"中，以"自然资源一体化规划下经济社会用水总规模、灌溉农田规模和自然生态保护规模与天然水资源承载力相适应"为战略目标。在 2025 年之前，明显促进流域水平衡推进和自然生态保护能力提高；至 2035 年，流域内自然湿地和天然植被绿洲保护区地下水生态功能得到全面修复，作为"刚性约束"，如图 7.13 所示。

为了确保西北内陆流域"自然资源一体化规划下地下水合理开发战略对策"如期实现，在 2025 年之前，应依托"符合新时代要求"的土地利用、城镇化和灌溉农业调整规划，促进流域水平衡推进和自然生态保护能力明显提高；2026 ~ 2035 年，依托"流域水资源-土地-生态等自然资源一体化规划"，有力推进"自然湿地等生态保护区地下水生态功能得到全面修复"（图 7.13），同时，实现符合新时代要求的"战略应急备用地下水水源地"运行机能、涵养机制和相关法律法规构建。

第8章 结论与建议

1. 西北内陆区自然生态及地下水生态功能退变危机仍不乐观，人类活动影响是主导因素

（1）在西北内陆区地下水合理开发与生态保护面临的主要问题中，流域下游区天然绿洲不断退化，甚至出现生态危机的主要影响因素，包括上游拦蓄出山地表径流规模不断增大、人口数量持续增加而加剧生活与生产用水量不断递增，以及千年、百年尺度的干旱气候周期性变化交织与耦合，导致西北内陆流域天然水资源匮乏和天然绿洲生态水被大量挤占，具有一定的不可逆性。

（2）灌溉农田及用水规模过大，主导西北内陆区各流域水资源超用和地下水超采情势。其中，至 2009 年，艾丁湖流域灌溉面积达 190 多万亩，农业用水量占该流域总用水量的 92.3%，地下水供水量占总用水量的 58.8%；至 2015 年，石羊河流域农田灌溉和林牧渔畜用水量占总用水量的 86.3%，井灌及井渠混灌面积占河西走廊井灌溉面积的 74.9%。

（3）西北内陆流域下游区地下水生态功能退变危机具有难控性。从千年、百年尺度的年降水量变化来看，石羊河等流域天然水资源难以支撑 20 世纪 50 年代初期及其以前各时期的自然湿地规模，目前该流域总用水量是多年平均水资源总量的 1.4~1.7 倍，开采量是地下水资源量的 1.1~1.8 倍；该流域天然水资源可开发利用总量的适宜承载人口数量不大于 135 万人，现状人口数量是适宜承载人口数量的 1.74~1.98 倍。艾丁湖流域情势，近同或更为严峻。

（4）西北内陆各流域上、中游区大规模拦蓄上游出山地表径流水量，是流域下游区天然绿洲生态及地下水生态功能退变危机的动因，灌溉农田规模不断扩大是主因，与人口数量超过流域天然水资源承载力紧密相关。在石羊河流域和艾丁湖流域，中下游区天然绿洲面积与灌溉农田等人工绿洲规模之间呈负相关关系。每增加 1.0km^2 人工绿洲，石羊河流域天然绿洲消失 1.35~2.07km^2，艾丁湖流域天然绿洲减少 2.57~3.83km^2；气候越干旱，每增加单位面积人工绿洲引起的天然绿洲退化面积越大。

2. 西北内陆流域地下水生态功能退变危机情势可控，但具有限性

（1）天然水资源匮乏性和干旱气候不可逆性，是西北内陆流域下游区天然绿洲生态和地下水生态功能退化危机的根源。在河西走廊、准噶尔盆地、塔里木盆地及柴达木盆地，人口安居和经济社会用水主要聚集在中下游平原区，那里的降水量显著小于上游山区，其中下游天然绿洲区年降水量不足 150mm，甚至小于 50mm，呈现天然水资源严重匮乏和干旱气候不可逆性。

（2）西北内陆流域下游区地下水生态功能退变危机可控及可恢复，但具有限性。例如，石羊河等流域实施地下水超采和生态退化综合治理近 10 余年，流域生境质量呈波动向好趋势，耕地面积减少 13.72km²，天然草地和天然林地面积分别增加 2694km² 和 605km²，但下游区自然湿地面积则减少 74.34km²。艾丁湖流域情势，近同或更为严峻，都面临供给水源水量严重不足的现实。

（3）在西北内陆平原区，独特的干旱气候条件，决定了"没有灌溉，就没有农业"。示范应用的验证结果表明，可持续的压采效果＝"合理人口数量＋适宜灌溉农田规模＋适量地表水源＋经济可行节水灌溉技术"深度耦合。需着眼于中长期治理战略，难以在短时期（不大于 10 年）内根本性治理地下水超采和修复自然生态至 20 世纪 70 年代初水平。

（4）由于石羊河流域和艾丁湖流域长期超采地下水，严重透支了地下水储存资源，所以，即使按照目前治理规划和正在实施的举措，全面修复这些流域平原区地下水生态功能及资源功能，尚需 50 年以上、甚至百年。唯有立足于"百年有序修复战略"，在"人与自然和谐发展"共赢理念指引下，历经较长时段（不小于 30 年）"全方位节水型社会"建设，才能够实现天然绿洲区地下水生态功能根本性修复。

3. 西北内陆区生境质量退变与生态水源供给机制具独特性

（1）在西北内陆石羊河流域，2000 年之前生境质量指数呈下降特征，2000 年以来该流域生境质量呈波动上升趋势。在石羊河流域下游的东北部平原区，生境质量较差；在该流域上游的西南部山区及中游湿地分布区，生境质量较高。在石羊河流域中、下游平原区，农田和建设用地面积较大，是生境质量威胁源的重要因子，也是该区生境质量较差的主要影响源。

（2）在西北内陆流域下游平原区，干旱缺水胁迫下天然植被水分利用（供水）来源不同。在夏季，湿地水域面积萎缩至年内极小范围，地下水位埋深处于年内极大深度，以至包气带表层含水率处于年内极小状态——土壤水分严重亏缺，迫使天然植被向深层土壤吸用水分，甚至植被的吸水层位下延至潜水支持毛细水带内，以便获取生存和生长所必需的水分。进入秋季（9~11 月）开始人工生态输水，湿地水域面积和表层土壤含水率明显增大，天然植被的吸用水层位（深度）逐渐变浅，甚至主要吸用地表沙包的土壤水分和河湖补给水源。

（3）在西北内陆流域下游自然湿地分布区，天然绿洲覆被空间配置中会同时呈现一定的随机性和规则性，绿洲覆被的空间残熵相对于空间关联信息占比率较大。其中不同覆被类型及组合的空间配置上随机性占主导；在绿洲覆被恢复过程中，空间关联信息占比率呈显著增大特征，不同覆被类型及组合在空间配置上的有序规则性增强，这与地下水生态功能（生态水位）修复密切相关。

（4）在西北内陆流域下游平原区，天然绿洲 NDVI 与地下水位埋深之间关系呈现规则性，表现为 NDVI 随地下水位埋深增大而减小；NDVI 与地下水位埋深之间关系具有一定的随机性，当地下水位埋深小于 2.3m 时，植被种内与种间关系、土壤养分和盐分等之间具有综合影响效应，在 NDVI 的一定范围内会出现裸地、低覆盖、中覆盖和高覆盖等类型并存景观。

（5）不同方法确定的干旱平原区天然植被绿洲地下水生态位阈域，在不同植被种类和植被类型之间存在一定差异。从平均值来看，适宜生态水位（埋深）为 2.9m，控制范围

2.3～3.9m；极限生态水位（埋深）为 5.5m，控制范围 4.0～7.2m。在流域尺度或区域尺度的单元分区上，这些生态位阈域对于地下水生态情势的监测、预警与管控具有较强指导意义。

4. 原创的干旱区地下水功能评价与区划理论方法具有显著功效

（1）西北内陆流域平原区地下水系统不仅具有资源功能，承载保障枯水年份流域中、下游区生活和生产用水功效，而且，还具有维系自然湿地、天然植被绿洲、泉域景观和农田土地质量等生态功能。地下水位埋深过大或过小，都会导致地下水生态功能退变，引发生态环境问题或灾害。西北内陆流域平原区地下水资源状况是生态功能的保障，地下水生态功能情势主导流域下游区自然生态分布区生境质量，与气候变化和流域水资源开发利用状况密切相关。

（2）干旱区地下水功能评价与区划理论方法，是针对西北内陆区地下水超采治理、合理开发与生态保护亟需科学识别和确定哪些区域是地下水生态功能主导区域、哪些区域可以继续作为地下水资源供给或应急保障供给的主导区域，以及如何分类、分区和分级管控的重大需求，基于西北内陆流域水循环过程和转化规律而研发。它主要适用于西北内陆各流域平原区，适宜流域尺度内对地下水功能区划要求较高的、地下水的地质环境功能不敏感地区。

（3）干旱区地下水功能评价与区划理论方法的技术体系为"1A-2B-7C-14D"结构，以流域尺度水平衡为约束，以地下水的 4 项资源属性状况和 3 项生态属性状况作为主要依据，侧重了中、下游区及不同区带地下水位变化对自然湿地、天然植被绿洲、泉域景观和农田土地质量等生态"向好"、"正常"、"渐变"、"质变"和"灾变"影响的量化关系和阈域界定。

（4）在石羊河流域的 8170km² 平原区示范应用结果表明，不仅明确了该流域平原区地下水资源功能、生态功能分区特征与状况，以及它们隶属自然属性分区特征与状况，而且还从地下水资源功能和生态功能两个方面呈现了支撑该流域地下水功能区划的作用，指明了哪些区域为可以、不宜和应限制地下水开发，哪些区应以地下水生态功能保护为重点。由此可见，该理论方法具备了指引流域地下水超采治理、合理开发与生态保护的科学规划，同时，奠定了流域不同类型区地下水合理开发与自然生态退变危机程度分区分级监测与预警的关键基础。

5. 西北内陆流域地下水超采治理与生态保护，亟需分区分级监测预警与管控指标体系支撑

（1）适宜西北内陆干旱区地下水合理开发与生态保护的关键指标体系，包括流域水平衡目标下地下水合理开发约束阈、不同水文分区地下水合理开发约束阈和不同功能分区地下水合理开发约束阈，必将发挥有力支撑作用，需切实借鉴实施和不断完善研究。

（2）在石羊河流域，应分阶段、有序实现适应天然水资源（地下水）匮乏性的合理开发利用模式，直至杜绝超采地下水；生态修复以必需且极小规模的需水量作为规划基准，"确保民勤不成为第二个罗布泊"。以现状年地下水位、用水情势、近 5 年变化趋势和自然湿地现状水域规模作为基础，应以生态安全优先，兼顾经济社会发展合理用水需求，确定各分区"水位-水量"分级监测、预警和管控指标。

（3）在艾丁湖流域，10个"集中供水区"以水量控制为主导，12个"生态脆弱区"以水位控制为主导，并禁止开采地下水。在灌区减少引水量0.94亿m³下，基本满足艾丁湖自然湿地生态需水量，枯水年份湿地水域面积将萎缩31.9%；在人工调入生态输水方案下数年或10余年之后，艾丁湖流域中、下游区地下水储存资源量将年均增加600万m³，同时满足下游自然湿地的5000万m³/a生态需水量。

（4）基于自然湿地修复保护及周边农田防控土壤盐渍化加剧的共赢原则，既要确保自然湿地保护区地下水位埋深不大于3.0m"生态水位阈"，又要确保湿地周边农田区地下水位埋深不小于1.9m"土壤盐渍化加剧防控阈"。

6. 西北内陆流域下游自然湿地修复，亟需地下水生态功能保护调控技术体系保障

（1）西北内陆流域下游自然湿地退化治理与恢复保护已成为当今国家重大需求，应基于必需、有限和可持续原则。因为自然状态下生态系统修复或逆转是一个长期涵养和动态变化过程，需要不断认知干旱区地下水-湿地生态系统之间协同演化过程和机制，创新发展以湿地生态保护为约束的地下水调控技术体系。

（2）湿地分布区地下水-湿地生态系统多要素动态实时监测数据，是识别和确定湿地分布区地下水生态功能调控关键指标的依据，以及优化和确定地表水来水量、来水方式和优化配置方案的必要条件，同时，还是进一步认知西北内陆流域下游区地下水-湿地生态系统协同演化机制的必需基础。

（3）在西北内陆流域下游湿地分布区，地下水的水位埋深是影响天然植被群落结构、物种组成和根系发育分布特征的主导因素：①对于相同植被物种，当潜水位埋深较浅时，植被根系集中发育和分布在表层土壤，根系发育密度随深度增大而递减；②由湿地水域分布区向外延伸，潜水位埋深逐渐增大，植被类型由湿生植被向旱生植被演替；③随着潜水水位不断下降，在垂向上植被根系发育的分层现象越明显，植被根系呈现被干旱胁迫不得不向深层发育的特征越显著。

（4）基于构建的植被恢复面积-地下水位埋深关系模型分析，确定石羊河流域下游青土湖湿地分布区的适宜生态水位（埋深）为2.91m、生态警戒水位（埋深）为3.22m、盐渍化水位（埋深）为2.60m、沼泽化水位（埋深）为2.18m和荒漠化水位（埋深）为3.64m，以及唯有大于75%保证率的生态输水入湖水量，能够维系石羊河流域下游青土湖湿地的现状水域面积（26.6km²）和地下水生态功能，适宜生态需水量为3338万~4500万m³/a。

7. 西北内陆流域地下水超采治理及生态保护，必需关键技术研发

（1）采用多种方法，包括直接测定方法、遥感解译法、同位素分析法和水文模型法，以及元数据分析法，识别和构建了西北内陆流域不同生态类型的地下水生态水位指标体系，包括乔木、灌木和草本等天然植被的"适宜"和"极限"生态水位（埋深），以及自然湿地、天然植被绿洲区、泉域景观区和湿地周边农田区等生态水位上限与下限，奠定西北内陆流域地下水生态功能退变危机情势的识别、研判与预警坚实基础。

（2）发明和研建了"干旱区湿地保护与周边农田盐渍化智能防控技术"，破解了如何实现西北内陆流域下游区既保障自然湿地生态安全，又保障周边农田盐渍化不加剧的难题，通过建立基地示范应用验证，取得显著生态和资源效益。

（3）自主研发"干旱区湖泊-季节性河流-地下水耦合模型"（COMUS），攻克了西北内陆流域地下水系统如何与河流、湖泊和渠系及坎儿井等之间水力转化实现全过程刻画的难题，详尽预测了总量控制下地下水变化及生态效应、地下水超采治理方案优化模拟和坎儿井流量-入湖水量等关键生态指标变化趋势。

（4）研建的干旱区地下水双控模型模拟方法，解决了西北内陆流域地下水超采与生态退化治理对"水位-水量"双控需求，实现了地下水开采量与水位控制之间彼此联动性和相互约束，达到地下水的资源、生态和环境综合效益最佳的管控目标，示范应用促进了该区地下水合理开发与生态保护。

（5）研发"干旱区地下水合理开发及生态保护监测-预警与管控技术支撑平台"，按照地下水主导功能分区属性类型和监测-预警指标体系，布设有限但具全域调控能力的监测点，集监控、预测、评价和预警于一体，保障实时预警与精准管控，提升西北内陆流域地下水超采治理与生态保护能力。

8. 未来地下水超采治理、合理开发应用与生态保护能力提升之要点

（1）在西北内陆流域地下水合理开发及生态保护的规划或技术方案中，应将自然湿地和荒漠天然植被绿洲修复至与当代生态文明建设要求相符的状态，实现全方位、全地域和全过程的生态文明建设目标，必需根本性解决那里地下水区域性超采和地下水生态功能保障机能全面修复。

（2）应以"理性战略目标"为主导，兼顾实现客观性；围绕超采导致地下水生态功能失衡，并已造成自然湿地或天然植被绿洲生态严重退化而亟需修复的需求作为主要目标，并遵循必需、有限和可持续的准则，以及湿地修复和保护规模极小和经济合理的准则。

（3）宜重点实施"流域水平衡约束下有序实现目标战略"，瞄准"逐步实现人与自然和谐发展的生态文明模式"战略目标，自然生态修复规模量力而行、有序修复与保护，从根本上解决西北内陆流域平原区地下水生态功能退化危机的治理和修复问题，深刻认识到人工从流域以外调水对该流域下游区天然绿洲修复具有不可缺少性，但规模不宜过大，应可持续和经济合理。

（4）合理人口数量和灌溉农田规模是西北内陆流域下游区自然生态良性维系的基石，加强土地资源合理开发利用的管控科技水平和能力，是实现流域水资源合理配置和防控地下水区域性超采，以及有效保护流域下游自然湿地和天然植被绿洲生态的根本性途径，需要干旱区地下水功能评价与区划理论方法等先进理论科技强力支撑。

参 考 文 献

安芷生. 1990. 近2万年中国古环境变迁的初步研究. 北京:科学出版社

曹国亮,李天辰,陆垂裕,等. 2020. 干旱区季节性湖泊面积动态变化及蒸发量——以艾丁湖为例. 干旱区研究,37(5):1095-1104

曹乐,聂振龙,刘敏,等. 2020. 民勤绿洲天然植被生长与地下水埋深变化关系. 水文地质工程地质,47(3):25-33

陈栋栋,赵军. 2017. 我国西北干旱区湖泊变化时空特征. 遥感技术与应用,32(6):1114-1125

陈梦熊. 1997. 西北干旱区水资源与第四纪盆地系统. 第四纪研究,(2):97-104

陈晓林,陈亚鹏,李卫红,等. 2018. 干旱区不同地下水埋深下胡杨细根空间分布特征. 植被科学学报,36(1):45-53

程国帅,刘东伟,温璐,等. 2019. 干涸盐湖地下水和土壤化学属性对自然植被分布的控制作用. 干旱区研究,36(1):85-94

褚敏,徐志侠,王海军. 2020. 艾丁湖流域地下水超采综合治理效果与建议. 水资源开发与管理,(12):9-13

崔浩浩,张冰,冯欣,等. 2016. 不同土体构型土壤的持水性能. 干旱地区农业研究,34(4):1-5

崔浩浩,张光辉,张亚哲,等. 2020. 层状非均质包气带渗透性特征及其对降水入渗的影响. 干旱地区农业研究,38(3):1-9

杜晓铮,赵祥,王昊宇,等. 2018. 陆地生态系统水分利用效率对气候变化响应研究进展. 生态学报,38(23):8296-8305

范锡朋. 1991. 西北内陆平原水资源开发引起的区域水文效应及其对环境的影响. 地理学报,46(4):415-426

冯博,聂振龙,王金哲,等. 2020. 石羊河流域绿洲长时间系列遥感动态监测. 地理空间信息,18(12):10-13

甘雨. 2017. 民勤盆地地下水压采方案及监测井网优化研究. 北京:中国地质大学(北京)

古力米热·哈那提,王光焰,张音,等. 2018. 干旱区间歇性生态输水对地下水位与植被的影响机理研究. 干旱区地理,41(4):726-733

韩路,王海珍,牛建龙,等. 2017. 荒漠河岸林胡杨群落特征对地下水位梯度的响应. 生态学报,37(20):6836-6846

郝瑞,施斌,曹鼎峰,等. 2018. 层状土毛细水上升过程中 Lucas-Washburn 模型评价及修正. 水文地质工程地质,45(6):84-92

贾利民,郭中小,龙胤慧,等. 2015. 干旱区地下水生态水位研究进展. 生态科学,34(2):187-193

贾瑞亮,周金龙,周殷竹,等. 2016. 干旱区高盐度潜水蒸发条件下土壤积盐规律分析. 水利学报,47(2):150-157

贾绍凤,柳文华. 2021. 水资源开发利用率40%阈值溯源与思考. 水资源保护,37(1):87-89

姜生秀,安富博,马剑平,等. 2019. 石羊河下游青土湖白刺灌丛水分来源及其对生态输水的响应. 干旱区资源与环境,33(9):176-182

姜松秀,杨英宝,潘鑫. 2021. 1990–2019 年艾丁湖流域城市空间扩展遥感监测. 测绘地理信息,46(2):20-24

金晓媚. 2010. 额济纳绿洲荒漠植被与地下水位埋深的定量关系. 地学前缘,(6):181-186

蓝永超,吴素芬,韩萍,等. 2008. 全球变暖情境下天山山区水循环要素变化的研究. 干旱区资源与环境, (6):99-104

蓝永超,吴素芬,钟英君,等. 2007. 近50年来新疆天山山区水循环要素的变化特征与趋势. 山地学报, (2):177-183

雷莉,魏伟,周俊菊,等. 2020. 石羊河下游生态输水对区域生态环境的影响. 干旱地区农业研究, 38(1):200-208

李丽娟,郑红星. 2000. 海滦河流域河流系统生态环境需水量计算. 地理学报,55(4):495-500

李丽丽,王大为,韩涛. 2018. 2000-2015年石羊河流域植被覆盖度及其对气候变化的响应. 中国沙漠, 38(5):1108-1118

李丽琴,王志璋,贺华翔,等. 2019. 基于生态水文阈值调控的内陆干旱区水资源多维均衡配置研究. 水利 学报,50(3):377-387

李相虎. 2006. 石羊河流域2ka来水资源演变及其影响因素. 兰州:兰州大学

李新乐,吴波,张建平,等. 2019. 白刺沙包浅层土壤水分动态及其对不同降雨量的响应. 生态学报,(15): 1-8

李英连. 2017. 吐鲁番盆地地下水超采区综合治理研究. 乌鲁木齐:新疆农业大学

梁珂,徐志侠,王海军,等. 2021. 艾丁湖区域地下水资源变化对旱生植被覆盖度的影响. 水电能源科学, 39(2):27-30

刘昌明,夏军. 2007. 东北地区水与生态环境及保护对策研究. 北京:科学出版社

刘昌明,王礼先,夏军. 2004. 西北地区水资源配置生态环境建设和可持续发展战略研究. 北京:科学出 版社

刘华台,郭占荣. 1999. 西北地区地下水资源量及其变化趋势. 水文地质工程地质,26(6):35-39

刘深思,徐贵青,李彦,等. 2021. 五种沙생灌木对地下水埋深变化的响应. 生态学报,41(2):615-625

刘淑娟,袁宏波,刘世增,等. 2013. 石羊河尾闾水面形成区土壤颗粒的分形特征. 水土保持通报, 33(2):285-289

刘煜,李维亮,何金海,等. 2008. 末次冰期冰盛期中国地区水循环因子变化的模拟研究. 气象学报,(6): 1005-1019

玛丽娅,奴尔兰,刘卫国,等. 2018. 旱生芦苇对地下水位变化的生态响应及适应机制. 生态学报,38: 7488-7498

毛忠超,李森,张志山,等. 2020. 荒漠-过渡带-绿洲界定——以石羊河流域为例. 中国沙漠,40(2): 177-184

孟阳阳,何志斌,刘冰,等. 2020. 干旱区绿洲湿地空间分布及生态系统服务价值变化. 资源科学, 42(10):2022-2034

钱正英,张光斗,2001. 中国可持续发展水资源战略研究综合报告及各专题报告. 北京:中国水利水电出 版社

邱万保,蔡胤凝. 2019. 生态文明建设体制改革背景下的湿地保护对策. 湿地科学与管理,15(3):35-37

商佐,唐蕴,杨姗姗. 2020. 近30年吐鲁番盆地地下水动态特征及影响因素分析. 中国水利水电科学研究 院学报,18(3):192-203

盛丰. 2019. 灌溉水中盐分对土壤结构性质及水流运动特征的影响. 水利学报,50(3):346-355

施祺. 1999. 石羊河流域终闾湖泊演变及气候变化研究. 兰州:兰州大学

施雅风. 1995. 气候变化对西北华北水资源的影响. 济南:山东科学技术出版社

施雅风. 1996. 中国历史气候变化. 济南:山东科学技术出版社

石万里,刘淑娟. 2017. 人工输水对石羊河下游青土湖区域生态环境的影响分析. 生态学报,37(18):

5951-5960

唐蕴,王妍,唐克旺. 2017. 吐鲁番市浅层地下水功能区划分. 水资源保护,33(2):16-21

吐鲁番市水利水电勘测设计研究院. 2018. 新疆吐鲁番市地下水超采区治理方案. 吐鲁番市水利局

王冰. 2015. 艾丁湖生态需水研究. 北京:中国水利水电科学研究院

王金哲,张光辉,崔浩浩,等. 2020a. 适宜西北内陆区地下水生态功能评价指标体系构建与应用. 水利学
　　报,51(7):796-804

王金哲,张光辉,王茜,等. 2020b. 干旱区地下水功能评价与区划体系指标权重解析. 地质学报,
　　36(22):133-143

王金哲,张光辉,王茜,等. 2021. 西北干旱区地下水生态功能区划的体系指标属性与应用. 地质学报,
　　95(5):1573-1581

王乃昂,程弘毅,李育. 2012. 近6000年来石羊河流域的环境变迁. 2012年学术年会学术论文摘要集. 中
　　国地理学会

王思宇,龙翔,孙自永,等. 2017. 干旱区河岸柽柳水分利用效率(WUE)对地下水位年内波动的响应. 地质
　　科技情报,36(4):215-221

王西琴,张远. 2008. 中国七大河流水资源开发利用率阈值. 自然资源学报,23(3):500-506

王晓玮. 2017. 我国西北超采区地下水水量-水位双控指标确定研究——以民勤盆地为例. 北京:中国地质
　　大学(北京)

王晓玮,邵景力,甘雨. 2017. 基于数值模拟的西北地下水总量控制指标确定研究. 水文地质工程地质,
　　44(3):12-18

王晓玮,邵景力,王卓然,等. 2020. 西北地区地下水水量-水位双控指标确定研究. 水文地质工程地质,
　　47(2):17-24

吴锡浩. 1994. 中国全新世气候适宜期东亚季风时空变迁. 第四纪研究,(1):24-37

吴祥定. 1994. 历史时期黄河流域环境变迁与水沙变化. 北京:气象出版社

郄亚栋,滕德雄,吕光辉. 2019. 干旱荒漠区植被生态位对水盐的响应. 生态学报,39(8):2899-2910

夏积德,吴发启,张青峰,等. 2016. 基于粮食安全视角的西北六省耕地压力评价. 陕西农业科学,
　　62(8):95-98

肖红宇,刘明寿,彭鹏程,等. 2016. 基于黏性土分形特征的毛细水上升高度研究. 水文地质工程地质,
　　43(6):48-52

谢鹏宇. 2018. 气候变暖对西北干旱区农业气候资源的影响. 科技经济导刊,26(25):121

徐晓宇,郭萍,张帆,等. 2020. 政策驱动下石羊河流域生态效应变化分析. 水土保持学报,34(6):185-191

杨怀仁. 1996. 古季风、古海面与中国全新世大洪水. 南京:河海大学出版社

杨亮洁,王晶,魏伟,等. 2020. 干旱内陆河流域生态安全格局的构建及优化——以石羊河流域为例. 生态
　　学报,40(17):5915-5927

叶笃正,黄荣辉. 1992. 旱涝气候研究进展. 北京:气象出版社

翟家齐,董义阳,祁生林,等. 2021. 干旱区绿洲地下水生态水位阈值研究进展. 水文,41(1):7-14

张光辉,石迎新,聂振龙. 2002. 黑河流域生态环境的脆弱性及其对地下水的依赖性. 安全与环境学报,
　　(3):31-33

张光辉,刘少玉,谢悦波,等. 2005a. 西北内陆黑河流域水循环与地下水形成演化模式. 北京:地质出版社

张光辉,聂振龙,刘少玉,等. 2005b. 黑河流域走廊平原地下水补给源组成特征及变化. 水科学进展,
　　16(5):673-678

张光辉,聂振龙,张翠云,等. 2005c. 黑河流域走廊平原地下水补给变异特征与机制. 水利学报,
　　36(6):715-720

张光辉,聂振龙,刘少玉,等. 2006. 黑河流域水资源对下游生态环境变化的影响阈. 地质通报,(Z1):244-250

张光辉,刘中培,连英立,等. 2009. 内陆干旱区水循环危机性标识与特征. 干旱区地理,(5):720-725

张阳阳,陈喜,高满,等. 2020. 基于元数据分析的西北干旱区生态地下水位埋深及其影响因素. 南水北调与水利科技,18(5):57-65

张莹花,刘世增,纪永福,等. 2016. 石羊河中游河岸芦苇群落空间格局. 中国沙漠,36(2):342-348

张云龙,王烜,刘丹,等. 2020. 半干旱区湿地地下水埋深对芦苇 SPAC 系统水分运移耗散的影响. 环境工程,38(10):7-13

张宗祜,李烈荣. 2005. 中国地下水资源,北京:中国地图出版社

张宗祜,张光辉,任福弘,等. 2006. 区域地下水演化过程及其与相邻层圈间相互作用. 北京:地质出版社

赵鹏,徐先英,纪永福,等. 2019. 民勤绿洲边缘不同演替阶段白刺灌丛水分利用动态. 干旱区资源与环境,33(9):168-175

周宏. 2019. 干旱区包气带土壤水分运移能量关系及驱动力研究评述. 生态学报,39(18):6586-6597

周蕾. 2021. 艾丁湖最低生态水位分析研究. 四川水利,42(1):95-98

朱丽,徐贵青,李彦,等. 2017. 物种多样性及生物量与地下水位的关系. 生态学报,37(6):1912-1921

Alexander L C,Autrey B,DeMeester J,et al. 2015. Connectivity of streams and wetlands to downstream waters:a review and synthesis of the scientific evidence. Washington DC:US Environmental Protection Agency

André C,Dale R,Michael T,et al. 2016. Increasing the accuracy and automation of fractional vegetation cover estimation from digital photographs. Remote Sensing,8(7):474

Antunes C,Chozas S,West J,et al. 2018. Groundwater drawdown drives ecophysiological adjustments of woody vegetation in a semi-arid coastal ecosystem. Global Change Biology,24(10):4894-4908

Arnold J G,Moriasi D N,Gassman P W,et al. 2012. SWAT:model use,calibration,and validation. Transactions of the ASABE,55(4):1491-1508

Austin G,Cooper D J. 2016. Persistence of high elevation fens in the Southern Rocky Mountains,on Grand Mesa,Colorado,U. S. A. WetlandsEcology and Management,24(3):317-334

Beuel S,Alvarez M,Amler E,et al. 2016. A rapid assessment of anthropogenic disturbances in East African wetlands. Ecological Indicators,67:684-692

Bhatta B,Shrestha S,Shrestha P K,et al. 2019. Evaluation and application of a SWAT model to assess the climate change impact on the hydrology of the Himalayan River Basin. Catena,181:104082-104094

Boyer A,Hatat-Fraile M,Passeport E. 2018. Biogeochemical controls on strontium fate at the sediment-water interface of two groundwater-fed wetlands with contrasting hydrologic regimes. Environmental Science & Technology,52(15):8365-8372

Cinat P,Gennaro S,Berton A,et al. 2019. Comparison of unsupervised algorithms for vineyard canopy segmentation from UAV multispectral images. Remote Sensing,11(9):1023

Cohen M J,Creed I F,Alexander L,et al. 2016. Do geographically isolated wetlands influence landscape functions. Proceedings of the National Academy of Sciences,113(8):1978-1986

Dalin C W,Yoshihide K T,Puma M J. 2018. Groundwater depletion embedded in international food trade. Nature,543(7647):700-704

Davidson N C. 2018. Ramsar convention on wetlands:Scope and implementation. In:Davidson N C(ed). The Wetland Book I:Structure and Function,Management,and Methods. Netherlands:Springer:451-458

Fan Y,Miguez-Macho G,Jobbágy E G,et al. 2017. Hydrologic regulation of plant rooting depth. Proceedings of the National Academy of Sciences,114(40):10572-10577

Fay P A, Guntenspergen G R, Olker J H, et al. 2016. Climate change impacts on freshwater wetland hydrology and vegetation cover cycling along a regional aridity gradient. Ecosphere, 7(10): e01504

Finlayson C. 2018. Ramsar convention typology of wetlands. In: Finlayson C. The Wetland Book I: Structure and Function, Management and Methods. Netherlands: Springer: 1529-1532

Guo Y T, Shao J L, Zhang Q L, et al. 2021. Relationship between water surface area of Qingtu Lake and ecological water delivery: A case study in Northwest China. Sustainability, 13: 4684

Hamman J J, Nijssen B, Bohn T J, et al. 2018. The variable infiltration capacity model version 5 (VIC-5): infrastructure improvements for new applications and reproducibility. Geoscientific Model Development (Online), 11(8): 3481-3496

Hanssens D, Delefortrie S, Bobe C, et al. 2018. Improving the reliability of soil EC-mapping: robust apparent electrical conductivity (rECa) estimation in ground-based frequency domain electromagnetics. Geoderma, 337: 1155-1163

Hatfield J L, Dold C. 2019. Water-use efficiency: advances and challenges in a changing climate. Frontiers in Plant Science, 10: 103

Havril T, Tóth Á, Molson J W, et al. 2017. Impacts of predicted climate change on groundwater flow systems: can wetlands disappear due to recharge reduction. Journal of Hydrology, 563: 1169-1180

Hengade N, Eldho T I. 2016. Assessment of LULC and climate change on the hydrology of Ashti Catchment, India using VIC model. Journal of Earth System Science, 125(8): 1623-1634

Hose G C, Bailey J, Stumpp C, et al. 2015. Groundwater depth and topography correlate with vegetation structure of an upland peat swamp, Budderoo Plateau, NSW, Australia. Ecohydrology, 7(5): 1392-1402

Huang F, Ochoa C G, Chen X, et al. 2020. An entropy-based investigation into the impact of ecological water diversion on land cover complexity of restored oasis in arid inland river basins. Ecological Engineering, 151: 105865

IPCC. 2013. Climate Change 2013: The physical Science Basis: Working Group I contribution to the Fifth Assessment Report of the Intergovernmental Panel on Climate Change. Cambridge: Cambridge University Press

Iryna D. 2017. Environmental heterogeneity as a bridge between ecosystem service and visual quality objectives in management, planning and design. Landscape and Urban Planning, 163

Keyimu M, Halik Ü, Kurban A. 2017. Estimation of water consumption of riparian forest in the lower reaches of Tarim River, northwest China. Environmental Earth Sciences, 76(16): 547

Lagomasino D, Price R M, Herrera-Silveira J, et al. 2015. Connecting groundwater and surface water sources in groundwater dependent coastal wetlands and estuaries: Sian Ka'an Biosphere Reserve, Quintana Roo, Mexico. Estuaries and Coasts, 38(5): 1744-1763

Mccabe M F, Matthew R, Alsdorf D E, et al. 2017. The future of Earth observation in hydrology. Hydrology & Earth System Sciences, 21(7): 1-55

Schaphoff S, Forkel M, Müller C, et al. 2018. LPJmL4-A dynamic global vegetation model with managed land-Part 2: model evaluation. Geoscientific Model Development, 11(4): 1377-1403

Sen C, Ozturk O. 2017. The Relationship between soil moisture and temperature vegetation on Kirklareli city Luleburgaz district a natural pasture vegetation. International Journal of Environmental and Agriculture Research, 3(3): 21-29

Tamm O, Maasikamäe S, Padari A, et al. 2018. Modelling the effects of land use and climate change on the water resources in the eastern Baltic Sea region using the SWAT model. Catena, 167: 78-89

Van den Broeckac M, Waterkeynab A, Laila R, et al. 2015. Assessing the ecological integrity of endorheic wetlands, with focus on Mediterranean temporary ponds. Ecological Indicators, 54:1-11

Van der Most M, Hudson P F. 2018. The influence of floodplain geomorphology and hydrologic connectivity on alligator gar (Atractosteus spatula) habitat along the embanked floodplain of the Lower Mississippi River. Geomorphology, 302:62-75

Vepraskas M J, Craft C B. 2016. Wetland Soils: Genesis, Hydrology, Landscapes, and Classification: Second Edition. Los Angeles: CRC Press

Vonbloh W, Schaphoff S, Müller C, et al. 2018. Implementing the Nitrogen cycle into the dynamic global vegetation, hydrology and crop growth model LPJmL (version 5). Geoscientific Model Development Discussions, 11:2789-2812

Wu X C, Ma T, Wang Y X. 2020. Surface water and groundwater interactions in wetlands. Journal of Earth Science, 31(5):1016-1028

Zhou Y Z, Li X, Yang K, et al. 2018. Assessing the impacts of an ecological water diversion project on water consumption through high-resolution estimations of actual evapotranspiration in the downstream regions of the Heihe River Basin, China. Agricultural and Forest Meteorology, 249:210-227.